프리물리학 4판

Pre Physics

김영유 · 류지욱 · 홍사용 · 이기원 · 이춘우 지음

북스힐

개정 4판을 발간하면서

물리학은 자연 과학의 여러 학문 중에서 가장 기본이 되는 학문으로 자연현상의 규칙성을 발견하는 데 앞장서 오고 있다. 또한 다른 학문들과의 밀접한 융합을 통하여 새로운 과학 기술을 발전시키는 데 중추적인 역할을 하고 있다.

본 교재는 고등학교에서 물리학을 공부하지 않고 이 · 공학계 대학에 입학한 학생들을 위한 선행 학습 교재로 발간하였다. 물리학을 필요로 하는 여러 과정의 학생들을 위한 입문서로 활용하면 좋을 것으로 사료된다. 2012년 초판 이후 많은 독자들의 격려와 사랑 속에 개정 2판, 개정 3판에 이어 이번에 최신 자료를 업로드하여 개정 4판을 발간하기에 이르렀다.

본 교재의 몇 가지 특징은 다음과 같다.

첫째, 물리학의 전 과정에 대한 기본 개념을 쉽게 이해하도록 평이한 문장으로 진술하였다.

둘째, 기본 개념의 이해를 돕기 위해 생활 주변에서 접할 수 있는 다양하고 흥미로운 소재를 발굴하여 소개하였다.

셋째, 국내·외 각종 행사(과학전람회, 전시회, 국제 및 국내 체육대회, 군문화축제 등)에서 직접 촬영한 과학 사진을 게재하여 현장감이 있도록 배려하였다.

넷째, 교재의 여러 곳에 팁(TIP), 삽화, 생활 속의 물리, 과학자의 인생관, 읽을거리 등을 게재하여 지루하지 않으면서 흥미를 느끼도록 하였다.

다섯째, 다양한 연습문제와 풀이과정을 제공하였으며, 각종 국가고사 및 자격시험에 출제되었던 문제들도 다수 소개하였다.

앞으로도 독자 여러분들의 아낌없는 충고와 조언을 부탁드린다. 저자 일동은 언제나 독자들의 요구에 귀를 열고 더 좋은 교재로 발전해 나가도록 노력할 예정이다. 개정 4판을 발간하는 데 아낌없는 지원을 해주신 (주)북스힐 조승식 사장님께 감사를 드린다.

2025년 3월

저자 일동

차례

5장 일과 에너지

6장 원운동과 단진동

7장 만유인력과 인공위성의 운동

8장 파동

9장 열현상과 기체 분자의 운동

15장 빛

16장 빛과 물질의 이중성

17장 원자의 구조

18장 원자핵

부록

1장

운동의 기술

▲ KTX-청룡
우리나라 고속 열차는 2004년 4월 1일 프랑스에서 도입한 열차로 서울-부산 구간에서 첫 개통되었다. 그 후 2013년 우리 기술로 제작된 'KTX-산천'이 운행을 시작했고, 2024년 5월 1일부터는 'KTX-청룡'이 경부선과 호남선에서 운행되고 있다. 'KTX-청룡'의 설계 속도는 352 km/h이며, 운행 속도는 320 km/h이다. 이 열차는 100% 국내 기술로 설계 및 제작된 차세대 동력 분산식 고속 열차로 국내에서 가장 빠르다(대전역).

지상에는 사람과 자동차들이…
하늘에는 새와 비행기들이…
바다에는 물고기와 배들이…

원자를 구성하는 전자로부터 하늘에 있는 별에 이르기까지 우리 주위에 있는 여러 물체들은 다양한 형태의 운동을 하고 있다.

이들의 운동은 대부분 매우 복잡하게 보이지만 자세히 분석해 보면 일정한 규칙에 따른다는 것을 알 수 있다. 운동의 규칙성을 알아내기 위해서는 운동을 정확하게 관찰하고 올바르게 기술할 수 있어야 한다. 우리 주위에서 볼 수 있는 몇 가지 운동들은 어떻게 기술하는지 알아보자.

1.1 변위와 벡터

움직이고 있는 모든 물체들은 시시각각 그 위치가 변한다. 이처럼 물체의 위치가 시간에 따라 변하는 현상을 **운동**(motion)이라고 한다. 물체가 한 곳에서 다른 곳으로 그 위치가 변할 때 이 상황을 어떻게 나타내면 좋을까? 물체의 위치를 나타내기 위해서는 기준점을 먼저 정하고 그 기준점으로부터의 거리와 방향을 함께 나타내야 한다.

1) 이동 거리와 변위

TIP 이동 거리와 변위

- 이동 거리: 크기만 있는 양으로 스칼라량 이다.
- 변위: 크기에 방향을 포함하는 벡터량 이다.

정지해 있는 물체는 아무리 시간이 경과하여도 위치가 변하지 않지만, 운동하는 물체는 시간이 지남에 따라 어떤 경로를 따라 계속 이동하면서 그 위치가 달라진다. 이 때, 물체가 이동한 경로의 길이를 **이동 거리**(distance)라고 한다.

그림 1.1에서 집에서 출발하여 우체국을 들러서 학교에 가는 경우를 생각해보자. 이 때 이동 거리는 집에서 우체국까지가 300 m이고, 우체국에서 학교까지는 400 m이므로 총 이동 거리는 300 m + 400 m = 700 m이다. 그러나 집에서 학교까지는 직선 거리로 500 m이다. 이와 같이 물체의 위치 변화를 나타낼 때 물체의 이동경로는 생각하지 않고 출발점과 도착점을 최단 거리로 연결하는 선분의 길이와 방향을 함께 나타낸 것을 **변위**(displacement)라고 한다.

이동 거리는 크기만 나타내지만, 변위는 크기와 방향을 모두 나타내는 물리량이다.

■ 어떤 사람이 동쪽으로 10 m를 똑바로 걸어갔다가 다시 서쪽으로 5 m를 똑바로 걸어갔다면, 이 사람이 이동한 거리와 변위는 각각 얼마인가?

2) 벡터

물체의 이동 거리와 같이 그 크기만으로 나타내는 물리량을 **스칼라**(scalar) 또는 **스칼라량**이라고 한다. 스칼라량에는 길이, 질량, 시간, 속력, 온도, 밀도, 부피, 압축, 에너지, 전하량, 전압, 저항 등이 있다. 한편 변위와 같이 크기뿐만 아니라 방향도 함께 나

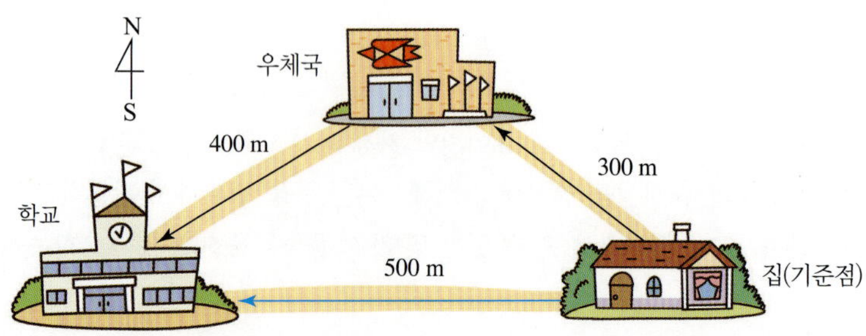

그림 1.1 이동 거리와 변위는 다르다.

타내는 물리량을 **벡터**(vector) 또는 **벡터량**이라고 한다. 벡터량에는 변위, 속도, 가속도, 힘, 운동량, 충격량, 전기장, 자기장 등이 있다.

그러면 벡터는 어떻게 표현할 수 있을까? 벡터를 그림으로 나타낼 때에는 그림 1.2와 같이 화살표로 크기와 방향을 나타내면 된다. 이때 벡터의 방향을 나타내는 화살표의 화살 부분을 '머리'라 하고, 시작점을 '꼬리'라고 부른다. 그리고 기호로 표시할 때는 **F**와 같이 볼드체 문자로 나타내거나 $\vec{\mathrm{F}}$, $\vec{F}$와 같이 문자 위에 방향을 뜻하는 화살표를 붙여서 나타낸다.

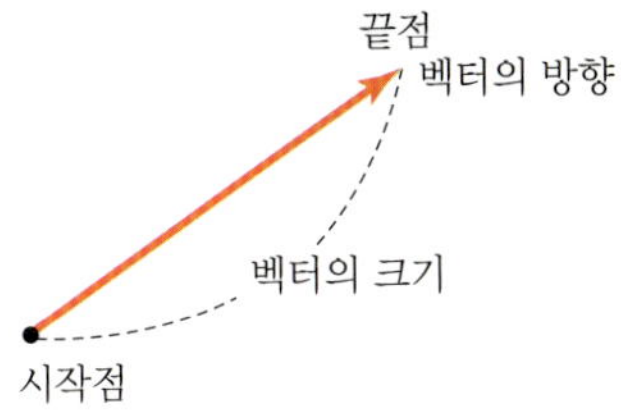

그림 1.2 벡터를 표현하는 방법

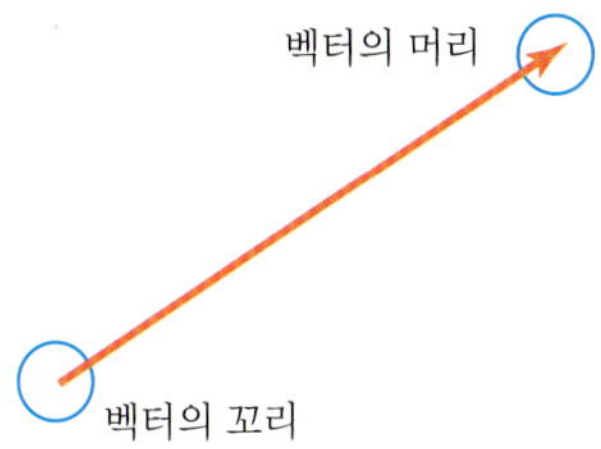

그림 1.3 벡터의 머리와 꼬리

◈ 두 벡터의 합과 차 무거운 물체를 들 때 혼자서는 힘이 들지만 친구와 함께 들면 훨씬 가볍다. 이와 같이 한 물체에 두 힘이 작용할 때, 이 두 힘과 같은 효과를 나타내는 한 힘을 찾아내는 방법에 대해 알아보자.

그림 1.4의 (가)와 같이 두 벡터 $\vec{F}_1$과 $\vec{F}_2$가 같은 방향으로 한 물체에 작용할 때, 두 벡터의 합은 각 벡터의 크기를 더한 것과 같고 합벡터의 방향은 두 벡터의 방향과 같다. 그리고 그림 (나)와 같이 두 벡터의 방향이 반대인 경우의 합 벡터의 크기는 큰 벡터에서 작은 벡터를 뺀 것과 같고, 방향은 큰 벡터의 방향과 같다.

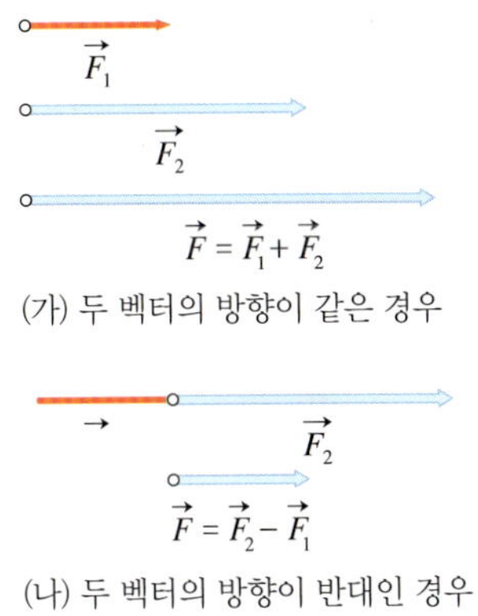

그림 1.4 나란한 두 벡터의 합성

그러면 나란하지 않은 두 벡터는 어떻게 합할 수 있을까?

한 점 O에 어떤 각을 이루고 있는 두 벡터를 합하려면 그림 1.5의 (가)와 같이 두 벡터 $\vec{F}_1$과 $\vec{F}_2$를 이웃변으로 하는 평행사변형을 그리면 그 대각선이 합벡터 $\vec{F} = \vec{F}_1 + \vec{F}_2$이다. 이때 합벡터 $\vec{F}$의 크기는 대각선의 길이이며, 방향은 대각선의 방향과 같다. 이와 같은 합성 방법을 **평행사변형법**이라고 한다. 또는 그림 1.5의 (나)와 같이 벡터 $\vec{F}_2$를 평행 이동시켜 벡터 $\vec{F}_2$의 꼬리가 벡터 $\vec{F}_1$의 머리에 오게 하면 $\vec{F}_1$의 꼬리에서 $\vec{F}_2$의 머리를 연결하는 화살표가 합벡터 $\vec{F}$가 된다. 이와 같은 방법을 **삼각형법**이라고 한다.

다음에는 두 벡터의 차를 구하는 방법에 대해 알아보자. 한 벡터 $\vec{F}_1$에서 다른 벡터 $\vec{F}_2$를 뺄 때에는 그림 1.6에서와 같이 벡터 $\vec{F}_2$와 크기가 같고 방향이 반대인 $-\vec{F}_2$를 그려서 벡터 $\vec{F}_1$과 합하면 된다.

$$\vec{F}_1 - \vec{F}_2 = \vec{F}_1 + (-\vec{F}_2)$$

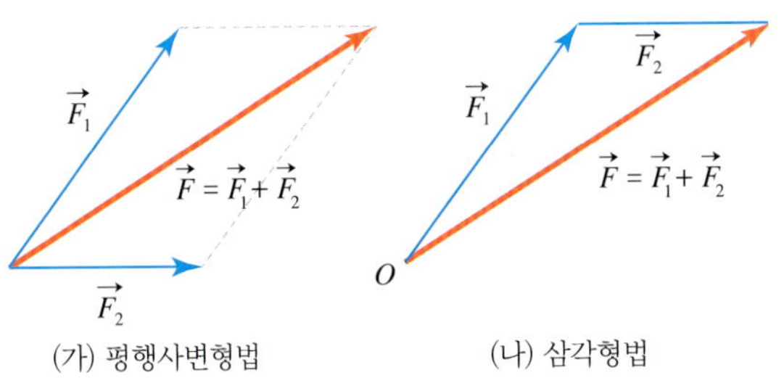

그림 1.5 나란하지 않은 두 벡터의 합

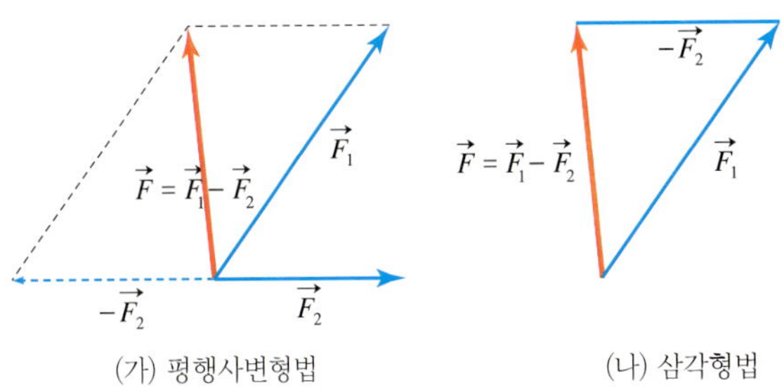

그림 1.6 두 벡터의 차

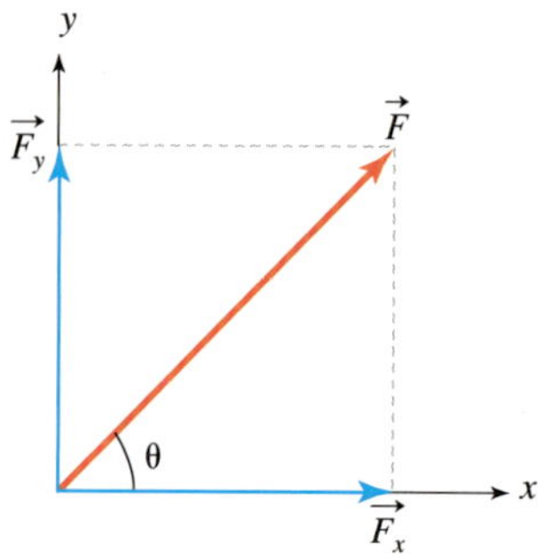

그림 1.7 한 벡터의 분해

◈ **한 벡터의 분해** 하나의 벡터를 두 개 이상의 벡터로 나누는 것을 **벡터의 분해**라고 하며, 이때 분해된 각각의 벡터를 **성분 벡터**라고 한다.

벡터를 분해할 때 주어진 벡터를 대각선으로 하는 평행사변형을 그리면, 이때 생기는 이웃한 두 변이 성분 벡터이다. 벡터 $\vec{F}$를 그림 1.7과 같이 직각좌표계를 이용하여 서로 수직인 성분 $\vec{F}_x$와 $\vec{F}_y$으로 분해할 수 있다.

이때 각 성분 벡터의 크기는 각각 다음과 같다.

$$F_x = F\cos\theta, \quad F_y = F\sin\theta$$

그리고, 주어진 벡터 $\vec{F}$의 크기는 성분 벡터를 이용하여 다음과 같이 나타낼 수 있다.

$$F = \sqrt{F_x^2 + F_y^2}$$

여기서 $\tan\theta = \dfrac{F_y}{F_x}$의 관계가 있다.

예제 1 벡터량으로 나타낼 수 있는 물리량은 어떤 것이 있는가? 또 스칼라량으로 나타내지는 물리량은 어떤 것이 있는가?

1.2 속력과 속도

움직이는 물체의 빠르기를 나타내려면 어떻게 하면 좋을까? 움직이는 물체의 빠르기를 나타내는 속력과 속도에 대하여 알아보자.

1) 속력

운동의 빠르기를 나타내는 방법에는 일정한 시간 동안에 이동한 거리로 나타내거나, 일정한 거리를 이동하는 데 걸린 시간으로 나타내는 방법이 있다.

운동의 빠르기를 비교하려면 물체가 일정한 시간 동안 이동한 거리로 나타내면 효과적이다. 물체가 단위 시간(1 s)에 이동한 거리를 **속력**(speed)이라고 한다.

$$\text{속력} = \frac{\text{이동 거리}}{\text{걸린 시간}}, \quad v = \frac{x}{t} \qquad (1\text{-}1)$$

속력의 단위는 m/s, km/h 등이다. 예를 들어, 그림 1.1에서 집에서 우체국을 들러 학교까지 가는 데 10분이 걸렸다면, 속력은 다음과 같다.

$$\text{속력}(v) = \frac{\text{이동 거리}(x)}{\text{걸린 시간}(t)} = \frac{700\text{ m}}{600\text{ s}} \fallingdotseq 1.2\text{ m/s}$$

TIP
물리학에서 '단위'는 중요이다.

속력의 단위는 거리를 나타내는 단위인 m 또는 km 등과 시간의 단위 초(s, second) 분(min, minute) 또는 시간(h, hour)을 조합하여 m/s, km/min, km/h 등으로 만들어진다.
100 km/h는 1시간 동안에 100 km를 이동한다는 의미이고, 1 m/s는 1 s 동안에 1 m를 이동한다는 의미이다.

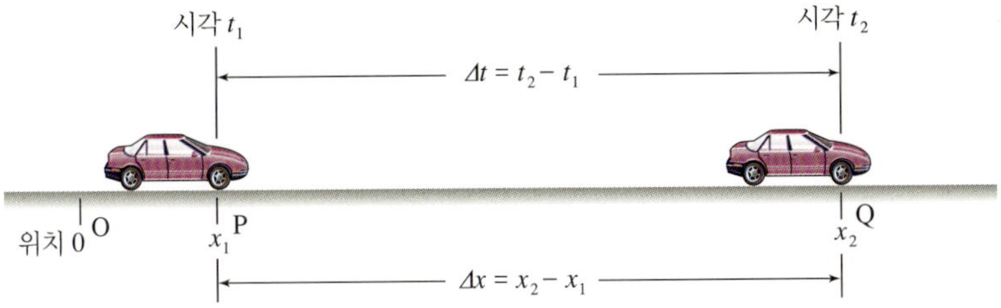

그림 1.8 평균 속력은 이동 거리를 걸린 시간으로 나눈값이다.

TIP
육상경기는 일정한 거리를 이동할 때 걸린 시간을 비교하여 우승자를 가린다.

▲ 2015 광주하계유니버시아드대회 남자 100 m 출발 모습

자동차로 여행을 계획할 때, 운전자는 먼저 목적지에 도착하는 데 걸리는 시간이 얼마인지 계산한다. 이때 목적지까지 가는 동안 자동차의 속력을 일정하게 유지할 수 없기 때문에 운전자는 대체로 평균 속력으로 여행 시간을 계산하는 것이 보통이다. 평균 속력은 다음과 같이 정의한다.

$$\text{평균 속력} = \frac{\text{이동 거리}}{\text{걸린 시간}}, \quad \bar{v} = \frac{x_2 - x_1}{t_2 - t_1} = \frac{\Delta x}{\Delta t} \qquad (1\text{-}2)$$

예를 들어 어떤 자동차가 2시간 동안에 120 km를 이동했다면 이 자동차의 평균 속력은 다음과 같다.

$$\text{평균 속력} = \frac{\text{이동 거리}}{\text{걸린 시간}} = \frac{120\,\text{km}}{2\,\text{h}} = 60\,\text{km/h}$$

평균 속력은 이동한 거리를 걸린 시간으로 나눈 값으로 자동차가 달리는 동안 일어날 수 있는 속력의 변화를 나타내지는 않는다. 실제로 우리는 자동차를 타고 가면서 다양한 속력을 경험하게 된다. 자동차가 출발하면서 서서히 속력을 높여 빨리 달리다가 장애물이나 신호등을 만나면 멈추거나 속력을 늦추면서 목적지에 도착할 때까지 속력은 계속 변한다. 평균 속력은 자동차의 속력이 변했던 상황은 무시하고 전체 이동 거리를 걸린 시간으로 나눈 것이므로 결국 자동차가 정지할 때까지 일정한 속력으로 이동한 결과를 나타낸다.

자동차가 항상 일정한 속력으로 달릴 수는 없다. 교통량이 적은 도로에서는 빨리 달리다가도 복잡한 시내에서는 천천히 움직이고 정지 신호등 앞에서는 정지해야 한다. 이와 같이 물체가 속력이 변하면서 이동할 때에는 평균 속력으로는 그 물체가 어느 순간에 가장 빠른지, 또 어느 순간에 가장 느린지 알 수 없기 때문에, 이런 경우에 필요한 것이 **순간 속력**이다.

그림 1.9에서와 같이 자동차의 속력계가 나타내는 눈금은 그 순간에서의 자동차의 순간 속력을 나타내는 것이다. 만일 자동차의 속력계가 가리키고 있는 60 km/h의 속력으로 1시간 동안 계속 달린다면 60 km의 거리를 이동할 수 있을 것이다.

그림 1.9 자동차 속력계는 순간 속력을 나타낸다.

2) 속도

TIP 고정식 과속단속장비

도로에 감지 센서를 내장한 두 줄의 로프를 깔고, 그 사이를 지나는 차의 시간을 측정해 속도를 구한다. 이 외에도 여러 방법으로 속도를 측정하고 있다.

물체의 운동을 기술하려면 빠르기뿐만 아니라 운동의 방향도 함께 나타내야 하는 경우가 많다. 이와 같이 빠르기와 방향을 함께 나타내는 물리량을 속도(velocity)라고 한다. 그러나 일상생활에서는 속력과 속도를 구별하지 않고 같은 용어로 사용하기도 하지만 물리학에서는 두 물리량을 엄격히 구별하여 사용한다.

자동차가 60 km/h로 운동한다고 말할 때에는 자동차의 속력을 말하는 것이며, 자동차가 동쪽으로 60 km/h로 운동한다고 말할 때에는 자동차의 속도를 말하는 것이다.

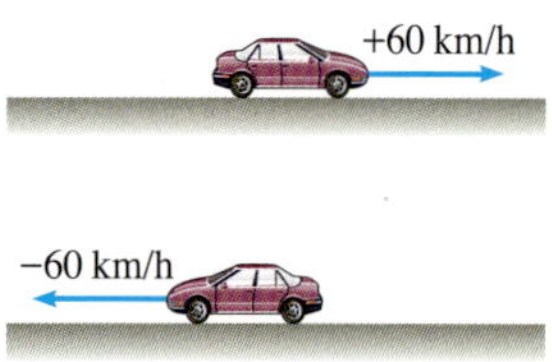

그림 1.10 속도의 표시(크기+방향)

그림 1.10에서 두 자동차가 똑같이 60 km/h의 속력으로 달릴 때 오른쪽으로 이동하는 자동차와, 왼쪽으로 이동하는 자동차는 얼마 후에는 전혀 다른 위치에 있다. 오른쪽을 향하는 자동차의 속도를 +60 km/h로 하면 왼쪽을 향하는 자동차의 속도는 −60 km/h로 나타낼 수 있다. 속도는 단위 시간(1 s)에 대한 변위이며, 속도의 단위는 속력의 단위인 m/s 또는 km/h와 같다.

$$\text{속도} = \frac{\text{변위}}{\text{시간}}, \quad \vec{v} = \frac{\vec{x}}{t}$$

그림 1.1에서 집에서 우체국을 들르지 않고 직접 학교까지 가는 데 6분 걸렸다면 속도는 다음과 같다.

$$\text{속도}(\vec{v}) = \frac{\text{변위}(\vec{x})}{\text{시간}(t)} = \frac{500\text{ m}}{360\text{ s}} \fallingdotseq 1.4\text{ m/s},\ \text{서쪽}$$

물체가 일정한 속도로 운동한다는 것은 일정한 속력과 일정한 방향으로 운동하는 것을 말한다. 즉, 일정한 속력은 빠르기가 더 빨라지지도 더 느려지지도 않는 똑같은 속력을 의미하며, 일정한 방향은 운동경로가 곡선이 아니라 직선이라는 것을 의미한다. 다시 말하면, 일정한 속도로 운동한다는 것은 일정한 속력으로 직선상에서 운동한다는 뜻이다.

운동하는 물체의 속력이 변하거나 운동 방향이 변하는 것은 곧 속도가 변한다는 것을 의미한다.

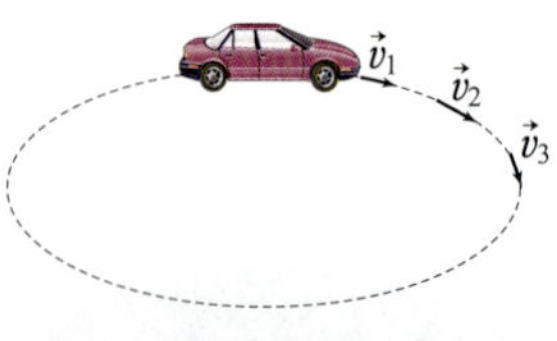

그림 1.11 원형 트랙을 따라 등속원운동을 하는 자동차의 속력은 일정하나, 속도 벡터의 방향은 계속 변한다.

그림 1.11과 같이 자동차가 곡선을 따라 일정한 속력으로 운동할 수는 있지만, 일정한 속도로는 운동할 수 없다. 곡선을 따라 운동하는 물체는 매 순간마다 방향이 계속 변하기 때문이다.

1.3 등속도 운동

백화점이나 지하철역 등에는 계단이나 엘리베이터 외에도 그림 1.12와 같은 에스컬레이터가 설치되어 있다. 에스컬레이터는 일정한 속력으로 직선경로를 오르내리면서 사람이나 화물 등을 운반하는 기계장치이다.

그림 1.12 일정한 속력으로 움직이는 에스컬레이터(대전역)

그림 1.13은 수평면 위에서 직선 운동을 하는 공을 0.5 s의 일정한 시간 간격으로 찍은 다중섬광사진이다. 이 사진에서 왼쪽에 있는 공을 기준으로 하여 각각의 공의 위치를 측정해 보면 각 구간 사이의 거리가 일정하다. 이때 각 구간 사이의 거리는 같은 시간 간격 동안 이동한 거리이므로 공의 속력과 같다. 즉, 공은 일정한 속도로 운동하고 있다는 것을 알 수 있다. 이와 같이 일직선상의 어느 방향으로 움직이는 물체의 운동을 **등속 직선 운동** 또는 **등속도 운동**이라고 한다.

그림 1.13을 분석하여 공의 속력과 시간 사이의 관계를 그래프로 나타내 보면 그림 1.14와 같은 그래프를 얻을 수 있다. 등속 직선 운동에서는 속력이 일정하므로 물체가 이동하는 거리는 시간에 비례하여 증가한다. 따라서 물체가 일정한 속도 v로 운동하는 경우 시간 t 동안 이동한 거리 s는 다음과 같다.

$$s = vt$$

이 식은 다음 식으로 나타낼 수 있다.

$$\vec{v} = \frac{\vec{s}}{t}$$

이 식으로 물체의 속도를 구할 수 있다. 속도는 벡터량이므로 $\mathbf{v}$나 $\vec{v}$로 나타내야 한다. 그러나 때때로 속도의 크기인 v를 속도 v로 표현하기도 한다.

등속 직선 운동에서 이동 거리와 시간의 관계 그래프는 그림 1.14의 (가)와 같이 기

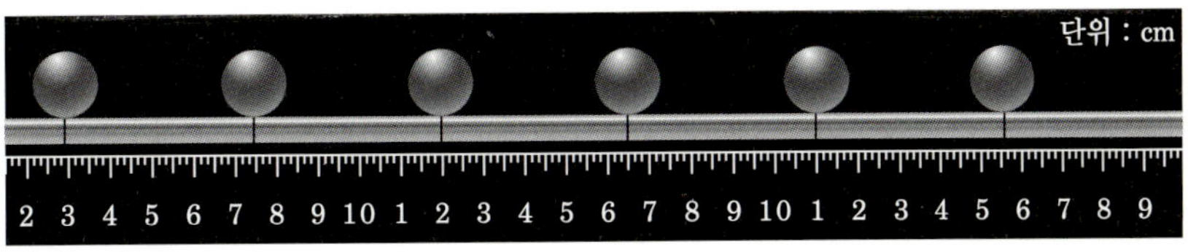

그림 1.13 등속 직선 운동하는 공의 다중섬광사진

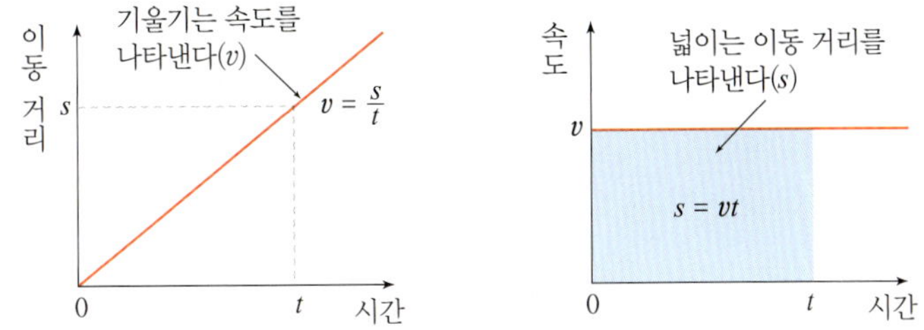

(가) 이동 거리–시간의 관계 그래프 (나) 속도–시간의 관계 그래프

그림 1.14 등속 직선 운동의 그래프

TIP 다중섬광사진

어두운 곳에서 일정한 시간 간격으로 플래시를 터뜨려 찍는 사진. 빠르게 운동하는 물체의 연속적인 모습을 한 장의 사진으로 얻을 때 사용한다.

울기가 일정한 직선이 되고, 이 직선의 기울기는 속도를 나타낸다. 그리고 속도와 시간의 관계 그래프는 그림 (나)와 같이 시간축에 나란한 직선이 되며, 이 직선과 시간축 사이의 넓이는 곧 이동 거리이다.

■ 매끈한 수평면에서 드라이아이스 통을 굴리거나, 마찰이 거의 없는 레일 위에서 볼링공을 굴린다고 하자. 이때 통이나 공의 운동은 등속도 운동으로 볼 수 있을까?

예제 2 자동차가 동쪽으로 6 s 동안 80 m를 이동한 후, 다시 남쪽으로 4 s 동안 60 m를 이동하였다.

(1) 이 자동차의 평균 속력은 얼마인가?

(2) 이 자동차의 평균 속도는 얼마인가?

풀이

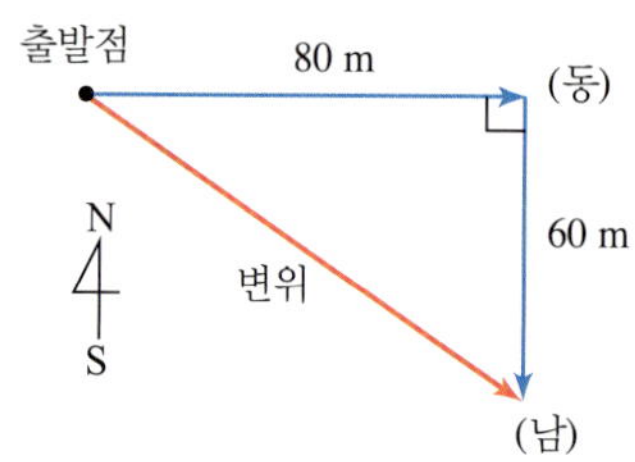

(1) 자동차가 이동한 거리는 $x = 80\text{ m} + 60\text{ m} = 140\text{ m}$이고, 걸린 시간은 $t = 6\text{ s} + 4\text{ s} = 10\text{ s}$이다.

따라서 평균 속력 v는 다음과 같다.

$$v = \frac{x}{t} = \frac{140\text{ m}}{10\text{ s}} = 14\text{ m/s}$$

(2) 10 s 동안의 변위는 벡터이므로 그림과 같이 구한다.

변위는 $x = \sqrt{80^2 + 60^2} = 100\text{ m}$이므로 평균 속도 $\vec{v}$는 다음과 같다.

$$\vec{v} = \frac{x}{t} = \frac{100\text{ m}}{10\text{ s}} = 10\text{ m/s},\ \text{남동 방향}$$

방향은 동과 남 사이 즉, 남동 방향이다.

예제 3 다음 그림의 (가)는 수평 방향으로 4 m/s의 속력으로 날아가고 있는 공이 점 A를 지난 후 3 s 후에 벽의 한 점 B에 충돌한 다음 반대 방향으로 같은 속력으로 운동하는 상황을 나타낸 것이다. 그림의 (나)는 이 공의 운동을 $v-t$ 그래프로 나타낸 것이다. 다음 물음에 답하라.

(1) 속도에서 (+)와 (−)는 어떻게 다른 것일까?

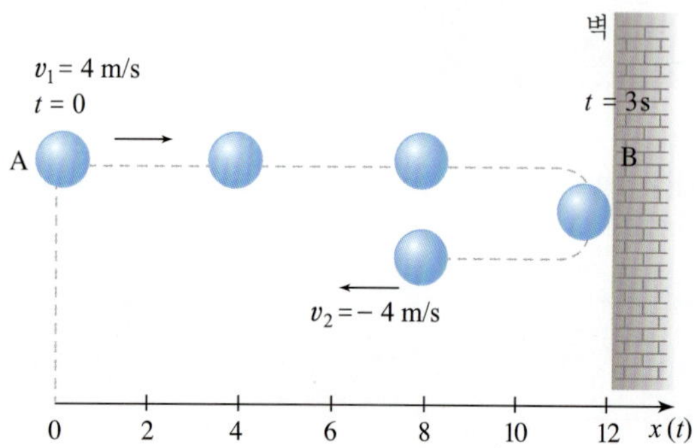

(가) 공의 운동

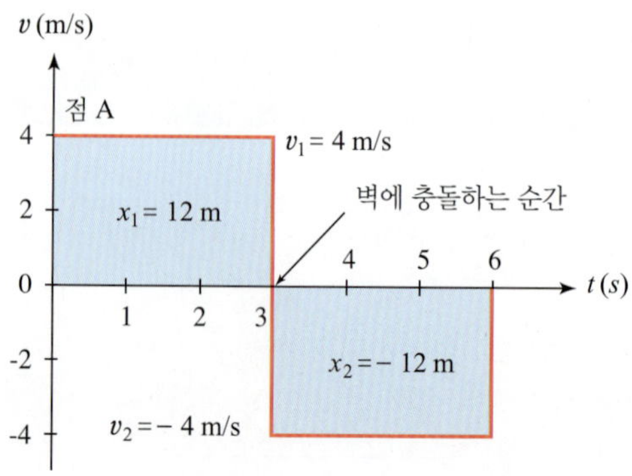

(나) $v-t$ 그래프

(2) 그림 (나)에서 $x_1 = 12$ m는 무엇을 나타내는가? 또 $x_2 = -12$ m는 무엇을 나타내는가?

풀이

(1) 운동 방향이 서로 반대임을 나타낸다.

(2) x_1은 점 A에서부터 충돌 전까지 공이 이동한 거리를 나타내고, x_2는 공이 벽과 충돌한 후 점 A까지 이동한 거리를 나타낸다. 따라서 공의 총 이동 거리는 24 m이다.

1.4 상대 속도

달리고 있는 자동차에서 창밖을 보면 가로수나 건물들이 뒤로 이동하는 것처럼 보인다.

그림 1.15와 같이 고속도로 1차선을 100 km/h의 속력으로 달리는 트럭 A에서 2차선을 80 km/h로 달리는 트럭 B를 보면 트럭 B가 뒤로 멀어지는 것처럼 느껴진다. 속도 v로 달리는 자동차 안에서 창밖을 보면 가로수와 건물들이 자동차의 이동 방향과 반대 방향, 즉 $-v$의 속도로 뒤로 움직이는 것처럼 보인다. 이처럼 물체의 운동은 관측하는 기준에 따라 다르게 나타난다.

그림 1.16에서와 같이 60 km/h의 속도로 달리는 승용차 A를 타고 옆 차선에서 같은 속도로 같은 방향을 향해 달리는 승용차 B를 보면 마치 정지해 있는 것처럼 보인다. 그러면 승용차 A에 타고 있는 사람이 반대 차선에서 60 km/h의 속도로 마주보고 달려오는 봉고차 C에 대해서는 어떻게 보일까? 자동차 밖에 있는 사람이 보면 방향만 다를 뿐 같은 속력으로 달리는 것으로 보이지만, 승용차 A 안에 정지해 있는 사람은 봉고차 C가 자신을 향해 120 km/h의 속력으로 다가오는 것처럼 느낄 것이다.

이와 같이 관찰자가 관찰하는 대상의 속도를 **상대 속도**(relative velocity)라고 한다. 만일 관찰자 A의 속도를 v_A라 하고, 대상의 물체 B의 속도를 v_B라 할 때, A가 관찰한 B의 상대 속도 v_{AB}는 다음과 같다.

그림 1.15 같은 방향을 향해 다른 속력으로 움직이는 두 트럭

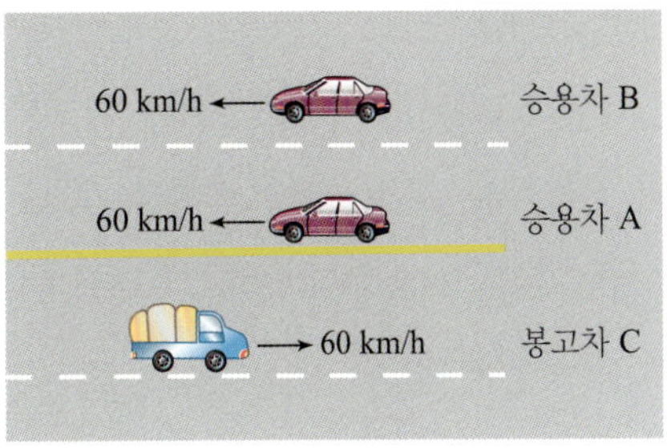

그림 1.16 상대 속도는 움직이는 관측자가 느끼는 속도이다.

상대 속도 = (상대방의 속도, v_B) − (관찰자의 속도, v_A)

$$v_{AB} = v_B - v_A \tag{1-3}$$

■ 동풍이 20 m/s로 불어오고 있다. 자전거를 타고 3 m/s의 속도로 동쪽을 향해 달릴 때 느끼는 자전거를 탄 사람이 관찰하는 바람의 속도는 얼마인가?

생활속의 물리

빗속을 걸어갈 때 우산을 앞으로 기울이는 이유는?

비 오는 날 빠르게 걸어가려면 그림과 같이 우산을 앞으로 숙여야 비를 덜 맞게 된다. 그 이유는 무엇인가?

지면에 대한 빗방울의 상대 속도를 $v_{비}$라 하고, 지면에 대한 사람의 상대 속도를 $v_{사람}$이라고 하자. 그러면 사람에 대한 빗방울의 상대 속도 v는, 지면에 대한 빗방울의 상대 속도 $v_{비}$에서 지면에 대한 사람의 상대 속도 $v_{사람}$를 뺀 값이다.

$$v = v_{비} - v_{사람}$$

이고, 빗방울의 방향은 그림에서 빨간색 화살표의 방향과 같다. 그러므로 사람이 빨리 걸어갈수록 우산을 앞으로 더 기울여야 비를 덜 맞게 된다. 이때 빗줄기가 지면과 이루는 각이 θ라고 하면 $\tan\theta = \dfrac{v_{비}}{v_{사람}}$ 이다.

1.5 가속도

운동하는 물체의 속력이나 운동 방향을 변화시키거나, 또는 속력과 방향을 동시에 변화시키면 물체의 운동 상태가 변한다.

운전자가 다른 자동차를 추월할 때에는 가능한 한 짧은 시간 동안에 속력을 빠르게 변화시켜야 한다. 이처럼 일정한 시간 동안에 물체의 속도가 변할 때 가속도가 있다고 한다.

그림 1.17과 같이 시각 t_1에서의 속도가 v_1이고, 시각 t_2에서의 속도가 v_2일 때, 속도의 변화량을 걸린 시간으로 나눈 값을 가속도라고 한다.

즉, 가속도(acceleration)는 단위 시간(1 s)에 대한 속도의 변화량으로 정의하며 다음과 같이 나타낸다.

$$가속도 = \frac{속도의\ 변화량}{걸린\ 시간}, \qquad \vec{a} = \frac{v_2 - v_1}{t_2 - t_1} = \frac{\Delta \vec{v}}{\Delta t} \tag{1-4}$$

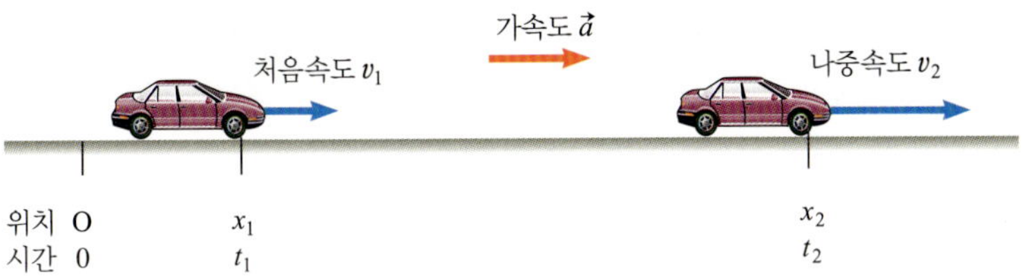

그림 1.17 가속도는 속도의 변화가 있을 때 나타난다.

가속도는 방향이 있는 물리량(벡터)이며, 가속도의 방향은 속도의 변화와 같은 방향이다. 가속도의 단위는 m/s^2이다.

자동차를 타고 있을 때 가속도를 경험할 수 있다. 운전자가 가속 페달을 밟으면 승객의 몸이 뒤로 밀리게 되는데, 이때 승객들은 가속도를 느끼게 된다. 가속이 잘 되는 자동차는 짧은 시간 동안에 속도를 더 많이 변화시킬 수 있다. 가속도를 정의하는 데 핵심이 되는 것은 바로 속도의 변화이다.

> 가속도는 속도가 얼마나 빠른가를 나타내는 물리량이 아니고, 속도의 변화가 얼마나 빠르게 일어나는가를 나타내는 물리량이다.

물체의 운동에서 속도의 변화가 일정한 경우는 흔하지 않다. 그러므로 가속도를 구할 때 어느 일정한 시간 동안에 변화한 속도를 이용하는데 이것을 **평균 가속도**라 한다. 이때 시간 간격을 아주 짧게 하였을 때의 가속도를 **순간 가속도**라고 한다.

물리학에서 가속도의 개념은 속력이 증가되는 경우뿐만 아니라 속력이 감소하는 경우에도 적용된다. 자동차의 제동장치인 브레이크를 밟으면 속력이 갑자기 감소하는데 이 경우에는 **음(−)의 가속도**가 생긴다. 자동차를 운전할 때 브레이크를 갑자기 밟으면 자동차 안의 승객들은 앞으로 쏠리게 되는 음(−)의 가속도를 경험한다. 즉, 일반적으로 속도가 증가할 때의 가속도는 (+)값으로 나타나고 속도가 감소할 때의 가속도는 (−)값으로 나타난다.

TIP 가속도 비교

(+) 가속도 : 속도가 계속 증가하는 구간에서 나타난다.
(−) 가속도 : 속도가 계속 감소하는 구간에서 나타난다.
(0) 가속도 : 일정한 속도로 이동하는 구간에서 나타난다.

가속도는 속력의 변화뿐만 아니라 운동 방향의 변화가 있을 때에도 나타난다. 자동차가 일정한 속력으로 곡선 도로 위를 달리는 경우 가속도가 나타난다. 이때 자동차는 곡선 도로에서 일정한 속력으로 달리더라도 방향이 계속 바뀌기 때문에 속도는 일정하지 않다. 곡선 도로를 달리고 있는 동안 운동의 방향이 계속 변하므로 가속도가 생긴다. 물체의 속력이나 운동 방향이 변하거나 또는 속력과 운동 방향이 둘 다 변한다면 속도가 변하는 것이므로 역시 가속도가 생긴다.

물체가 직선 위에서 동일한 방향으로 운동하는 경우에는 속력과 속도를 같은 의미로 사용해도 무방하다. 물체의 운동 방향이 변하지 않는다면 가속도를 속력의 변화율로 표현해도 무방하다.

일반적으로 물체는 속력이나 운동 방향이 바뀌면서 속도가 변하는데 이와 같이 속도가 시간에 따라 변할 때 가속도가 있다고 한다.

- 자동차의 속력계가 일정한 속력 30 km/h를 가리키고 있다면 자동차의 속도가 일정하다고 말할 수 있는가?
- 속도와 가속도는 각각 무엇의 시간적 변화율인가?
- 자동차에서 속력을 변화시킬 수 있는 장치는 무엇인가? 또 속도의 방향을 변화시킬 수 있는 장치는 무엇인가?

예제 3 어떤 자동차가 직선 도로 위의 점 P에서 점 Q까지 갔다가 점 R까지 되돌아오는 데 10 s가 걸렸다.
(1) 이 자동차가 10 s 동안 달린 거리와 변위는 각각 얼마인가?
(2) 이 자동차의 10 s 동안의 평균 속력과 평균 속도는 각각 얼마인가?

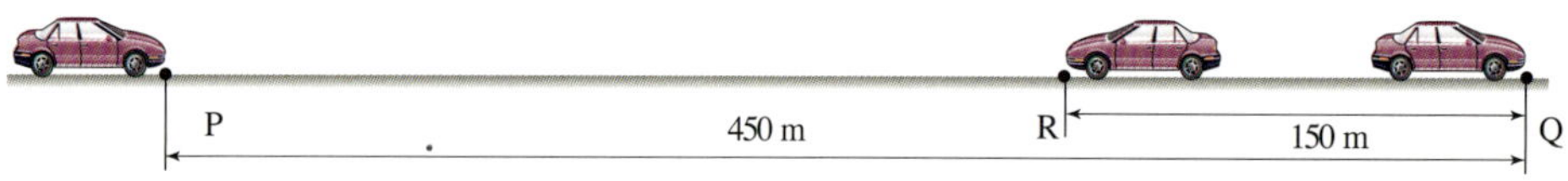

풀이

(1) 10 s 동안 이동 거리 : 450 m + 150 m = 600 m
10 s 동안 이동한 변위 : 450 m − 150 m = 300 m

(2) 10 s 동안의 평균 속력 : $v = \frac{\text{이동거리}}{\text{걸린시간}} = \frac{600\text{ m}}{10\text{ s}} = 60\text{ m/s}$

10 s 동안의 평균 속도 : $\vec{v} = \frac{\text{변위}}{\text{걸린시간}} = \frac{300\text{ m}}{10\text{ s}} = 30\text{ m/s}$

1.6 등가속도 직선 운동

높은 곳에서 손에 들고 있던 물체를 가만히 놓으면 그 속도가 점점 빨라진다. 그림 1.18은 비탈면을 굴러 내려가는 공의 운동을 일정한 시간 간격으로 찍은 다중섬광사진이다.

이 사진을 보면 같은 시간 동안에 공이 굴러간 거리가 점점 길어진 것을 알 수 있는데, 이것은 같은 시간 동안에 공의 속도가 점점 빨라졌다는 것을 의미한다. 이때 같은

그림 1.18 빗면을 굴러 내리는 공의 다중섬광사진(시간간격 0.4 s)

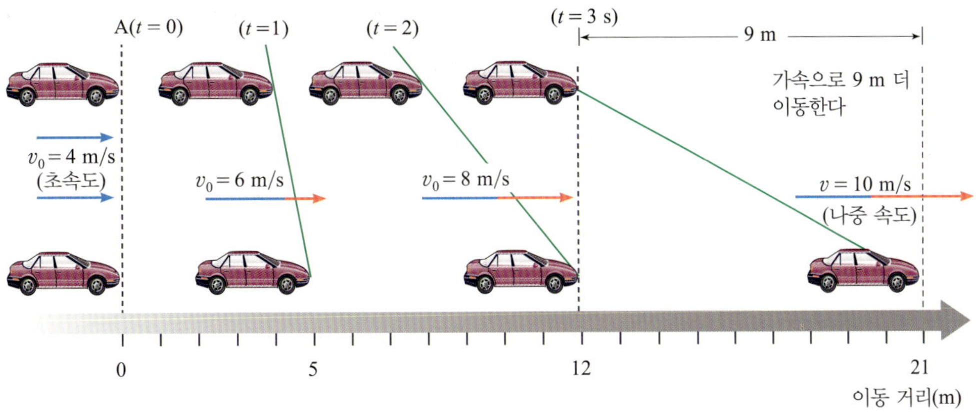

그림 1.19 등가속도 직선 운동하는 자동차의 이동 거리

시간마다 거리의 차를 구하면 그 값이 일정한데 이것은 가속도가 일정하다는 것을 의미한다. 빗면을 굴러 내리는 공의 운동과 같이 가속도가 일정한 직선 운동을 **등가속도 직선 운동**이라고 한다.

그림 1.19에서처럼 초속도 $v_0 = 4$ m/s로 달리는 자동차가 점 A를 지날 때부터 일정한 가속도 $a = 2$ m/s^{2}를 갖는다면 3 s 후의 속도는 얼마로 되는지 알아보자.

자동차가 점 A를 지나는 순간을 $t = 0$라고 하면, 초속도 4 m/s와 가속되어 증가된 속도를 더해주면 나중 속도 v를 얻을 수 있다. 즉

$$v = 4\,\text{m/s} + (2\,\text{m/s}^2 \times 3\,\text{s}) = 10\,\text{m/s}$$

이다. 이 관계를 식으로 나타내면 다음과 같다.

$$v = v_0 + at \tag{1-5}$$

여기서 v_0는 $t = 0$에서의 속도이므로 **처음 속도** 또는 **초속도**라 하고, v는 **나중 속도** 또는 **종속도**라고 한다.

식 (1-5)로 속도와 시간 사이의 관계 그래프(v–t 그래프)를 그려보면 그림 1.20과 같은 직선이 되며, 가속도는 이 직선의 기울기가 된다.

또한 3 s 동안 자동차가 이동한 거리 s는 그림 1.19에서 21 m인 것을 알 수 있다. 이 값은 그림 1.20의 속도 v와 시간 t 사이의 관계 그래프에서 구할 수 있다. 즉, 자동차가 3 s 동안 이동한 거리는 그림 (나)의 그래프에서 색칠한 부분의 넓이와 같으며 이것은 다음과 같이 구할 수 있다.

$$s = \underbrace{4\,\text{m/s} \times 3\,\text{s}}_{\text{등속도 운동으로 이동한 거리}} + \underbrace{\frac{1}{2} \times 2\,\text{m/s}^2 \times (3\,\text{s})^2}_{\text{가속에 의해 증가한 거리}} = 21\,\text{m}$$

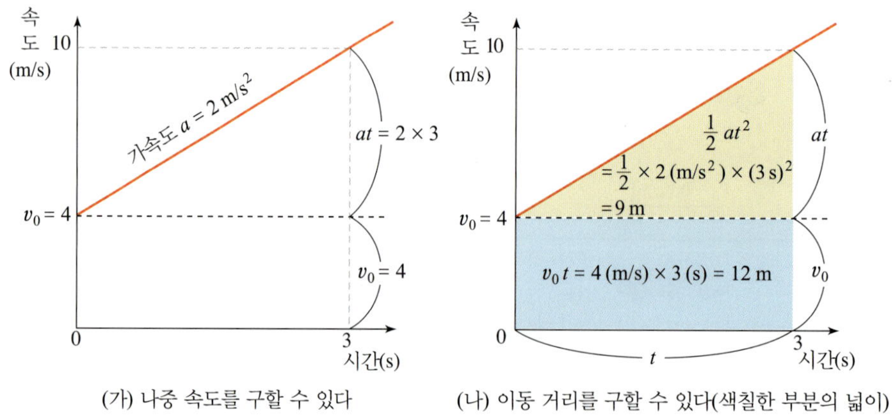

그림 1.20 등가속도운동의 v–t 그래프

이 관계를 식으로 나타내면 다음과 같다.

$$s = v_0 t + \frac{1}{2}at^2 \tag{1-6}$$

이것은 그림 1.20의 (나)의 사다리꼴의 전체 넓이와 같다.

그리고 식 (1–5)와 (1–6)에서 t를 소거하면 다음과 같은 관계식을 얻을 수 있다.

$$v^2 - v_0^2 = 2as \tag{1-7}$$

이 식은 속도와 이동 거리 사이의 관계를 나타내는 식이다.

식 (1–5), 식 (1–6), 식 (1–7)은 운동을 기술하는 데 필요한 기본식으로 유용하게 사용된다.

등가속도 운동은 1638년 갈릴레이가 처음으로 확인하였는데, 그는 빗면을 굴러 내리는 공이 일정한 시간 간격 동안 이동한 거리를 정확히 측정하여 가속도가 일정하다는 것을 알아냈다.

예제 4 초속도 4 m/s로 운동하는 자동차가 등가속도 직선 운동하여 10 s 후에 속도가 30 m/s로 되었다.

(1) 이 자동차의 가속도는 몇 m/s^2인가?

(2) 이 자동차가 10 s 동안 이동한 거리는 몇 m인가?

풀이

(1) 식 (1–5)에서 $a = \frac{v - v_0}{t} = \frac{30\ \text{m/s} - 4\ \text{m/s}}{10\ \text{s}} = 2.6\ \text{m/s}^2$이고

(2) 식 (1–7)에서 $s = \frac{v^2 - v_0^2}{2a} = \frac{(30\ \text{m/s})^2 - (4\ \text{m/s})^2}{2 \times 2.6\ \text{m/s}^2} = 170\ \text{m}$이다.

등가속도 직선 운동은 가속도가 일정한 운동이므로 등가속도 운동을 하는 물체의 속도는 일정한 비율로 증가하거나 감소한다. 이 운동의 가속도와 시간 사이의 관계 그래프($a-t$ 그래프), 속도와 시간 사이의 관계 그래프($v-t$ 그래프), 거리와 시간 사이의 관계 그래프($s-t$ 그래프)를 종합하여 나타내면 표 1.1과 같다.

표 1.1 등가속도 직선 운동에서 $a-t$, $v-t$, $s-t$ 그래프

그래프의 종류	그래프의 모양	그래프	
		속도 증가 ($a>0$)	속도 감소 ($a<0$)
$a-t$ 그래프 (a 일정)	▪ 시간축에 나란한 직선 • 넓이 = 속도의 변화량 ($\Delta v = a \times t$)	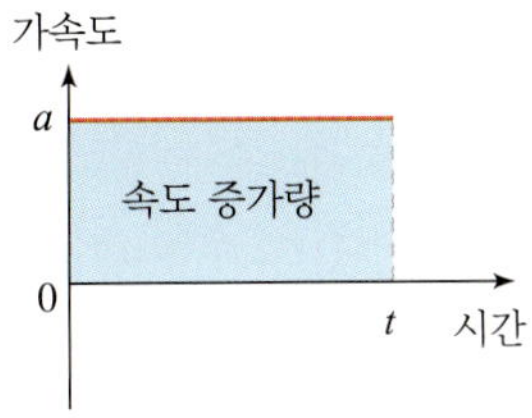	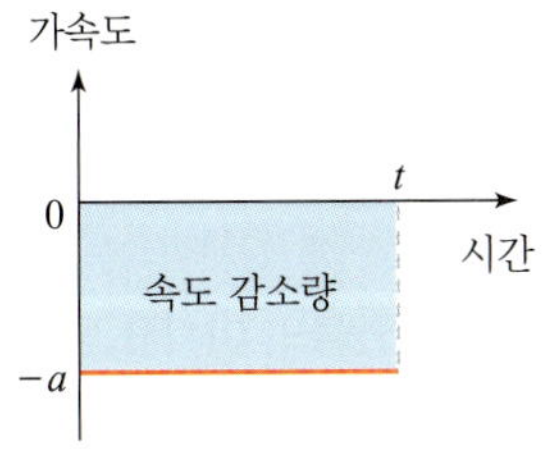
$v-t$ 그래프 ($v=v_0+at$)	▪ 경사진 직선 • 기울기 = 가속도 • 넓이 = 이동 거리 (변위)	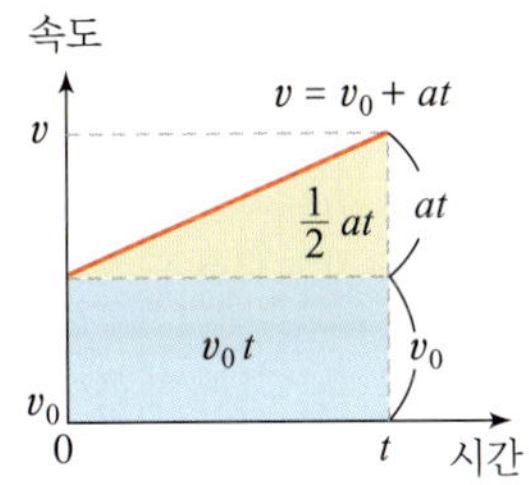	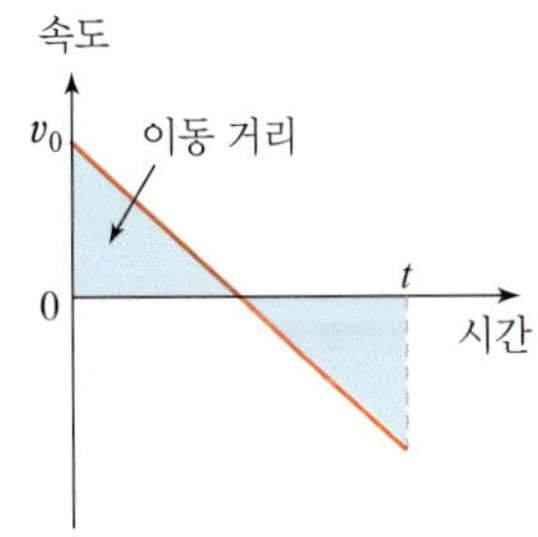
$s-t$ 그래프 ($s=v_0t+\frac{1}{2}at^2$)	▪ 포물선 • 두 점 사이의 직선의 기울기 = 평균 속도 • 접선의 기울기 = 순간 속도	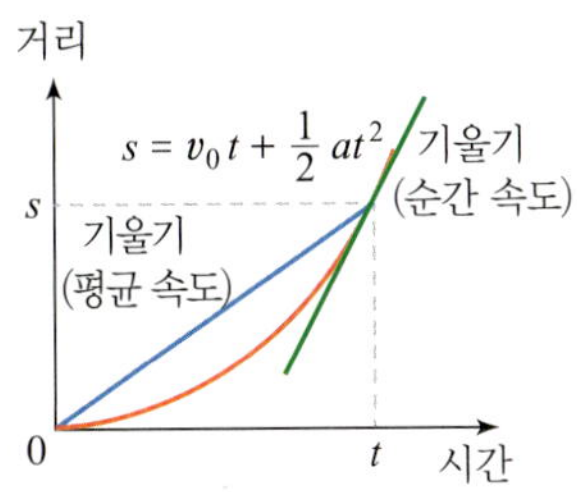	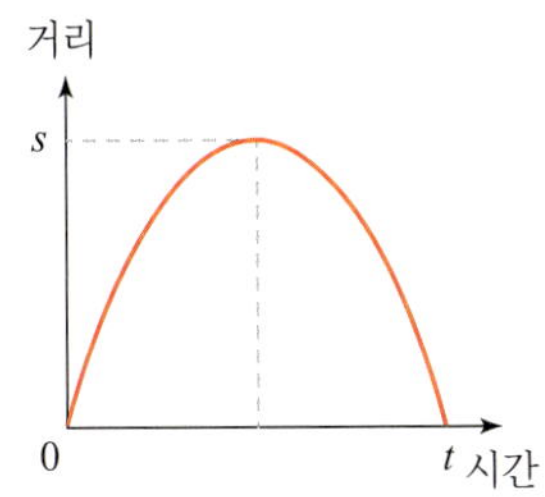

TIP 독립 변수와 종속 변수

- 독립 변수 : 함수 관계에서 다른 변수의 변화와는 관계없이 독립적으로 변화하고 이에 따라 다른 변수의 값을 결정하는 변수.
- 종속 변수 : 두 변수 중 한 변수의 값이 결정되는 데에 따라 그 값이 결정되는 다른 변수. 그래프를 그릴 때는 일반적으로 독립 변수는 x축에 종속 변수는 y축으로 설정한다.

읽을 거리

물리학은 어떤 학문인가?

◈ 물리학(Physics 物理學)의 태동

물리학의 태동은 17세기 유럽의 과학을 대표하는 프랑스 파리 **과학 아카데미**(Académie des sciences)에서 시작되었다. 당시 **과학 아카데미**는 크게 3부로 나누어져 운영되었다. 제1부는 천문학, 역학 등을 수학적으로 해석하고 이해하는 **수학부**, 제2부는 각각 부분적으로 이해되어 왔던 열, 빛, 전기, 자기, 화학, 기체 등의 실험적 현상을 다루는 **실험 과학부**, 그리고 제3부는 자연의 역사를 연구하는 **자연사부**로 구성되었다. 이와 같이 각기 다른 부서에서 연구하는 사람들이 연구를 진행 과정 및 연구 결과를 비교하고 논의하면서 수학적인 분야와 실험적인 분야는 결코 독립적인 분야가 아니라, 서로 보완적이어야 한다는 사실을 인식하기 시작하면서 통합된 학문인 **물리학**(Physics 物理學)의 분야로 자리 잡게 되었다.

◈ 물리학의 본질

'물리학'이라는 단어는 한자로 '物理學'인데, 한자 각각의 의미는 '물건 물', '다스릴 리', '배울 학'이다. 따라서 이 단어는 말 그대로 번역한다면 **'만물의 이치를 탐구한다'**는 뜻을 담고 있다. 물리학의 영어 표현인 Physics의 어원은 그리스어의 **'자연적'**이라는 뜻의 φυσικός(physikos)와 **'자연'**이라는 뜻의 φύσις (physis)에서 왔다. 우리 생활 주변에 있는 모든 사물이나 사건들과, 고도로 발달한 과학 기술 중에서 물리학과 관련되지 않은 것이 거의 없다. 이를 좀 더 구체적으로 표현하면 다음과 같다.

- 물리학은 자연계의 모든 사물과 현상에 대하여 이들이 갖는 규칙성을 관측이나 실험을 통해 조사하고, 그들 결과를 만족하는 법칙을 세우고 이론을 형성해가는 학문이다.
- 물리학은 자연 현상을 지배하는 법칙을 발견하고 이를 응용하는 학문으로, 그 대상은 시 · 공간 자체와 모든 물질의 운동과 구조이다.

◈ 일반물리학(물리학 개론)이 출제되는 각종 시험

모집 분야	출제 범위
국가 및 지방공무원 7급 및 9급(해당 기술직)	전 분야
한전 등 공기업, 대기업(중소기업)	모집 직종에 관련된 분야
국가자격(전기기능사, 전기기사, 전기산업기사, 전기공사기사, 전기철도기사 등)	전자기학(전기와 자기)
광학기사	빛과 파동(기하광학 및 광학기기, 파동광학)
안경사	광학(이론)

단위의 올바른 사용

고대 사회에서 사용한 측정 단위들은 통일성과 규칙성이 없이 지역별, 계급별 등으로 제각기 사용하였다. 점차 사회가 다원화되고 국가의 체계가 만들어지고 교류가 빈번하면서 통일된 단위의 필요성에 의해 단위체계가 선을 보이게 되었다. 우리나라를 비롯한 동양에서는 **척관법**(尺貫法; 길이의 단위를 척, 질량의 단위를 관)이 사용되었다. 척관법은 척근법(尺斤法)이라고도 한다. 서양에서는 **피트 파운드법**(foot-pound system; 길이의 단위를 피트, 질량의 단위를 파운드)을 오랫동안 사용하여 왔다.

그러나 1790년경 프랑스에서 **미터법**이 만들어지고, 1875년 17개국이 미터 협약에 조인함으로써 국제적으로 통일된 단위계가 출발하게 되었다. 그 후 1960년 제11차 국제도량형총회에서 이 미터법의 공식적인 명칭을 **국제단위계**로 정하고, 그 약칭 SI(SI는 프랑스어 Le Système International d'Unités에서 온 약어)를 모든 국가에서 사용하도록 결정하여 오늘에 이르고 있다.

우리가 사용하고 있는 몇몇 단위의 올바른 사용법에 대해 알아보자.

- 단위는 로마자 직립체로 쓴다.
  [보기] 틀린 표기: *kg, mm, cm, km, m/s, kV*
  올바른 표기: kg, mm, cm, km, m/s, kV
- 접두어는 본래 의미대로 사용하며, 문장의 앞에 오더라도 변하지 않는다.
  [보기] 틀린 표기: Kg, KM, Km, CM
  올바른 표기: kg, km, km, cm
- 양과 단위 사이는 한 칸 띄어야 한다. 단 각의 도, 분, 초는 띄지 않는다.
  [보기] 틀린 표기: 35mm, 70kg, 27°C, 23° 35′ 27″
  올바른 표기: 35 mm, 70 kg, 27 °C, 23°35′27″
- 단위를 다른 단위로 나눌 때는 다음 세 가지 방법 모두 사용한다.
  [보기] m/s, $\frac{\text{m}}{\text{s}}$, ms^{-1}
- 접두어를 2개 이상 연속하여 붙여 쓰지 않는다.
  [보기] 틀린 표기 : 1 mμm, 1 μμF
  올바른 표기 : 1 nm, 1 pF
- 접두어를 가진 단위에 붙은 지수는 그 단위의 배수나 전체에 적용된다.
  [보기] $1\ \text{cm}^3 = (10^{-2}\ \text{m})^3 = 10^{-6}\ \text{m}^3$

〈예〉 다음 사진을 보고 단위 표기가 잘못된 경우 두 개를 골라 올바르게 수정해 보자.

(a)

(b)

(c)

(d)

[정답] (a) 9KM → 9 km
(d) 10Kg → 10 kg

연습문제

풀이 ☞ 366쪽

1. 다음 물리량을 벡터량과 스칼라량으로 구별하시오.

① 길이( ) ② 변위( ) ③ 속도( ) ④ 속력( )
⑤ 시간( ) ⑥ 질량( ) ⑦ 힘( )

2. 속력과 속도의 차이점은 무엇인가?

3. 오른쪽 그림은 직선 운동을 하는 두 자동차 A와 B의 운동을 나타낸 그래프이다. 다음 설명 중 옳은 것은?

① B는 항상 A보다 4 m 앞서 있다.
② A가 B보다 빨리 달린다.
③ B가 A보다 빨리 달린다.
④ A와 B의 속도는 모두 0.8 m/s이다.

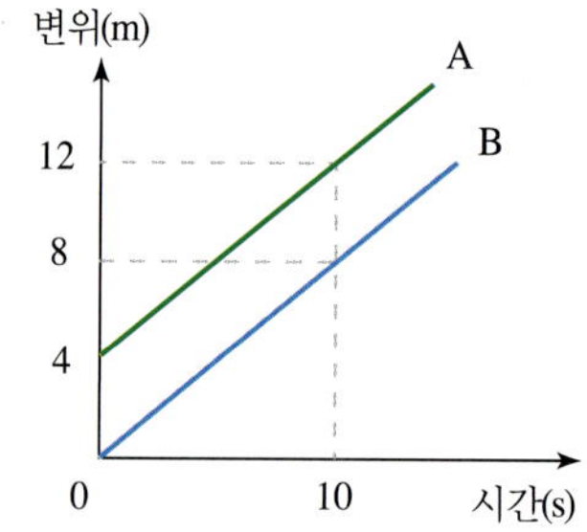

4. KTX–청룡(017편) 열차는 오전 8시 58분 서울역을 출발하여 오전 11시 15분 부산역에 도착한다. 이 열차의 평균 속력은 약 몇 km/h인가? 또 약 몇 m/s인가? 서울역에서 부산역까지의 거리는 약 423 km이다.

5. 1992년 스페인 바르셀로나에서 개최된 제24회 올림픽 마라톤 경기에서 우리나라 황영조 선수는 42.195 km를 2시간 12분 23초에 뛰어 우승하였다. 황영조 선수는 100 m를 평균 몇 초에 달린 셈인가?

6. 그림은 등가속도 직선 운동을 하는 자동차의 속력을 시간에 따라 나타낸 것이다. 자동차의 운동에 대한 설명으로 옳지 않은 것은? 〈9급 지방직 공무원 공채 출제〉

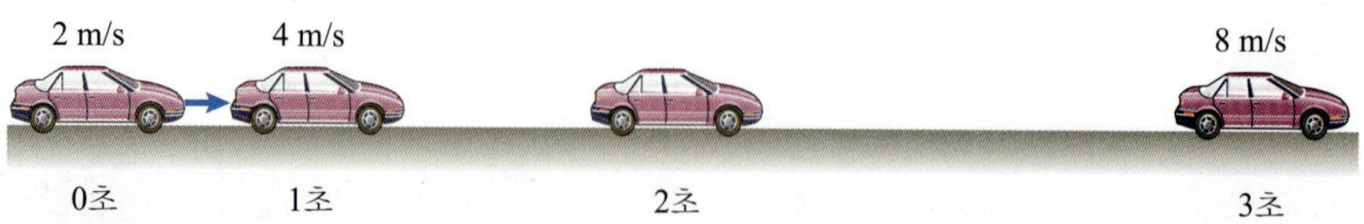

① 가속도의 크기는 2 m/s^{2}이다. ② 2초인 순간의 속력은 6 m/s이다.
③ 1초부터 2초까지 평균 속력은 5 m/s이다. ④ 0초부터 3초까지 이동 거리는 9 m이다.

7. 흐르지 않는 잔잔한 물에 대하여 4 m/s의 속력으로 노를 젓는 뱃사공이, 유속 3 m/s로 흐르는 강물에 직각으로 진행하고 있다.

(1) 실제로 배는 몇 m/s의 속도로 움직이게 되는가?

(2) 강물의 폭이 180 m라 하면 강을 건너가는 데 얼마의 시간이 걸리며, 이 시간 동안 배가 강물을 따라 내려간 거리는 얼마인가?

8. 직선 도로에서 자동차 A는 동쪽으로 80 km/h의 속력으로 달리고, 자동차 B는 서쪽으로 100 km/h의 속력으로 달리고 있다. 관찰자 A에 대한 B의 속도는 얼마인가? 〈9급 지방직 공무원 공채 출제〉

① 동쪽으로 80 km/h
② 서쪽으로 20 km/h
③ 동쪽으로 180 km/h
④ 서쪽으로 180 km/h

9. 다음은 자동차의 속력계를 나타낸 것이다. 물음에 답하시오.

(1) 이 자동차의 현재 속력은 얼마인가?

(2) 이 자동차가 출발하여 같은 방향으로 현재 속력이 되기까지 10 s가 걸렸다고 한다. 이 자동차의 가속도는 몇 m/s^2인가?

10. 다음은 시간기록계에 종이테이프를 매달아 일정하게 앞으로 당겼을 때 종이테이프에 찍힌 운동의 기록을 나타낸 것이다. 이때 사용한 시간기록계는 1 s 동안에 60타점을 찍는 교류용이다. 다음 물음에 답하시오.

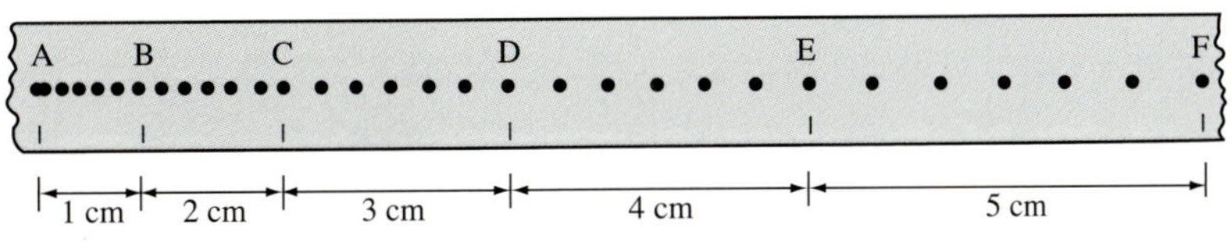

(1) AB, BC, CD, DE, EF 구간에서 각 구간의 평균 속력은 몇 cm/s인가?

(2) 각 구간의 평균 속력은 몇 cm/s인가?

(3) 이 운동에서 평균 가속도는 몇 cm/s^2인가?

(4) 이 운동의 특징을 설명하시오.

11. 다음 물음에 답하시오.

(1) 직선 도로 위를 달리고 있는 자동차의 속도가 시속 30 km/h에서 가속되어 6.0 s만에 90 km/h로 되었다. 이 구간에서의 자동차의 평균 가속도는 얼마인가?

(2) 또 이 자동차가 시속 90 km/h로 달리다가 장애물을 발견하고 브레이크를 밟아 10.0 s만에 정지하였다면 브레이크를 밟아 정지할 때까지의 평균 가속도는 얼마인가?

12. 어떤 경주용 자동차가 일정한 가속도로 정지상태에서 42.0 m/s까지 속력을 내는 데 8.0 s가 걸렸다고 한다.

(1) 이 자동차의 가속도는 몇 m/s^2인가?

(2) 처음 8.0 s 동안에 이동한 거리는 몇 m인가?

(3) 이 가속도로 계속 달릴 경우 10.0 s 후의 속력은 몇 m/s인가?

13. 그림은 직선 운동을 하고 있는 물체의 $v-t$ 그래프이다. 그림을 보고 (　　) 속에 맞는 답을 써 넣어라. 단, x축이 시간, y축이 속도이다.

(1) AB 사이의 가속도는 (　　) m/s^2이다.

(2) AB 사이의 변위는 (　　) m이다.

(3) BC 사이의 가속도는 (　　) m/s^2이다.

(4) BC 사이의 변위는 (　　) m이다.

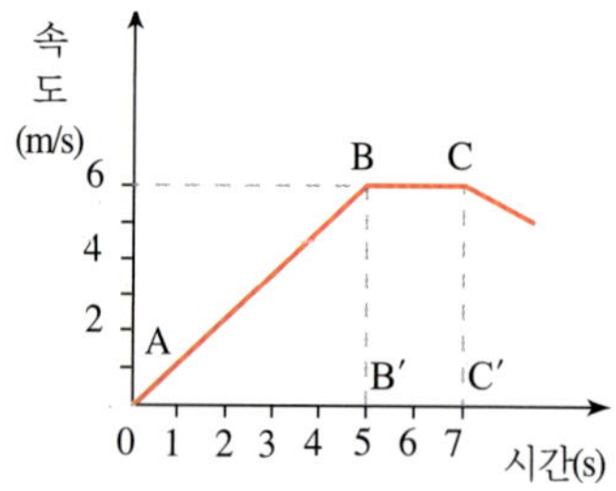

14. 오른쪽 그래프는 직선 운동을 하는 어떤 물체의 속도와 시간 사이의 관계를 나타낸 것이다. 다음 물음에 답하여라.

(1) 이 물체의 초속도는 얼마인가?

(2) 출발 후 20 s에서의 이 물체의 속도는 몇 cm/s인가?

(3) 출발 후 10 s와 20 s 사이의 이 물체의 평균 속도는 몇 cm/s인가?

(4) 출발 후 10 s와 35 s 사이에 이 물체가 이동한 거리는 몇 cm/s인가?

(5) 출발 후 20 s와 30 s 사이의 가속도는 몇 cm/s^2인가?

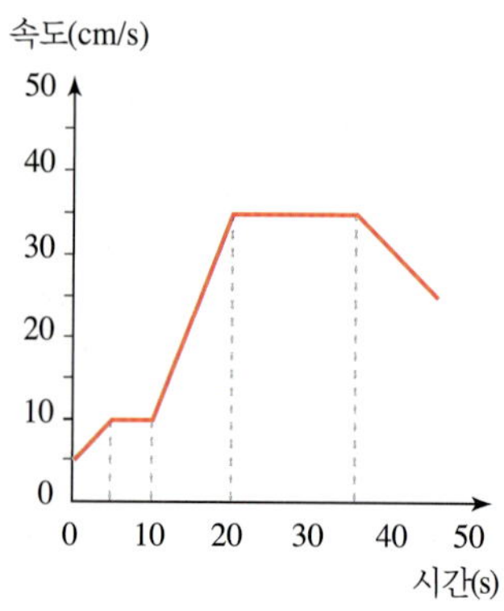

2장

중력장 내의 운동

© 김영우

▲ **지대공 미사일(천마와 패트리엇)**
천마(K-31)는 한국에서 개발한 5 km 이하의 저고도로 접근하는 비행체 등에 방어를 담당한다. 궤도식 차체에 미사일과 탐지(20 km) 및 추적(16 km) 레이더가 탑재되어 있다. 최고 속도 마하 2.6이며, 유효 사거리는 9 km이다. **패트리엇(patriot)**는 미국에서 개발한 장거리 지대공 미사일로 유효 사거리는 70~80 km이며, 최대고도 24 km까지 요격이 가능하다. 최고 속도는 마하 6.0이며, 순항 속도는 마하 3.0~3.5이다. 중력장 내에서 물체의 운동에 대한 여러 법칙들은 방위 산업에도 많은 영향을 미치고 있다. (2023 계룡군문화축제에서 촬영)

지구상의 모든 물체는 항상 지구의 인력, 즉 중력을 받고 있으며 중력의 방향은 언제나 지구 중심을 향한다. 지구 주위에서와 같이 중력이 작용하는 공간을 중력장(gravitation field)이라고 한다. 중력장은 중력의 존재를 설명하기 위한 물리학적인 모형으로 중력이 작용하고 있는 지구 주위의 공간을 말한다. 중력장 내에 있는 물체는 어떤 운동을 하는지 알아보자.

2.1 자유 낙하 운동

놀이공원에서 자이로 드롭(gyro drop)을 타보면 두 가지 느낌을 받을 수 있다. 처음에는 자유 낙하할 때 느끼는 무중력감과, 떨어지다가 갑자기 정지할 때 느끼는 압박감이다.

손에 들고 있던 물체를 가만히 놓아 낙하시킬 때처럼, 물체가 정지상태로부터 중력만을 받으면서 낙하하는 운동을 **자유 낙하 운동**이라고 한다. 자유 낙하하는 물체의 속도는 일정하게 증가한다. 이것은 물체가 낙하하고 있는 동안 중력이 계속 작용하기 때문이다. 자유 낙하 운동은 등가속도 운동의 대표적인 예이다.

낙하하는 물체의 가속도는 지구 중력에 의해 생기므로 **중력가속도**(acceleration of gravity)라 하고 g로 나타내며 그 크기는 다음과 같다.

$$g = 9.8\,\mathrm{m/s^2}$$

그림 2.1 진공 중에서 사과와 깃털은 동시에 떨어진다.

만일 공기 중에서 깃털과 사과를 동시에 떨어뜨리면 어느 것이 먼저 떨어질까? 분명히 사과가 먼저 떨어질 것이다. 이것은 깃털과 사과 모두 중력에 의해 떨어지지만, 공기의 저항이 깃털에서 더 크기 때문에 깃털이 늦게 떨어지게 된다. 그러나 그림 2.1에서 보는 것처럼 진공 중에서 깃털과 사과를 동시에 떨어뜨리면 공기의 저항을 받지 않고 중력만 받기 때문에 둘 다 똑같이 떨어지게 된다.

낙하 운동은 고대로부터 많은 사람들의 관심을 끌어 왔다. 고대 그리스의 철학자 아리스토텔레스는 물체가 자유 낙하할 때 그 속도는 물체의 무게에 비례한다고 주장하였다. 그리고 부피가 같고 무게가 다른 두 물체를 동시에 낙하시키면 무거운 물체가 가벼운 물체보다 더 빠르게 떨어진다고 생각하였다. **아리스토텔레스**의 이러한 잘못된 생각은 중세까지 이어져 내려왔다.

(가) (나)

그림 2.2 낙하 운동에 대한 아리스토텔레스(가)의 생각과 갈릴레이(나)의 생각

갈릴레이는 그림 2.2에서 보는 바와 같이 피사의 사탑에서 무거운 물체와 가벼운 물체를 같은 높이에서 동시에 떨어뜨리는 머릿속 실험(사고실험)을 통해 공기의 저항이 없을 경우에는 무거운 물체와 가벼운 물체가 동시에 떨어진다는 것을 추론함으로써 자유 낙하 운동에 대하여 바르게 이해하는 첫걸음을 내딛게 되었다.

그림 2.3의 (가)는 자유 낙하하고 있는 사과를 1/30 s 간격으로 찍은 다중 섬광 사진이다. 이 사진에서 각 순간에서의 사과의 위치를 비교해 보면 낙하 거리가 일정하게 커지는 것을 알 수 있다. 즉, 자유 낙하하는 물체의 운동은 시간이 지남에 따라 물체의 속도가 일정하게 빨라지므로 등가속도 직선 운동을 한다는 것을 알 수 있다.

자유 낙하 운동의 시간에 따른 속도와 낙하 거리의 관계는 그림 (나)와 같이 나타낼 수 있다. 즉, 이 그림에서 보는 바와 같이 물체의 처음 위치를 원점으로 할 때, 원점에서 연직 아래쪽으로 향하는 초속도 v_0는 0이고 가속도가 g인 등가속도 직선 운동을 한다. 등가속도 직선 운동의 식 (1-5), 식 (1-6), 식 (1-7)에 $v_0 = 0$와 $a = g$ 그리고 $s = y$를 대입하면 다음과 같은 자유 낙하 운동의 식을 얻는다.

$$v = v_0 + at \quad \rightarrow \quad v = gt \tag{2-1}$$

$$s = v_0 t + \frac{1}{2}at^2 \quad \rightarrow \quad y = \frac{1}{2}gt^2 \tag{2-2}$$

$$v^2 = v_0^2 + 2as \quad \rightarrow \quad v^2 = 2gy \tag{2-3}$$

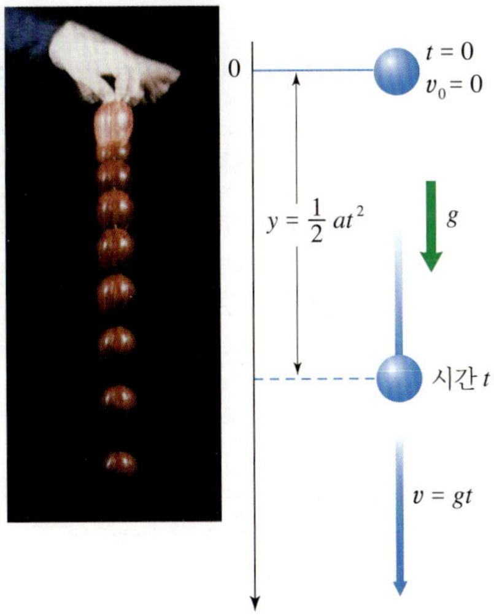

(가) 사과의 자유 낙하 운동(시간 간격 1/30 s) (나) 자유 낙하 운동에서 시간에 따른 속도와 낙하 거리

그림 2.3 자유 낙하 운동을 하면 속도는 차츰 증가한다.

자유 낙하 운동의 식을 그래프로 나타내 보면 그림 2.4와 같다. 이 그래프는 앞에서 본 등가속도 직선 운동의 그래프와 거의 비슷하다.

자유 낙하 운동은 가속도가 일정하므로 가속도–시간($g-t$) 그래프는 x축과 평행한 직선이다. 또 속도–시간($v-t$) 그래프는 $v_0 = 0$이고 t에 대한 일차 함수이므로 원점에서 시작하는 직선이 그려지고 기울기는 가속도 g가 된다. 그리고 낙하 거리–시간($y-t$) 그래프는 t에 대한 이차 함수이므로 아래로 볼록한 그래프가 된다.

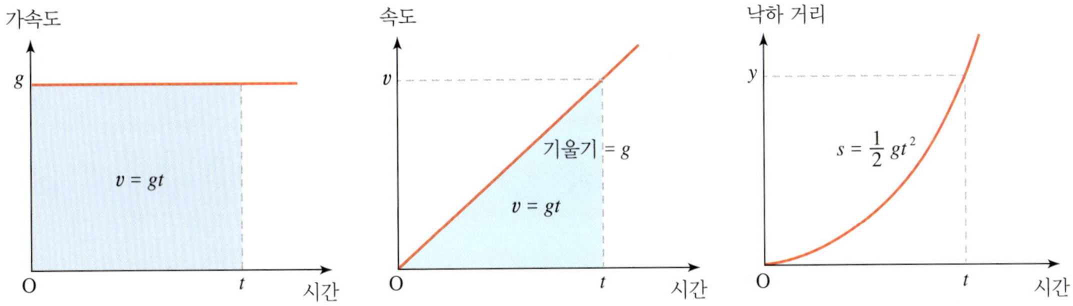

(가) 가속도–시간 그래프 (나) 속도–시간 그래프 (다) 낙하 거리–시간 그래프

그림 2.4 자유 낙하 운동에서 변수 사이의 관계 그래프

예제 1 그림과 같이 높이가 70.0 m인 기울어진 탑 위에서 공을 자유 낙하시켰다고 하자. 다음 물음에 답하여라.

(1) 1.0 s, 2.0 s 후의 공의 높이는 몇 m인가?

(2) 공이 지면에 도달하는 데 걸리는 시간과, 지면에 닿는 순간의 속도는 각각 얼마인가?

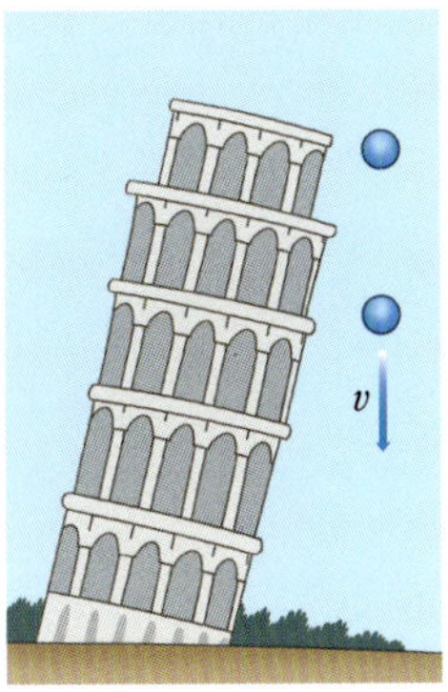

풀이

(1) 1.0 s 동안 공이 낙하한 거리는 식 (2-2)에서

$$y = \frac{1}{2}gt^2 = \frac{1}{2} \times 9.8\,\text{m/s}^2 \times (1.0\,\text{s})^2 = 4.9\,\text{m}$$

이므로 1.0 s 후 지면으로부터 공까지의 높이는 70 m − 4.9 m = 65.1 m이다. 또 2.0 s 동안 공이 낙하한 거리는 $y = \frac{1}{2}gt^2 = \frac{1}{2} \times 9.8\,\mathrm{m/s^2} \times (2.0\,\mathrm{s})^2 = 19.6\,\mathrm{m}$이므로 지면으로부터의 높이는 70 m − 19.6 m = 50.4 m이다.

(2) 공이 지면에 도달하는 시간은 $y = \frac{1}{2}gt^2$에서 $t = \sqrt{\frac{2y}{g}} = \sqrt{\frac{2 \times 70.0\,\mathrm{m}}{9.8\,\mathrm{m/s^2}}} = 3.8\,\mathrm{s}$이다. 또, 공이 지면에 도달하는 순간의 속도는 식 (2-1)을 이용하면 구할 수 있다.

$$v = gt = 9.8\,\mathrm{m/s^2} \times 3.8\,\mathrm{s} = 37.2\,\mathrm{m/s}$$

2.2 연직 아래로 던진 물체의 운동

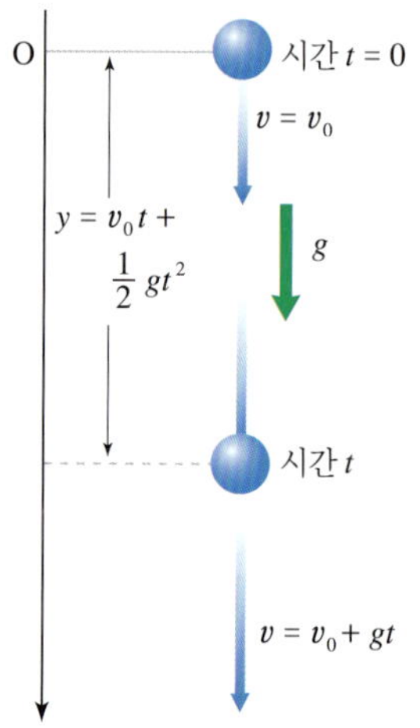

그림 2.5 연직 아래로 던진 물체의 운동

물체를 던진다는 것은 물체에 처음 속도가 주어진다는 것을 말한다. 물체를 공중에서 던지고 나면 그 물체에는 외부에서 작용하는 다른 힘이 없으므로 단지 중력에 의하여만 낙하하게 된다. 그러면 연직 아래로 던진 물체의 운동은 자유 낙하 운동과는 어떤 차이점이 있을까?

그림 2.5와 같이 어떤 높이에서 물체에 초속도를 주어 낙하시키면 이 물체는 자유 낙하 운동에서와 같이 등가속도 직선 운동을 한다. 이때 물체를 아래로 던졌기 때문에 (+)값의 초속도 v_0를 갖게 된다. 따라서 연직 아래로 던진 물체의 운동의 식은 자유 낙하의 식에 초속도 v_0만 추가하면 되므로 다음과 같이 나타낼 수 있다.

$$v = v_0 + gt \tag{2-4}$$

$$y = v_0 t + \frac{1}{2}gt^2 \tag{2-5}$$

$$v^2 - v_0^2 = 2gy \tag{2-6}$$

2.3 연직 위로 던진 물체의 운동

야구공을 연직 위로 던져 올리면 얼마 동안 위로 올라가다가 다시 지면으로 떨어진다. 야구공이 이러한 운동을 하는 이유는 무엇일까?

이 경우는 앞에서 설명했던 두 가지 경우와 약간 구별된다. 앞의 두 경우에서는 물체의 운동 방향이 기준 위치에 대해 아랫 방향이므로 이 방향을 (+)로 생각하였다. 그러나 연직 위로 던진 물체의 운동에서는 이와 반대로 윗방향을 (+)로 생각하자. 이 경우에는 중력가속도의 부호가 바뀌게 된다.

이 경우에도 힘을 가해 물체를 던졌으므로 초속도 v_0가 주어진다. 그러나 앞의 두 경우와는 달리 물체의 운동 방향이 기준점의 위쪽이므로 윗방향을 (+)방향으로 잡으면 중력가속도의 방향은 (−)가 된다.

연직 위로 초속도 v_0로 던져 올린 물체의 운동은 그림 2.6과 같이 위로 올라가면서 속도가 점점 느려지다가 최고 높이에 이르면 0이 된다. 그리고 물체는 최고점에서 순간적으로 정지하였다가 이때부터는 자유 낙하 운동을 하게 된다. 그리고 물체가 기준점에 도달할 때는 속도의 크기는 던질 때의 초속도와 같지만 방향이 반대인 $-v_0$의 속도로 떨어지게 된다. 이것은 물체가 낙하하는 동안 중력이 아랫 방향으로 작용하였기 때문이다. 따라서 물체의 가속도는 $-g$로 생각할 수 있다.

그러므로 물체를 던진 위치를 기준점으로 하고 초속도를 v_0, 시간 t초 후의 속도를 v, 연직 거리를 y라고 하면 연직 위로 던진 물체의 운동의 식은 다음과 같다.

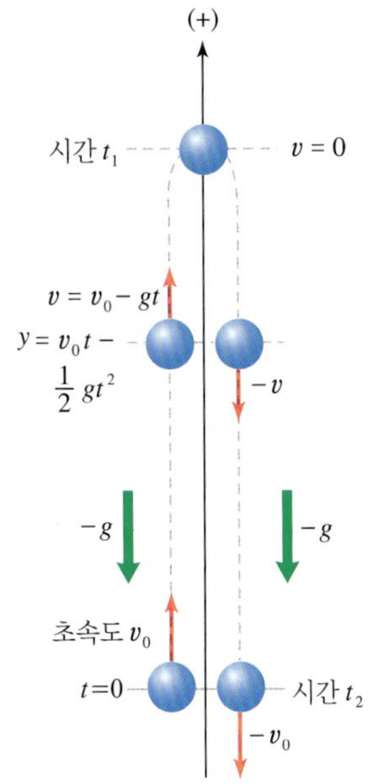

그림 2.6 연직 위로 던진 물체의 운동

$$v = v_0 - gt \tag{2-7}$$

$$y = v_0 t - \frac{1}{2}gt^2 \tag{2-8}$$

$$v^2 - v_0^2 = -2gy \tag{2-9}$$

이 운동에서 가속도–시간($g-t$), 속도–시간($v-t$), 위치–시간($y-t$) 사이의 관계 그래프를 그리면 그림 2.7과 같다.

가속도 g는 일정하며 기준 위치에 대해 음(−)의 값을 가지므로 가속도–시간의 관계 그래프는 그림 2.7의 (가)와 같이 음의 값을 가지며 x축과 나란한 직선이 된다. 그리고 식 (2-7)를 변형하면 $v = -gt + v_0$가 되므로, 속도–시간의 관계 그래프는 그림의 (나)와 같이 기울기가 $-g$로 음의 값을 갖고, y절편이 v_0인 직선이 그려진다. 이 그래프에서 알 수 있듯이 물체가 위로 올라갔다가 다시 내려왔을 때의 속도는 던질 때의 속도와 크기는 같고 방향이 반대인 $-v_0$가 된다. 따라서 물체가 최고점에 올라가는 데 걸리는 시간을 t_1, 다시 기준 위치로 왔을 때의 시간을 t_2라고 하면 t_1에서의 속도는 0이 되므로 x축과 만나게 되고, 물체는 계속해서 t_2까지 운동하게 되므로 그래프는 $-v_0$까지 내려온다.

한편, 식 (2-8)을 약간 변형해 보면 $y = -\frac{1}{2}gt^2 + v_0 t$가 된다. 이 식을 보면 이차 함수

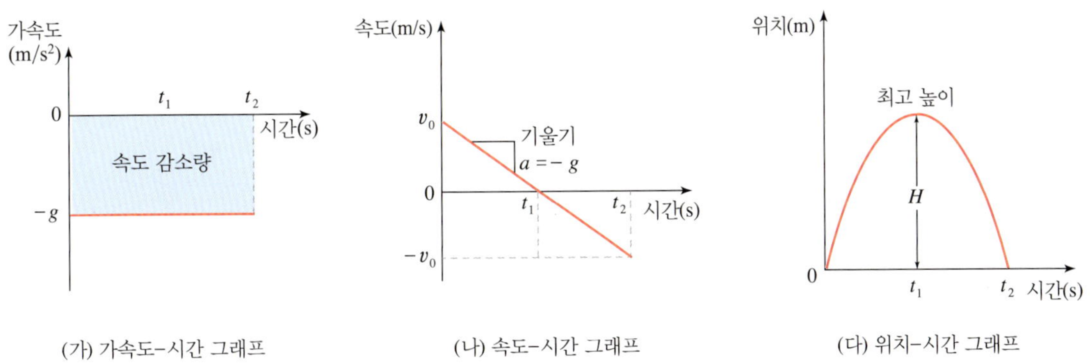

그림 2.7 연직 위로 던진 물체의 운동그래프

에서 최고차항의 계수가 음수이므로 그래프는 위로 볼록한 포물선의 형태가 되며, 물체가 기준 위치에서 출발하였으므로 변위는 0이 되므로 그래프의 원점에서 시작하게 된다. 그리고 속도가 0이 되는 시각 t_1이 최고점이므로 그래프의 꼭지점이 t_1에 위치하게 된다. 또한 물체가 시각 t_2에 기준 위치로 되돌아오므로 t_2에서 변위는 0이 되며, 그래프는 그림 (다)와 같이 그려진다.

그러면 물체가 최고점에 도달하는 데 걸리는 시간 t_1, 다시 기준 위치로 돌아오는 데 걸리는 시간 t_2, 그리고 최고점의 높이 H를 구해 보자.

최고점에 도달하는 시간 t_1은 최고점에서의 속도가 0이라는 점을 이용하면 $v = v_0 - gt$에서 $v = 0$이므로 t_1은 다음과 같다.

$$t_1 = \frac{v_0}{g} \tag{2-10}$$

그리고 물체가 기준 위치에 돌아오는 시간 t_2는 $v = v_0 - gt$에서 $v = -v_0$이므로 다음과 같다.

$$t_2 = \frac{2v_0}{g} \tag{2-11}$$

한편, 물체의 최고 높이 H는 $v = 0$일 때의 높이이므로 $v^2 - v_0^2 = -2gy$에서 $y = H$로 놓고 정리하면 다음과 같다.

$$H = \frac{v_0^2}{2g} \tag{2-12}$$

예제 2 어떤 물체를 연직 위로 던졌더니 그 물체가 올라간 최고 높이가 19.6 m이었다. 다음 물음에 답하여라.

(1) 물체의 초속도 v_0는 몇 m/s인가?

(2) 이 물체가 높이 9.8 m인 곳을 지날 때의 속도는 몇 m/s인가?

풀이

(1) 최고점의 높이 $H = \frac{v_0^2}{2g}$에서 구할 수 있다.

$$19.6\,\text{m} = \frac{v_0^2}{2 \times 9.8\,\text{m/s}^2} \qquad \therefore\ v_0 = 19.6\,\text{m/s}$$

(2) $v^2 - v_0^2 = -2gy$에서 속도 v를 구할 수 있다.

$$v^2 - (19.6\,\text{m/s})^2 = -2 \times 9.8\,\text{m/s}^2 \times 9.8\,\text{m} \qquad \therefore\ v = 13.9\,\text{m/s}$$

2.4 포물선 운동

야구 경기에서 타자가 쳐낸 공은 포물선을 그리면서 날아가는 경우가 많다. 이처럼 물체를 공중에서 수평으로 던지거나 비스듬히 던져 올리면 초속도의 방향과 가속도의 방향이 같지 않기 때문에 포물선 운동을 하게 된다. 그러면 포물선 운동에 대해 알아보자.

1) 수평 방향으로 던진 물체의 운동

그림 2.8의 (가)에서 공 A는 자유 낙하시키고 동시에 공 B는 수평 방향으로 던진 것을 일정한 시간 간격으로 찍은 다중섬광사진이다. 이 그림을 보면 중요한 특징 두 가지를 알 수 있다. 하나는 떨어지는 모습을 보면 같은 시간에 지상으로부터의 높이가 같다는 사실이다. 공 A와 같이 자유 낙하시킨 경우나, 공 B와 같이 수평으로 던진 경우나 같은 시간 동안 아래로 떨어진 거리가 같다는 것이다.

또 다른 하나는 공 B가 같은 시간 동안 수평 방향으로 이동한 거리가 일정하다는 것이다. 즉, 수평 방향으로 던진 공의 운동은 수평 방향으로는 등속도 운동을 하고 연직 아래 방향으로는 등가속도 운동을 한다는 것을 알 수 있다.

TIP 수평 방향으로 던진 물체의 운동 특성

- 수평 방향 : 등속도 운동
- 연직 방향 : 등가속도 운동

수평 방향으로 던진 물체가 그림 (나)의 점 P에 도달할 때까지의 시간을 t, 점 P에서의 속도 v의 x 성분과 y 성분을 각각 v_x, v_y라고 하면 다음 관계가 있다.

$$v_x = v_0, \quad v_y = gt \tag{2-13}$$

이때, 시간 t초 후의 속도 v는 다음과 같이 구할 수 있다.

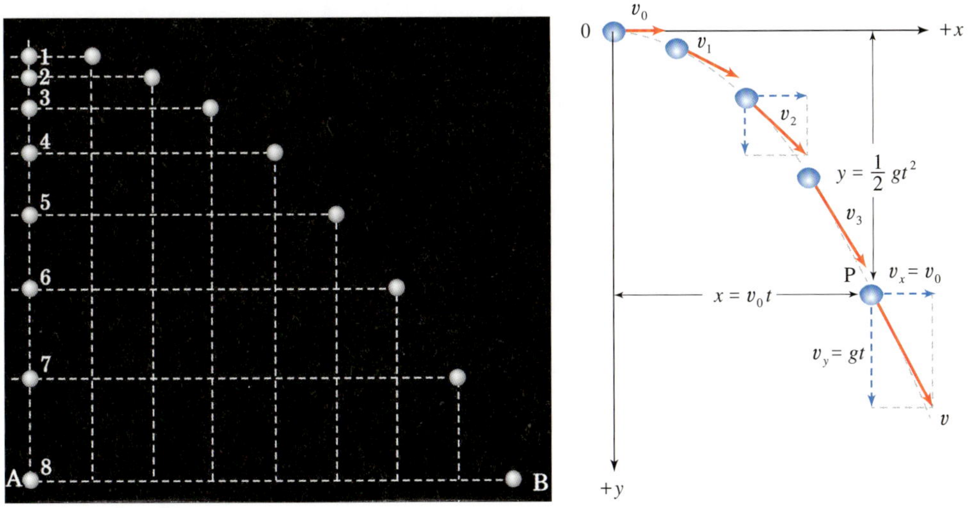

(가) 자유 낙하하는 공과 수평 방향으로 던진 공의 다중섬광사진 (나) 수평 방향으로 던진 공의 운동 궤적

그림 2.8 포물선 운동의 해석

$$v = \sqrt{{v_x}^2 + {v_y}^2} = \sqrt{{v_0}^2 + (gt)^2} \tag{2-14}$$

또, 시간 t 동안 물체가 수평 방향으로 이동한 거리 x와 연직 방향으로 낙하한 거리 y는 각각 다음과 같다.

$$x = v_0 t, \quad y = \frac{1}{2} g t^2 \tag{2-15}$$

이 식에서 t를 소거하면 다음과 같다.

$$y = \frac{g}{2v_0^2} x^2 \tag{2-16}$$

이 식을 자세히 살펴보면 y는 x의 이차 함수임을 알 수 있다. 즉, 수평 방향으로 던진 물체의 운동 경로는 포물선임을 알 수 있다.

2) 비스듬히 위로 던진 물체의 운동

골프 선수가 공중으로 멀리 쳐낸 공, 농구 선수가 골대를 향해 던진 공, 축구 선수가 멀리 차 올린 공 등은 모두 포물선을 그리면서 날아간다. 이 경우에는 수평 방향으로 던진 물체의 운동과 어떻게 다를까?

그림 2.9와 같이 수평면과 θ의 각을 이루면서 초속도 v_0로 던진 물체의 운동에 대해 알아보자.

원점에서 초속도 v_0의 x 성분과 y 성분을 각각 v_{0x}, v_{0y}라고 하면 다음과 같이 나타낼 수 있다.

$$v_{0x} = v_0 \cos\theta, \quad v_{0y} = v_0 \sin\theta \tag{2-17}$$

이 물체는 수평 방향으로는 등속 운동을 하고, 연직 방향으로는 가속도가 $-g$인 등가속도 운동을 하므로 시간 t초 후의 속도 v의 x 성분과 y 성분을 각각 v_x, v_y라고 하면

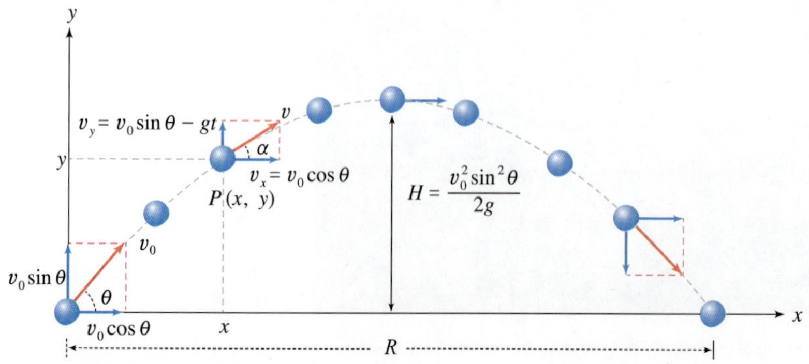

그림 2.9 비스듬히 위로 던진 물체의 운동의 해석

이들 성분은 다음과 같다.

$$v_x = v_0 \cos\theta, \quad v_y = v_0 \sin\theta - gt \tag{2-18}$$

따라서 시간 t초 후의 물체의 속도 v는 다음과 같이 구할 수 있다.

$$v = \sqrt{{v_x}^2 + {v_y}^2}, \quad \tan\alpha = \frac{v_y}{v_x} \tag{2-19}$$

그리고 시간 t초 후의 물체의 수평 방향의 위치 x와, 연직 방향의 위치 y는 다음과 같다.

$$x = v_0 \cos\theta \cdot t \tag{2-20}$$

$$y = v_0 \sin\theta \cdot t - \frac{1}{2} gt^2 \tag{2-21}$$

그림 2.10 우리 군에 배치된 K9A1 자주곡사포 포탄이 포물선 운동을 한다(2024년 계룡군문화축제).

위의 두 식에서 t를 소거하면 이 물체의 궤도의 식을 얻을 수 있다.

$$y = \tan\theta \cdot x - \frac{g}{2v_0^2 \cos^2\theta} x^2 \tag{2-22}$$

이 식 역시 y가 x의 이차 함수이므로 물체의 운동 경로는 포물선이라는 것을 알 수 있다. 즉, 비스듬히 위로 던진 물체의 경우도 포물선 운동을 한다.

다음으로 비스듬히 위로 던진 물체가 최고점에 도달하는 데 걸리는 시간을 알아보자.

최고점에서는 수직 성분의 속도 v_y가 0이 되므로 최고점에 도달하는 시간을 t_1이라 하면 $v_y = v_0 \sin\theta - gt$에서 $v_0 \sin\theta - gt_1 = 0$이고 이 식을 t_1에 대해 정리하면 다음과 같다.

$$t_1 = \frac{v_0 \sin\theta}{g} \tag{2-23}$$

그리고 식 (2-21)에 t_1을 대입하면 최고점의 높이 H를 구할 수 있다.

$$H = \frac{v_0^2 \sin^2\theta}{2g} \tag{2-24}$$

그리고 비스듬히 위로 던진 물체가 최고점에 올라갔다가 다시 기준 위치로 내려오는 데 걸리는 시간을 t_2라고 하면, 이는 최고점에 도달하는 시간 t_1의 2배이므로 다음과 같다.

$$t_2 = 2t_1 = \frac{2v_0 \sin\theta}{g} \tag{2-25}$$

그러므로 물체의 수평도달거리 R은 식 (2-20)의 t에 t_2을 대입하여 구할 수 있다.

$$R = v_0 \cos\theta \cdot t_2 = v_0 \cos\theta \cdot \frac{2v_0 \sin\theta}{g} = \frac{2v_0^2 \cos\theta \cdot \sin\theta}{g}$$

그림 2.11 우리 군의 블랙 이글스 곡예비행 팀이 중력을 거스려 공중으로 상승하고 있다(서울공항에서 촬영).

여기서 $2\cos\theta \cdot \sin\theta = \sin 2\theta$이므로 R은 다음과 같다.

$$R = \frac{v_0^2 \sin 2\theta}{g} \tag{2-26}$$

이 식에서 $\sin 2\theta = 1$이 되는 경우가 최대가 된다. 따라서 $2\theta = 90°$, 즉 $\theta = 45°$인 경우가 가장 멀리 나간다. 즉, 최대도달거리 $R_{최대}$는 다음과 같다.

$$R_{최대} = \frac{v_0^2}{g} \tag{2-27}$$

- 공중으로 비스듬히 던진 포물체가 있다. 공기의 저항을 무시할 때 연직 방향의 가속도, 수평 방향의 가속도는 각각 얼마인가? 그리고 속도가 최소인 곳은 어디인가?
- 물체를 초속도 v_0로 연직 아래로 던졌을 때와, 연직 위로 던졌을 때, 그리고 자유 낙하 시켰을 때 운동을 나타내는 식을 정리해 보자.

예제 3 수평면에 대하여 30°의 각으로 초속도 60 m/s로 공을 던졌다. 이 공이 올라갈 수 있는 최고 높이와 수평도달거리를 구하라.

풀이

최고 높이까지 올라가는 데 걸리는 시간은 다음과 같다.

$$t_1 = \frac{v_0 \sin\theta}{g} = \frac{60 \times \sin 30°}{9.8} = \frac{30}{9.8}\ \text{s}$$

따라서 최고 높이는 $y = v_0 \sin\theta \cdot t - \frac{1}{2}gt^2 = 60 \times \sin 30° \times \frac{30}{9.8} - \frac{1}{2} \times 9.8 \times \left(\frac{30}{9.8}\right)^2 = 45.9\ \text{m}$이다.

또는 $H = \frac{v_0^2 \sin^2\theta}{2g}$로 구할 수 있다.

수평도달거리는 $x = v_0 \cos\theta \cdot t = 60 \times \left(\cos 30 \times \frac{30}{9.8}\right) \times 2 = 318\ \text{m}$이다.

가속도가 인체에 미치는 영향

인체에 갑자기 가속도를 가하면 어떻게 될까? 연구에 의하면 가속도가 인체에 미치는 효과는 체중의 현저한 증가 또는 감소, 인체 내부의 압력 변화, 인체 내에 있는 탄력 있는 조직들이 뒤틀리거나 액체 내에 떠 있는 밀도가 다른 고체들과 분리되는 현상이 나타난다.

만일 인체가 갑자기 가속되면 이 가속도에 대항하여 일을 할 수 있는 적절한 근육의 힘이 없기 때문에 인체는 조절력을 잃게 된다. 이 때문에 혈액은 인체의 여러 부위에서 울혈(몸 안의 장기나 조직에 정맥의 피가 몰려 있는 증상)현상이 발생될 수 있다. 만일 머리가 앞쪽으로 급히 가속되면 뇌로 가는 혈액이 부족하여 일시적으로 시각 상실과 무의식 상태에 빠질 수도 있다. 그리고 인체의 조직은 가속에 의해 비틀리거나 조직이 찢겨져 파열될 수도 있다. 자동차 사고로 외상이 없다고 안심하고 집으로 돌아간 사람이 복막에 있는 동맥이 찢어져 과다 출혈로 갑자기 사망하거나 심각한 후유증을 보이기도 한다.

자동차가 가속될 때 몸이 의자 등받이로 밀리는 느낌을 받는데, 이것은 가속도 때문에 나타나는 밀림현상이다. 지표면에서의 중력 가속도를 1 G라고 한다면, 중력 가속도와 동일한 가속도로 속도가 증가하는 물체에 타고 있는 사람은 1 G에 해당하는 밀리는 느낌을 받게 된다. 우주선이 발사될 때 로켓은 약 10 G에 해당하는 가속도를 갖기 때문에 그 안에 있는 우주인은 엄청난 힘을 견뎌야 한다. 이러한 문제를 해결하기 위해 그러한 힘이 가해졌을 때 그 힘이 어느 한 부분으로 집중되어 뼈가 부러지거나 내장이 파열되지 않게 힘이 분산되도록 좌석을 설계한다고 한다. 그렇기 때문에 우주인들은 지상에서 장기간에 걸쳐 가속도가 몸에 크게 작용할 때에 몸 전체에 힘이 적절히 배분되도록 많은 훈련을 하게 된다.

한국 최초 우주인 이소연 씨는 카자흐스탄 우주 기지에서 2008년 4월 8일 오후 8시 16분 27초에 러시아 소유스 우주선에 몸을 싣고 우주로 향했다. 이어 국제 우주 정거장(ISS, International Space Station)과 무사히 도킹한 후 ISS의 157번째 탑승자가 됐다. 여러 실험을 마친 이소연씨는 귀환 캡슐을 타고 4월 19일 오후 5시 30분에 착륙 예정 지역인 카자흐스탄 코스타나 초원지대에서 서쪽으로 478 km 떨어진 북부 우르스쿠 지역에 무사히 착륙했다. 귀환 시 이소연 씨는 약 4 G에 해당하는 중력 가속도를 받았는데, 하반신 쪽으로 혈액이 몰려 의식을 잃을 가능성도 있었다고 한다. 이를 대비해 착륙 2~3시간 전 전해질 음료를 마시는 등 준비 과정을 거쳤다고 한다.

태권도, 쿵푸, 권투 등의 경기에서 갑자기 손이나 발로 아주 빠른 속도로 공격을 하게 되면 그 속도가 0에서 45~55 km/h까지 가속된다고 한다. 이 때문에 공격을 당한 인체에는 엄청난 충격이 가해져 심장마비나 내출혈을 일으키기도 한다.

▲ 국제우주정거장 ISS모형(제주항공우주박물관에서 촬영)

과학적 탐구 활동은 어떤 과정으로 이루어지는가?

이탈리아의 과학자 갈릴레오 갈릴레이(Galileo Galilei, 1564~1642)는 자연이 제공하는 현상만을 관측하거나 관찰하는 소극적인 태도를 버리고 적극적으로 현상의 본질을 나타내는 의도적인 실험을 고안해 실시함으로써 자연의 규칙성을 찾기 위해 노력하였다. 그는 실험적 방법과 수학적 논증을 잘 결합시켜서 근대 과학의 방법을 확립하였는데, 갈릴레이가 사용한 실증적인 탐구 방법은 현대 과학에서도 그대로 적용되고 있다.

과학적 탐구 활동이란 과학 지식 및 진리를 획득하고 검증하는 방법, 그 절차와 과정, 기능과 기술 그리고 그에 따르는 일체의 활동을 말한다. 전통적인 과학적인 탐구 과정은 학자마다 주장하는 바가 조금씩 다르나 일반적인 과정은 다음과 같다.

(1) 문제 인식 : 자연 현상이나 사물의 관찰에서 그 속의 원리와 법칙을 찾아내는 과정
(2) 가설 설정 : 어떤 문제에 대하여 잠정적인 해답을 설정하는 과정
(3) 탐구 설계 : 가설을 검증하기 위한 실험 계획을 세우는 과정
(4) 탐구 수행 : 관찰, 측정, 실험, 조사, 분류 등을 실천하는 활동
(5) 결과 해석 : 자료를 기록하고 정리하여 상관관계를 알아내는 과정
(6) 결론 도출 : 보편 타당한 규칙성을 도출하는 단계
(7) 문제 해결 : 도출된 결론으로부터 문제를 해결하는 단계

탐구 과정을 통해 얻어진 결과는 학술의 연구와 장려를 목적으로 만든 단체인 학회(學會) 등에서 검증을 받거나 공인된 학술지에 게재함으로서 인정받게 된다. 물리학에 관련된 연구 결과를 발표하는 국내·외 학회 및 학술지는 여러 종류가 있다. 국내 대표적인 학회인 한국물리학회는 1952년에 창립되어 70년이 넘는 오랜 역사를 가지고 있으며 물리학의 발전을 위해 노력하고 있다. 현재 12개의 분과와 7개 지부, 18,000여 명의 회원을 가진 국내 정상의 학회로 활동 중에 있다.

▲ 한국물리학회 2024년 가을학술논문발표회

▲ 한국물리학회 2018년 봄학술논문발표회

연습문제

풀이 ☞ 367쪽

1. 진공 속에서 돌을 자유 낙하 시켰다. 낙하 후 1 s 동안에 떨어지는 거리는 몇 m인가?

① 4.9 m ② 9.8 m ③ 19.6 m
④ 19.6 m ⑤ 답 없음

2. 어느 물체가 자유 낙하 하고 있다. 낙하 후 10 s 동안 떨어진 거리를 y_1, 이후 다시 10 s 동안 떨어진 거리를 y_2라고 하면 $\frac{y_2}{y_1}$는 얼마인가?

① 1 ② 2 ③ 3
④ 4 ⑤ 5

3. 갈릴레이가 피사의 사탑에서 쇠공을 낙하시켰다고 하자.

(1) 이 공이 지면에 도달하는 데 걸리는 시간은 몇 초인가?

(2) 그리고 지면에 닿을 때의 속력은 몇 m/s인가? 단, 사탑의 높이는 40 m라고 가정하자.

4. 사과가 나무에서 떨어져 1 s만에 지면과 충돌하였다(단, 중력 가속도는 10 m/s^{2}으로 한다).

(1) 사과가 지면에 부딪칠 때 속력은 몇 m/s인가?

(2) 1 s 동안의 평균 속력은 몇 m/s인가?

(3) 사과가 떨어지기 전에는 지면으로부터 얼마의 높이에 매달려 있었는가?

5. 지상으로부터 19.6 m 높이에서 작은 추를 자유 낙하 시켰다.

(1) 낙하시킨 1 s 후의 추의 속력은 몇 m/s인가?

(2) 추가 지면에 도달하기까지 걸린 시간은 몇 초인가?

(3) 추가 지면에 도달할 때의 속력은 몇 m/s인가?

6. 공 A를 자유 낙하 시킨 후 3 s 후에 다른 공 B를 연직 하방으로 던졌다. 공 B를 던지고 난 후 5 s 후에 두 공 A와 B가 충돌하게 하려고 한다.

(1) 공 B의 초속도를 몇 m/s로 하면 되는가?

(2) 또, 공 B와 A가 충돌하는 곳은 출발점에서 몇 m 떨어진 곳인가?

7. 물체를 30 m/s의 속력으로 연직 위로 던졌다.

(1) 물체가 최고점에 도달하기까지 걸린 시간은 몇 초인가?

(2) 물체가 올라간 최고점의 높이는 몇 m인가?

8. 어느 물체를 초속도 19.6 m/s로 연직 상방으로 던져 올렸다. 1 s, 2 s, 3 s 후의 높이의 비는 어떠한가?

① 1:2:3 ② 3:4:3 ③ 3:2:1

④ 4:3:4 ⑤ 1:4:6

9. 어느 운동 선수가 야구공을 초속도 v_0로 연직 위로 던졌다. 다음 물음에 답하시오.

(1) 야구공이 원점으로 되돌아올 때까지 걸린시간 t는 얼마인가?

(2) 야구공이 원점에 도달할 때의 속도 v는 얼마인가?

10. 다음은 연직 위로 던진 물체의 운동을 설명한 그림이다. 이 운동에 대해 잘못 설명한 것은?

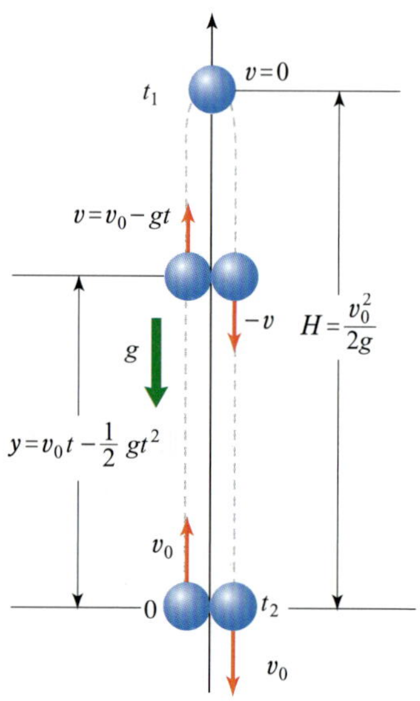

① 물체의 속도는 점점 느려지다가 최고 높이에 이르면 0이 된다.

② 같은 높이에서의 물체의 속도는 크기가 같고 방향이 반대이다.

③ 물체가 다시 원점에 되돌아왔을 때의 속도는 초속도와 크기는 같고 방향은 반대가 된다.

④ 연직 위로 던진 물체가 최고 높이까지 올라갔다가 원점까지 내려오는 데 걸리는 시간은, 최고 높이까지 올라가는 데 걸리는 시간의 4배이다.

11. 물체를 비스듬히 던져 올렸더니 4 s 후에 물체를 던진 곳에서 39.2 m 떨어진 같은 수평면 위에 떨어졌다. 물체의 초속도는 몇 m/s인가?

12. 수평면과 θ의 각을 이루면서 비스듬히 던진 물체가 그림과 같이 OAB의 포물선 궤도를 그리면서 떨어진다. O, A, B 세 점에서 이 물체의 가속도의 방향을 나타낸 것 중에서 옳은 것은 어느 것인가?

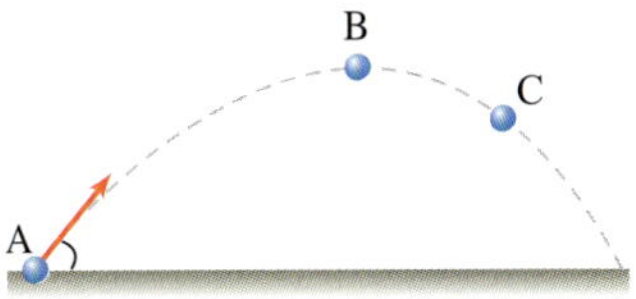

① A B C
↑ ↓ ↑

② A B C
↗ → ↘

③ A B C
↓ ↓ ↓

④ A B C
0 0 ↓

13. 높이 122.5 m의 산꼭대기에서 속도 400 m/s로 수평 방향으로 포탄을 발사하였다. 다음 물음에 답하여라.

(1) 이 포탄이 지면에 도달할 때까지 걸린 시간은 몇 초인가?

(2) 이 포탄의 수평 도달 거리는 몇 m인가?

14. 높은 절벽에서 공을 초속도 10 m/s로 수평 방향으로 던졌더니 5 s만에 절벽 아래 지면에 떨어졌다.

(1) 절벽의 높이는 몇 m인가?

(2) 공은 절벽 바닥으로부터 수평 방향으로 몇 m 되는 곳에 떨어지겠는가?

15. 높이가 14.7 m인 건물의 옥상에서 공을 초속도 19.6 m/s로 수평면과 30° 각도로 던져 올렸다. 다음 물음에 답하여라.

(1) 공이 최고 높이에 도달하는 데 몇 초 걸리는가?

(2) 공은 몇 초 후에 지면에 도달하는가?

(3) 공을 던진 지점의 연직 아래에서 공이 떨어진 곳까지의 수평 거리는 몇 m인가?

3장

운동의 법칙

© 김영우

▲ 활주로를 이륙하는 항공기(제주국제공항)
항공기가 하늘을 나는 과정은 활주로에서의 직선 가속 운동, 이륙후 3차원 상승 운동, 정상 고도에서의 정속 운동, 착륙시 감속 운동 등 여러 운동의 양상이 나타난다. 이러한 운항 과정이 안전하게 이루어지기 위해 조종사와 공항 관제사간의 밀접한 소통과 정교한 운항 시스템이 작동되고 있다.

물체가 운동을 하게 되는 원인은 무엇일까? 정지해 있는 물체를 움직이려면 그 물체에 힘을 가해야 한다. 또 운동하고 있는 물체의 속도를 변화시키거나 운동 방향을 바꿀 때에도 그 물체에 힘을 가해야 한다. 이처럼 힘과 운동 상태의 변화 사이에는 밀접한 관계가 있다.
힘과 운동 상태의 변화 사이에는 어떤 규칙성이 있을까?

갈릴레이는 물체의 운동을 분석하여 수학적으로 기술하는 방법을 제시하였고, 뉴턴은 물체의 운동과 힘 사이의 관계를 정리하여 운동의 3가지 법칙을 완성하였다. 운동의 법칙에 대해 공부해 보자.

3.1 힘

TIP 다리는 외부에서 받는 여러 힘에 견딜 수 있도록 설계 건설된다.

▲ **이순신대교:** 다리의 총 길이는 2260 m, 주탑 사이의 거리는 1545 m로 세계 4위 규모다. 콘크리트 주탑의 높이는 270 m이고, 속력이 90 m/s(324 km/h)인 강풍에도 견딜 수 있도록 설계되었다.

힘은 눈에 보이지도 않고 손으로 만져지지도 않는데 그 크기를 어떻게 나타낼 수 있을까?

고무풍선을 손으로 누르면 모양이 변하고 더 세게 누르면 풍선이 터진다. 손에 들고 있던 야구공을 던지면 공중으로 날아가고, 앞으로 굴러오는 축구공을 발로 차면 굴러오던 방향과 다른 방향으로 날아간다. 이같은 현상은 모두 그 물체에 힘이 작용하였기 때문이다. 이와 같이 힘은 물체의 운동, 방향, 또는 구조를 변화시킬 수 있는 상호 작용이다. 다시 말하면 힘은 질량을 가진 물체의 속도를 변화시키는 요인이며, 신축성이 있는 물체를 변형시키는 요인이기도 하다.

1) 힘의 3요소

그림 3.1에서와 같이 힘 F를 물체의 윗부분(점 A)에 작용하면 물체는 움직이지 않고 그 자리에서 옆으로 쓰러진다. 그러나 물체의 중간 지점(점 B)에 작용하면 물체가 옆으로 이동한다.

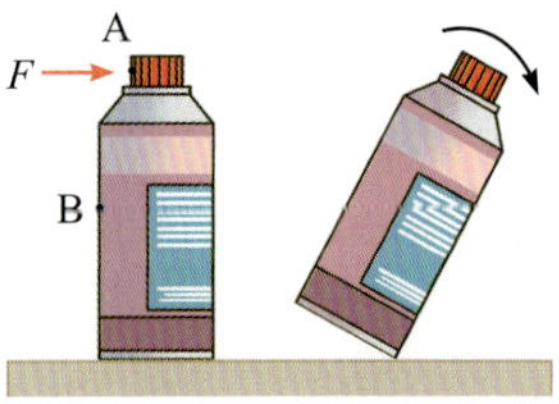

그림 3.1 같은 힘이 작용하더라도 작용점의 위치에 따라 결과는 다르다.

이와 같이 같은 힘을 작용하더라도 힘이 어디에(**작용점**) 작용하느냐에 따라 결과는 달라진다. 힘을 이용할 때에는 **힘의 크기**, **방향**, **작용점**의 3가지 요소를 모두 갖추어야 한다. 이 세 가지를 **힘의 3요소**라고 한다.

어떤 힘이 주어졌을 때 그 힘을 나타내기 위해서는 힘의 3가지 요소를 함께 표시해야 한다. 힘을 나타낼 때에는 그림 3.2와 같이 화살표를 이용하면 힘의 3요소를 한꺼번에 나타낼 수 있다.

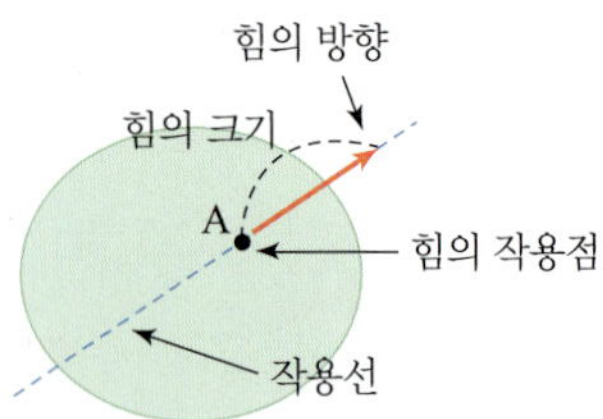

그림 3.2 힘을 표시하는 방법

먼저 힘이 작용하는 곳에 점을 찍고 그곳을 시작점으로 하여 힘을 작용하는 방향으로 화살표를 긋고, 힘의 크기에 따라 화살표의 길이를 결정한다. 이때 작용점을 지나서 힘의 방향으로 그은 직선을 **힘의 작용선**이라고 한다.

> 힘의 SI 단위는 N(뉴턴)이다. 1 N은 질량 1 kg의 물체에 작용하여 1 m/s²의 가속도를 생기게 하는 힘이다.
>
> $$1\ \text{N} = 1\ \text{kg} \cdot 1\ \text{m/s}^2$$

힘의 단위는 N 외에도 다인(dyne, 기호 dyn)이나 kgf을 사용한다.

$$1\ \text{dyn} = 1\ \text{g} \times 1\ \text{cm/s}^2 = 10^{-5}\ \text{N}$$

$$1\ \text{kgf} = 1\ \text{kg} \times 9.8\ \text{m/s}^2 = 9.8\ \text{N}$$

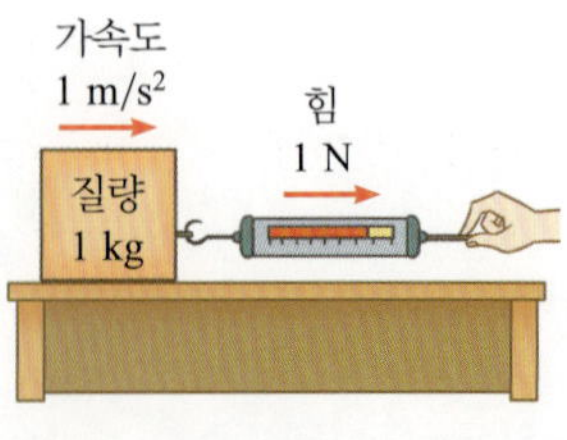

그림 3.3 1 N의 힘의 크기를 설명하는 그림

2) 힘의 합성과 분해

줄다리기는 여러 사람이 힘을 모아 우승팀을 가리는 경기이다. 줄다리기에서 여러 사람이 작용하는 힘을 한 힘으로 나다내는 방법에 대해 알아보자.

한 물체에 여러 힘이 작용할 때, 이들 여러 힘의 효과와 같은 하나의 힘으로 나타내는 것을 **힘의 합성**이라 하며, 합성된 한 힘을 **합력**이라고 한다. 힘은 크기뿐만 아니라 방향도 가지고 있는 물리량이므로 힘의 방향을 고려하여 합성해야 한다. 한 물체에 두 힘이 작용하는 경우 합력을 구해보자.

[두 힘의 방향이 같은 경우 합성] 그림 3.4와 같이 한 물체에 방향이 같은 두 힘 F_1과 F_2가 작용할 때 합력 F의 크기는 두 힘 F_1, F_2의 크기를 합한 값과 같다.

$$F = F_1 + F_2$$

이때, 합력의 방향은 두 힘의 방향과 같다.

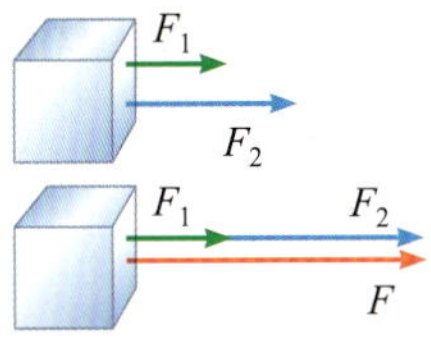

그림 3.4 방향이 같은 두 힘의 합성

[두 힘의 방향이 반대인 경우 합성] 그림 3.5와 같이 한 물체에 방향이 반대인 두 힘 F_1과 F_2가 작용할 때 한쪽 방향을 (+)로 하면, 다른쪽 방향은 (−)이다. 이 경우 합력 F의 크기는 두 힘의 차의 절대값과 같다.

$$F = F_1 + (-F_2)$$

이때 합력의 방향은 큰 힘의 방향과 같다.

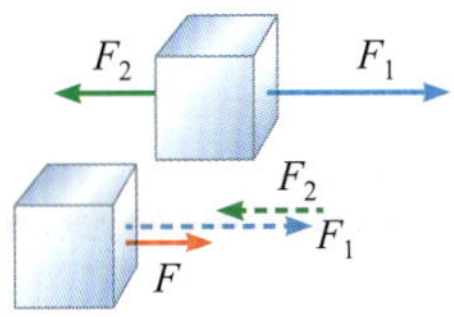

그림 3.5 방향이 반대인 두 힘의 합성

[두 힘의 방향이 나란하지 않은 경우 합성] 한 물체에 방향이 나란하지 않은 두 힘 F_1과 F_2가 작용할 때 합력 F는 평행사변형법과 삼각형법으로 구할 수 있다.

◈ 평행사변형법 : 그림 3.6에서와 같이 한 물체에 작용하는 두 힘 F_1과 F_2를 이웃 변으로 하는 평행사변형을 그리고, 그 대각선을 그으면 합력 $F = F_1 + F_2$을 구할 수 있다. 이때 합력의 크기는 평행사변형의 대각선의 길이가 되고, 방향은 대각선의 방향과 같다.

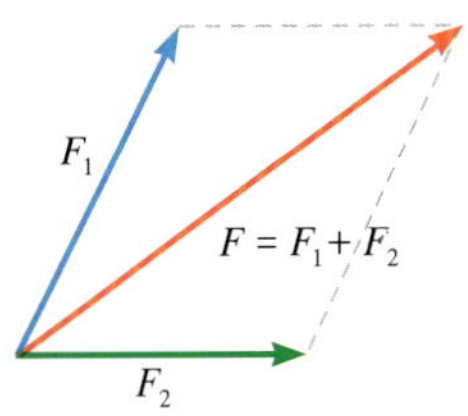

그림 3.6 평행사변형법

◈ 삼각형법 : 삼각형법은 평행사변형법을 변형한 것으로 생각할 수 있다. 그림 3.7과 같이 두 힘 F_1과 F_2를 이웃 변으로 하는 평행사변형에서 F_1을 평행이동하여 F_1 화살표의 꼬리(시작점)가 F_2 화살표 머리(끝점)에 오도록 한 다음 F_2의 꼬리에서 F_1의 머리를 이으면 합력 $F = F_1 + F_2$를 구할 수 있다. 삼각형법은 '꼬리에서 머리까지(tail to top)'로 기억하자.

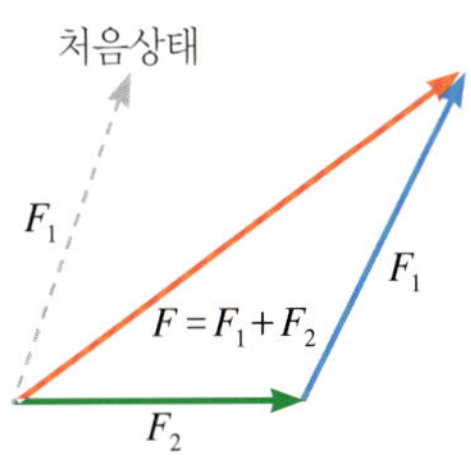

그림 3.7 삼각형법

한 힘을 같은 효과를 갖는 둘 이상의 힘으로 나누는 것을 **힘의 분해**라고 한다. 그림

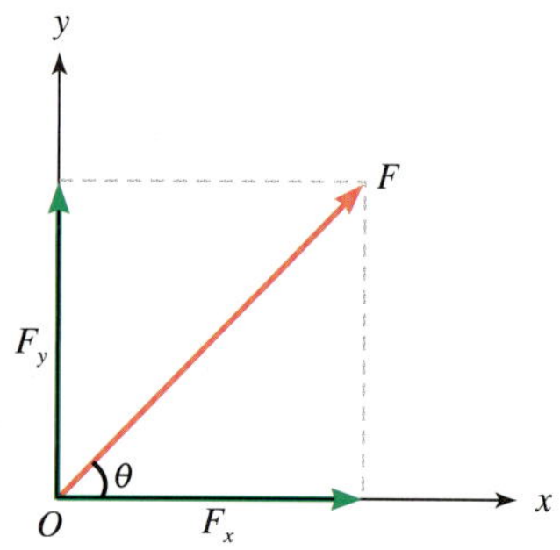

그림 3.8 한 힘을 두 힘으로 분해하는 방법

3.8에서와 같이 한 힘 F를 직각 좌표에서 x축에 해당하는 힘과, y축에 해당하는 힘으로 분해할 수 있다. 이때 x방향 성분을 F의 x성분 F_x라 하고, y방향 성분을 F의 y 성분 F_y라고 한다. 힘 F의 x 성분 F_x와 y 성분 F_y의 크기는 각각 다음과 같다.

$$F_x = F\cos\theta, \qquad F_y = F\sin\theta$$

3.2 힘의 평형

팔씨름이나 줄다리기 경기에서 양쪽에서 서로 힘껏 밀거나 잡아당겨도 한동안 팽팽히 맞서서 어느 쪽으로도 기울어지지 않는 경우가 있다. 이런 경우는 양쪽에서 서로 같은 힘으로 밀거나 당기기 때문에 양쪽의 힘이 서로 상쇄되어 힘의 효과가 나타나지 않기 때문이다. 이와 같이 한 물체에 크기가 같고 방향이 반대인 두 힘이 동시에 같은 작용선상에서 작용하면 힘의 효과가 나타나지 않는다. 이러한 경우에 두 힘은 **평형**(equilibrium) 또는 **평형 상태**를 이룬다고 말한다.

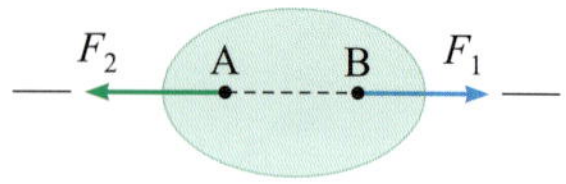

그림 3.9 두 힘이 평형이면 이때 두 힘의 합은 0이다.

그림 3.9와 같이 한 물체에 두 힘이 작용하여 평형을 이루고 있을 때, 두 힘은 크기는 같고 방향이 반대이며 같은 작용선상에 있다. 평형 상태란 합력이 0인 상태이므로 물체에 작용하는 알짜힘이 없는 것과 같다.

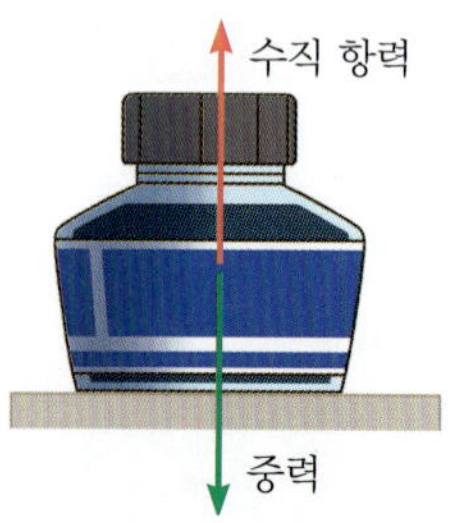

그림 3.10 평형 상태에 있는 물체

그림 3.10에서 책상 위에 놓여 있는 병에는 어떤 힘들이 작용하고 있을까? 이때 병에 작용하는 힘이 중력뿐이라면 병은 아래로 떨어져야 한다. 그러나 병이 책상 위에 정지하고 있다는 것은 또 다른 힘이 병에 작용하고 있다는 증거이다. 이 힘은 병에 작용하는 중력과 평형을 이루어 합력이 0이 된다. 이 힘이 바로 책상이 병을 떠받치는 **수직 항력**(normal force)이라는 힘이다. 책상은 병에 작용하는 **중력**(**병의 무게**)과 같은 힘으로 병을 위로 받치고 있는 것이다. 이와 같이 정지 상태에 있는 물체에 작용하고 있는 힘의 합력이 0일 때 그 물체는 평형 상태에 있게 된다. 그러기에 책상 위에 놓여 있는 병은 평형 상태에 있는 것이다.

3.3 운동의 제1법칙(관성의 법칙)

물체에 힘이 작용하면 물체의 모양이 변하거나 운동 상태가 변한다는 것을 알았다. 그러면 힘과 운동 상태의 변화 사이에는 어떤 규칙성이 있을까? 힘과 운동 사이의 관계에 대해 알아보자.

교통 사고로 인한 인명 피해를 줄이기 위해 일반 도로에서는 운전자와 앞좌석의 승객은 안전띠를 착용해야 하며, 고속 도로에서는 모든 승객이 안전띠를 착용할 것을 의

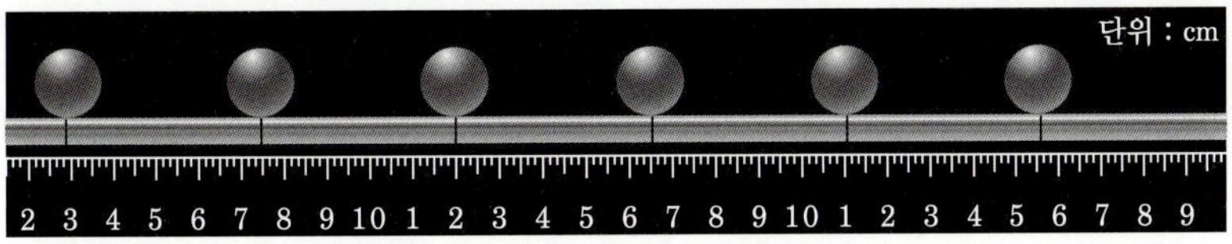

그림 3.11 등속 직선 운동(단위: cm, 시간 간격 1/0.5 s)의 예

무화하고 있다. 자동차를 탈 때 안전띠를 착용하면 어떻게 안전을 지킬 수 있는 것일까? 오른쪽 TIP에서 보는 바와 같이 자동차가 갑자기 감속하게 되면 관성으로 안전띠 안쪽에 있는 추가 앞쪽으로 이동하게 된다. 그러면 잠금용 막대가 톱니바퀴에 걸리게 되어 안전벨트가 잠기게 된다.

정지해 있는 물체를 이동시키거나 운동하고 있는 물체를 정지시키려면 힘이 필요하다. 그런데 수평면 위에서 공을 굴려 보면 공의 속력이 점점 줄어들면서 결국에는 정지하게 된다. 왜 그럴까? 공의 속력이 줄어들지 않고 계속 굴러가게 할 수는 없을까?

그림 3.11은 마찰이 없는 수평면 위에서 굴러가는 공을 일정한 시간 간격으로 찍은 다중 섬광 사진이다. 이 사진을 분석해 보면 같은 시간 간격 동안 이동한 거리가 모두 같은 것을 알 수 있다. 즉, 공이 등속도 운동을 하고 있다는 것을 알 수 있다.

마찰이나 공기의 저항 등이 운동하는 물체에 작용하지 않으면 물체는 등속도 운동을 계속한다. 이처럼 물체는 외부로부터 힘이 작용하지 않으면 원래의 운동 상태를 계속 유지하려는 성질이 있는데, 이러한 성질을 **관성**이라고 한다. 관성은 우주 내의 모든 물체가 지니고 있는 자연의 기본적인 특성 중의 하나이다. 우리가 빨리 달리다가 바로 그 자리에 정지할 수 없는 것은 바로 관성 때문이다.

이탈리아의 물리학자 **갈릴레이**는 빗면 실험을 통해 물체가 빗면을 내려갈 때는 속력이 빨라지고, 반대로 빗면을 올라갈 때는 속력이 느려진다는 것을 관찰하고, 어느 쪽으로도 기울어지지 않은 수평면에서는 속력이 변하지 않고 일정해야 한다고 머릿속으로 추리(사고실험)하여 관성을 이해하기 쉽게 설명하였다. 후에 **뉴턴**은 관성에 대하여 다음과 같이 체계적으로 정리하였다.

> 외부로부터 물체에 힘이 작용하지 않거나 작용하더라도 힘의 합력이 0이면, 운동하고 있는 물체는 계속 등속도 운동을 하고 정지하고 있는 물체는 계속 정지해 있다.

이 관계를 **운동의 제1법칙** 또는 **관성의 법칙**이라고 한다.

관성의 법칙으로 물체의 운동 상태를 변화시키는 원인이 힘이라는 것과 정지 상태에 있는 물체와 등속도 운동하는 물체는 모두 가속도가 0인 운동 상태라는 것을 밝힐 수 있게 되었다.

그러면 관성의 크기를 나타내는 물리량은 무엇일까? 정지하고 있는 질량이 큰 물체

TIP 차량 안전띠의 작동원리

갑자기 감속하면 관성으로 추가 앞쪽으로 이동하면서 잠금용 막대가 톱니바퀴에 걸리게 되어 벨트가 잠기게 된다.

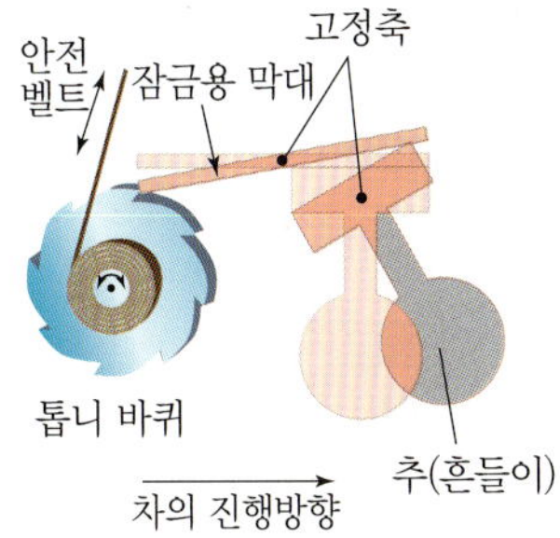

TIP 관성, inertia

물체에 외력이 작용하지 않는 한 현재의 상태를 지속하려는 성질. 관성의 대소는 질량의 대소에 따라 결정된다. 관성은 물체의 고유한 성질로 단위가 없다.

TIP 관성 기준틀, inertial reference frame

뉴턴의 관성의 법칙이 성립하는 기준틀을 말한다. 이에 비해 관성의 법칙이 성립되지 않는 기준틀을 비관성 기준틀이라고 한다.

그림 3.12 갑자기 출발하면 몸이 뒤로 젖혀진다.

그림 3.13 갑자기 멈추면 몸이 앞으로 쏠린다.

를 움직일 때가 질량이 작은 물체를 움직일 때보다 큰 힘이 필요하며, 같은 속도로 운동하고 있는 질량이 큰 물체와 질량이 작은 물체 중에서 질량이 큰 물체를 정지시키기가 더 어렵다. 따라서 질량으로 그 물체의 관성의 크기를 나타낼 수 있다.

관성에 관한 현상은 우리 생활 주변의 여러 곳에서 찾아볼 수 있다. 그림 3.12와 같이 정지해 있던 자동차가 갑자기 출발할 때에는 몸이 뒤로 젖혀진다. 이러한 현상은 정지해 있는 물체는 계속 정지해 있으려고 하는 관성이 있기 때문이다. 그리고 그림 3.13과 같이 달리고 있는 자동차가 갑자기 멈출 때에는 몸이 앞으로 쏠린다. 이러한 현상은 운동하고 있는 물체는 그 운동을 계속하려는 관성이 있기 때문에 나타난다.

이 외에도 컵 위에 두꺼운 종이를 놓고 그 위에 동전을 놓은 다음, 종이를 튕기거나 세게 잡아당기면 동전은 그대로 있으려는 관성때문에 튕겨나가지 않고 컵 속으로 떨어진다. 또한 팽이가 돌고 있을 때에는 관성에 의하여 회전축을 그대로 유지하려는 성질 때문에 쓰러지지 않는다.

■ 크기가 같은 유리구와 강철구 중에서 어느 쪽의 관성이 더 큰가?

생활속의 물리 미식축구에서 라인맨의 체구가 다른 선수보다 큰 이유는?

미식축구는 한 팀에 11명씩 구성된다. 공격팀은 라인맨(LM) 5명, 쿼터백(QB) 1명, 러닝백(RB) 2명, 리시버(WR) 3명으로 구성되며, 수비팀은 4~5명의 수비 라인맨과 3~4명의 라인백커(LB), 2~3명의 디펜스백으로 구성된다.

미식축구에서 쿼터백을 보호하는 역할을 담당하는 라인맨은 대부분 몸무게가 무겁고 체구가 큰 선수들이 맡는다. 그 이유는 방어벽을 무너뜨리고 쿼터백을 제압하려고 달려오는 상대편의 공격수들을 저지하기 위해서는 정지 상태로 있는 쿼터백보다 큰 관성을 필요로 하기 때문이다.

관성은 이처럼 스포츠에서 유리하게 작용하기도 하지만, 반대로 불리하게 작용하기도 한다. 예를 들어, 몸무게가 무거운 사람이 탁구, 배드민턴, 테니스 등과 같은 빠른 몸동작을 필요로 하는 운동을 할 경우에는 일반적으로 가벼운 사람에 비해 정지, 출발, 방향 전환을 하는 데 훨씬 불리하다. 따라서 빠른 몸동작을 필요로 하는 운동에서는 체구가 작고 몸무게가 가벼운 사람이 체구가 크고 몸무게가 무거운 사람보다 상대적으로 유리하다.

▲ 미식축구의 한 장면

물리학의 선구자

갈릴레이(Galileo Galilei: 1564~1642)

갈릴레이는 이탈리아의 물리학자, 수학자, 천문학자로서 낙하하는 물체의 운동, 지구의 자전, 진자의 등시성 발견 등 많은 업적을 남겼다. 그는 심리학을 공부하다가 수학과 과학으로 전공을 바꾸었다. 학생 때 토론가라는 별명을 들었으며 토론을 통해서 자연에 대한 발견의 단서를 얻게 되었다고 한다.

갈릴레이는 지구가 움직인다는 코페르니쿠스의 주장을 공식적으로 지지한 사람이기도 하다.

갈릴레이가 물리학에 기여한 가장 위대한 것 중의 하나는 '물체의 운동 상태를 유지시키려면 힘이 필요하다'는 생각을 완전히 뒤집어 놓은 것이다. 그는 마찰이 있을 때에만 물체의 운동 상태를 유지시키는 데 힘이 필요하다고 주장하였다.

갈릴레이는 아래 그림 (가)와 같이 한쪽 빗면에서 굴러 내려온 공은 처음과 거의 같은 높이까지 반대편 빗면 위를 올라가는 것을 관찰하였으며, (나)와 같이 빗면의 기울기를 낮출수록 공은 같은 높이까지 올라가기 위해서 더 멀리 굴러가야 한다는 사실에 주목하였다. 그리고 (다)와 같이 반대편 빗면의 경사각이 0이 되어 완전한 수평면이 된다면 공은 무한히 굴러갈 것이라고 생각하였다.

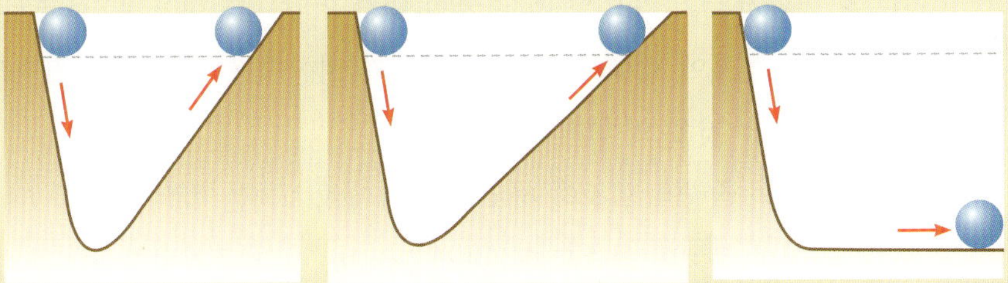

(가) (나) (다)

갈릴레이는 공이 무한히 굴러가는 것을 방해하는 것은 오직 마찰뿐이라는 것을 알았다. 따라서 마찰이 없다면 운동하던 공은 원래의 운동 상태를 계속 유지할 것이라고 생각한 갈릴레이는 모든 물체는 운동 상태가 변하는 것에 저항하려는 성질이 있다고 주장하였다. 우리는 이러한 성질을 관성이라고 한다.

갈릴레이는 피사의 사탑 꼭대기에서 무거운 물체와 가벼운 물체를 동시에 낙하시키는 실험(사고 실험)을 실시하여 두 물체가 동시에 지면에 떨어지는 것을 확인하고 물체들은 질량과 관계없이 가속도가 동일하다는 것을 추측하였다. 그러나 갈릴레이는 가속도가 왜 같은지는 설명할 수 없었다. 그 이유는 뉴턴의 운동 제2법칙을 적용하면 쉽게 설명된다.

갈릴레이가 과학자로서 성공하게 된 것은 아리스토텔레스와는 다르게 복잡한 자연현상을 단순화시켜서 관찰한 것뿐만 아니라, 새로운 과학을 개척하겠다는 강한 집념과 왕성한 탐구 정신, 그리고 새로운 것을 발견하려는 끊임없는 도전 정신을 가지고 있었기 때문이었다.

갈릴레이의 관심은 물체들이 왜 운동하게 되는가가 아니라 어떻게 운동하게 되는가에 있었다. 그는 논리가 아닌 실험이 가장 좋은 검증법이라는 것을 보여주었다. 그리고 운동에 관한 갈릴레이의 발견과 관성에 대한 그의 개념은 뉴턴이 우주에 대해 새로운 통찰을 할 수 있는 길을 열어주었다.

그는 자연 현상에서 문제를 인식하고 가설을 세워서 그 가설로 예측할 수 있는 현상들을 찾고 그것을 실험으로 증명하였다. 그리고 그는 연구를 통해 얻은 결과를 수학을 이용하여 나타내고 복잡한 현상을 쉽게 설명하였다. 이러한 과학적 연구 방법으로 자연의 탐구 기법이 개발되었으며, 비로소 근대 과학의 길이 열리게 되었다.

갈릴레이는 '**근대 과학의 아버지**'라고 불리운다.

3.4 운동의 제2법칙(가속도의 법칙)

운동하고 있는 물체에 힘이 작용하지 않거나, 작용하는 힘의 합력이 0이면 그 물체는 등속도 운동을 한다. 그러면 운동하는 물체에 힘이 작용하면 그 물체의 운동은 어떻게 달라질까? 이 경우 물체의 속력이 변하거나 운동 방향이 바뀌게 된다. 즉, 가속도가 생긴다. 이처럼 힘은 물체의 운동 상태가 변하는 것과 밀접한 관련이 있다.

1) 힘과 가속도

축구공을 손으로 던질 때보다 발로 걷어찰 때 공은 더 빨리, 더 멀리 날아간다. 발로 찼을 때 더 큰 힘이 전달되었기 때문이다. 물체에 작용하는 힘이 클수록 운동 상태의 변화가 크게 일어난다. 운동 상태가 변한다는 것은 곧 가속도가 생겼다는 것이다. 따라서 물체에 힘을 주면 운동 상태가 변한다는 것은 힘과 가속도 사이에 어떤 관계가 있다는 것을 의미한다.

물체의 질량을 일정히 하고 물체에 작용시키는 힘의 크기를 F에서 $2F$, $3F$, …로 증가시키면 물체의 가속도가 a에서 $2a$, $3a$, …로 증가한다. 이 관계를 그래프로 그려보면 그림 3.14와 같다. 즉, **물체의 질량이 일정할 때 물체에 작용하는 힘 F와 가속도 a는 서로 비례한다.** 이들 사이의 관계를 다음과 같이 나타낼 수 있다.

$$\text{가속도} \propto \text{힘}, \quad a \propto F \qquad \text{-1)}$$

2) 질량과 가속도

TIP 포환던지기

이 경기는 지름 2.135 m의 콘크리트로 다진 서클 안에서 포환을 던진다. 성인 남자용 포환의 질량은 7.257 kg 이상이다.

같은 힘으로 야구공과 포환을 던지면 어떤 것이 더 빨리 그리고 더 멀리 날아갈까?

물체에 작용하는 힘의 크기를 일정하게 하고 물체의 질량을 m에서 $2m$, $3m$, …으로 증가시키면 물체의 가속도는 a에서 $\frac{1}{2}a$, $\frac{1}{3}a$, …로 감소한다. 이 관계를 그래프로 나타내면 그림 3.15와 같다. 즉, **물체에 작용하는 힘이 일정할 때 물체의 질량과 가속도는 반비례한다.**

반비례는 두 물리량이 서로 반대로 변화한다는 것을 의미한다.

따라서 물체의 질량과 가속도 사이의 관계는 다음과 같이 나타낼 수 있다.

$$\text{가속도} \propto \frac{1}{\text{질량}}, \quad a \propto \frac{1}{m} \qquad (3\text{-}2)$$

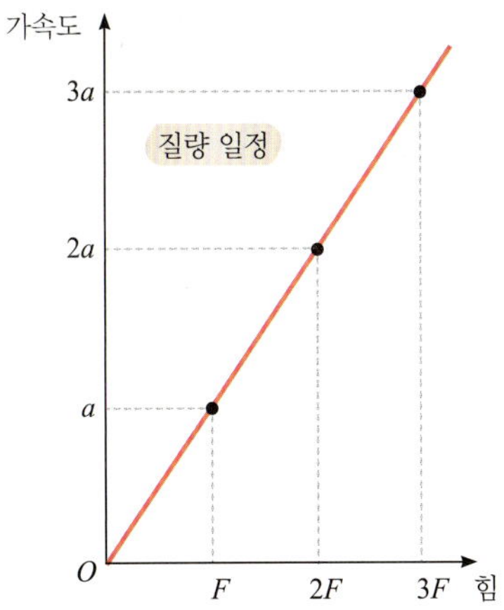

그림 3.14 힘과 가속도의 관계

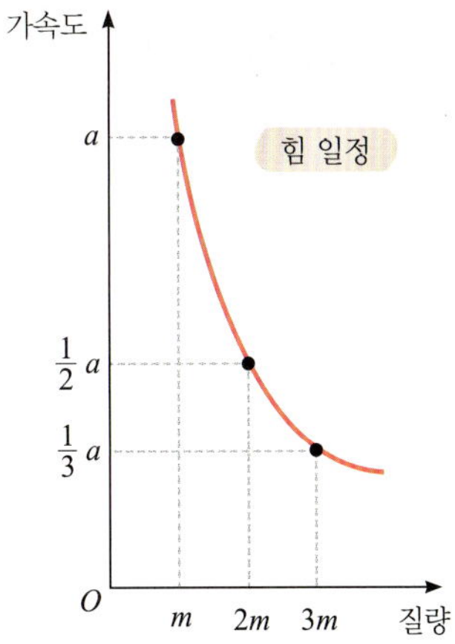

그림 3.15 질량과 가속도의 관계

3) 운동 제2법칙

앞에서 물체의 질량이 일정할 때 가속도는 물체에 작용한 힘의 크기에 비례하고, 물체에 작용하는 힘이 일정할 때 가속도는 물체의 질량에 반비례한다는 것을 알았다. 그러면 이 두 관계를 하나로 나타낼 수는 없을까?

이들 두 관계를 하나의 식으로 정리한 사람이 바로 뉴턴이다. 뉴턴은 물체를 운동시킬 때 가속도는 물체를 밀거나 끄는 힘뿐만 아니라 물체의 질량에도 관계가 있다는 사실을 알아내었다.

> 물체의 가속도는 물체에 작용하는 힘의 크기에 비례하며 물체의 질량에 반비례한다. 가속도의 방향은 물체에 작용하는 힘의 방향과 같다.

이 관계를 **운동의 제2법칙**(Newton's second law) 또는 **가속도의 법칙**이라고 한다. 앞의 식 (3-1)과 식 (3-2)를 종합하면 다음과 같은 하나의 식으로 나타낼 수 있다.

$$\text{가속도} \propto \frac{\text{힘}}{\text{질량}}, \quad a \propto \frac{F}{m}$$

힘의 단위로 N, 질량의 단위로 kg, 가속도의 단위로 m/s^2을 사용하면 이 식의 비례 관계는 다음과 같은 완전한 식의 형태로 다시 나타낼 수 있다.

$$\text{가속도} = \frac{\text{힘}}{\text{질량}}, \quad a = \frac{F}{m} \tag{3-3}$$

가속도는 힘을 질량으로 나눈 것과 같으므로 물체에 작용하는 힘이 2배이면 가속도는 2배가 된다. 그러나 질량이 2배가 되면 가속도는 $\frac{1}{2}$로 줄어들며, 힘과 질량이 모두 2배가 되면 가속도는 변하지 않는다. 위의 식은 다음과 같이 표현된다.

$$F = ma \tag{3-4}$$

식 (3-4)는 식으로 표현한 **운동의 제2법칙**이다.

따라서 물체에 힘을 작용시켰을 때, 정확히 어느 정도의 가속도가 생기는지, 또는 물체가 어느 크기의 가속도로 움직이기 위해서는 어느 정도의 힘이 필요한지 계산할 수 있다.

물체에 한 힘만 작용하는 경우에는 쉽게 계산을 할 수 있지만 한 물체에 여러 힘이 동시에 작용할 경우에는 여러 힘을 합한 합력만 작용하는 것으로 적용하면 된다.

운동의 제2법칙에서 물체에 작용하는 힘이 $F = 0$이면 물체의 가속도는 0이라는 것을 쉽게 알 수 있다. 이것은 관성의 법칙을 의미하므로 관성의 법칙은 운동 제2법칙의 특수한 경우라고 말할 수 있다. 운동의 제2법칙에서 질량은 물체의 관성의 크기를 나타내는 양이며 물체에 작용한 힘과 가속도의 비이다.

$$\text{질량} = \frac{\text{힘}}{\text{가속도}}, \quad m = \frac{F}{a} \tag{3-5}$$

물체에 알짜 힘이 작용하면 알짜 힘의 방향으로 가속도가 생기며, 그 가속도의 크기는 물체에 작용하는 알짜 힘의 크기에 비례하고 물체의 질량에 반비례한다.

운동의 제2법칙은 힘의 종류와 크기, 힘이 작용하는 방법, 그리고 물체의 종류와 크기 등에 관계없이 일반적으로 성립하는 자연의 기본법칙이며, 이 법칙의 중요성은 물리 세계에서 일어나는 복잡하고 다양한 운동을 아주 간단한 관계식을 통해 통일적으로 설명할 수 있다는 것이다.

■ 가속도가 생기는 원인은 무엇인가?

예제 1 미끄러운 수평면에서 질량 2 kg의 물체를 수평으로 밀었을 때 가속도가 2 m/s^{2}이었다.

(1) 이 물체에 작용한 힘은 몇 N인가?

(2) 이 힘으로 다른 물체를 밀었더니 가속도가 0.5 m/s^{2}이었다. 이 물체의 질량은 몇 kg인가?

(3) 이 힘을 4 kg의 물체에 작용하면 가속도는 몇 m/s^{2}인가?

풀이

(1) 운동의 제2법칙에서 $F = ma = 2\,\text{kg} \times 2\,\text{m/s}^2 = 4\,\text{N}$이다.

(2) $F = ma$에서 $m = \frac{F}{a} = \frac{4\,\text{N}}{0.5\,\text{m/s}^2} = 8\,\text{kg}$이다.

(3) $F = ma$에서 $a = \frac{F}{m} = \frac{4\,\text{N}}{4\,\text{kg}} = 1\,\text{m/s}^2$이다.

3.5 운동의 제3법칙(작용반작용의 법칙)

손바닥을 벽에 대고 벽을 가볍게 밀어보라. 이번에는 벽을 세게 밀어보라. 아마도 벽이 손바닥을 미는 듯한 느낌을 받게 된다. 즉, 손바닥으로 벽에 힘을 가하면 반대로 벽도 손바닥에 힘을 가한다는 것을 알 수 있다. 따라서 힘은 물체의 상호 작용에 의해 나타나는 것이며, 단독으로 존재하는 것이 아니라 반드시 쌍으로 존재하는 것을 알 수 있다.

그림 3.16과 같이 똑같은 용수철 저울 A와 B를 마주 걸어서 저울 B를 당겨 보면, 두 용수철 저울의 눈금이 똑같이 나타난다. 예를 들어, 만일 용수철 저울 B로 저울 A를 50 N의 힘으로 당기면 용수철 저울 A도 저울 B를 50 N의 힘으로 끌어당기기 때문에 두 저울의 눈금이 똑같이 나타난다.

이와 같이 힘은 반드시 두 물체 사이에 서로 작용하며, 물체 A가 물체 B에 힘을 작용하면 동시에 물체 B도 물체 A에 같은 크기의 힘을 작용한다. 이때, 한쪽의 힘을 **작용**이라 하고, 다른 쪽의 힘을 **반작용**이라고 한다. 물체 A가 물체 B에 작용하는 힘을 F_{AB}라 하고, 물체 B가 물체 A에 작용하는 힘을 F_{BA}라고 하면 다음의 관계가 성립한다. 즉

$$\vec{F}_{AB} = -\vec{F}_{BA} \tag{3-6}$$

이다. 여기서 $\vec{F}_{AB}$를 작용이라고 하면 $\vec{F}_{BA}$는 반작용이 된다. 뉴턴은 이와 같은 현상을 다음과 같이 정리하였다.

> 모든 작용에 대해 크기가 같고, 방향은 반대인 반작용이 작용한다.

이 관계를 **운동의 제3법칙**(Newton's thire law) 또는 **작용반작용의 법칙**이라고 한다.

모든 상호 작용에서 힘들은 항상 쌍으로 존재한다. 예를 들어 우리가 걸어갈 때 발바닥은 지면과 상호 작용한다. 발바닥이 지면을 밀면 동시에 지면도 발바닥을 민다. 그런데 마찰이 아주 작은 얼음판 위에 있는 사람은 얼음판에 힘을 작용할 수가 없다. 따라서 작용이 없어서 반작용도 없으므로 얼음판 위에서는 걸을 수가 없는 것이다.

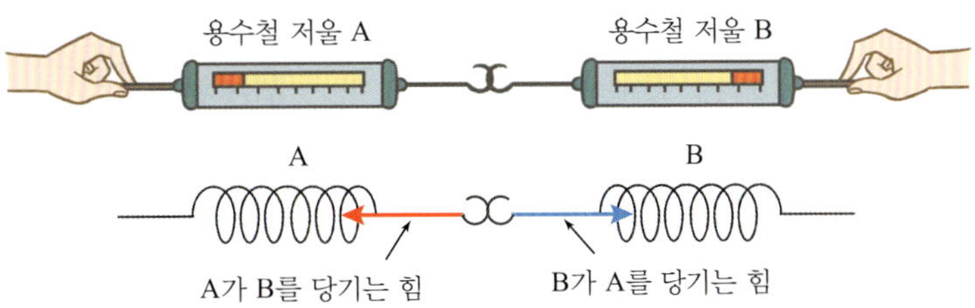

그림 3.16 작용과 반작용을 나타낸 그림

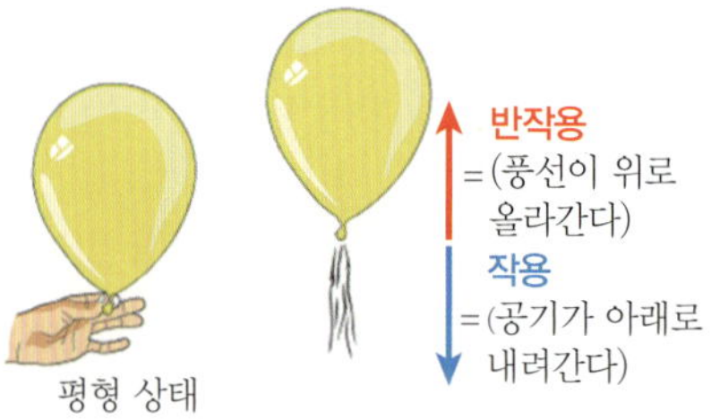

▲ 작용 반작용의 예

작용과 반작용의 두 힘, 즉 쌍을 이루는 두 힘이 곧바로 확인되지 않는 경우도 종종 있다. 예를 들어 물체가 아래로 떨어지는 경우, 물체에 작용하는 중력을 작용이라고 할 수 있다. 그러나 반작용의 힘을 확인하기는 그리 쉽지 않다.

작용 반작용의 두 힘을 다루는 데 한 가지 간단한 방법은 먼저 상호 작용을 확인하는 것이다. 물체 A가 다른 물체 B와 상호 작용을 한다면 작용 반작용의 두 힘은 다음과 같이 나타내면 기억하기가 쉽다.

> 작 용 : 물체 A가 물체 B에 가하는 힘
> 반작용 : 물체 B가 물체 A에 가하는 힘

이때 반드시 상호 작용하는 두 물체 A와 B를 확인하여야 한다. 만일, A가 B에 가한 힘이 작용이라면 반작용은 단순히 B가 A에 가한 힘이다. 물체가 떨어지는 동안 물체와 지구와의 상호 작용은 바로 만유인력이다.

흥미로운 것은 떨어지는 물체와 지구 사이의 상호 작용에 의해 지구가 물체를 아래로 끌어당기는 힘과 똑같은 힘으로 물체가 지구를 끌어당긴다는 사실이다. 물체와 지구 사이에 작용하는 두 힘은 같지만 지구의 질량이 물체에 비해 엄청나게 크기 때문에 지구가 이동한 거리는 물체가 이동한 거리에 비해 너무 미미하여 무시된다.

앞에서 공부한 운동의 제1법칙과 운동의 제2법칙은 힘의 효과에 대한 내용이며, 운동의 제3법칙은 힘의 본질적인 특성을 나타낸다.

■ 생활 주변에서 작용과 반작용의 보기를 들어보자.

생활속의 물리 피겨 스케이팅 속에 숨어 있는 작용반작용의 원리

남녀 한 쌍이 얼음판 위에서 펼치는 피겨 스케이팅(figure skating)은 동계 올림픽 종목의 꽃이다. 남자 선수가 여자 선수를 안고 한 덩어리가 되어 느린 속력으로 얼음판 위를 미끄러지다가 남자 선수가 여자 선수를 앞쪽으로 힘껏 밀치면서 얼음판 위에 떨어뜨려 놓으면 여자 선수는 앞쪽을 향하는 힘을 받아 빠른 속력으로 앞으로 나아가고 남자 선수는 뒤쪽을 향하는 힘을 받아 속력이 줄어든다.

이때 남자 선수에게 작용하는 힘은 여자 선수에게 작용한 힘과 크기가 같지만 방향은 반대이다. 따라서 여자 선수는 앞으로 힘을 받아 앞으로 가속되어 빠르게 밀려나가게 되고, 남자 선수는 뒤쪽을 향하는 힘을 받아 뒤쪽을 향하는 가속도를 갖게 되면서 속력이 느려진다.

이와 같이 모든 상호 작용에는 예외 없이 크기가 같고 방향이 반대로 작용하는 힘이 항상 쌍으로 존재한다.

▲ 피겨 페어 쇼트의 한 장면(평창 동계올림픽, TV화면에서 촬영)

물리학의 선구자 뉴턴(Sir Isaac Newton : 1642~1727)

뉴턴은 영국의 물리학자, 수학자로 물체의 운동에 관한 중요한 법칙과 만유인력의 법칙 등을 발견하여 과학사에 불후의 업적을 남겨 놓았다. 그는 어렸을 때 재주는 뛰어나지 않았으나 사색에 몰두하는 버릇이 있었다고 한다.

뉴턴은 울즈돕이라는 작은 마을에서 태어나 그란덤이라는 마을의 학교를 거쳐 유명한 케임브리지 대학에서 수학과 물리학을 공부하였다.

그는 대학을 졸업한 반년 후, 영국에 페스트병이 유행하여 고향으로 돌아와 1년 반 머무는 동안 운동과 중력의 법칙을 발견하였으며, 다시 케임브리지로 돌아가 연구를 계속하였다. 그리고 얼마 후에는 수학 논문을 발표하고 케임브리지 대학의 교수가 되었다. 이때 독일의 철학자이자 수학자인 라이프니츠와 독립적으로 미적분학을 고안했으며 역학의 체계를 확립하였다. 뉴턴은 어릴적부터 무슨 일에 열중하면 다른 일은 전혀 돌보지 않고 그 일에만 매달리는 집중력을 보였다고 한다.

사과가 나무에서 떨어지는 것을 보고 뉴턴이 만유인력을 발견하였다는 이야기를 많이 한다. 전설에 가까운 이런 이야기를 과연 사실로 받아들일 수 있을까? 뉴턴과 만년에 교제가 많았던 사람의 회고록을 보면, 점심 식사를 마친 후 날씨가 따뜻하여 정원에 나가 사과나무 그늘에서 차를 대접받으면서 환담을 하는 중에 뉴턴이 "옛날 중력에 대한 생각이 떠오를 때와 같이 명상에 잠겨서 조용히 앉아 있을 때 마침 사과가 떨어져서 갑자기 생각이 떠올랐단 말이야!"라고 말했다는 것이다. 사색에 집중하고 있으면 대수롭지 않은 어떤 기회에 새로운 착상이 갑자기 떠오르기도 한다. 여기서 '…명상에 잠겨 있을 때'라고 말하였지 '…떨어지는 것을 보고'라고는 말하지 않았다는 것을 음미해 보면 흥미있을 것이다.

케임브리지의 수학교수로서 20년 동안 뉴턴은 역학보다 빛에 관한 연구에 더 많이 집중하였으며, 자신이 손수 프리즘이나 렌즈를 만들어 사용하였을 뿐만 아니라, 품질 좋은 유리도 만들어내었다. 또 프리즘에 광선이 통과하면 여러 가지 색의 빛 띠로 나누어지는 것을 확인하였으며, 반사망원경을 제작하여 천체를 관측하였다. 이러한 연구 업적으로 얼마 후에는 왕립학회 회원으로 선출되어 여러 학자들과 경쟁하게 되었다. 그 무렵 뉴턴은 천체들의 운동을 연구하여 행성 운동에 관한 케플러(Kepler)의 법칙을 토대로 만유인력을 발견하였으며 천문학에도 큰 영향을 끼쳤다. 또한 물체의 운동에 대하여 그 당시까지 알려져 있던 여러 가지 법칙들을 통일적으로 설명하기 위해 물리학의 기초가 되는 운동의 법칙을 세워서 역학체계를 집대성하였다.

그의 저서 《자연철학의 수학적 원리(Philosophiae Naturalis Principlia Mathematika, 1686)》는 이러한 관점에서 지금까지 과학에 관한 최대의 고전으로 자리하고 있다.

뉴턴은 1705년에 앤 여왕으로부터 작위(peerage)를 받았으며, 1727년에 임종하여 웨스트민스터 대사원에 가장 높은 영예를 갖추어 안장되었다. 뉴턴은 단순히 과학자나 수학자만은 아니었다. 그는 남는 시간의 많은 시간을 성서 해석으로 보냈다. 그는 종교적인 사람이었고, 물리학에서의 그의 위대한 발견은 신의 손에 대한 증거로 생각하였다.

▲ 뉴턴이 제작한 반사망원경(2015년 국립중앙과학관 특별전시관에서 촬영)

3.6 여러 가지 힘

물체가 운동하게 되는 원인은 힘이라는 것을 알았다. 그런데 힘에는 여러 가지 종류가 있다. 우리 주변에는 어떤 힘들이 있을까?

1) 만유인력과 중력

가을이 되면 나뭇잎이 지면으로 떨어진다. 손에 들고 있던 물체를 놓으면 지면으로 떨어지고, 축구공을 위로 높이 차올려도 곧바로 지면으로 다시 떨어진다. 이처럼 지구상의 모든 물체가 지면으로 떨어지는 이유는 무엇일까?

◈ **만유인력**: 뉴턴이 운동의 법칙의 적용 범위를 확장시키게 된 이유 중의 하나는 모든 물체들 사이에 작용하는 보편적인 힘이 존재한다는 것을 증명하고 이 힘의 성질에 대해 알아보자는 것이었다.

17세기까지는 물체가 지면을 향해서 떨어지는 것은 물체의 무게 때문이며, 물체의 무게는 그 물체의 본질이라 생각하고 그 이상 설명할 필요가 없다고 생각해 왔다. 그런데 뉴턴은 물체의 무게를 지구와 물체 사이의 인력이라고 생각하였다. 시야를 넓혀서 태양계를 보면, 지구를 포함한 모든 행성들은 태양 주위를 돌고 있는데, 이것은 태양과 행성 사이에 서로 잡아당기는 힘이 있기 때문이다. 물론 나와 앞에 있는 컴퓨터 사이에도 서로 잡아당기는 힘이 있다. 다만 그 힘의 크기가 너무 작아서 느끼지 못할 뿐이다. 이처럼 우주 내에 있는 모든 물체는 다른 물체를 잡아당기는 힘이 있다(만유인력과 행성의 운동에 대해서는 7장에서 공부한다).

그림 3.17과 같이 질량이 m_1, m_2인 두 물체가 거리 r만큼 떨어져 있을 때, 이들 물체 사이에도 서로 잡아당기는 힘이 있다. 이 힘의 크기는 두 물체의 질량의 곱에 비례하고 두 물체 사이의 거리의 제곱에 반비례한다. 이 관계를 다음과 같이 식으로 나타낼 수 있다.

$$F = G\frac{m_1 m_2}{r^2} \tag{3-7}$$

이 관계를 **뉴턴의 만유인력의 법칙**(law of universal gravitation)이라고 한다. 여기서

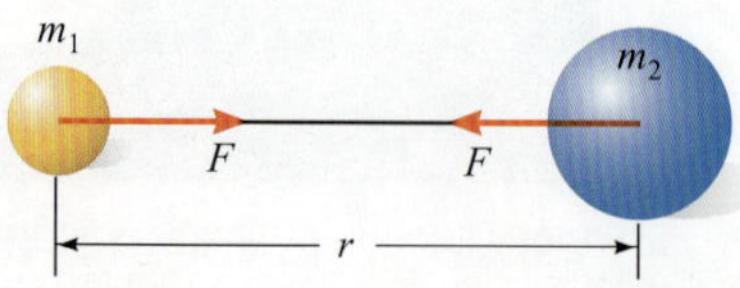

그림 3.17 만유인력은 두 물체의 질량과 거리에 의존한다.

비례상수 G는 모든 물체에 공통적인 상수이며 **만유인력 상수**라고 한다. 공인된 G의 값은 다음과 같다.

$$G = 6.67259 \times 10^{-11}\,\text{N m}^2/\text{kg}^2$$

◈ **중력** : 뉴턴의 운동 법칙에 의하면 지구 표면에서 물체가 일정한 가속도로 낙하하는 것은 그 물체에 일정한 힘이 계속 작용한다는 것을 의미한다. 이 힘은 바로 지구가 물체를 잡아당기는 힘이며, 이 힘이 곧 **중력**(Gravity)이다.

즉, 중력은 만유인력의 하나로 지구와 지구상에 있는 물체들 사이에 작용하는 힘이다. 중력의 방향은 그림 3.18에서 보는 바와 같이 어디서나 지구의 중심을 향한다. 낙하하는 물체의 중력에 의한 가속도 즉, 중력가속도 g는 약 9.8 m/s^{2}이다.

그림 3.18 중력의 방향은 지구중심이다.

2) 마찰력

메마른 도로에서는 걷기가 수월하지만 빙판길은 미끄럽기 때문에 걷기가 힘들다. 이것은 빙판길이 마찰이 작기 때문이다. 물체를 밀거나 당길 때, 물체에 작용하는 힘의 크기가 어느 정도 되기까지는 물체가 움직이지 않는다. 이것은 물체와 접촉면 사이에서 운동을 방해하는 힘이 작용하기 때문인데 이 힘을 **마찰력**(frictional force)이라고 한다. 즉, 마찰력은 물체의 움직임을 방해하는 저항과 같으며 물체의 운동 방향과 반대 방향으로 작용한다.

그림 3.19의 (가)와 같이 물체를 잡아당겨도 물체가 움직이지 않을 때의 마찰력을 **정지마찰력**(force of static friction)이라고 한다. 정지 마찰력은 물체에 힘을 작용하기 시작할 때부터 생기기 시작하며, 물체가 움직이지 않는 동안은 물체에 작용한 힘과 항상 크기가 같고 방향이 반대이다. 그러나 마찰력에는 한계가 있어서 물체에 작용하는 힘의 크기가 이 한계의 마찰력보다 커지면 물체가 움직이기 시작한다.

그리고 그림 (나)와 같이 물체가 정지해 있다가 움직이기 시작하는 순간의 마찰력의 크기는 정지마찰력 중에서 가장 크기 때문에 **최대정지마찰력**이라고 한다. 정지마찰력 F_s는 접촉면이 물체를 수직으로 떠받치는 힘인 수직 항력 N에 비례하는데, 이를 식으로 나타내면 다음과 같다.

TIP 자동차 브레이크 시스템은 큰 마찰력을 이용한다.

▲ 자동차 바퀴 드럼과 라이닝 사이의 마찰이 커야 제동거리가 짧아진다.

(가) 물체가 움직이지 않을 때
(나) 물체가 움직이기 시작할 때

그림 3.19 정지마찰력과 최대정지마찰력

$$F_s = \mu_s N \tag{3-8}$$

여기서 비례상수 μ_s를 **최대정지마찰계수**라고 한다.

TIP 도로가 미끄러우면 마찰력은 작아진다.

▲ 눈길에서는 타이어와 도로면 사이의 마찰이 작아져 제동거리가 길어진다.

물체가 운동하고 있는 동안에도 마찰력이 작용하는데, 이렇게 물체가 운동하고 있는 동안의 마찰력을 **운동마찰력**(force of kinetic friction)이라고 한다. 수평면 위에서 물체를 밀면 얼마 후에 물체가 정지하는 것은 물체에 운동마찰력이 작용하기 때문이다. 물체에 힘이 계속 작용하고 있는데도 등속도 운동을 하는 경우는 물체에 작용한 힘과 운동마찰력의 크기가 같기 때문이다. 운동 마찰력은 다음과 같다.

$$F_k = \mu_k N \tag{3-9}$$

이 식에서, μ_k를 **운동마찰계수**라고 한다. 일반적으로 운동마찰계수 μ_k는 최대정지마찰계수 μ_s보다 작다($\mu_k < \mu_s$). 마찰 계수는 접촉면의 종류나 상태에 따라 다르며, 접촉면의 넓이와는 무관하다.

3) 탄성력

그림 3.20 컴퓨터 자판기는 탄성이 있다.

그림 3.20과 같이 컴퓨터의 자판기의 키를 눌렀다 놓으면 금방 원래의 위치로 되돌아오는데 그 이유는 무엇일까?

고무풍선을 손가락으로 눌렀다 놓으면 모양이 찌그러졌다가 다시 원래의 모양으로 되돌아간다. 이처럼 물체가 힘을 받아 변형될 때 본래의 모양으로 되돌아가려는 성질이 있는데 이러한 성질을 **탄성**(elasticity)이라고 한다.

그림 3.21과 같이 용수철의 한 끝을 힘 F로 잡아당길 때, 용수철에는 원래의 상태로 되돌아가기 위해서 힘 F와 반대 방향의 힘이 나타나는데 이 힘을 **탄성력**(elastic force)이라고 한다. 용수철의 늘어난 길이(변형) x는 용수철에 작용하는 힘 F에 비례한다. 이 관계를 식으로 나타내면 다음과 같다.

$$F = kx \tag{3-10}$$

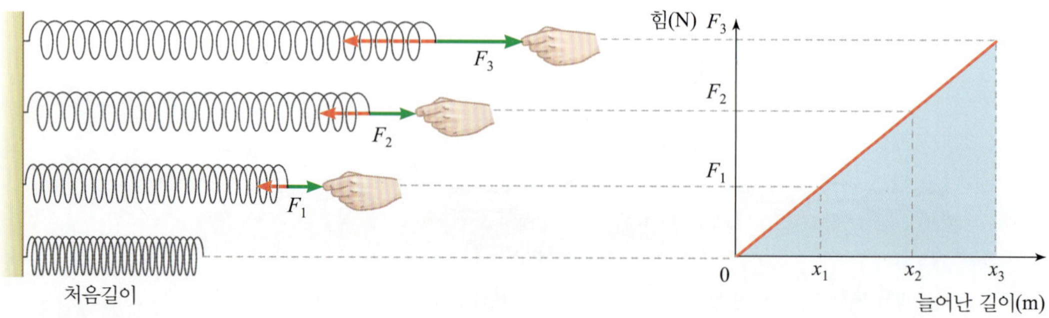

그림 3.21 훅의 법칙. 용수철이 늘어난 길이는 힘에 비례한다.

이것을 **훅의 법칙**(Hooke's law)이라고 한다. 여기서 k는 비례상수이며 **탄성계수** 또는 **용수철 상수**라고 한다. 탄성계수의 단위는 N/m이다.

용수철을 늘이거나 압축하려면 계속해서 탄성력과 비기는 힘을 외부에서 작용해야 한다. 다른 말로 하면, 탄성력은 훅의 법칙에서 구한 외부에서 작용한 힘과 크기가 같고 방향이 반대인 힘을 말하는 것이다. 따라서 탄성력은 다음과 같이 나타낼 수 있다.

$$F = -kx \tag{3-11}$$

이 식에서 탄성력은 변형의 크기에 비례함을 알 수 있으며, (−)부호는 음수를 뜻하는 것이 아니라 탄성력은 외부에서 물체에 작용하는 힘과 반대로 작용한다는 것을 뜻하는 의미한다.

외부의 힘에 변형된 물체는 다시 원래의 형태로 되돌아가려는 성질을 갖는다. 이때 발생하는 힘이 곧 탄성력이다.

TIP 탄성을 이용한 기구

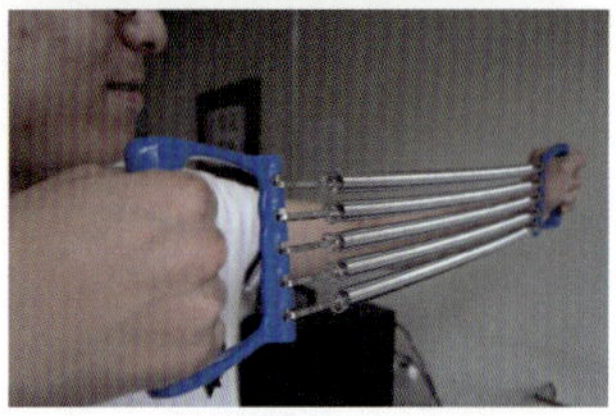

▲ 양궁경기에 사용하는 활이나, 운동용으로 사용하는 스프링스팬더

예제 2 어떤 용수철을 10 N의 힘으로 당겼더니 2 cm 늘어났다. 이 용수철의 용수철 상수는 얼마인가?

풀이

$F = kx$에서 $k = \dfrac{F}{x} = \dfrac{10\ \text{N}}{2 \times 10^{-2}\ \text{m}} = 500\ \text{N/m}$

읽을거리

부력과 아르키메데스의 원리

자연계에는 중력, 마찰력, 탄성력, 전기력, 자기력 등 여러 힘들이 존재한다. 여기서 자연계의 또 다른 힘 중에 하나인 부력에 대해 알아보자.

물에 잠겨 있는 큰 돌을 옮기면 땅에서보다 훨씬 가볍게 느껴진다. 그 이유는 돌에 중력과 반대 방향의 힘이 작용하기 때문이다. 유체(기체나 액체)에 잠겨 있거나 떠 있는 물체는 그 유체에 의해 수직 윗방향으로 힘을 받는데, 이를 **부력**(buoyant force, 浮力)이라고 한다. 어떤 물체의 무게가 부력보다 크면 그 물체는 가라앉고, 부력이 무게보다 크면 그 물체는 뜨게 된다. 쇠젓가락은 물에 가라앉지만, 나무젓가락은 물에 뜨는데, 그 이유는 쇠젓가락의 무게는 부력보다 크고, 나무젓가락의 무게는 부력보다 작기 때문이다.

일반적으로 물보다 비중이 큰 쇳덩어리와 같은 물체는 물에 가라앉고, 스티로폼처럼 물보다 비중이 작은 물질은 물에 잘 뜬다. 비중이란 물체의 물에 대한 상대밀도를 말하며, 물의 비중을 1로 정해 기준을 잡는다. 사람의 비중은 약 0.96 정도로 물의 비중보다 0.04 정도 작다. 이 때문에 물에 뜰 수 있다.

바닷물에서의 부력은 민물보다 크다. 빈 그릇에 물을 채운 후 달걀을 넣으면 가라앉는다. 그러나 물속에 소금을 조금씩 넣어가면 물의 비중이 커지는데 비중이 어느 정도 이상이 되면 달걀이 물 위에 뜨게 된다. 이 같은 이유로 염분의 농도가 짙은 사해에서는 별다른 동작을 하지 않아도 사람이 둥둥 뜨게 된다.

또한 비중이 같은 물질이라도 그 부피가 달라짐에 따라 작용하는 부력은 차이가 있다. 이러한 차이로 인해 작은 쇠구슬은 물에 가라앉는데, 아주 무겁고 큰 배는 물 위에 뜰 수 있는 것이다. 배는 그 무게에 비해 최대한 부피를 크게 하여 부력을 충분히 받아 물에 뜰 수 있게 된다. 한편 잠수함은 그 내부로 물을 넣었다 뺐다 하는 장치가 있어, 물을 넣으면 수면 아래로 잠수하고, 넣었던 물을 배출하면 조금씩 물 위로 상승하게 된다. 부력의 크기는 유체 속에 있는 물체의 부피와 동일한 부피의 유체 무게와 같으며 수직 윗방향으로 작용하는데, 이 현상을 아르키메데스가 발견했기 때문에 **아르키메데스의 원리**(Archimedes' principle)라고 한다.

아르키메데스의 원리는 물체가 무엇으로 만들어졌는지에 상관이 없다. 부력은 물체에 작용하는 힘이므로 물체의 구성 성분은 고려할 사항이 아니다. **부력은 잠긴 물체의 부피와 관계가 있고 물체의 질량이나 밀도와는 무관하다.**

▲ 우리 해군의 18,000톤급 독도함(부산국제관함식에서 촬영)

▲ 제주와 목포를 왕복했던 여객선 '씨스타크루즈' 호(2017년 제주항에서 촬영). 현재는 퇴역하고 '퀸제누비아 2'호가 취항 중에 있다.

과학분야의 노벨상 수상을 위하여…

노벨상은 지적 업적에 수여되는 상들 가운데 세계에서 가장 권위 있는 상으로 널리 인정받고 있다. 노벨상은 과학자들뿐만 아니라 일반인들에게까지 그 이름이 알려진 몇 안 되는 상들 중 하나이기도 하다.

노벨상은 스웨덴의 발명가이자 실업가인 **알프레드 노벨**(Alfred B. Nobel: 1833.10.21~1896.12.10)이 증여한 기금에서 출발했다. 그는 1895년 자신이 헌납하는 재산으로 5개 부문의 상을 정해 '지난해 인류에 가장 큰 공헌을 한 사람들에게 매년 수여하라'는 내용을 유언장에 명기했다. 이런 그의 유언에 따라 노벨 물리학상, 화학상, 생리의학상, 문학상, 평화상이 제정되었다. 최초의 노벨상은 노벨이 사망한 지 5년째인 1901년 12월 10일에 수여되었으며, 경제학상은 1969년부터 수여되기 시작했다.

한국인으로는 **김대중** 대통령이 2000년 최초로 평화상을, 2024년에는 소설가 **한강**(韓江) 작가가 문학상을 수상하였다. 일본은 각 부문에서 28명(이중 3명은 일본 출신으로 국적은 외국)의 수상자를 배출하였다. 2008년도에는 물리학상과 화학상을, 2010년과 2014년에는 물리학상을 수상한 바 있다. 2017년에는 **가즈오 이시구로**(石黑一雄)가 문학상을 2018년에는 **혼조 다스쿠**(本庶佑)가 생리의학상을, 2021년에는 **마나베 슈쿠로**(真鍋淑郎)가 물리학상을 수상하였다. 우리나라에서도 기초과학에 대한 과학자들의 노력과 과학연구에 대한 관계기관의 과감한 투자, 그리고 국민들의 성원을 모아 빠른 시일 내에 노벨상에 도전해야 할 것이다. 120여 년 이상의 수상자 가운데서 가족끼리 수상한 경우는 다음과 같다.

■ 부자 각각 수상

- Niels Bohr/ 물리학상(1922), Aage Bohr/ 물리학상(1975)
- Joseph John Thomson/ 물리학상(1906), George Paget Thomson/ 물리학상(1937)
- Hans von Euler–Chelpin/ 화학상(1929), Ulf von Euler/ 생리의학상(1970)
- K.M.Georg Siegbahn/물리학상(1924), K.M.Börje Siegbahn/물리학상(1981)

■ 부자 공동 수상

- William Henry Bragg와, William Lawrence Bragg/ 물리학상(1915)

■ 부부 수상

- Marie Curie와, 그의 남편 Pierre Curie/ 물리학상(1903)
- Marie Curie/ 화학상(1911)
- 퀴리의 딸 Irene Joliot–Curie와, 그의 남편 Frederic Joliot–Curie/ 화학상(1935)
- C.F. Cori(남편)와 G.T. Cori(아내)/ 생리의학상(1947)

■ 형제 수상

- Jan Tinbergen/ 경제학상(1969), Nikolaas Tinbergen/ 생리의학상(1973)

▲ 알프레드 노벨

▲ 노벨상 기념 메달

연습문제

풀이 ☞ 369쪽

1. 다음은 운동의 세 법칙을 설명하고 있다. 각각 몇 번째 법칙인지 알아보자.

(1) 외부로부터 물체에 힘이 작용하지 않거나 작용하더라도 힘의 합력이 0이면 운동하고 있는 물체는 계속 등속도 운동을 하고, 정지하고 있는 물체는 그대로 정지해 있다. (   )

(2) 한 물체에 어떤 힘이 작용하면 반드시 상대편 물체에 크기가 같고 방향이 반대인 힘이 반작용으로 나타난다.
(   )

(3) 물체의 가속도는 물체에 작용하는 힘의 크기에 비례하며 물체의 질량에 반비례한다. (   )

2. 그림은 마찰이 없는 수평면 A지점에서 B지점으로 움직이는 물체의 위치를 1초 간격으로 나타낸 것이다. 시간에 따른 물체의 위치 간격은 모두 동일하며 이런 형태가 지속된다. 이 물체의 운동을 그래프로 바르게 나타낸 것은?

〈9급 지방직 공무원 공채 출제〉

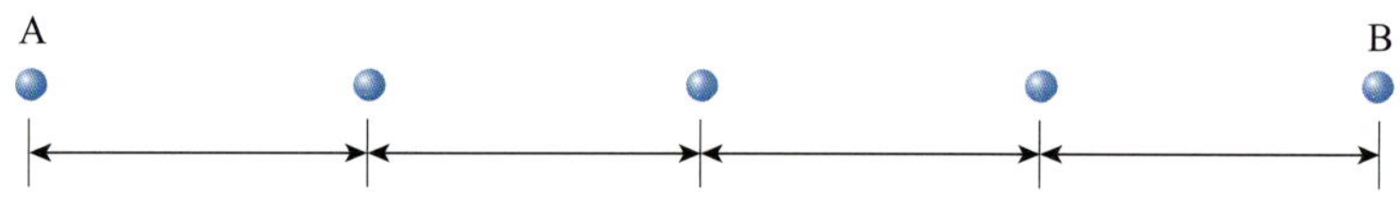

①
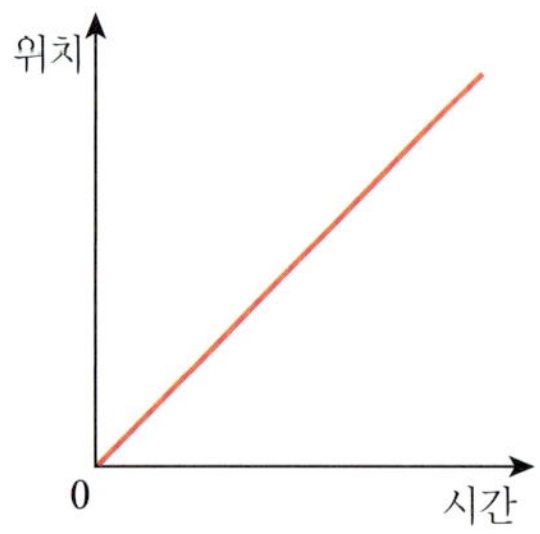

②
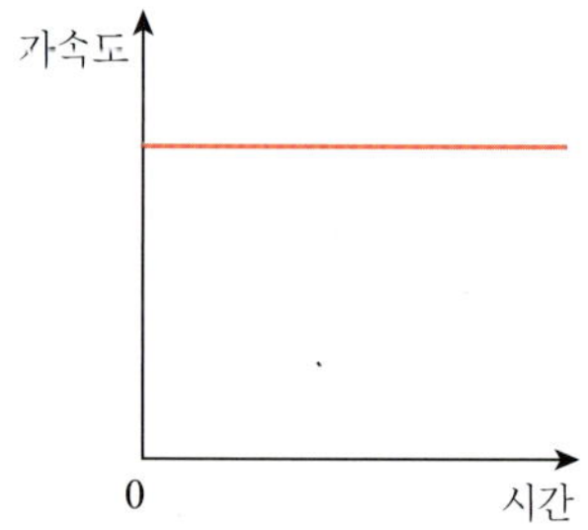

③
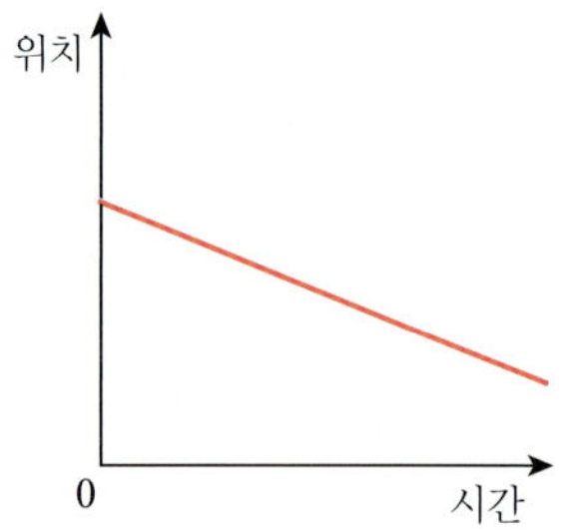

④
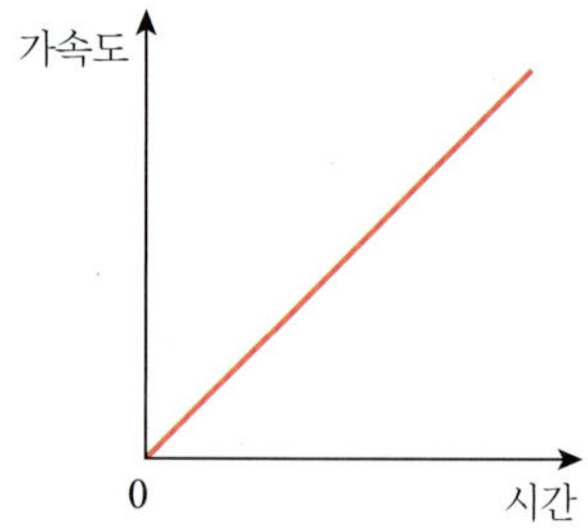

3. 운동의 제2법칙은 다음 중 어느 개념과 관계가 깊은가?

① 운동 에너지　② 관성　③ 작용과 반작용
④ 가속도　⑤ 변위

4. 다음 중 관성의 효과가 아닌 것은 어느 것인가?

① 배가 항해하고 있다.

② 옷을 털 때 옷에 묻은 먼지가 떨어진다.

③ 버스가 로타리를 돌 때 그 안의 사람은 바깥쪽으로 힘을 받는다.

④ 엘리베이터가 상승하기 시작할 때 그 안에 있는 사람은 몸이 무겁게 느껴진다.

⑤ 달리던 차가 갑자기 멈추면 몸이 앞으로 쏠린다.

5. 마찰이 없는 수평면 위에 놓여 있는 질량이 2 kg인 물체에 10 kg 중의 수평력을 작용할 때, 이 물체가 가지는 가속도의 크기는 얼마인가?

① 5 m/s^2　② 10 m/s^2　③ 20 m/s^2

④ 49 m/s^2　⑤ 98 m/s^2

6. 1 N은 다음 중 어느 것인가?

① 1 kg m/s　② 1 g cm/s　③ 1 kg m/s^2

④ 1 g m/s^2　⑤ 1 g cm/s^2

7. 질량의 비가 3:2인 두 물체가 있다. 이것에 크기의 비가 6:5인 힘을 작용시켰을 때의 가속도의 비는 어떻게 되겠는가?

① 3:2　② 6:5　③ 4:5

④ 3:6　⑤ 5:6

8. 미끄러운 수평면 상에 놓여 있는 질량 2.0 kg의 물체에 10 N의 수평력을 4.0 s 동안 작용하였다. 수평면과 물체 사이의 마찰은 무시한다.

(1) 이 물체의 가속도는 몇 m/s^2인가?

(2) 이 물체의 4.0 s 후의 속력은 몇 m/s인가?

(3) 이 물체의 6.0 s 후의 속력은 몇 m/s인가?

(4) 6.0 s 동안 물체가 이동한 거리는 얼마인가?

9. 질량이 60 kg인 우주인이 있다.

(1) 지구상에서의 무게는 얼마인가?

(2) 달(g = 1.7 m/s^2)에서의 무게는 몇 N인가?

(3) 화성(g = 3.7 m/s^2)에서의 무게는 몇 N인가?

(4) 일정한 속도로 여행하는 자유 공간에서의 무게는 몇 N인가?

10. 5 N의 힘을 질량 m_1인 물체에 작용시켰더니 8 m/s²의 가속도가 생기고, 질량 m_2인 물체에 작용시켰더니 24 m/s²의 가속도가 생겼다. 만일 두 물체 m_1과 m_2를 한데 묶어 5 N의 힘을 작용하면 몇 m/s²의 가속도가 생기는가?

11. 10 m/s의 속력으로 일직선상을 운동하는 질량 2 kg의 물체가 있다. 이 물체에 8 N의 힘이 운동 방향으로 작용하면 5 s 후 물체의 속력은 몇 m/s가 되는가?

12. 질량이 8 kg인 물체가 정지 상태로부터 일정한 힘 2 N을 받아 수평면상을 운동한 결과 6 s 동안에 3 m 이동하였다. 다음 물음에 답하여라.

(1) 이 물체의 가속도는 몇 m/s²인가?

(2) 물체에 작용한 힘과 질량의 비는 얼마인가?

(3) (2)의 답은 (1)의 답과 같지 않다(최소한 같아서는 안 된다). 이 사실에서 무엇을 알 수 있는가?

13. 그림과 같이 미끄러운 수평면 위에 질량 10 kg의 물체 A를 놓고 이것에 줄을 매어 도르래에 걸어 다시 질량 30 kg인 물체 B에 연결하여 운동시킨다. 도르래의 마찰은 무시한다.

(1) 이 운동에서 가속도는 몇 m/s²인가?

(2) 이때 줄의 장력은 몇 N인가?

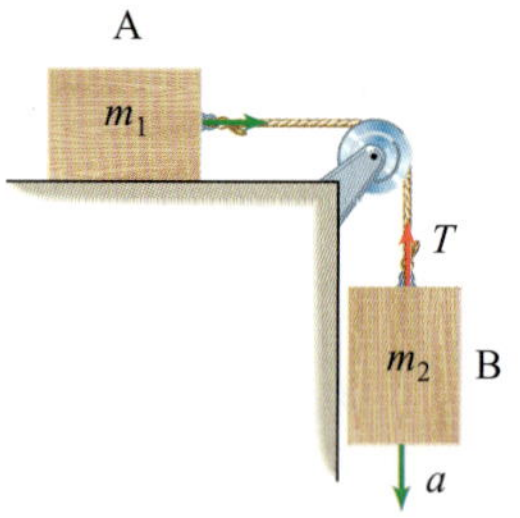

14. 수평한 마루 위에 놓인 질량 10 kg의 물체에 그림과 같이 수평방향으로 3 kgf의 힘을 가했다. 마루와 물체 사이의 정지마찰계수가 0.5일 때, 이 물체에 작용하는 마찰력의 크기는 몇 N인가? 1 kgf는 질량 1 kg의 물체를 9.8 m/s²의 속도로 움직이는 힘으로 1 kgf = 9.8 N이다.

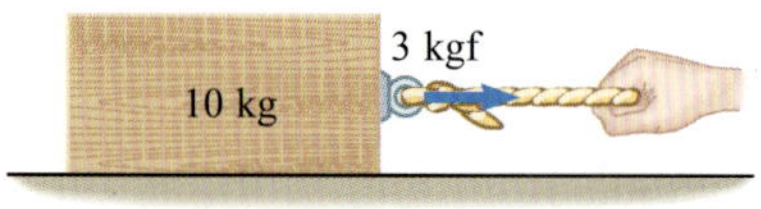

15. 아이스하키 선수가 스틱으로 아이스퍽을 때렸더니 초속도 10 m/s로 출발하여 100 m 미끄러진 후에 정지하였다. 얼음판과 아이스퍽 사이의 운동마찰계수를 구하라.

단, 중력가속도는 9.8 m/s²이다.

16. 어떤 용수철을 12 N의 힘으로 당겼더니 전체의 길이가 14 cm가 되고, 18 N의 힘으로 당겼더니 전체의 길이가 16 cm로 되었다.

(1) 이 용수철의 원래의 길이는 몇 cm인가?

(2) 용수철 상수는 몇 N/m인가?

4장

운동량과 충격량

© 김영우

▲ **범퍼카(bumper car)**
놀이공원에서 볼 수 있는 범퍼카는 차체 하단이 탄성이 좋은 고무 재질로 제작되어 다른 범퍼카와 충돌해도 충격이 적다(에버랜드에서 촬영).

태권도 선수는 겹겹이 쌓은 여러 장의 기왓장을 어떻게 손으로 깨뜨릴 수 있을까? 또 마루바닥에 넘어졌을 때보다 시멘트 바닥에 넘어졌을 때 더 큰 상처를 입게 된다. 이 같은 이유는 무엇 때문일까?

물체의 운동의 변화는 그 물체에 작용하는 힘과 시간에 따라 다르며, 물체의 속도와 질량에 따라 운동의 효과도 달라진다. 야구나 축구, 테니스, 배구 등 구기 종목에서는 공에 작용하는 힘은 그 작용시간이 짧고, 힘의 크기도 일정하지 않으므로 운동의 법칙으로 설명하는 데 한계가 있다. 이러한 물체의 운동을 설명하는 데 편리한 운동량과 충격량에 대해 알아보자.

4.1 운동량

TIP 선운동량과 각운동량

일반적으로 운동량은 선운동량(linear momentum)을 말한다. 선운동량에 대응하는 회전운동의 양을 각운동량(angular momentum)이라고 한다.

날아오는 야구공을 손으로 잡는 경우를 생각해 보자. 느리게 날아오는 야구공은 맨손으로 받아도 손이 그리 아프지 않지만, 빠르게 날아오는 야구공을 맨손으로 잡으면 손이 매우 아프다. 질량이 같은 야구공이지만 느린공보다 빠른 공의 운동 효과가 더 크기 때문이다. 또 투포환과 야구공이 같은 속력으로 굴러올 때 투포환을 정지시키기가 야구공보다 더 힘이 든다. 이것은 질량이 큰 투포환의 운동 효과가 질량이 작은 야구공보다 크기 때문이다.

물체의 질량이 같을 때는 속도가 빠른 물체의 운동량이 속도가 느린 물체보다 더 크고, 속도가 같을 때는 질량이 큰 물체의 운동량이 질량이 작은 물체보다 더 크다.

이처럼 물체의 운동 효과는 물체의 질량 및 속도와 관련이 있다. 물체의 운동 효과는 물체의 질량과 속도의 곱으로 나타낼 수 있으며, 이것을 **운동량**(momentum)이라고 한다.

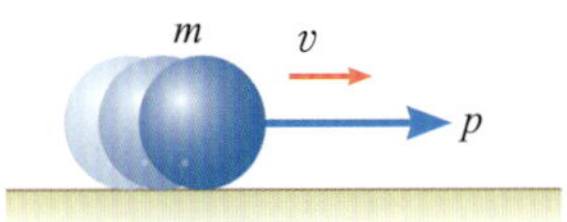

그림 4.1 운동량은 질량과 속도의 곱으로 정의한다.

그림 4.1과 같이 질량 m인 물체가 속도 v로 운동할 때, 이 물체의 운동량 p는 다음과 같이 나타낸다.

$$\text{운동량} = \text{질량} \times \text{속도}, \quad p = mv \tag{4-1}$$

운동량은 속도와 같이 방향을 가지는 물리량(벡터)이며, 단위는 kg m/s를 사용한다. 운동량을 정의하는 식에서 알 수 있는 바와 같이 운동하는 물체의 질량과 속도 중에서 어느 하나가 크거나 둘 다 크면 그 물체는 더 큰 운동량을 가지게 된다. 그러나 질량이 작은 물체라도 속도가 빠르면 질량이 크고 속도가 느린 물체보다 더 큰 운동량을 가진다. 트럭은 승용차보다 질량이 훨씬 크지만 정지해 있을 때는 운동량이 0이다.

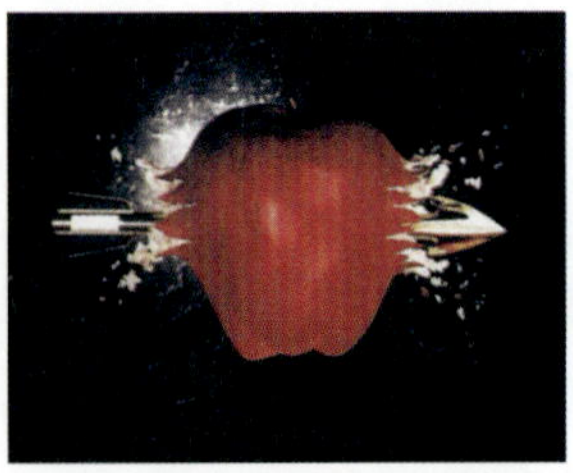

그림 4.2 사과를 뚫고 나가는 탄환

그림 4.2는 빠르게 운동하는 작은 탄환이 사과를 꿰뚫고 지나가는 장면을 고속카메라로 찍은 사진이다. 비록 작은 탄환이지만 속도가 빠르기 때문에 큰 운동량을 가지므로 사과도 뚫고 나갈 수 있다.

4.2 충격량

자동차에 설치되어 있는 에어백은 어떻게 승객을 사고로부터 보호할 수 있을까? 유리컵을 시멘트 바닥에 떨어뜨리면 깨지지만 스펀지 위에 떨어뜨리면 깨지지 않는 까닭은 무엇일까?

앞에서 물체의 속도를 변하게 하는 것은 힘이라는 것을 알았다. 그리고 물체의 운동량의 변화는 속도의 변화로 생긴다는 것도 알았다. 따라서 운동량은 그 물체에 힘을 얼마나 가했느냐에 따라 변화의 정도가 달라진다는 것을 알 수 있다. 물체에 작용하는 힘이 클수록 속도가 크게 변한다. 따라서 운동량도 크게 변하게 된다.

물체의 운동량을 변화시키는 데는 힘을 작용한 시간 역시 중요하다. 정지해 있는 물체에 짧은 시간이라도 힘이 작용하면 물체의 운동량이 변한다. 그리고 같은 힘을 오랫동안 작용해도 운동량이 크게 변한다. 즉, 힘이 작용하는 시간이 길수록 운동량이 더 크게 변한다.

물체에 작용하는 힘의 크기와 작용 시간이 모두 물체의 운동량을 변화시키는 요인이라는 것을 알 수 있다. 물체에 작용한 힘과 힘을 작용한 시간과의 곱을 **충격량**(impulse)이라고 한다. 이 관계는 다음 식으로 나타낼 수 있다. 충격량을 나타내는 기호는 주로 I를 사용한다.

$$\text{충격량} = \text{힘} \times \text{시간}, \quad I = Ft \tag{4-2}$$

충격량은 물체에 작용하는 힘의 크기와 힘의 작용시간에 비례한다. 그리고 물체에 충격이 가해지는 동안의 평균적인 힘을 **충격력**이라고 한다. 충격력은 힘을 나타내며 단위는 힘의 단위인 N을 사용한다.

운동량이 크기와 방향을 가지고 있는 물리량인 것처럼 충격량도 크기와 방향을 갖는 물리량이다. 충격량의 단위는 N s이다.

충격량과 운동량 사이에는 다음과 같은 관계가 성립한다.

$$\text{충격량} = \text{운동량의 변화량}$$
$$Ft = mv - mv_0 = \Delta(mv) \tag{4-3}$$

TIP 충격량-선운동량 정리

물체에 작용하는 힘에 의한 충격량은 그 물체의 운동량의 변화와 같다.

식 (4-3)은 물체에 주어진 충격량은 그 물체에서 일어난 운동량의 변화와 같다는 것을 말해준다.

충격량과 운동량의 관계는 운동량이 변하는 여러 경우를 분석하는 데 크게 도움이 된다. 운동량이 증가하거나 감소하는 경우에 충격량은 어떻게 될까?

1) 증가하는 운동량

물체의 운동량을 증가시키려면 큰 힘을 가능한 한 오랫동안 작용시켜야 한다. 야구 경기에서 타자가 홈런을 치기 위해서 또 골프 선수가 골프공을 멀리 보내기 위해서 가능한 한 스윙을 끝까지 힘차게 하면서 팔로 스루(follow-through)를 하는 이런 이유이다.

일반적으로 물체에 충격을 줄 때 충격력은 매 순간마다 변한다. 예를 들어 골프를 칠 때 골프 클럽과 골프공이 접촉하는 순간에는 골프공이 받는 힘이 순식간에 증가하

그림 4.3 야구 선수의 팔로 스루

그림 4.4 골프 선수의 팔로 스루

면서 찌그러지고, 그 다음에 골프공은 속력이 빨라지고 모양이 원래대로 펴지면서 골프 클럽과 분리되어 공중으로 날아가게 된다.

2) 감소하는 운동량

만약 달리던 자동차가 갑자기 고장이 나서 어딘가에 충돌을 할 수밖에 없게 되는 경우가 있다고 하자. 벽돌담과 건초더미 중에서 어느 쪽으로 충돌해야 할지를 선택해야 한다면 피해를 줄이기 위해서 당연히 건초더미를 선택할 것이다.

자동차가 일정한 속도로 달리다 건초더미에 충돌하거나 벽돌담에 충돌한 후 정지하게 될 때, 자동차는 충격량을 받아 운동량이 감소하게 된다.

그림 4.5와 같이 자동차가 건초더미와 충돌하면 자동차가 정지할 때까지 걸리는 시간이 길어지는 대신 충격력이 작아져서 피해를 줄일 수 있다. 그러나 그림 4.6과 같이 자동차가 단단한 벽돌담과 충돌한다면 자동차가 정지할 때까지 걸리는 시간이 짧은 대신 충격력이 커져 피해가 크게 된다.

그림 4.5 운동량의 변화 시간이 길어지면 충격력이 작아진다.

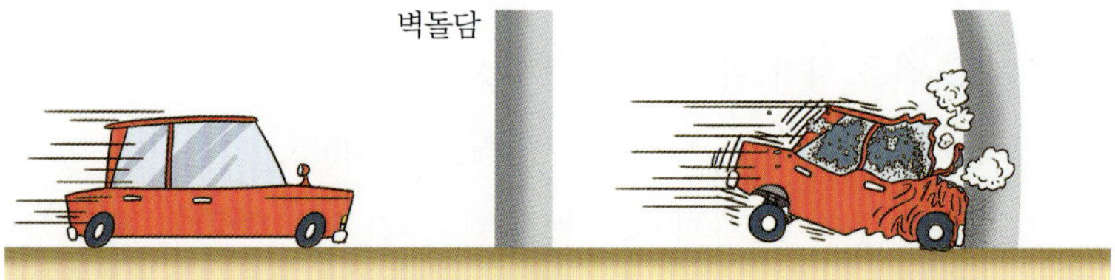

그림 4.6 운동량의 변화 시간이 짧아지면 충격력이 커진다.

날아오는 야구공을 맨손으로 잡는다면, 손을 앞으로 뻗어 공이 손에 닿는 순간 손을 다시 뒤쪽으로 빼면서 받으면 손이 덜 아프다. 이것은 공이 멈추기까지 걸리는 시간이 길기 때문에 손에 가해지는 충격이 감소하기 때문이다.

높은 곳에서 뛰어내리는 경우를 생각해 보자. 높은 곳에서 뛰어내릴 때는, 무의식적으로 발이 지면에 닿는 순간 다리를 구부려서 착지하게 된다. 다리를 구부려서 착지하면 다리를 곧게 펴서 착지할 때보다 운동량을 감소시키는 시간이 약 10~20배 길어져 다리 뼈에 가해지는 충격력이 아주 작아진다.

그림 4.7 넓이뛰기 선수가 착지하는 모습. 모래를 깔아 충돌시간을 길게 하면 충격력은 감소한다.

그림 4.7과 같이 넓이뛰기 선수들이 착지하는 위치에 모래를 두껍게 깔아놓는 이유도 선수의 발과 지면의 충돌 시간을 길게 하여 선수에게 미치는 충격력을 줄이기 위해서다.

야구경기에서 포수의 글러브는 다른 수비들의 글러브보다 훨씬 두껍다. 이것은 빠르게 날아오는 공이 멈추기까지의 시간을 길게 하여 손에 가해지는 충격량을 줄이기 위해서다.

- 달걀을 마루바닥에 떨어뜨리면 깨지지만 두꺼운 스펀지 위에 떨어뜨리면 잘 깨지지 않는다. 그 이유를 설명해 보라.
- 물체에 일정한 힘을 작용할 때 힘을 작용한 시간이 2배로 길어졌다면, 충격량은 어떻게 될까?

예제 1 60 m/s의 속도로 달리는 질량이 1000 kg인 자동차가 있다. 이 자동차에 일정한 힘을 작용시켜 5 s만에 정지시키려고 한다. 이때 작용할 제동력은 몇 N인가?

풀이

운동량의 변화는 다음과 같다.

$$v = 0,\ v_0 = 60\,\mathrm{m/s},\ m = 1000\,\mathrm{kg}$$

$$\Delta p = mv - mv_0 = -(1000\,\mathrm{kg} \times 60\,\mathrm{m/s}) = -6 \times 10^4\,(\mathrm{kg\ m/s})$$

충격량은 운동량의 변화와 같으므로 $F\Delta t = mv - mv_0$에서 다음 식이 성립한다. 따라서 제동력은 다음과 같다.

$$F = \frac{mv - mv_0}{\Delta t} = \frac{-6 \times 10^4\,\mathrm{kg\ m/s}}{5\,\mathrm{s}} = -1.2 \times 10^4\,\mathrm{N}$$

(−)부호는 힘의 방향이 운동 방향과 반대라는 뜻이다.

생활속의 물리

로프는 어떻게 충격력을 줄이는가?

■ **암벽타기**

암벽타기를 하는 사람들은 나일론 로프(nylon rope)를 자신의 허리에 묶고 가파른 절벽을 기어오른다.

만일, 암벽을 타다가 잡고 있던 손을 놓치면 추락하게 된다. 이때 로프가 늘어나지 않는다면 허리에 심한 타격을 받게 된다. 만약 추락 사고를 당한다면 이 사람은 추락하는 동안 생긴 운동량의 변화량과 같은 충격량을 받는다. 떨어지는 동안 로프가 늘어나면서 사람에게 가해지는 충격 시간이 길어져 충격력이 감소되어 몸을 보호할 수 있다.

▲ 암벽타기

■ **스포츠 클라이밍(sport climbing)**

스포츠 클라이밍은 전통적인 암벽 등반에서 시작된 현대적인 경기이다.

지정된 인공 암벽에서 공식적인 규칙과 감독아래 등반속도나 기술적 난이도에 대한 우열을 가려 경쟁한다. 인공 암벽에 영구 앵커를 사용하여 등반한다.

이 경기에서 선수는 추락시 안전을 위해 로프를 사용한다. 로프는 신축성과 강도가 좋아야 충격력을 최대한 줄일 수 있다.

▲ 스포츠 클라이밍(2024 파리올림픽)

4.3 운동량 보존 법칙

▲ 구슬치기

전통놀이 중에 구슬치기가 있다. 질량이 똑같은 두 구슬이 있을 때, 구슬 한 개는 정지시켜 놓고 다른 구슬을 굴려서 정확히 맞힌다면 정지해 있던 구슬은 앞으로 튀어나가고 굴러간 구슬은 그 자리에 정지할 것이다. 이때 두 구슬 사이의 운동량은 어떻게 될까?

운동의 제2법칙에서 물체를 가속시키려면 물체에 힘을 작용해야 한다. 이것을 다르게 표현하면, 물체의 운동량을 변화시키려면 물체에 충격량을 주어야 한다고 말할 수 있다. 물체의 운동량을 변화시키려면 항상 물체 외부에서 힘을 작용해야 한다. 외부에서 물체에 어떤 힘(외력)을 작용하지 않으면 운동량은 변하지 않는다.

볼링공으로 핀을 넘어뜨리는 경우, 자동차가 충돌하는 경우, 망치로 못을 박는 경우 등 운동량이 순간적으로 변하는 경우가 많다. 운동량이 급격히 변하는 경우에는 충돌 시간이 매우 짧다. 이때 짧은 시간을 측정하기는 어려울뿐만 아니라 짧은 시간 동안 변화한 운동량을 측정하는 것도 어렵다. 그런데 이런 경우 충돌 전후의 운동량을 조사해 보면, 충돌 전과 충돌 후의 운동량에는 아무런 변화가 없다는 사실을 알 수 있다.

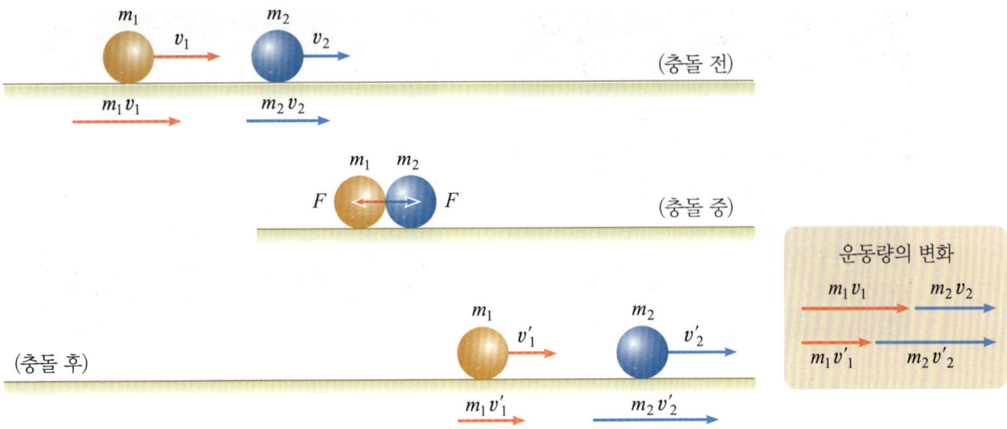

그림 4.8 충돌 전·후 운동량 보존

그림 4.9와 같이 두 개의 강철구가 충돌할 때 충돌 전후의 운동량을 조사해 보면 충돌 전 두 구의 운동량의 합은 충돌 후 두 구의 운동량의 합과 같다. 즉, 충돌 전과 충돌 후의 운동량는 변화가 없다.

이 관계를 다음과 같이 식으로 나타낼 수 있다.

충돌 전의 운동량의 합 = 충돌 후의 운동량의 합

$$m_1 v_1 + m_2 v_2 = m_1 v'_1 + m_2 v'_2 \tag{4-4}$$

두 물체가 충돌할 때 외부에서 힘이 작용하지 않으면 충돌 전후의 두 물 체의 운동량의 합은 일정하게 보존된다.

이 관계를 **운동량 보존 법칙**(law of momentum conservation)이라고 한다. 운동량 보존 법칙은 물체들 사이에서 충돌, 융합, 분열이 일어나는 경우에도 언제나 성립한다. 그리고 물체들 사이에 작용하는 힘의 종류에 관계없이 성립하며, 상호 작용하는 물체의 크기에 무관하고 은하계에서나 원자 세계에서도 일반적으로 적용된다.

■ 화재 진압을 하는 소방관이 물이 세차게 뿜어 나오는 호스를 잡고 있기 위해 몸을 앞으로 기울여서 균형을 유지하는 것을 볼 수 있다. 소방관이 몸을 앞으로 기울이는 이유를 설명해 보라.

4.4 충돌의 구분

▲ 고무공(왼쪽)과 찰흙덩어리(오른쪽)의 낙하 비교

물체들이 충돌하는 과정에서 운동량의 보존을 명확하게 확인할 수 있다. 고무공과 같은 크기의 찰흙덩어리를 같은 높이에서 떨어뜨리면, 고무공은 바닥과 충돌한 후 위로 튀어 오르지만, 찰흙덩어리는 바닥에 붙어버린다. 이것은 고무공과 찰흙의 성질

(가) 탄성 충돌

(나) 비탄성 충돌

그림 4.9 탄성 충돌과 비탄성 충돌의 예

이 다르기 때문이다. 이처럼 물체의 성질에 따라서 충돌 후 물체의 상태가 달라질 뿐만 아니라, 충돌하는 두 물체의 질량에 따라서도 충돌 후의 모습이 다르게 나타난다.

물체의 충돌 후의 모습에 따라 충돌의 종류를 나눌 수는 없을까?

물체의 충돌은 충돌 후 물체의 운동 에너지가 보존되느냐, 보존되지 않느냐에 따라 크게 탄성 충돌과 비탄성 충돌로 구분된다.

탄성 충돌은 그림 4.9 (가)의 당구공의 충돌과 같이 충돌 후에도 운동 에너지가 보존되며 그 형태가 변형되지 않는다. 비탄성 충돌은 그림 (나)의 자동차의 충돌과 같이 운동 에너지가 보존되지 않으며 충돌 후 형태가 변형되기도 한다.

1) 탄성 충돌

그림 4.10에서 보는 바와 같이 질량이 같은 두 개의 공 A와 B가 충돌할 때, 운동하던 공 A는 정지하고, 정지해 있던 공 B가 충돌 전 공 A의 속도로 운동하게 되는 충돌을 **탄성 충돌**(elastic collision)이라고 한다. 이때 운동하던 공 A의 운동량은 정지해 있던 공 B(운동량 0)에 모두 전달된다. 이때 충돌 전후의 상대 속도의 크기는 변하지 않는다. 완전 탄성 충돌에서는 운동 에너지가 보존되며, 물체들이 충돌하여도 형태가 변하지 않고, 두 물체의 운동량이 완전히 교환되므로 충돌 전과 충돌 후의 운동량의 총합은 항상 일정하다.

2) 비탄성 충돌

비탄성 충돌의 경우 운동 에너지가 감소하는데, 이것은 물체가 충돌하면서 운동 에

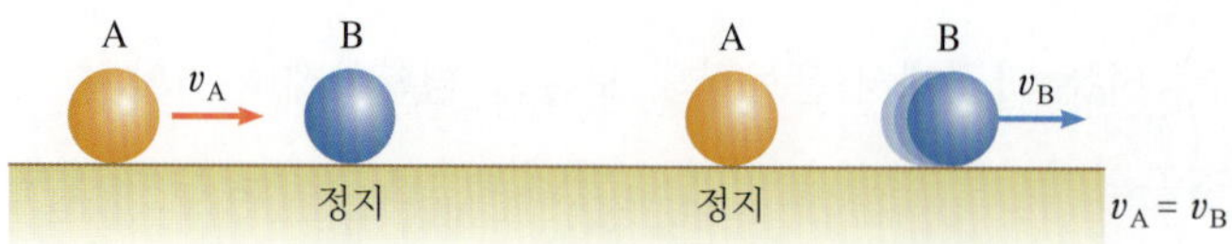

그림 4.10 탄성 충돌의 예

그림 4.11 비탄성 충돌

너지의 일부가 소리, 빛 또는 열로 변화되기 때문이다. 비탄성 충돌에서도 운동량은 보존된다.

그림 4.11과 같이 충돌 후 두 물체가 한 덩어리가 되어 운동할 때 이러한 충돌을 비탄성 충돌(inelastic collision)이라고 한다.

예제 2 마찰을 무시할 수 있는 수평인 얼음판 위에서 질량이 70 kg인 어른이 왼쪽으로 2 m/s의 속력으로 미끄러지고 있다. 이때 질량 30 kg의 어린이가 오른쪽으로 5 m/s의 속력으로 미끄러져서 정면으로 충돌하는 순간 어른이 어린이를 껴안았다. 충돌 후의 속도를 구하여라.

풀이

어린이의 운동 방향을 (+)로 잡으면, 운동량 보존 법칙에서 충돌 전과 후의 운동량은 같아야 하므로 속도는 다음과 같다.

$$30\text{ kg} \times 5\text{ m/s} + 70\text{ kg} \times (-2\text{ m/s}) = (30\text{ kg} + 70\text{ kg}) \times v$$

$$10\text{ kg m/s} = 100\text{ kg} \times v$$

$$\therefore\ v = 0.1\text{ m/s}$$

따라서 충돌 후에는 어린이와 어른은 같이 오른쪽으로 0.1 m/s의 속도로 미끄러진다.

4.5 반발계수

충돌에는 탁구공이나 테니스공처럼 잘 튀는 것도 있고, 찰흙처럼 바닥에 던지면 전혀 튀지 않고 그냥 붙어버리는 것도 있는 것처럼 충돌할 때 튕겨나가는 모습이 물체마다 제각각이다. 물체가 충돌할 때 튕겨지는 정도는 물체의 탄성에 따라 다른 값을 갖는다.

일반적으로 충돌 후 물체의 속도는 그 물체가 튕겨지는 정도에 따라 달라진다. 그러므로 충돌 전과 충돌 후의 물체들이 가지는 상대 속도의 비를 이용하여 충돌하는 물체들의 성질을 나타낼 수 있다.

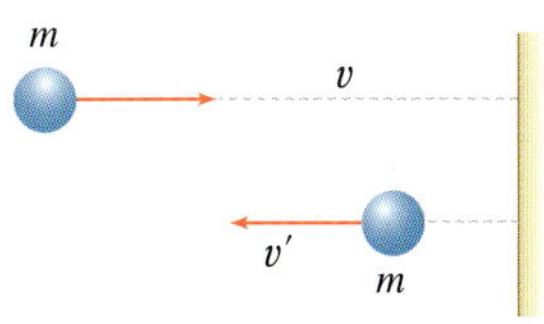

그림 4.12 벽과 충돌하는 공의 속도

그림 4.12와 같이 테니스공을 속도 v로 벽을 향해 정면으로 던졌더니 벽과 충돌한 후 속도 v'로 튕겨 나왔다면, 충돌 전후 속도의 크기의 비는 다음과 같이 나타낼 수 있다.

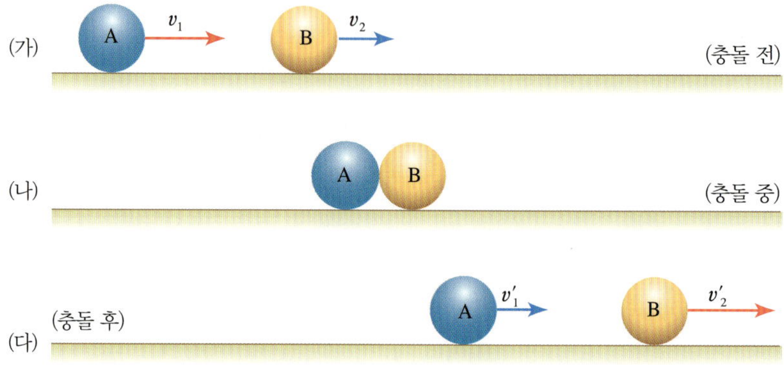

그림 4.13 직선상의 충돌에서 속도의 변화

$$e = -\frac{v'}{v} \tag{4-5}$$

반발계수는 충돌 전후 속도의 비이므로 물체의 질량에는 관계가 없으며, 탄성과 관련된 값이다.

그림 4.13과 같이 일직선상에서 운동하는 두 구가 충돌할 때, 충돌 전의 속도 v_1, v_2가 충돌 후에 그 속도가 각각 v_1', v_2'로 되었다고 하자. 이때 충돌 전후의 상대 속도의 비를 **반발계수**라고 한다. 반발계수는 충돌 후 두 구의 상대 속도($v_1'-v_2'$)를 충돌 전 두 구의 상대 속도(v_1-v_2) 로 나눈 값이다. 이 관계를 식으로 나타내면 다음과 같다.

$$e = -\frac{v_1' - v_2'}{v_1 - v_2} \tag{4-6}$$

반발계수는 충돌하는 두 물체의 재질에 따라 결정되며 그 값의 범위는 $0 \le e \le 1$이다.

반발계수의 값에 따라 충돌의 종류를 다음과 같이 나눌 수 있다. 반발계수가 $e=1$인 경우를 **탄성 충돌**이라고 한다. 이 경우에는 충돌 전의 속도의 크기와 충돌 후의 속도의 크기가 같아진다. 특히 두 물체의 질량이 같다면 두 물체의 속도는 서로 교환된다. 이러한 예로는 매우 근사적이기는 하지만 당구공의 충돌이나 기체 분자의 충돌, 원자핵 반응 등을 들 수 있다. 탄성 충돌에서는 그림 4.14와 충돌 전후의 상대 속도가 변하지 않는다.

그리고 $0<e<1$인 충돌을 **비탄성 충돌**이라고 하며, 실제 대부분의 충돌이 이 경우에 해당된다. 특히 $e = 0$인 경우에는 충돌 후 두 물체가 한데 붙어서 운동하므로 상대 속도가 0이 된다. 이러한 충돌을 **완전 비탄성 충돌**이라고 한다.

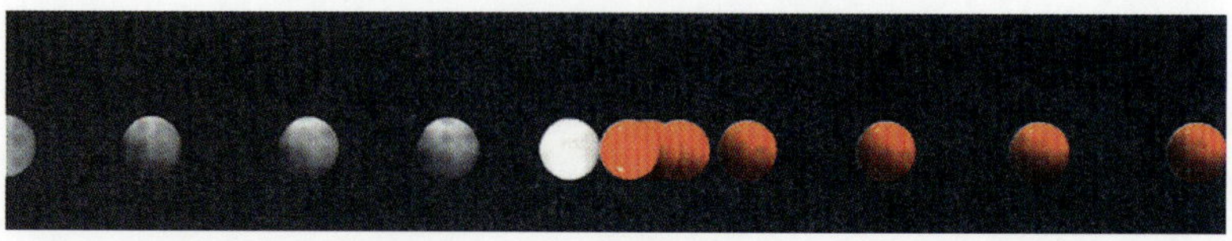

그림 4.14 당구공의 완전 탄성 충돌; 충돌 전후의 상대 속도가 변하지 않는다.

4.6 충돌 전후 운동 에너지의 변화

물체가 충돌할 때 충돌 전후의 운동량은 언제나 일정하게 보존된다. 그러나 운동 에너지는 반발계수에 따라 충돌 전후 보존될 수도 있고, 보존되지 않을 수도 있다.

탄성 충돌에서는 충돌 전후의 속도의 크기가 같으므로 운동량뿐만 아니라 운동 에너지도 보존된다. 즉, 충돌 후 두 물체의 운동 에너지의 합은 충돌 전의 운동 에너지의 합과 같다. 이 관계를 식으로 나타내면 다음과 같다.

충돌 전의 운동 에너지 = 충돌 후의 운동 에너지

$$\frac{1}{2}m_1v_1^{\,2}+\frac{1}{2}m_2v_2^{\,2}=\frac{1}{2}m_1v_1'^{\,2}+\frac{1}{2}m_2v_2'^{\,2} \qquad (4\text{-}7)$$

이에 비해 비탄성 충돌에서는 운동 에너지가 보존되지 않는다. 그 이유는 충돌 과정에서 충돌 전 운동 에너지의 일부가 다른 형태의 에너지(열에너지나 소리에너지 등)로 전환되기 때문이다. 충돌 후의 총 운동 에너지는 충돌 전의 총 운동 에너지보다 작아진다. 또 충돌 후 두 물체가 서로 달라붙어 한 덩어리가 되어 운동하는 완전 비탄성 충돌에서는 운동 에너지의 손실이 최대가 된다. 그림 4.15는 충돌의 종류에 따른 운동 에너지의 변화를 나타낸 것이다.

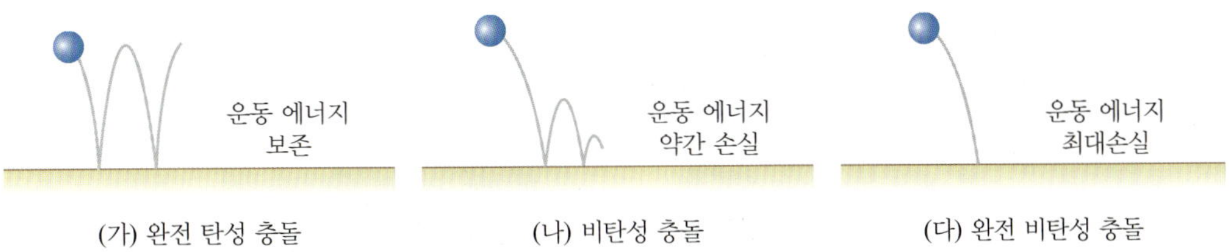

그림 4.15 충돌에서 운동 에너지의 변화

예제 3 10 m/s의 속력으로 운동하는 질량 6 kg의 물체 A가 정지해 있는 4 kg의 물체 B와 충돌한 후 한데 붙어서 6 m/s의 속력으로 운동할 때, 충돌 전과 충돌 후의 운동 에너지를 비교해 보라.

풀이

충돌 전 물체 A의 속력을 v_1이라 하면, 충돌 전의 운동 에너지는 각각 다음과 같다.

$$E_{k_1}=\frac{1}{2}m_1v_1^2=\frac{1}{2}\times 6\text{ kg}\times(10\text{ m/s})^2=300\text{ J},\quad E_{k_2}=0$$

충돌 후에는 두 물체가 한데 붙어서 운동하므로 속력을 v라고 하면 운동 에너지는 다음과 같다.

$$E_k'=\frac{1}{2}(m_1+m_2)v^2=\frac{1}{2}\times(6\text{ kg}+4\text{ kg})\times(6\text{ m/s})^2=180\text{ J}$$

충돌 전후의 운동 에너지의 차는 다음과 같다.

$$\Delta E_k=300\text{ J}-180\text{ J}=120\text{ J}$$

읽을거리

번지 점프(Bungee Jump)

번지 점프는 모험과 스릴을 즐기는 젊은이들에게 인기 있는 레저 중의 하나이다.

고무 제품 종류의 밧줄을 발이나 허리에 고정시키고, 다리 위나 특별히 설치한 점프대로부터 수면이나 지면을 향해 뛰어내리는 게임으로, 높은 곳에서 낙하하는 순간의 공포감을 즐긴다. 원래는 남태평양의 바누아투 등에서 성인식 때 치르는 의식의 하나로서 용맹성을 시험하기 위한 것이었다. 우리나라에서도 여러 곳에 상설 번지 점프장이 생겨나면서 새로운 여가 활용 게임으로 마니아들에게 각광을 받고 있다.

번지 점프의 시작은 1979년 영국 옥스퍼드대학의 모험 스포츠 클럽 회원들이 샌프란시스코의 금문교에서 뛰어내린 것이 출발이었다. 그 후 뉴질랜드의 A. J Hackett이 프랑스의 110 m 에펠탑에서 뛰어내린 것이 전 세계 매스컴에 보도되면서 대중적 레포츠로 알려지게 되었다. 동양에서 제일 높은 번지 점프대는 높이가 260 m로 중국 후난성 장자제 대협곡 다리에 설치된 점프대이다.

번지 점프가 가능한 이유는 무엇일까?

번지 점프를 할 수 있는 것은 뛰어내리는 사람의 운동량과 충격량이 같아질 때까지 로프가 늘어나는 현상으로 설명할 수 있다. 뛰어내리는 사람이 갖는 운동량 mv가 0이 될 때까지, 로프가 흡수해야 하는 충격량은 Ft이다. 이때 고무줄이 늘어나는 시간 t가 길면 사람에게 작용하는 힘 F는 작아져 사람이 받는 충격은 아주 작아지게 된다. 일반적으로 번지 점프에 사용되는 탄성력이 좋은 로프는 사람이 낙하하는 동안 원래 길이의 2배 정도로 늘어난다.

▲ 번지 점프하는 모습

▲ 충북 제천 청풍랜드에서 번지 점프 하는 모습(높이 62 m)

연습문제

풀이 ☞ 371쪽

1. 운동하는 물체의 운동량의 변화량과 충격량 사이에는 어떤 관계가 있는가?

① 운동량의 변화량이 충격량보다 크다.

② 운동량의 변화량이 충격량보다 작다.

③ 운동량의 변화량은 충격량과 같다.

④ 운동량의 변화량과 충격량 사이에는 직접적인 관련이 없다.

⑤ 운동량의 변화량과 충격량은 언제나 1이다.

2. 정지하고 있던 질량 0.5 kg의 물체가 중력에 의하여 자유 낙하한다. 이 공이 19.6 m를 낙하했을 때 운동량의 크기는 얼마인가? (단, 공기의 저항은 무시한다.)

① 9.8 kg m/s ② 5 kg m/s ③ 19.6 kg m/s

④ 10 kg m/s ⑤ 29.4 kg m/s

3. 무게가 7840 N인 자동차가 72 km/h의 일정한 속도로 달리고 있을 때, 이 자동차의 운동량은 몇 kg m/s인가?

4. 20 m/s의 속도로 날아오는 질량 0.2 kg인 공을 배트로 쳤더니 공이 정확히 반대방향으로 40 m/s로 날아갔다. 이때 배트로 공에 가한 충격량은 몇 N s인가?

5. 질량 1 kg의 물체가 10 m/s의 속도로 날아오고 있다. 이 물체를

(1) $\frac{1}{100}$ s 동안에 정지시키려면 몇 N의 힘이 필요한가?

(2) $\frac{1}{1000}$ s 동안에 정지시키려면 몇 N의 힘이 필요한가?

6. 질량 2 kg인 물체가 일정한 힘 5 N을 받는 동안 속도가 10 m/s에서 15 m/s로 되었다. 다음 물음에 답하여라.

(1) 이 물체의 운동량의 변화는 몇 kg m/s인가?

(2) 이 물체가 받은 충격량은 몇 kg m/s인가?

(3) 이 물체에 힘이 작용한 시간은 몇 초인가?

7. 그림은 질량이 5 kg인 정지한 물체에 작용하는 알짜힘을 시간에 대해 나타낸 것이다. 알짜힘이 작용하는 동안 물체의 운동 방향은 변하지 않는다. 물체의 운동에 대한 설명으로 옳은 것만을 모두 고르시오. 〈9급 지방직 공무원 공채 출제〉

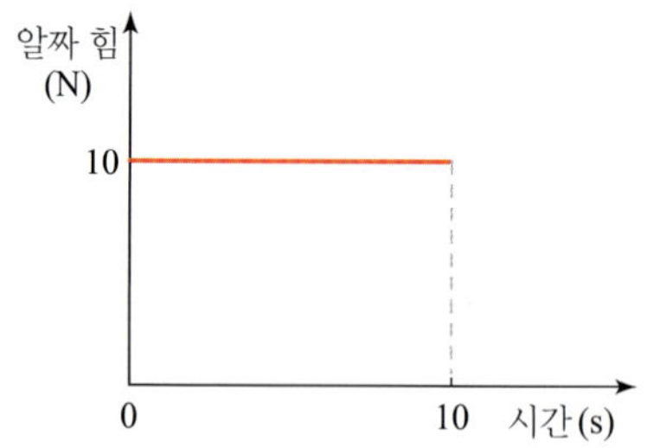

가. 0에서 10초까지 물체가 받은 충격량의 크기는 100 N·s이다.
나. 0에서 10초까지 물체의 운동량의 크기는 일정하다.
다. 10초에서 물체의 속력은 20 m/s이다.

① 나 ② 다
③ 가, 나 ④ 가, 다

8. 그림과 같이 질량 0.20 kg인 공을 수평한 마루 바닥으로부터 1.0 m 높이에서 자유 낙하 시켰더니 0.64 m 높이까지 튀어 올랐다. 이때 마루 바닥이 공에 준 충격량은 몇 N s인가?

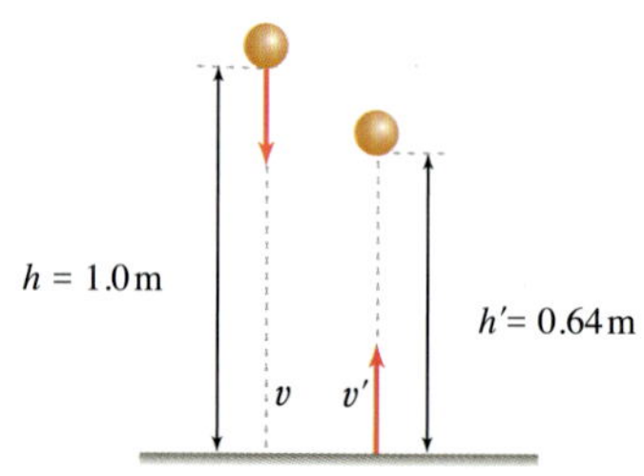

9. 몸무게가 60 kg인 사람이 호숫가에 정지해 있는 보트에서 5 m/s의 속력으로 뛰어내리면 보트는 몇 m/s의 속력으로 움직이는가? 단, 보트의 질량은 100 kg이다.

10. 1000 kg의 자동차 A가 정지해 있는 1500 kg의 자동차 B의 뒷부분에 충돌한 후 두 자동차가 서로 붙어서 4 m/s의 속도로 움직였다. 자동차 A의 충돌 전의 속도는 몇 m/s인가?

11. 20 m/s의 속력으로 날아가고 있는 질량 4 kg의 물체가 두 개의 조각 A, B로 분열되었다. 이때 B가 A에 대하여 12 m/s의 속력으로 똑바로 뒤로 분리되어 날아갔다. 분열된 후 A의 속력은 몇 m/s인가? (단, A, B의 질량은 각각 1 kg과 3 kg이다).

12. 직선상에 정지해 있는 질량 5 kg의 물체에 질량이 10 kg인 물체가 15 m/s의 속도로 달려와서 충돌한 후 한데 붙어 운동하였다. 충돌 후 물체의 속도는 몇 m/s인가?

13. 그림과 같이 마찰이 없는 아주 평편한 면 위에서 질량 4 kg의 탄성체의 당구공이 2 m/s의 속도로 이동하면서, 정지해 있던 또 다른 같은 질량의 구와 정면 충돌하였다. 이 충돌이 탄성 충돌이라고 한다면 보기의 설명 중에서 옳은 것을 고르시오.

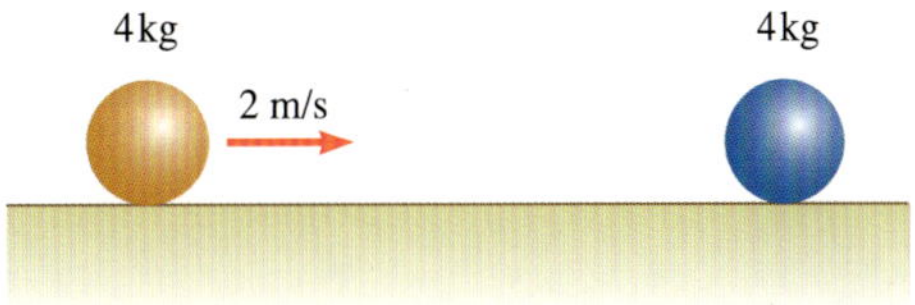

가. 충돌 후 두 공의 운동량의 합은 4 kg m/s이다.
나. 충돌 후 두 공의 운동량의 합은 4 kg m/s보다 작다.
다. 충돌 후 두 물체의 운동 에너지의 합은 8 J이다.
라. 충돌 후 두 물체의 운동 에너지의 합은 8 J보다 작다.
마. 충돌할 때 구 A가 받는 힘의 크기는 구 B가 받는 힘의 크기와 같다.
바. 탄성 충돌이므로 운동량과 운동 에너지는 같다.

① 가, 다 ② 나, 라 ③ 가, 다, 마 ④ 나, 라, 바

5장

일과 에너지

▲ **타워 크레인(Tower Crane)**
높은 탑 모양의 기중기로 주로 건축이나 하역 작업 등에 이용된다. 타워 크레인을 사용하면 짧은 시간에 많은 일을 하게 되어 일률(단위 시간에 한 일의 양)이 아주 크다. (미국 라스베가스에서 촬영)

에너지(energy)는 모든 과학의 기초가 되는 중요한 개념이며, 늘 우리 생활과 함께 하고 있다. 사람들, 사물들이 존재하는 장소와 물체들은 모두 에너지를 가지고 있다. 이러한 에너지의 종류는 운동 에너지, 퍼텐셜 에너지, 탄성 에너지(중력, 탄성력), 전기 에너지, 화학 에너지, 태양 에너지 등 무수히 많다. 5장에서는 먼저 에너지와 관련이 밀접한 일의 개념을 이해하면서 에너지의 종류와 특징에 대해 알아 보자.

5.1 일

▲ 육체적인 일과 정신적인 일

일상생활에서 사용하는 '일'과 과학에서 사용하는 '일'은 어떻게 다른지 알아보자.

운동의 변화는 물체에 작용한 힘과 그 힘을 얼마나 얼마 동안(how long) 작용했는가와 관계가 있다. 이때 얼마 동안이란 힘을 작용하는 데 걸린 시간을 의미한다. 그런데 'how long'은 항상 시간만을 의미하는 것이 아니고, 힘이 작용한 거리를 의미할 수도 있다.

만약 벽을 민다고 하자. 이때 벽에 힘을 작용했는데도 아무런 변화가 일어나지 않는다. 그러나 같은 힘을 공에 작용한다면 그 공은 멀리 날아간다. 이 경우의 차이는 공은 힘을 받아 이동하였지만 벽은 이동하지 않았다는 점이다.

물리학에서는 물체에 힘이 작용하여 물체가 힘의 방향으로 이동할 때에만 '일을 한다'고 말한다. 이때 작용한 힘이 클수록, 또 물체가 이동한 거리가 길수록 한 일이 많다. 그러나 물체에 아무리 큰 힘을 작용하여도 물체가 이동하지 않으면 그 물체에 한 일은 0이다.

그림 5.1과 같이 물체가 힘의 방향으로 이동할 때 물체에 작용한 힘 F와 물체가 이동한 거리 s의 곱을 힘이 한 일(work)이라고 한다. 이 관계를 식으로 나타내면 다음과 같다.

$$\text{일} = \text{힘} \times \text{거리}, \quad W = F \times s \tag{5-1}$$

> 일은 물체에 힘을 가했을 때 힘과, 힘이 가해진 방향으로 움직인 거리를 곱한 물리량이다.

일의 SI 단위는 줄(J)이다. 1 J은 1 N의 힘으로 1 m 거리를 이동하게 하는 일이다.

$$1\ \text{J} = 1\ \text{N m}, \qquad 1\ \text{J} = 1\ \text{kg m}^2/\text{s}^2$$

일의 단위는 J(줄) 외에도 CGS 단위계에서 사용하는 erg(에르그)가 있다.

$$1\ \text{erg} = 1\ \text{dyn} \cdot \text{cm} = (10^{-5}\ \text{N})\,(10^{-2}\ \text{m}) = 10^{-7}\ \text{J}$$

1 J은 1 N의 힘으로 물체를 1 m 이동시켰을 때 한 일의 양으로 대략 사과 1개를 머리 위에 들어 올리는 데 필요한 일과 비슷하다.

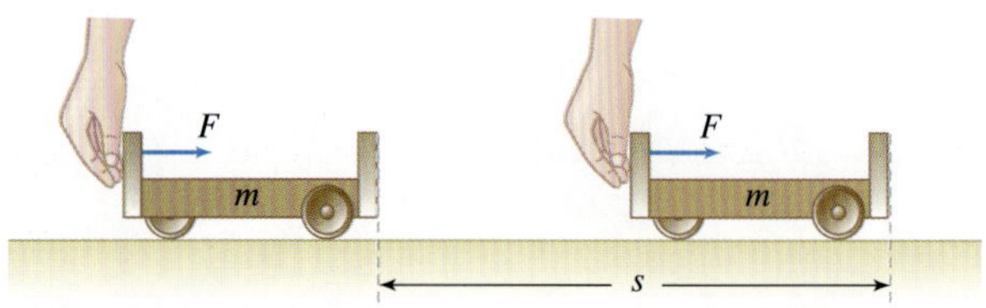

그림 5.1 일의 개념($W = F \times S$)

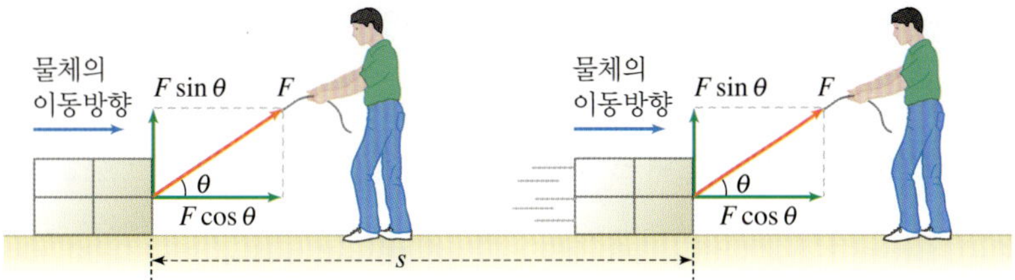

그림 5.2 힘의 방향과 이동 방향이 다를 때의 일

물체에 작용한 힘의 방향과 물체의 이동 방향이 일치하지 않는 경우가 많은데, 이런 경우에는 일을 어떻게 구할 수 있을까?

그림 5.2와 같이 물체를 줄로 묶어서 잡아당기는 경우에는 줄을 잡아당기는 방향이 힘의 방향이다. 그런데 물체는 줄을 잡아당기는 방향으로 끌려올라가지 않고 바닥을 따라 이동한다. 이런 경우에는 힘 F를 물체의 이동 방향과 나란한 수평 성분과, 물체의 이동 방향과 수직인 성분으로 나누면 다음과 같다.

$$F_x = F\cos\theta, \quad F_y = F\sin\theta$$

이때, 수평 성분인 F_x는 물체의 이동 방향과 일치하기 때문에 한 일은 다음과 같다.

$$W = F_x\, s = F\cos\theta\, s = Fs\cos\theta$$

그러나 연직 성분인 F_y 방향으로는 물체가 이동하지 않았으므로 이동 거리는 0이다. 따라서 힘 F의 수직 성분 F_y가 물체에 한 일의 양은 0이다.

■ 역도 선수가 역기를 머리 위로 높이 들어 올린 채로 있다. 이때 역도 선수는 역기에 일을 하고 있는 것일까?

▲ 역도 경기(인천아시아경기대회에서 촬영)

5.2 일률

일정한 넓이의 밭을 갈 때 소, 경운기, 트랙터를 사용할 때 어느 방법이 밭을 가장 빨리 갈 수 있을까?

어떤 일을 할 때, 그 일을 끝내는 시간이 짧을수록, 또 같은 시간 동안에 한 일이 많을수록 능률이 좋다고 말한다. 사람이나 기계가 하는 일의 능률을 어떻게 나타내는지 알아보자.

같은 양의 일을 하는 데 얼마나 긴 시간이 걸리는가는 일을 정의하는 데는 아무런 관련이 없다. 2층까지 짐을 들어 올릴 때, 계단을 걸어 올라가거나 뛰어 올라가거나 한 일의 양은 같지만 2층까지 올라가는 데 걸린 시간은 다르다. 그러면 뛰어서 올라갈 때

▲ 밭 가는 기구의 비교

가 걸어서 올라갈 때보다 힘이 더 드는 이유는 무엇일까?

이 같은 상황을 이해하기 위해서는 일정한 일을 하는 데 걸리는 시간을 비교해 보면 된다. 같은 일을 하는 데 걸리는 시간이 짧을수록 힘이 더 든다는 것을 경험적으로 알 수 있다.

단위 시간에 하는 일의 양을 **일률**(power)이라고 정의한다. 즉, 한 일의 양 W를 그 일을 하는 동안 걸린 시간 t로 나눈 것을 일률 P라고 하며, 다음과 같이 나타낸다.

TIP 직립체 W와 이탤릭체 W 비교

- 직립체 W : 일률의 단위로 와트라고 읽는다.
- 이탤릭체 W : 일(work)을 나타내는 기호로 많이 사용된다.

$$일률 = \frac{한\ 일}{걸린시간}, \quad P = \frac{W}{t} \tag{5-2}$$

일률의 단위는 **와트**(W)이며, 1 W는 1 s 동안 1 J의 일을 할 때의 일률을 뜻한다. 1 W = 1 J/s이며, 1000 W는 1 kW이다.

일률의 단위로 마력(HP)을 사용하기도 하는데, 1마력은 746 W에 해당된다.

일률과 속도는 얼핏 보면 아무런 관련이 없는 물리량인 것 같지만, 이 두 물리량 사이에는 아주 중요한 관계가 있다.

물체가 일정한 힘 F를 t초 동안 받아 힘의 방향으로 일정한 속도 v로 운동하여 이동한 거리가 s라고 하면, 이때 물체가 받은 일은 $W = Fs$이고, 일률은 다음과 같다.

$$P = \frac{W}{t} = \frac{Fs}{t} = Fv \tag{5-3}$$

이 식은 일률과 속도의 관계를 나타내는 식이며, 이때 v는 평균 속력이다. 이 식에서 일률 P가 일정할 때 힘을 크게 할수록 속도는 감소하고, 속도가 증가하면 힘이 작아진다는 것을 알 수 있다.

만약 자동차의 일률이 일정하다면 그림 5.3에서와 같이 자동차가 평지를 달릴 때에는 큰 힘이 필요하지 않으므로 빠른 속력을 낼 수 있다. 그렇지만 언덕을 오를 때에는 큰 힘이 필요하므로 속력이 느려진다. 일률이 일정한 상태에서 힘의 크기가 커지면 속도가 줄어들기 때문이다.

식 (5-3)에서 시간 t동안 한 일의 양은 다음과 같이 나타낼 수 있다.

$$W = Pt \tag{5-4}$$

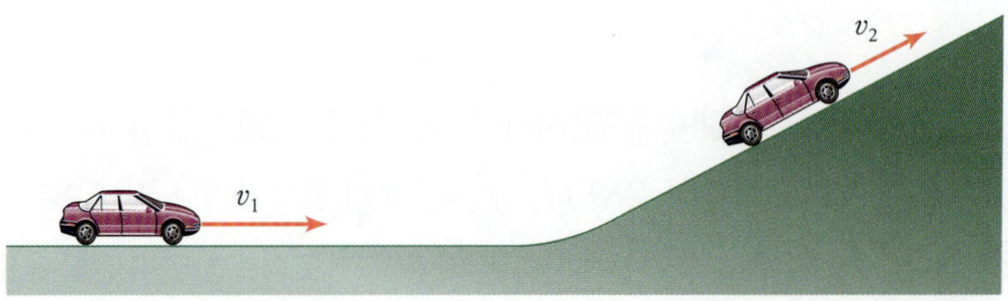

그림 5.3 자동차의 일률이 일정할 때 언덕에서 자동차의 속력은 감소한다.

즉, 일률과 시간을 곱하면 그 시간 동안에 하는 일의 양을 구할 수 있다. 이 식에서 일의 단위는 **와트시(Wh)**이다. 1와트시(Wh)는 1 W의 일률로 1시간 동안 한 일의 양이다.

예제 1 고층 아파트를 건축할 때는 그림과 같은 타워 크레인을 사용하여 건축 자재를 운반한다. 타워 크레인이 질량 1200 kg의 공사용 자재를 20 m 높이까지 일정한 속도로 끌어올리는 데 20 s가 걸렸다.

(1) 이 타워 크레인의 일률은 몇 W인가?

(2) 이 타워 크레인이 10분 동안 한 일의 양은 몇 J인가?

풀이

자재를 등속도로 끌어올릴 때 드는 힘은 자재의 무게 mg와 같다. 여기서 m은 자재의 질량이고, g는 중력가속도 9.8 m/s²이다.

(1) $P = \frac{W}{t} = \frac{Fs}{t} = \frac{mgs}{t}$ $\quad \therefore P = \frac{1200\text{ kg} \times 9.8\text{ m/s}^2 \times 20\text{ m}}{20\text{ s}} = 11760\text{ W}$

(2) $P = \frac{W}{t}$이므로 $11760\text{ W} = \frac{W}{10 \times 60\text{ s}}$이다.

$\therefore W = 11760\text{ W} \times (10 \times 60\text{ s}) = 7056000\text{ J} \fallingdotseq 7.1 \times 10^6\text{ J}$

생활속의 물리 사람의 활동에 따른 에너지 소모량

우리가 생활하면서 하루에 필요로 하는 에너지의 양은 체중과 활동 정도에 따라 다르다. 심한 노동을 하는 경우와, 종일 의자에 앉아 있는 경우는 완전히 다르다. 1일 필요한 에너지를 계산하는 방법은 다음과 같다. 육체 활동이 거의 없는 경우는 체중×(25∼30) kcal/1일, 보통의 활동을 하는 경우는 체중×(30∼35) kcal/1일, 심한 육체활동을 하는 경우 체중×(35∼40) kcal/1일. 임신부나 수유부는 1일 더 많은 에너지가 필요하므로 앞에서 계산한 값에 300∼500 kcal를 추가해야 한다. 예를 들어 체중이 70 kg인 성인이 보통 활동 이상의 일을 한다면 1일 필요한 에너지는 70×35=2,450 kcal/1일이다. (대한당뇨병학회 자료)

하루 2,500 kcal의 에너지가 필요한 성인 남자의 일률은 어떻게 될까? 1 kcal=4.2 kJ이므로 2500 kcal는 10,500 kJ과 같다. 이를 일률로 계산해보면 즉, 1초당의 필요한 에너지는 $\frac{10{,}500 \times 10^3\text{ J}}{24\text{시간} \times 3600\text{초}} \fallingdotseq 122\text{ W}$이다. 인간의 뇌는 1000억 개의 신경 세포와 100조 개의 시냅스로 이뤄져 있는데, 이 인간의 뇌는 20 W의 일률로 움직이고 있다고 한다. 이는 옛날 소비전력 100W 백열등의 5분의1 정도로 놀라운 효율을 가지고 있다.

60 kg인 사람이 1시간 동안 빠르게 걸으면 348∼540 kcal 정도의 에너지가 필요하다. 이를 일률로 계산해보면 405∼630 W이다. 즉, 1초당 이 만큼의 에너지가 소모된다는 의미이다. 농구와 같이 격렬한 운동을 할 때에는 700∼1,000 W의 일률로 에너지가 소비된다.

▲ 공부할 때와 운동할 때의 에너지 소모량은 다르다.

5.3 운동 에너지

그림 5.4 볼링공이 핀을 쓰러뜨리는 모습

TIP 운동 에너지의 단위 = 일의 단위

$$E_k = \frac{1}{2}mv^2$$
$$\Rightarrow [\mathrm{kg\ m^2/s^2}]$$
$$= \left[\mathrm{kg}\frac{\mathrm{m}}{\mathrm{s}^2}\cdot \mathrm{s}\right]$$
$$= [\mathrm{N\ s}]$$
$$= [\mathrm{J}]$$

에너지(energy)의 어원은 그리스어의 '내부(en)'와 '일(ergon)'의 합성어이다. 즉, '물체 내부에 간직된 일'이란 뜻이다. 이 어원에서 볼 수 있는 것처럼 에너지는 일과 밀접하다.

그림 5.4에서와 같이 레인을 따라 굴러가는 볼링공은 레인 끝에 세워져 있는 핀을 쓰러뜨린다. 이와 같이 다른 물체에 대해서 일을 할 수 있는 물체는 에너지를 가지고 있다고 말한다. 즉, **에너지란 일을 할 수 있는 능력을 말한다.**

날아가는 야구공이 유리창에 맞으면 유리창이 깨지고, 흐르는 물은 하천 바닥의 돌을 굴리거나 물레방아를 돌리기도 한다. 이와 같이 운동하는 물체는 다른 물체에 일을 할 수 있는 능력을 가지는데, 이것을 **운동 에너지(kinetic energy)**라고 한다.

물체의 운동 에너지는 물체의 속력뿐만 아니라 물체의 질량과도 관계가 있다. 일반적으로 질량 m인 물체가 속도 v로 운동할 때, 그 물체가 가지는 운동 에너지 E_k는 다음과 같다.

$$\text{운동 에너지} = \frac{1}{2}\times\text{질량}\times(\text{속력})^2, \quad E_k = \frac{1}{2}mv^2 \tag{5-5}$$

에너지의 단위는 일의 단위와 같이 J을 사용한다.

식 (5-5)에서 알 수 있는 바와 같이 **운동 에너지는 물체의 질량에 비례하고, 또 속도의 제곱에 비례한다.** 예를 들어, 트럭과 승용차가 같은 속도로 달리다가 벽에 부딪치면 트럭이 벽을 더 크게 파손시킨다. 이와 같이 속도가 동일하면 질량이 큰 물체가 더 큰 운동 에너지를 갖게 된다. 한편, 똑같은 승용차 두 대가 서로 다른 속도로 달리다가 벽에 부딪치면 빨리 달리던 승용차가 느리게 달리던 승용차보다 벽을 더 많이 파손시킨다. 즉, 질량이 같을 때에는 속도가 빠른 물체가 더 큰 운동 에너지를 갖는다.

공을 던지는 것은 공에 일을 해주는 것이며, 일을 받은 공은 어떤 속력으로 운동하게 된다. 그리고 운동하는 공은 다른 물체와 충돌하여 그 물체를 밀어낼 수 있다. 즉, 운동하는 공은 충돌하는 물체에 일을 할 수 있다.

속력이 v인 물체의 운동 에너지는 그 물체가 정지 상태에서 속력 v를 얻을 때까지 받은 일의 양과 같으며, 또는 속력이 v인 물체가 정지할 때까지 다른 물체에 할 수 있는 일의 양과도 같다. 이 관계를 식으로 나타내면 다음과 같다.

$$\text{힘}\times\text{거리} = \text{운동 에너지}, \quad F s = \frac{1}{2}mv^2 \tag{5-6}$$

이 식은 물체에 해준 일은 그 물체가 얻는 운동 에너지와 같다는 것을 말해 준다.

■ 어떤 자동차의 속력이 3배로 증가하였다면 이 자동차의 운동 에너지는 얼마나 증가할까?

5.4 퍼텐셜 에너지

널뛰기는 두 사람이 널판 양쪽에 서서 한 사람이 높이 올라갔다가 내려오면 반대편에 있는 사람은 위로 올라간다. 이때 위에서 내려오는 사람은 반대편에 서 있는 사람을 위로 올려 보내는 일을 하게 된다.

눈이 내리거나 우박이 떨어지면 그림 5.5에서와 같이 비닐하우스의 지붕을 뚫어 망가뜨리기도 하고 채소 같은 농작물에 구멍을 뚫어 농가에 많은 피해를 주기도 한다.

이와 같이 높은 곳에서 떨어지는 물체는 그 보다 낮은 위치에 있는 다른 물체에 일을 할 수 있는 능력을 가지고 있다. 다시 말하면 높은 곳에 있는 물체는 에너지를 가지고 있다고 할 수 있다.

그림 5.5 우박으로 피해를 입은 비닐하우스

1) 중력에 의한 퍼텐셜 에너지

지구상에 있는 모든 물체는 지구중심을 향하는 중력을 받고 있다. 그러므로 지면으로부터 어떤 높이에 있는 물체는 중력을 받아 지면을 향해 수직으로 떨어지면서 다른 물체에 일을 할 수 있다. 이와 같이 높은 곳에 있는 물체가 갖는 에너지를 퍼텐셜 에너지(potential energy) 또는 **중력에 의한 퍼텐셜 에너지**라고 한다.

그림 5.6과 같이 기준면에 있는 질량 m인 물체를 들어 올리는 데 필요한 힘 F는 그 물체의 무게 mg와 같다. 따라서 질량 m인 물체를 수직 높이 h까지 들어 올릴 때 물체에 한 일 W는 일을 구하는 식 (5-1)에서 구할 수 있다.

그림 5.6 중력에 의한 퍼텐셜 에너지는 높이에 관련된다.

$$W = F\,s = (mg)\ h = mgh$$

이 일은 높이 h인 곳에서 물체가 갖는 에너지가 되므로 물체가 높이 h인 곳에서 떨어질 때에는 다른 물체에 mgh 만큼의 일을 할 수 있다. 따라서 기준면에서 높이 h인 곳에 있는 질량 m인 물체의 중력에 의한 퍼텐셜 에너지 E_p는 다음과 같이 나타낸다.

중력에 의한 퍼텐셜 에너지 = 질량×중력가속도×높이

$$E_p = mgh \tag{5-7}$$

중력에 의한 퍼텐셜 에너지는 물체의 질량이 클수록, 그리고 높이가 높을수록 크다. 중력은 수직 방향으로만 작용하므로 중력에 의한 퍼텐셜 에너지는 기준면으로부터의 높이 h에 의해서 결정된다.

물체를 높이 h만큼 들어올리기 위해서 힘이 물체에 한 일은 중력에 의한 퍼텐셜 에너지로 물체에 저장되고, 이 물체가 낙하할 때에는 같은 양의 운동 에너지로 전환된다.

TIP 퍼텐셜 에너지 (potential energy)

- 물체가 기준면을 기준으로 위치에 따라 에너지를 갖는 잠재적인 에너지다.
- 때때로 위치 에너지로 부르기도 한다. 이 책에서는 퍼텐셜 에너지로 표기하기로 한다.

중력에 의한 퍼텐셜 에너지는 기준면을 어떻게 정하느냐에 따라서 달라진다. 일반적으로 기준면은 지표면을 사용하지만, 임의로 편리한 곳을 정하여 사용할 수도 있다. 물체가 기준면에 놓여 있으면 $E_p = 0$이며, 기준면보다 높은 곳에 있으면 $E_p > 0$이고, 이때는 물체가 일을 할 수 있다. 그리고 물체가 기준면보다 낮은 곳에 있으면 $E_p < 0$이며, 이때는 물체에 일을 해 주어야 물체가 기준면으로 올라올 수 있다.

■ 10 kg의 물체를 수직으로 2 m 들어올리는 데 필요한 일은 얼마인가? 또 이 물체가 갖는 퍼텐셜 에너지는 얼마인가?

예제 3 질량이 1000 kg인 소형 자동차로 높이가 50 m인 언덕에 올라갔다. 이 자동차의 퍼텐셜 에너지는 얼마나 증가했을까? 만일, 이 자동차를 평지에서 운전하여 같은 운동 에너지를 얻었다면 이 자동차의 속력은 얼마나 될까?

풀이

자동차가 언덕 위에 있을 때, 이 자동차의 중력에 의한 퍼텐셜 에너지는 다음과 같다.

$$E_p = mgh = 1000\ \text{kg} \times 9.8\ \text{m/s}^2 \times 50\ \text{m} = 4.9 \times 10^5\ \text{J}$$

평지에서 자동차의 운동 에너지가 4.9×10^5 J이므로

$$E_k = \frac{1}{2} mv^2 = 4.9 \times 10^5\ \text{J}\text{이다.}$$

따라서 자동차의 속력은 $v = \sqrt{\frac{2E_k}{m}} = \sqrt{\frac{2 \times 4.9 \times 10^5\ \text{J}}{1000\ \text{kg}}} = 31.3\ \text{m/s}$이다.

이 값을 km/h의 단위로 환산하면 $v = 112.7$ km/h이다.

2) 탄성력에 의한 퍼텐셜 에너지

그림 5.7와 같이 양궁 선수가 활시위를 잡아당겨 화살을 쏘면 화살이 날아간다. 이때 활시위를 많이 잡아당길수록 화살의 속력은 빨라지고 더 멀리까지 날아간다. 이처럼 화살의 운동은 활시위를 얼마나 많이 잡아당기느냐에 따라 결정된다.

또 그림 5.8과 같은 텀블링(tumbling)은 놀이기구로 아주 오래 전에 알래스카 원주민들은 평지에서 먼 곳의 동향을 살펴보기 위해 이용했다고 한다. 텀블링(또는 트램펄린)은 질긴 천을 스프링으로 팽팽하게 한 후 그 위에 올라가 힘껏 구르면 높이 솟구치기도 하고, 공중회전도 할 수 있다. 그림 5.9와 같이 장대를 이용하면 높은 곳에 있는 바를 훌쩍 뛰어 넘을 수 있다. 여기서 활, 텀블링, 장대 등과 같은 도구에는 공통점이 있다. 바로 탄성을 지니고 있다는 것이다. 우리는 탄성을 가지고 있는 물체를 **탄성체**라고 한다.

그림 5.7 양궁(2014 인천아시아경기대회)

그림 5.8 텀블링

그림 5.9 장대 높이 뛰기(2015 광주하계유니버시아드대회)

탄성체를 변형시키려면 외부에서 일을 해 주어야 하며, 이때 탄성체가 받은 일은 탄성체의 내부에 저장된다. 그리고 변형된 탄성체 내부에 저장된 에너지 즉, 탄성력은 원래의 상태로 되돌아 가면서 다른 물체에 일을 할 수 있다. 이와 같이 변형된 탄성체가 가지는 에너지를 **탄성력에 의한 퍼텐셜 에너지**(elastic potential energy) 또는 **탄성 에너지**라고 한다.

TIP 에너지를 나타내는 기호

- 운동 에너지: $E_{운동}$, E_k, KE
- 퍼텐셜 에너지: $E_{위치}$, E_P, PE
- 탄성퍼텐셜 에너지: $E_{탄성}$, E_s, PE_s

그림 5.10과 같이 용수철 상수가 k인 용수철을 평형상태인 원래의 길이에서 x만큼 늘이려면 용수철에 작용하는 힘은 그래프에서와 같이 0에서 kx까지 증가한다. 따라서 이 용수철을 x만큼 늘이는 동안 용수철에 해준 일의 양은 그 동안 용수철에 작용한 힘의 평균 $\frac{1}{2}kx$에 늘어난 길이 x를 곱한 값과 같다.

$$W = \left(\frac{1}{2}kx\right)x = \frac{1}{2}kx^2$$

이 값은 용수철에 작용한 힘과 용수철이 늘어난 길이 사이의 관계 그래프에서 직선 아래 삼각형 OAB의 넓이와 같다. 늘어난 용수철은 이 일과 같은 양의 에너지를 내부에 저장하였다가 원래의 길이로 되돌아갈 때 다른 물체에 일을 한다.

일반적으로 용수철을 평형태에서 그 길이를 x만큼 늘렸을 때, 용수철이 가지는 탄성

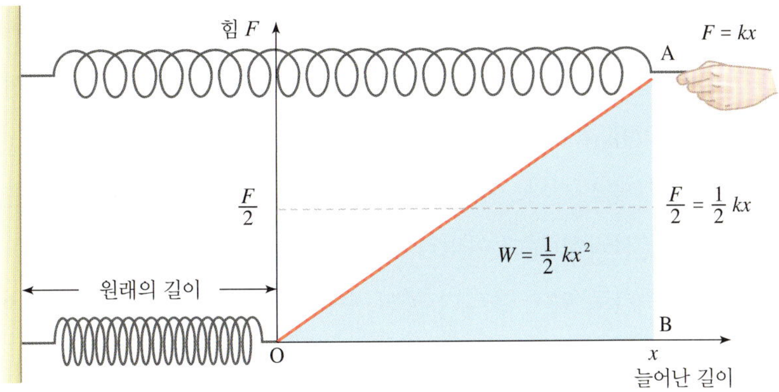

그림 5.10 탄성력에 의한 퍼텐셜 에너지

퍼텐셜 에너지 E_p는 다음과 같다.

$$E_p = \frac{1}{2}kx^2 \tag{5-8}$$

- 활의 퍼텐셜 에너지가 50 J이라면, 화살을 쏘았을 때 화살이 갖는 운동 에너지는 얼마인가?
- 생활 주변에서 탄성 퍼텐셜 에너지를 이용하는 보기를 들어보자.

예제 4 용수철 상수가 200 N/m인 용수철의 한 끝을 벽에 고정시키고 다른 끝을 수평으로 잡아당겼더니 용수철의 길이가 5 cm에서 15 cm로 변하였다. 이때 용수철의 탄성력에 의한 퍼텐셜 에너지의 증가량은 얼마인가?

풀이

늘어난 용수철의 길이는 (15−5) cm = 10 cm이다. 그러므로 용수철의 탄성력에 의한 퍼텐셜 에너지는 다음과 같다.

$$\frac{1}{2}kx^2 = \frac{1}{2} \times 200\ \mathrm{N/m} \times (0.1\ \mathrm{m})^2 = 1.0\ \mathrm{J}$$

5.5 역학적 에너지 보존 법칙

그림 5.11 롤러코스터(에버랜드)

놀이 공원에는 그림 5.11과 같은 롤러코스터(roller coaster)가 있다. 롤러코스터는 청룡 열차 또는 팔팔 열차로 부르기도 한다.

롤러코스터는 처음에 높은 곳으로 서서히 올라갔다가 아래로 내려오면서 빠른 속력으로 달린다.

롤러코스터가 높은 곳으로 올라가면 중력에 의한 퍼텐셜 에너지가 증가한다. 그리고 아래로 내려오면서 속력이 증가하면서 운동 에너지가 발생한다. 이때 이들 두 에너지 사이에는 어떤 관계가 있다.

1) 중력이 작용할 때의 역학적 에너지 보존

지면으로부터 어느 높이에 있는 물체를 가만히 놓으면 아래로 떨어지면서 높이가 감소하면서 중력에 의한 퍼텐셜 에너지가 감소한다. 그러나 물체의 속력이 점점 증가하면서 운동 에너지가 증가한다. 이때 물체가 낙하하면서 감소한 중력에 의한 퍼텐셜 에너지는 소멸되거나 사라진 것이 아니라 운동 에너지로 전환된다.

또, 공을 수직으로 위로 던져 올리면 공의 속력이 점점 감소하면서 운동 에너지가 감소하지만, 높이가 점점 높아지므로 중력에 의한 퍼텐셜 에너지는 증가한다. 이때 감소한 운동 에너지는 없어지는 것이 아니라 감소한 운동 에너지만큼 중력에 의한 퍼텐

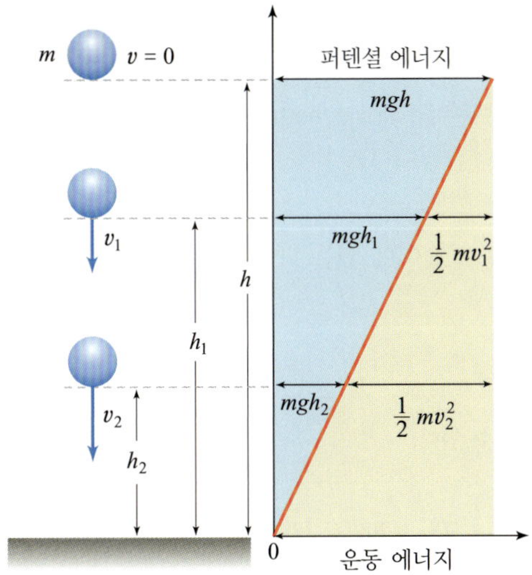

그림 5.12 중력에 의한 역학적 에너지의 보존

셜 에너지로 전환되어 물체에 저장된다. 즉, 중력에 의한 퍼텐셜 에너지와 운동 에너지는 상호 전환된다.

물체의 중력에 의한 퍼텐셜 에너지와 운동 에너지는 하나의 에너지로 묶어서 생각할 수 있는데, 이들 두 에너지의 합을 **역학적 에너지(mechanical energy)**라고 한다.

그림 5.12와 같이 질량 m인 공을 자유 낙하시켜서 지면으로부터 높이가 h_1, h_2인 곳을 지날 때 공의 속도가 각각 v_1, v_2라고 하자. 그러면 그림에서와 같이 공이 높이 h에 있을때의 운동 에너지는 0이고, 중력에 의한 퍼텐셜 에너지는 mgh이다. 공이 아래로 떨어지면서 높이 h_1인 곳을 지날 때 공의 중력에 의한 퍼텐셜 에너지는 mgh_1로 감소하고, 운동 에너지는 $\frac{1}{2}mv_1^2$이 된다. 그리고 물체가 높이 h_2인 곳을 지날 때에는 중력에 의한 퍼텐셜 에너지는 mgh_2로 감소하고 운동 에너지가 $\frac{1}{2}mv_2^2$로 증가한다. 이때 두 지점 h_1과 h_2에서의 중력에 의한 퍼텐셜 에너지와 운동 에너지를 합하면 물체가 낙하하기 시작할 때 가지고 있던 퍼텐셜 에너지 mgh와 같다. 이 관계를 식으로 나타내면 다음과 같다.

$$\frac{1}{2}mv_1^2 + mgh_1 = \frac{1}{2}mv_2^2 + mgh_2 = mgh \tag{5-9}$$

이 식은 높이 h_1, h_2에서 물체가 갖는 역학적 에너지는 같다는 것을 나타낸다. 즉, **물체가 낙하하는 전 과정에서 물체의 운동 에너지와 중력에 의한 퍼텐셜 에너지의 합은 언제나 일정하다.**

일반적으로 외부에서 마찰이나 공기의 저항과 같은 다른 힘이 작용하지 않고 중력만을 받아 운동하는 물체의 역학적 에너지는 항상 보존된다. 이 관계를 간단하게 식으로 나타내면 다음과 같다.

$$E_k + E_p = E \text{ (일정)} \quad (5\text{-}10)$$

이 관계를 역학적 에너지 보존 법칙(mechanical energy conservation law)이라고 한다.

예제 5 몸무게가 60 kg인 다이빙 선수가 수면으로부터 10 m 높이에 있는 다이빙대에서 뛰어내렸다. 이 선수가 물에 입수하기 직전의 속력은 몇 m/s인가?

풀이

역학적 에너지 보존에 관한 식 (5-9)를 이용하여 구할 수 있다.

$$\frac{1}{2}mv_1^2 + mgh_1 = \frac{1}{2}mv_2^2 + mgh_2 = mgh$$

$$0 + 60\text{ kg} \times 9.8\text{ m/s}^2 \times 10\text{ m} = \frac{1}{2} \times 60\text{ kg} \times v^2 + 0$$

$$\therefore\ v_2 = 14\text{ m/s}$$

예제 6 다음 그림은 롤러코스터가 점 A, 점 B, 점 C의 위치를 지날 때의 모습니다. 이 롤러코스터의 역학적 에너지에 대한 설명 중 옳은 것을 골라라. 단 마찰과 공기 저항은 없다.

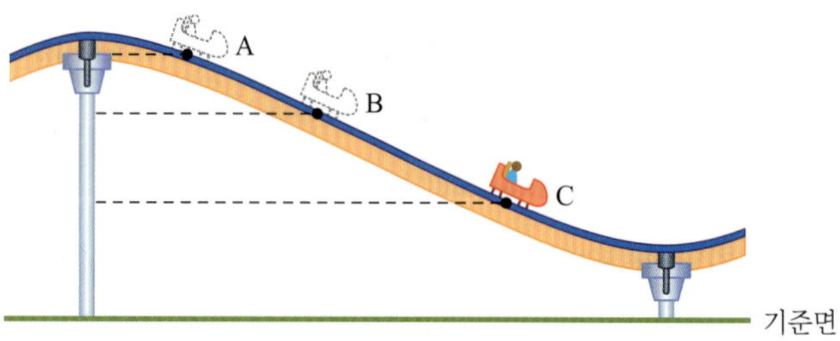

가. 점 A에서의 역학적 에너지는 점 B에서보다 작다.
나. 중력 퍼텐셜 에너지는 점 B에서 가장 크다.
다. 점 A, B, C에서의 역학적 에너지는 보존된다.
라. 점 B에서의 운동 에너지는 점 C에서보다 크다.
마. 점 B에서는 운동 에너지와 퍼텐셜 에너지 모두 갖는다.

① 가, 나, 다 ② 나, 다, 라 ③ 다, 라 ④ 다, 마

답 ④

2) 탄성력이 작용할 때의 역학적 에너지 보존

고무줄 새총의 고무줄을 잡아당겨 늘일려면 고무줄에 일을 해 주어야 한다. 이때 늘어난 고무줄은 탄성력에 의한 퍼텐셜 에너지를 갖게 되며, 고무줄을 놓는 순간 고무줄 새총에 있던 돌멩이는 고무줄의 탄성력에 의한 퍼텐셜 에너지와 같은 양의 운동 에너지를 갖는다. 돌멩이는 이 운동 에너지를 목표물에 전달하게 된다.

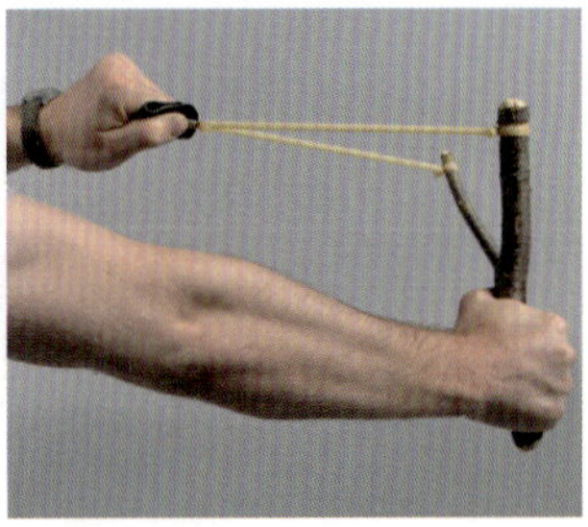

▲ 고무줄 새총

용수철을 늘이거나 압축할 때에는 용수철의 탄성력에 대해 일을 해 주어야 하며, 이 일은 탄성력에 의한 퍼텐셜 에너지로 용수철에 저장된다.

그림 5.13과 같이 용수철 상수가 k인 용수철의 한 끝은 벽에 고정시키고 다른 끝에 질량 m의 물체를 매달아 마찰이 없는 수평면 위에 놓고, 물체를 손으로 잡아서 용수철을 처음길이에서 점 P까지 A만큼 잡아당겼다가 가만히 놓아주는 경우를 생각해 보자.

용수철을 점 P까지 A만큼 늘렸을 때 용수철의 탄성력에 의한 퍼텐셜 에너지는 $\frac{1}{2}kA^2$이고, 이때 물체는 정지해 있으므로 운동 에너지는 0이다. 그리고 용수철의 길이가 줄어들면서 그 길이가 x인 점 Q를 지나는 순간 탄성력에 의한 퍼텐셜 에너지는 $\frac{1}{2}kx^2$으로 감소한다. 그리고 이 점에서 물체의 속도를 v라고 하면 물체의 운동 에너지는 $\frac{1}{2}mv^2$이며, 이 에너지는 물체가 점 P에서 점 Q까지 운동하는 동안 용수철의 탄성력이 물체에 해준 일의 양과 같다.

점 Q에서의 물체의 운동 에너지 $\frac{1}{2}mv^2$는 점 P에서의 용수철의 탄성력에 의한 퍼텐셜 에너지 $\frac{1}{2}kA^2$와 점 Q에서의 탄성력에 의한 퍼텐셜 에너지 $\frac{1}{2}kx^2$의 차와 같다. 즉, $\frac{1}{2}mv^2 = \frac{1}{2}kA^2 - \frac{1}{2}kx^2$이며, 이 식은 다시 다음과 같이 쓸 수 있다.

$$\frac{1}{2}mv^2 + \frac{1}{2}kx^2 = \frac{1}{2}kA^2 \qquad (5\text{-}11)$$

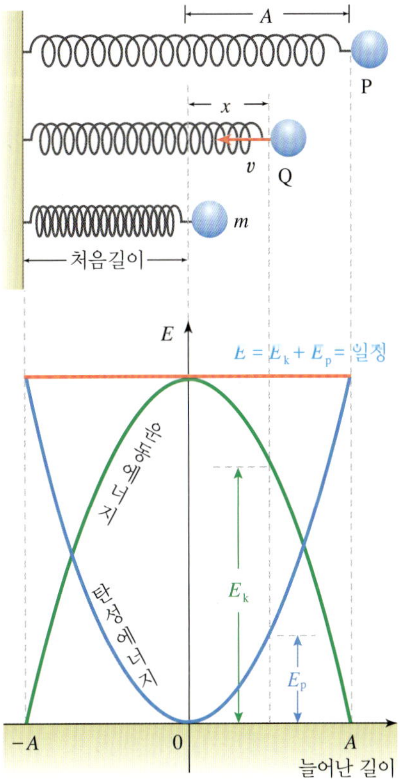

그림 5.13 탄성력에 의한 역학적 에너지의 보존

이 식에서 마찰이나 공기의 저항을 무시하면, 물체의 운동 에너지와 용수철의 탄성력에 의한 퍼텐셜 에너지의 합은 일정하게 유지되는 것을 알 수 있다.

이와 같이 외부에서 힘이 작용하지 않을 때, 용수철의 탄성력에 의한 퍼텐셜 에너지가 물체의 운동 에너지로 외부로 전환되거나, 또 물체의 운동 에너지가 용수철의 탄성력에 의한 퍼텐셜 에너지로 전환될 때 역학적 에너지는 항상 보존된다. 이 관계를 식으로 나타내면 다음과 같다.

$$E_k + E_p = E \text{ (일정)} \qquad (5\text{-}12)$$

읽을거리 장대높이뛰기에서의 에너지 보존 법칙

▲ 장대높이뛰기(제98회 전국체육대회, 충주)

▲ **2024 파리올림픽**에서 장대높이뛰기에서 금메달을 수상한 듀플란티스

장대는 도랑 시냇물 담장과 같은 방해물을 넘을 때 사용된다. 장대가 운동 경기로 채택된 것은 19세기 중반이라고 한다. 장대높이뛰기는 육상의 종합 예술이라고 말한다. 단거리 선수의 스피드와, 높이뛰기 선수와 멀리뛰기 선수의 도약력, 체조 선수의 균형감각, 창던지기 등과 같은 투척 선수의 마무리 자세도 요구된다.

장대높이뛰기의 기록은 탄성이 좋은 장대, 선수의 스피드와 파워, 장대를 박스에 꽂는 타이밍, 적당한 도약 순간, 상체로 몸을 밀어 올리는 힘 등에 의해 좌우된다. 장대높이뛰기에 사용되는 장대는 초기에는 골프채의 샤프트로 쓰였던 나무로 만들었으나, 이어 알루미늄 장대가 등장해 1960년경까지 사용됐다. 이후 유리섬유나 탄소섬유가 개발되면서 탄성과 내구력이 좋아져 기록의 향상을 가져오게 되었다.

장대높이뛰기 선수는 길이가 약 45 m인 도움닫기 주로를 달려와서 장대를 박스에 꽂은 뒤, 휘어진 장대가 펴지는 힘(탄성)을 이용해 크로스바를 넘는다. 이 과정을 에너지 보존 법칙으로 설명할 수 있다. 즉 장대높이뛰기 선수가 달리면서 얻은 운동 에너지는 장대의 탄성 퍼텐셜 에너지로 변환되며, 이 에너지는 다시 중력에 의한 퍼텐셜 에너지로 변환되어 최고 높이에 이르게 된다. 이어 자유 낙하에 의해 지면으로 떨어지면서 퍼텐셜 에너지는 감소하고 운동 에너지는 증가하여 지면에 도달하기 직전 최고 속력을 갖는다.

여자장대높이뛰기 세계 기록은 러시아의 이신바예바가 2009년 스위스에서 세운 5.06 m로 개인통산 28번째 세계신기록을 세운 바 있다. 남자장대높이뛰기 세계 기록은 2024년 파리올림픽에서 스웨덴의 듀플란티스(A. Duplantis)가 세운 6.25 m이다.

〈예〉 키가 180 cm인 장대높이뛰기 선수가 있다. 이 선수의 몸무게 중심은 발바닥에서 90 cm인 곳에 있다고 하자. 이 선수의 기록이 6.0 m라면 지면을 달려와 발판을 지나는 순간의 속력은 얼마인가?

풀이 역학적 에너지 보존 법칙에 의하여 달려올 때 갖는 운동 에너지 전체가 퍼텐셜 에너지로 변환되므로 $\frac{1}{2}mv^2 = mgh$이다. 따라서 속력은 $v = \sqrt{2gh}$이다. 즉 $v = \sqrt{2 \times 9.8 \times (6.0 - 0.9)} \fallingdotseq 10\,\text{m/s}$이다. 도약하기 직전의 속력은 약 36 km/h이다.

연습문제

풀이 ☞ 372쪽

1. 다음 중 일률이 가장 큰 경우는?

① 질량이 100 kg인 물체를 5 s 동안에 5 m 끌어올린다.

② 질량이 50 kg인 물체를 3 s 동안에 10 m 끌어올린다.

③ 질량이 25 kg인 물체를 5 s 동안에 15 m 끌어올린다.

④ 질량이 20 kg인 물체를 1 s 동안에 6 m 끌어올린다.

⑤ 질량이 50 kg인 물체를 10 s 동안에 20 m 끌어올린다.

2. 질량이 5 kg인 물체가 10 m 높이에 있다. 이 물체가 낙하하면서 지상 2 m의 위치를 지날 때 이 물체가 갖는 전체 에너지는 몇 J인가?

① 100 J　② 240 J　③ 380 J
④ 490 J　⑤ 980 J

3. 높은 곳에서 물체를 자유 낙하시켰다. 이 물체가 15 m 낙하했을 때의 운동 에너지는 10 m를 낙하했을 때에 비하여 몇 배가 되는가? (단, 공기의 마찰은 무시한다.)

① 1.5배　② 2.0배　③ 2.5배
④ 3.0배　⑤ 4.0배

4. 깊이가 6 m인 우물에서 60 s 동안에 물 200 kg씩 퍼 올리는 모터가 있다고 한다. 이 모터의 일률은 몇 W인가? 단, 중력 가속도는 9.8 m/s^{2}이다.

① 49　② 98　③ 196
④ 294　⑤ 343

5. 그림은 용수철에 작용한 힘과 용수철이 늘어난 길이의 관계를 나타낸 것이다. 용수철을 원래 길이보다 3 cm 늘어난 A에서 6 cm 늘어난 B까지 늘리려면 해야 하는 일은 몇 J인가? 〈9급 지방직 공무원 출제 문제〉

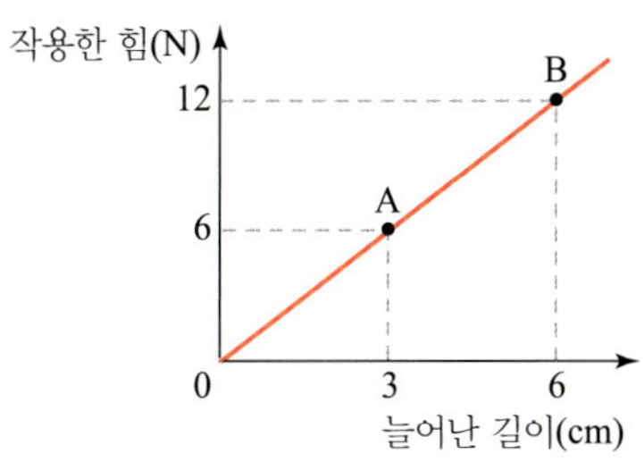

① 0.09　② 0.18
③ 0.27　④ 0.36

6. 기중기를 사용하여 4×10^3 N의 힘으로 케이블카를 5 m/s의 일정한 속력으로 산의 정상까지 끌어 올리는 데 5분 걸린다. 다음 물음에 답하여라.

(1) 케이블카를 산 정상까지 끌어올리는 데 필요한 일의 양은 몇 J인가?

(2) 케이블카를 끌어올리는 기중기의 일률은 몇 W인가?

7. 오른쪽 그림과 같이 크기가 변하는 힘이 수평면 위에 놓인 물체에 작용하고 있다. 어떤 물체가 이 힘을 받아 힘의 방향으로 8 m 이동하는 동안 힘이 물체에 한 일은 몇 J인가?

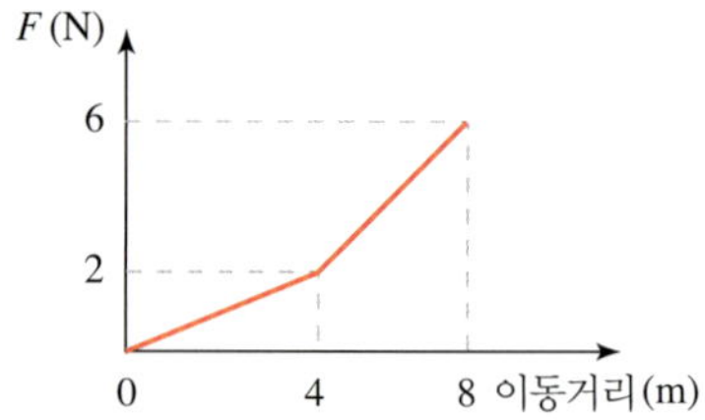

8. 마찰이 없는 미끄러운 수평면 위에 정지하고 있는 질량 4.0 kg의 물체에 수평 방향으로 1.2 N의 힘을 10 s 동안 작용하였다. 이 물체의 운동 에너지는 몇 J 되는가?

9. 수평면에 정지하고 있는 4 kg의 물체에 20 N의 수평력을 주어서 10 m 만큼 수평 이동시켰다. 다음 물음에 답하여라.

(1) 이 힘이 한 일은 몇 J인가?

(2) 수평면에서 물체에 작용하는 수직 항력이 한 일은 몇 J인가?

(3) 물체가 10 m 이동했을 때, 물체의 속력은 몇 m/s인가?

10. 그림과 같이 수평으로 놓여있는 용수철 상수가 100 N/m인 용수철의 한쪽 끝을 고정하고 다른 끝에 물체를 매달았다. 이 용수철의 늘어난 길이가 20 cm인 지점에서 10 cm인 지점까지 줄어들 때 용수철이 물체에 하는 일은 몇 J인가?

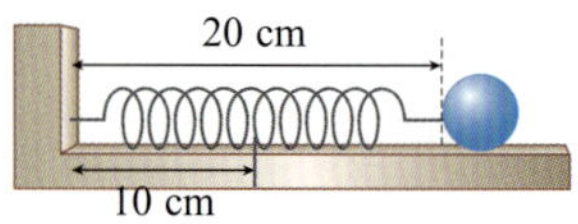

11. 용수철을 0.2 m 늘이는 데 10 N의 힘이 필요하였다. 다음 물음에 답하여라.

(1) 이 용수철의 탄성 계수는 몇 N/m인가?

(2) 이 용수철을 0.4 m 늘이는 데 필요한 일은 몇 J인가?

12. 질량이 0.1 kg인 공을 초속도 10 m/s로 수직으로 던져 올렸다. 중력가속도 g는 10 m/s^{2}으로 하고, 다음 물음에 답하여라.

(1) 공이 올라가는 최고점의 높이는 얼마인가?

(2) 최고점에서의 퍼텐셜 에너지와 던져 올리는 순간의 운동 에너지는 각각 얼마인가?

(3) $t = 0.5$ s 후의 운동 에너지와 퍼텐셜 에너지의 합은 얼마인가?

(4) 역학적 에너지는 보존되는가?

13. 다음 물음에 답하여라.

(1) 깊이 3 m인 우물에서 매분 1 m^{3}의 물을 퍼 올리는 전동기의 일률은 몇 W인가?

(2) 10 kW의 일률로 2시간 동안 일을 하였을 때의 일의 양은 몇 J인가?

(3) 질량이 5×10^3 kg인 쇠막대를 0.2 m/s의 일정한 속력으로 끌어올리는 기중기의 일률은 몇 W인가?

14. 질량이 5 kg인 물체를 지면으로부터 높이 10 m인 곳에서 15 m인 곳으로 들어올렸다. 다음 물음에 답하여라.

(1) 지면을 기준으로 할 때 퍼텐셜 에너지의 증가량은 몇 J인가?

(2) 높이 10 m인 곳을 기준으로 할 때 퍼텐셜 에너지의 증가량은 몇 J인가?

15. 수평면 위에 놓여있는 질량 10 kg의 물체를 경사 30°의 빗면을 따라 5 m 밀어 올렸다. 이때 물체의 퍼텐셜 에너지는 얼마나 증가하였는가?

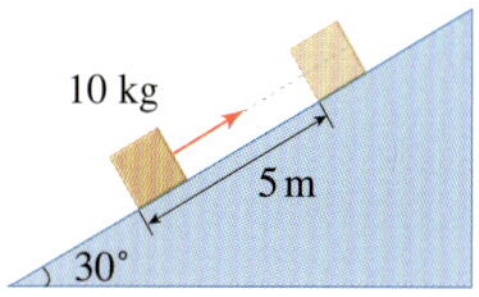

16. 수평면 마루 위에 놓인 5 kg의 물체에 일정한 크기의 힘을 4 s 동안 가해준 결과 속도가 8 m/s로 되었다. (단, 마루와 물체 사이의 운동마찰계수는 0.2이다.)

(1) 물체에 가해 준 힘의 크기는 몇 N인가?

(2) 물체에 가해 준 힘이 한 일은 몇 J인가?

17. 마찰력이 없는 수평면 위에 정지해 있던 두 사람 A와 B가 어느 순간 서로 밀어내어 미끄러지기 시작하였다. 사람 A의 질량이 20 kg이고, 사람 B의 질량이 80 kg일 때, B의 운동 에너지는 A의 몇 배인가?

6장

원운동과 단진동

© 김영우

▲ 삽교호 놀이 동산에 설치된 우주 관람차
우주 관람차는 영어로 Giant wheel(거대한 물레 바퀴)라고 부른다. 대관람차라고도 부르며, 거대한 바퀴 둘레에 작은 방을 여러 개 매달아 관람객을 태우고 원운동을 한다. 1982년 에버랜드에 설치된 우주 관람차는 2010년까지 운영되고 종료되었다. 현재는 국내 여러 놀이 동산에서 운영 중에 있다.

원운동은 물체가 한 점을 중심으로 원을 그리며 이동하는 운동이다.

놀이 동산에 있는 기구 중에는 천천히 수직으로 회전하는 우주관람차, 수평면을 일정한 속도로 천천히 회전하는 회전 목마 등이 있다. 이러한 기구들은 원궤도를 따라 운동하고 있다. 또한 헬리곱터의 프로펠러나 인공위성도 원운동을 한다. 이와 같이 원운동하는 물체의 운동과, 단진동하는 물체의 운동은 어떻게 기술하는지 알아보자.

6.1 등속 원운동

그림 6.1의 (가)는 작은 공을 원판의 가장자리에 고정시키고 원판을 일정한 속력으로 회전시킨 다음 일정한 시간 간격으로 빛을 비추어 찍은 다중섬광사진이다. 이 사진을 보면 공은 일정한 시간 동안 같은 거리를 회전하는 것을 알 수 있다. 즉, 공의 속력이 일정하다는 것을 알 수 있다. 이와 같이 반지름이 일정한 원둘레를 일정한 속력으로 회전하는 운동을 **등속 원운동**이라고 한다. 이때 공은 같은 운동을 주기적으로 반복한다.

등속 원운동하는 물체가 원둘레 주위를 한 바퀴 회전하는 데 걸리는 시간을 **주기**(period)라 하며, 단위시간(1 s) 동안 회전하는 횟수를 **진동수**(frequency)라고 한다. 주기 T(s)와 진동수 f(Hz) 사이에는 다음 관계가 있다.

$$\text{주기} = \frac{1}{\text{진동수}}, \quad T = \frac{1}{f} \tag{6-1}$$

또, 원운동하는 물체의 반지름 r과 속력 v를 이용하여 주기를 구해보자. 원궤도를 한 바퀴 회전하는 데 걸리는 시간 즉, 주기 T는 이동 거리를 속력으로 나누면 된다.

$$T = \frac{2\pi r}{v} \tag{6-2}$$

원궤도를 운동하는 물체가 얼마나 빨리 회전하는가를 나타내기 위해서는 물체의 선속도 v 외에 각속도 ω로도 나타낼 수 있다. 그림 6.1의 (나)와 같이 일정 시간 동안에 회전한 각도로 나타내면 된다. 즉, 물체가 단위 시간 동안에 회전한 중심각의 크기를 **각속도** ω라고 한다.

여기서 중심각의 단위는 라디안(rad)을 사용한다. 1라디안(rad)은 그림 6.2와 같이

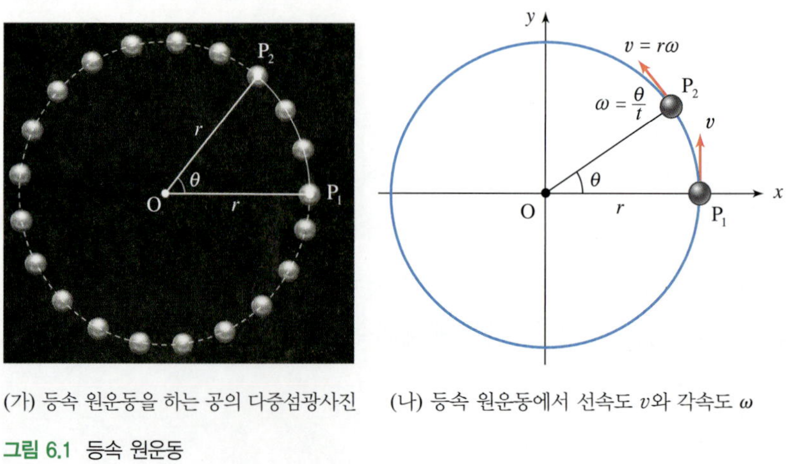

(가) 등속 원운동을 하는 공의 다중섬광사진 (나) 등속 원운동에서 선속도 v와 각속도 ω

그림 6.1 등속 원운동

원호의 길이 s가 회전 반지름 r과 같을 때의 중심각을 말하며 1 rad ≒ 57°18′이다. 따라서 물체가 원둘레를 한 바퀴 회전하였을 때의 중심각은 2π rad이다.

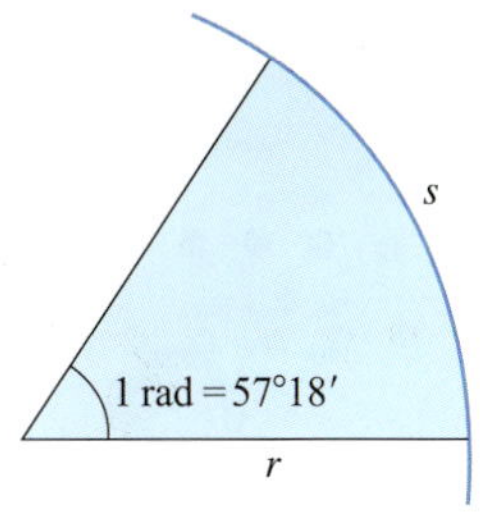

그림 6.2 1라디안은 r과 s의 길이가 같을 때의 중심각이다.

만일 어떤 물체가 시간 t(s) 동안에 각 θ(rad)만큼 회전하였다면 각속도 ω는 다음과 같다.

$$\text{각속도} = \frac{\text{이동 중심각}}{\text{걸린 시간}}, \quad \omega = \frac{\theta}{t} \tag{6-3}$$

각속도의 단위는 rad/s를 사용한다.

물체의 주기나 진동수를 알고 있으면 물체의 각속도를 구할 수 있다. 원운동하는 물체는 주기 T(s) 동안에 2π(rad)만큼 회전하였으므로 각속도는 다음과 같이 나타낼 수 있다.

$$\text{각속도} = \frac{2\pi}{\text{주기}}, \quad \omega = \frac{2\pi}{T} = 2\pi f \tag{6-4}$$

식 (6-2)과 (6-4)에서 물체의 선속도 v와 각속도 ω 사이의 관계를 구하면 다음과 같다.

$$v = r\omega \tag{6-5}$$

이 식에서 물체가 반지름이 일정한 원궤도를 회전할 때, 물체의 선속도와 각속도는 서로 비례($v \propto \omega$)한다는 것을 알 수 있다. 이때 물체의 선속도의 방향은 그림 6.1의 (나)에서와 같이 항상 원의 접선방향이다.

예제 1 그림과 같이 길이가 60 cm인 실의 한 끝에 작은 구가 매달려 2초 동안에 1회전하는 등속 원운동을 하고 있다. 다음 물음에 답하라.

(1) 이 구의 각속도는 얼마인가?

(2) 이 구의 선속도의 크기는 얼마인가? 점 P에 선속도의 방향을 그려보아라.

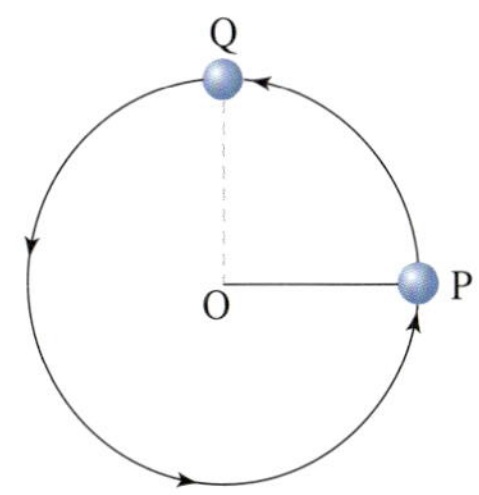

풀이

(1) 식 (6-4)에서 $\omega = \frac{2\pi}{T} = \frac{2 \times 3.14}{2} = 3.14$ (rad/s)이다.

(2) 식 (6-5)에서 $v = r\omega = 0.6\text{ m} \times 3.14\text{ rad/s} = 1.88$ (m/s)이다.

그리고 선속도의 방향은 점 P에서의 접선방향이다.

6.2 구심 가속도와 구심력

▲ 공을 일정하게 돌리기 위해서는 손으로 일정한 힘을 계속 작용시켜야 한다.

줄에 공을 매달고 머리 위로 돌리면 줄이 팽팽해지면서 공은 원운동을 하게 된다. 이때 손을 통해 일정한 힘으로 줄을 잡아당기지 않으면 공은 원운동을 곧 멈추게 된다. 공이 원운동을 하는 것은 어떤 힘 때문일까?

1) 구심 가속도

등속 직선 운동에서는 속도의 변화가 없기 때문에 가속도가 0이지만, 등속 원운동에서는 속도의 크기는 변하지 않지만 매 순간마다 방향이 변하므로 가속도를 가지게 된다. 그러면 등속 원운동에서의 가속도는 수식으로 어떻게 나타낼 수 있을까?

등속 원운동을 하는 물체가 그림 6.3의 (가)와 같이 시간 Δt 동안에 점 A에서 점 B로 이동하면서 속도가 v_1에서 v_2로 변한다고 하자. 이때 그림 (나)에서와 같이 점 A에서의 속도 v_1과 점 B에서의 속도 v_2를 한 점 F에 평행이동시켜서 DEF를 그리면 선분 DE는 속도의 변화량 $\Delta v (= v_2 - v_1)$가 된다.

그림에서 △ABC와 △DEF는 닮은꼴 삼각형이므로 다음 관계가 성립한다.

$$\frac{\Delta v}{v} = \frac{\Delta l}{r}$$

여기서 Δl은 물체가 시간 Δt 동안 이동한 거리로 $\Delta l = v\Delta t$이므로, 관계를 위 식에 대입하면 가속도를 구할 수 있다.

$$\frac{\Delta v}{\Delta t} = \frac{v^2}{r} = a \tag{6-6}$$

식 (6-6)에 $v = r\omega$를 대입하면 원운동을 하는 물체의 가속도를 각속도로 나타낼 수 있다.

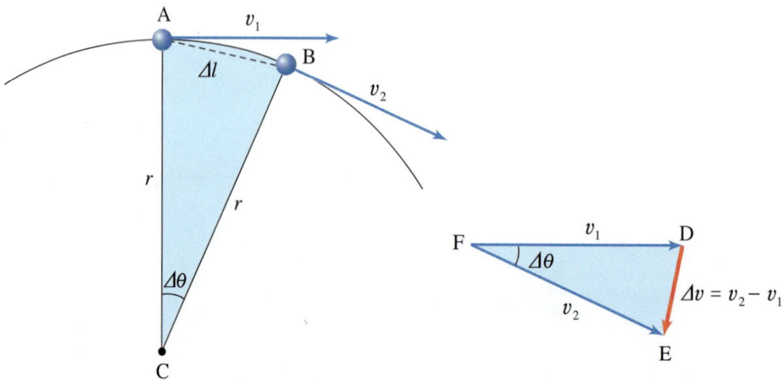

그림 6.3 등속 원운동에서 구심 가속도의 크기와 방향

$$a = \frac{v^2}{r} = r\omega^2 \quad (6\text{-}7)$$

이때 가속도의 방향은 Δv의 방향과 같고, 시간 간격 Δt를 아주 짧게 하면 Δv는 v_1과 직각을 이루므로 Δv는 r과 같은 방향이 된다. 따라서 가속도의 방향은 원의 중심을 향한다. 이 가속도를 **구심 가속도**(centripetal acceleration)라고 한다.

2) 구심력

물체를 실에 매달고 돌려보면 힘이 드는 것을 알 수 있다. 이것은 돌이 멀리 날아가지 못하도록 하면서 줄을 잡고 있는 손을 중심으로 원운동을 유지시키기 위한 것이다. 이때 그림 6.4에서와 같이 줄을 원운동의 중심 쪽으로 잡아당기는 힘을 **구심력**(centripetal force)이라고 한다. 그러면 구심력은 수식으로 어떻게 나타낼 수 있을까?

식 (6-7)을 운동의 제2법칙 $F = ma$에 대입하여 정리하면 구심력은 다음과 같이 정리할 수 있다.

$$F = ma = \frac{mv^2}{r} = mv\omega = mr\omega^2 \quad (6\text{-}8)$$

이 식에서 원운동하는 물체의 질량과 반지름이 일정한 경우, 물체의 속력이나 각속도가 커질수록 구심력은 더 큰 값을 갖게 된다. 그런데 등속 원운동을 하는 경우에는 물체의 속력과 각속도가 일정하므로 구심력 또한 일정한 값을 갖는다.

구심력은 물체의 속력을 바꾸지 않고, 속도의 방향만을 바꾸어 물체를 가속시킨다.

그리고 그림 6.5에서 보는 바와 같이 등속 원운동을 하는 물체의 가속도의 방향은 구심 가속도의 방향과 같이 항상 원의 중심을 향한다.

TIP 구심력

구심력은 구심 가속도를 일으키는 힘을 말한다. 구심력이라고 하면 새로운 종류의 힘으로 생각하기 쉬우나, 실제로는 역할을 강조하기 위해 표현하는 용어이다.

▲ **물그릇 돌리기** 줄 끝에 매달려 돌고 있는 물체에 작용하는 구심력은 줄의 장력이다.

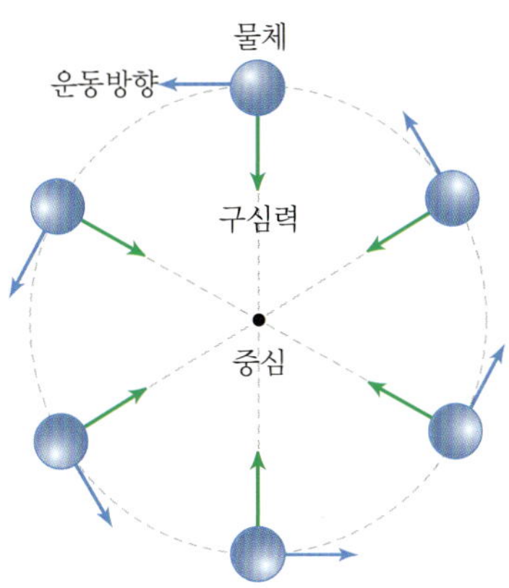

그림 6.4 구심력의 방향은 중심을 향한다.

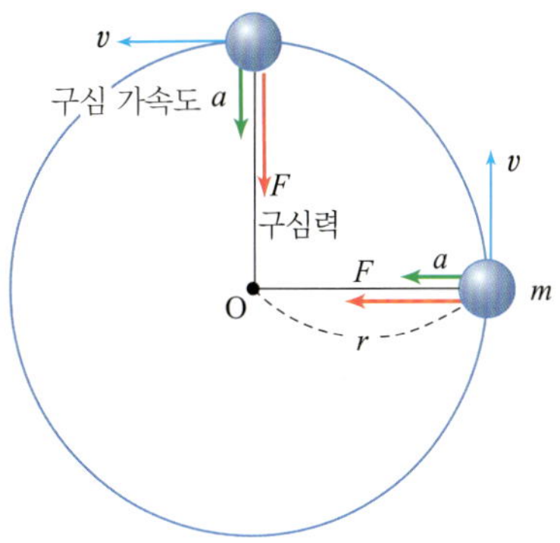

그림 6.5 구심 가속도의 방향도 중심을 향한다.

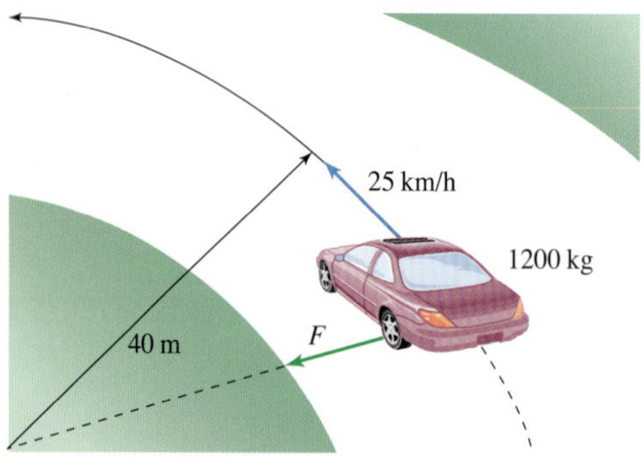

그림 6.6 커브길을 돌 때의 마찰력과 구심력

우리 주변에는 원운동을 하는 경우를 흔히 볼 수 있다. 원운동을 할 때 필연적으로 나타나는 힘이 구심력이다. 자동차 도로에서 커브를 돌 때에도 구심력이 중요한 역할을 한다. 자동차 타이어와 도로면 사이의 마찰력이 구심력으로 작용하지 않으면 자동차는 커브를 돌 수 없게 된다.

커브길을 도는 자동차에 작용하는 구심력에 대해 알아보자.

그림 6.6은 질량이 1200 kg인 승용차가 일정한 속력 25 km/h(7.0 m/s)로 반지름이 40 m 되는 커브를 돌고 있는 모습을 나타낸 것이다. 이 승용차가 커브길을 안전하게 돌기 위해서는 회전하는 동안 원의 중심 방향으로 구심력이 일정하게 작용해야 한다. 이때 타이어와 도로면 사이에 작용하는 마찰력이 구심력을 제공한다. 이때 승용차가 커브를 돌 때 필요한 구심력은 얼마나 되는지 구해보자.

식 (6-8)에서 구심력은 다음과 같다.

$$F = \frac{mv^2}{r} = \frac{(1200\,\text{kg})(7.0\,\text{m/s})^2}{40\,\text{m}} = 1470\,\text{N}$$

이때 승용차에 구심력을 제공하기 위해서 타이어와 도로 사이의 정지마찰계수 μ_s는 얼마이어야 하는지 알아보자(단, 도로는 수평하다고 가정한다).

운동의 법칙에서 정지마찰력 F_s는 수직항력 N에 비례한다는 것을 공부한 바 있다. 즉

$$F_s = \mu_s N$$

이다. 여기서 정지마찰력 F_s는 구심력 1470 N과 같고, 수직 항력 N은 승용차의 무게 mg와 같으므로 정지마찰계수 μ_s는 다음과 같다.

$$\mu_s = \frac{F_s}{N} = \frac{F}{mg} = \frac{1470\,\text{N}}{(1200\,\text{kg})(9.8\,\text{m/s}^2)} = 0.125$$

만약 타이어와 도로면 사이의 정지마찰계수가 이 값보다 크면 승용차는 안전하게

커브를 돌 수 있지만, 정지마찰계수가 이 값보다 작으면 자동차는 커브를 안전하게 돌지 못하고 도로를 이탈할 수가 있다.

6.3 관성력과 원심력

관성력(inertial force)은 가속 운동하는 공간(비관성 기준계) 안에 있는 관찰자의 '착각'에 의해 마치 있는 것처럼 느껴지는 가상의 힘이다. 이 가상의 힘을 **겉보기 힘**이라고도 한다. 이 힘은 관성계가 아닌 좌표계에서, 운동의 제2법칙에 등장하는 항이다. 대표적인 예로 원심력과 코리올리 힘 등이 있다.

회전하는 계에서 관찰되는 원심력은 비관성 좌표계를 설명하기 위한 가상적인 힘으로, 실존하는 구심력과 크기가 같고 방향이 반대이다. 그러나 구심력과 원심력은 작용 반작용의 관계는 아니다.

1) 관성력

자동차를 타고 갈 때 정지해 있던 자동차가 갑자기 출발하면 몸이 뒤로 젖혀지고, 달리던 자동차가 급히 정차하면 몸이 앞으로 쏠리는 현상이 나타난다. 누가 뒤로 잡아 당기거나 앞으로 밀지 않았는데도 이런 현상이 일어나는 것은 관성 때문이다.

기차가 가속될 때 천장에 매달려 가지런히 늘어져 있는 손잡이가 그림 6.7과 같이 가속도의 방향과 반대 방향으로 기울어진다. 우선 이것을 그림 6.7의 (가)에서와 같이 지면에 서 있는 관측자가 보면, 손잡이에 중력 mg와 실의 장력 T의 합력이 작용하여 기차와 같은 가속도 a로 운동하는 것처럼 보인다. 즉, 관측자는 손잡이와 기차가 일체되어 있기 때문에 손잡이도 기차와 같은 가속도 a를 가지며, 이때 손잡이에 작용하는

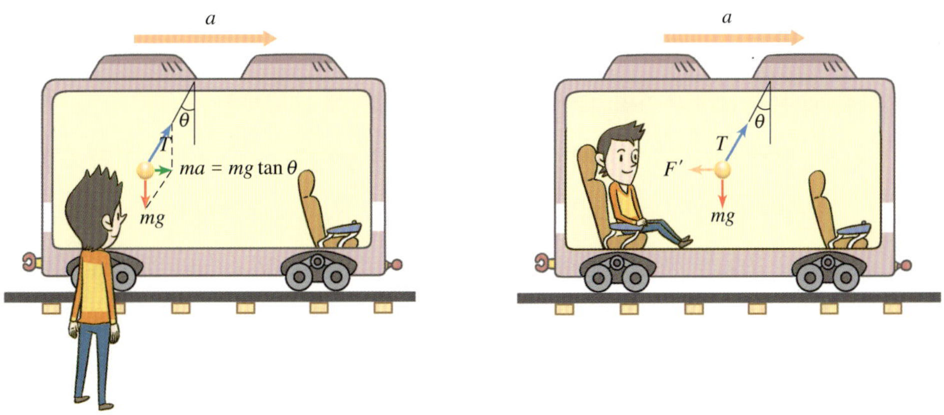

(가) 지면에서 정지한 관측자가 손잡이를 볼 때 (나) 가속 운동을 하는 기차 안에서 관측자가 손잡이를 볼 때

그림 6.7 등가속도 직선 운동을 하는 기차 안에서의 관성력

알짜힘은 $F = ma$로 생각하게 된다. 따라서 기차 밖에 정지한 관측자가 생각하는 손잡이의 운동방정식은 다음과 같이 나타낼 수 있다.

$$ma = mg + T \tag{6-9}$$

그러나 그림 6.7의 (나)와 같이 기차 안에서 손잡이를 바라보는 관측자는 그렇지 않다. 즉, 기차와 같은 가속도로 운동하는 관측자가 보면 손잡이가 연직선과 θ만큼 기울어진 상태로 정지해 있다고 볼 수 있다. 기울어진 손잡이에 작용하는 중력 mg와 장력 T가 서로 다른 방향으로 작용하고 있는데도 손잡이는 기울어진 상태로 정지한 상태를 유지하고 있는 것이다. 이때는 손잡이에 중력과 장력 이외의 힘이 작용하여 평형 상태를 유지하고 있다고 생각하면 된다. 즉, 가속도 a의 방향과 반대 방향으로 어떤 힘 F'가 손잡이에 작용하여 평형을 이룬다고 생각할 수 있다. 따라서 손잡이에 작용하는 힘은 다음과 같다.

$$mg + T + F' = 0 \tag{6-10}$$

식 (6-9)와 (6-10)을 비교해 보면 F'는 다음과 같다.

$$F' = -ma \tag{6-11}$$

TIP 관성력, force of inertia

가속좌표계에 있는 사람이나 물체가 관성에 의해 받게되는 가상의 힘을 말한다. 원심력은 관성력의 하나이다.

이와 같이 가속도 운동을 하는 좌표계(또는 기준계)에서 볼 때 작용하는 것처럼 보이는 가상적인 힘을 관성력이라고 한다. **관성력은 가속도 운동을 하는 물체를 정지해 있는 물체와 같이 취급하기 위해서 도입한 가상적인 힘이다.** 좌표계가 가속도 a로 운동할 때, 그 좌표계 안에 있는 질량 m인 물체가 받는 관성력의 크기는 ma이며 방향은 가속도의 방향과 반대 방향이다.

식 (6-11)에서 (−)부호는 관성력의 방향이 좌표계의 가속도 방향과 반대라는 사실을 나타낸다.

이와 같은 관성력은 엘리베이터에서 찾아볼 수 있다. 엘리베이터가 갑자기 올라가기 시작할 때 몸무게가 무거워지는 것을 느끼게 된다. 왜 그럴까?

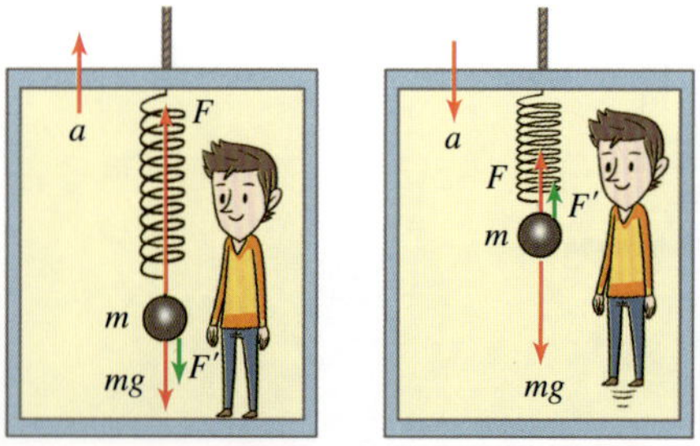

(가) 올라갈 때 (나) 내려갈 때

그림 6.8 엘리베이터 내에서의 관성력

엘리베이터가 정지해 있거나 등속도 운동을 하는 경우에는 사람에게 작용하는 힘은 단지 중력밖에 없다. 그러나 그림 6.8과 같이 엘리베이터가 가속도 운동을 하는 경우에는 다르다. 먼저 그림 6.8의 (가)와 같이 엘리베이터가 위로 가속도 a로 운동을 하면 엘리베이터에 타고 있는 사람에게는 관성력이 엘리베이터의 운동 방향과 반대 방향으로 작용하게 된다. 따라서 이 사람은 중력 이외에 관성력 ma을 중력 방향과 같은 방향으로 받게 되므로 위에서 눌리는 듯한 느낌을 받게 된다.

반면, 엘리베이터가 그림 6.8의 (나)와 같이 갑자기 가속도 a로 아래로 내려가기 시작할 때에는 몸무게가 가벼워지는 것을 느끼는데, 이것은 관성력 ma를 중력 방향과 반대 방향으로 받기 때문이다.

▲ 엘리베이터

TIP 원심력을 잘못 설명한 예

- 원심력과 구심력을 서로 대응되는 힘이다 → 아니다.
- 원심력과 구심력이 평형을 이루고 있어서 끈에 매달린 공이 안정적으로 회전한다 → 아니다.
- 원심력과 구심력은 작용과 반작용 관계이다 → 아니다.

2) 원심력

버스를 타고 가다가 버스가 커브길을 돌 때, 누가 내 몸을 잡아당기는 것도 아닌데 몸이 바깥쪽으로 쏠리는 경험을 해 보았을 것이다. 이것은 직선 도로를 달리는 기차가 가속하거나 감속할 때 천장에 매달려 있는 손잡이가 앞뒤로 기울어지는 것과 같은 현상이다. 그러나 버스 밖에 있는 사람이 본다면 이 같은 현상은 느낄 수 없다.

그림 6.9와 같이 반지름이 r인 원판의 중심에 용수철의 한 끝을 고정시키고, 그 용수철 다른 끝에 질량 m인 물체를 매단 다음 원판을 일정한 속력 v로 회전시키면 용수철이 원래의 길이보다 늘어나면서 물체에는 용수철이 잡아당기는 탄성력이 작용하게 된다.

먼저 그림 6.9의 (가)와 같이 원판의 밖에 서서 원운동하는 원판 위의 물체를 바라보는 경우에 대해 생각해 보자. 원판 위의 물체가 원운동을 하는 것은 용수철에서 $\frac{mv^2}{r}$의 탄성력이 생겨서 구심력의 역할을 하기 때문에 물체가 원운동을 하는 것처럼 보인다. 이때 물체에 작용하는 힘은 단지 구심력이 되는 용수철의 탄성력 밖에 없다.

다음에는 그림 6.9의 (나)와 같이 원판 위에 서서 물체와 같이 원운동하는 관측자가 물체를 바라보는 경우에 대해 생각해 보자. 이 경우에는 물체에 탄성력과 반대 방향으로 어떤 힘이 작용하여 이들 두 힘이 평형을 이루기 때문에 용수철이 늘어난 상태로 물체가 정지해 있는 것처럼 보이는 것으로 생각할 수 있다. 즉, 구심력과 크기가 같은 어떤 가상적인 힘이 물체에 작용하여 평형 상태를 유지한다고 생각할 수 있다. 따라서 이 경우에도 관성력이 작용한다고 볼 수 있다.

이와 같이 원운동하는 좌표계에서 관찰할 때 물체에 작용하는 것처럼 보이는 관성

(가) 회전하는 원판 밖에서 보았을 때 탄성력이 구심력으로 작용한다.

(나) 회전하는 원판 위에서 보았을 때 탄성력과 원심력이 평형을 이룬다.

그림 6.9 구심력과 원심력의 비교

력을 **원심력**(centrifugal force)이라고 한다. 원심력은 구심력과 크기가 같고 방향이 반대이다. 여기서 주의할 점은 원심력은 구심력에 대한 반작용이 아니고 관성력이라는 사실이다.

따라서 반지름 r인 원둘레를 각속도 ω로 등속 원운동하는 질량 m인 물체에 나타나는 원심력 F'는 다음과 같이 나타낼 수 있다.

$$F' = -ma = -mr\omega^2 = -\frac{mv^2}{r} \qquad (6\text{-}12)$$

자동차가 커브를 돌 때 자동차 안에 있는 사람이 바깥쪽으로 몸이 쏠리는 것은 원심력 때문이며, 이 힘은 자동차 밖에 있는 사람은 느낄 수 없다.

6.4 단진동

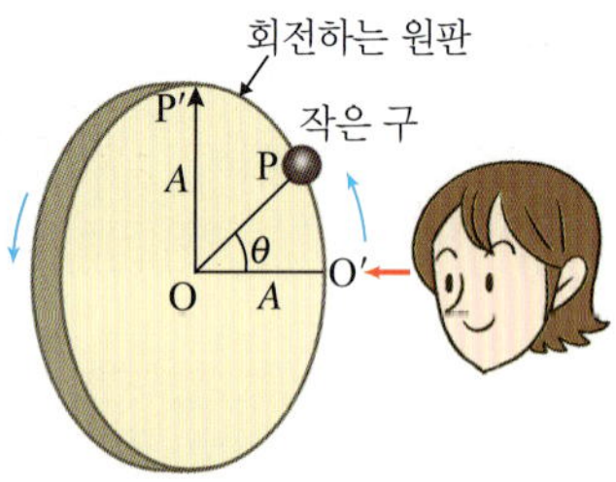

그림 6.10 회전하는 원판에 달린 작은 구를 옆에서 관찰하면 상하 운동을 하는 모습으로 보인다.

진자시계의 추는 일정한 시간 간격으로 끊임없이 좌우로 왕복 운동을 한다. 또 용수철의 한끝을 손으로 잡고 다른 끝에 물체를 매단 다음 물체를 놓으면 그 물체도 일정한 시간 간격으로 아래로 내려갔다 위로 올라가는 왕복 운동을 계속한다.

그림 6.10과 같이 원판의 한끝에 작은 구를 매달고 등속 원운동을 시킨 다음 옆에서 구를 보면 구는 일직선상에서 위 아래로 일정하게 왕복 운동을 하는 것처럼 보인다. 즉, 원판의 한끝에 매달린 구는 원판의 중심에서 위 아래로 반지름 A만큼 떨어진 곳까지 직선으로 상하 운동을 반복한다. 이와 같이 일정한 시간 간격으로 같은 운동을 반복하는 주기적인 운동을 **단진동**(simple harmonic motion)이라고 한다. 따라서 등속 원운동은 주기적으로 왕복하는 단진동임을 알 수 있다.

1) 단진동하는 물체의 변위

단진동은 단진동 운동을 하는 물체의 변위, 속도, 가속도 등을 고려하여 나타낼 수 있다.

그림 6.11은 원판의 한끝에 달린 작은 구가 원점 O를 중심으로 반지름 A인 원운동을 하는 것을 물체의 측면에서 빛을 비추어 그림자가 어떤 운동을 하는지 나타낸 것이다. 먼저 단진동하는 그림자의 시간에 따른 변위를 구해보자. 이 구가 O'에서 출발하여 각속도 ω로 시간 t 후에 각 θ만큼 회전하여 P의 위치까지 왔을 때의 변위 x는 다음과 같이 나타낼 수 있다.

$$x = A\sin\theta = A\sin\omega t \quad (\because\ \theta = \omega t) \qquad (6\text{-}13)$$

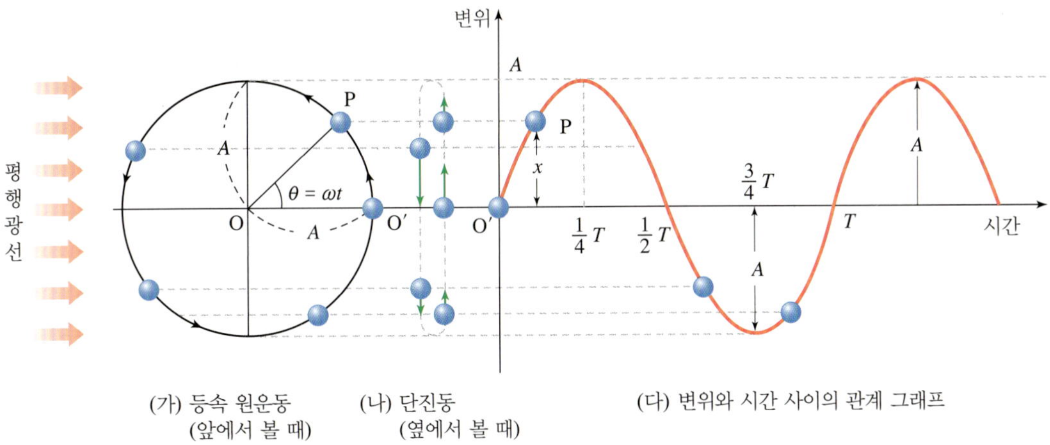

그림 6.11 단진동을 그래프로 나타내기

따라서 변위 x와 시간 t 사이의 관계를 그래프로 나타내 보면 그림 6.11(다)와 같이 사인(sine) 곡선이 된다. 이 그래프에서 변위 x의 최대값은 A가 된다. 이 최대 변위 A를 **단진동의 진폭**이라고 한다. 또 구가 원을 한 바퀴 완전히 회전하고 다시 원점으로 돌아왔을 때까지 걸린시간, 즉 좌우 최대 변위를 한 번 왕복하는 데 걸리는 시간 T는 **단진동의 주기**이다. 그리고 구가 좌우 최대 변위를 단위 시간에 왕복하는 횟수 f를 **단진동의 진동수**라고 한다.

단진동의 주기 T와 각속도 ω 및 진동수 f 사이에는 다음과 같은 관계가 있다.

$$T = \frac{2\pi}{\omega} = \frac{1}{f} \tag{6-14}$$

따라서 각속도는 다음과 같다.

$$\omega = 2\pi f \tag{6-15}$$

등속 원운동하는 물체를 투영했을 때 그 그림자가 만드는 왕복 운동을 단진동이라고 한다. 단진동은 단순조화운동(SHM, Simple Harmonic Motion)을 줄인 말이다.

2) 단진동하는 물체의 속도

그러면 단진동하는 물체의 속도는 수식으로 어떻게 나타낼 수 있을까?

등속 원운동에서는 속도의 크기는 일정하고 방향은 항상 원의 접선 방향이다. 그러나 단진동의 속도는 이와는 다르다. 단진동은 원운동하는 물체의 그림자의 운동이므로 단진동에서의 속도는 위쪽이 아니면 아래쪽이 될 것이라는 것을 쉽게 예상할 수 있다. 따라서 원운동의 속도와는 다르게 나타내야 한다. 즉, 원운동하는 물체의 속도 벡

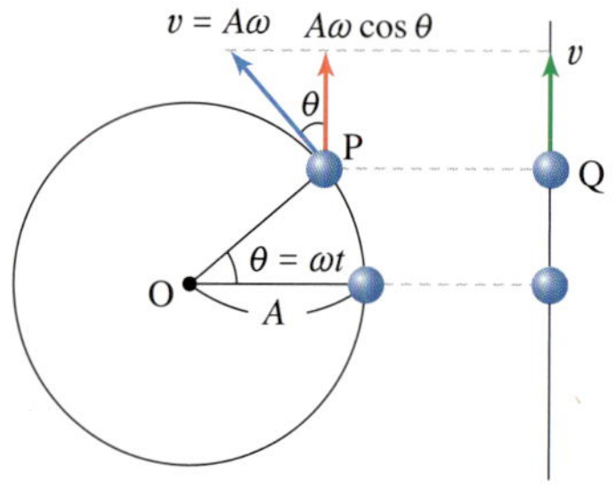

그림 6.12 단진동에서의 속도

터의 연직 성분이 단진동의 속도가 된다.

그림 6.12와 같이 각속도 ω로 반지름 A인 원궤도를 등속 원운동하는 물체 P의 속도의 크기는 식 (6-5)에 의해 $v = A\omega$이다. 그림에서 원운동하는 물체 P의 속도 $A\omega$의 연직 방향 성분이 물체 P의 그림자인 점 Q의 속도라는 것을 알 수 있다. 따라서 물체 P의 그림자 Q의 속도는 다음과 같다.

$$v = A\omega\cos\theta = A\omega\cos\omega t \tag{6-16}$$

이 식에서 코사인(cosine) 값이 +1에서 −1 사이에서 변하므로 단진동에서 속도의 크기와 방향이 시간에 따라 주기적으로 변한다는 것을 알 수 있다. 단진동하는 물체의 속도의 크기는 진동의 중심을 지날 때 $A\omega$로 가장 빠르며, 양끝으로 갈수록 작아져서 양끝에서는 0이 된다.

3) 단진동하는 물체의 가속도

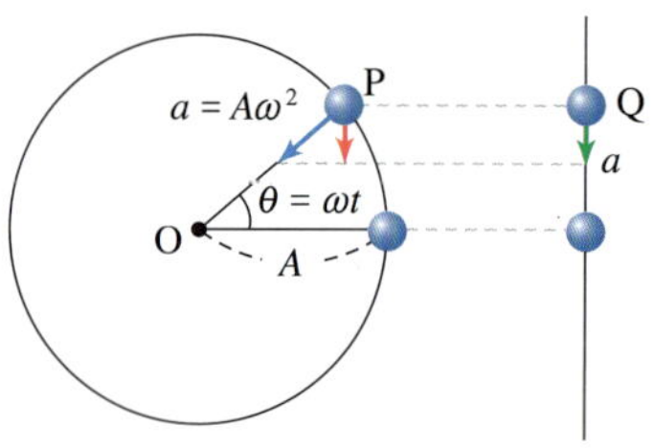

그림 6.13 단진동에서의 가속도

단진동에서 속도가 계속 변한다는 것은 가속도를 가지고 있다는 의미이다. 그러면 단진동에서의 가속도는 수식으로 어떻게 나타낼 수 있을까?

그림 6.13과 같이 등속 원운동하는 물체 P의 가속도는 항상 원의 중심을 향하고, 그 크기는 식 (6-7)에 의해 $A\omega^2$이다. 그런데 단진동의 가속도 역시 단진동의 속도에서 구한 것과 마찬가지로 원운동에서의 가속도 벡터를 분해하였을 때, 연직 성분이 가속도의 크기가 된다. 따라서 물체 P의 그림자 점 Q의 가속도는 $A\omega^2$의 연직 방향 성분이므로 다음과 같다.

$$a = -A\omega^2\sin\omega t = -\omega^2 x \tag{6-17}$$

이 식에서 (−)부호는 그림 6.13에서 보는 것과 같이 변위의 방향과 가속도의 방향이 서로 반대임을 나타낸다. 단진동하는 물체의 가속도는 변위에 비례하고, 그 방향은 변위와 반대 방향으로 항상 진동의 중심을 향한다.

단진동하는 물체의 가속도의 크기는 진동의 중심(기준점)에서는 0이며, 양끝으로 갈수록 점점 커져서 양 끝점, 즉 최대 변위에서는 $A\omega^2$로 가장 크게 되어 속도에서와는 정반대가 된다.

단진동에서 가속도가 있으면 그 가속도를 생기게 하는 힘이 있게 마련이다. 그럼 이 힘은 어떤 작용을 할까?

4) 단진동을 일으키는 힘

그림 6.14와 같이 원운동하는 물체의 각 위치에서의 가속도 벡터를 조사해 보면 가속도의 방향이 항상 진동의 중심을 향한다는 것을 알 수 있다. 이는 물체가 진동 중심에서 벗어나 다른 위치로 가면 마치 용수철처럼 다시 원래의 위치로 되돌아가려고 하기 때문이다. 즉, 물체를 원래의 위치로 복원시키려는 힘이다. 단진동하는 물체에 작용하는 힘을 **복원력**(restoring force)이라고 한다.

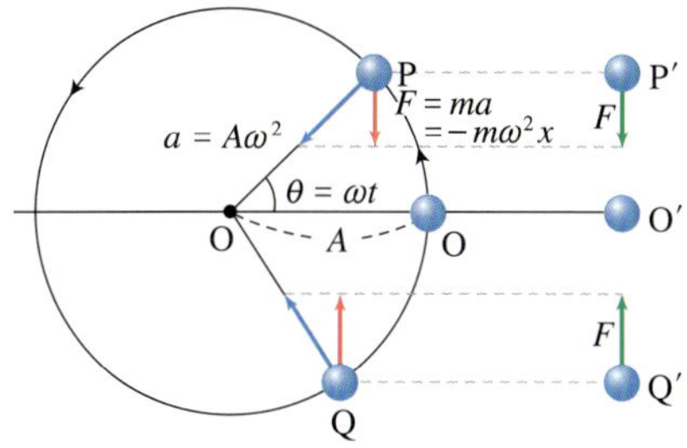

그림 6.14 단진동하는 물체에 작용하는 복원력

단진동하는 물체의 질량을 m이라고 하면 물체에 작용하는 힘 F는 다음과 같다.

$$F = ma = -m\omega^2 x \tag{6-18}$$

여기서 $m\omega^2 = k$로 놓으면 이 식은 다음과 같이 나타낼 수 있다.

$$F = -kx \quad (k\text{는 비례 상수}) \tag{6-19}$$

이 식은 바로 용수철의 복원력과 같은 형태이다. 즉, **단진동하는 물체에 작용하는 힘의 크기는 변위에 비례하고, 그 방향은 항상 진동의 중심을 향한다.** 단진동하는 물체에 작용하는 힘은 복원력임을 알 수 있다.

복원력이 존재한다는 것은 물체가 단진동을 한다는 것을 말한다. 물체가 진동 중심에서 벗어나면 복원력이 작용해서 다시 진동 중심으로 돌아가려고 한다. 그러나 물체가 진동 중심에 돌아오면 관성에 의해 다시 진동 중심을 지나 진동 중심에서 멀어지게 되고, 진동 중심에서 멀어지게 되면 물체에는 다시 진동 중심으로 되돌리려는 복원력이 작용하게 되어서 진동이 계속된다.

식 (6-18)과 식 (6-19)에서 $m\omega^2 = k$이므로 $\omega = \sqrt{\frac{m}{k}}$이다. 이 값을 식 (6-14)에 대입하면 다음 식을 얻는다.

$$T = \frac{2\pi}{\omega} = 2\pi\sqrt{\frac{m}{k}} \quad (k\text{는 비례상수}) \tag{6-20}$$

이 식에서 단진동의 주기의 특성을 알 수 있다. 즉, **단진동의 주기는 물체의 질량 m이 클수록, 비례 상수 k가 작을수록 길어진다.** 단진동의 변위, 속도, 가속도, 진동을 일으키는 힘을 정리하면 다음과 같다.

- 단진동의 변위: $x = A\sin\theta = A\sin\omega t$
- 단진동의 속도: $v = A\omega\cos\theta = A\omega\cos\omega t$
- 단진동의 가속도: $a = -A\omega^2\sin\omega t$
- 단진동을 일으키는 힘: $F = -m\omega^2 x = -kx$

예제 2 질량이 1 kg인 물체가 단진동을 하고 있다. 단진동하는 물체의 속력의 최대값이 0.8 m/s이고, 진폭은 0.2 m이다. 다음 물음에 답하여라.

(1) 이 단진동에 대응하는 원운동의 각속도 ω는 몇 rad/s인가?

(2) 이 단진동의 주기 T는 몇 초인가?

(3) 물체에 생기는 가속도의 최대값은 몇 m/s^2인가?

(4) 변위가 0.1 m일 때 물체가 받는 힘은 몇 N인가?

풀이

(1) 원운동의 속도는 단진동에서 최대 속도와 같다.

$v = A\omega \cos \omega t$에서 속도의 최대값은 $\cos \omega t = 1$일 때이므로 $v = A\omega$이다.

$\therefore \omega = \frac{v}{A} = \frac{0.8\ \text{m/s}}{0.2\ \text{m}} = 4\ \text{rad/s}$

(2) $T = \frac{2\pi}{\omega} = \frac{2 \times 3.14}{4} ≒ 1.6\ \text{s}$

(3) 가속도의 크기는 변위에 비례한다. 그리고 변위 x가 최대일 때는 변위가 진폭 A와 같을 때이다.

$\therefore a = |-\omega^2 x| = |-4^2 \times 0.2| = 3.2\ \text{m/s}^2$

(4) $F = -m\omega^2 x = -1 \times 4^2 \times 0.1 = -1.6\ \text{N}$

6.5 용수철 진자

용수철은 외부에서 힘을 가해 주면 변형이 되고, 가해준 힘을 제거하면 탄성력에 의해 처음 상태로 되돌아간다.

용수철을 잡아당기거나 압축시켰다가 놓으면 용수철은 원래의 상태로 되돌아가려는 탄성력에 의해서 주기적인 왕복 운동, 즉 단진동을 한다. 이러한 운동을 하는 진자를 용수철 진자(spring pendulum)라고 한다.

그림 6.15는 용수철의 한 끝을 고정하고 다른 끝에 물체를 매단 다음 용수철을 늘렸다가 놓았을 때 물체가 운동하는 모습을 나타낸 것이다. 이 그림을 보면 물체가 기준점 B를 중심으로 A에서 C까지 왕복 운동을 한다.

탄성한계 내에서 용수철을 원래의 길이에서 x만큼 늘이거나 압축시켰을 때 용수철의 탄성력 F는 $F = -kx$이다.

그림 6.15 용수철에 달린 물체의 운동은 단진동을 한다.

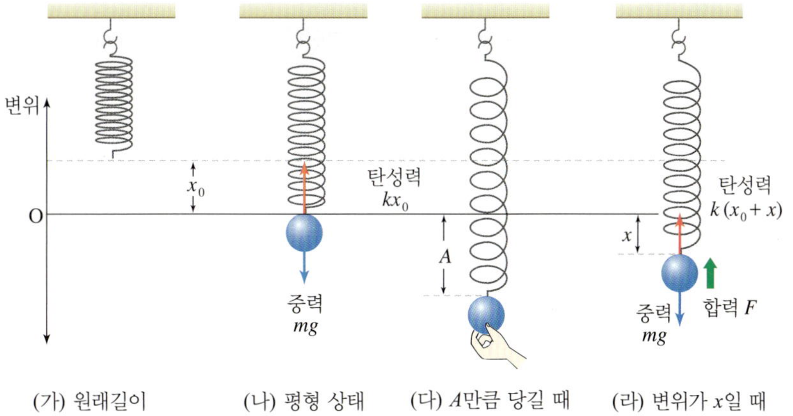

그림 6.16 용수철 진자

이 관계는 이미 앞에서 공부한 **훅의 법칙**이다. 여기서 비례 상수 k를 **용수철 상수**(탄성 계수)라고 하며, (−) 부호는 탄성력 F가 변위 x와 반대 방향으로 작용하여 원래의 상태로 되돌아가려는 복원력을 의미한다.

용수철 상수가 k인 용수철에 질량 m인 추를 매달면, 추는 그림 6.16의 (나)와 같이 용수철의 탄성력과 추에 작용하는 중력이 평형을 이루는 x_0에서 멈춘다. 이때 그림의 (가)에서와 같이 탄성력은 물체에 작용하는 중력과 평형을 이룬다. 즉, $kx_0 = mg$의 관계가 성립한다.

평형을 이루고 있는 추를 그림 6.16의 (다)와 같이 아래로 A만큼 잡아당겼다가 놓으면 추는 평형 위치 O를 중심으로 하여 상하로 진동하게 된다. 추가 평형 위치에서 변위 x만큼 떨어진 곳을 지날 때 물체가 받는 힘 F는 다음과 같다.

$$F = mg - k(x_0 + x) = mg - kx_0 - kx = -kx \tag{6-21}$$

따라서 추는 평형점으로부터 변위에 비례하고, 변위와 반대 방향의 복원력을 받는다는 것을 알 수 있다. 따라서 이 추는 단진동을 한다는 것을 알 수 있다.

용수철 진자의 가속도 a는 운동의 제2법칙 $F = ma = -kx$에서 $a = -\frac{k}{m}x$이다.

식 (6-17)과 $a = \frac{k}{m}x$에서 $\omega^2 = k/m$이다. 단진동의 주기 T는 $2\pi/\omega$이므로, 용수철 진자의 주기 T는 다음과 같다.

$$T = 2\pi\sqrt{\frac{m}{k}} \tag{6-22}$$

이것은 앞에서 구한 단진동의 주기와 동일한 형태라는 것을 알 수 있다.

예제 3 어느 용수철에 질량이 1.0 kg 인 추를 매달았더니 0.3 m 늘어나서 평형이 되었다. 이 용수철의 탄성계수와 추가 상자로 단진동한다면 주기는 얼마인가?

풀이

$F = kx$에서 $k = \frac{F}{x} = \frac{1.0\text{ kg} \times 9.8\text{ m/s}^2}{0.3\text{ m}} \fallingdotseq 32.7\text{ N/m}$

$T = 2\pi\sqrt{\frac{m}{k}} = 2 \times \pi \times \sqrt{\frac{1.0\text{ kg}}{32.7\text{ N/m}}} \fallingdotseq 1.1\text{s}$

6.6 단진자

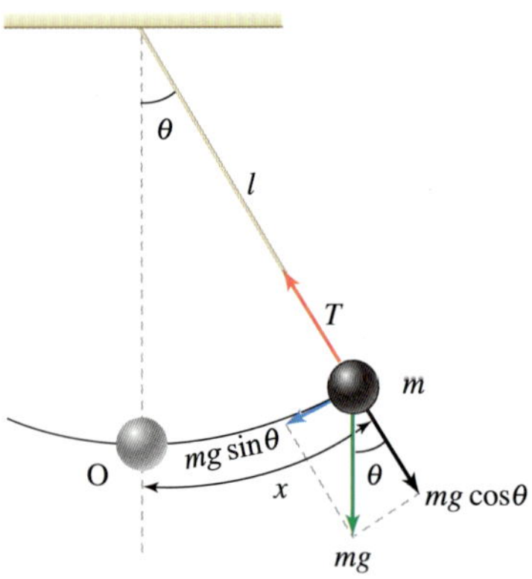

그림 6.17 단진자

용수철 진자는 탄성력에 의해 주기 운동을 한다는 것을 알았다. 그러면 중력에 의해서 일어나는 주기 운동에 대해서 알아보자.

그림 6.17과 같이 추를 실에 매단 다음 옆으로 당겼다가 가만히 놓으면 중력의 영향으로 추가 좌우로 왕복 운동을 계속한다. 즉, 단진동을 한다. 이와 같이 단진동하는 추를 단진자(simple pedulum)라고 한다.

질량 m인 추가 길이 l의 실에 매달려 단진동을 한다면 추에는 식의 장력 T와 중력 mg만 작용하게 되며, 추는 부채꼴의 호를 따라 움직이게 된다. 따라서 물체의 속도 벡터는 항상 장력과 수직이 된다.

추가 평형위치 O에 있을 때에는 추에 작용하는 중력 mg와 실의 장력 T는 크기가 같고 방향이 반대이므로 서로 평형을 이룬다.

그러나 그림 6.17에서와 같이 실이 연직선과 θ의 각을 이루게 되면 이들 두 힘은 평형을 이루지 않는다. 이때 중력 mg는 장력과 평행한 성분인 $mg\cos\theta$와 수직인 성분 $mg\sin\theta$로 분해할 수 있다. 그러면 장력과 나란한 성분 $mg\cos\theta$는 장력 T와 평형을 이루어 실을 팽팽하게 하고, 장력과 수직인 성분 $mg\sin\theta$만 남게 된다. 이 성분이 추를 단진동시키는 힘이다. θ가 아주 작으면 $\sin\theta \approx \frac{x}{l}$로 근사시킬 수 있으므로 단진자에 작용하는 힘 F는 다음과 같다.

> **TIP 작은 각도근사**
>
> 단진자의 운동방정식을 유도할 때 θ가 아주 작은 경우에 유효하다. θ가 10° 또는 0.2 rad 이내에서 단순모형을 적용할 수 있다. 이러한 각도근사를 작은 각도근사라고 부른다.

$$F = -mg\sin\theta = -\frac{mg}{l}x = -kx \qquad (6\text{-}23)$$

여기서 (−) 부호는 F의 방향이 변위 x의 방향과 반대라는 것을 나타내며, 이 힘은 복원력의 형태를 나타낸다는 것을 알 수 있다. 따라서 단진자의 운동은 단진동임이 분명하다. 그림 6.18은 단진자의 다중섬광사진이다.

그러면 단진자의 주기는 어떻게 되는지 알아보자.

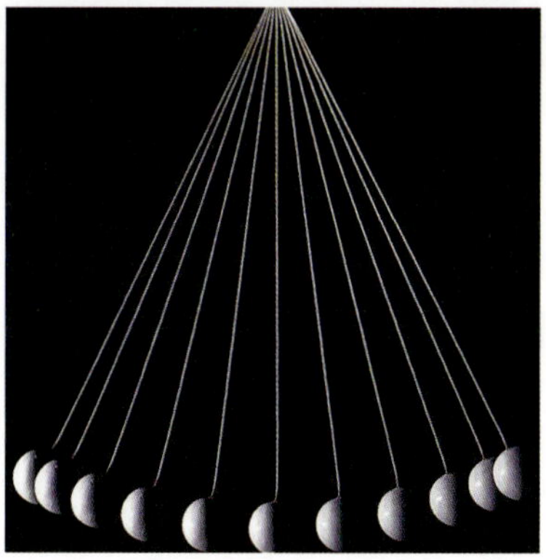

그림 6.18 단진자의 다중섬광사진

그림 6.19 그네의 운동도 일종의 단진자이다.

식 (6-23)에서 $k = \frac{mg}{l}$이므로 $\frac{m}{k} = \frac{l}{g}$이다. 따라서 이것을 앞에서 구했던 용수철 진자의 주기의 식 (6-22)에 대입하면 단진자의 주기 T는 다음과 같다.

$$T = 2\pi\sqrt{\frac{m}{k}} = 2\pi\sqrt{\frac{l}{g}} \tag{6-24}$$

이 식에서 단진자의 주기는 중력 가속도가 일정하면 실의 길이에만 영향을 받는다는 것을 알 수 있다. 즉, **단진자에서 실의 길이가 길어지면 주기가 길어지고, 실의 길이가 일정하면 중력가속도가 클수록 주기는 짧아진다.**

이와 같이 단진자의 주기 T는 실의 길이와 중력가속도에만 관계되며, 실에 매달린 추의 질량이나 진폭 등과는 관계가 없다. 이 특성을 **진자의 등시성**이라고 한다.

중력가속도 g는 $T = 2\pi\sqrt{\frac{l}{g}}$의 단진자의 주기의 공식에서 양변을 제곱하여 이것을 g에 대해 정리하면, $g = 4\pi^2\frac{l}{T^2}$이다. 따라서 단진자의 길이 l, 주기 T를 측정하면 중력가속도를 구할 수 있다.

단진자의 주기는 중력가속도의 영향을 받기 때문에 지구상의 장소에 따라 달라지지만, 용수철 진자는 중력가속도의 영향을 받지 않기 때문에 장소가 달라지더라도 주기는 일정하다.

- 단진자의 주기는 길이에 비례하고, 중력가속도에 반비례한다.
- 단진자의 주기는 추의 질량, 진폭과 관계가 없다.

6.7 물리 진자

단진자는 줄에 매달린 질량으로 이루어져 있다. 그러나 실제로 진자는 다양한 모양을 가진 물체 등으로 만들 수 있다. 이 같이 다양한 형태를 갖고 있으면서 수평한 회전

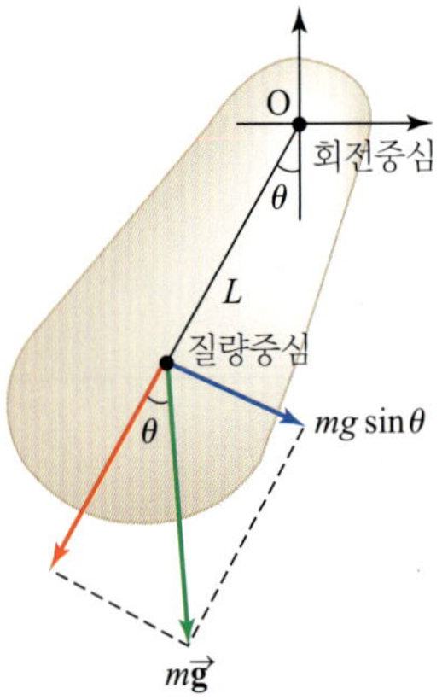

그림 6.20 단진자는 모든 질량이 한 점에 집중되어 있다고 가정하지만, 물리 진자는 그렇지 않다.

축을 가지고 있는 강체들의 진자를 **물리 진자**(physical pendulum, 物理振子)라고 한다. 물리 진자의 예는 동물의 다리, 선반에 걸린 프라이 팬, 겨울철에 리프트 의자에 앉은 스키어, 복싱 선수의 펀치 백 등에서 찾을 수 있다.

단진자는 모든 질량이 한 점에 집중되어 있다고 가정하지만, 물리 진자는 질량 중심과 회전 중심이 다르다. 그림 6.20과 같이 질량 중심에서 L만큼 떨어진 점 O를 회전축으로 하여 매달린 질량 m인 강체가 좌우로 진동한다고 하자. 이 물체는 마찰이 없는 수평축 O를 회전축으로 연직 방향에 대하여 각 θ만큼 변위로 평형 위치 좌우로 진동한다.

물리 진자의 복원력도 단진자와 비슷한 형태를 갖는다. 물리 진자의 주기나 각가속도 등을 구하는 수식은 이 책에서는 생략한다.

- 추시계는 여름철에는 약간 느려지고, 겨울철에는 약간 빨라진다. 그 이유는 무엇일까?
- 추시계를 달로 가져가면 시간은 어떻게 될까?

예제 4 길이 64 cm인 단진자가 3회 진동하는 사이에, 길이가 16 cm인 단진자는 몇 회 진동하는가?

풀이

길이 64 cm인 단진자의 주기를 T_1, 진동수를 f_1이라 하고
길이 16 cm인 단진자의 주기를 T_2, 진동수를 f_2라 하면 $f_1 = 3$ 회이므로

$$T_1 = 2\pi\sqrt{\frac{64}{g}} = \frac{1}{f_1}, \quad T_2 = 2\pi\sqrt{\frac{16}{g}} = \frac{1}{f_2}$$

이다. 따라서 $\frac{T_1}{T_2} = \frac{\sqrt{64}}{\sqrt{16}} = \frac{8}{4} = \frac{f_2}{f_1} = \frac{f_2}{3}$ 의 관계가 있다.

$$\therefore\ f_2 = 6\text{ 회}$$

광복 70주년을 맞아 국민들이 선정한 '과학기술 대표성과 70선'

'제19회 대한민국과학창의축전'이 과학기술정보통신부 주최로 2015년 7월 28일부터 8월 2일까지 일산 킨텍스(KINTEX)에서 개최되었다. 이 축전은 대한민국 과학기술 70년의 역사와 미래기술을 한 눈에 살펴볼 수 있는 자리였으며, 특히 광복 70주년(1945~2015)을 맞아 국민들이 선정한 '과학기술 대표성과 70선을 전시하여 눈길을 끌었다. 국민들이 선정한 70개 과제는 우리나라 경제발전을 이끌고 수출 증대에 많은 공헌을 한 대표적인 과학기술로, 우리나라 과학자들의 땀과 꿈으로 이루어낸 빛나는 성과물이다.

대표성과 70건을 분야별로 나눠보면 기계소재 16건, 농림수산 6건, 생명해양 8건, 전기 전자 정보 14건, 건설 환경 에너지 14건, 국방우주항공 7건, 기초과학 5건 등이다. 영국이 산업혁명 후 약 250년 걸린 발전과정을 한국은 50년의 압축 성장으로 성취한 것은 자랑스럽다.

2000년대에는 우리나라의 과학기술이 전 세계와 상호 경쟁을 시작한 시기로 여러 과학기술이 속속 개발되었다. 특히 글로벌 신약 팩티브(Factive) 인간형 휴머노이드(휴보), 초음속 고등훈련기(T-50), KF21 보라매 등은 2000년대 대표적인 핵심기술로 이뤄낸 대표성과이다.

광복 100주년이 되는 2045년에는 기존 70선의 성과 외에 30선이 추가되어 한국을 대표하는 100개의 성과가 발표되길 기대한다.

표 광복 70주년을 맞아 국민들이 선정한 '과학기술 대표성과 70선'

연도별	과학기술	연도별	과학기술	연도별	과학기술
1960 년대	참치잡이 기술	1980 년대	TDX-1 상용화	1990 년대	폴리부텐생산 기술
	기계식 한글 타자기(공병우)		고강도 아라미드 섬유	2000 년대	LCD용 편광 필름
	리-아이링 이론(화학, 이태규)		고밀도 폴리에틸렌 생산 기술		초음속고등훈련기(T-50)
	산림 녹화 임목 육종(현신규)		광통신용 광섬유 기술		글로벌 신약(팩티브)
	리군이론(수학, 이임학)		휴대전화 상용화 기술		고해상도 TV기술
	화약 제조 기술		넙치양식 기술		낸드플래시 메모리
	시멘트 소성 기술		해수 담수화 기술		산업용 로봇
	나일론 생산 기술		도핑 콘트롤 기술		자동차용 타우 엔진
	국내 최초 라디오(A-501)		디지털 초음파 진단 기술		신형 경수로 APR1400
	수동식 선반 제작기술		비닐하우스 온실 기술		심해 원유시추선
	국내 최초 원자로		불소 화합물 제조 공정		와이브로(WiBro)
	배추 품종개발(우장춘)		연구용 원자로(HANARO)		초전도핵융합연구장치(KSTAR)
	화학 비료 생산 기술		한글 워드프로세서		초고압 전력설비 국산화(765 kV)
1970 년대	지대지 유도탄(백곰)		남극 세종과학기지 건설		이지스함1호 세종 대왕함
	고속도로 건설 기술(경부고속도로)		한탄 바이러스 백신(이호왕)		한국형 고속 열차
	초대형 유조선	1990 년대	CDMA 상용화		FINEX 제철 공정
	국산1호 컴퓨터(세종1호)		한국 표준형 원전 설계기술		고정밀 지구 관측 다목적 실용위성
	통일벼		공업용 다이아몬드		Linear Compressor
	폴리에스터 필름		군용 항공기용 기본 훈련기		대한민국 표준시(KRISS-1)
	한국 고유 모델 국산차(포니)		국산 제1호 신약(선플라)		인간형 휴머노이드(휴보)
	흑백/컬러 TV		라이신/핵산발효 기술	2010 년대	우주 발사체(나로호)
	게이지이론의 재규격화(이휘소)		리튬이온 전지		SMART 원자로
1980 년대	DRAM 메모리 반도체		우리별 인공위성		
	B형 간염 백신		포항방사광가속기		

연습문제

풀이 ☞ 374쪽

1. 등속 원운동에서 가속도에 대한 설명 중에서 맞는 것을 고르시오.

① 작용하지 않는다.

② 접선 방향으로 작용한다.

③ 원의 중심 방향으로 작용한다.

④ 접선과 중심 방향의 합으로 작용한다.

⑤ 속력이 커지면 작아진다.

2. 어느 물체가 반지름이 1 m인 원의 둘레를 5 s 동안에 10회전하고 있다.

(1) 이 물체의 주기는 몇 초인가?

(2) 진동수는 몇 Hz인가?

(3) 각속도는 몇 rad/s인가?

(4) 속력은 몇 N인가?

3. 길이 50 cm인 실의 한 끝에 질량 200 g의 물체를 매달고 수평면 내에서 일정한 각속도로 매분 300회전의 비율로 등속 원운동을 시키고 있다고 하자.

(1) 물체의 각속도는 얼마인가?

(2) 물체의 속력은 얼마인가?

(3) 물체의 가속도는 얼마인가?

(4) 실에 작용하는 장력은 얼마인가?

4. 지름이 0.25 m인 분쇄기의 바퀴가 2500 rpm으로 회전한다.

(1) 각속도를 rad/s 단위로 구하여라.

(2) 분쇄기의 바퀴 가장자리에 있는 한 점의 선속도와 가속도는 각각 얼마인가?

5. 다음 물음에 답하여라.

(1) 지구가 태양 주위의 공전궤도에 있는 경우의 지구의 각속도는 몇 rad/s인가?

(2) 지구의 자전축에 대한 각속도는 몇 rad/s인가?

6. 타이어와 도로면 사이의 마찰계수가 0.70이라면, 편평한 도로 위에서 1000 kg의 자동차가 반지름이 80 m인 커브를 돌 수 있는 최대속력은 몇 m/s인가? 이 결과는 자동차의 질량과 무관한가?

7. 다음 (　　) 안에 적당한 수식이나 말을 써 넣어라. 오른쪽 그림과 같이 반지름 1 m인 원둘레 위를 속도 10 m/s로 등속도 운동을 하고 있는 한 점 P가 있다.

(1) 점 P의 지름 AOA′에 대한 그림자 P′의 운동은 (　　) 운동이다.

(2) 점 P 의 주기는 (　　)초이다.

(3) 점 P가 $t = 0$에서 A를 출발하였다. t초 후에 그림자 P′의 위치가 OP′ $= x$였다면 $x =$ (　　)이다.

(4) 점 P′의 속도의 크기는 ① 점 (　　)에서 최대가 되고, ② 점 (　　)에서 최소가 된다. 그리고 가속도의 크기는 ③ 점 (　　)에서 최대가 된다.

8. 어떤 용수철에 질량이 0.5 kg인 추를 매달았더니 0.2 m 늘어나서 평형을 이루었다.

(1) 이 용수철의 탄성계수는 몇 N/m인가?

(2) 또 평형위치에서 약간 들었다 놓아 진동시키면 진자의 주기는 몇 초인가?

9. 주기가 1 s인 단진자의 길이는 몇 m인가?

10. 그림과 같이 용수철 상수가 20 N/m인 용수철의 끝에 원형구를 매달고 다른 쪽은 천장에 고정시켰더니 용수철의 길이가 평형 상태에서 5.0 cm 늘어났다. 이때 원형구의 질량은 얼마인가?

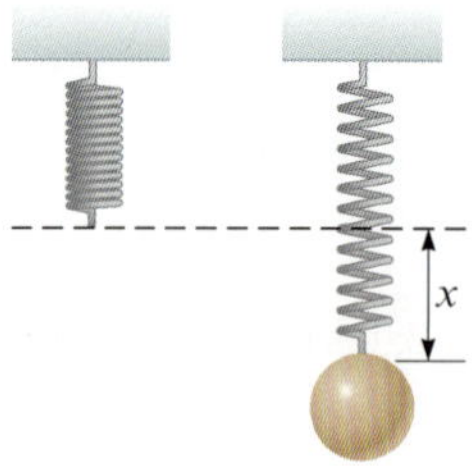

11. 1 m/s²의 일정한 가속도로 상승하는 엘리베이터의 천장에 질량이 5 kg인 물체를 용수철 저울로 매달아 놓았다.

(1) 지면에 있는 사람이 본 용수철 저울의 눈금은 몇 N인가?

(2) 엘리베이터에 타고 있는 사람이 본 용수철 저울의 눈금은 몇 N인가?

7장

만유인력과 인공위성의 운동

© 김영우

▲ 한국형 위성 발사체 누리호 3차 발사
우리나라는 2023년 5월 25일 누리호(KSLV-Ⅱ) 3차 발사에 성공했다. 실용급 위성을 탑재한 '첫 실전 발사'로 국산 인공위성을 발사하는 우주 강국의 꿈이 실현됐다. 누리호는 순수 국내기술로 개발된 3단 액체 로켓으로 구성되었고, 이륙하여 1단 분리, 페어링 분리, 2단 분리, 차세대 소형위성 2호 분리, 큐브 위성 분리를 성공적으로 수행하였다.(한국항공우주연구원 보도자료)

예로부터 사람들은 우주를 매우 신비로운 대상으로 여겨왔으며, 우주는 많은 사람들의 연구 대상이 되어왔다. 그리고 여러 행성들의 운동과 별자리를 관측하여 농업과 연관시키기도 하였고, 여러 종교 의식들이 생겨나기도 하였다.

7장에서는 행성의 운동에 관한 케플러의 법칙과 뉴턴의 만유인력 법칙에 대해 알아보자.

7.1 천동설과 지동설

태양이나 달 그리고 행성의 운동은 고대로부터 많은 사람들의 관심의 대상이 되어 왔다. 일기 변화에 관심을 가지게 되면서 천체 관측과 점성술이 발달하고 천문학도 발전하였다. 밤하늘의 별자리가 시간에 따라 이동한다는 사실도 알게 되었으며 계절의 변화가 별의 운행과 일치한다는 사실도 알게 되었다. 또한 이들은 밤하늘의 수많은 별들이 지구를 중심으로 돌고 있다고 생각하였다. 그러나 천체 관측에 관한 여러 가지 자료를 분석하여 별들이 지구를 중심으로 회전한다는 오랜 믿음은 깨어지고 과학자들 사이에 논쟁이 벌어지게 되는데, 그 논쟁이 바로 천동설과 지동설이다.

1) 천동설

TIP 천동설과 지동설

- 천동설 : 지구 중심설 (Ptolemaic theroy) 지구가 우주의 중심이며 모든 천체가 지구 주위를 돌고 있다는 학설
- 지동설 : 태양중심설 (Heliocentric theroy) 태양이 우주의 중심이고 지구는 태양 주위를 도는 천체 중 하나라는 이론

AD 150년경 그리스의 수학자이자 천문학자인 **프톨레마이오스**(K. Ptolemaeos)는 그림 7.1과 같이 사람이 살고 있는 지구를 중심에 놓고, 태양을 비롯한 모든 행성들은 지구를 중심으로 회전하고 있으며, 별들은 하루에 한 바퀴씩 회전하는 천구상에 붙어 있다고 주장하였다. 그리고 지구가 우주의 중심인 까닭은 만물은 인간을 위해 만든 신의 피조물이며, 그 피조물의 중심은 인간이기 때문이라고 하였다. 이와 같은 지구 중심적 우주관을 **천동설**이라고 한다. 천동설은 16세기 중엽까지 사람들에게 절대적인 우주관으로 자리를 잡고있었다.

2) 지동설

천동설이 확고하게 자리잡고 있던 1543년 폴란드의 천문학자 **코페르니쿠스**(N. Copernicus)는 지구 중심적 우주체계가 너무 복잡하고 설명이 잘 안되는 현상들이 관측되는 등 많은 문제점이 있음을 발견하고 지구중심적 우주관인 천동설을 부인하였다. 그러면서 그는 그림 7.2와 같은 지구를 비롯한 모든 행성들이 태양을 중심으로 회전하고 있다는 태양중심적 우주관을 주장하였다. 이 이론을 **지동설**이라고 한다.

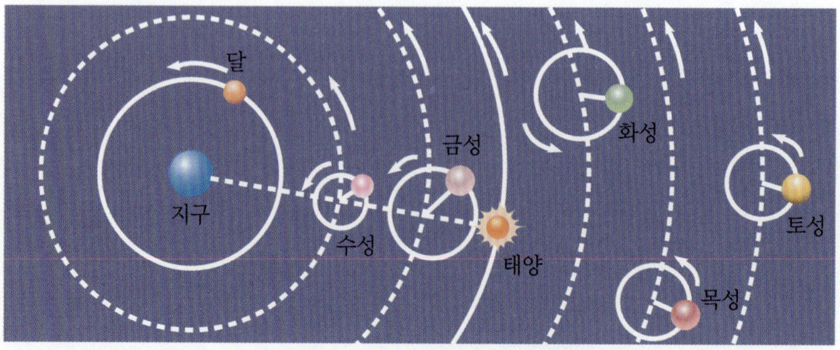

그림 7.1 프톨레마이오스의 행성체계 (천동설)

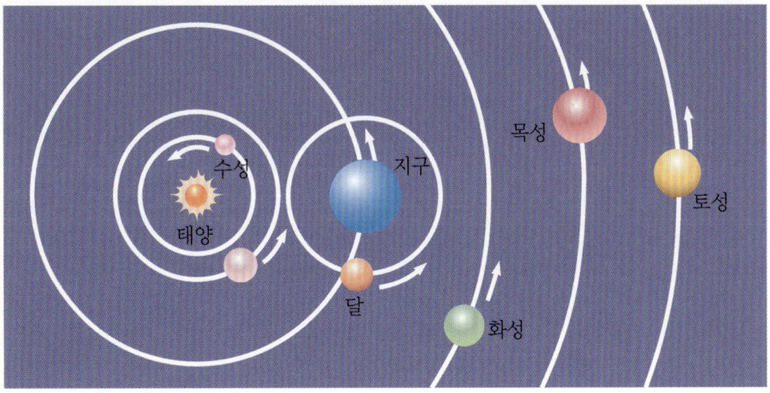

그림 7.2 코페르니쿠스의 행성체계 (지동설)

특히 갈릴레이(Galileo Galilei)는 자신이 만든 망원경을 사용하여 금성과 목성을 관측하고 지동설의 필연성을 주장하였다. 종교적인 영향이 절대적이었던 당시에는 지구가 우주의 중심이 아니라 태양이 우주의 중심이라는 지동설은 너무도 급작스러운 도전이었기 때문에 상당한 논란을 불러일으켰다.

7.2 케플러의 법칙

천동설과 지동설의 논쟁 속에서 덴마크의 천문학자 **티코 브라헤**(Tycho Brahe)는 약 30여 년 동안 행성의 움직임을 정밀하게 관측하였다.

독일의 천문학자인 **케플러**(J. Kepler)는 그의 스승인 티코 브라헤로부터 넘겨받은 천체관측 자료를 정리 분석하여 행성운행표를 만들고 행성의 궤도를 계산하였다. 그 당시 사람들은 행성들은 원운동을 한다고 생각하였다. 원은 가장 균형이 잘 잡힌 완벽한 도형이고 신들의 영역인 천체에서도 모든 물체가 그렇게 완벽한 원궤도를 따라 움직일 것이라고 믿었던 것이다. 케플러 역시 처음에는 행성들이 원운동을 할 것이라고 생각하고 우선 화성의 운동 궤도를 계산하였는데, 자신의 계산 값이 티코 브라헤의 측정 자료와 약간 다르다는 것을 발견하였다.

스승인 티코 브라헤의 측정 자료가 매우 정밀하다고 믿은 케플러는 화성이 원운동을 한다는 가정에 의심을 갖고 다시 여러 가정을 세워 계산한 결과 화성의 공전 궤도가 그림 7.3과 같이 태양을 하나의 초점으로 하는 거의 원에 가까운 타원 궤도라는 것을 알아내게 되었다. 이를 바탕으로 다른 행성들도 역시 태양을 하나의 초점으로 하는 타원 궤도임을 밝혀내게 되었던 것이다.

그 후 케플러는 화성의 공전 속도를 계산하고 화성의 공전 궤도가 타원이라서 궤도의 위치에 따라 속도가 달라진다는 것을 발견하게 된다. 케플러는 40여 년간의 긴 연구 노력 끝에 마침내 다음과 같은 행성 운동에 대한 세 가지 법칙을 발표하였다.

▲ 케플러(1571~1630, 독일)

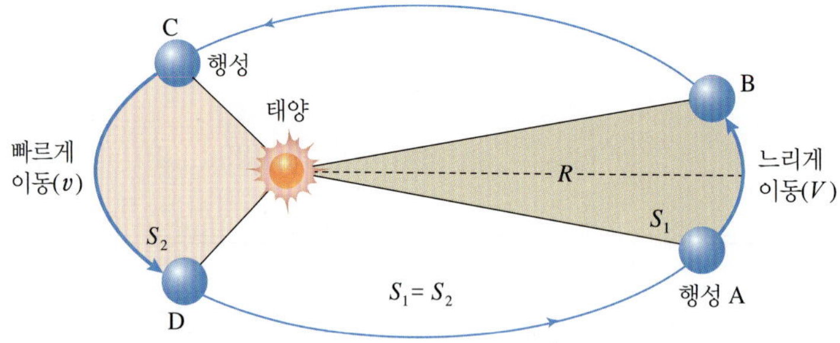

그림 7.3 케플러의 제1법칙과 제2법칙

- 제1법칙 : 모든 행성은 태양을 하나의 초점으로 하는 타원 운동을 한다(타원 궤도의 법칙).
- 제2법칙 : 행성이 궤도 운동을 할 때 같은 시간 동안 행성과 태양을 잇는 선분이 휩쓰는 면적은 같다(면적속도 일정의 법칙).
- 제3법칙 : 행성의 공전 주기 T의 제곱은 타원 궤도의 긴 반지름 R의 세제곱에 비례한다(조화의 법칙).

$$\frac{T^2}{R^3} = k \quad \text{(일정)}$$

이들 세 가지 법칙에 대해 좀 더 자세히 살펴보기로 하자.

제1법칙은 앞에서 언급한 것처럼 행성들이 태양을 중심으로 원운동을 하는 것이 아니라 태양을 하나의 초점으로 하는 타원 운동을 한다는 것이다.

제2법칙은 그림 7.3에서 보는 바와 같이 행성이 태양으로부터 먼 곳을 지날 때에는 느리게 움직이고, 가까운 곳을 지날 때에는 빠르게 움직인다는 것이다. 즉, 행성이 A에서 B까지 이동했을 때 걸리는 시간과, C에서 D까지 이동했을 때 걸리는 시간이 같아 태양과 행성을 잇는 선분이 같은 시간 동안 휩쓸고 지나가는 면적 S_1과 S_2가 같게 된다. 따라서 태양과 행성 간의 거리가 멀면 행성의 공전 속도는 느려지고, 가까우면 공전 속도가 빨라진다.

제3법칙은 행성의 주기를 T, 타원 궤도의 긴 반지름을 R이라고 할 때, 각 행성의 주기의 제곱 T^2과 긴 반지름의 세제곱 r^3의 비는 모두 일정하다는 것이다.

$$\frac{T^2}{R^3} = k \tag{7-1}$$

이 법칙은 행성의 공전 반지름이 커지면 공전 주기 또한 증가한다는 것을 의미한다. 따라서 태양으로부터 멀리 떨어진 행성일수록 공전 주기가 길다는 것을 알 수 있을 것이다.

표 7.1은 태양계에 속한 여러 행성들의 궤도 반지름과 주기를 나타낸 것이다. 태양으로부터의 거리가 먼 행성일수록 공전 주기가 길지만, 주기의 제곱 T^2과 궤도 반지름의

표 7.1 행성들의 몇 가지 상수

행성	평균 궤도 반지름 r ($\times 10^8$ km)	주기 T ($\times 10^2$ d)	r^3 ($\times 10^{24}$ km^3)	T^2 ($\times 10^4$ d^2)	$\frac{T^2}{r^3} = k$ ($\times 10^{-20}$ d^2/km^3)
수성	0.579	0.880	0.194	0.774	3.990
금성	1.082	2.247	1.267	5.049	3.985
지구	1.496	3.652	3.348	13.34	3.984
화성	2.279	6.87	11.84	47.20	3.986
목성	7.783	43.3	471.5	1875	3.977
토성	14.27	107.6	29.06	11580	3.985
천왕성	28.71	307	23660	94250	3.984
해왕성	44.97	602	91940	362400	3.985

※ 명왕성은 2006년 국제천문연맹에서 태양계 행성에서 제외

TIP

- 지구의 자전 주기는 23시간 56분 4.091초(약 23.9345시간)이다.
- 지구의 공전 주기는 365.2564일이다.

세제곱 R^3의 비는 일정하다. 케플러의 제3법칙은 후에 뉴턴이 만유인력의 법칙을 발견하는 데 큰 도움을 주게 된다.

케플러가 행성의 운동에 관한 세 법칙을 발견함으로써 지구가 우주의 중심이 아니라 태양계의 행성들 중의 하나에 불과하다는 것이 확실히 밝혀지고, 이에 따라 우주에 대한 인간의 생각을 바로잡는 계기가 되었다. 그런데 케플러는 행성의 운동을 그가 발견한 법칙으로 잘 설명하였지만, 행성의 운동의 원인에 대해서는 설명하지 못하였다.

■ 프랑스의 과학자 푸코(L. Foucault)는 지구가 자전한다는 사실을 진자를 이용하여 증명하였다. 이 진자를 푸코 진자라고 부른다. 푸코 진자에 대해 조사해 보자.

7.3 만유인력

만유인력의 법칙은 뉴턴이 사과나무에서 사과가 떨어지는 것을 보고 발견했다는 이야기가 전해 내려오고 있다. 그는 사과나무 밑에서 사과가 떨어지는 것을 보고, 사과를 떨어지게 하는 힘에 대해 생각하게 되었다. 그는 모든 물질은 다른 물질을 끌어당기기 때문이고, 사과가 떨어지는 속도는 지구가 끌어당기는 힘에 비례한다고 생각했다.

갈릴레이의 법칙에 의하면 물체에 힘이 작용하지 않으면 물체는 등속 운동을 해야 하는데, 지면으로 떨어지는 사과는 가속도 운동을 하므로 사과에는 어떤 힘이 작용하고 있을 것이라고 생각한 뉴턴은 이 생각을 더욱 넓혀서 만유인력의 법칙을 발견하였다. 뉴턴은 지구상에서 물체의 운동에 적용되는 운동의 법칙이 행성이나 다른 천체의

TIP 뉴턴과 사과나무

1665년 런던의 케임브리지 대학을 졸업한 뉴턴은 당시 유행했던 흑사병을 피해 고향인 울스소프 매너(Woolsthorpe Manor)로 내려와 집 주위의 사과나무와 인연을 갖게 되었다.

운동에서도 성립될 것이라고 생각하였다.

뉴턴은 달의 운동에 관해 관심을 가지고 연구를 시작하였다. 뉴턴은 만일 달에 작용하는 힘이 없다면 달은 정지해 있거나 등속 운동을 해야 하는데, 달이 원운동을 하고 있는 것은 달에 구심력이 작용하고 있기 때문이라고 생각하였다. 뉴턴은 지구가 사과를 끌어당기기 때문에 사과가 지면으로 떨어지는 것처럼 지구가 달을 끌어당기기 때문에 달이 원운동을 하는 것이 아닐까 하는 생각을 하였던 것이다. 여기서 그 유명한 사과의 일화가 나오게 된 것이다.

1) 만유인력을 구하는 식

그림 7.4와 같이 지구 둘레를 도는 달의 질량을 m, 달의 궤도 반지름을 r이라고 하면 달이 받는 구심력은 $F = m\frac{v^2}{r}$이다. 이때 달의 공전 주기를 T라고 하면 $v = \frac{2\pi r}{T}$이므로 구심력 F는 다음과 같다.

$$F = \frac{4\pi^2 mr}{T^2} \tag{7-2}$$

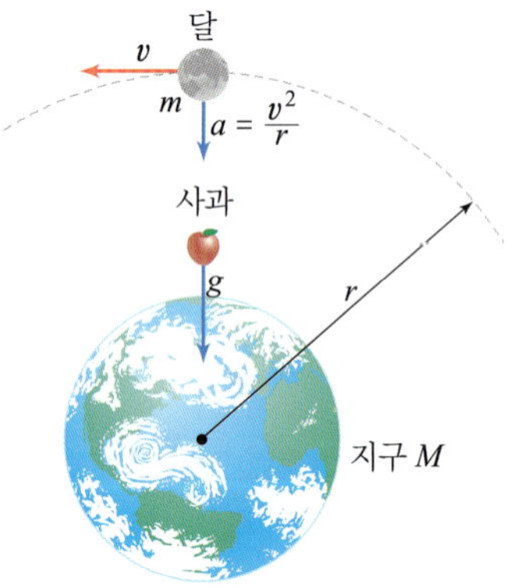

그림 7.4 원운동하는 달이 받는 구심력은 $F = m\frac{v^2}{r}$이다.

케플러의 제3법칙인 식 (7-1) $T^2 = kr^3$을 식 (7-3)에 대입하면 달이 받는 구심력 F는 다음과 같이 나타낼 수 있다.

$$F = \frac{4\pi^2 m}{kr^2} \tag{7-3}$$

즉, 달에 작용하는 구심력은 달의 질량에 비례하고 지구에서 달까지의 거리의 제곱에 반비례하며, 그 방향은 지구 중심을 향한다. 뉴턴은 이 힘은 지구가 달을 끌어당기기 때문에 생기는 것이라고 생각하였다. 그리고 작용과 반작용에 의하여 지구가 달을 끌어당기면 달도 같은 힘으로 지구를 끌어당기고, 이 힘은 달의 질량 m에 비례하는 것처럼 지구의 질량 M에도 비례한다고 생각하였다.

따라서 새로운 비례상수 G를 택하여 $\frac{4\pi^2}{k} = GM$라 놓으면 식 (7-3)은 다음과 같이 쓸 수 있다.

$$F = G\frac{mM}{r^2} \tag{7-4}$$

즉, 달과 지구 사이에 작용하는 힘은 달과 지구의 질량의 곱에 비례하고 그들 사이의 거리의 제곱에 반비례한다. 뉴턴은 이러한 힘은 달과 지구 사이에서만 작용하는 것이 아니라 태양과 행성, 행성과 행성 그리고 더 나아가 모든 물체들 사이에 작용한다고 생각하였다.

일반적으로 그림 7.5와 같이 질량이 m_1, m_2인 두 물체 사이의 거리가 r이라면 두 물

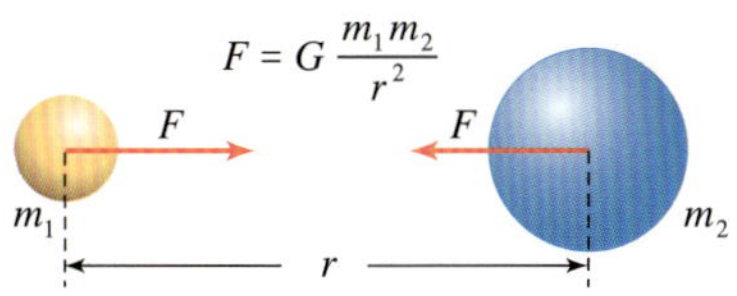

그림 7.5 만유인력의 법칙

체 사이에 작용하는 힘 F는 식 (7-4)에 의하여 다음과 같이 나타낼 수 있다.

$$F = G\frac{m_1 m_2}{r^2} \tag{7-5}$$

이 힘을 **만유인력**이라 하며, 모든 물체에 대해서 보편적으로 성립하는 이 법칙을 **만유인력의 법칙**(law of universal gravitation)이라고 한다. 식 (7-5)에서 비례상수 G를 **만유인력 상수**라고 하며 그 값은 다음과 같다.

$$G = 6.67259 \times 10^{-11}\,\mathrm{N\ m^2/kg^2}$$

2) 지구 표면 근처에 있는 물체에 작용하는 만유인력 = 중력

우리가 무게를 느끼는 것은 지구가 우리 몸을 끌어 잡아당기고 있기 때문이다. 지구가 물체에 작용하는 중력도 만유인력 중의 한 가지이며, 지구와 지구상에 있는 물체 사이에 작용하는 만유인력이다. 지구가 물체를 잡아당기면 작용반작용의 법칙(운동의 제3법칙)에 의해 물체도 지구를 잡아당겨야 하는데, 지구가 너무 커서 지구상의 물체들은 일방적으로 지구에 끌리는 것처럼 보이는 것이다.

지구를 밀도가 균일한 구로 가정하고 지구의 질량이 중심에 집중되어 있다고 생각하고, 지구의 질량을 M, 지구의 반지름을 R이라고 하면 지구 표면에 있는 질량 m인 물체가 받는 만유인력은 물체가 받는 중력이므로 다음과 같이 나타낼 수 있다.

$$F = G\frac{mM}{R^2} = mg \tag{7-6}$$

이 식의 양변에서 물체의 질량을 소거하면 중력가속도를 구할 수 있다.

$$g = \frac{GM}{R^2} \tag{7-7}$$

즉, 지구 표면에서의 중력가속도는 지구의 질량과 지구의 반지름에만 영향을 받고, 물체의 질량에는 무관함을 알 수 있다.

예제 1 달의 질량은 지구의 $\frac{1}{81}$이고, 반지름은 지구의 $\frac{3}{11}$이다. 달 표면에서의 중력가속도는 지구 표면에서의 중력가속도의 약 몇 배인가?

풀이

지구의 질량과 반지름을 각각 m, R이라 하면, 달의 질량과 반지름은 각각 $M' = \frac{1}{81}M$, $R' = \frac{3}{11}R$이므로, 질량 m인 물체가 지구와 달에서 받는 만유인력, 즉 중력은 각각 다음과 같다.

지구 : $mg = G\frac{mM}{R^2}$

달 : $mg' = G\frac{mM'}{R'^2} = G\frac{m(1M/81)}{(3R/11)} = G\frac{mM}{R^2} \times \frac{121}{729}$

$$\therefore \frac{g'}{g} = \frac{121}{729} \fallingdotseq \frac{1}{6}$$

7.4 만유인력에 의한 퍼텐셜 에너지

지구에서 멀리 떨어진 곳에서 지구를 돌고 있는 인공위성과 같은 물체의 퍼텐셜 에너지는 어떻게 나타내며, 그곳에서도 역시 역학적 에너지가 보존되는지 알아보자.

중력에 의한 퍼텐셜 에너지(mgh)는 중력장이 일정하다는 가정하에서 성립한다. 그러나 두 물체 사이의 거리가 멀어지면 그들 사이에 작용하는 중력이 변하므로 퍼텐셜 에너지를 정확히 표현하는 데 문제가 있다.

그러면 중력에 의한 퍼텐셜 에너지는 어떻게 하면 정확하게 표현할 수 있을까?

예를 들어, 인공위성이 가지는 퍼텐셜 에너지는 어떻게 되는지 알아보자. 그림 7.6과 같이 지구의 질량을 M, 인공위성의 질량을 m, 지구 중심에서 인공위성까지의 거리

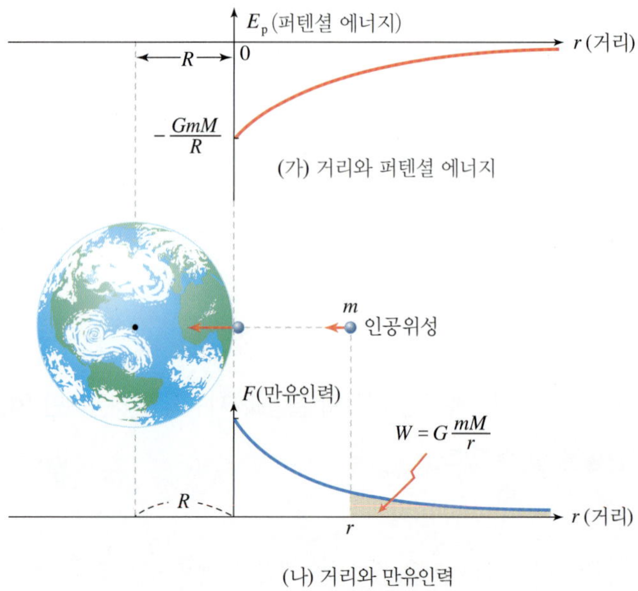

그림 7.6 거리에 따른 퍼텐셜 에너지와 만유인력의 크기 비교

를 r이라고 하면 지구와 인공위성 사이의 만유인력은 다음과 같다.

$$F = G\frac{mM}{r^2}$$

이때 만유인력 F와 지구 중심에서 인공위성까지의 거리 r 사이의 관계 그래프를 그리면 그림 7.6의 (나)와 같다.

만일, 인공위성 m에 작용하는 만유인력 F와 크기가 같은 외력 F'를 반대 방향으로 작용하여 인공위성을 무한히 먼 곳으로 이동시킨다고 하자. 이때 외력 F'가 인공위성에 하는 일 W는 그림 7.6의 (나)에서 색칠한 부분의 넓이와 같으며, 그 크기는 다음과 같다.

$$W = G\frac{mM}{r} \tag{7-8}$$

이 일은 무한대에서의 퍼텐셜 에너지에서 거리 r에서의 퍼텐셜 에너지를 뺀 것과 같다. 즉

$$E_{\mathrm{P}\infty} - E_{\mathrm{Pr}} = G\frac{mM}{r} \tag{7-9}$$

식 (7-9)를 E_{Pr}에 대해 정리하면, 지구로부터 거리 r만큼 떨어진 곳에서의 만유인력에 의한 물체의 퍼텐셜 에너지는 다음과 같다.

$$E_{\mathrm{Pr}} = E_{\mathrm{P}\infty} - G\frac{mM}{r} \tag{7-10}$$

인공위성이 지구로부터 무한히 먼 곳에 있다면 만유인력이 0이 되므로, 이 곳에서의 퍼텐셜 에너지 $E_{\mathrm{P}\infty}$를 0으로 놓을 수 있어서 이 곳을 만유인력에 의한 퍼텐셜 에너지의 기준점으로 삼는다. 즉

$$E_{\mathrm{Pr}} = -G\frac{mM}{r} \tag{7-11}$$

이다. 식 (7-11)은 만유인력에 의한 퍼텐셜 에너지를 나타낸다. 이 식에서 (−) 부호는 물체가 중력장에 속박되어 있음을 의미한다. 이때 물체를 중력장의 속박에서 풀어내는 데 필요한 에너지를 **결합 에너지**(binding energy)라고 한다.

지구 주위를 도는 인공위성이 가지는 총에너지는 만유인력에 의한 퍼텐셜 에너지와 운동 에너지의 합이며, 다음과 같이 나타낸다.

$$E = E_{\mathrm{k}} + E_{\mathrm{p}} = \frac{1}{2}mv^2 - G\frac{mM}{r} = \text{일정} \tag{7-12}$$

이와 같이 역학적 에너지의 보존 법칙은 지구 둘레를 돌고 있는 인공위성이나 태양

주위를 돌고 있는 행성의 운동에서 역학적 에너지는 어김없이 보존된다.

7.5 인공위성의 운동

인류가 쏘아올린 최초의 인공위성은 1957년 구 소련에서 발사된 스푸트니크(Sputnik) 1호이다. 인공위성은 어떤 운동을 하고 있으며, 지구로 떨어지지 않는 이유는 무엇일까?

높은 곳에서 물체를 수평 방향으로 던지면 포물선을 그리면서 지면으로 떨어진다. 이때 수평으로 던지는 속도가 클수록 물체는 더 멀리 날아간다. 그러면 인공위성들이 지구로 떨어지지 않고 어떻게 지구 주위를 돌고 있는지 알아보자.

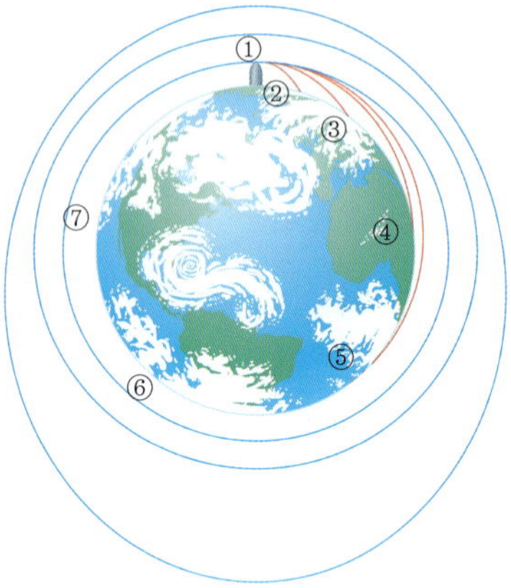

그림 7.7 포탄의 궤도에 대한 뉴턴의 생각

그림 7.7은 뉴턴이 그의 저서 《프린키피아》에서 달의 운동과 사과의 운동 사이의 차이를 설명하기 위하여 그린 것이다. 공기의 마찰을 무시할 수 있는 높은 산 꼭대기 ①의 위치에서 포탄을 쏘았다고 생각해 보자.

포탄은 처음 발사 속도가 클수록 더 멀리 날아가게 되므로 ①②, ①③, ①④의 포물선 궤도를 따라 운동하게 될 것이다.

뉴턴은 만약 포탄의 속도가 지구를 한 바퀴 도는 동안 지면으로 떨어지지 않을 정도로 그디면 이 포턴은 지구 주위를 원운동할 수 있을 깃이라고 생각하였다. 뉴턴의 이러한 생각이 오늘날 인공위성이 지면으로 떨어지지 않고 지구 주위를 돌 수 있도록 하는 데 필요한 이론을 제공하였다.

1) 인공위성의 속도와 주기

그림 7.8에서와 같이 질량 m인 인공위성이 지구 표면으로부터 높이 h에서 일정한 속력 v로 지구 주위를 회전하는 경우를 생각해 보자.

이 인공위성은 원운동을 하므로 구심력을 받고 있으며, 지구와 인공위성 사이에는 만유인력이 작용하고 있다. 이때 만유인력은 인공위성이 원운동을 하게 하는 구심력으로 작용해야 하므로 다음 식이 성립한다.

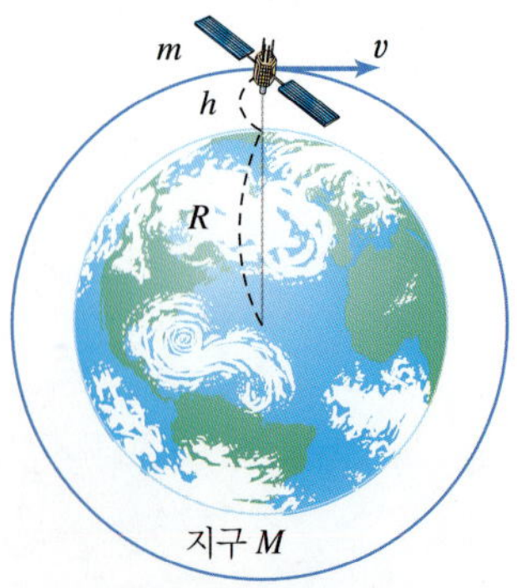

그림 7.8 인공위성의 궤도

$$F = \frac{mv^2}{R+h} = G\frac{mM}{(R+h)^2} \tag{7-13}$$

여기서 R은 지구의 반지름, M은 지구의 질량이다.

식 (7-13)을 v에 대해서 정리해 보자. 지면에서의 중력가속도 $g = G\frac{M}{R^2}$에서 $GM = gR^2$이므로 인공위성의 속력 v는 다음과 같다.

$$v = \sqrt{\frac{GM}{R+h}} = R\sqrt{\frac{g}{R+h}} \tag{7-14}$$

식 (7-14)에서 인공위성의 속력은 궤도 반지름($R + h$)이 커질수록 느려진다는 것을 알 수 있다. 또한, 인공위성의 공전 주기 T는 다음과 같다.

$$T = \frac{2\pi(R+h)}{v} \tag{7-15}$$

식 (7-14)를 식 (7-15)에 대입하여 정리하면 다음과 같다.

$$T^2 = \frac{4\pi^2}{GM}(R+h)^3 \tag{7-16}$$

이 식에서 인공위성의 운동에서도 케플러의 제3법칙이 성립한다는 것을 알 수 있다.

2) 인공위성의 지구중력장 탈출속도

다음으로 인공위성을 지구의 인력권 밖으로 탈출시키려면 얼마의 속도로 쏘아 올려야 하는지 알아보자.

식 (7-9)에서 질량 M인 지구의 중심에서 거리 r만큼 떨어져 있는 질량 m인 물체를 무한히 먼 곳까지 이동시키려면 최소한 $G\frac{mM}{r}$만큼의 일이 필요하므로, 인공위성이 지구 중력장을 탈출하려면 최소한 이 정도의 에너지가 필요할 것이다. 따라서 인공위성이 지구 중력장에서 탈출하기 위해 필요한 최소한의 운동 에너지는 다음과 같다.

$$\frac{1}{2}mv_e^2 = G\frac{mM}{r} \tag{7-17}$$

이때의 인공위성의 속도 v_e는 다음과 같다.

$$v_e = \sqrt{\frac{2GM}{r}} \tag{7-18}$$

이 속도를 **인공위성의 탈출 속도**라고 한다. 즉, 인공위성을 탈출 속도 이상으로 발사하면 중력장에서 탈출할 수 있다.

적도 상공에서 지구의 자전 방향으로 공전하는 인공위성의 주기가 지구의 자전 주기와 같으면, 지구에서 볼 때 한 곳에 정지해 있는 것 같이 보인다(그림 7.9). 이러한 위성을 **정지위성**(stationary satellite)이라고 한다.

정지위성은 지상에서 약 36,000 km 높이에 위치해 지구상의 넓은 지역에 장애물의 영향 없이 전파를 송수신할 수 있어 통신, 방송, 기상용 등으로 이용되고 있다. 우리나라에서 연구개발한 인공위성은 표 7.2 및 표 7.3과 같다.

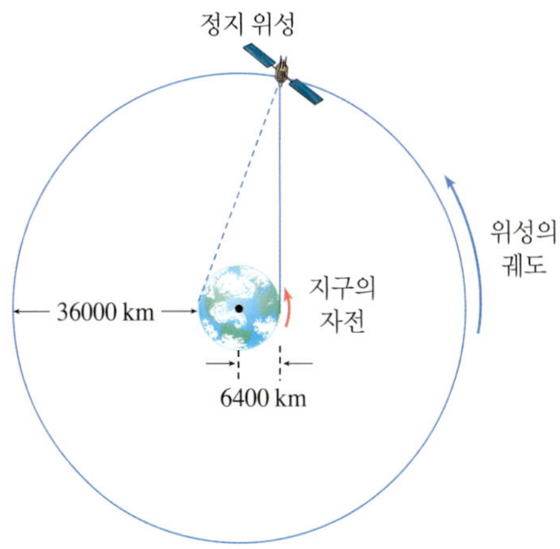

그림 7.9 정지 위성의 궤도

그림 7.10 아리랑 7호 실물 모형(2024 계룡군문화축제에서 촬영)

표 7.2 카이스트 인공위성연구소에서 개발한 인공위성

위성 이름	세부 명칭	발사일	임무 및 효과
우리별위성	우리별1호	1992. 08. 12.	– 지구 표면 촬영, 음성 자료와 화상정보 교신 – 우주 개발의 가능성과 위성 보유국의 자긍심
	우리별2호	1993. 09. 26.	– 지구 관측과 우주 플라즈마 측정 – 인공위성 독자개발의 자신감
	우리별3호	1999. 05. 26.	– 우리나라 최초 고유 위성 모델 – 전 세계 컬러 영상 획득
과학기술위성	과학기술위성1호	2003. 09. 27.	– 국내 최초 천문 우주 관측 위성 – 우주환경 · 지상 생명체 탐사
	과학기술위성2A호	2009. 08. 25.	– 궤도 진입 실패
	과학기술위성2B호	2010. 06. 10.	– 궤도 진입 실패
	나로과학위성	2013. 01. 30.	– 우리나라 최초 발사체인 나로호(KSLV–1)에 실려 발사 – 국산 우주 개발기술의 우주검증 임무
	과학기술위성3호	2013. 11. 21.	– 우주 및 지구 관측 – 지구환경 감시 및 작물현황 감시
차세대 소형위성	1호	개발 중	– 100 kg급
	2호	개발 중	– 180 kg급

▲ 자료 인용 : 카이스트 인공위성연구소(satrec.kaist.ac.kr/)

표 7.3 한국항공우주연구원에서 개발한 인공위성

위성 이름	세부 명칭	발사일	임무 및 효과
다목적 실용위성 (아리랑위성)	아리랑1호	1999. 12. 21.	– 2008년 1월 임무 종료 – 47만여 장 위성 영상 촬영
	아리랑2호	2006. 07. 28.	– 2015년 연구용으로 전환
	아리랑3호	2012. 05. 18.	– 해상도 70 cm급의 고해상도 지구 관측 위성
	아리랑5호	2013. 08. 22.	– 국내 최초로 전천후 영상 레이더 탑재 – 공공안전, 재난 · 재해 예측, 국토 · 자원 관리, 환경 감시 등
	아리랑3A호	2015. 03. 26.	– 화재, 화산 활동, 도심열섬현상 등 관측 – 세계 최초로 중적외선센서 탑재
	아리랑6호	개발 중	– 아리랑5호 후속 위성으로 미래 핵심 영상 레이더 위성기술 자립화
	아리랑7호	개발 중	– 아리랑3A호 후속 위성으로 고해상도 관측, 한반도 정밀 지상 관측
정지궤도위성	천리안1호	2010. 06. 27.	– 통신 · 해양 · 기상 3가지 기능을 동시에 탑재한 복합 위성 – 한반도 주변해역 해양 환경 모니터링
	천리안2A호	2018. 12. 05.	– 기상 · 우주 기상 관측용(임무 수행중)
	천리안2B호	2020. 02. 19	– 해양 · 환경 관측용(임무 수행중)
	천리안3호	개발 중	– 공공 위성통신 서비스 제공

▲ 자료 인용 : 한국항공우주연구원(www.kari.re.kr/)

읽을거리

비행기는 어떤 힘으로 뜨는가?

하늘을 날고 싶다는 인간의 욕망은 1903년 미국의 **라이트 형제**(Orville and Wilbur Wright)에 의해 이루어졌다. 그들은 1903년 동력을 이용하여 짧은 시간이지만 조종가능한 비행기로 최초의 비행에 성공했으며, 1905년에는 최초로 실용적인 비행기를 제작하여 비행했다. 항공기 산업은 1차 세계대전 전후를 통해 안정성, 구조 및 재료, 항법 분야 등에서 비약적인 발전을 하게 된다.

비행기에는 크게 4가지 힘이 작용한다. 첫째는 항공기를 위로 뜨게 하는 **양력**(lift)과, 두번째는 항공기 자체의 질량에 의해 지구 중심 방향으로 작용하는 **중력**이다. 세번째는 엔진에서 뿜어 나오는 강한 힘에 의해 앞으로 나가려는 **추진력**과, 넷째는 공기의 저항 때문에 생기는 **저항력**이다. 양력이 중력보다 크면 위로 뜨고, 추진력이 저항력보다 크면 앞으로 나아간다. 이때 추진력과 양력의 합 방향으로 비행기는 날아가게 된다. 비행기가 하늘을 나는 것은 양력도 중요하지만 이 4종류의 힘이 서로 상호작용해야 안전하게 비행을 하게 된다.

양력은 어떻게 발생하는가? **베르누이**(Johann Bernoulli: 1667~1748, 스위스)는 1738년 유체(물 또는 공기)의 속도가 빠르면 압력이 작아지고, 속도가 느리면 압력이 커진다는 사실을 실험을 통해 확인하고 이 정리를 발표하였다. 비행기의 날개를 옆에서 보면 아래쪽은 평평하고 위쪽은 둥근 모양이다. 따라서 비행기가 추진력으로 앞으로 나아가면 공기의 속도는 날개 위쪽이 아래쪽보다 훨씬 빠르게 된다. 이 때문에 날개 위쪽은 압력이 작아지게 되고, 아래쪽과의 압력 차이 때문에 위쪽으로 향하는 힘이 생기게 된다. 이 힘을 **양력**이라고 부른다. 이와 같이 양력은 비행기의 날개 크기와 아주 밀접하다. 그러나 날개가 커지면 두께도 늘어나고, 이를 지탱하기 위한 뼈대가 무거워지고, 뼈대를 잡아주기 위한 동체도 무거워져 무작정 날개를 크게만 할 수 없다. 그래서 항공기를 설계시에는 필요한 무게와 크기를 정하고 그 범위 안에서 재료를 선택해 가장 좋은 효율을 낼 수 있는 비행기와 날개를 만들게 된다. 비행기에는 양력을 추가로 얻기 위해 날개 전 후면에 플랩 등을 설치하여 이 착륙시 이를 펼쳐 날개 윗쪽의 곡선 길이를 길게 하는 효과를 얻게 된다.

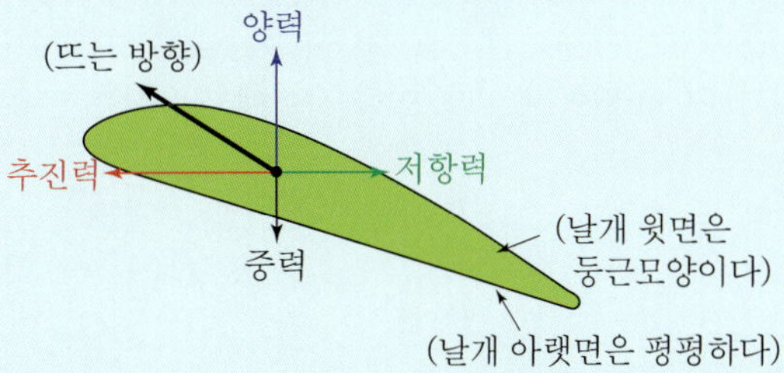

▲ 비행하는 물체의 날개에 작용하는 힘

◀ 이·착륙시 날개의 모습: 플랩을 펼쳐 날개 윗쪽의 곡선 길이를 길게 하여 양력을 크게 한다.

◀ 정상비행 중 날개의 모습

연습문제

풀이 ☞ 376쪽

1. 우주체계에 대한 프톨레마이오스의 주장과 코페르니쿠스의 주장을 비교하여 설명하시오.

2. 지구가 움직이는 속도는 공전 궤도의 원일점과 근일점 중에서 어느 곳에서 빠른가?

3. 토성의 공전 궤도의 긴 반지름은 지구의 공전 궤도의 긴 반지름의 약 9배이다. 토성의 공전 주기는 몇 년인가?

4. 대기권 밖에서 운동하고 있는 인공위성 속에서 돌을 자유 낙하 시켰다고 하자. 이 돌은 어떤 운동을 하는가?

① 지상에서와 같이 연직 아래 방향으로 낙하할 것이다.

② 포물 운동을 하다가 지상에 떨어지게 된다.

③ 공기가 없으므로 제자리에 머물러있게 된다.

④ 인공위성과 같이 원운동을 하게 된다.

⑤ 자유롭게 대기 중을 떠다니게 된다.

5. 50 kg의 여자와 60 kg의 남자가 1.0 m 떨어져 있다. 이들 사이에 작용하는 만유인력은 얼마인가? 또 이 힘을 사람이 느낄 수 있는가?

6. 지구의 반지름은 약 6.38×10^6 m이고, 지구 표면 근처에서의 중력가속도 g의 크기는 9.8 $\mathrm{m/s^2}$, 만유인력 상수 G는 6.67×10^{-11} $\mathrm{N\,m^2/kg^2}$이다. 지구의 질량은 몇 kg인가?

7. 어떤 행성 표면에서 중력가속도 g의 크기가 12.0 $\mathrm{m/s^2}$이다. 만일 질량이 3.0 kg의 놋쇠 공을 이 행성으로 가져간다고 가정하자.

(1) 지구와 이 행성에서의 놋쇠 공의 질량은 각각 몇 kg인가?

(2) 지구와 이 행성에서의 놋쇠 공의 무게는 각각 몇 N인가?

8. 우리나라 인공위성인 우리별 2호는 지상으로부터 800 km 높이에서 지구 주위를 돌고 있다. 다음 물음에 답하여라.

(1) 인공위성이 위치한 곳에서의 중력가속도는 몇 m/s^2인가?

(2) 우리별 2호의 속도는 몇 m/s인가?

(3) 우리별 2호의 공전주기는 몇 s인가?

9. 다음 각 경우에 달 중심으로부터 3800 km에 있는 우주선 내에 있는 70 kg의 우주 비행사의 겉보기 무게는 몇 N인가? (달의 질량 = 7.4×10^{22} kg)

(1) 우주선이 일정한 속도로 운동하는 경우

(2) 우주선이 달을 향해 2.9 m/s^2로 가속되는 경우 각 경우에 방향을 말하라.

10. 태양 주위의 궤도를 돌고 있는 지구에 대해 물음에 답하시오.

(1) 구심가속도는 몇 m/s^2인가?

(2) 지구에 작용하는 알짜 힘은 몇 N인가?

(3) 이 힘을 지구에 작용하는 것은 무엇인가? 지구의 궤도는 반지름이 1.50×10^{11} m인 원이라고 가정한다.

11. 두 인공위성 A와 B가 궤도 반지름이 각각 r_A, r_B인 다른 원궤도를 등속 원운동하고 있다. A와 B의 공전 속력이 각각 v, $2v$라고 할 때 궤도 반지름의 비 $r_A : r_B$는 얼마인가? 〈9급 지방직 공무원 공채 출제〉

① 1:2 ② 2:1 ③ 1:4 ④ 4:1

12. 질량 m인 행성이 질량 M인 태양 주위를 반지름 r로 등속 원운동을 하고 있다. 이 행성의 공전 주기를 T라고 할 때, 다음 물음에 답하여라.

(1) 행성에 작용하는 구심력 $F_{구}$는 얼마인가?

(2) 태양과 행성 사이에 작용하는 만유인력 $F_{만}$는 얼마인가?

(3) (1)과 (2)를 이용하여 T^2을 구하여라.

(4) (3)에서 얻은 식은 무엇을 뜻하는 것인가?

8장

파동

© 김영유

▲ 빗방울에 의해 발생하는 수면파는 동심원을 그리면서 퍼져나간다.

우리는 눈을 통해 사물을 보고, 귀를 통해 소리를 듣는다. 이처럼 빛이나 소리 등과 같은 파동은 우리에게 많은 정보를 제공하고 있다. 그리고 운동하는 입자가 에너지를 다른 물체에 전달하는 것처럼 파동도 에너지를 전달한다. 파동은 공간 상에서 평형 상태로부터의 변화 혹은 진동이 전달되는 현상이다. 파동은 진동수와 파장을 가지며, 파동이 시간과 공간에서 가지는 주기성은 파동 방정식으로 표현할 수 있다.

우리 생활과 밀접한 관계가 있는 파동은 어떤 성질을 가지고 있는지 알아보자.

8.1 파동의 성질

호수나 연못에 돌을 던지면 그림 8.1과 같이 원형의 물결이 일면서 퍼져나가는 것을 볼 수 있다. 그리고 약간 굵은 줄의 한 끝을 벽에 고정시키고 다른 끝을 손으로 잡고 위아래로 흔들면 파가 줄을 따라 진행하는 것을 볼 수 있다.

이러한 파동들은 어떤 성질을 지니고 있을까?

1) 파동의 발생과 전파

우리 주변의 물체들은 크고 작게 흔들리고 있다. 나뭇가지가 바람에 흔들리는 것을 비롯해서 원자처럼 너무 작아서 볼 수 없는 것조차도 계속해서 진동하며 움직이고 있다.

시계의 추처럼 물체가 한 점을 중심으로 흔들리는 현상 즉, 비교적 규칙성이 있는 두 지점 사이의 운동을 **진동**(oscillation)이라고 한다. 진동은 한순간에 존재할 수 없고 좌우 또는 앞뒤로 움직이는 시간이 필요하다. 종을 쳐 보면 종의 진동과 소리는 얼마 동안 계속되다 없어진다.

바닷가에서 밀려오는 파도를 보고 파도가 모래사장 쪽으로 바닷물을 이동시키는 것처럼 보이나 그러나 사실은 그렇지 않다.

그림 8.2와 같이 수조에 물을 넣고 수면의 지점 A에 나뭇잎을 띄운 다음, 지점 B에 스포이트로 물을 한 방울 떨어뜨리면 물 표면이 진동하면서 물결(펄스)이 발생하여 사

그림 8.1 한 개의 펄스가 퍼져나가는 모습

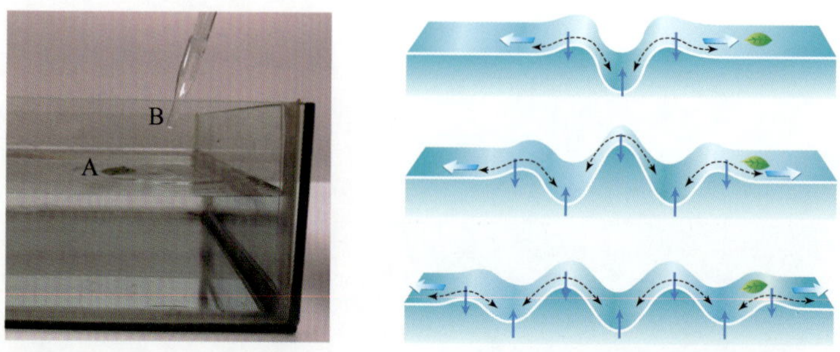

그림 8.2 물결파의 발생과 전파

방으로 퍼져나간다. 그런데 나뭇잎은 물결을 따라 이동하지 않고 제자리에서 상하로 움직이기만 하는 것을 확인할 수 있다. 야구 경기장에서 파도타기 응원하는 모습을 생각해 보자. 사람들이 제자리에서 앉았다 일어났다만 반복할 뿐이지 실제로 옆으로 자리를 옮기지는 않지만, 마치 커다란 파도가 옆으로 이동하는 것처럼 보인다. 수조의 물 위에 떠 있는 나뭇잎이 옆으로 밀려가지 않는 것도 이와 비슷한 현상이다.

어떤 물리량이 주기적으로 변하면서 그 변화가 공간을 따라 전파되어 나가는 것을 **파동**(wave)이라고 하며, 파동이 처음 발생한 부분을 **파원**이라고 한다. 물결파가 전파되어 나갈 때 매질은 진행하지 않고 인접한 매질을 진동시킨다. 옆의 매질들이 순차적으로 진동하면서 파동은 옆으로 퍼져 나간다.

TIP 펄스와 파동

- 펄스(pulse) : 줄 등을 한번 흔들 때 생긴 융기. 짧은시간 밖에 계속되지 않는 파동
- 파동(wave) : 물질 또는 공간의 한 곳에서 시작된 진동이 계속해서 퍼져나가는 현상

2) 파동의 기본 요소

파동의 종류에 관계없이 모든 파동이 공통적으로 갖고 있는 특징을 이용해서 파동에 적용될 수 있는 표현 방법에 대해 알아보자.

파동은 순간마다 모습이 바뀌면서 진행한다. 그림 8.3은 줄을 따라 오른쪽으로 진행하는 파동의 어느 순간의 모습을 나타낸 것이다. 점선(청색)으로 나타낸 파동은 실선(적색)으로 나타낸 파동보다 시간이 조금 지나 오른쪽으로 이동한 후의 파동 모습이다.

일반적으로 파동은 사인 곡선의 모양을 이루므로 **사인파**라고 한다. 파동에서 변위가 가장 높은 곳을 **마루**(crest)라 하고, 변위가 가장 낮은 곳을 **골**(trough)이라고 한다. 그리고 이웃한 마루와 마루, 또는 골과 골 사이의 거리를 **파장**(wavelength)이라고 한다. 또, 매질의 최대 변위, 즉 마루의 높이나 골의 깊이를 **진폭**(amplitude)이라고 한다.

그림 8.3에서 점 P와 Q처럼 같은 시각에 진동상태가 같은 점들은 **위상**(phase)이 같다고 한다. 따라서 위상이 같은 인접한 두 점 사이의 거리를 **파장**이라고 할 수 있다. 위상(phase)은 어떤 특정한 시간 또는 지점에서 그 파동이 가지는 각도(radian) 또는 어느 한 순간의 위치를 말한다.

진행 중인 파동의 매질의 한 점을 자세히 관찰해 보면, 평형 위치를 중심으로 상하로 진동 운동하는 것을 볼 수 있다. 매질의 각 점이 1회 진동하는 데 걸리는 시간을 주

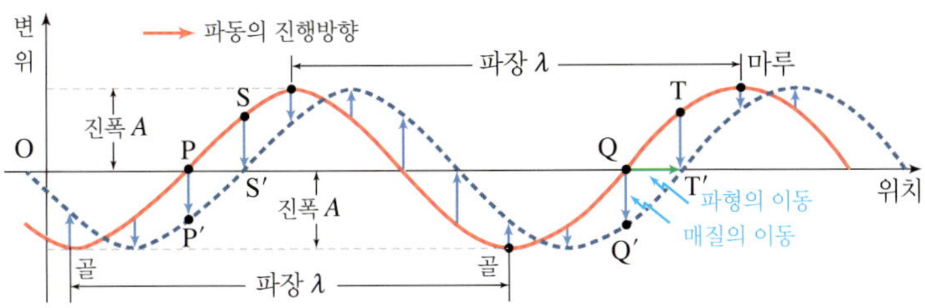

그림 8.3 파동이 표시하는 몇 가지 변수

기(period)라고 한다. 주기는 파동이 진행할 때 마루 한 개가 지나가고 다음 마루가 같은 위치에 오는 데 걸리는 시간을 말한다. 즉, **주기는 파동이 한 파장 만큼 진행하는 데 걸리는 시간이다.**

매질의 한 점이 1초 동안 진동하는 횟수를 **진동수**(frequency)라고 한다. 진동수는 1초 동안 매질의 한 점을 지나가는 파동의 수와 같다. 주기가 클수록 파동이 천천히 진동하므로 진동수는 작고, 주기가 짧을수록 파동이 빨리 진동하므로 진동수는 크다. 따라서 진동수 T는 주기 f와 역수의 관계를 가지고 있다. 이 관계를 식으로 나타내면 다음과 같다.

$$T = \frac{1}{f} \text{ 또는 } f = \frac{1}{T} \tag{8-1}$$

주기의 단위는 **초**(s)이고, 진동수의 단위는 **헤르츠**(Hz)를 사용한다.

그러면 파동의 전파속력은 파장과 주기에 따라 어떻게 달라질까? 파동이 전파되는 속력은 단위 시간 동안에 한 개의 마루 또는 골이 이동하는 거리이다. 매질의 한 점이 어떤 시각에 마루였다면 그 점보다 한 파장만큼 앞에 있는 점은 한 주기가 지난 후의 마루이다. 즉, 파동은 한 주기 T 동안에 한 파장 λ만큼 이동하는 셈이다. 따라서 파동의 전파속력 v와 파장 λ 및 주기 T사인의 관계는 다음과 같다.

$$\text{파동의 속력} = \frac{\text{파장}}{\text{주기}}, \quad v = \frac{\lambda}{T} \tag{8-2}$$

여기서 주기 T와 진동수 f 사이에는 $f = \frac{1}{T}$이므로 파동의 속력을 진동수를 포함시켜 다음과 같이 나타낼 수 있다. 즉

$$\text{파동의 속력} = \text{진동수} \times \text{파장}, \quad v = f\lambda \tag{8-3}$$

이 관계식은 주기적인 움직임을 갖는 파동에서는 어떤 파동에서나 항상 성립한다. 주기와 진동수는 파동을 발생시키는 파원에 의해 결정되며, 파동의 특징을 결정하는 중요한 요소이다.

파동의 속력은 느슨한 줄에서보다 장력이 큰 팽팽한 줄에서 더 빠르고, 용수철의 경우에는 힘의 상수가 클수록 속력이 더 빠르다. 물결파의 전파속력은 물의 깊이가 얕은 곳에서보다 깊은 곳에서 더 빠르다. 이처럼 파동의 속력은 매질의 성질과 관련이 있다.

■ 어느 건물이 진동수 0.2 Hz로 흔들리고 있다고 하자. 이 진동의 주기는 몇 초인가?

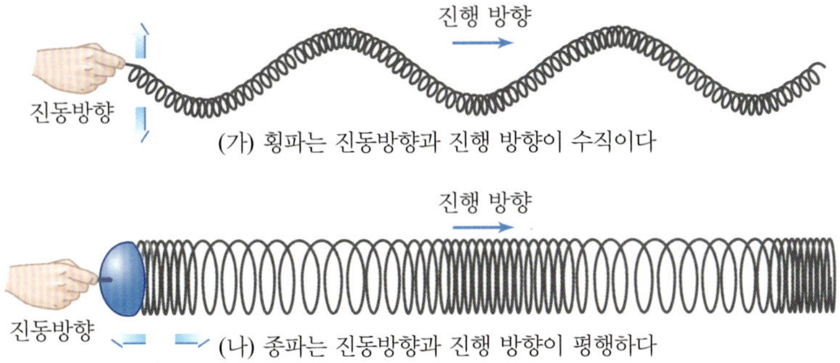

그림 8.4 횡파와 종파의 구분

3) 횡파와 종파

파동은 매질의 진동방향과 파동의 진행 방향에 따라 두 종류로 구분한다. 그림 8.4에서와 같이 용수철을 아래 위로 흔드는 경우와 옆으로 밀었다 당기는 경우에 생기는 파동의 모습은 전혀 다르다.

그림 8.4의 (가)와 같이 파동의 진행 방향과 매질의 진동 방향이 수직인 파동을 **횡파**(transverse wave)라고 한다. 그림 (가)에서와 같이 용수철을 위아래로 한 번 흔들면 파동이 생겨서 퍼져나가는 파가 바로 횡파이다. 이때 매질은 상하 또는 좌우로 진동한다. 횡파에는 줄의 진동, 전파, 빛 지진파의 S파 등이 있다.

TIP 종파와 횡파

- 횡파: 고저파, 전자기파(빛), 물결파, 지진파의 S파
- 종파: 소밀파, 음파, 초음파, 지신파의 P파

그림 8.4의 (나)와 같이 파동의 진행 방향과 매질의 진동 방향이 나란한 파동을 **종파**(longitudial wave)라고 한다. 그림에서와 같이 용수철을 앞뒤로 흔들면 용수철 간격이 약간 빽빽한 부분이 앞으로 밀려가는 것이 보이는데, 이때 만들어지는 파가 종파이다. 종파는 용수철의 움직임 말고는 우리 주위에서 직접 보기가 쉽지 않은 파동이다. 종파에는 음파나 지진파의 P파 등이 있다.

횡파는 매질의 위치가 높아졌다 낮아졌다 하므로 **고저파**라고도 하며, 종파는 매질의 간격이 빽빽한(밀한) 부분과 성긴(소한) 부분이 생기므로 **소밀파**라고도 한다.

그림 8.5와 같이 스피커에서 발생하는 소리는 스피커에 붙어 있는 진동판이 계속 진동하여 공기를 밀고 당기기 때문에 밀한 부분과 소한 부분이 반복하여 연속적으로 나타난다. 이 파동이 공기 중을 진행하여 우리 귓속의 고막을 진동시키기 때문에 우리는 소리를 들을 수 있게 되는 것이다. 이처럼 파동은 한 장소에만 존재하지 않고 한 장소에서 다른 장소로 퍼져나간다. 빛과 소리의 본질은 에너지로서 파동의 형태로 공간을 통해서 이동한다.

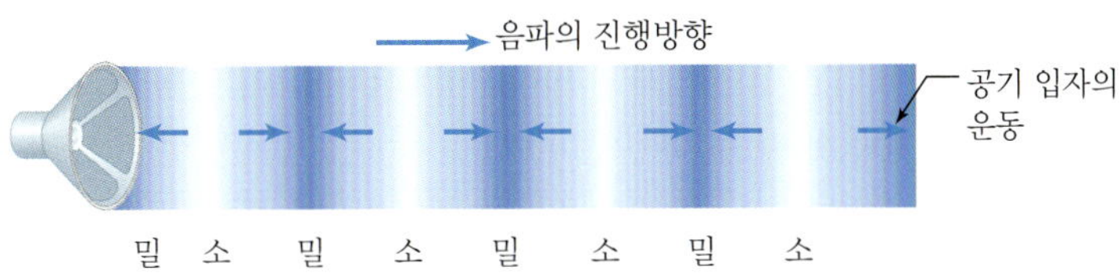

그림 8.5 음파의 진행

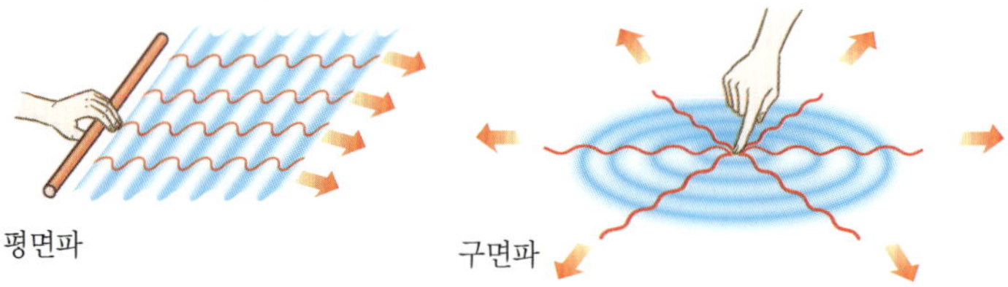

그림 8.6 평면파와 구면파

4) 평면파와 구면파

파동이 그림 8.6처럼 퍼져 나갈 때 파면의 형태에 따라 평면파와 구면파로 구분할 수 있다. 파동에서 매질의 위치와 상태(위상)가 같은 부분들끼리 연결해서 그린 선이나 면을 **파면**(wavefront)이라고 한다. 파면이 직선으로 나란하게 진행되는 파동을 **평면파**라 하고, 파면이 파원을 중심으로 동심원 모양으로 퍼져나가는 파동을 **구면파**라고 한다.

예제 1 그림에서 실선은 어느 순간에서의 파동의 모습이다. 파동의 마루 P가 0.2초 후에 P′까지 진행한다고 하자.

(1) 이 파동의 전파 속력은 몇 cm/s이다.

(2) 이 파동의 주기 및 진동수는 각각 얼마인가?

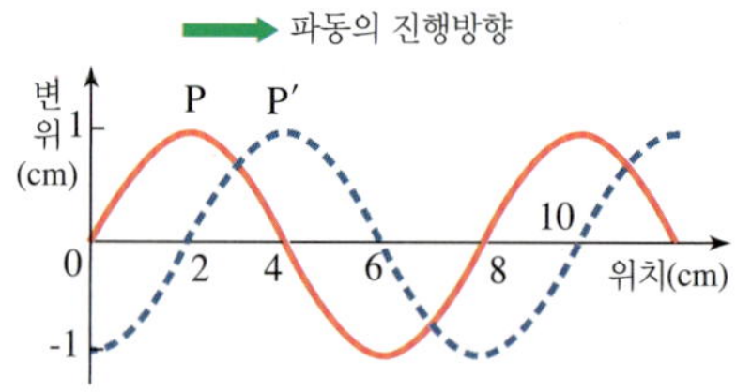

풀이

그림에서 파동의 진폭은 A = 1 cm이고, 파장은 λ = 8 cm이다.

(1) 마루 P가 0.2초 동안에 P′까지 2 cm 진행하였으므로 파동의 전파 속력은 다음과 같다.

$$v = \frac{s}{t} = \frac{2\,\text{cm}}{0.2\,\text{s}} = 10\,\text{cm/s}$$

(2) 파동의 주기는 $v = \frac{\lambda}{T}$에서 $T = \frac{\lambda}{v} = \frac{8\,\text{cm}}{10\,\text{cm/s}} = 0.8\,\text{s}$이고

진동수는 $f = \frac{1}{T}$에서 $f = \frac{1}{0.8\,\text{s}} = 1.25\,\text{Hz}$이다.

8.2 파동의 반사와 굴절

파동이 진행하다가 매질이 다른 경계면과 만나면 여러 현상이 나타난다. 경계면에서 되돌아 나오는 경우도 있고, 또 경계면을 뚫고 다른 매질로 진행하는 경우도 있다. 이때 파동의 성질은 어떻게 바뀌는지 알아보자.

1) 파동의 반사

그리스 신화에 나오는 숲의 요정 에코(Echo)는 나르키소스(Narcissus)라는 미남 청년을 사모했으나 거절당하자 비통한 나머지 몸이 여위어 끝내는 흔적도 없이 사라졌다고 한다. 그런데 에코가 연인의 이름을 애타게 부르는 소리만은 그대로 남아 있어서 지금도 자기를 부르는 사람이 있으면, 그 소리가 메아리가 되어 되돌아온다고 한다. 메아리는 어떤 성질 때문에 생기는 것일까?

TIP 메아리, echo

소리가 산이나 절벽 등에 부딪쳐 되울려 오는 소리. 산울림이라고도 한다.

파동이 한 매질에서 진행하다가 장애물을 만나거나 성질이 다른 매질은 만나면 반사하여 다시 처음 매질로 되돌아오는데, 이러한 현상을 **파동의 반사**라고 한다. 그림 8.7은 물결파가 반사면에서 반사하는 모양을 나타낸 것이다. 반사판이나 매질의 경계면을 향해 입사하는 파동을 **입사파**라 하고, 반사판이나 매질의 경계면에서 반사되어 나오는 파동을 **반사파**라고 한다. 그러면 반사판이나 매질의 경계면에서 반사되는 파동(반사파)의 방향은 어떻게 바뀔까?

반사는 파동이 한 매질로부터 성질이 다른 매질로 진행할 때 두 매질의 경계 부분에서 일어난다. 이때 입사파의 진행 방향이 반사면에 수직으로 세운 법선과 이루는 각을 **입사각**(i)이라 하고, 반사파의 진행 방향이 법선과 이루는 각을 **반사각**(i')이라고 한다.

일반적으로 파동이 반사할 때에는 다음과 같은 법칙을 따른다.

- 파동이 매질의 경계면에서 굴절할 때 입사각과 반사각은 서로 같다.

$$\angle i = \angle i' \tag{8-4}$$

- 파동이 반사할 때 전파 속도, 파장, 진동수는 변하지 않는다.

▲ 물결파 실험장치

이 관계를 **파동의 반사의 법칙**이라고 한다.

오페라나 오케스트라의 연주되는 음악을 효과적으로 객석에게 전달하기 위해서 공연장의 천정에 설치한 반향판이나, 전파를 이용하여 탐지 및 거리 측정에 이용되는 레이더 등은 모두 파동의 반사 현상을 이용하는 것이다.

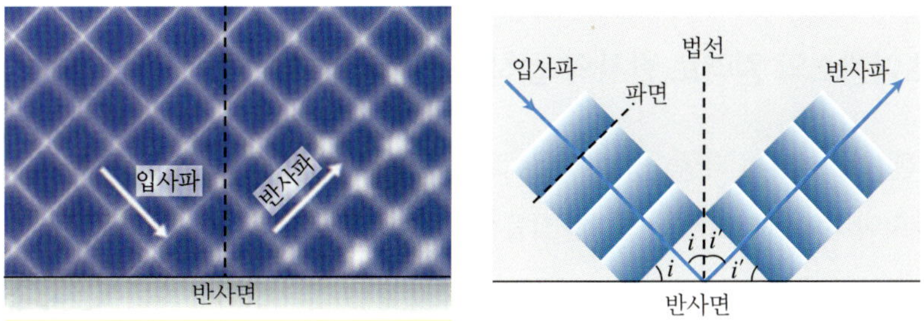

그림 8.7 물결파의 반사

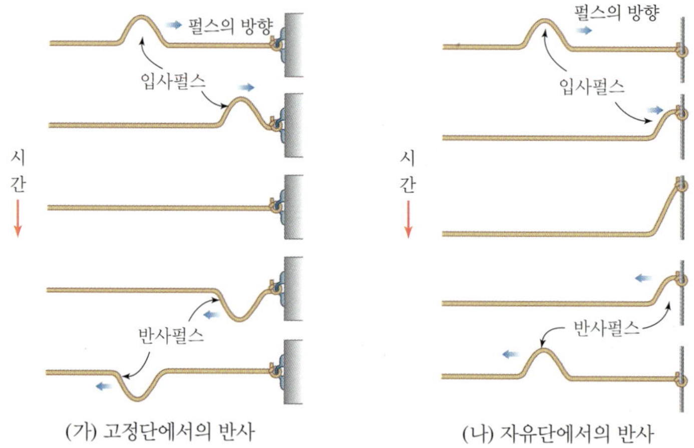

그림 8.8 고정단과 자유단에서 펄스의 반사 비교

2) 파동이 반사할 때 위상은 어떠한가?

줄이나 용수철을 따라 진행하던 파동이 장애물을 만나 반사되어 나올 때, 줄이나 용수철 끝의 상태에 따라 반사파의 모양이 달라진다. 그림 8.8(가)는 가늘고 긴 줄의 한 끝을 벽에 고정시키고(고정단), 다른 끝을 손으로 잡고 흔들어 펄스(파동)를 보냈을 때의 모습이다. 그리고 그림 (나)는 줄의 한 끝에 고리를 매달아 가는 기둥에 걸고(자유단), 다른 끝을 흔들어 펄스를 보냈을 때의 모습이다.

펄스가 장애물을 만나면 반사되어 진행 방향과 반대방향으로 되돌아온다. 펄스가 고정단에서 반사될 때는 그림 8.8의 (가)에서와 같이 마루가 골이 되고, 골은 마루가 된다. 그 이유는 고정단에서 입사파와 반사파가 만나면 진폭이 0이 되어야 하기 때문이다. 이처럼 **펄스가 고정단에서 반사할 때에는 위상은 π(180°)만큼 변한다.**

그러나 그림 8.8의 (나)에서와 같이 펄스가 자유단에서 반사될 때에는 마루는 다시 마루가 되고, 골은 다시 골이 된다. 그 이유는 펄스가 자유단에 도달하면 고리를 그 진폭 만큼 위로 올려 보내거나(아래로 내려 보내며), 이 고리는 반작용으로 다시 줄을 아래로 밀기(위로 밀기) 때문이다. 이처럼 **펄스가 자유단에서 반사할 때는 위상이 변하지 않으므로 반사파의 파형은 입사파와 같고 진행 방향만 반대가 된다.**

3) 호이겐스의 원리로 반사의 법칙을 설명해 보자

호이겐스의 원리는 파동이 전파되는 모습을 또 다른 방법으로 설명할 수 있다. 파동이 전파되어 나갈 때 매질 내의 각 점들은 파원과 같은 진동수로 진동한다.

그림 8.9와 같이 파면 AB 위의 모든 점들은 다음 순간의 파동을 만드는 점파원이 되어 새로운 구면파를 발생시킨다. 이렇게 생긴 무수히 많은 구면파의 파면에 공통적

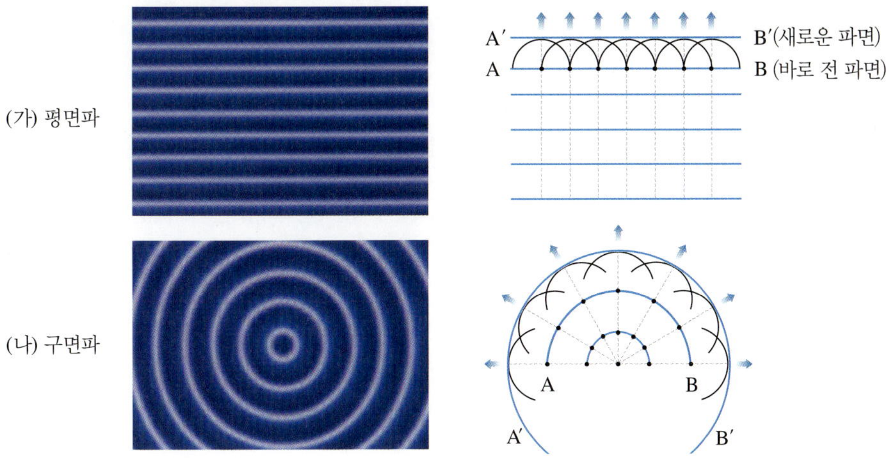

그림 8.9 평면파와 구면파

으로 접하는 선이나 면이 새로운 파면 A′B′가 되며, 이 파면 위의 무수히 많은 모든 점들은 다시 새로운 점파원이 된다. 이와 같은 과정이 반복되어 파동은 공간으로 퍼져나간다. 이 관계를 **호이겐스의 원리**(Huygens principle)라고 한다.

호이겐스의 원리로 모든 파동의 반사, 굴절, 간섭, 회절 등의 현상을 잘 설명할 수 있다. 먼저 호이겐스의 원리로 파동의 반사의 법칙을 설명해 보자.

그림 8.10과 같이 파면 AB의 입사파가 반사면 SS′에 입사한다고 하면, 이때 파동이 B에서 B′로 진행하는 동안 A에서 나온 구면파는 A′에 도달하게 된다. 마찬가지로 반사면 AB′ 상의 각 점에서 조금씩 늦게 반사되어 나오는 각 구면파에 접하는 직선을 그으면 평면 A′B′는 반사파의 파면이 된다. 반사파는 파면 A′B′에 수직인 방향, 즉 AP′의 방향으로 진행한다. 여기서 △ABB′와 △AA′B′는 닮은꼴이므로 ∠B′AA′ = ∠AB′B이다. 즉, 입사각 i와 반사각 i'는 서로 같다.

■ 법선과 입사파의 진행 방향이 이루는 각과, 입사파의 파면이 반사면과 이루는 각이 같음을 설명해 보자.

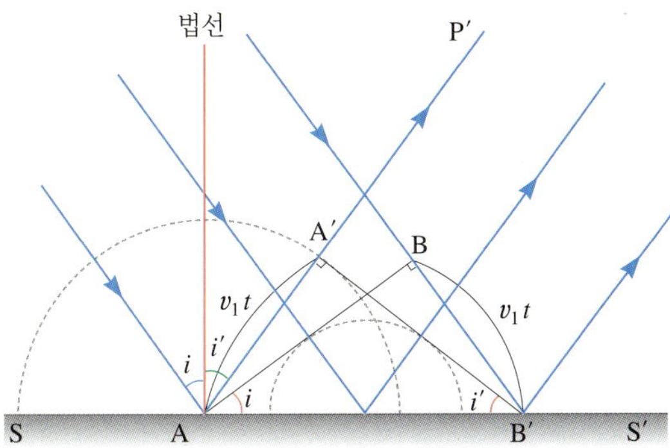

그림 8.10 파동의 반사현상을 호이겐스 원리로 설명하는 그림

4) 파동의 굴절

그림 8.11 연못의 깊은 쪽에서 얕은 쪽으로 온 물결파는 진행 방향이 바뀐다.

잔잔하게 흐르는 시냇물의 물결을 자세히 살펴보면, 시냇물이 깊이가 얕은 곳에서 깊은 곳에 이르면 그 경계면에서 물결의 진행 방향이 약간 꺾이는 것을 볼 수 있다. 이처럼 깊이가 다른 경계면에서 물결의 진행 방향이 꺾이는 이유는 무엇일까?

파동은 동일한 매질에서는 직진한다. 그러나 파동이 한 매질에서 진행하다가 성질이 다른 매질을 만나면 그 경계면에서 진행 방향이 꺾인다. 이러한 현상을 **파동의 굴절**이라고 한다. 매질의 경계면에 세운 법선과 입사파의 진행 방향이 이루는 각을 **입사각** i라 하고, 굴절파의 진행 방향이 이루는 각을 **굴절각** r이라고 한다. 파동이 굴절하는 이유는 무엇일까?

진행하는 파동이 다른 매질의 경계면에서 굴절하는 이유는 진행 속력이 다르기 때문이다. 그림 8.12에서와 같이 파동이 서로 다른 매질의 경계면을 통과하면서 파장이 짧아진다는 것을 알 수 있다.

일반적으로 진동수가 f인 파동이 굴절하여 다른 매질 속을 진행할 때 진동수는 변하지 않고 파장 λ은 변한다. 그리고 식 (8-3)에서 $v = f\lambda$이므로 파동의 속력 v도 변한다는 것을 알 수 있다. 그림 8.12에서 파면 사이의 간격을 보면 파동의 속력은 매질 II에서보다 매질 I에서 더 빠르다는 것을 알 수 있다.

이와 같이 매질에 따라 파동의 속력이 다르므로 굴절 현상이 나타나게 된다.

물결파는 물의 깊이가 깊을수록 수면과 바닥 사이의 거리가 멀기 때문에 마찰이 작아서 물결파의 진행 속력이 빨라진다. 따라서 물결파가 깊은 물에서 얕은 물로 진행하게 되면 속력이 느려지게 되므로 파장이 짧아지는 방향으로 굴절된다.

일반적으로 파동의 굴절 현상은 매질에 따른 속력의 비를 이용하여 설명할 수 있으며, 파동이 굴절할 때는 다음과 같은 법칙에 따른다.

- 파동이 매질의 경계면에서 굴절할 때 입사각과 반사각의 사인값의 비는 일정하다.

$$\frac{\sin i}{\sin r} = n_{12}\,(\text{일정}) \qquad (8\text{-}5)$$

- 파동이 굴절할 때 파장, 전파 속도가 변한다.

TIP

- 입사각(i) angle of incidence
- 반사각(i') angle of reflection
- 굴절각(r) angle of refraction

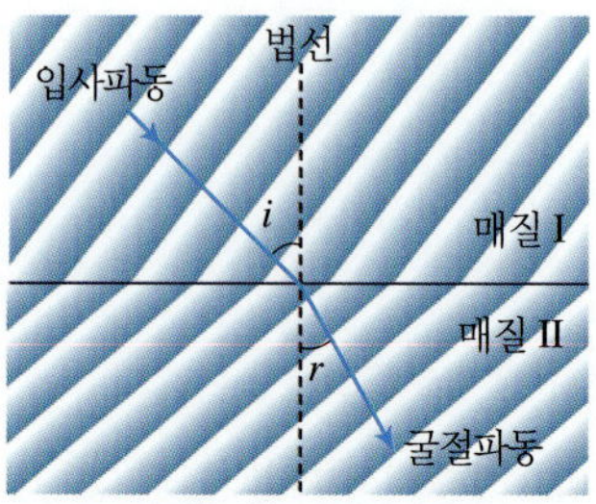

그림 8.12 물결파가 매질이 다른 경계면에서 굴절하는 모습

이 관계를 파동의 굴절 법칙이라고 한다. 여기서 n_{12}를 매질 I에 대한 매질 II의 굴절률이라고 한다.

5) 호이겐스의 원리로 굴절의 법칙을 설명해 보자

어떤 파동이라도 매질이 다른 경계에 부딪치면 일부는 반사되고 나머지는 투과된다. 이때 다른 매질의 경계를 통과한 파동은 입사할 때와 다른 방향으로 꺾여서 진행한다. 그림 8.13은 물결파가 매질 I에서 진행하다가 매질 II와의 경계면에서 굴절하는 모습을 나타낸 것이다. 매질 I에서 입사파의 파면상의 한 점 B가 B′에 도달할 때 A에서 나온 구면파는 반지름 AA′인 원둘레까지 진행하게 된다. 점 B′에서 A′에 그은 접선 A′B′는 굴절파의 파면이 된다.

매질 I에서 파동의 속도를 v_1이라 하고, 매질 II에서 파동의 속도를 v_2라 하면, 물결파가 매질 I에서 BB′ = v_1t만큼 진행하는 동안 매질 II에서는 AA′ = v_2t만큼 진행하여 굴절파의 파면 A′B′을 이루어서 매질 II 속에서 속력 v_2로 진행한다. 그림에서 △ABB′와 △AA′B′는 다음 관계가 있다.

$$\sin i = \frac{v_1 t}{AB'} \qquad \sin r = \frac{v_2 t}{AB'}$$

따라서 다음 식이 얻어진다.

$$\frac{\sin i}{\sin r} = \frac{v_1}{v_2} = \frac{\lambda_1}{\lambda_2} = n_{12} \tag{8-6}$$

동일한 매질에서는 v_1과 v_2가 일정하므로 이 식의 값은 일정한 상수가 된다.

> 파동이 매질 I과 매질 II의 경계면에서 굴절할 때 입사각 i와 굴절각 r의 사인값의 비는 일정하다.

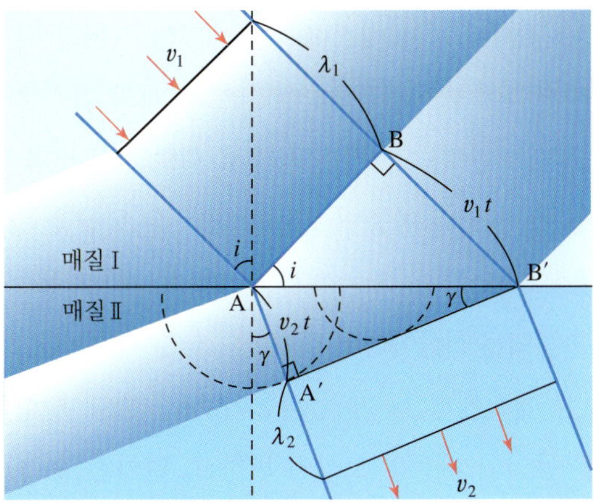

그림 8.12 파동의 굴절현상을 호이겐스의 원리로 설명하는 그림

생활속의 물리 초음파의 이용

초음파(ultrasonics, 주파수 1~30 MHz)는 사람이 들을 수 있는 주파수 이상의 음파를 말한다. 초음파는 직진하는 성질이 있으므로 초음파를 이용하여 환자의 진단, 건물이나 구조물의 비파괴검사, 해저 탐사를 하는 등 그 이용범위가 넓다.

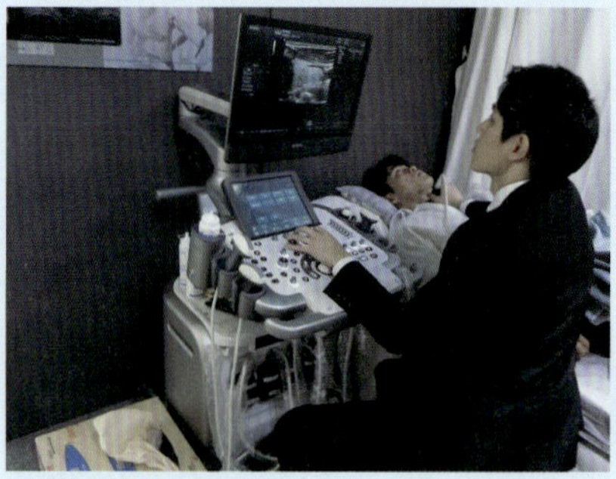

▲ 초음파 진단장치(2018년 국제의료기기전시회에서 촬영)

병원에서는 초음파가 생체 조직에 따라 반사되는 정도가 다른 성질을 이용하여 환자의 신체 여러 부위를 진단한다. 특히 산부인과에서는 태아의 움직임과 심장박동 등을 모니터 하는 데 매우 유용하게 활용되고 있으며, 자궁암 검사와 같이 X선을 사용할 수 없는 진단에 널리 이용되고 있다. 그리고 초음파는 철근 및 콘크리트 구조물 등에 균열이 있는지 조사하는 비파괴검사 등에도 이용된다.

초음파는 바닷속에 있는 고기 떼를 찾거나 해저 지형을 탐사할 때에도 이용한다. 초음파를 바닷속에 발사하면 해저에 닿은 후 반사되어 되돌아오는데, 이 반사파를 분석하여 해저의 깊이나 지형을 알아낼 수 있다.

8.3 파동의 간섭과 회절

파동과 파동이 진행 도중에 서로 만나면 그 진폭이 달라지며 또 파동이 진행 도중에 장애물을 만나면 그 주위를 돌아서 진행한다. 파동의 간섭과 회절 현상에 대해 알아보자.

1) 파동의 간섭

그림 8.14 펄스 사이의 간섭

바위와 같은 물체들은 다른 물체와 같은 공간에 동시에 존재할 수 없지만, 파동은 같은 공간에 여러 개가 동시에 함께 존재할 수 있다. 파동에서 흥미로운 현상 중의 하나는 여러 개의 파동이 동시에 같은 매질에서 전파되어 진행할 때 나타나는 현상이다. 그림 8.14는 연못에 빗방울이 떨어졌을 때 생긴 여러 개의 펄스 사진이다.

이 그림을 자세히 살펴보면 펄스끼리 겹치면서 새로운 무늬가 만들어지는 것을 볼 수 있다. 이와 같이 두 개 이상의 파동이 만나서 새로운 모양을 만들어내는 현상을 **파동의 중첩**이라고 한다. 그리고 같은 위치에서 두 개 이상의 파동이 겹칠 수 있는 파동만의 독특한 성질을 **파동의 중첩성**이라고 한다.

그림 8.15와 같이 한 매질에서 두 개의 파동이 서로 반대 방향으로 진행하다가 한 곳에서 만나면 겹치는 동안만 파동의 모양이 변하고, 떨어진 후에는 다시 원래의 모습으로 되어 진행한다. 이와 같이 두 개의 파동이 겹칠 때 서로 다른 파동에 아무런 영향

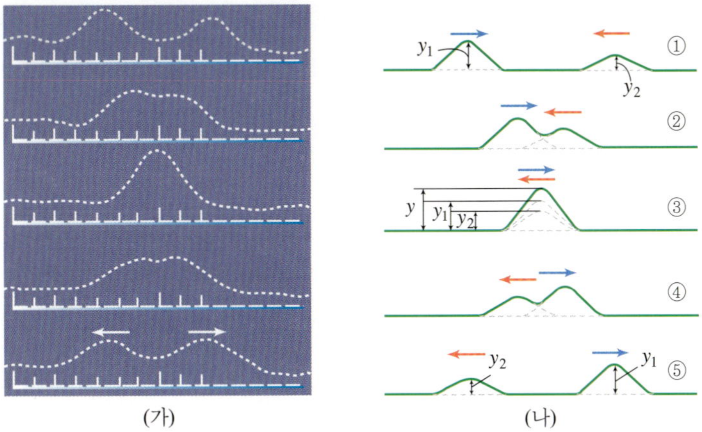

그림 8.15 파동의 중첩과 독립성

을 주지 않고 본래의 모습을 그대로 유지하면서 진행하는데, 이러한 현상을 **파동의 독립성**이라고 한다. 파동의 독립성은 운동하는 물체가 충돌할 때 나타나는 현상과 대조적인 현상으로 파동의 중요한 특성 중의 하나이다.

한 매질에서 진행하는 두 개의 파동이 만나서 겹칠 때 매질의 각 부분의 변위는 각 파동이 단독으로 진행할 때의 변위의 합과 같다. 즉, 두 개의 파동이 겹치기 전 두 파동의 변위를 각각 y_1, y_2라고 하면, 두 파동이 겹쳐졌을 때의 변위 y는 다음과 같다.

$$y = y_1 + y_2 \tag{8-7}$$

일반적으로 두 개의 파동이 겹칠 때, 각 순간의 파동의 변위는 각 파동의 변위의 합과 같다. 파동의 이러한 성질을 **중첩의 원리**라고 하며, 중첩한 결과 새로 만들어진 파동을 **합성파**라고 한다.

이처럼 두 개의 파동이 중첩되어 진동이 강해지는 부분과 약해지는 부분이 생기는데 이러한 현상을 **파동의 간섭**(interference of wave)이라고 한다. 그림 8.16은 주기적인 두 개의 파동이 겹쳐지는 모양을 나타낸 것이다. 그림(가)는 위상이 같은 두 개의 파동이 겹쳐지는 과정을 나타내고 그림(나)는 위상이 반대인 두 개의 파동이 겹쳐지는 과정을 나타낸다.

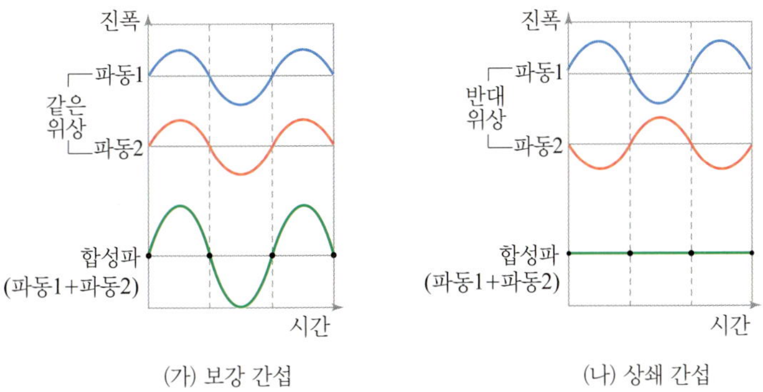

그림 8.16 보강 간섭과 상쇄간섭

그림 8.17 공진 현상에 의한 다리파괴(1940년 11월 7일에 파괴된 미국 워싱턴주의 타코마 다리)

그림 8.16의 (가)와 같이 파동의 마루와 마루, 또는 골과 골이 만나서 중첩되면 두 파동은 서로 보강되어 각각의 파동보다 큰 진폭으로 진동하는데 이를 **보강 간섭**(constructive inteference)라고 한다. 보강 간섭에는 마루와 마루가 만난 곳에는 진폭이 더 큰 높은 마루가 생기고, 골과 골이 만난 곳에는 진폭이 더 큰 깊은 골이 된다.

한편, 그림의 (나)와 같이 마루와 골이 만나서 중첩되면 두 파동이 서로 상쇄되어 각각의 파동보다 작은 진폭으로 진동하가나 진폭이 0이 되는데 이를 **상쇄 간섭**(destructive inteference)라고 한다. 보강 간섭은 두 파동이 중첩될 때 일어나고, 상쇄 간섭은 반대의 위상으로 중첩될 때 일어나는 현상이다. 그림 8.17은 다리의 자연진동수와 바람의 진동수가 공진되어 보강현상이 나타나 다리가 파괴되는 모습이다.

■ 한 파동이 다른 파동을 상쇄시켜서 진폭이 0인 합성파를 만들 수 있을까?

2) 수면파의 간섭

파동의 간섭은 수면파에서 가장 잘 볼 수 있다. 그림 8.16의 (가)는 두 개의 점파원 S_1과 S_2에서 진동수와 진폭이 똑같은 수면파가 발생하여 중첩되었을 때 만들어지는 간섭 무늬를 찍은 사진이다. 이 사진을 보면, 수면파가 중첩되어 물이 진동하지 않는 부분과 심하게 진동하는 부분이 부채살 모양을 이루면서 교대로 나타나는 것을 볼 수 있다. 이 사진에서 **수면파의 마루와 마루가 만난 부분은 보강 간섭이 되어 수면이 위로 볼록 올라와서 볼록 렌즈의 역할을 하므로 밝게 나타나고, 골과 골이 만난 곳도 보강 간섭이 되어 수면이 아래로 움푹패여서 오목 렌즈의 역할을 하므로 어둡게 나타난다.** 그리고 부채살 모양의 무늬 부분은 두 파동의 마루와 골이 만나 상쇄간섭을 일으켜서 진폭이 0이 되어 중간 정도의 밝기로 나타나는 것이다.

그림 8.18(가)는 수면파 실험장치의 스크린에 나타난 간섭 무늬 사진이다. 이 그림에서 L부분에서는 명암(밝고 어두움)이 뚜렷하게 바뀌고, N부분에서의 밝기는 거의 일정하다.

L로 표시된 선을 살펴보면 수면파의 마루와 마루, 골과 골이 만나 보강이 일어난 부

(가)

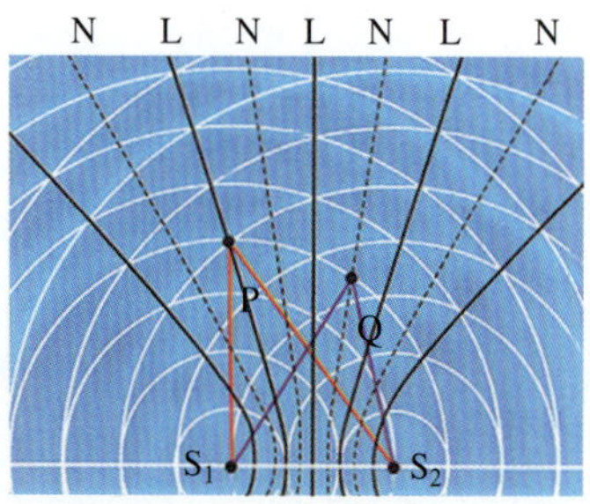

(나)

그림 8.18 수면파의 간섭현상

분으로 진폭이 커진다. 그리고 N으로 표시된 선을 살펴보면 마루와 골이 만나 상쇄 간섭이 일어난 부분이다. 이 부분은 진폭은 0이 된다. 이와 같이 진폭이 0인 부분을 **마디**라고 하며, 마디를 이은 선을 **마디선**(nodal line)이라고 한다.

간섭 무늬의 예로 그림 8.19와 같은 **무아레 무늬**(moire patten)를 들 수 있다. 무아레 무늬는 **물결 무늬**, **격자 무늬**라고도 하며, 반복되는 단순한 패턴을 겹칠 때 패턴들 간의 주기 차이로 인해 서로 간섭하여 나타나는 새로운 패턴의 줄무늬를 말한다. 무아레 간섭 무늬가 나타나기 위해서는 두 무늬가 완전히 동일하지 않고 위치가 바뀌거나 회전하거나 피치가 약간 달라야 한다.

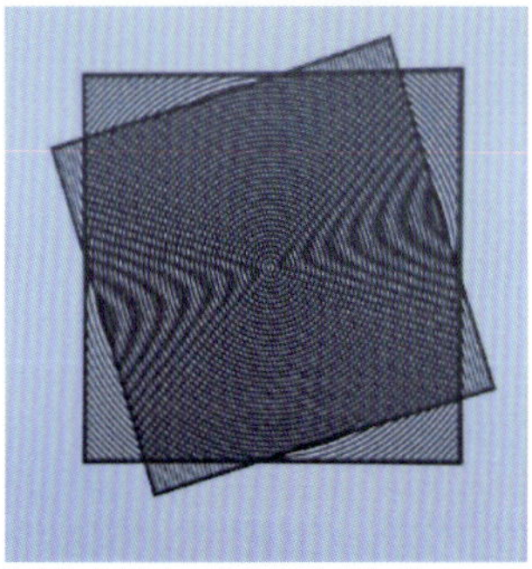

그림 8.19 무아레 무늬

무아레 패턴은 다양한 상황에서 나타나며 여러 공정에 영향을 준다. 인쇄 시에는 인쇄된 도트 패턴이 이미지를 방해할 수 있으며, 텔레비전과 디지털 사진에서는 촬영되는 물체의 패턴이 광 센서의 모양을 방해하여 원치 않는 인공물을 생성할 수도 있다.

3) 정상파

정상파에서 말하는 '정상'이란 말은 '정지 상태'의 준말이다. 영어로는 'standing wave' 또는 'stationary wave'라고 한다. 파동이 진행하지 않고 마치 정지해 있는 것처럼 보인다는 의미이다.

줄의 한 끝을 벽에 고정시키고 다른 끝을 위아래로 흔들어주면 줄에 파동이 만들어진다. 이때 벽은 흔들리지 않으므로 고정단이 되며, 줄을 따라 진행하던 파동은 벽에서 반사되어 다시 줄을 따라 되돌아오면서 중첩된다. 이때 입사파와 반사파는 파장과 진폭이 같고 진행 방향은 반대이다. 이들 두 파동이 계속 중첩되면 결국 어느 방향으로도 진행하지 않고 항상 진동하는 부분과 그렇지 않은 부분으로 나누어지는 합성파가 만들어진다. 이때 합성파는 마치 정지해 있는 것처럼 보인다. 이와 같이 정지해 있는 파동을 **정상파**라고 한다. 정상파에서 진폭이 가장 큰 부분을 **배**(node)라고 하고, 진폭이 0인 부분이 있는데, 이곳을 **마디**(antinode)라고 한다. 배는 마디와 마디의 중간 부분에 생긴다. 정상파의 마디 부분에 손가락을 대보면 전혀 줄의 진동을 느낄 수 없다. 그러나 다른 부분에 손가락을 대보면 줄의 진동이 잘 느껴진다.

그림 8.20은 파장과 진폭이 똑같은 두 개의 파동이 서로 반대 방향으로 진행하다가 중첩될 때 $\frac{1}{4}$주기 마다 생기는 파동의 모습을 나타낸 것이다. 합성된 파동은 진폭이 0인 부분과 진폭이 최대가 되는 부분이 생기면서 어느 쪽으로도 진행하지 않는 정상파가 된다.

악기를 연주하면 정상파가 나타나는데 이 정상파는 공기를 타고 전해져 우리 귀로 들어와 소리로 들을 수 있다. 현악기와 관악기를 연주할 때 발생하는 정상파에 대하

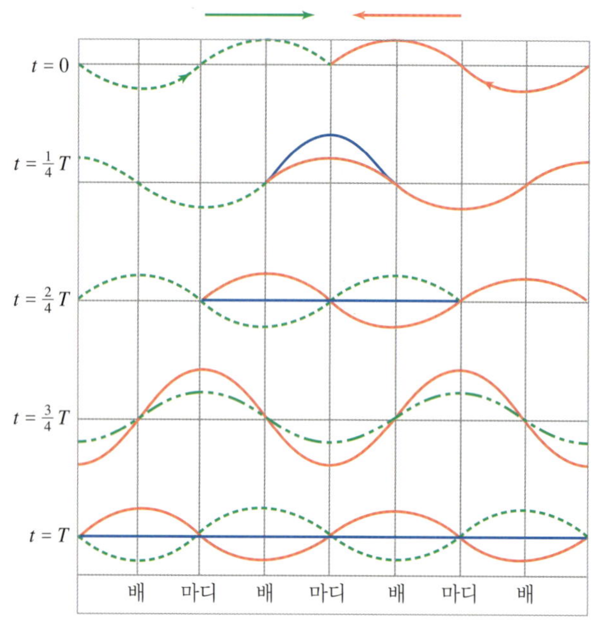

그림 8.20 시간에 따라 정상파가 만들어지는 과정

여 알아보자.

그림 8.21 바이올린 연주

◈ **줄(현)에서의 정상파** 현악기는 현의 진동을 이용하여 소리를 낸다. 바이올린, 비올라, 첼로, 해금 등과 같은 현악기는 양끝을 고정시킨 줄을 진동시켜서 소리를 낸다. 이러한 현악기는 모두 줄에서 발생하는 정상파를 이용하는 악기들이다.

양끝이 고정된 줄에서 파장과 진폭이 똑같고 반대 방향으로 진행하는 두 개의 파동이 중첩되면 정상파가 만들어진다.

이 경우에는 줄이 고정된 양끝은 진동하지 못하기 때문에 항상 마디가 된다. 이렇게 양끝이 마디가 된다는 조건을 가지고 파동을 그려 보면 그림 8.22와 같은 정상파가 그려진다. (가)와 같이 줄 전체가 하나의 배를 이루는 파장이 가장 긴 정상파를 **기본 진동**이라 하며, 이때 나는 소리를 **기본음**이라고 한다. 그리고 줄을 강하게 튕기면 중간에 마디가 생기는 것을 볼 수 있다. 이러한 진동을 **배진동**이라 하고, 이때 나는 소리를 배음이라고 한다.

현악기에서 높은 소리를 낼 때에는 손가락을 안쪽으로 옮겨서 줄의 길이를 짧게 하면 정상파의 파장이 짧아진다. 정상파의 파장이 짧아지면 진동수는 커지므로 높은 소리가 난다. 정상파에서 중요한 것은 원래 파동의 파장을 알아내는 것이다.

현에 n배 진동의 정상파가 생겼을 때, 현의 길이를 l, 파장을 λ_n이라 하면 다음 관계가 성립한다.

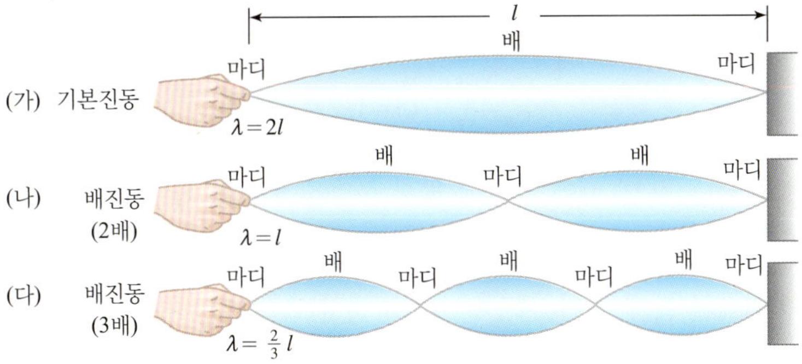

그림 8.22 줄(현)에서의 정상파

$$\lambda_n = \frac{2l}{n} \ (n=1, 2, 3 \cdots)$$
$$f_n = \frac{n}{2l} v \qquad (8\text{-}8)$$

◈ **관에서의 정상파** 유리병이나 시험관 입구 근처에 입을 대고 세게 불면 소리가 난다. 이것은 뿜어낸 공기가 유리병 끝에 부딪쳐 관 내의 공기 기둥을 진동시켜 정상파를 만들기 때문이다. 플루트나 클라리넷과 같은 관악기는 관내의 공기 기둥을 진동시켜서 소리를 내는 악기이다. 관악기는 관에 뚫린 구멍을 손가락으로 열거나 닫아 공기 기둥이 진동하는 길이를 조절하여 고음과 저음을 만든다.

그림 8.23과 같이 한 쪽 끝이 막힌 관을 닫힌관(폐관)이라고 한다. 닫힌 관내의 공기 기둥이 진동하여 정상파를 만들 때 이 정상파의 진동수에 해당하는 소리가 난다. 이때 관의 열린 쪽에서는 공기가 자유롭게 움직일 수 있으므로 항상 배가 위치하고, 관의 막힌 쪽에는 항상 마디가 만들어진다. 길이가 l인 닫힌관에서 발생하는 파장(λ_n)과 진동수(f_n)는 다음과 같이 결정된다.

$$\lambda_n = \frac{4l}{2n-1} \ (n=1, 2, 3, \cdots), \quad f_n = \frac{2n-1}{4l} v \qquad (8\text{-}9)$$

한편, 그림 8.24와 같이 양 끝이 열린 관(개관)의 경우에는 양 끝에 항상 배가 만들어진다. 길이가 l인 개관에서 정상파의 파장 λ_n은 기본 진동의 경우 $\lambda_1 = 2l$이고, 일반

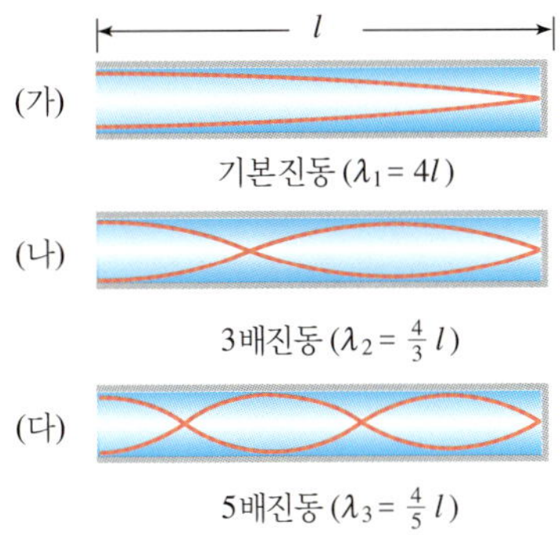

그림 8.23 닫힌관(폐관)에서의 정상파

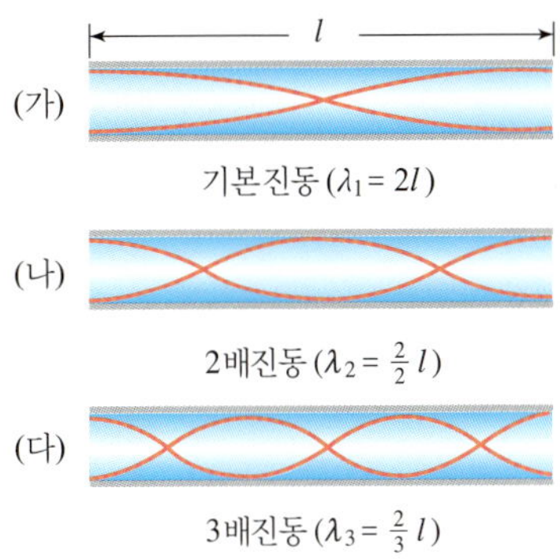

그림 8.24 열린관(개관)에서의 정상파

적으로 다음과 같다.

$$\lambda_n = \frac{2l}{n} \quad (n = 1, 2, 3, \cdots) \tag{8-10}$$

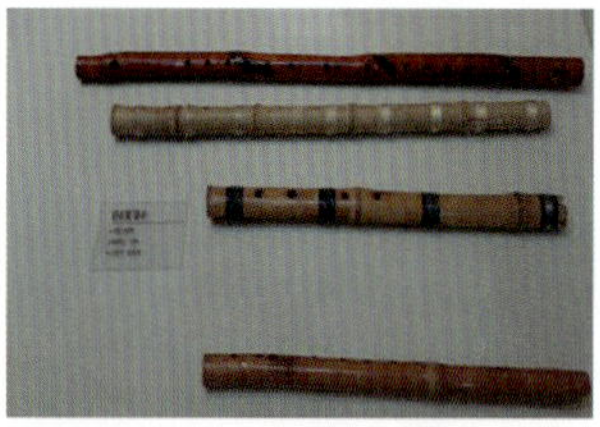

그림 8.25 단소와 퉁소는 양끝이 열린관의 구조를 갖고 있다.

관악기에서 저음을 낼 때에는 관에 뚫린 구멍을 모두 닫아 관(공기 기둥)의 길이를 길게 하면 진동수 작아져 저음이 난다. 고음을 낼 때에는 관에 뚫린 구멍을 열어 관(공기 기둥)의 길이를 짧게 하면 진동수가 커지면서 고음이 난다. 실제로 관의 길이가 긴 대금은 진동수가 작은 소리(저음)가 나고, 관의 길이가 짧은 소금은 진동수 큰 소리(고음)가 난다.

4) 파동의 회절

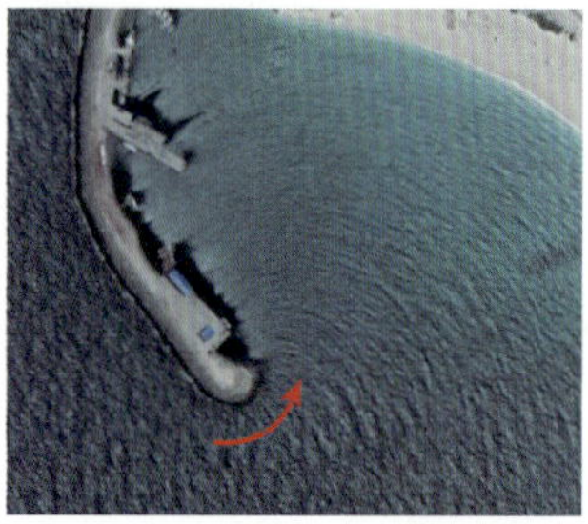

그림 8.26 바닷물이 방파제 끝의 장애물을 만나 돌아가는 모습

벽 뒤에 있는 사람을 직접 볼 수는 없지만 목소리는 들을 수 있다. 그림 8.26과 같이 해안을 향해 진행하는 파도가 방파제 끝 장애물을 만나면 돌아서 진행하는 것을 볼 수 있다.

이와 같이 파동이 장애물이나 좁은 틈을 통과할 때 장애물 뒷편까지 도달하도록 휘어지는 현상을 **파동의 회절**이라고 한다. 그림 8.27은 파장이 일정할 때, 틈의 폭에 따라 수면파가 회절하는 정도를 비교한 것이다.

그림 8.27(가)와 같이 장애물 틈의 폭이 수면파의 파장에 비하여 넓으면 회절이 잘 일어나지 않고, 그림(나)와 같이 틈의 폭이 파장에 비해 좁으면 회절이 잘 일어난다.

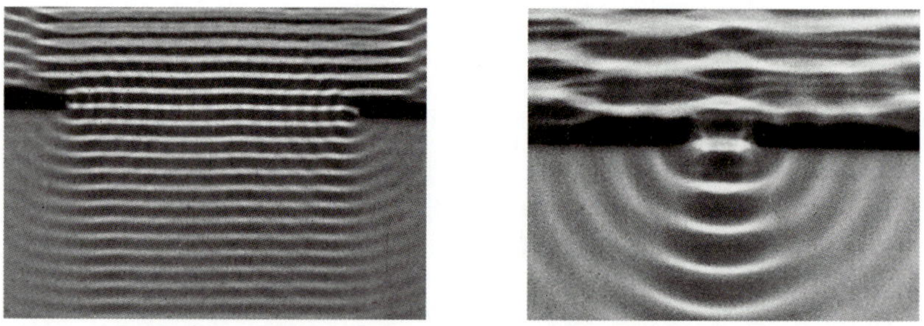

(가) 회절이 미미하다 (파장<틈)　(나) 회절이 잘 일어난다 (파장>틈)

그림 8.27 수면파의 회절현상

생활속의 물리 피아노 현과 진동수

피아노 건반을 누르면 해머가 현(피아노줄)을 강하게 때려 현이 진동하여 파동을 형성한다. 파동은 현을 따라 전파되다가 양단에서 반사하여 정상파를 만든다. 이때 정상파의 진동수는 현의 길이, 선밀도, 장력 등에 의해 결정된다. 현재 통용되는 국제표준음의 진동수는 440 Hz이다. 이 진동수는 피아노에서 가온 도(C)음 위의 라(A)음에 해당한다.

현의 진동수를 결정하는 요인은 다음과 같다.

- **현의 길이**: 현의 길이가 증가하면 진동수는 작아진다. 건반이 내는 음높이가 높을수록 현의 길이는 짧아지고 음높이가 낮을수록 현의 길이가 길어진다. 진동수가 커질수록 높은 음이고, 진동수가 낮을수록 낮은 음이다. 그랜드 피아노의 경우 낮은 음을 내기 위해 현이 길이가 길어지게 되므로 한쪽 외형이 길쭉하다.

- **선밀도**: 피아노의 가장 낮은 음(저음)을 내기 위해서는 약 6 m의 현이 필요하고 외형이 아주 커진다. 이러한 문제점을 해결하기 위해 선밀도를 높이는 방법을 이용한다. 즉 굵은 현(줄에 다른 줄을 돌돌 감은 형태)은 단위 길이당 질량이 커서 낮은 음을 만들 수 있다.

- **장력**: 피아노 줄이 고정되어 있는 끝 쪽의 튜닝 핀을 돌려 줄의 장력을 조절한다. 줄을 더 팽팽하게 잡아당기면 정상파의 진동수가 증가한다. 대개 피아노조율사는 장력을 조절하여 음높이(음정)을 정확하게 맞춘다.

▲ 그랜드 피아노는 낮은 음(저음) 영역에서 외형이 길게 만들어져 있다.

▲ 피아노 현이 길면 낮은 음(저음)을 내고, 현의 길이가 짧으면 높은 음(고음)을 낸다.

읽을거리

비행기의 속도가 음속보다 빠를 때 나타나는 현상은?

비행기와 같은 물체가 음속보다 빠르게 움직일 때 초음속(supersonic speed) 상태에 있다고 한다. 이 상태에서 비행기는 비행기 자체에서 발생한 소리의 파면을 뚫고 나가야 하는 순간이 생긴다. 이때 비행기의 몸통을 꼭지점으로 하여 굉장히 큰 에너지가 쌓인 파면이 원뿔모양으로 형성되는데 이를 **충격파**(shock wave)라 부른다.

충격파는 주로 공기 중을 전파하는 압력 등의 불연속적 변화를 말하며, 압력파의 한 종류이다. 이 충격파는 초음속으로 전파되면서 급격하게 감쇠하여 마지막에는 음파가 된다. 주변에 발파 현장이 없는데도 '쿵'하는 소리와 함께 창문이 흔들리는 경우가 있다. 이것은 음속을 돌파한 비행기에 의해 발생한 충격파가 건물에 부딪쳐 나타나는 현상이다.

비행기를 이용해 음속의 장벽을 돌파해보려는 시도는 과학자들의 오랜 꿈이었다. 그러나 비행기가 음속을 돌파할 때 발생하는 충격파로 인해 비행기 구조와 조종사에게 어떤 문제가 발생할지 몰랐기 때문에 어려움이 많았다. 제2차 세계대전이 끝날 무렵 강력한 엔진을 장착한 비행기와 숙련된 조종사들이 있었지만, 음속을 돌파하지 못했다.

1947년 10월 14일 미국 공군조종사 예거(C. Yeager)가 Bell사가 제작한 시험용 비행기 X−1을 타고 최초로 음속을 돌파했다. 당시 X−1은 B−29 폭격기에 실려 3,658 m 상공까지 올라가 투하된 후, 자체 엔진을 점화하여 고도 13,106 m까지 상승했다. 이 고도에서 X−1은 1,056 km/h(293.33 m/s)의 속력으로 음속을 돌파하는 데 성공했다. 소리의 속도는 공기의 온도가 낮을수록, 밀도가 작을수록 느려 높은 고도에서 음속의 장벽을 돌파하기가 상대적으로 쉽다. 비행기가 음속을 돌파하려면 비행기 구조가 공기 역학적으로 설계되어야 할 뿐 아니라 효율적인 날개를 가지고 있어야 한다. 음속 돌파 시 발생하는 충격파에 의해 날개가 손상될 수 있기에 날개는 충격파 뒤쪽에 위치해야 한다.

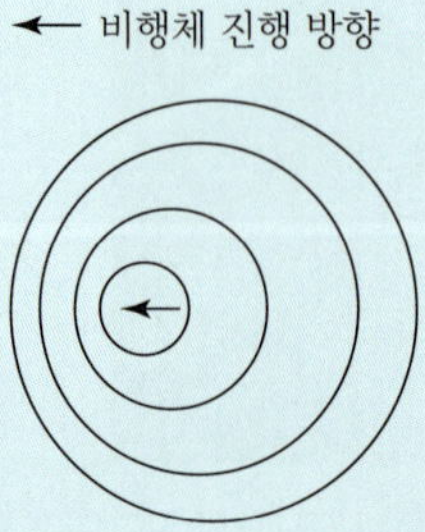

▲ 음속 > 비행체의 속력

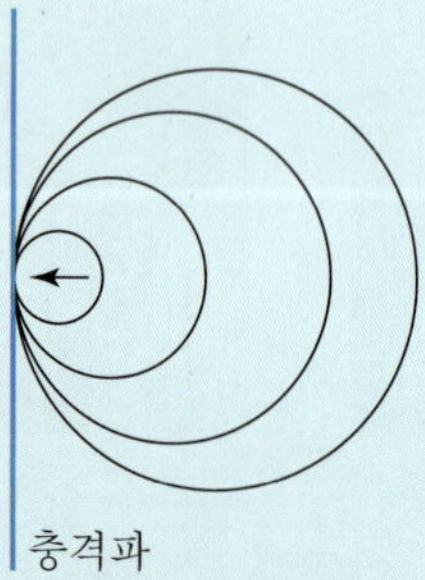

▲ 음속 = 비행체의 속력

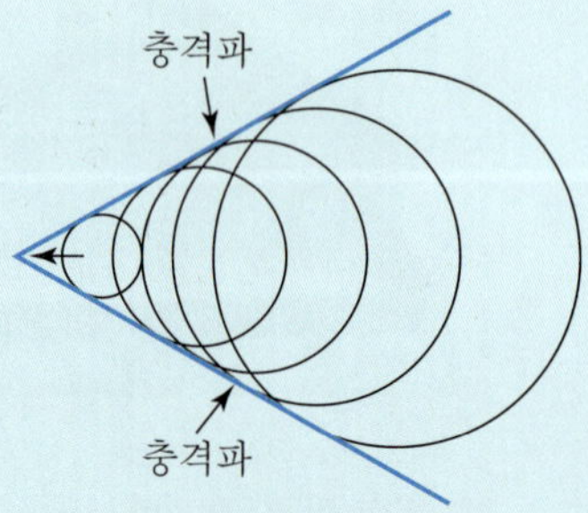

▲ 음속 < 비행체의 속력(초음속)

▲ F−22전투기가 음속을 돌파하는 순간에 발생한 충격파
(사진: U.S. Navy photo by Sonar Technician)

연습문제

풀이 ☞ 377쪽

1. 파동이 전파될 때 전달되는 것은 무엇인가?

① 진동체　② 파원　③ 매질

④ 물체　⑤ 에너지

2. 매질의 진동 방향과 파동의 진행 방향이 나란한 파동의 특징을 나타낸 것은?

① 전자기파와 같은 종류의 파동이다.

② 매질이 없어도 전파될 수 있다.

③ 매질에 밀한 부분과 소한 부분이 생긴다.

④ 파동이 진행하지 않고 진동만 한다.

⑤ 매질이 파동을 따라 함께 움직인다.

3. 그림은 수면파 발생장치에서 발생한, 진동수가 f이고 속력이 일정한 수면파의 어느 순간의 모습을 표현한 것이다. 실선은 수면파의 이웃한 마루를 나타낸 것이고, 처음과 마지막 마루 사이의 거리가 L일 때, 이 수면파의 속력은?

〈9급 지방직 공무원 공채 출제〉

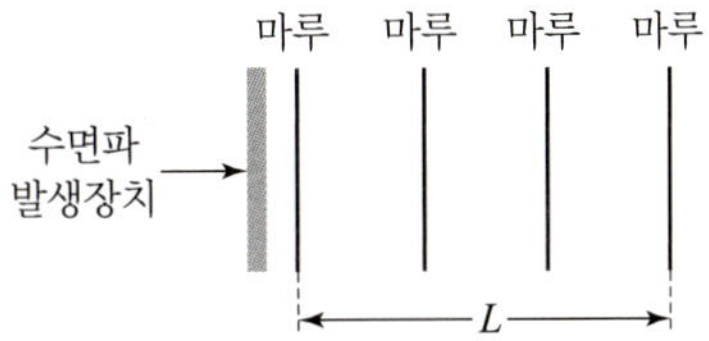

① $3fL$　② $2fL$　③ $\frac{fL}{3}$　④ $\frac{2fL}{3}$

4. 어느 날 바닷가에서 파도를 관찰하였더니 파도가 부서지는 주기가 평균 6 s이고, 파도의 마루와 마루 사이의 거리가 75 m라는 것을 알았다. 이 파도의 전파 속력은 몇 m/s인가?

5. 매초 50회 진동하는 파동이 15 m/s의 속도로 진행하고 있다. 이 파동의 진동수, 주기 및 파장은 각각 얼마인가?

6. 주기가 $\frac{1}{100}$ s이고, 속도가 100 m/s인 횡파의 진폭은 얼마인가?

① 0.1 m　② 1 m　③ 10 m

④ 알 수 없다　⑤ 없다

7. 수면파가 6 m/s의 속도로 진행하고 있다. 어떤 점에서의 수면의 높이가 3 s에 한 번씩 최대로 된다면 이 수면파의 파장은 몇 m인가?

① 0.5 ② 1 ③ 2
④ 18 ⑤ 36

8. 고정단에서 펄스가 반사될 때 반사파의 위상은 어떻게 변하는가?

① 변하지 않는다.
② π(180°)만큼 변한다.
③ $\pi/4$(45°)만큼 변한다.
④ $\pi/3$(60°)만큼 변한다.
⑤ $\pi/2$(90°)만큼 변한다.

9. 그림과 같이 오른쪽으로 진행하는 파동이 있다. 물음에 답하여라.

(1) $\frac{1}{4}$ 주기 후의 파동의 모양은 어떻게 되는가?

(2) 그 사이에 점 a는 얼마나 진동하는가?

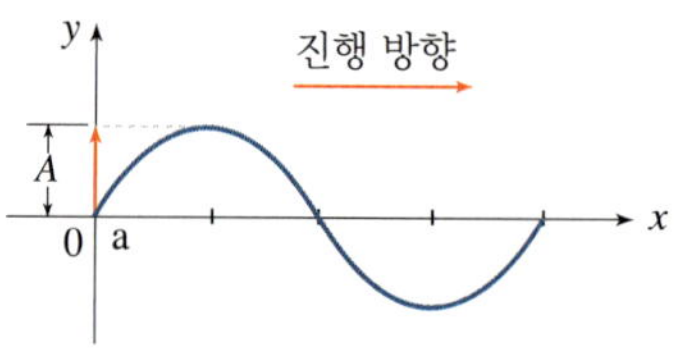

10. 다음 물음에서 옳은 답을 골라라. 파동이 한 매질에서 다른 매질 속으로 들어갈 때, 두 매질의 경계면에서 나타나는 현상에 대해 물음에 답하여라.

(1) 파동의 진행 방향은 (변한다, 변하지 않는다)
(2) 파동의 전파 속력은 (변한다, 변하지 않는다)
(3) 파동의 파장은 (변한다, 변하지 않는다)
(4) 파동의 진동수는 (변한다, 변하지 않는다)

11. 파동이 반사할 때, 또 굴절할 때 진동수, 파장, 전파 속도 중에서 어느 것이 변하는가?

12. 오른쪽 그림과 같이 방향으로 진행하는 파동이 있다. 이 파동의 파형이 실선 모양에서 점선 모양으로 되는 데 0.5 s 걸렸다. 이 파동의 다음 값을 구하라.

(1) 진폭
(2) 파장
(3) 주기
(4) 진동수
(5) 전파 속력

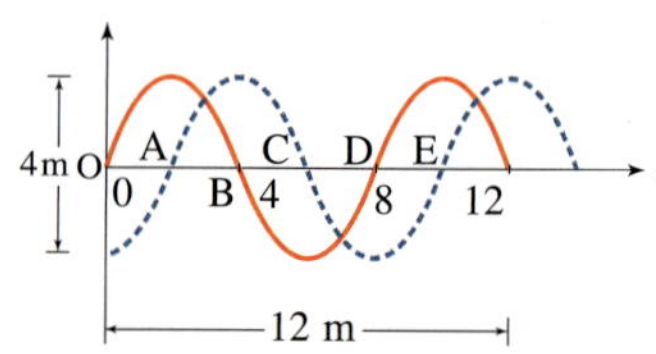

13. 그림 (가), (나)는 한쪽 끝이 닫힌 관에서 공기를 진동시켜 만든 정상파의 기본 진동수를 모식적으로 나타낸 것이다. 이에 대한 설명으로 옳지 않은 것은? (단, 관 안의 공기의 상태는 (가)와 (나)가 같으며 $L_1 > L_2$이다) 〈9급 지방직 공무원 공채 출제〉

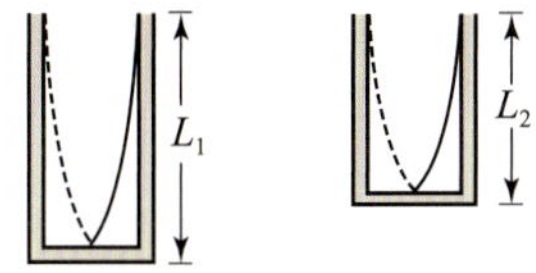

① (가)에서 정상파의 파장은 관의 길이의 4배이다.
② 정상파의 파장은 (가)가 (나)에서보다 더 길다.
③ (가)가 (나)에서보다 더 높은 소리가 난다.
④ 관의 열린 끝 부분에서 정상파의 배가 만들어진다.

14. 파동의 전파 속도가 A매질 속에서는 1732 m/s, B매질 속에서는 1000 m/s라고 한다. 파동이 매질 A에서 매질 B로 진행할 때 경계면에서 입사각이 60°라면, 굴절각은 몇 도인가?

15. 호이겐스의 원리에 의하면 파동이 전파할 때 한 파면상의 각 점을 어떻게 생각할 수 있는가?
① 새로운 파원이라 생각할 수 있다.
② 슬릿이라 생각할 수 있다.
③ 매질이라 생각할 수 있다.
④ 장애물이라 생각할 수 있다.
⑤ 새로운 파면이라 생각할 수 있다.

16. 공기기둥의 길이가 12.5 cm인 닫힌관의 기본 진동의 파장은 몇 cm인가?
① 12.5
② 25
③ 37.5
④ 50
⑤ 62.5

17. 평면파와 구면파에서 파동의 진행 방향과 파면 사이의 각도는 각각 얼마인가?

	평면파	구면파
①	0°	0°
②	0°	60°
③	0°	90°
④	90°	0°
⑤	90°	90°

18. 진동체의 한쪽 끝에 추를 연결한 정상파 발생장치를 구성하였다. 진동체의 진동수를 340 Hz로 하였더니 다음 그림과 같은 정상파가 만들어졌다.
(1) 이 정상파의 파장 λ_1은 몇 m인가?
(2) 줄의 진동이 만들어내는 소리의 파장 λ_2는 각각 몇 m인가? (단, 소리의 속도는 340 m/s라 한다)

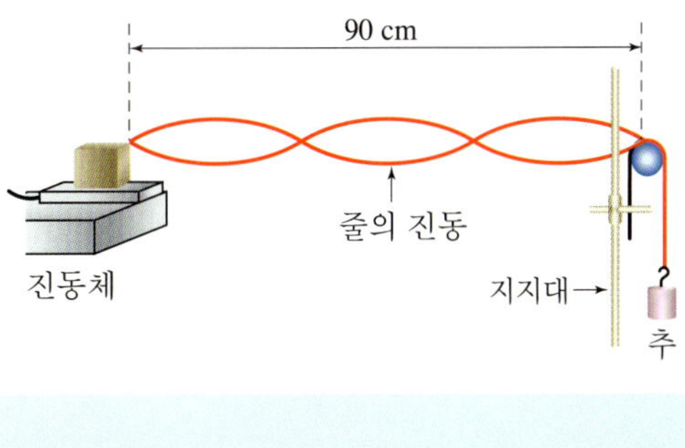

9장

열현상과 기체 분자의 운동

© 김영우

▲ 열기구(Hot air balloon)

열기구는 인류가 고안한 낭만적인 비행기구 중 하나라고 말하기도 한다. 구성품은 풍선과 버너, 바스켓 등이다. 풍선은 가볍고 질긴 나일론 섬유에 폴리우레탄과 실리콘 코팅 제품으로 만들고, 버너와 가까운 하부는 내열 섬유로 만들어진다. 연료는 주로 액체 프로판 가스를 사용한다.

동작 원리는 버너 등과 같은 가열 장치로 풍선 속의 공기를 데운다. 공기가 뜨거워지면 밀도가 작아지고 가벼워진다. 가벼워진 공기는 윗쪽으로 상승하여 풍선이 떠오른다. 비행기처럼 날아가고자 하는 쪽으로 방향을 전환하는 장치가 없으며, 바람의 방향을 따라 비행한다. 공중에서 버너가 고장 나면 부양력을 잃고 추락할 수도 있으므로 안전수칙을 잘 지켜야 한다. (튀르키예 카파도키아에서 촬영)

인류 문명은 불을 발견하면서 급격히 발전하기 시작하였으며, 불을 생활에 이용하면서 한 곳에 정착할 수 있게 되었다. 오늘날 우리의 생활에는 열이 어떻게 이용되고 있을까?

우리 생활과 밀접한 관계가 있는 에너지의 일종인 열과 기체 분자의 성질에 대해 알아보고, 기체의 온도와 압력 및 부피 사이의 관계에 대해 공부해보자.

9.1 온도와 열

같은 장소에 있으면서도 어떤 사람은 덥다고 느끼고, 또 어떤 사람은 선선하다고 느낀다. 이것은 사람에 따라서 차고 더운 정도를 느끼는 감각이 다르기 때문이다. 이처럼 감각은 주관적이기 때문에 이를 정확하게 나타낼 수가 없기에 이를 객관적으로 표현하는 것은 매우 중요하다. 온도와 열의 물리적 성질에 대해 알아 보자.

1) 온도

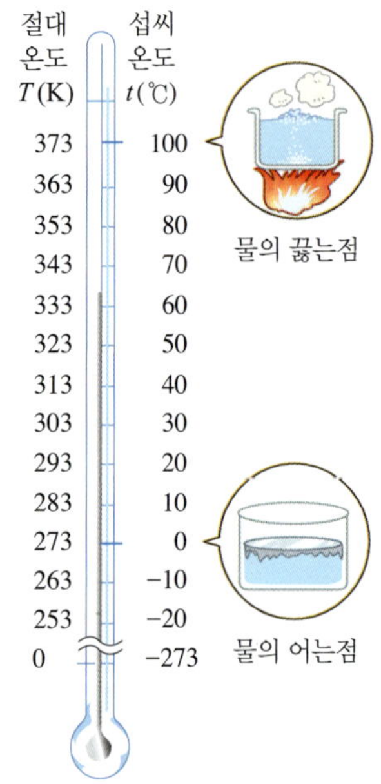

그림 9.1 섭씨 온도와 절대 온도의 눈금 비교

물체의 차고 더운 정도를 수량적으로 나타낸 것을 **온도(temperature)**라고 한다. 온도를 측정하는 기구 중 하나는 수은이나 알코올 등과 같은 액체의 부피 팽창을 이용한 온도계이다.

모든 물체는 분자들로 이루어져 있으며, 이들 분자들은 물체의 내부에서 자유롭게 운동하고 있다. 그리고 물체의 온도는 그 물체를 구성하는 분자들이 얼마나 격렬하게 운동하고 있는지를 나타내는 값이며, 물체의 온도가 높으면 분자의 평균 운동 에너지가 크다고 말할 수 있다.

일상생활에서 널리 사용되는 온도의 척도로 섭씨 온도를 들 수 있다. **섭씨 온도는 그림 9.1과 같이 1기압에서 순수한 물의 어는점을 0으로 하고, 끓는점을 100으로 정한 다음 그 사이를 100등분하고 한 구간을 1 °C로 정한 온도이다.** 섭씨 온도의 단위는 °C이다.

물체의 온도가 낮을수록 분자들의 운동 에너지가 작아지는데, 온도를 계속 낮춰갈 때 분자들의 운동 에너지가 0이 되는 온도는 이론적으로 −273 °C이며, 이 온도를 절대 0도라고 부른다.

과학 분야에서 사용되는 온도의 척도는 **절대 온도** 또는 **켈빈 온도(Kelvin temperature)**이다. **절대 온도는 분자의 운동 에너지가 0이 되는 −273 °C를 0으로 잡고 눈금 간격은 섭씨 온도와 동일하게 만든 온도 체계**를 말한다. 다시 말하면 그림 9.1에서와 같이 1기압에서 순수한 물의 어는점을 273으로 하고, 끓는점을 373으로 정하여 그 사이를 100등분하여 한 구간을 1 K로 정한 온도 눈금이다. 절대 온도의 단위는 K(켈빈)을 사용한다.

TIP 화씨 온도 °F

물이 어는 온도를 32도(섭씨 0도)로, 물이 끓는 온도를 212도(섭씨 100도)로 정하고 이 사이를 180등분한 온도 눈금이다.

화씨 온도 = $\left(\frac{9}{5}\times\text{섭씨 온도}\right)+32$

섭씨 온도 t(°C)와 절대 온도 T(K) 사이에는 다음 관계가 있다.

$$T(\text{K}) = 273 + t(^\circ\text{C}) \tag{9-1}$$

섭씨 온도의 눈금 간격 1 °C와 절대 온도의 눈금 간격 1 K는 동일하다.

2) 열

▲ 켈빈(1824~1907, 영국) 물리학자, 수학자

온도가 서로 다른 두 물체를 접촉시키면 온도가 높은 물체의 온도는 낮아지고, 온도가 낮은 물체의 온도는 높아지는데, 이것은 온도가 높은 물체에서 낮은 물체로 에너지가 이동하기 때문이다. 이처럼 온도가 높은 물체에서 낮은 물체로 이동하는 에너지를 **열**(heat)이라고 한다. 이때 이동하는 열의 양을 **열량**이라고 한다. 열량의 단위로는 줄(J)을 사용하며 일상생활에서는 cal 또는 kcal를 많이 사용하고 있다. 1 kcal는 순수한 물 1 kg의 온도를 1 K 높이는 데 필요한 열량이다. 그리고 1 cal는 물 1 g의 온도를 1 K 올리는데 드는 열량이기도 하다.

온도가 다른 두 물체를 접촉시켰을 때 열의 이동이 끝나면 두 물체의 온도가 같아지는데 이런 상태 즉, 더 이상의 열의 이동이 없는 상태를 **열평형**(thermal equilibrium)이라고 한다. 두 물체가 열평형 상태에 도달할 때까지 고온의 물체가 잃은 열량은 저온의 물체가 얻은 열량과 같으며, 이것을 **열량 보존의 법칙**이라고 한다.

손을 비비면 열이 발생하고 또 망치로 못을 박을 때 못을 만져보면 못이 약간 뜨거워진 것을 알 수 있다. 이것은 망치로 못을 박을 때 강한 접촉으로 인해 열이 발생하였기 때문이다. 이때 발생한 열의 양은 망치가 못에 해준 일의 양에 비례한다.

영국의 과학자 줄(J. Joule)은 그림 9.2와 같은 장치를 고안하여 일과 열 사이의 정량적 관계를 조사하여 열도 에너지의 한 형태임을 밝혀냈다. 이 장치는 추가 중력에 의해 낙하하면서 열량계 속의 날개를 회전시키면 날개와 물의 마찰에 의해 열이 발생하여 물의 온도가 올라가도록 고안되었다.

줄은 추가 낙하하면서 한 일은 손실되지 않고 모두 날개를 회전시키는 데 사용된다고 가정하였다. 이 실험에서 열량계 속의 물이 얻은 열량은 추가 낙하하면서 날개에 해준 일의 양에 비례한다는 사실이 확인되었다. 즉, 추가 날개에 해준 일의 양 W(J)와 물이 얻은 열량 Q(kcal) 사이에는 다음과 같은 관계가 성립한다.

$$W = J\,Q \tag{9-2}$$

이 식에서 비례상수 J는 열량과 에너지 사이의 환산관계를 나타내는 계수이며, **열의 일당량**이라고 한다. 현재 알려진 J의 값은 다음과 같다.

$$J = 4.2 \times 10^3\ \mathrm{J/kcal}$$

이것은 열이 역학적 에너지와 같은 에너지의 한 형태이며, 에너지는 보존된다는 것을 나타내는 것이다.

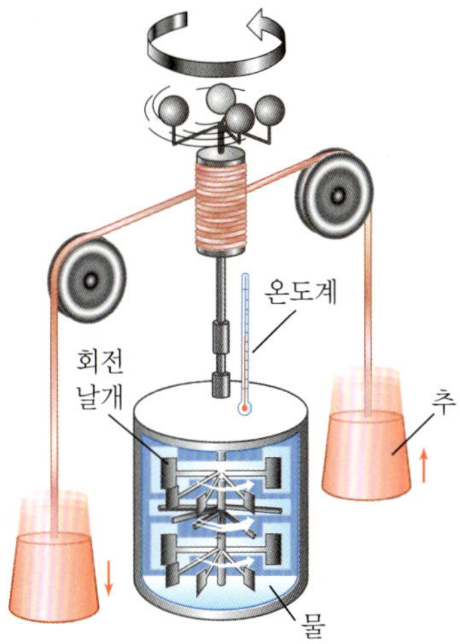

그림 9.2 줄의 실험 장치 모형

9.2 열용량과 비열

뜨거운 커피를 마시기 적당한 온도로 만들려면 차가운 물이나 우유 등을 넣으면 된다. 이때 뜨거운 커피에 찬 물이나 우유 등을 섞을 때 최종 온도는 어떻게 구할 수 있을까?

1) 열용량

1 kg의 물과 10 kg의 물의 온도를 똑같이 1 K(1 ℃) 올리려면 어느 쪽이 더 많은 열량이 필요할까? 당연히 1 kg의 물보다 10 kg의 물의 온도를 높이는데 더 많은 열량이 필요하다. 이처럼 물체를 가열하는 데 필요한 열량을 비교할 때에는 같은 온도로 올리는 데 필요한 열량을 비교하는 것이 편리하다.

물체의 온도를 1 K 올리는 데 필요한 열량을 그 물체의 **열용량**(heat capacity)이라고 한다. 따라서 질량이 클수록 열용량이 커진다는 것을 알 수 있다.

어떤 물체에 Q(kcal)의 열량을 가했을 때 온도가 Δt(K)만큼 상승했다면, 그 물체의 열용량 C는 다음과 같이 정의한다.

$$C = \frac{Q}{\Delta t} \tag{9-3}$$

열용량의 단위는 kcal/K 또는 J/K를 사용한다.

같은 종류의 물질에서 열용량은 질량에 비례하지만, 물질의 종류가 다르면 질량이 같더라도 열용량은 달라진다.

2) 비열

같은 양의 물과 올리브유의 온도를 똑같이 1 K씩 올리려면 어느 쪽에 더 많은 열을 가해야 할까? 질량이 같은 물질을 가열할 때 어떤 물질은 열을 조금만 가해도 온도가 쉽게 올라가지만 어떤 물질은 잘 올라가지 않다. 이것은 질량이 같아도 물질에 따라 단위 온도(1 K)를 올리는데 필요한 열량이 다르기 때문이다.

어떤 물질 1 kg의 온도를 1 K 올리는 데 필요한 열량을 그 물질의 **비열**(specific heat)이라고 하며, 단위로는 kcal/kg K 또는 J/kg K를 사용한다. 따라서 질량이 같은 경우에는 비열이 큰 물질일수록 같은 열량에 의한 온도 변화가 작다는 것을 알 수 있다.

표 9.1은 몇 가지 물질의 비열을 나타낸 것이다. 비열은 물질의 종류에 따라 다르기 때문에 물질의 특성을 나타낸다. 일반적으로 액체의 비열이 금속의 비열보다 크고, 특히 물의 비열은 다른 물질에 비해 훨씬 크다. 그리고 물과 얼음은 같은 물질이라도 물

표 9.1 몇 가지 물질의 비열

물질	온도 (℃)	비열 (kal/kg K)
물	15	1.000
바닷물	20	0.949
에탄올	0	0.550
얼음	0	0.490
알루미늄	20	0.211
철	20	0.104
구리	20	0.092
은	20	0.056
수은	20	0.033
금	20	0.031

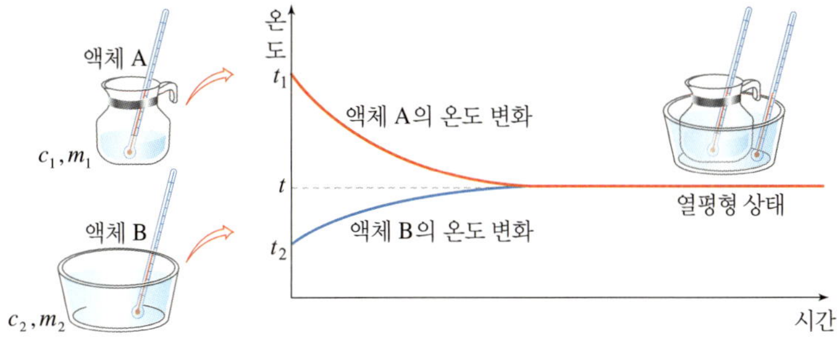

그림 9.3 두 액체를 섞을 때 열의 이동과 열평형

질의 상태에 따라서 비열은 다르다.

질량이 m(kg)이고, 비열이 c(kcal/kg K)인 물질의 열용량은 $C = mc$이며, 이 물질의 온도를 Δt(K)만큼 올리는 데 필요한 열량 Q(kcal)는 다음 식으로 구할 수 있다.

$$Q = mc\Delta t \tag{9-4}$$

식 (9-4)는 물질의 온도가 Δt 만큼 내려갈 때 물질이 잃은 열량과도 같다.

그림 9.3과 같이 질량 m_1, 비열 c_1, 온도가 t_1인 액체 A와, 질량 m_2, 비열 c_2, 온도가 $t_2(t_1 > t_2)$인 액체 B를 섞을 때 온도 t에서 열평형을 이루었다면 열량 보존 법칙에 의하여 다음 식이 성립한다.

$$m_1 c_1 (t_1 - t) = m_2 c_2 (t - t_2) \tag{9-5}$$

이 식을 이용하면 물질의 비열을 구할 수 있다.

9.3 열의 이동

온도가 다른 두 물체를 접촉시켰을 때 열은 고온의 물체에서 저온의 물체로 흐른다. 이때 열은 절대로 저온의 물체에서 고온의 물체로 흐르지 않는다. 반드시 고온에서 저온으로 이동한다. 열이 어떤 방법으로 한 곳에서 다른 곳으로 이동하는지 알아보자.

1) 전도

뜨거운 국그릇에 숟가락을 한동안 담가 놓으면 숟가락 손잡이까지 뜨거워진다. 이것은 뜨거운 국물의 열이 숟가락에 전달되었기 때문이다. 그림 9.4와 같이 금속 막대의 한쪽 끝을 가열하면 금속을 구성하는 분자들의 열운동이 활발해진다. 그러면 이들 분자들은 아주 짧은 거리이지만 이동하면서 이웃 분자들과 충돌하여 자신의 운동 에너지를 전달하게 된다. 이렇게 해서 열이 전달된다. 이와 같이 물체 내에서 분자의 운

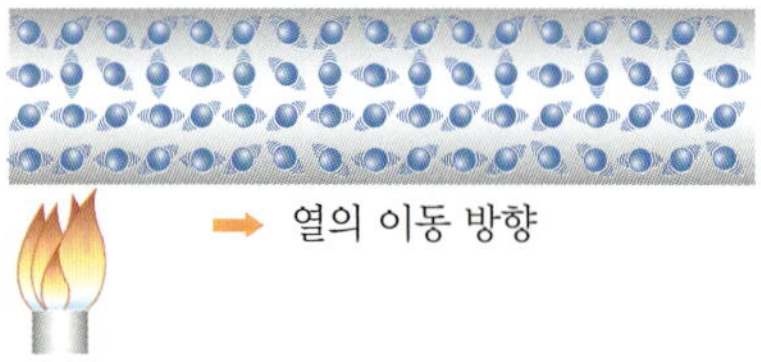

그림 9.4 금속 막대에서 열의 이동

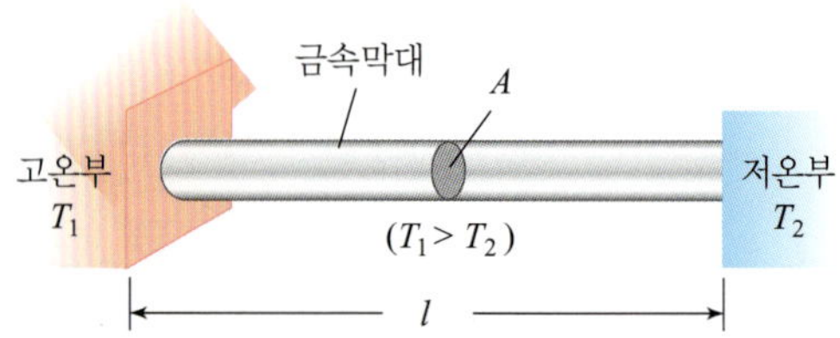

그림 9.5 열전도의 변수

동 에너지 전달에 의해서 열이 고온부에서 저온부로 이동하는 현상을 **전도**(conduction)라고 한다.

그림 9.5와 같이 단면적이 A이고 길이가 l인 금속 막대 양끝의 온도가 각각 T_1, T_2 ($T_1 > T_2$)일 때, 시간 t동안 전도에 의해 이동하는 열량 Q는 다음 식으로 구할 수 있다.

$$Q = kA\left(\frac{T_1 - T_2}{l}\right)t \tag{9-6}$$

TIP 열전도의 법칙

식 (9-6)을 열전도의 법칙(law of thermal conduction)이라고 한다.

여기서 비례 상수 k를 **열전도율**(thermal conductivity)이라고 하며, 이 값은 열전달을 나타내는 물질의 고유한 성질이다. 열전도율의 SI 단위는 kcal/m s K이다. 열전도율이 큰 물질을 **열의 양도체**라 하고, 열전도율이 작은 물체를 **열의 부도체**라고 한다.

냄비나 주선사 등은 열의 양도체인 금속으로 만들고, 손잡이는 열의 부도체인 나무나 플라스틱 등으로 되어 있다. 식 (9-6)을 보면, **열이 전도될 때에는 물체의 단면적이 클수록, 길이가 짧을수록, 그리고 양쪽의 온도차가 클수록 전도되는 열량이 많다는 것을 알 수 있다.**

2) 대류

열전도는 대부분 고체에서 열이 이동하는 방법이며, 액체나 기체에서의 열의 이동은 다른 방법으로 이루어진다. 주전자에 물을 넣고 가열하면서 톱밥을 넣어보면 왼쪽 그림의 모형과 같이 톱밥이 아래로부터 화살표 방향으로 위로 솟구쳤다가 다시 아래로 내려가는 순환을 계속하는 것을 볼 수 있다. 이러한 흐름은 밀도의 차이 때문에 나타나는 현상이다. 열을 받은 아랫 부분에 있는 물은 부피가 증가하면서 밀도는 작아진다. 이렇게 가벼워진 물은 위로 올라가게 된다. 그리고 위로 올라간 물은 식으면서 상대적으로 밀도가 커지게 되고 다시 아래로 내려간다. 대류는 이런 과정을 반복하면서 뜨거운 물과 찬물이 위아래로 섞이게 되어 열이 전달되는 현상이다.

▲ 액체의 대류 모형

이와 같이 물질을 구성하는 분자들이 밀도 차에 의해서 순환하면서 열을 이동시키는 것을 **대류**(convection)라고 한다. 대류에 의한 열의 이동 속도는 전도보다 빠르며, 열전도율이 작은 액체나 기체는 주로 대류에 의해 온도가 균일해진다. 그림 9.6과 같

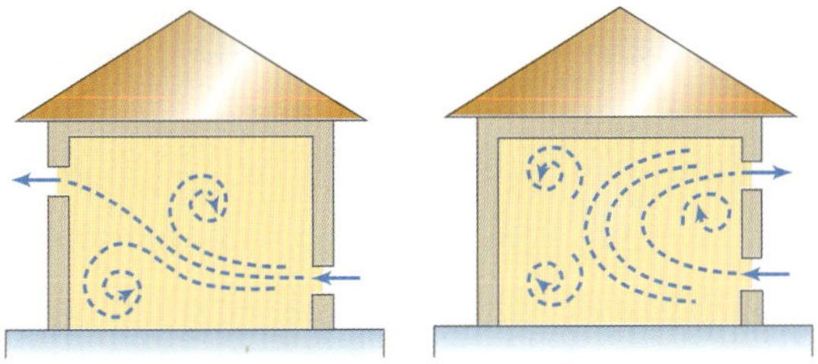

그림 9.6 공기의 대류(실내 환기)

이 방안을 환기시킬 때 문을 위아래로 열어 놓으면 대류가 활발히 일어나 환기가 잘 된다. 지구에서 큰 규모로 일어나는 해류나 대기의 순환 운동은 대류 현상의 하나이다.

3) 복사

겨울날 난로 앞에 있으면 난로에서 나오는 열기를 직접 느낄 수 있다. 그러나 난로 앞을 다른 사람이 막아서면 열기를 느낄 수 없게 된다. 이것은 열이 전도나 대류와 같이 물질을 통해서 이동하는 것이 아니라 열이 어떤 중간 매질을 거치지 않고 공간을 통해 직접 이동되기 때문이다. 이와 같이 열이 중간 매질 없이 공간을 통해 직접 이동하는 현상을 **복사**(radiation)라고 한다. 그리고 복사에 의해 전달되는 열 에너지를 **복사 에너지**라고 한다.

그림 9.7 난로에서 나오는 열기는 복사를 통해 전달된다.

복사 에너지는 물질에 따라 흡수되고 방출되는 정도가 다르다. 예를 들면 흰색의 옷은 빛을 잘 반사하여 열을 덜 받기 때문에 여름철에는 흰색 계통의 옷을 많이 입는다. 그리고 검정색 옷은 빛을 잘 받아들여 열을 많이 받기 때문에 겨울철에는 검정색 계통의 옷을 많이 입는다. 이처럼 복사는 물체의 종류 및 그 표면의 성질과 관계가 있다. 특히 입사하는 복사 에너지를 모두 흡수하는 이상적인 물체를 **흑체**(blackbody)라고 한다.

흑체의 경우, 표면의 단면적에서 단위 시간에 방출하는 복사 에너지 E는 절대 온도 T의 4제곱에 비례한다는 것이 실험에 의해 밝혀졌다. 이 관계를 **슈테판-볼츠만 법칙**(Stefan-Boltzmann law)이라고 하며 식으로 나타내면 다음과 같다.

$$E = \sigma T^4 \tag{9-7}$$

이 식에서 E의 단위는 W/m^2이고, 비례 상수 σ를 **슈테판-볼츠만 상수**라고 한다. σ의 값은 $5.67051 \times 10^{-8}\ W/m^2\ K^4$이다.

9.4 열팽창

그림 9.8 다리 상판의 팽창을 고려하여 탄성재료로 만든 이음매를 설치한다.

그림 9.9 기차 레일 연결 부분에 틈

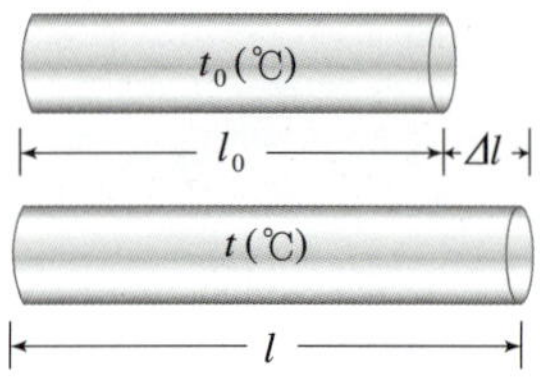

그림 9.10 고체의 선팽창

그림 9.8은 다리의 상판을 약간 떼어놓고 그 사이를 탄성이 있는 고무재질로 메워 놓은 모습이다. 그리고 그림 9.9는 기차 레일 연결 부분의 이음매를 약간 떼어 놓은 모습이다. 이것은 레일이 열을 받아 길이가 팽창하여 휘어지는 것을 방지하기 위해서다. 또한 온도계의 아랫 부분을 두 손으로 감싸주면 온도계의 알코올이나 수은이 팽창하여 위로 올라가는 것을 볼 수 있다.

모든 물체가 열을 받으면 온도가 올라가고, 정도의 차이는 있지만 그 길이나 부피가 팽창한다. 이와 같은 현상을 **열팽창**(thermal expansion)이라고 한다. 이것은 열을 받은 물체의 분자 운동이 활발해지고 그 결과 분자 사이의 간격이 넓어지기 때문이다.

1) 선팽창

선팽창은 열을 받은 물체의 길이가 늘어나는 것을 말한다. 그림 9.10과 같이 온도가 t_0일 때 길이가 l_0인 금속 막대를 가열하여 온도를 t로 높였을 때 그 길이가 l로 되었다고 하자. 이때 늘어난 길이 Δl은 처음 길이 l_0와 온도 변화 $\Delta t(= t - t_0)$에 비례한다. 즉, 다음 관계가 성립한다.

$$\Delta l = \alpha l_0 \Delta t \tag{9-8}$$

여기서 비례 상수 α를 **선팽창계수**(coefficient of linear expansion)라고 한다.

식 (9-8)을 이용해서 늘어난 후의 전체 길이 l을 구하면 다음과 같다

$$l = l_0 + \Delta l = l_0(1 + \alpha \Delta t) \tag{9-9}$$

선팽창계수가 서로 다른 두 금속을 붙여놓고 온도 변화를 주면 어떻게 될까?

그림 9.11과 같이 실온에서 온도 변화가 없다면 두 금속을 붙여놓은 막대의 길이도

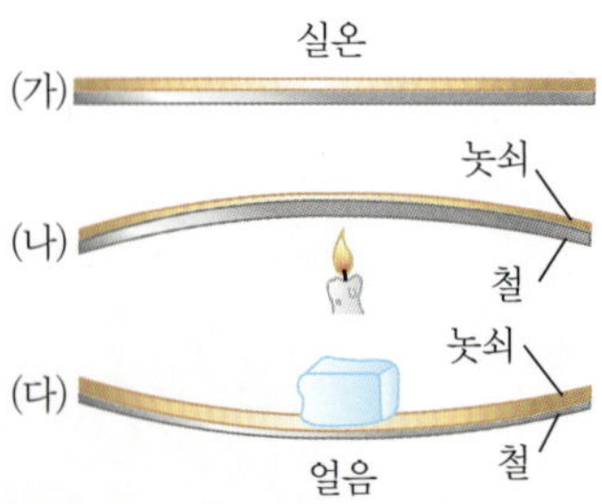

그림 9.11 바이메탈의 원리

표 9.2 몇 가지 물질의 선팽창계수

물질	온도(℃)	선팽창계수 $\alpha(\times 10^{-5}/℃)$
구리	0~100	1.6
납	0~100	2.9
아연	0~100	2.62
알루미늄	0~100	2.4
유리	0~100	0.8
철	40	1.2
니켈	40	1.3

변화가 없을 것이다. 그러나 열을 가하거나 얼음을 올려놓아서 온도 변화를 주면 선팽창계수가 큰 금속이 더 많이 늘어나거나 줄어들게 되므로 어느 한쪽으로 휘게 된다. 이와 같이 금속의 종류에 따라 열팽창하는 정도가 다른 성질을 이용한 장치가 **바이메탈**(bimetal)이다. 바이메탈은 온도조절장치인 자동온도조절기, 온도계 등에 널리 이용된다.

2) 부피 팽창

고체는 각 방향으로 선팽창을 하므로 자연스럽게 그 부피도 팽창한다. 부피 팽창의 관계식은 선팽창 관계식으로부터 유도할 수 있다. 그림 9.12와 같이 세 변의 길이가 각각 l_1, l_2, l_3인 직육면체에 열을 가하여 온도 변화 Δt를 주었을 때, 그 길이가 각각 l'_1, l'_2, l'_3로 되었다면 각변의 길이는 선팽창에 의해 다음과 같이 된다.

$$l'_1 = l_1(1 + \alpha\Delta t), \quad l'_2 = l_2(1 + \alpha\Delta t), \quad l'_3 = l_3(1 + \alpha\Delta t)$$

직육면체가 팽창하기 전의 부피를 $V_0(= l_1 l_2 l_3)$라 하고, 온도가 Δt만큼 변했을 때의 부피를 $V(= l'_1 l'_2 l'_3)$라고 하면 다음 식이 성립한다.

$$\begin{aligned} V &= l'_1 l'_2 l'_3 = l_1 l_2 l_3 (1 + \alpha\Delta t)^3 \\ &= V_0(1 + 3\alpha\Delta t + 3\alpha^2\Delta t^2 + \alpha^3\Delta t^3) \end{aligned}$$

이때 온도 변화 Δt가 아주 작다고 가정하였고, 선팽창계수는 아주 작은 값이므로 2차항 이상인 $3\alpha^2\Delta t^2$과 $\alpha^3\Delta t^3$은 무시할 수 있다. 그러면 위의 식은 다음과 같이 간단히 정리된다.

$$V = V_0(1 + 3\alpha\Delta t)$$

여기서 3α를 β로 놓으면($\beta = 3\alpha$) 선팽창과 유사한 형태의 식으로 나타낼 수 있다.

$$V = V_0(1 + \beta\Delta t) \tag{9-10}$$

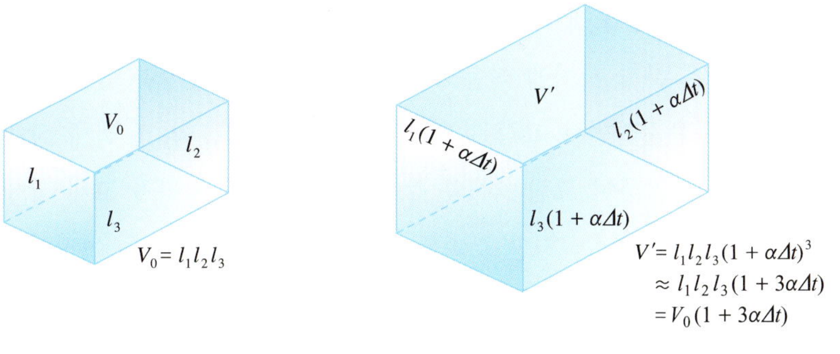

그림 9.12 직육면체의 부피 팽창

이때 비례 상수 β를 부피팽창계수(coefficient of cubical expansion)라 하며, 부피팽창계수는 선팽창계수의 3배라는 것을 알 수 있다. 즉 $\beta = 3\alpha$이다. 액체의 부피팽창계수는 고체보다 10배 정도 더 크므로 추운 겨울에 수도관이 얼면 터지게 된다.

온도 변화 Δt에 의해서 증가한 부피는 식 (9-10)의 V에서 V_0를 뺀 값이므로 다음과 같이 나타낼 수 있다.

$$\Delta V = \beta V_0 \Delta t \tag{9-11}$$

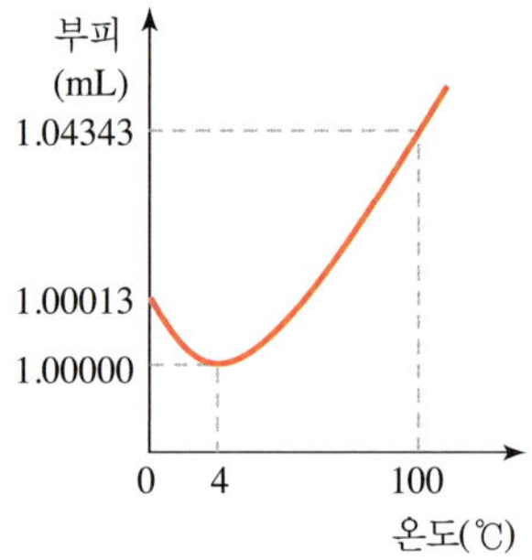

그림 9.13 물의 열팽창 특성

대부분의 액체는 온도가 올라가면 그 부피가 일정한 비율로 증가한다. 그러나 물은 그림 9.13과 같이 특이한 현상을 나타낸다. 물은 0~4 ℃ 사이에서 온도가 증가하면 오히려 부피가 감소하고, 4 ℃에서 부피가 최소로 되었다가 온도가 4 ℃보다 높아지면 온도 증가에 따라 부피가 증가한다. **물은 4 ℃에서 부피가 최소가 되므로 밀도는 최대가 된다.**

4 ℃ 이상의 호수나 강물이 찬 공기와 접촉하여 냉각되기 시작하여 온도가 4 ℃가 되면 밀도가 커진 표면의 물은 아래로 내려가고, 그 자리에는 아래에서 올라온 온도가 높은 물로 채워진다. 이와 같은 현상은 물의 온도가 4 ℃가 될 때까지 계속되다가 표면의 물이 더 냉각되면 아래에 있는 4 ℃의 물보다 밀도가 낮기 때문에 표면에 그대로 남아 있어서 물이 표면부터 얼게 된다. 연못이나 호수의 표면이 얼어도 그 아래의 물은 얼지 않으므로 물고기가 살아갈 수 있다.

9.5 물질의 상태 변화

▲ 물기가 마르면서 피부의 열이 빼앗긴다.

더운 여름날 주위에 물을 뿌리면 시원해진다. 이것은 물이 수증기로 변하면서 주위에 있는 열을 빼앗아가기 때문이다. 그리고 수영장에서 물기를 말리지 않고 밖으로 나오면 시원함을 느낀다. 바람이라도 불면 춥기까지하다. 이것은 액체인 물이 기체인 수증기로 변하면서 몸의 열을 빼앗아가기 때문이다. 이와 같이 물질의 성질은 변하지 않고 그 상태만 변하는 것을 물질의 **상태 변화**라고 한다. 물질의 상태에는 어떤 것들이 있을까?

모든 물질은 압력과 온도에 따라 고체, 액체, 기체 등 세 가지 상태로 존재한다. 고체 상태의 분자들은 분자 사이에 작용하는 힘이 크므로 그림 9.14의 (가)와 같이 서로 일정한 거리를 유지하면서 고정된 위치에서 진동한다. 그리고 액체 상태의 분자들은 분자 운동이 활발하여 그림 (나)와 같이 분자 사이의 거리가 고체 상태보다 멀어진다. 이때 분자력은 감소하지만 부피를 유지할 정도의 분자력은 여전히 작용하고 있다. 그리고 기체 상태의 분자들은 운동이 더욱 활발하여 분자 사이의 거리가 그림

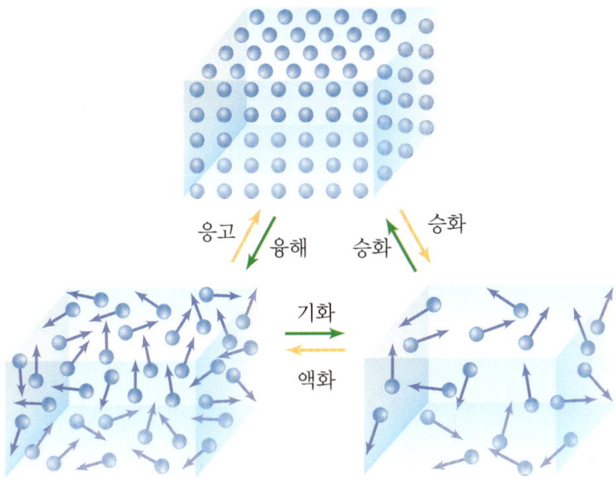

그림 9.14 물질의 세 가지 상태를 분자 운동으로 비교한 그림

(다)와 같이 분자력이 작용할 수 없을 정도로 멀어지게 된다.

고체가 열을 흡수하여 액체로 변하는 현상을 **융해**(fusion)라고 하며, 이때 흡수하는 열을 **융해열**이라고 한다. 또 액체가 열을 흡수하여 기체로 되는 현상을 **기화**(vaporization)라고 하며, 이때 흡수하는 열을 **기화열**이라고 한다. 한편 반대로 기체가 열을 방출하여 액체로 되는 현상을 **액화**라고 하며, 이때 방출하는 열을 **액화열**이라고 한다. 그리고 액체가 열을 방출하여 고체로 되는 현상을 **응고**(solidification)라고 하며, 이때 방출하는 열을 **응고열**이라고 한다. **물질의 응고열은 융해열과 같고, 액화열은 기화열과 같다**는 것을 알 수 있을 것이다.

그림 9.15 고드름은 녹으면서 물이 된다(융해현상).

드라이아이스(고체 CO_2)나 나프탈렌($C_{10}H_8$)과 같은 물질은 고체가 액체 상태를 거치지 않고 직접 기체 상태로 변한다. 또한 대기 중의 수증기가 냉각되어 서리가 되는 것과 같이 기체가 액체 상태를 거치지 않고 직접 고체로 되는 경우도 있는데 이러한 현상을 **승화**(sublimation)라고 한다.

그러면 물질의 상태 변화를 고체인 얼음이 액체인 물로, 그리고 기체인 수증기로 변하는 과정을 자세히 알아보자.

그림 9.16은 1기압 하에서 −20 °C의 얼음 1 kg을 가열하여 120 °C의 수증기가 될 때까지의 상태 변화를 나타낸 것이다. 그림의 A 영역에서는 얼음과 물이 공존하며, C 영역에서는 물과 수증기가 공존한다.

고체인 얼음에 열을 가하면 얼음의 온도가 올라간다. 그러다가 녹는점에 다다르면 온도 변화는 없고 가해주는 열 에너지는 고체 상태의 얼음에서 액체 상태인 물로 변화시키는 데에 사용된다. 이 과정이 지나게 되면 고체 상태의 얼음이 액체 상태인 물로 되고, 가해지는 열 에너지는 물의 온도를 높여주는 데만 사용된다. 물의 온도가 끓는

TIP 물의 융해열과 기화열

- 융해열 = 79.5 cal/g
  = 333.0 kJ/kg
  = 6.01 kJ/mol
- 기화열 = 539 cal/g
  = 2256.0 kJ/kg
  = 40.7 kJ/mol

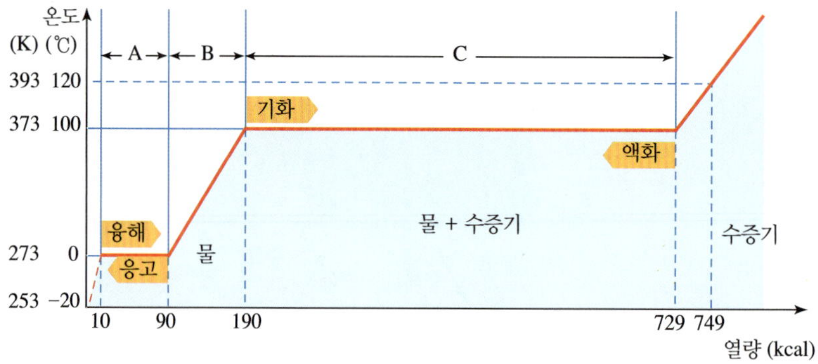

그림 9.16 온도에 따른 물의 상태 변화

점에 다다르면 물의 온도는 더 이상 올라가지 않고 가해주는 열 에너지는 액체 상태의 물에서 기체 상태인 수증기로 변화시키는 데에 사용된다. 그리고 이후에 계속 열을 가하면 수증기의 온도가 상승하게 된다.

상태의 변화 과정이 반대로 진행되어도 마찬가지이다. 기체인 수증기가 열을 방출하여 끓는점에 도달하고, 계속 열을 방출하여도 온도는 변하지 않고 액체인 물로 변한다. 이렇게 상태가 변하고 나서 계속 열을 방출하면 물의 온도가 낮아지게 되고 어는점에 도달하면 역시 온도는 변하지 않으면서 고체인 얼음으로 그 상태가 변한다.

이와 같이 **물질을 가열하면 특정한 온도에서 물질의 상태가 변하며, 상태가 변화되는 동안에는 열을 계속 가해도 온도 변화가 생기지 않는다.** 그림 9.16을 보면 열을 계속 가해도 온도가 변화하지 않고 일정한 상태를 유지하는 구간이 있다. 바로 이 구간이 상태 변화가 일어나는 구간이다. 이와 같이 온도 변화가 없이 상태가 변화되는 동안에 공급되는 열을 **숨은열** 또는 **잠열**(latent heat)이라고 한다.

표 9.3에 몇 가지 물질의 잠열의 값을 나타내었다.

표 9.3 몇 가지 물질의 잠열(1기압)

물질	융해점(°C)	융해열(kal/kg)	끓는점(°C)	기화열(kal/kg)
에틸알코올	−114	25	78	204
물(얼음)	0	80	100	539
납	327	5.9	1750	208
은	961	21	2193	558
철	1808	69.1	3023	1520

■ 그림 9.16을 보고 다음 물음에 답하라.

(1) 얼음과 물이 공존하는 온도는 몇 도인가? 물의 융해열은 몇 cal/g인가?

(2) 물과 수증기가 공존하는 온도는 몇 도인가? 물의 기화열은 몇 cal/g인가?

9.6 기체 분자의 성질

열기구는 대기보다 가벼운 공기로 채워진 커다란 캡슐로 만들어진 기구이다. 이 기구에 더운 공기를 불어넣으면 기구가 공중으로 떠올라 간다. 자전거 타이어는 여름철에는 바퀴가 팽팽해지기 때문에 바람을 적당히 빼주어야 하고 겨울철에는 약간 더 넣어주어야 한다. 이런 사실을 보면 기체의 압력, 부피 그리고 온도 사이에 어떤 관계가 있다는 것을 짐작할 수 있다.

TIP 열기구, hot air balloon

기구 안에 있는 공기를 가열시켜 공기가 상승하고 이에 따라 기구가 높이 오르게 된다.

▲ 열기구(튀르키예 카파도키아에서 촬영)

1) 기체의 압력과 대기압

기체는 분자로 구성되어 있으므로 기체의 성질은 이들 분자의 운동과 밀접한 관계가 있다. 기체 분자의 열운동에 의해서 그 기체의 압력, 부피 등이 변하게 된다. 기체의 압력과 부피 사이에는 어떤 관계가 있는지 알아보자.

손바닥을 볼펜 끝으로 누르면 매우 아프다. 그런데 같은 힘으로 손가락으로 누르면 별로 아프지 않다. 그것은 힘이 가해지는 넓이와 관련이 있기 때문이다. 손가락으로 누르는 경우에는 손가락의 넓이 만큼 힘이 분산되지만, 볼펜으로 누르는 경우에는 볼펜 끝으로 모든 힘이 집중되기 때문에 더 아프다. 다시 말하면 볼펜 끝으로 누르는 경우가 손가락으로 누를 때보다 압력이 크기 때문이다. 단위 면적을 수직으로 누르는 힘을 **압력**(pressure)이라고 한다.

어떤 면을 누르는 힘을 F(N), 힘을 받는 단위 면적을 A(m^2)라고 하면 압력 P(N/m^2)는 다음과 같이 나타낸다.

$$P = \frac{F}{A} \tag{9-12}$$

압력의 단위는 N/m^2 또는 Pa(파스칼)을 사용하며, 1 Pa = 1 N/m^2이다.

특히 기체 분자들은 무질서한 열운동을 하여 기체를 담고 있는 그릇의 벽과 충돌하게 된다. 분자들이 벽면과 충돌할 때 벽면의 단위 면적에 수직으로 작용하는 힘의 크기가 곧 기체의 압력이다.

지구를 둘러싸고 있는 공기는 질량을 가지고 있기 때문에 공기의 무게가 지상의 모든 물체에 힘을 작용하고 있다. 물론 사람에게도 힘을 가하고 있다. 이것이 공기에 의한 압력 즉, **대기압**(atmospheric pressure)이다. 대기압은 어느 방향으로나 같은 크기로 작용한다.

1643년 이탈리아의 물리학자 **토리첼리**(E. Torricelli)는 그림 9.17과 같은 실험으로 대기압을 측정하는 데 성공하였다. 그림과 같이 한쪽 끝이 막힌 길이 1 m 정도의 유

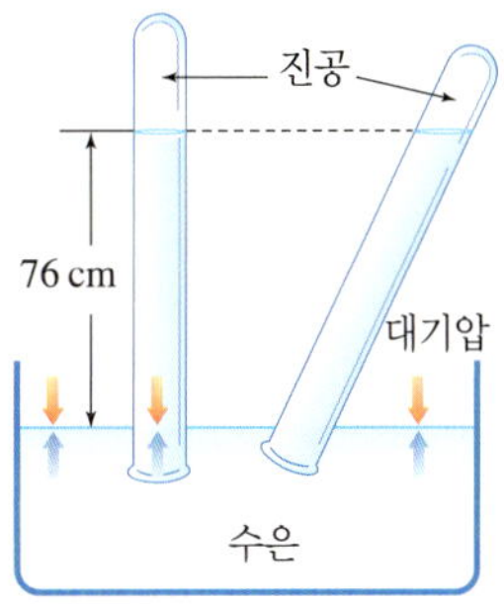

그림 9.17 토리첼리의 실험

TIP 압력의 단위

압력의 단위는
Pa, N/m^2, mmHg, atm, psi Torr, bar, mb 등이 있다.

$1\ Pa = 1\ N/m^2$
$= 10^{-5}$ bar
$= 9.8692 \times 10^{-6}$ atm
$= 7.5006 \times 10^{-3}$ Torr

리관에 수은을 가득 채운 다음 그 관을 수은이 담긴 그릇에 거꾸로 세웠다. 그랬더니 유리관을 수직으로 세우거나 기울여서 세우거나 관계없이 유리관의 윗부분에 진공이 생기고 일정한 높이의 수은 기둥이 생기는 것을 알아내었다. 이때 수은 기둥의 높이가 76 cm라는 것을 확인하였다. 이 실험에서 유리관 위쪽 진공 부분에는 공기가 없으므로 압력은 0이 된다. 따라서 76 cm의 수은 기둥이 누르는 힘은 대기압이 그릇의 수은 표면을 누르는 힘과 같고 이것을 1기압(atmosphere, atm)으로 정하였다. 0 ℃에서 1기압은 다음과 같다.

$$1기압(atm) = 76\ cmHg = 760\ mmHg$$
$$= 1.013 \times 10^5\ N/m^2 = 1.013 \times 10^5\ Pa = 1013\ hPa$$

2) 보일의 법칙

기체는 고체나 액체와는 달리 온도와 압력에 따라 부피가 쉽게 변한다. 그 이유는 기체 분자 사이의 거리가 분자의 크기에 비하여 멀고, 분자 사이에 작용하는 힘이 거의 없어서 자유롭게 움직일 수 있기 때문이다.

1662년 보일(R. Boyle)은 온도를 일정하게 유지하고 그림 9.18과 같이 기체의 압력을 2배, 3배, …로 증가시키면 기체의 부피는 $\frac{1}{2}$배, $\frac{1}{3}$배, …로 감소한다는 것을 알았다.

일반적으로 온도가 일정할 때 기체의 압력을 P, 부피를 V라고 하면 다음과 같은 관계가 성립한다.

$$PV = 일정 \tag{9-13}$$

이 관계를 보일의 법칙(Boyle's law)이라고 한다. 이 관계를 그래프로 나타내면 그림 9.19와 같다. 보일의 법칙은 여러 가지 기체에 대하여 일반적으로 성립하는 법칙이다.

보일의 법칙: 기체의 온도가 일정할 때 압력과 부피는 서로 반비례한다.

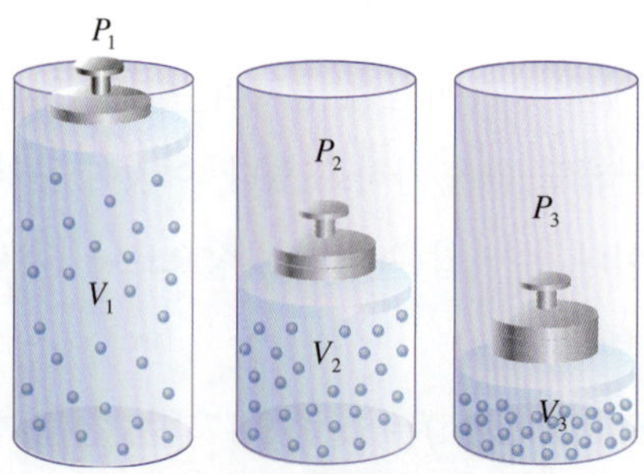

그림 9.18 기체의 압력과 부피는 반비례한다.

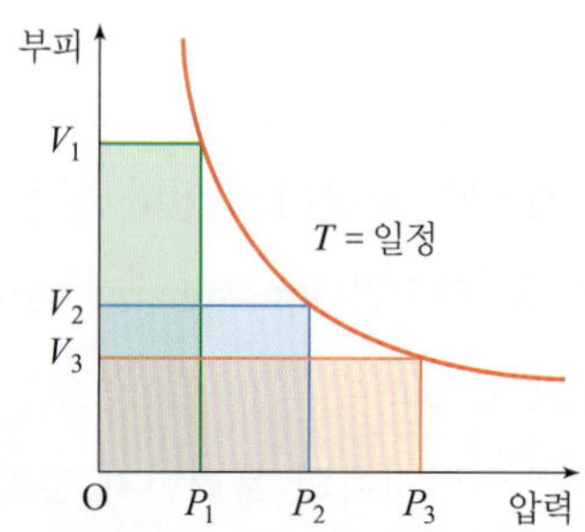

그림 9.19 기체의 압력과 부피 사이의 관계그래프

3) 샤를의 법칙

기체의 온도를 높여주면 기체 분자의 운동이 활발해지고 분자 사이의 거리가 멀어지면서 기체의 부피가 팽창하게 된다. 찌그러진 탁구공을 더운 물에 넣으면 다시 펴진다. 이것은 탁구공 속의 공기가 더운 물에 의해 열을 받아 그 부피가 팽창하기 때문이다.

그러면 기체의 온도와 부피 사이에는 어떤 관계가 있을까?

1787년 샤를(J. A. Charles)은 압력을 일정하게 유지하고 그림 9.20과 같이 온도를 높여가면서 증가하는 기체의 부피를 측정하고 기체의 온도가 올라갈수록 부피가 일정한 비율로 증가하는 것을 알았다. 즉, 기체의 부피는 **온도가 1 ℃ 상승할 때마다 0 ℃일 때 부피의 약 $\frac{1}{273}$씩 증가하는 것을 발견하였다.**

일반적으로 일정량의 기체가 일정한 압력하에 있을 때, 0 ℃에서의 부피를 V_1, t에서의 부피를 V_2라고 하면 다음 관계가 성립한다.

$$V_2 = V_1\left(1 + \frac{1}{273}t\right) \qquad (9\text{-}14)$$

이 관계를 **샤를의 법칙**(charles's law)이라고 한다. 여기서 $\frac{1}{273}$은 기체의 부피 팽창 계수 β이며, 이 값은 기체의 종류에 관계없이 항상 일정하다.

그림 9.20의 그래프를 0 이하로 연장시키면 온도축과 −273 ℃에서 만나게 되는데, 이 온도에서 기체의 부피는 0이 된다. 그러나 실제로 기체는 이 온도에 이르기 전에 기체의 성질을 잃고 액체 또는 고체로 변한다. 이 온도는 이론적으로 생각할 수 있는 최저 온도이며, **절대 0도**(0 K)라고 한다.

식 (9-14)를 절대 온도에 관한 식으로 바꿔보자. 우리는 이미 섭씨 온도 t와 절대 온도 T 사이에는 $T = 273 + t$의 관계가 있음을 알고 있다. 따라서 식 (9-14)는 다음과 같이 나타낼 수 있다.

$$V_2 = V_1\left[1 + \frac{1}{273}t\right] = V_1\left[\frac{273 + t}{273}\right]$$

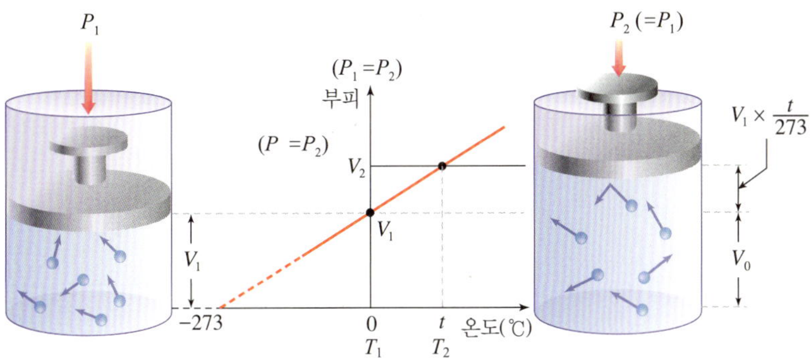

그림 9.20 샤를의 법칙, 압력이 일정할 때 기체의 온도와 부피사이의 관계

그런데 섭씨 온도 0 ℃는 절대 온도 273 K이므로 273 = T_1로 놓으면 위의 식은 다음과 같다.

$$V_2 = V_1 \frac{T_2}{T_1} \quad \text{또는} \quad \frac{V_1}{T_1} = \frac{V_2}{T_2} = \text{일정} \tag{9-15}$$

샤를의 법칙: 압력이 일정할 때 일정량의 기체의 부피는 절대 온도에 비례한다.

4) 보일-샤를의 법칙

앞에서 기체의 온도를 일정하게 하든지, 아니면 온도를 일정하게 하는 제한조건 하에서 기체의 부피가 어떻게 변하는지 알아보았다. 그러면 기체의 압력과 온도가 모두 변하는 경우에는 기체의 부피는 어떻게 표현할 수 있을까?

일반적으로 일정량의 기체의 부피는 압력에 반비례하고 절대 온도에 비례한다. 그림 9.21 및 9.22와 같이 온도를 T_1로 일정하게 유지하면서 압력을 P_1에서 P_2로 변화시켰을 때 기체의 부피가 V_1에서 V_2로 되었다면(A→B과정, 등온 변화) 보일의 법칙에서 다음과 같은 관계가 성립한다.

$$P_1V_1 = P_2V_2$$

다음에 압력을 P_2로 일정하게 유지하면서 온도를 T_2에서 T_3로 변화시켰을 때 부피가 V_2에서 V_3로 되었다면(B→C과정, 등압 변화) 샤를의 법칙에서 다음 관계가 있다.

$$\frac{V_2}{T_2} = \frac{V_3}{T_3}$$

위의 두 식에서 V_2를 소거하면 다음 식을 얻을 수 있다.

$$\frac{P_1V_1}{T_1} = \frac{P_3V_3}{T_3} = \text{일정} \tag{9-16}$$

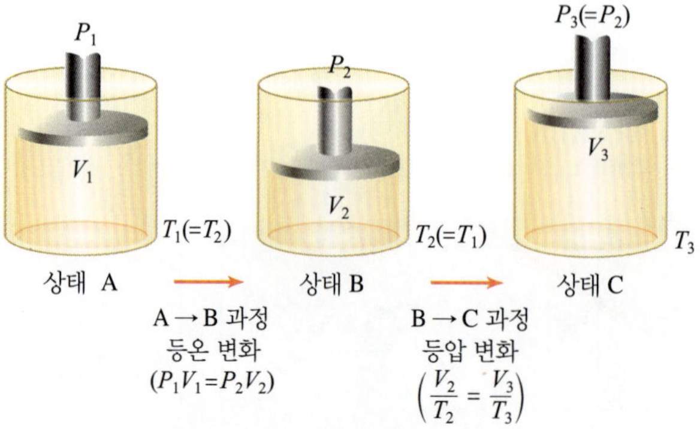

그림 9.21 등온 변화와 등압 변화 과정의 비교

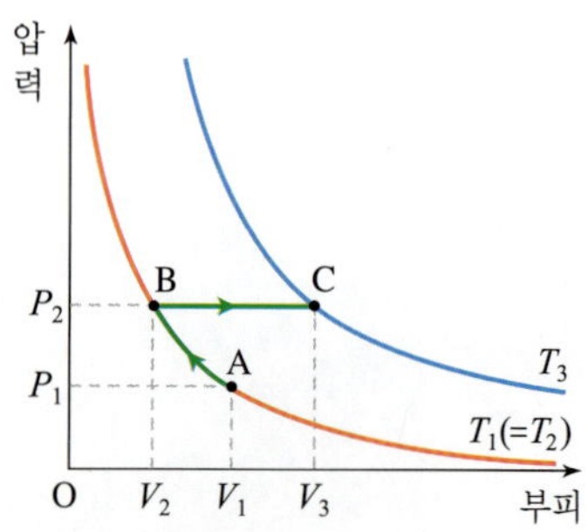

그림 9.22 보일–샤를의 법칙

보일–샤를의 법칙: 기체의 부피는 절대 온도에 비례하고 압력에 반비례한다.

보일–샤를의 법칙은 압력과 온도가 모두 변하는 경우에 대해서 보일의 법칙과 샤를의 법칙을 하나로 묶은 법칙이다.

샤를의 법칙 그래프에서 직선을 0 ℃ 이하로 연장시키면 온도축과 −273 ℃에서 만나게 되는데, 이 온도에서 기체의 부피가 0이 되는 것을 알 수 있다. 그러나 실제 기체의 경우 온도가 한없이 내려간다고 해서 완전히 없어지지는 않는다. 기체의 부피가 0이 되기 전에 상태의 변화가 일어나서 액체나 고체가 될 것이다. 다시 말하면 극저온의 경우 보일–샤를의 법칙이 엄밀히 성립하지 않는다. 그래서 이론적으로 보일–샤를의 법칙이 정확히 성립하는 기체를 생각하게 되었다. 이러한 기체를 **이상기체**(ideal gas)라고 한다.

5) 기체의 상태방정식

이상기체는 분자의 크기와 분자들 사이의 상호 작용을 무시할 수 있으며, 기체 분자 사이의 퍼텐셜 에너지는 0이고, 분자들은 완전 탄성 충돌을 한다. 또한 이상기체는 냉각시키거나 압축시켜도 액화나 응고가 일어나지 않는다. 이상기체는 결코 가상적인 것이 아니다. 보통 기체의 경우에도 압력이 낮거나 온도가 높은 경우에는 이상기체와 동일한 성질을 가진다는 것이 확인되었다. 이상기체도 보일–샤를의 법칙에 의하여 일정량의 기체는 온도와 압력의 변화에 관계없이 $\frac{PV}{T}$의 값이 항상 일정하다. 그러면 그 값이 얼마인지 구해보자.

정밀한 실험에 의하면 온도가 273 K, 압력이 1기압(1.013×10^5 N/m^2)인 상태에서 1몰(mol)의 기체가 차지하는 부피는 기체의 종류에 관계없이 일정하며, 그 값은 22.4 L (22.4×10^{-2} m^3)이다.

$\frac{PV}{T}$에 $T = 273$ K, $P = 1.013\times10^5$ N/m^2, $V = 22.4\times10^{-2}$ m^3/mol을 대입하면 다음 값을 얻는다.

$$\frac{PV}{T} = \frac{(1.013\times10^5\,\mathrm{N/m^2})\times(22.4\times10^{-2}\,\mathrm{m^3/mol})}{273\,\mathrm{K}} = 8.31\ \mathrm{J/mol\ K}$$

이 값은 기체의 종류에 관계없이 이상기체에서는 항상 일정하다. 이값을 **기체 상수**라고 하며 R로 나타낸다. 즉, 다음과 같다.

$$R = 8.31\ \mathrm{J/mol\ K}$$

1몰의 기체에 대해서는 기체 상수는 $R = \frac{PV}{T}$이므로 n몰의 기체에 대해서는

$nR = \frac{PV}{T}$ 이다. 따라서 이 식은 다음과 같이 정리할 수 있다.

$$PV = nRT \tag{9-17}$$

이 관계를 **이상기체의 상태방정식**이라고 한다.

기체 상수 R이 모든 기체에 대해 같은 값을 갖는다는 사실은 자연의 단순성을 잘 나타내 주는 것이다. 이것은 비록 형태는 약간 다르지만 이탈리아의 과학자 아보가드로(A. Avogadro)가 처음으로 언급하였다. 아보가드로는 같은 압력과 온도에서 같은 부피를 가지는 기체는 같은 수의 분자를 포함한다고 하였다. 이것을 **아보가드로 가설**이라고 한다.

> **TIP 기체분자 운동에 등장하는 상수**
>
> - **기체상수 R**: 이상기체상태 방정식에 등장하는 물리상수
> $R = kN_A$
> - **아보가드로수 N_A**: 입자수(N)를 물질량(n)과 관계짓는 비례상수
> $N = nN_A$
> - **볼츠만 상수 k**: 입자수준에서의 에너지와 거시 수준에서 관측한 온도를 연결시켜주는 물리상수
> $k = \frac{R}{N_A}$

기체 1몰 속에 포함되어 있는 분자수를 **아보가드로수**(Avogadro's Number) N_A라고 한다. 아보가드로는 이런 개념은 알고 있었지만 실제로 N_A의 값을 확인하지는 못하였다. 이 값은 20세기에 와서야 정확히 측정되었다. 현재 사용되고 있는 N_A의 값은 다음과 같다.

$$N_A \fallingdotseq 6.02 \times 10^{23}/\text{mol}$$

어떤 기체에 포함되어 있는 **총분자수 N**은 1몰당의 분자수 N_A와 몰수의 곱($N = nN_A$)이다. 이상기체의 법칙을 나타내는 식 (9-17)을 몰수 n 대신 기체의 분자수 N으로 나타낼 수 있다. 즉, 다음과 같다.

$$PV = nRT = \frac{N}{N_A}RT = N\frac{R}{N_A}T$$

$$PV = NkT \tag{9-18}$$

여기서 k는 $k = \frac{R}{N_A}$이며, **볼츠만 상수**(Boltzmann constant)라고 한다. 볼츠만 상수의 값은 다음과 같다.

$$k = \frac{8.31\,\text{J/mol K}}{6.02 \times 10^{23}/\text{mol}} = 1.38 \times 10^{-23}\ \text{J/K}$$

식 (9-18)은 이상기체의 상태방정식인 식 (9-17)을 분자수 N을 사용하여 나타낸 식이다.

9.7 기체 분자의 운동

공기 분자는 우리 눈에 보이지 않지만 하루에 평균 10^{32}번 가량 1609 km/h의 평균 속력으로 서로 부딪치고 있다. 이런 기체 분자들은 압력과 온도의 영향을 받는다. 분

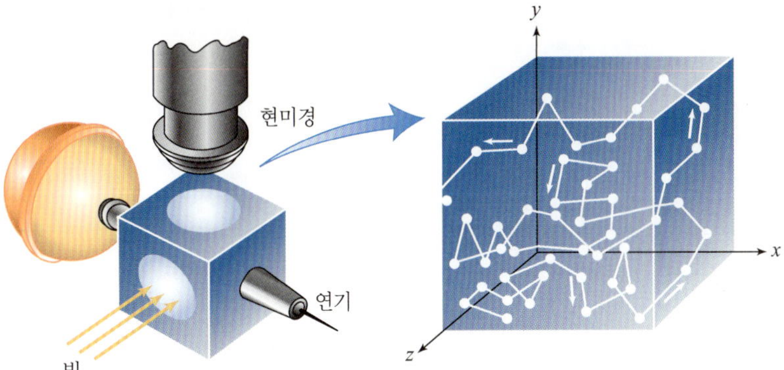

(가) 브라운 운동 관찰장치 (나) 연기 입자의 무질서한 운동모습

그림 9.23 브라운 운동을 설명하는 그림

자의 수준에서 기체 분자의 운동이 압력과 온도에 의해 어떻게 되는지 알아보자.

1) 열운동

앞에서 기체는 액체나 고체에 비해서 분자 사이의 거리가 멀기 때문에 분자 사이에 작용하는 힘은 거의 무시할 수 있다. 따라서 기체 분자들은 임의의 방향으로 제멋대로 무질서한 운동을 한다. 이러한 분자의 운동은 온도가 올라가면 더운 활발해지는데, 이러한 현상을 분자의 **열운동**이라고 한다.

열운동은 그림 9.23의 (가)와 같은 연기 상자 속에 연기를 넣고 현미경으로 관찰해 보면 알 수 있다. 이때 연기 입자는 그림 (나)에서 보는 바와 같이 매우 복잡하고 불규칙한 운동을 한다. 이러한 운동을 **브라운 운동**(Brownian motion)이라고 한다. 연기 입자의 브라운 운동은 기체 분자들이 연기 입자와 충돌하기 때문에 나타나는 것이므로 기체 분자들도 불규칙한 운동을 한다는 것을 알 수 있다. 그런데 수많은 분자들의 운동을 분자 하나하나의 운동으로 다루는 것은 거의 불가능하므로 통계적인 방법을 통해서 분자의 운동을 기술하게 된다.

▲ 사용한 부탄 가스통은 구멍을 뚫어 안에 남아있는 기체를 빼고 버려야 한다.

2) 기체 분자의 운동과 압력

밀폐된 용기에 들어 있는 기체 분자들은 그림 9.24에서와 같이 열운동을 하면서 용기의 벽에 부딪쳐 벽면에 힘을 작용하게 된다. 이렇게 수많은 분자들이 벽에 부딪치는 힘이 기체의 압력으로 나타나는 것이다.

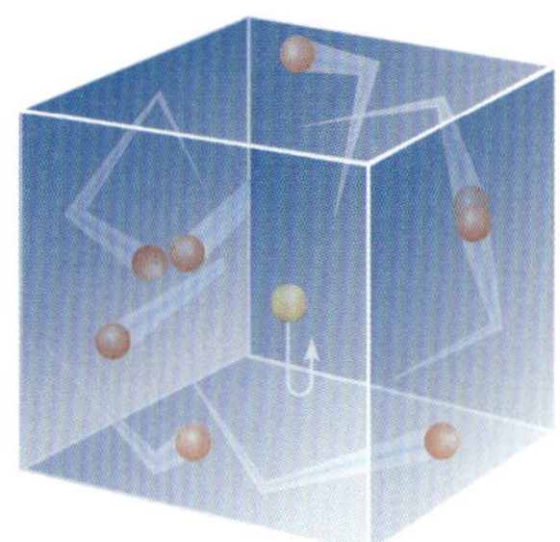

그림 9.24 기체 분자의 운동 정도가 곧 기체의 압력이다.

◈ **기체 분자의 압력** 기체 분자들이 용기의 벽에 충돌하여 벽에 미치는 압력을 구해 보자. 그림 9.25와 같이 각 변의 길이가 L인 정육면체의 상자 안에 질량 m인 분자 N개

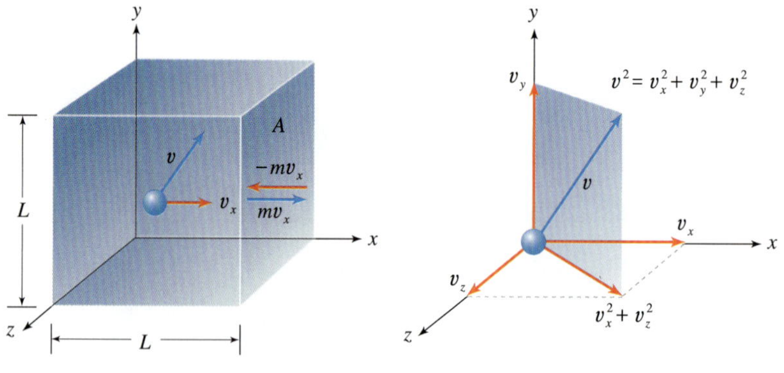

그림 9.25 기체 분자의 운동과 속도성분

가 평균 속도 v로 자유롭게 운동하고 있다고 생각하자. 이 기체 분자들은 열운동을 하면서 상자의 벽에 부딪혀 벽면에 힘을 작용하게 된다. 이 힘이 곧 기체의 압력이 되는 것이다. 이 힘을 구하기 위해 먼저 여러 개의 분자 중에서 분자 1개를 택하여 관찰하고 그 결과를 전체 분자로 확대하여 생각해 보자.

그림 9.25의 (가)에서와 같이 질량 m인 기체 분자 1개가 $+x$방향으로 속력 v_x로 운동하여 벽면 A와 탄성 충돌을 한다면, 벽면과 충돌하기 전의 분자의 운동량은 mv_x이고 충돌 후의 운동량은 $-mv_x$이다. 따라서 충돌 전후의 운동량의 변화 $\Delta(v_x)$는 다음과 같다.

$$\Delta(mv_x) = -mv_x - mv_x = -2mv_x$$

그리고 기체 분자가 x축을 따라 벽면을 1회 왕복하는 데 걸리는 시간 Δt는 $\frac{2L}{v_x}$이므로 이 분자 한 개가 시간 Δt 동안에 벽에 미치는 평균 힘 f_x는 다음과 같다.

$$f_x = \frac{\Delta|mv_x|}{\Delta t} = 2mv_x \times \frac{v_x}{2L} = \frac{mv_x^2}{L}$$

이때 상자 내의 분자는 무질서한 운동을 하므로 위의 식의 v_x^2 대신 평균값 $\overline{v_x^2}$를 이용하자. 상자 속의 총분자수를 N이라고 하면 이들 총분자가 시간 Δt 동안 상자의 벽에 작용하는 힘 F는 다음과 같다.

$$F = N\frac{m\overline{v_x^2}}{L} \tag{9-19}$$

실제로 기체 분자는 상자의 벽면에 비스듬히 충돌하는 경우가 대부분이므로 기체 분자의 속도 v와 이 속도의 세 방향 성분 v_x, v_y, v_z 사이에는 $v^2 = v_x^2 + v_y^2 + v_z^2$의 관계가 있다. 상자 내부에서는 많은 기체 분자들이 무질서하게 운동하고 있으므로 분자 운동의 상태는 어떤 방향으로나 동등하게 나타난다고 생각할 수 있다. 그러면

$\overline{v_x^2} = \overline{v_y^2} = \overline{v_z^2} = \frac{1}{3}\overline{v^2}$이 된다. 따라서 기체가 작용하는 압력 P는 상자의 벽 A에 단위 면적당 작용하는 힘이므로 다음과 같이 나타낼 수 있다.

$$P = \frac{F}{L^2} = \frac{Nm\overline{v^2}}{3L^3}$$

그런데 상자의 부피가 $V = L^3$이므로 윗식은 다음과 같다.

$$P = \frac{1}{3}\frac{N}{V}m\overline{v^2} \tag{9-20}$$

기체의 압력은 기체 분자수가 많을수록, 질량이 큰 분자일수록, 평균속도가 빠를수록, 그리고 부피가 작을수록 커진다.

◈ **기체 분자의 평균에너지** 기체 분자의 평균 운동 에너지는 기체의 온도와 어떤 관계가 있는지 알아보자. 식 (9-20)은 다음과 같이 다시 쓸 수 있다.

$$PV = \frac{1}{3}Nm\overline{v^2} = \frac{2}{3}N\left(\frac{1}{2}m\overline{v^2}\right) \tag{9-21}$$

이 식에서 $\frac{1}{2}m\overline{v^2}$은 기체 분자 한 개의 평균 운동 에너지 $\overline{E_k}$를 의미하므로 식 (9-21)은 다음과 같이 나타낼 수 있다.

$$PV = \frac{2}{3}N\overline{E_k} \tag{9-22}$$

한편, 이상기체의 상태 방정식은 $PV = nRT$이므로 식 (9-21)과 (9-22)에서 기체 분자 한 개의 평균 운동 에너지 $\overline{E_k}$는 다음과 같다.

$$\overline{E_k} = \frac{1}{2}m\overline{v^2} = \frac{3}{2}\frac{nRT}{N} \tag{9-23}$$

여기서 아보가드로수를 N_A라고 하면 n몰의 기체의 분자수 N은 $N = nN_A$이므로 식 (9-23)에서 상수 $\frac{nR}{N}$은 $\frac{R}{N_A}$이 된다. 이 값은 앞에서 공부한 **볼츠만 상수** k이다. 따라서 기체 분자 한 개의 평균 운동 에너지는 다음과 같이 나타낼 수 있다.

$$\overline{E_k} = \frac{3}{2}kT \tag{9-24}$$

이 식은 기체가 열을 받아 온도가 높아지면 분자들의 열운동이 활발해져서 평균 운동 에너지가 커지게 되며, 열이 에너지의 한 형태임을 확인해 준다.

기체 분자의 평균 운동 에너지는 기체의 종류, 압력 등에 무관하고 오직 온도에만 관련이 있다.

◈ **기체 분자의 평균 속력** 온도가 T일 때 질량이 m인 기체 분자의 평균 속력은 어떻게 구할 수 있을까?

기체 분자의 평균 운동 에너지는 $\overline{E}_k = \frac{1}{2}m\overline{v^2}$이고, 식 (9-24)에서 $\frac{1}{2}m\overline{v^2} = \frac{3}{2}kT$이므로 분자의 평균 속력은 다음과 같이 나타낼 수 있다.

$$\bar{v} = \sqrt{\frac{3kT}{m}} \tag{9-25}$$

식 (9-25)에서 분자의 평균 속력은 분자의 질량이 클수록 작아진다는 것을 알 수 있다.

이제까지 살펴본 바와 같이 기체 분자들은 매우 무질서한 운동을 하지만 이러한 분자 운동에 대하여 통계적 평균값을 취하고 뉴턴의 운동 법칙을 적용하면 기체의 여러 특성을 알아낼 수 있다.

예제 1 기체의 밀도를 d라고 할 때, 식 (9-20)에서 압력 P를 d와 $\overline{v^2}$으로 나타내어라.

풀이

$P = \frac{1}{3}\frac{N}{V}m\overline{v^2}$에서 $m = Nm$이므로 기체의 밀도는 $d = \frac{M}{V} = \frac{Nm}{V}$이다.

따라서 $P = \frac{1}{3}\frac{Nm}{V}\overline{v^2} = \frac{1}{3}d\overline{v^2}$이다.

예제 2 기체 상수 R의 단위는 J/Kmol이다. 이것을 cal/Kmol로 나타내면 기체 상수의 값은 얼마인가?

풀이

1 cal = 4.2 J이므로

$R = 8.31\ \text{J/Kmol} = 8.31 \times \frac{1}{4.2} = 2\ \text{cal/Kmol}$이다.

예제 3 온도를 일정하게 유지하면서 기체를 팽창시켰을 때 기체의 압력은 감소한다. 이 성질을 기체 분자 운동으로 설명하라.

풀이

온도가 일정하므로 기체·분자의 속도는 일정하지만 부피가 증가하므로 분자 사이의 거리가 멀어지기 때문에 충돌 횟수가 감소하여 기체의 압력이 감소하게 된다.

읽을 거리

기체의 분자 운동

▪ 기체 분자 운동론(kinetic theory of molecules)

물리학자들은 자연을 이해하는 방법으로 모형을 구상하고 그 모형으로 수리적으로 추리한 바를 검증한다. 검증 결과 타당성이 밝혀지면 그 모형은 물리학의 지식으로 인정을 받는다. **기체 분자의 운동 양상을 알아보기 위해 뉴턴의 운동법칙을 적용한 것이 기체 분자 운동론**이다. 이 모형으로 추측한 결과 실제 기체의 성질과 잘 일치하였다.

기체 분자 운동론은 기체를 분자나 입자의 형태로 단순화시켜 기술하는 이론으로 몇 가지 가정을 만족시키는 이상기체에 의해 제안된 모형이다. 즉 기체 분자는 질량은 존재하지만 부피는 존재하지 않으며, 서로에 힘을 주고받지 않는다. 그리고 기체 분자가 일으키는 모든 충돌은 완전 탄성 충돌이며, 어떤 온도나 압력에도 절대로 액화 또는 승화되지 않는다고 가정한다. 또한 평균 분자 운동 에너지는 절대 온도에만 비례하며, 분자의 크기, 모양 및 종류에는 영향을 받지 않는다고 가정되었다. 이 이론은 19세기에 영국의 과학자 맥스웰(J. C. Maxwell, 1831~1879)과 오스트리아 과학자 볼츠만(L. E. Boltzmann, 1844~1906)에 의해 제안되어 현대과학의 중요한 개념 중의 하나가 되었다.

이 모형은 극히 희박한 상태의 고온 기체에 대해서만 적합한 근사치를 얻을 수 있으며, 고밀도 기체의 작용을 정확하게 기술할 수는 없다. 또한 일부 기체들의 점성 · 열전도 · 전기전도 · 확산 · 열용량 등의 개념은 개괄적으로 설명이 가능하나 응축 등 다양한 기체의 현상들을 설명하기 위해서는 적절하게 수정되어야 한다. 이 모형으로 기체 분자의 평균 자유 행로를 설명하고 평균속도를 구할 수 있다.

▪ 평균 자유 행로(mean free path)

기체 분자의 운동론에 의하면 실내 온도에서 분자는 상당히 큰 속력으로 움직이고 있다. 그러나 밀폐된 방 안에서 향수병을 열면 그 냄새가 방 전체에 퍼져나가는 데는 약간 시간이 걸린다는 것을 알 수 있다. 이것은 이론적인 값(수 분의 1초)과는 다르다. 모순 같지만 분자가 방 한 구석에서 다른 끝까지 곧바로 갈 수 없고 무수히 많은 충돌 이후에야 비로소 그 거리에 도달할 수 있기 때문이다. 개개의 분자가 이동하는 행로는 그림과 같이 매우 무질서하며 충돌할 때마다 속도가 변한다. 각 분자의 속력은 크지만 어떤 방향으로 움직이는 속도는 매우 작다. **분자는 한 번 충돌하고 나서 다음 충돌할 때까지는 등속운동을 한다. 충돌하는 사이에 분자가 움직이는 평균 거리를 평균 자유 행로라고 하며 운동론으로 기체를 기술하는 데 중요한 양이다.**

평균 자유 행로는 기체의 성질과 구성 요소에 따라 달라지며 또 기체의 밀도에 따라 달라진다. 평균 자유 행로를 계산하기 위하여 간단한 모형을 쓴다. 즉 분자들은 모두 일정한 속력으로 움직이고 있으며 직경이 구형으로 되어 있다고 가정한다. 이러한 가정 하에서 각 분자의 단위 시간당 충돌수를 계산할 수 있고 그 속력을 알 수 있으므로 자유 평균 행로를 얻을 수 있다.

▲ 기체 분자는 A에서 B까지 이동하는 데 여러 번 충돌하고 속도가 변한다

진공의 단위와 이용

진공(vacuum)이란 라틴어로 vacua 즉 '기체가 없는 공간의 상태'를 뜻하고, 한자어로 眞空 '완전히 빈 공간'을 의미한다. 이상적인 진공상태일 때의 압력은 0이다. 그러나 완전 진공 상태를 만들기는 어렵다. 그러므로 우리가 사용하는 진공이라는 표현은 일반적으로 대기압보다 낮은 기체의 상태 압력을 말한다.

우리의 일상생활 속에는 진공과 직·간접적으로 관련이 있는 분야가 수없이 많다. 진공 보온병, 진공 청소기, 식품 포장, 네온사인, 전자부품의 집적 회로 등이 진공 공정을 통해 만들어진다. 또한 박막제작, 전자현미경, 각종 디스플레이장치 등 기술적인 분야에서도 진공기술이 이용되고 있다. 진공이 필요한 가장 큰 이유는 오염의 염려가 없는 깨끗한 환경을 얻을 수 있다는 것이다.

진공의 단위는 몇 가지로 나타내는데 분야에 따라 사용하면 편리하다. 국제 단위에서는 Pa(파스칼)을 사용하며, 1 Pa = 1 N/m^{2}의 관계가 있다. 그러나 Pa의 단위가 너무 작기 때문에 일기 예보와 같은 기상 분야에서는 그 100배 단위인 hPa(헥토 파스칼)을 사용한다. 이 밖에도 mmHg, torr(1torr = 133.3 Pa), mbar(밀리바) 등이 있고, 서양에서는 lb/in^{2}이 사용되고 있다. 각 단위들 사이의 환산관계는 다음과 같다.

- 1 hPa = 1 mbar = 1/1000 bar = 100 N/m^2 = 0.75 mmHg
- 1 기압 = 1 atm = 76 cmHg = 760 mmHg = 1013.25 hPa

진공의 분류는 연구분야에 따라 조금씩 다르나 일반적으로 다음과 같이 구분한다.

- 지진공(low vacuum, LV) : 1기압~10^{-3} torr(음식건조, 박막증착, 플라즈마 공정, 네온사인 등)
- 고진공(high vacuum, HV) : 10^{-7}~10^{-3} torr(전자현미경 사용, 브라운관 제작, 이온주입 등)
- 초고진공(ultrahigh vacuum, UHV) : 10^{-8} torr 이하(핵융합 및 우주관련 연구 등)

대기압은 지표에서 멀어지면 기체 분자의 수가 줄어들어 감소한다. 지상에서 100 km까지 대기압은 매 15 km마다 1/10씩 줄어들어 지상 90 km에서의 압력은 10^{-3} torr로 낮아진다. 그러나 지상에서 100~ 400 km공간에서는 이온화되어 있는 분자들이 많아서 100~200 km마다 압력이 약 1/10씩 감소한다.

진공 코팅 기술은 시계, 안경, 가정용품, 가짜 보석 등의 표면의 색상이 오래가도록 하기 위한 장식용에 이용될 뿐만 아니라, 초경질 표면이 요구되는 공구, 기계 부품 등의 표면 강화에도 이용된다.

▲ 진공 증착 장치

▲ 진공을 만드는 진공 펌프

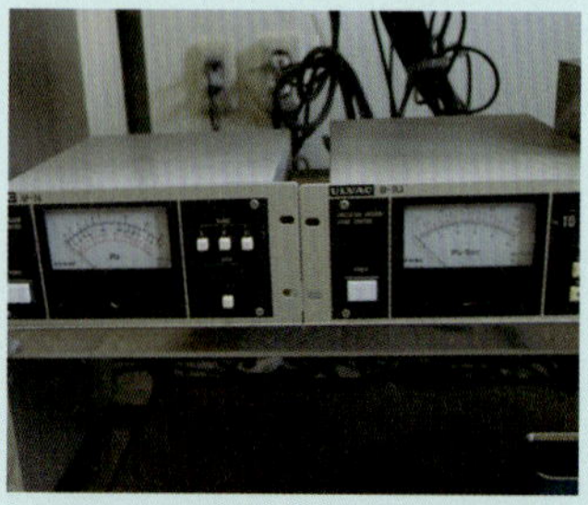

▲ 진공도를 측정하는 진공 측정 장치

연습문제

풀이 ☞ 378쪽

1. 다음 설명 중에서 잘못 설명한 것은?

① 열은 높은 곳에서 낮은 곳으로 흐른다.

② 절대 온도와 섭씨 온도의 눈금 간격은 같다.

③ 온도가 다른 두 물체를 접촉시켰을 때 고온의 물체가 잃은 열량은 저온의 물체가 얻은 열량과 같다.

④ J은 에너지의 단위이며 열량의 단위는 아니다.

⑤ 열의 일당량의 단위는 J/kcal이다.

2. 어느 물체의 온도를 1 K 올리는 데 필요한 열량을 무엇이라 하는가?

① 열량　② 열용량　③ 비열

④ 열의 일당량　⑤ 물당량

3. 다음 물질 중 비열이 가장 큰 물질은?

① 알루미늄　② 철　③ 얼음

④ 바닷물　⑤ 물

4. 40 °C 물 100 g에 1000 cal의 열량이 가해졌다. 물의 최종 온도는 몇 °C인가?

① 10 °C　② 32 °C　③ 50 °C

④ 80 °C　⑤ 100 °C

5. 다음 표는 여러 가지 물질의 비열과 질량을 나타낸 것이다. 같은 열량을 가했을때온도변화가 가장 작은 것은?

〈9급 지방직 공무원 공채 출제〉

물질	A	B	C	D
비열(kcal/(kg·°C))	0.2	1.0	0.3	0.25
질량(kg)	15	2.5	5	8

① A　② B　③ C　④ D

6. 줄의 실험 장치인 그림 9.2에서 추 한 개의 질량은 1.7 kg이고, 추가 낙하한 거리는 50 cm이다. 추를 20회 낙하하여 물의 온도가 0.4 K 상승하였다면 열의 일당량은 얼마인가? 단, 열량계의 열용량은 200 cal/K이다.

7. 20 ℃의 물 0.5 kg에 −10 ℃의 얼음을 넣어서 0 ℃의 물을 만들려고 한다. 이때 20 ℃의 물에 넣어야 할 얼음의 최소량은 얼마인가?
단, 얼음의 비열은 0.5 kcal/kg K이고, 융해열은 80 kcal/kg이다.

8. 0 ℃일 때 놋쇠로 만든 정확한 자가 있다. 이 자의 온도가 30 ℃일 때 어떤 물체의 길이를 측정하였더니 정확하게 100.0 cm이었다. 30 ℃에서 이 물체의 정확한 길이는 몇 cm인가?
단, 놋쇠의 선팽창계수는 0.001 $℃^{-1}$이다.

9. 다음 (　　) 안에 알맞은 말을 넣으시오.
일반적으로 물체를 가열하면 특정한 온도에서 상태가 변하며, 상태가 변하는 동안에는 열을 가해도 온도가 올라가지 않는데 이때 공급되는 열을 (①)이라고 한다. 이와 같은 종류의 열에는 고체가 액체로 변할 때의 (②), 액체가 기체로 변할 때의 (③)이 있다.

10. 1 mol 기체의 부피는 0 ℃ 1기압에서 22.4 L이다. 그렇다면 2기압, 273 ℃에서 부피가 4 L인 기체는 몇 mol인가?
① 0.18　② 0.36　③ 0.54
④ 0.72　⑤ 0.90

11. 부피가 2 L인 용기에 들어있는 기체의 온도가 20 ℃이고, 압력은 10×10^5 N/m^2이었다.
(1) 기체 한 분자의 평균 운동 에너지는 얼마인가?
(2) 용기 내의 기체 분자의 총 수는 얼마인가?

12. 그림과 같이 21 ℃의 공기 중에 있던 플라스크를 주둥이의 끝이 잠길 정도로 77 ℃의 물속에 넣으면 플라스크 안에 있는 공기의 몇 %가 밖으로 빠져나오겠는가? 단, 플라스크의 열팽창은 무시하고, 플라스크 안의 공기는 외부와 열평형 상태에 있다고 하자.

10장

열역학의 법칙

© 김영유

▲ **열기관(샤프베르크 산악열차)**
오스트리아 짤츠캄마굿(Austria, Salzkammergut)에서 샤프베르크(Schafberg) 산정(해발 1783 m)까지 관광객을 수송하는 증기기관차. 이 산악 열차는 1893년부터 현재까지 운행되고 있으며, 총 5.85 km를 오르는 데 35분이 소요된다. 증기기관은 화석연료를 연소시켜 보일러가 공급하는 뜨거운 증기가 팽창해 발생되는 열 에너지의 일부가 일로 변환되어 동력을 얻는다. (오스트리아에서 촬영)

열역학은 열과 일 사이의 관계를 연구하는 물리학의 한 분야이다. 열이 에너지 전달의 한 형태라는 인식과 열에 관한 에너지 보존 법칙의 적용은 열역학의 기본적인 개념이다. 열역학은 산업 혁명에 큰 역할을 한 증기기관의 발명과 깊은 관련이 있다. 증기기관의 출현으로 사람이 하는 노동을 열기관이 대신하게 되었으며, 열기관의 효율을 높이려는 연구를 계속하였다.
열을 포함한 에너지의 보존과 열이 이동하는 방향에 관한 규칙성 그리고 열기관의 특성에 대해 알아보자.

10.1 열역학 제1법칙

18세기 과학자들은 열은 **열소**(caloric)라고 하는 눈에 보이지 않는 유동체로서 고온의 물체에서 저온의 물체로 물처럼 흐르는 것이라고 생각하였다. 그리고 열소는 그들이 서로 상호작용하는 동안에도 보존된다고 믿었으며, 이것이 에너지 보존 법칙으로 이어지게 되었다. 현재는 열소 이론은 사라지고 열은 에너지의 한 형태로 정립되어 있다. 열현상에서 나타나는 열역학 제1법칙에 대해 알아보자.

1) 내부 에너지

물체가 정지해 있더라도 분자들이 물체 내부에서 끊임없이 운동하고 있기 때문에 운동 에너지를 가지고 있다. 뿐만 아니라 분자들 상호 간에 작용하는 힘에 의한 퍼텐셜 에너지도 가지고 있다. 이와 같이 물체 내의 분자들이 가지고 있는 운동 에너지와 퍼텐셜 에너지의 합을 그 물체의 **내부 에너지**(internal energy)라고 한다.

내부 에너지 = 운동 에너지 + 퍼텐셜 에너지

내부 에너지는 물질의 상태에 따라 운동 에너지와 퍼텐셜 에너지의 비율이 약간 다르다. 우선 고체나 액체의 경우는 분자 사이의 인력이 매우 중요하기 때문에 내부 에너지에서 퍼텐셜 에너지가 차지하는 비율이 높다. 그러나 기체의 경우에는 분자 사이의 거리가 매우 멀기 때문에 퍼텐셜 에너지보다 운동 에너지의 비중이 더 크다. 특히 이상 기체의 경우는 분자들이 충돌할 때를 제외하고는 서로 힘을 미치지 않기 때문에 분자 사이의 힘을 0으로 생각할 수 있다. 따라서 이상 기체의 분자는 퍼텐셜 에너지는 없고 운동 에너지만 가지고 있으므로 이상 기체의 내부 에너지는 분자의 평균 운동 에너지만으로 나타낼 수 있다.

온도가 T인 기체 분자 한 개의 평균 운동 에너지는 식 (9-24)에서 $\overline{E_k} = \frac{3}{2}kT$이므로 헬륨(He)이나 네온(Ne)과 같은 단원자 분자로 구성된 이상 기체 1몰의 내부 에너지 U는 다음 식으로 나타낼 수 있다.

$$U = N_0 \overline{E_k} = N_0 \frac{3}{2} kT = \frac{3}{2} RT \tag{10-1}$$

따라서 n몰의 이상 기체의 내부 에너지는 다음과 같다.

$$U = \frac{3}{2} nRT \tag{10-2}$$

이 식에서 기체의 내부 에너지는 기체의 분자수와 절대 온도에 의해서 결정된다는 것을 알 수 있다.

수소(H_2)나 산소(O_2)와 같이 2개의 원자로 구성된 이상기체 분자의 경우에는 단원자 분자로 된 이상기체 분자에 비해 회전 운동에 의한 에너지를 kT만큼 더 가지고 있다. 따라서 이 회전 운동을 위한 운동 에너지가 더 필요하게 되므로 **이원자 분자로 이루어진 기체의 내부 에너지는 $\frac{5}{2}nRT$가 된다.**

2) 기체가 하는 일

열을 일로 바꾸려면 열기관이 필요하다. 대부분의 열기관은 기체의 팽창을 이용하여 일을 한다. 기체가 하는 일은 어떻게 나타낼 수 있을까?

그림 10.1과 같이 실린더 내부에 들어 있는 기체에 열을 가하면 기체의 부피가 팽창하면서 피스톤을 윗쪽으로 밀어낸다. 이때 기체의 압력을 P, 피스톤의 단면적을 A라고 하면 피스톤에 작용하는 힘은 $F = PA$이다. 이 힘에 의해 피스톤이 Δx만큼 밀려나는 동안 기체의 부피가 ΔV만큼 변한다면 기체가 한 일 W(J)는 다음과 같다.

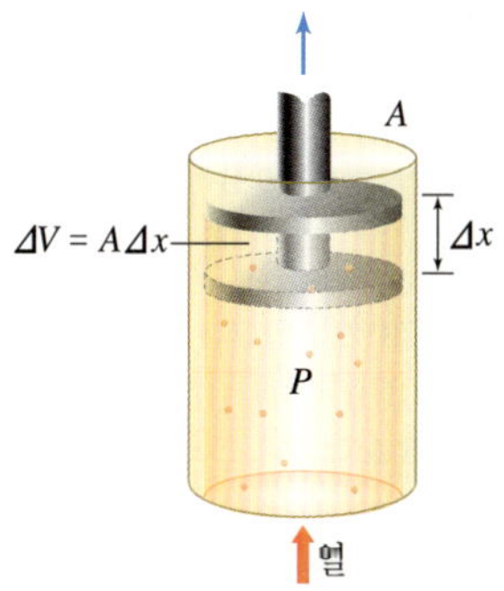

그림 10.1 열에 의한 기체의 팽창

$$W = F\Delta x = PA\Delta x = P\Delta V \quad (10\text{-}3)$$

즉, 기체가 하는 일은 기체의 압력과 부피의 변화에 의해 결정된다.

기체가 팽창하는 경우에는 부피의 변화는 $\Delta V > 0$이므로 기체는 피스톤을 밖으로 밀어낸 것이므로 기체가 밖으로 일을 한 것이 된다. 반대로 기체가 압축되는 경우에는 $\Delta V < 0$이 되며, 피스톤이 기체를 안쪽으로 밀어 넣는 것이므로 기체는 외부로부터 일을 받은 것이 된다.

또한, 기체가 하는 일의 양은 기체의 부피가 변하는 동안 압력이 일정한지, 변하는지에 따라 달라진다. 이런 경우에 일은 어떻게 구할 수 있을까?

압력이 일정한 상태에서 기체의 부피가 V_1에서 V_2로 변한 경우에는 기체가 한 일의 양은 그림 10.2의 (가)와 같이 압력과 부피의 관계 그래프의 아랫부분의 넓이가 된다. 따라서 기체가 한 일은 다음과 같이 나타낼 수 있다.

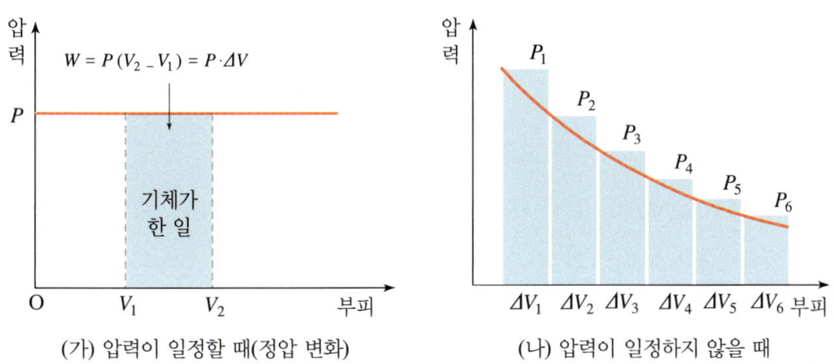

그림 10.2 기체가 한 일은 압력과 부피의 곱과 같다.

$$W = P\Delta V = P(V_2 - V_1)$$

그러나 실제로 기체가 팽창할 때에는 압력을 일정하게 유지시키기가 어렵다. 실제로 부피가 팽창하면 압력이 감소하는 경우가 대부분이다. 이때에도 기체가 한 일은 그래프 아래의 넓이가 된다. 그러나 이 경우에는 압력이 일정할 때처럼 일의 양을 간단히 구하기 어렵다. 이때는 그림 10.2의 (나)와 같이 부피가 V_1에서 V_2로 변하는 구간을 아주 작은 구간으로 나누어 보면, 아주 작은 부피 변화 ΔV에 대해서 압력은 거의 일정하다고 생각할 수 있으므로 부피가 변하는 동안 기체가 한 전체의 일은 각 구간에 해당하는 일 $P_1\Delta V_1$, $P_2\Delta V_2$, …의 합으로 구할 수 있다.

3) 열역학 제1법칙을 표현하는 식

TIP 열역학 0법칙

- 열적 평형상태를 설명하는 식
- 두 열역학계 A와 B가 열역학계 C와 각각 열평형 상태이면, A와 B도 열평형 상태이다.

물체를 가열하거나 외부에서 물체에 일을 해 주면 물체의 내부 에너지가 증가한다. 그러나 물체에서 열을 빼앗거나 물체가 외부에 일을 하면 물체의 내부 에너지는 감소한다.

일반적으로 외부에서 기체에 가한 열량을 Q, 기체가 외부에 한 일을 W, 기체의 내부 에너지의 증가량을 ΔU라고 하면 나음과 같은 관계식이 성립한다.

$$Q = \Delta U + W \tag{10-4}$$

이 관계를 열역학 제1법칙(first law of thermodynamics)이라고 한다. 열역학 제1법칙은 열 에너지를 포함한 에너지 보존 법칙으로, 다음과 같이 요약할 수 있다.

> 에너지는 한 형태에서 다른 형태로 전환될 수 있지만, 에너지의 총 양은 항상 일정하게 보존된다.

기체가 외부로부터 열을 받으면 $Q > 0$이고, 열을 잃으면 $Q < 0$이다. 또 기체의 부피가 팽창하여 외부에 일을 하면 $W > 0$이고, 외부에서 일을 받아 부피가 압축되면 $W < 0$이다.

그림 10.3과 같이 실린더에 들어있는 기체에 열을 가할 때 기체의 내부 에너지는 어떻게 되는지 살펴보자.

그림의 (가)와 같이 피스톤을 고정시켜서 기체의 부피를 일정하게 유지하고 열을 가하면 분자 운동이 활발해지면서 기체의 내부 에너지가 증가한다. 이때 기체에 가해준 열량 Q는 모두 내부 에너지의 증가 ΔU에 사용되므로 $Q = \Delta U$가 된다.

그러나 그림 10.3의 (나)와 같이 피스톤을 자유롭게 움직이게 하고 기체에 열량 Q

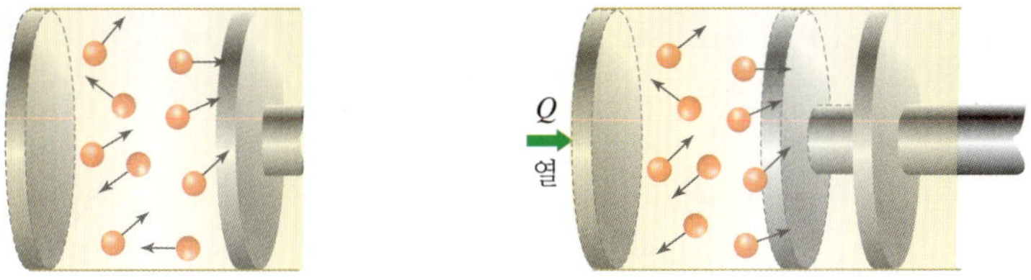

(가) $Q = \Delta U$　　(나) $Q = \Delta U + P\Delta V$

그림 10.3 기체의 내부 에너지의 변화

를 가하면 기체의 부피가 ΔV만큼 팽창하면서 외부에 $P\Delta V$만큼 일을 하고, 나머지는 기체의 내부 에너지로 ΔU만큼 가지므로 열역학 제1법칙은 다음과 나타낼 수 있다.

$$Q = \Delta U + P\Delta V \tag{10-5}$$

이 경우에도 역학적 에너지와 열 에너지의 합은 항상 일정하게 보존된다는 것을 보여주고 있다.

4) 열역학 과정

앞에서 살펴본 바와 같이 기체에 열을 가하면 기체는 내부 에너지를 증가시키거나 외부에 일을 하는 등 여러 변화가 일어난다. 이와 같이 열역학계(계: 하나의 범주 안에 들어가 있는 모든 것을 가리키는 의미)가 외부와 열이나 일을 주고받으면서 변하는 것을 **열역학 과정**이라고 한다. 열역학 과정에는 **정적과정, 정압과정, 등온과정, 단열과정** 등이 있다. 각각의 열역학 과정에서 열역학 제1법칙이 어떻게 응용되는지 알아보자.

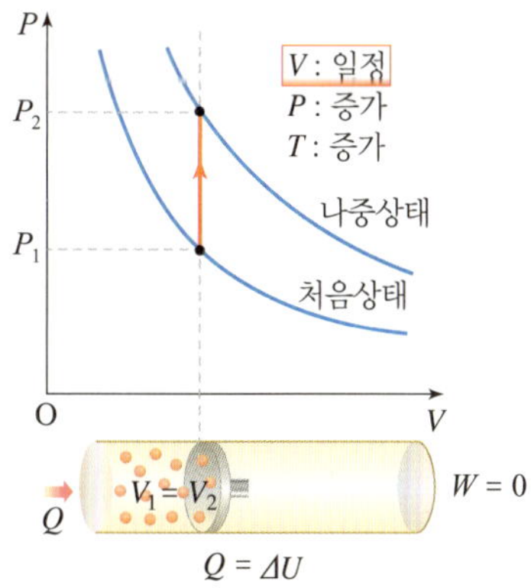

그림 10.4 정적과정(등적과정)

그림 10.4와 같이 실린더 내의 피스톤을 고정시켜서 기체의 부피 V를 일정하게 유지하면서 외부에서 열을 공급할 때 기체의 온도와 압력이 변하는 과정을 **정적과정** 또는 **등적과정**이라고 한다.

정적과정에서는 부피의 변화가 없으므로 $P\Delta V$가 0이 되어 열역학 제1법칙에 적용하면 $Q = \Delta U$이다. 따라서 기체가 흡수한 열은 모두 내부 에너지의 증가로 나타나는 것을 알 수 있다.

◈ **정압과정** 그림 10.5와 같이 실린더 내의 피스톤을 자유롭게 움직이게 하여 기체의 압력 P를 일정하게 유지시키면서 외부에서 열을 공급할 때 기체의 부피와 온도가 변하는 과정을 **정압과정** 또는 **등압과정**이라고 한다.

정압과정에서 기체에 공급되는 열 Q는 기체의 부피를 팽창시켜서 외부에 $P\Delta V$의 일을 하고, 나머지는 내부 에너지 U를 증가시킨다. 따라서 열역학 제1법칙에 적용하면 $Q = \Delta U + P\Delta V$가 된다.

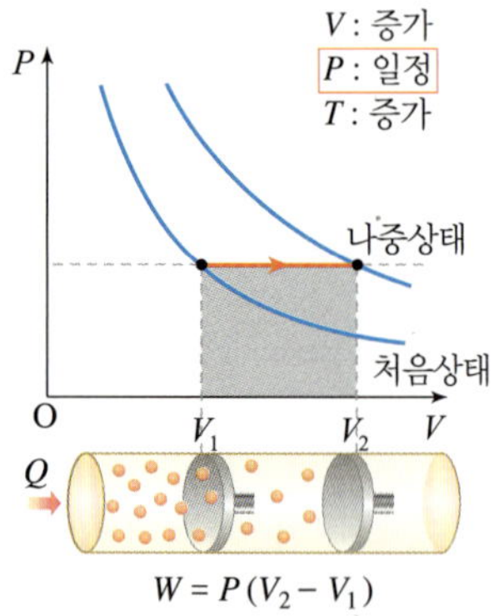

그림 10.5 정압과정(등압과정)

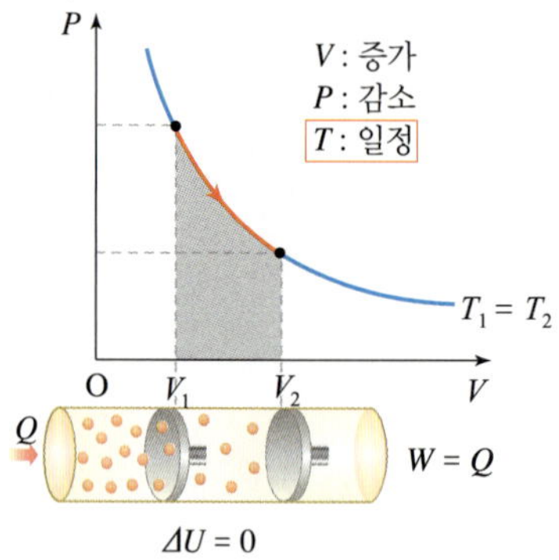

그림 10.6 등온과정

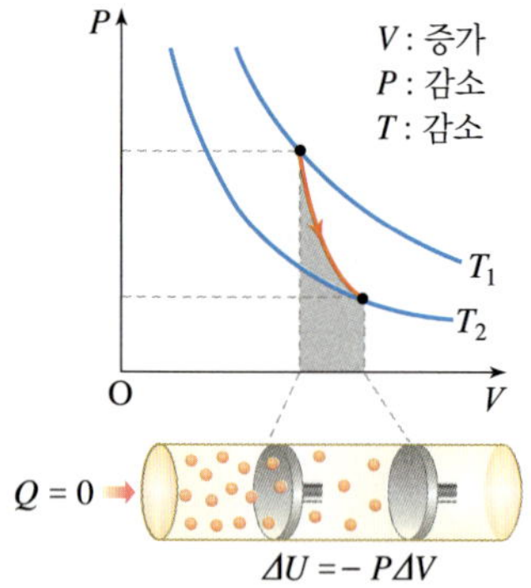

그림 10.7 단열과정

◈ **등온과정** 그림 10.6에서와 같이 실린더 내의 기체의 온도를 일정하게 유지하면서 부피나 압력을 변화시키는 과정을 **등온과정**이라고 한다.

등온과정은 기체의 내부 에너지가 일정한 상태에서 압력과 부피가 변하므로 $\Delta U = 0$이고, 기체에 공급된 열은 모두 외부에 하는 일 W로 나타난다. 따라서 열역학 제1법칙에 적용하면 $Q = W$이다. 등온과정에서 기체가 팽창할 때는 외부로부터 받은 열은 모두 일로 바뀌지만, 반대로 압축될 때에는 기체가 외부로부터 받은 일은 모두 열로 방출된다.

◈ **단열과정** 그림 10.7에서와 같이 외부로부터의 열의 출입을 차단하고 기체의 부피를 변화시키는 과정을 **단열과정**이라고 한다.

단열과정에서는 외부와의 열출입이 없어서 $Q = 0$이다. 따라서 열역학 제1법칙에 적용하면 $\Delta U = -P\Delta V$가 된다.

그림 10.8의 (가)와 같이 피스톤을 당겨서 기체를 팽창시키면 부피가 증가하여 $\Delta V > 0$이 되어 외부에 일을 한다. 기체가 외부에 일을 한 만큼 내부 에너지가 작아지면서 기체의 온도가 내려간다. 이 과정을 **단열팽창**이라고 하며, 이때 압력과 부피 사이의 관계는 그림 10.7의 그래프와 같다.

한편, 그림 10.8의 (나)와 같이 외부와 열의 출입이 없이 피스톤을 눌러서 기체를 압

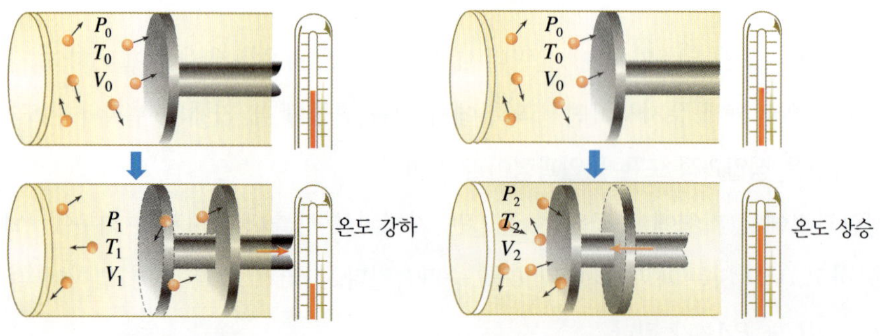

그림 10.8 단열팽창과 단열압축 (가) 단열팽창 (나) 단열압축

축하면 부피가 줄어들므로 $\Delta V < 0$이 되어 외부에서 일을 받는다. 이때는 기체의 내부 에너지가 증가하여 분자 운동이 활발해지면서 기체의 온도가 올라간다. 이 과정을 **단열 압축**이라고 한다.

5) 제1종 영구기관

외부에서의 에너지 공급이 없어도 멈추지 않고 계속해서 일을 할 수 있는 기관을 **제1종 영구기관**이라고 한다. 이런 기관이 존재할 수 있을까? 만일 그런 기관이 있을 수만 있다면 인류의 생존을 위협하는 에너지 부족 문제를 쉽게 해결할 수 있을 것이다.

에너지는 무에서 생겨나는 것도 아니고, 있던 에너지가 없어지는 것도 아니다. 우리는 필요한 에너지를 얻기 위해서 다른 에너지를 사용하거나 일을 해야 한다는 것을 알고 있다. 그러나 옛날부터 많은 사람들은 에너지를 사용하지 않고도 일을 할 수 있는 장치를 만들기 위하여 많은 노력을 해왔다.

그림 10.9는 속이 빈 둥근 통 여러 개를 하나의 줄에 매달고 그 절반인 오른쪽 통은 물속에 담가 놓은 것이다. 그러면 물속에 잠겨 있는 통은 부력을 받아 가벼워지지만 물 밖에 있는 왼쪽 통들은 부력을 받지 못하기 때문에 오른쪽 통들보다 무거워서 통 전체가 반시계방향으로 계속 회전할 것이라고 생각할 수 있다. 그러나 이 장치는 생각과 같이 그렇게 작동되지 않는다. 이 장치를 처음에 왼쪽으로 잡아끈다고 해도 계속 돌지 못한다.

그러면 이 장치는 보편적인 법칙인 열역학 제1법칙을 만족할 수 있을까? 먼저 이 장치에 에너지를 계속 공급해 주지 않는다면 $Q = 0$이라 할 수 있다. 그럼에도 불구하고 이 장치는 계속 회전해야 하므로 $W = \infty$가 되어야 한다. 이것을 열역학 제1법칙에 대입하면 좌변은 0인데 우변은 무한대가 되어 성립하지 않게 된다. 즉, 열역학 제1법칙에 위배된다. 따라서 제1종 영구기관은 당연히 존재할 수 없는 것이다.

TIP 최초의 영구기관

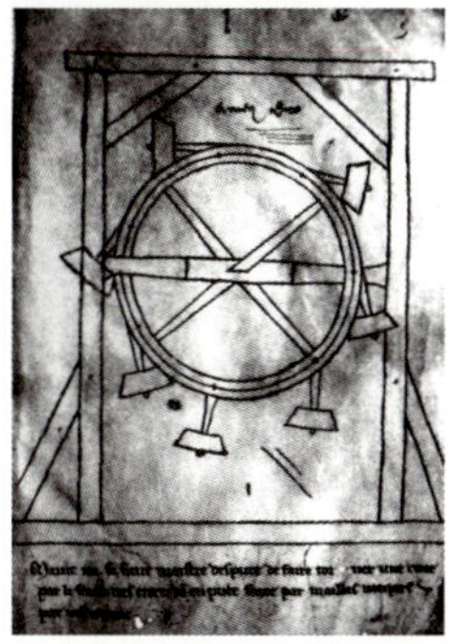

▲ 13세기 건축가 오네쿠르(V. de Honnecourt)는 7개의 망치바퀴가 매달린 원형구조물을 제작하여 영구 기관을 고안하였다. 한쪽 망치가 낙하하면 바퀴가 회전하고 이 회전력에 의해 다른쪽 망치가 위로 올라가는 구조이다. 이 장치는 마찰 등에 의한 에너지 손실 때문에 계속해서 회전할 수 없다.

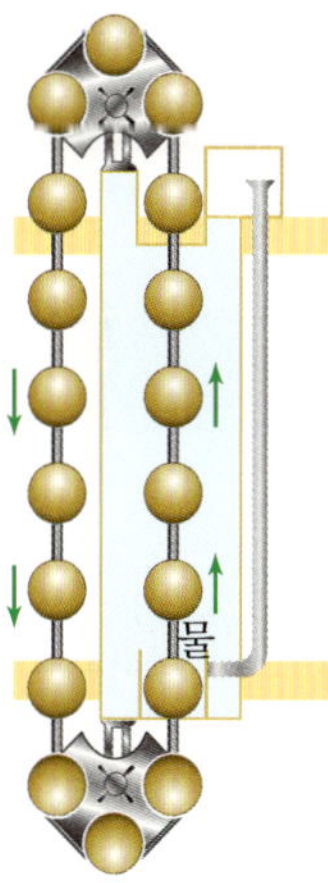

그림 10.9 제1종 영구기관의 구상도

10.2 열역학 제2법칙

그림 10.10과 같이 높은 곳에서 시원스럽게 내려오는 폭포를 보면서 '물은 왜 높은 곳에서 낮은 곳으로만 흐를까' 하고 생각해 본 적이 있는가? 계곡을 따라 흘러내리는 물은 위에서 아래로만 흐를 뿐이지, 언제 어디서도 물이 스스로 아래에서 위로 결코 흐르지 않는다. 이와 같이 우리 주변에서 일어나는 자연 현상들을 보면 일정한 방향성을 가지고 있음을 알 수 있다.

그림 10.10 백두산 장백폭포(2019년 촬영)

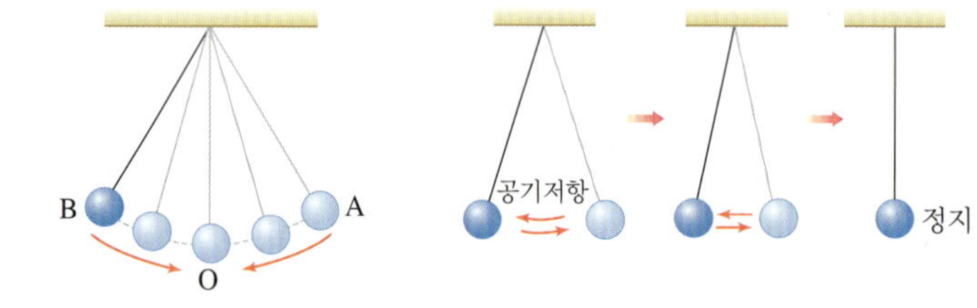

(가) 가역 현상(공기저항이 없다) (나) 비가역 현상(공기저항이 있다)

그림 10.11 가역 현상과 비가역 현상 비교

1) 가역 과정과 비가역 과정

그림 10.11의 (가)와 같이 단진자의 추를 점 A까지 끌어당겼다가 놓으면 점 O를 지나 점 B까지 갔다가 다시 점 A로 되돌아온다. 단진자의 운동은 추의 운동 에너지와 퍼텐셜 에너지의 전환에 의해서 일어나는 것이다. 단진자는 역학적 에너지가 보존되므로 공기의 저항과 마찰이 없다면 단진동을 계속할 것이다. 단진자처럼 물체가 외부로부터 에너지를 받거나 잃어버리지 않고 스스로 원래의 상태로 되돌아가는 현상을 **가역 과정**(reversible process)이라고 한다.

그러나 그림 10.11의 (나)와 같이 공기의 저항이나 마찰에 의해서 진자의 진폭이 점차 작아지다가 결국에는 정지하게 된다. 이처럼 외부로부터 아무런 작용을 받지 않고는 원래의 상태로 되돌아갈 수 없는 현상을 **비가역 과정**(irreversible process)이라고 한다.

비가역 과정의 예를 몇 가지만 더 살펴보자. 고온의 물체와 저온의 물체를 접촉시키면 열은 고온의 물체에서 저온의 물체로 이동하여 얼마 후에는 두 물체가 열평형을 이룬다. 그런데 고온의 물체에서 저온의 물체로 이동한 열은 스스로 다시 고온의 물체로 되돌아 갈 수 없다. 또한 그림 10.12와 같이 물이 들어 있는 컵에 물감을 한 방울 떨어뜨리면 처음에는 물감과 물이 층을 이루다가 얼마 후에는 물감의 분자가 확산되어 물에 고르게 퍼지게 된다. 이렇게 물에 퍼진 물감의 분자가 스스로 한 곳으로 모여 다시 물과 층을 이루는 현상은 결코 일어나지 않는다.

2) 열역학 제2법칙

열이 한 물체에서 다른 물체로 이동하거나 다른 형태의 에너지로 전환되더라도 전체 에너지의 양은 일정하게 보존된다는 것이 열역학 제1법칙이다. 열역학 제1법칙은

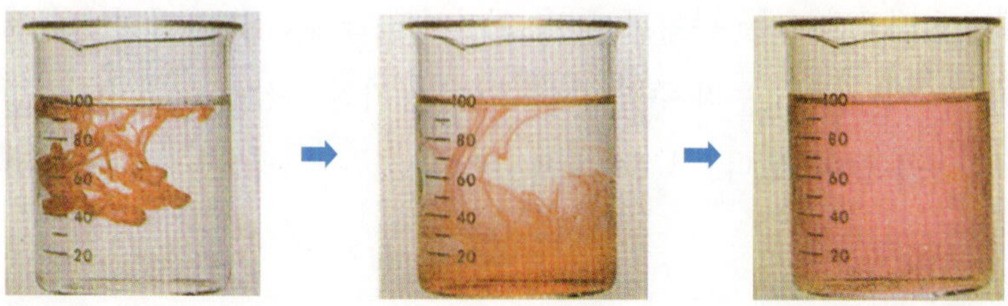

그림 10.12 물감이 물속에서 확산되는 모습

에너지가 보존된다는 것을 설명할 뿐이며 열의 이동 방향에 대해서는 아무런 언급도 없다. 앞에서 살펴본 바와 같이 열은 고온 물체에서 저온 물체로 이동하며, 그 반대 현상은 결코 일어나지 않는다. 그런데 열역학 제1법칙은 열이 저온 물체에서 고온 물체로 이동할 수 없다는 것을 설명하지 못한다.

손바닥을 맞대고 비비면 열이 발생하여 손이 따뜻해진다. 이와 같이 물체의 역학적 에너지가 열 에너지로 전환되기는 쉽다. 그러나 열 에너지가 역학적 에너지로 모두 전환될 수는 없다. 이와 같이 열현상에 수반되는 에너지는 그 전환에 방향성을 가진다는 것을 알 수 있다. 따라서 열현상에서 에너지보존을 나타내는 법칙뿐만 아니라 에너지의 이동 방향을 결정하는 법칙이 필요하다. 이때 계의 무질서한 정도를 정량적으로 표현한 물리량을 **엔트로피**(entropy)라고 한다. **어떤 계가 질서가 있는 상태이면 엔트로피가 작고, 무질서한 상태이면 엔트로피가 크다.** 앞에서 살펴 본 바와 같이 자연 현상의 대부분은 비가역 현상이다. 비가역 현상은 무질서한 방향으로 진행되므로 엔트로피가 증가하는 방향으로 진행된다고 말할 수 있다. 열현상은 비가역성이 현저하다. 여러 비가역 현상을 종합적으로 다음과 같이 표현할 수 있다.

> **TIP** 엔트로피(entropy)
> - 열역학계의 유용하지 않은(일로 변환할 수 없는) 에너지의 흐름을 설명할 때 이용되는 상태함수다.
> - 엔트로피는 보존되지 않고, 열역학 제2법칙에 따라 시간에 따라 증가한다.
> - 기호로 라틴 대문자 S를 쓴다.

> 대부분의 자연 현상은 비가역적으로 한쪽 방향으로 진행할 뿐이고, 그 역으로는 진행하지 않는다.

이와 같은 자연 현상의 비가역성을 **열역학 제2법칙**(second law of thermodynamics)이라고 한다.

여러 과학자들이 비가역성이 뚜렷한 열역학적 현상에서 에너지 이동 방향을 결정하는 법칙인 열역학 제2법칙은 여러 과학자들에 의해 다양하게 표현되었으나 그 내용은 궁극적으로 동일하다.

대표적으로 **클라우지우스**(R.J.E. Clausius) 그리고 **플랑크**(M.planck)는 열원으로부터 열을 전부 흡수하여 일로 바꾸는 과정은 불가능하다고 주장하였다. 다시 말하면 열은 자발적으로 저온 물체에서 고온 물체로 흐르지 않는다고 표현하였다.

10.3 열기관

일상생활에서는 열 에너지를 직접 사용하기도 하고, 열을 역학적 에너지로 바꾸어서 사용하기도 한다. 열 에너지는 물질을 태워서 쉽게 얻을 수 있지만 열 에너지를 역학적 에너지로 바꾸려면 어떤 장치가 필요하다. 열 에너지를 역학적 에너지, 즉 일로 바꾸는 장치를 **열기관**(heat engine)이라고 한다.

그림 10.13 가솔린기관

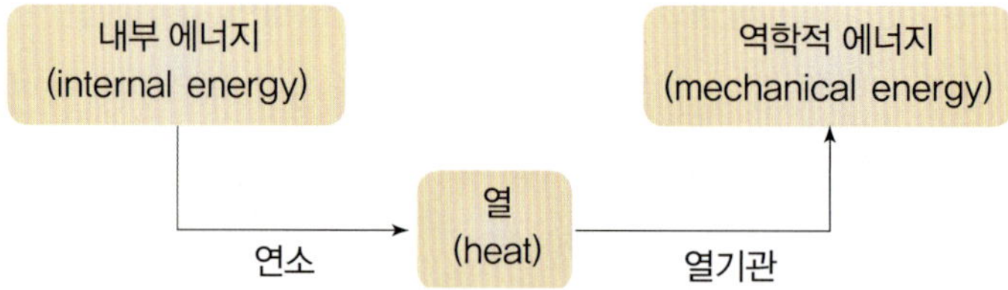

열기관에는 내연기관과 외연기관이 있다. 외연기관은 연료를 연소시켜서 고온의 수증기를 만들어 이 수증기가 팽창할 때의 역학적 에너지를 이용하는 장치로, 증기기관과 증기터빈 등이 있다. 그리고 내연기관은 연료를 기관 안에서 연소시켜서 연소한 기체가 팽창할 때의 역학적 에너지를 이용하는 장치이며, 가솔린 기관, 디젤 기관, 제트 기관 등이 있다.

모든 열기관에는 수증기나 연소 기체와 같이 일을 하는 물질인 **작동 유체**가 있다. 작동 유체는 고온의 열원으로부터 열을 받아 일을 하고 남은 열은 저온의 열원으로 보낸다. 열기관은 이러한 과정을 순환적으로 반복하면서 일을 한다.

TIP 작동유체, working fluid

- 열을 흡수하거나 방출함으로써 상태를 변환시키고 일을 만들어내는 역할을 하는 유체를 말한다.
- 공기, 물, 냉매, 가스, 증기 등

1) 열기관의 순환과정

열기관은 그림 10.14에서와 같이 온도가 T_1인 고온의 열원에서 열량 Q_1을 흡수하여 팽창하면서 일을 한다. 그리고 온도 T_2인 저온의 열원으로 열량 Q_2를 내보내면서 압축되어 원래의 상태로 되돌아오는 순환 과정을 밟는다. 열기관이 그림 10.15와 같이 한 번의 순환 과정을 거치고 원래의 상태로 돌아오면 그 내부 에너지는 변화가 없으므로 $\varDelta U = 0$이 된다. 이때 열기관은 고온의 열원에서 열량 Q_1을 받아 W의 일을 하고 남은 열량 Q_2를 저온의 열원에 버리므로 1회 순환 과정에서 받는 알짜 열은 $Q_1 - Q_2$가 된다. 이것을 열역학 제1법칙에 적용하면 다음과 같다.

$$W = Q_1 - Q_2 \tag{10-6}$$

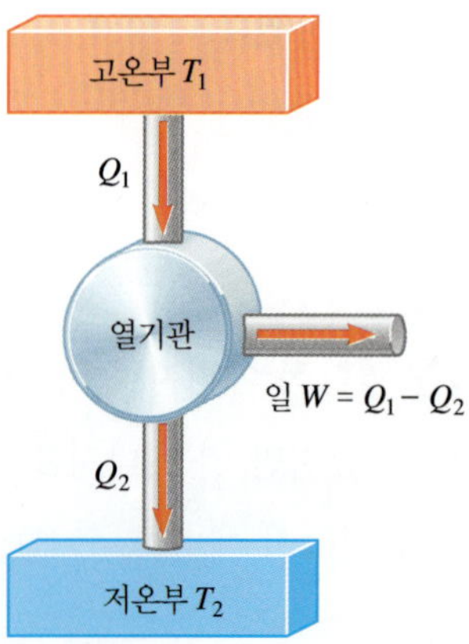

그림 10.14 열기관의 에너지 전환

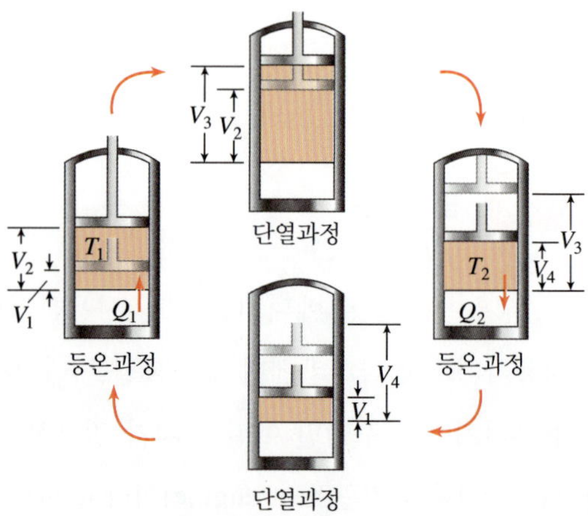

그림 10.15 열기관의 순환 과정

열기관은 이 과정을 반복하면서 일을 계속하는 것이다.

2) 열기관의 효율

처음에 열기관이 고온의 열원으로부터 흡수한 열량 Q_1과 열기관이 외부에 한 일 W의 비율이 그 열기관이 열 에너지를 일로 전환하는 능률이다. 이것을 **열기관의 열효율**이라고 하며 열효율 e는 다음과 같이 나타낸다.

$$e = \frac{W}{Q_1} = \frac{Q_1 - Q_2}{Q_1} = 1 - \frac{Q_2}{Q_1} \tag{10-7}$$

우리가 사용하고 있는 열기관의 효율은 증기기관이 10 %, 가솔린기관은 20~30 %, 디젤기관은 40 % 정도로 열효율이 1보다 작다. 열효율이 1이 되려면 Q_2가 0이 되어야 하는데, 이것은 열기관이 흡수한 열을 모두 일로 전환시킨다는 의미인데 이는 불가능하기 때문이다.

흡수한 열을 모두 일로 전환시킬 수 있는 이상적인 열기관을 **제2종 영구기관**이라고 한다. 이 기관은 열역학 제1법칙에 어긋나지는 않지만, 저온의 열원으로 보내진 열을 다시 고온의 열원으로 되돌려 보내야 하므로 열역학 제2법칙에 모순되어 제작이 불가능하다.

프랑스의 물리학자 **카르노**(N.L.S. Carnot)는 열기관이 이상적으로 작동할 때 열효율이 최대가 되는 조건을 이론적으로 제시하였다. 카르노는 고온의 열원 온도가 T_1, 저온의 열원 온도가 T_2일 때 이상 기체를 사용한 가역적 열기관에서 $\frac{Q_2}{Q_1} = \frac{T_2}{T_1}$임을 밝혀냈다. 따라서 이 관계를 열효율의 공식에 대입하면 다음과 같다.

$$e = 1 - \frac{Q_2}{Q_1} = 1 - \frac{T_2}{T_1} \tag{10-8}$$

열기관의 효율을 높이기 위해서는 고온의 열원과 저온의 열원의 온도차를 크게 하여 $\frac{T_2}{T_1}$의 값을 작게 해야 한다. 그러나 저온의 열원의 온도를 0 K로 만들 수는 없으므로(0 K에서 부피가 0이 되므로) 아무리 열기관의 효율을 높이려 해도 열효율이 100 %인 열기관은 만들 수가 없다.

실제의 열기관은 마찰이나 비가역 변화 등으로 인한 열손실 때문에 열효율이 이상적인 열기관보다 훨씬 작다. 따라서 열기관의 효율 e는 다음과 같이 나타내는 것이 보다 정확한 표현이다.

$$e \leq 1 - \frac{T_2}{T_1} \tag{10-9}$$

읽을거리

증기기관과 터빈엔진

■ 증기기관(steam engine)

증기기관은 수증기가 가진 열 에너지를 운동 에너지로 전환시키는 열기관의 일종이다. 최초의 실용적인 증기기관은 영국의 뉴커먼(T. Newcomen)에 의해 제작되었다. 이 증기기관은 18세기 말까지 수백 대가 제작돼 상업적으로 사용되었으나 효율이 낮아 널리 이용되지 못했다. 1775년 제임스 와트(J. Watt)는 뉴커먼의 증기기관을 대폭 개선해 새로운 타입의 증기기관을 고안하였다. 당시 와트의 증기기관은 열효율이 5 % 정도였다고 한다.

증기기관의 발명으로 열과 일을 측정하고 열과 역학적 에너지 사이의 수량적 관계를 조사할 수 있게 되었으며, 에너지 보존 법칙의 확립에 크게 기여하였다. 와트의 증기기관이 대량 생산되고 보급되면서 공장의 기계를 돌리는 일, 기관차나 배를 움직이게 하는 일 등이 가능해졌다. 이러한 강력한 동력기관이 보급되면서 유럽 지역의 공업이 급격히 발달하였으며, 공업뿐만 아니라 경제, 사회의 구조와 조직이 크게 변하였다. 이른바 **산업혁명**(Industrial Revolution)이 일어나게 되었다.

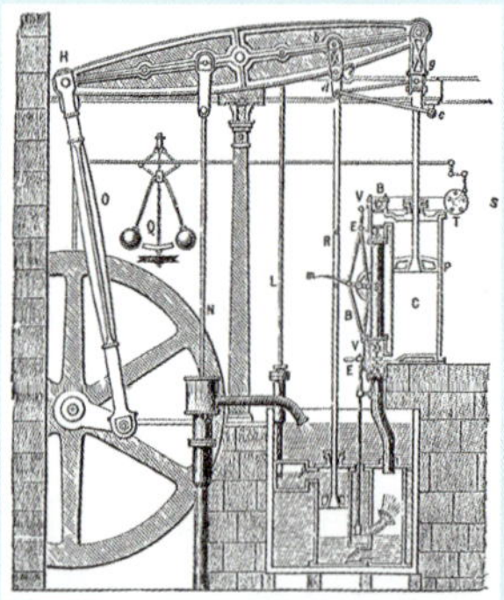

▲ 제임스 와트가 고안한 증기기관의 판화(자료출처 : 위키백과)

▲ 우리나라에 유일하게 남아있는 증기기관차. 전남 기차마을 곡성역에서 가정역까지 관광용으로 운행하고 있다. 외부 모습은 증기기관차이지만 실제 동력은 디젤 기관을 사용하고 있다(섬진강 기차마을에서 촬영).

■ 터빈엔진(turbine engine)

터빈엔진은 고압 가스 등으로 회전 날개를 돌려 동력을 만드는 엔진을 말한다. 터빈은 구동시키는 데 필요한 에너지에 따라 수력터빈, 증기터빈(steam turbine), 풍력터빈, 가스터빈(gas turbine) 등으로 구분된다. 수력터빈은 물의 낙차를 이용하여 회전 날개를 돌려 동력을 얻으며, 풍력터빈은 바람 에너지를 이용하여 동력을 얻는다.

▲ LNG 수송선박에서 사용하는 가스터빈

증기터빈은 증기에 저장된 열 에너지로 커다란 터빈을 돌려 동력을 얻는다. 주로 화력 및 원자력 발전소에서 사용되고 있으며 열효율은 20 % 정도다. 가스터빈은 공기를 압축하여 연소기로 보내고 거기에 연료를 가해 등압 연소시켜 고온·고압의 연소 가스를 만들고 터빈을 구동하여 출력을 얻는 열기관이다. 열효율이 35~40 % 정도로 높아 항공기나 선박용으로 사용된다.

실험실에서 얻을 수 있는 가장 낮은 온도는?

현재 지구상에 측정된 가장 낮은 기온은 남극 대륙에서 측정된 −93.2 °C(180.0 K)이다. 측정된 지점은 남극 대륙 동쪽 아르거스 고원과 푸지 고원 사이로 2010년 8월 10일 미국 항공우주국(NASA)이 위성으로 측정한 값이다. 종전 최저기온 기록은 1983년 7월 21일에 남극 러시아 보스토크(Vostok) 기지에서 관측된 −89.2 °C이다.

이론적으로 저온의 한계는 절대 영도 0 K(−273.15 °C)이다. 물론 그 이하의 온도를 얻는 것은 불가능하다는 것이다. 고전 물리학적으로 절대 영도에서는 모든 원자의 운동이 멈춰진 상태를 의미하며, 따라서 절대 영도에 도달할수록 우리가 알지 못했던 여러 가지 물리적 사실을 확인하거나 새로운 현상을 발견할 수 있다.

인류는 1700년대에 들어 냉장기술이 발명된 이래 저온을 얻기 위해 노력했다. 1800년대 중반에 액체산소(−118.8 °C)와 액체질소(−196 °C)를 만드는 데 성공했으며, 1898년에는 수소를 액화(−235 °C)시키는 데 성공했다. 액체 수소는 기체 상태에 비해 부피가 1/800로 줄어들어 더 많이 저장할 수 있다. 그러나 수소를 액체로 만들기 위해서는 온도를 −235 °C로 낮춰야 한다. 이 과정에서 너무 많은 에너지가 필요하고, 50기압의 고압에도 견딜 수 있는 강도가 높은 용기가 필요하기에 실용화에는 어려움이 있다.

1911년 네덜란드의 과학자 온네스(H. K. Onnes, 1853~1926)는 액체 헬륨을 이용하여 −269 °C(4.2 K)까지 만들게 되었다. 이러한 저온 기술로 인해 초전도, 초유동과 같은 새로운 현상들이 발견되었다.

그러면 현대 과학 기술로 얻을 수 있는 가장 낮은 온도는 어느 정도일까? 기네스북 기록에 의하면 2003년 미국 MIT 대학의 과학자들이 얻은 450 pK(450×10^{-12} K)이 최저 온도이다. 비공인 기록은 2008년 헬싱키 공과대학(Helsinki University of Technology)의 YKI-group에서 100 pK까지 얻었다.

(가) (나) (다)

▲ 저온 연구에 필요한 크라이오스탯(Cryostat, 저온유지장치)

연습문제

풀이 ☞ 379쪽

1. 다음 (   ) 안에 공통적으로 들어갈 말을 고르시오.

> 물체에 열을 가하거나 외부에서 물체에 일을 해주면 물체의 (   )가(이) 증가한다. 그러나 물체로부터 열을 빼앗거나 물체가 외부에 대해 일을 하면 물체의 (   )는(은) 감소한다.

① 운동 에너지 ② 내부 에너지 ③ 비열
④ 퍼텐셜 에너지 ⑤ 운동량

2. 한 물체에 0.5 kcal의 열량과 100 J의 일이 동시에 주어졌다. 이 물체의 내부 에너지는 몇 J 증가하였는가?

3. 단원자 분자로 된 이상 기체 1 mol이 있다. 다음 물음에 답하여라.

(1) 온도 20 ℃에서 이 기체의 내부 에너지는 몇 J인가?

(2) 이 기체의 온도를 1 K만큼 높이면 내부 에너지는 몇 J 증가하는가?

4. 어떤 기체의 압력을 1기압으로 일정하게 유지하면서 1.5 kcal의 열을 가했더니 부피가 50 L 증가하였다. 다음 물음에 답하여라.

(1) 기체가 한 일은 몇 J인가?

(2) 기체의 내부 에너지는 몇 J 증가하였는가?

5. 0 ℃, 1기압에서의 부피가 2.8×10^{-3} m^{3}인 기체가 그림과 같이 매끄러운 피스톤이 있는 실린더 속에 4×10^{-3} kg만큼 들어 있다. 다음 물음에 답하여라.

단, 1기압은 1.0×10^5 N/m^2, 열의 일당량은 4.2 J/cal이다.

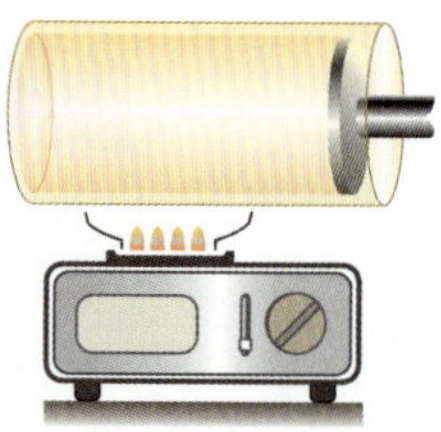

(1) 실린더의 외부에서 열을 가하여 1기압을 유지하면서 기체의 온도를 0 ℃에서 60 ℃로 올렸다. 기체에 공급한 열량은 몇 kcal인가? 단 기체의 정압 비열은 0.22 kcal/kg이다.

(2) 이때 기체가 피스톤에 한 일은 몇 J인가?

(3) 이때 기체의 내부 에너지의 증가는 몇 J인가?

6. 일정한 압력 4.0×10^5 Pa의 기체가 냉각되어 그 부피가 1.6 m^3에서 1.2 m^3로 줄어들었다. 기체가 한 일은 몇 J인가?

7. 다음 설명 중에서 열역학 제2법칙을 잘못 설명한 것은?

① 열은 고온의 물체에서 저온의 물체로 이동하며, 스스로 저온의 물체에서 고온의 물체로 이동하지는 않는다.

② 열현상은 분자들이 무질서한 운동을 하는 방향으로 진행되며, 그 반대 현상은 일어나지 않는다.

③ 에너지보존을 나타낼 뿐 아니라 에너지 이동 방향을 보여준다.

④ 열 에너지는 역학적 에너지로 모두 전환할 수 있다.

⑤ 주어진 열을 모두 일로 바꾸어주는 것 외에 어떤 흔적도 남기지 않은 열기관이 존재할 수 없다.

8. 그림은 실린더 내부의 이상 기체에 열을 계속 가하여 기체의 압력이 일정한 외부 압력 P와 평형을 이루면서 기체가 팽창하는 모습을 나타낸 것이다. 이에 대한 설명으로 옳지 않은 것은? 〈9급 지방직 공무원 공채 출제〉

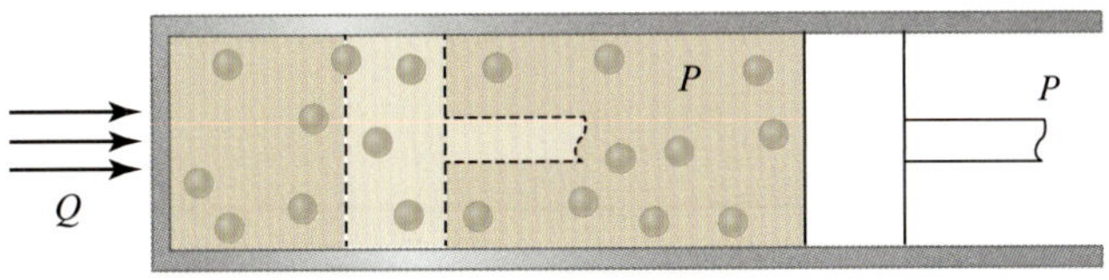

① 기체는 외부에 일을 한다.

② 기체 분자의 평균 속력은 증가한다.

③ 기체가 흡수한 열량(Q)은 기체의 내부 에너지 증가량과 같다.

④ 기체의 온도는 상승한다.

9. 187 ℃의 열원에서 열을 공급 받아서 77 ℃의 냉각기로 열을 방출하는 열기관이 있다. 다음 물음에 답하여라.

(1) 이 열기관의 효율은 몇 %인가?

(2) 이때 공급한 열이 5 kcal이면 열기관이 한 일은 몇 J인가?

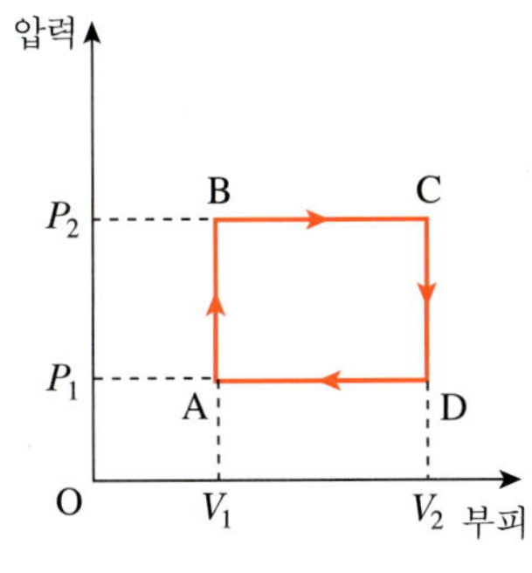

10. 실린더 내에 단면적이 A인 피스톤이 있다. 여기에 1 mol의 이상 기체가 들어있다고 하자. 그래프에서와 같이 이 기체의 부피와 압력을 A → B → C → D → A로 변화시켰을 때 다음 물음에 답하라.

(1) B → C구간에서 기체가 피스톤에 작용한 힘 F는 얼마인가?

(2) A → B → C → D → A의 한 과정 동안 기체가 피스톤에 한 일은 얼마인가?

11. 우리 인체의 효율은 약 20 %라고 한다. 이 효율의 의미를 열기관에 비유하여 설명하여라.

11장

전하와 전기장

▲ 부르즈 할리파 빌딩의 야간 조명

사막의 도시 두바이에는 세계 최고 높이인 829.84m의 부르즈 할리파(Burj Khalifa) 빌딩이 있다. 이 빌딩은 2009년에 준공되었으며 오일 달러를 이용하여 관광객을 유치하려는 UAE(아랍에미리트) 정부가 추진한 야심찬 프로젝트로 건축되었다. 전기의 힘이 아니면 이 건물은 하루도 지탱할 수가 없을 것이다. 승강기, 에어컨, 각종 조명, 가전 제품 등이 정상 가동이 가능한 것은 바로 전기 에너지의 힘이다.

전기가 없던 시절 중국의 일화 중에 반딧불이 눈(雪)빛으로 공부를 해서 성공했다는 뜻의 형설지공(螢雪之功)이란 말이 있다. 1897년 에디슨이 백열 전구를 발명하여 일반인이 전기불 사용이 시작된 이래 전기는 우리 생활과 밀접한 관계를 맺고 있다.

오늘의 현대 문명을 꽃피운 전기! 그러나 눈에 보이지도, 손으로 만져지지도 않는 전기!

전기가 없는 세상을 상상해 보았는가? 현대인들의 삶을 풍요롭게 열어주는 전기의 세계로 여행을 떠나보자.

11.1 정전기

전기의 존재는 기원전 6세기 그리스의 철학자 탈레스(Thales: BC 640~BC 546)가 마찰전기 현상을 통해서 발견했다. 그러나 전기가 우리생활에 이용되기 시작된 것은 불과 120여 년 전부터이다. 오늘날과 같은 과학 문명의 발달을 가져오게 한 전기의 성질과 그 이용에 대해 알아보자.

1) 전기력과 전하

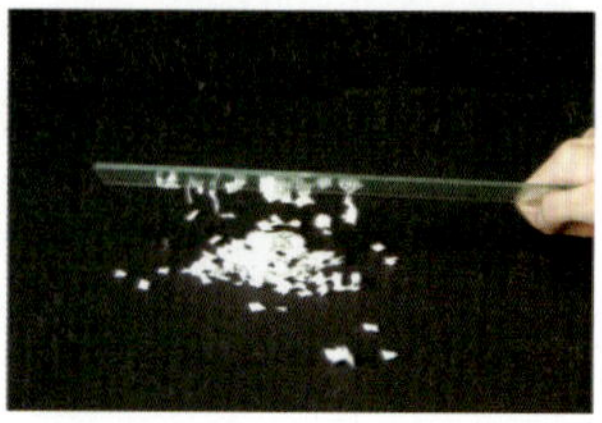

그림 11.1 마찰에 의해 전기를 띤 자에 종잇조각이 끌려가는 모습

플라스틱 책받침을 겨드랑이에 끼워 문지른 다음 머리를 가져가 보면 머리카락이 책받침에 끌려간다. 또 플라스틱 자를 같은 방법으로 문지른 다음, 그림 11.1과 같이 작은 종잇조각 근처에 자를 가져가면 종잇조각이 자에 달라붙는 것을 볼 수 있다. 이런 현상은 마찰 과정에서 물체가 전기를 띠기 때문에 발생된다. 이와 같이 두 물체를 마찰시킬 때 대전되어 발생하는 전기를 **마찰전기**(triboelectricity) 또는 **정전기**라고 한다. 그리고 물체가 전기를 띠게 되는 현상을 **대전**이라 하고, 대전된 물체를 **대전체**라고 한다.

두 물체를 마찰시키면 한쪽 물체는 (+)전기를, 다른 쪽 물체는 (−)전기를 띠게 되는데, 같은 물체라도 어떤 물체와 마찰하느냐에 따라 (+)전기로 대전될 수도 있고 (−)전기로 대전될 수도 있다. 서로 다른 두 물체를 마찰시켰을 때 (+)로 대전되기 쉬운 순서를 왼쪽으로부터 차례로 배열한 것, 다시 말하면 전자를 잃어버리기 쉬운 순서대로 나열한 것을 **대전열**(order of electrification)이라고 한다. 몇 가지 물질의 대전열은 다음과 같다.

- (+) 털가죽 − 상아 − 수정 − 유리 − 명주 − 나무 − 솜 − 호박 − 고무− 셀룰로이드 − 에보나이트 (−)
- (+) 아크릴 − 스티로폼 − 유리 − 명주 − 폴리에틸렌 − 염화 비닐 (−)

그림 11.2 정전기 피해 예방을 위해 발전소 출입구에 설치된 정전방지대

대전열에서 어느 두 물체를 골라서 마찰시키면 왼쪽에 있는 물체는 양전기를 띠고, 오른쪽에 있는 물체는 음전기를 띠게 된다. 이 대전열의 순서는 표면의 상태, 온도나 습도 등에 의하여 변하기 때문에 언제나 일정하지는 않다.

대전체가 띤 전기를 **전하**(electric charge)라고 하며, 전하는 모든 전기적 현상의 근원이 된다. 플라스틱 빗이 종잇조각을 끌어당길 수 있는 것은 바로 전하 때문이다. 물체가 전기적 성질을 갖게 하는 원인은 전하이다.

전하에는 양(+)전하와 음(−)전하 두 종류가 있다. 1913년 보어(N. Bohr)가 제안한 원자모형은 그림 11.3과 같이 양(+)전하를 띠고 있는 양성자와 중성자로 구성된 원자핵이 음(−)전하를 띠고 있는 전자들에 의해 둘러싸여 있는 모형이다. 마치 태양이 행성들을 궤도 운동하게 하는 것과 같이 원자핵 속에 있는 양(+)전하를 띤 양성자들이 전자를 궤도 운동하게 하게 한다고 가정한 모형이다.

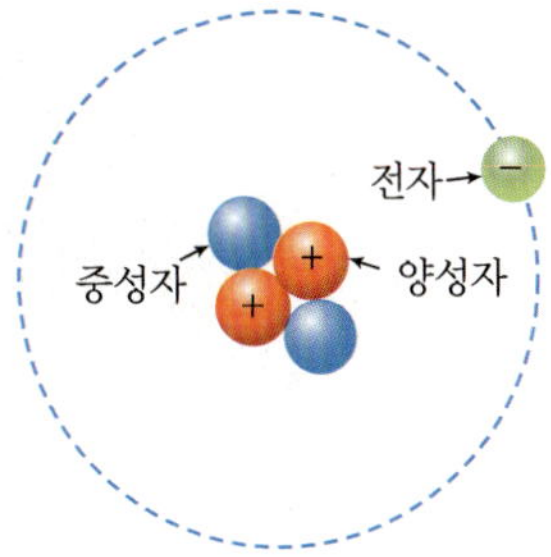

그림 11.3 보어의 원자모형

일반적으로 모든 물체나 물질들은 원자로 이루어져 있기 때문에 기본적으로 핵과 전자를 가지고 있다. 플라스틱 빗도 평소에 전하를 가지고 있었지만 그 전기적 성질이 겉으로 들어나지 않았던 것뿐이다. 그러나 마찰을 하는 과정에서 전하들의 이동이 이루어져서 전기적 중성은 깨지고 전기적 성질을 띠게 되어 종잇조각을 끌어당기는 것이다. 이와 같이 **두 물체를 마찰하는 과정에서 전하가 한 물체에서 다른 물체로 이동할 수는 있으나, 마찰 과정에서 전하가 생겨나거나 없어지지 않으며 그 총 양은 일정하게 보존**된다. 이 관계를 **전하량 보존의 법칙**이라고 한다.

두 종류의 전하 사이에는 그림 11.4와 같이 서로 끌거나(인력) 미는 힘(척력, 반발력)이 작용하는데, 이 힘을 **전기력**이라고 한다. 두 전하 사이에는 다음과 같은 규칙이 있다.

(가) 다른 전하 사이에 작용하는 인력

(나) 같은 전하 사이에 작용하는 척력

그림 11.4 대전된 두 풍선 사이에 작용하는 힘

> 같은 종류의 두 전하끼리는 밀어내는 힘이, 다른 종류의 전하끼리는 서로 끌어당기는 힘이 작용한다.

전하량은 **전기량**이라고도 부른다. 전자 1개가 가지는 전하량이 가장 작은 값이며, 자연에는 이 값의 정수배의 전하량만 존재한다. 전자 1개가 갖는 전하량을 **기본전하**라고 한다. 기본전하의 값은 다음과 같다.

$$e = 1.60 \times 10^{-19}\,\mathrm{C}$$

전하량의 단위는 C(쿨롬)을 사용한다.

2) 도체와 부도체

구리나 알루미늄 등과 같은 물질은 전기가 잘 통하지만 고무나 나무 등과 같은 물질은 전기를 잘 통하지 않는다. 이처럼 물질 중에는 전기를 잘 통하는 것이 있는가 하면 잘 통하지 않는 것도 있다. 일반적으로 구리, 금, 은 등과 같은 금속은 전기가 잘 통한다. 이와 같이 전기가 잘 통하는 물질을 **도체**(conductor)라고 하며, 고무, 플라스틱 등과 같이 전기가 잘 통하지 않는 물질을 **부도체**(insulator) 또는 **절연체**라고 한다.

금속과 같은 도체에는 자유롭게 움직일 수 있는 어떤 전기적 입자가 많지만 플라스틱과 같은 부도체에는 이런 입자가 거의 없다. 이처럼 물질 내에서 자유롭게 움직일

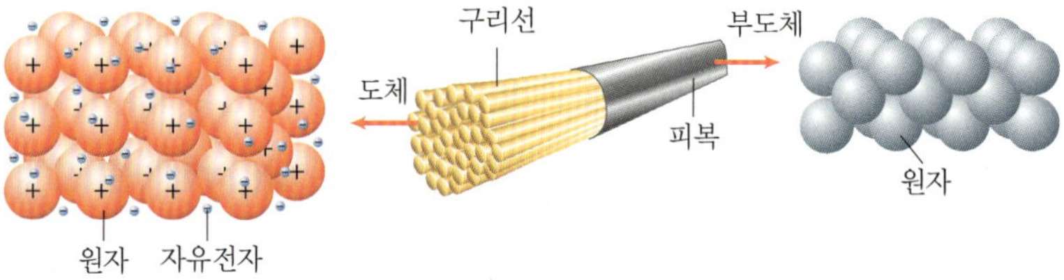

그림 11.5 도체와 부도체를 원자 내 자유 전자 유무로 설명하는 모형

수 있는 입자를 **자유전자**(free electron)라고 한다. 대부분의 전자는 원자핵의 전기적 인력을 받아 원자 내에 속박되어 있으나 원자핵에 약하게 속박되어 있는 일부의 전자는 원자 사이를 자유롭게 이동할 수 있다.

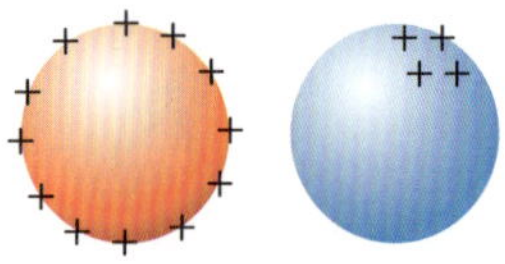

그림 11.6 도체와 부도체의 대전모형

자유전자는 물질 내에서 전하를 운반하는 역할을 하는데, 그림 11.5와 같이 도체에는 자유전자가 많아서 전기가 잘 통하지만 부도체에는 자유전자가 없어서 전기를 잘 통하지 못한다. 도체와 부도체의 이러한 차이 때문에 물체의 한 부분에 전하를 주면 도체인 금속에서는 그림 11.6의 (가)와 같이 전하가 표면 전체에 즉시 고르게 퍼지지만, 부도체에서는 그림의 (나)와 같이 전하가 한 곳에 오래 머물러 있는다.

물체가 자유전자를 얻으면 (−)전기를 띠게 되고, 자유전자를 잃으면 (+)전기를 띠게 된다.

3) 정전기 유도

물체에 대전체를 접근시키면 대전체에 가까운 쪽에는 대전체와 반대의 전하가 나타나고, 대전체에서 먼 쪽에는 대전체와 같은 종류의 전하가 나타나는데 이러한 현상을 정전기 유도(electrostatic induction)라고 한다. 이때 물체에 유도된 전기량은 양쪽이 같고 전하의 종류는 반대이다. 따라서 전하량 보존의 법칙이 성립한다.

◈ **도체에서의 정전기 유도** 그림 11.8과 같이 양(+)으로 대전된 대전체를 도체에 가까이 하면 도체 내부의 (−)전하를 가진 자유전자는 대전체의 양전하로부터 인력을 받아 이동하기 때문에 대전체에 가까운 쪽에는 (−)전하, 대전체에서 먼 쪽에는 (+)전하가 모이게 된다. 이와 같이 도체에서는 자유전자가 이동하기 때문에 정전기 유도 현상이 나타나게 된다.

그림 11.7 정전기 유도에 의해 물줄기가 휜다.

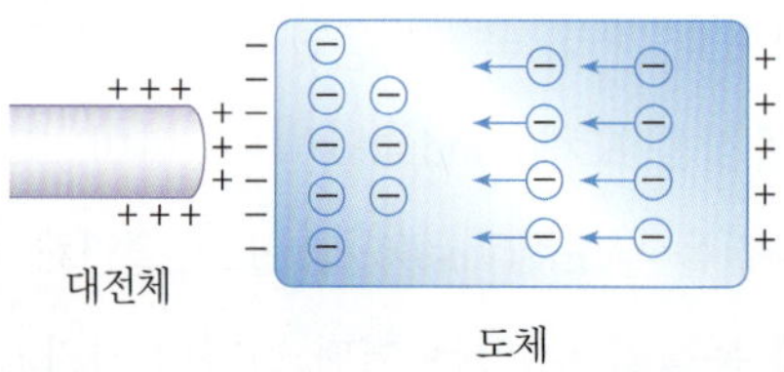

그림 11.8 도체의 정전기 유도 현상을 설명하는 그림

그림 11.9 CD를 모직헝겊으로 마찰시키면 종잇조각을 끌어당긴다.

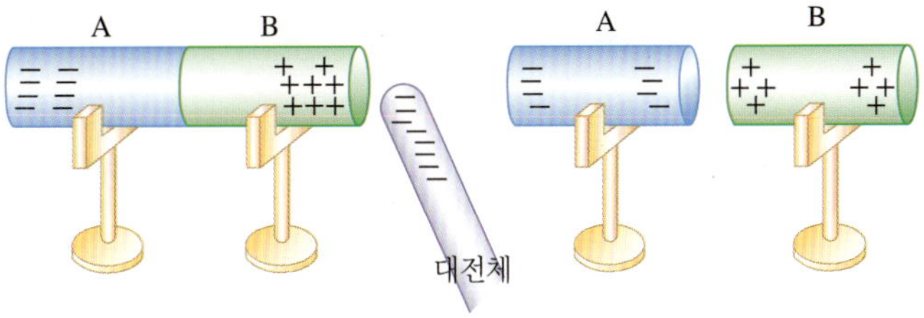

그림 11.10 전하를 분리하는 방법

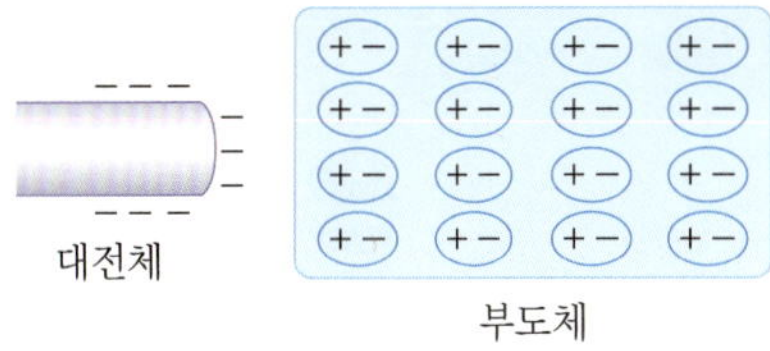

그림 11.11 부도체에서의 정전기 유도

도체의 정전기 유도 현상을 이용하여 (+)전하와 (−)전하를 분리할 수 있다. 그림 11.10과 같이 두 개의 도체 A, B를 붙여 놓고 (−)전하로 대전된 대전체를 가까이 가져가면 대전체와 가까운 쪽은 (+)전하로, 대전체에서 먼 쪽은 (−)전하로 대전된다. 이때 도체 A와 도체 B를 분리하면 도체 A는 (−)전하의 대전체가 되고, 도체 B는 (+)전하의 대전체가 된다. 이와 같은 방법으로 양전하와 음전하를 간단히 분리시킬 수 있다. 이 경우에도 도체 A의 (−)전하와 도체 B의 (+)전하의 양은 같다.

◈ **부도체에서의 정전기 유도** 부도체에는 자유전자가 거의 없으며, 그림 11.11과 같이 대전체를 부도체에 가까이 하면 부도체의 속박된 전자들이 대전체의 전하와의 전기력에 의해서 도체 내의 분자들이 극성을 때고 일정하게 늘어선다. 이때 부도체 내에서 이웃하고 있는 (+)전하와 (−)전하는 서로 비겨서 그 효과가 상쇄되지만 양끝에 있는 전하들은 비길 상대가 없으므로 부도체의 양끝에 (+)전하와 (−)전하가 분포되었다고 볼 수 있다. 즉, 대전체와 가까운 쪽에는 대전체와 다른 종류의 전하가, 먼 쪽에는 같은 종류의 전하가 나타나게 된다. 따라서 작은 종잇조각이나 코르크 같은 가벼운 물체를 대전체에 가까이 하면 대전체에 끌리게 되는 것이다. 이러한 정전기 유도 현상을 **유전분극**(polarization)이라고 하며, 부도체는 유전분극을 나타내는 물질이라는 뜻으로 **유전체**(dielectric material)라고도 한다.

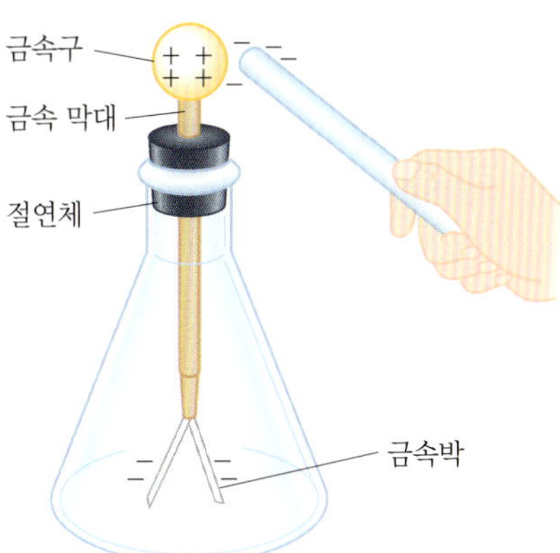

(가)

(나)

그림 11.12 금속박 검전기: 정전기 유도 현상을 이용하여 물체의 대전 여부를 알아보거나 전하를 모으는 장치

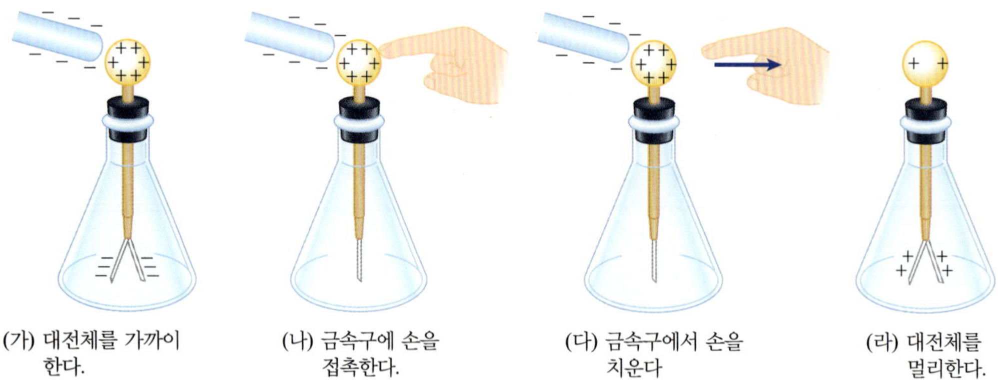

그림 11.13 검전기에 (+)전하를 대전시키는 방법

◈ **검전기** 검전기는 정전기 유도 현상을 이용하여 물체가 대전되어 있는지의 여부와 전하의 종류 그리고 대전된 전하량의 크기를 비교할 수 있는 장치이다. 검전기는 그림 11.12와 같이 금속막대의 한끝에 두 장의 얇은 금속박(알루미늄박, 은박 등)을 붙이고, 다른 끝에 금속구를 붙여서 금속막대와 용기를 절연시켜 놓은 것이다. 이러한 검전기를 **금속박 검전기**라고 한다.

금속박 검전기에 (+)전하를 대전시키는 방법을 그림 11.13을 이용하여 알아보자.

- 그림의 (가)와 같이 에보나이트 막대를 모직헝겊으로 문질러서 (−)전하로 대전시키고 검전기의 금속구에 가까이 가져간다.
  → (결과): 정전기 유도에 의해서 금속구는 (+)로 대전되고 아랫부분의 금속박은 (−)로 대전된다. 이때 두 장의 금속박에는 같은 종류의 전기가 유도되어 척력이 작용하므로 금속박이 벌어진다. 금속박이 벌어지는 정도는 대전체의 전기량에 비례한다.

- 그림의 (나)와 같이 대전체를 가까이 한 채 손가락을 접촉시킨다.
  → (결과): (+)전하는 에보나이트 막대의 (−)전하에 끌려서 그대로 있지만, 금속박에 있는 (−)전하는 손가락을 통하여 밖으로 빠져나간다. 따라서 금속박에는 전하가 없어지므로 금속박은 오므라든다.

- 그림 (다)와 같이 대전체를 검전기의 금속구에 가까이 한 채 손가락을 치운다.
  → (결과): 금속구에 대전된 (+)전하는 (−)로 대전된 에보나이트 막대에 끌려 그대로 있으며, 금속박은 오무라진채로 있다.

- 그림 (라)와 같이 (−)로 대전된 에보나이트 막대를 멀리 치운다.
  → (결과): 그림 (라)와 같이 금속구에 대전된 (+)전하의 일부가 금속박으로 이동하여 검전기에 골고루 분포되고 금속박은 다시 벌어진다.

4) 쿨롱의 법칙

전하는 눈으로 볼 수 없을지라도 대전체 사이에 작용하는 힘의 영향은 볼 수 있으므로 물체가 전하를 띠고 있음을 알아낼 수는 있다. 정전기 유도가 일어나게 되는 가장 중요한 이유도 바로 전하들 사이에 작용하는 힘이다. 같은 종류의 전하들은 서로 밀어내고 다른 종류의 전하들은 서로 잡아당기는 성질이 없다면 정전기 유도는 일어나지 않는다.

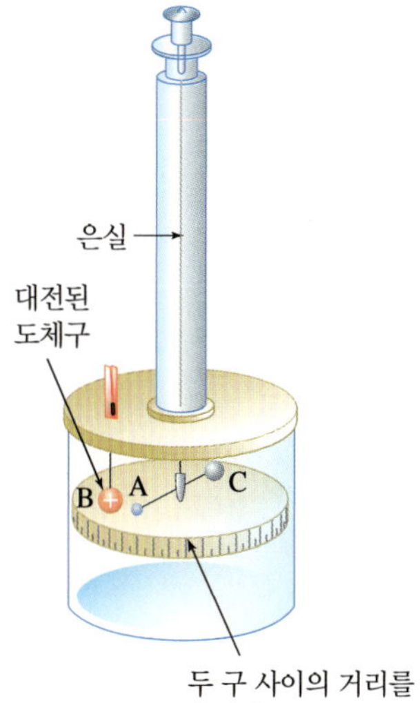

그림 11.14 쿨롱이 사용한 비틀림 저울의 구조

프랑스의 물리학자 **쿨롱**(A. Coulomb)은 그림 11.14와 같은 비틀림 저울을 제작하여 전하 사이에 작용하는 전기력을 정량적으로 측정하여 쿨롱의 법칙을 발견하였다. 그림 11.14의 비틀림 저울에서 대전된 두 금속구 A, B를 가까이 하면 금속구 A가 전기력을 받아 회전하게 되므로 A를 매달아놓은 실이 비틀리게 된다. 이때 나사를 반대로 돌려서 A가 다시 제자리에 돌아오게 했을 때 나사의 회전각을 측정하면 전기력에 의해서 A가 회전한 각도를 알 수 있다. 쿨롱은 이 회전각을 측정하여 A, B 사이에 작용한 전기력의 크기를 측정할 수 있었다.

크기를 무시할 수 있는 두 대전체의 전하량이 일정할 때, 대전체 사이의 거리를 r이라고 하면 대전체 사이에 작용하는 전기력 F는 다음과 같다.

$$F \propto \frac{1}{r^2} \tag{11-1}$$

이때 두 대전체 사이의 거리 r이 일정할 때, 두 대전체의 전하량을 q_1, q_2라고 하면 이들 사이에 작용하는 전기력 F는 다음과 같다.

$$F \propto q_1 q_2 \tag{11-2}$$

쿨롱은 이와 같은 실험 결과를 종합하여 다음과 같은 결론을 얻었다.

$$F = k\frac{q_1 q_2}{r^2} \tag{11-3}$$

이 관계를 **쿨롱의 법칙**(coulomb's law)이라고 한다.

그림 11.15 쿨롱의 법칙 실험장치

식 (11-3)에서 진공 중에서 1 m 떨어져 있는 같은 전하량을 가진 두 대전체 사이에 작용하는 전기력의 크기는 9.0×10^9 N일 때 각 대전체의 전하량을 1**쿨롬**(C)이라고 한다. 따라서 비례상수 k는 다음과 같다.

$$k = 9.0 \times 10^9 \text{ N m}^2/\text{C}^2$$

쿨롱의 법칙: 두 대전체 사이에 작용하는 전기력의 크기 F는 두 대전체의 전하량 q_1, q_2의 곱에 비례하고, 두 대전체 사이의 거리의 제곱 r^2에 반비례한다.

11.2 전기장과 전기력선

1) 전기장

TIP 장(場), field

공간에 질량을 가진 물체나 전하가 있을 때, 이들 근처 공간에 힘을 작용하여 물리적인 효과를 나타낼 수 있는 범위를 장이라고 한다.
(예) 중력장, 전기장, 자기장 등

쿨롱의 법칙은 두 대전체의 크기가 떨어져 있는 거리에 비해서 작을 때 두 대전체 사이에 작용하는 힘을 알 수 있는 방법을 말해 준다. 이 힘은 두 전하가 일정한 거리에 떨어져 있어도 작용하며, 굳이 전하들이 접촉하고 있을 필요는 없다. 그러면 전하의 존재는 그 전하 주위의 공간을 어떻게 변화시킬까?

공간상의 한 점에 전하를 놓으면 그 전하의 영향으로 주위 공간이 다른 전하에게 전기력을 미치는 성질을 나타내는데, 이렇게 전기력이 미치는 공간을 **전기장**(electric field)이라고 한다. 전기장은 지구 주위 공간에 중력장이 형성되는 것과 비유하면 이해할 수 있다.

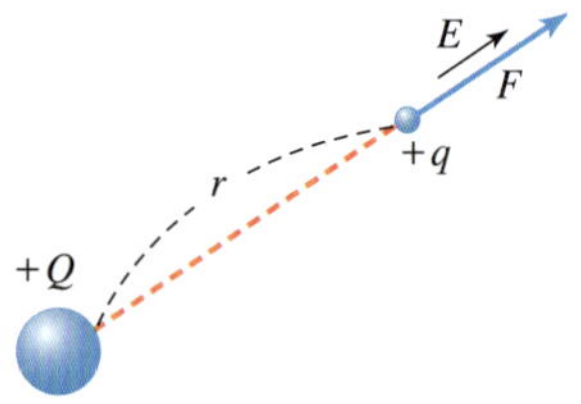

그림 11.16 전기장의 세기와 방향

전기장의 정의는 공간상 임의의 점에 단위 양전하(+1 C의 전하)를 놓았을 때 바로 이 단위 양전하에 작용하는 전기력이다. 따라서 그림 11.16에서 (+)전하 Q로부터 거리 r만큼 떨어진 곳에 있는 (+)전하 q에 작용하는 전기력이 F라면, 그 점에서의 전기장의 세기 E는 다음과 같다.

$$E = \frac{F}{q} \tag{11-4}$$

이때 전기장의 방향은 전기력 F의 방향과 같다. 전기장의 단위는 N/C이다. 식 (11.4)를 쿨롱의 법칙인 $F = k\frac{Qq}{r^2}$와 연결시켜 보자. 그러면 전하 q가 놓인 곳에서의 전기장의 세기 E는 다음과 같이 나타낼 수 있다.

$$E = \frac{F}{q} = k\frac{Q}{r^2} \tag{11-5}$$

따라서 전기장 내의 어느 한 점에 놓인 전하 q는 그 곳의 전기장의 세기를 E라 할 때 $F = qE$의 힘을 받는다. 이때 q가 (+)전하이면 전기장과 같은 방향으로, (−)전하이면 전기장의 방향과 반대 방향으로 힘을 받는다.

2) 전기력선

TIP 전기력선은 전하의 이동 경로가 아니다.

전기력선은 전기장이 존재하는 공간을 그림으로 나타낸 것이다. 특별한 경우를 제외하고 전기장에 놓인 전하의 경로를 나타내지 않는다. 전기력선은 물질이 아니다.

전기장은 눈으로 볼 수 없기 때문에 쉽게 이해하기 쉽지 않다. 전기장의 개념은 1865년 맥스웰(J. C. maxwell)에 의해서 그의 전자기학 이론의 일부로서 공식적으로 소개되었다. 그러한 발상은 이미 패러데이(M. Faraday)에 의해 비공식적으로 사용되었는데, 그는 전기적, 자기적 효과를 눈으로 볼 수 있도록 그려주는 역선의 개념을 도

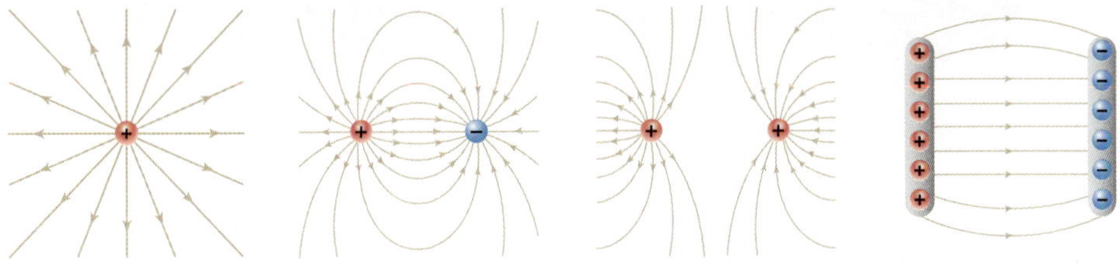

(가) 단일 (+)전하 주위의 전기력선 (나) (+)전하와 (−)전하에 의한 전기력선 (다) 두 (+)전하에 의한 전기력선 (라) 두 평행판 사이의 전기력선

그림 11.17 전하 분포에 따른 전기력선

입하였다. 전기장 내에 (+)전하를 놓고 그 전하가 받는 힘의 방향으로 (+)전하를 이동시킬 때 그려지는 선을 전기력선(electric field line)이라고 한다. 따라서 전기력선이란 공간상의 모든 점에서 단위 양전하가 받는 전기력의 방향을 나타낸 선이라고 볼 수 있다.

전기력선을 사용하면 전기장을 시각적으로 나타낼 수 있어서 전기장을 이해하는 데 많은 도움이 된다.

그림 11.17은 전기장 내에서 +1 C의 단위 양전하가 힘을 받아 이동하는 경로를 그린 것이다. 전기력선의 특징은 다음과 같이 요약할 수 있다.

- 전기력선은 양(+)전하에서 나와 음(−)전하로 들어가거나 아니면 무한원에서 그친다.
- 전기력선의 방향은 전기장의 방향과 항상 평행하다.
- 전기력선은 도중에 서로 만나거나 끊어지지 않는다.
- 전기력선의 밀도가 큰 곳일수록 전기장의 세기가 강한 곳이다.
- 전기력선은 도체 표면에 수직으로 시작하거나 끝난다.
- 전기력선 위의 한 점에서 그은 접선의 방향이 그 점에서의 전기장의 방향이다.
- 전기력선의 개수는 전하량에 비례한다.

특히 그림 11.17의 (라)와 같이 평행하게 놓인 대전된 두 금속판 사이의 전기력선은 위아래를 제외하면 전기력선의 밀도가 일정하고 나란하므로 전기장이 균일한 것을 알 수 있다. 이와 같이 균일한 전기장 내에서 전하에 작용하는 전기력의 크기와 방향은 어느 곳에서나 일정하다.

기름과 같은 절연성 액체 위에 잘게 자른 섬유 조각이나 잔디 씨앗 등을 뿌려놓고 고전압을 걸어 주면 유전분극을 일으켜서 그림 11.18과 같이 전기력선의 형태로 조각이나 씨앗들이 배열되는 것을 볼 수 있다.

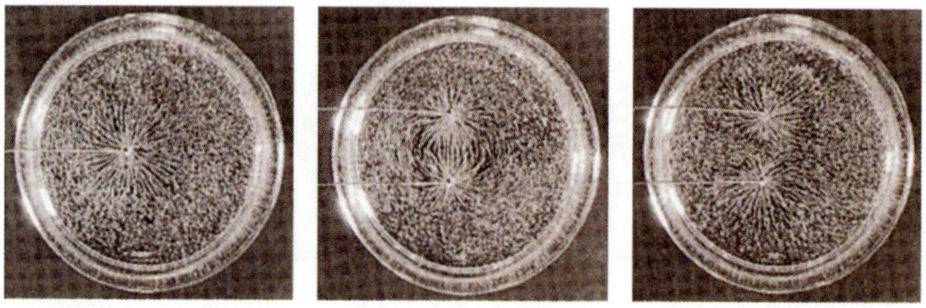

(가) 대전막대 한 개를 넣은 경우 (나) 다른 종류의 전하를 띤 대전막대를 넣은 경우 (다) 같은 종류의 전하를 띤 대전막대를 넣은 경우

그림 11.18 절연성 액체에 대전체를 넣었을 때 만들어지는 전기력선

11.3 전위와 전위차

1) 전위

중력장에서의 물체의 운동과 전기장에서의 대전 입자의 운동은 매우 비슷하다. 물체의 중력에 의한 퍼텐셜 에너지를 mgh로 나타내는 것처럼 대전 입자의 전기력에 의한 퍼텐셜 에너지도 이와 비슷하게 나타낼 수 있다. 그림 11.19는 중력에 의한 퍼텐셜 에너지와 전기력에 의한 퍼텐셜 에너지의 유사성을 나타낸 것이다. 이 그림을 보면 중력장에서 질량 m, 중력가속도 g, 그리고 높이 h에 대비되는 전기장에서의 양은 각각 전하 q, 전기장 E 및 거리 d임을 알 수 있다.

그림 11.20과 같이 균일한 전기장 E(N/C)에서 (+)전하 q(C)를 전기장의 방향과 반대 방향으로 d(m) 만큼 이동시키는 데 필요한 일 W(J)는 다음과 같다.

$$W = Fd = qEd \tag{11-6}$$

중력장에서 지면에 있는 질량 m인 물체를 높이 h만큼 올려주면 중력 퍼텐셜 에너지 mgh를 갖게 되고 물체는 그 에너지 만큼 일을 할 수 있는 것처럼, 전하 q를 전기장 E와 반대 방향으로 거슬려서 거리 d만큼 이동시키면 이 전하는 qEd 만큼의 일을 할

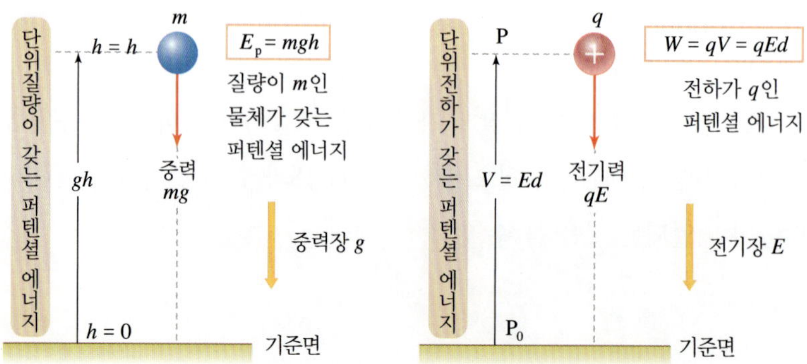

그림 11.19 중력과 전기력에 의한 퍼텐셜 에너지 비교

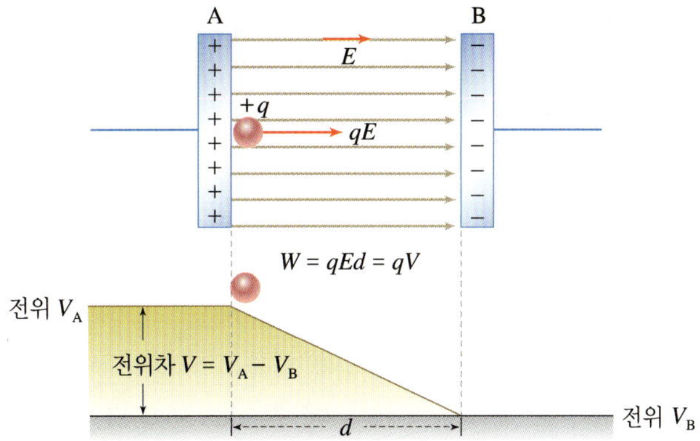

그림 11.20 균일한 전기장이 전하에 하는 일

수 있다. 전하를 전기장 내의 기준점으로부터 어떤 점까지 이동시키는 데 필요한 일의 양을 그 전하가 가지는 전기적 퍼텐셜 에너지(전기 퍼텐셜 에너지)라고 한다.

특히, 단위 (+)전하가 전기장의 어느 한 점에서 가지는 전기적 퍼텐셜 에너지를 그 점의 **전위**(전기 퍼텐셜)라고 한다. 전위란 말은 전기적 퍼텐셜 에너지의 줄임말이다. 전위는 단위 전하에 대한 전기적 퍼텐셜 에너지이므로 전위를 V라고 하면 식 (11-6)을 이용하여 다음과 같이 나타낼 수 있다.

$$V = \frac{W}{q} = Ed \tag{11-7}$$

TIP 볼트와 전자볼트

- 볼트(V) : 전위의 단위
- 전자볼트(eV) : 에너지의 단위 중 하나. 1 eV는 전자가 1 V의 전위차를 통과할 때 얻는 에너지이다.

$$1\ \text{eV} = 1.60 \times 10^{-19}\ \text{J}$$

전위의 단위는 **볼트**(V)를 사용한다. 이 단위는 이탈리아 물리학자인 볼트(A. Volt)의 이름에서 딴 것이다. 전기 에너지의 단위는 줄(J)이고 전하의 단위는 쿨롬(C)이므로 전위의 단위는 다음과 같이 나타낼 수 있다.

$$1\text{볼트} = 1\frac{\text{줄}}{\text{쿨롬}}, \quad 1\,\text{V} = 1\frac{\text{J}}{\text{C}}$$

즉, 1 V의 전위는 1 C당 1 J의 전기적 퍼텐셜 에너지이다. 100 V는 1 C당 100 J의 전기적 퍼텐셜 에너지와 같다. 어떤 도체의 전위가 100 V라면, 전하를 아주 먼 곳에서부터 가져와서 도체 위의 전하에 합하는 데 1 C당 100 J의 에너지가 필요하다는 뜻이다.

2) 전위차

중력장 내에서 물체의 퍼텐셜 에너지가 물체의 높이에 따라 다른 것처럼 전기장 내에서 전하의 전기적 퍼텐셜 에너지도 전하의 위치에 따라 다르다.

그림 11.21과 같이 (+)전하 q를 점 B까지 가져오는 것보다 점 A까지 가져오는 것이 더 많은 일을 필요로 하므로 점 A은 점 B보다 전위가 높다. 이때 점 A와 점 B의 전

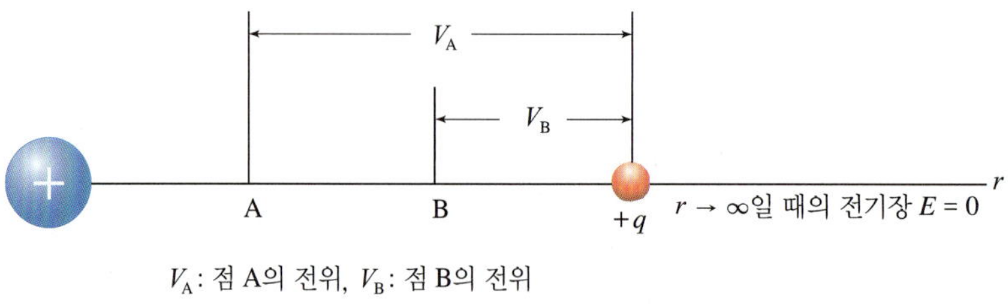

그림 11.21 점 A와 점 B에서 전위차 비교

위의 차이를 **전위차** 또는 **전압**이라고 한다.

(+)전하 q를 점 B에서 점 A까지 옮기는 데 필요한 일을 W라고 하면 점 A와 점 B 사이의 전위차 V는 다음과 같다.

$$V = V_A - V_B = \frac{W}{q} \tag{11-8}$$

전위차의 단위는 전위의 단위와 같은 볼트(V)를 사용한다. **1 V는 +1 C의 전하를 옮기는 데 1 J의 일을 필요로 하는 두 점 사이의 전위차를 말한다.**

한편, 식 (11-7)의 $V = Ed$에서 $E = \frac{V}{d}$이므로 단위 길이당 전위의 변화로 전기장의 세기를 나타낼 수 있다. 이것을 **전위의 기울기**라고 한다. 따라서 전기장의 단위는 V/m로 나타낼 수 있으며, 이 단위는 앞에서 정의한 전기장의 단위 N/C와 같다. 즉, 1 V/m = 1 N/C이다.

■ 전기 에너지와 전위의 차이를 설명해 보자.

예제 1 전기장의 세기가 3 V/m로 균일한 전기장이 있다. 이 전기장 내에 질량 0.2 kg, 전하량 +2 C인 대전체를 놓을 때, 다음 물음에 답하라.

(1) 이 대전체의 가속도의 크기는 몇 m/s^2인가? 단 중력의 효과는 고려하지 않는다.

(2) 이 대전체를 전기장에 거슬러서 3 m 이동시키면 전위는 몇 V 변하는가?

풀이

(1) 대전체의 가속도는 다음과 같다.

$$a = \frac{F}{m} = \frac{qE}{m} = \frac{2\,\text{C} \times 3\,\text{N/C}}{0.2\,\text{kg}} = 30\,\text{m/s}^2$$

(2) $V = Ed = 3\,\text{V/m} \times 3\,\text{m} = 9\,\text{V}$만큼 전위가 높아진다.

3) 등전위면(선)

일기도의 등압선은 기압의 분포를 쉽게 알아볼 수 있고, 지도의 등고선은 지형의 상태를 시각적으로 쉽게 알아볼 수 있다. 이와 비슷하게 전기장 내에서 전위가 같은 점을 연결하여 놓으면 전기장에 대한 정보를 한눈에 알아볼 수 있을 것이다.

그림 11.23과 같이 전기장 내에서 전위가 같은 점을 연결시켜 이어 놓은 선을 **등전위면(선)**(equipotential surface/line)이라고 한다. **등전위면상의 모든 점은 전위가 같으므로 등전위면을 따라 전하를 이동시키는 데 하는 일은 0이다.** 이것은 전기장 내에 놓여 있는 전하에 작용하는 전기력이 등전위면에 수직이라는 것을 의미한다.

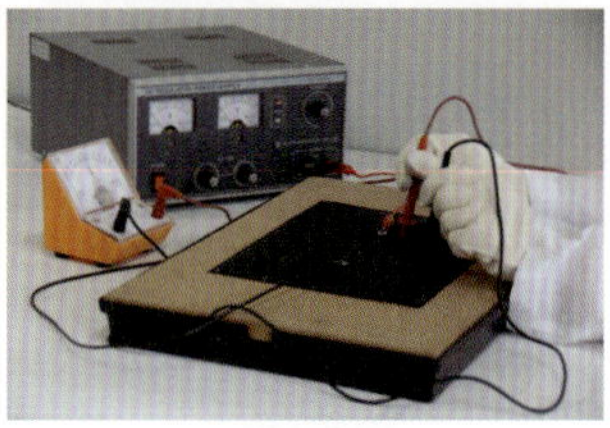

그림 11.22 등전위선을 그리는 실험 모습

그림 11.23은 등전위면을 3차원 입체 영상으로 그린 것이다. 그림의 (가)와 같이 점전하 주위의 전기력선들은 방사선을 이루므로 점전하를 중심으로 하는 동심원들이 전기력선과 수직인 등전위면이 된다. 따라서 전기력선과 등전위면은 서로 수직이다. 등전위면을 일정한 전위차마다 그렸을 때, 등전위면이 밀한 곳일수록 전기력선의 밀도도 크므로 전기장의 세기가 강하다는 것을 알 수 있다. 이와 같이 전하에 의해 형성된 전기장을 등전위면과 전기력선으로 나타내면 전기장의 공간적 성질을 가시적으로 쉽게 알아볼 수 있다.

등전위선(면)의 몇 가지 성질은 다음과 같다.

- 등전위선은 전기장에 수직하다.
- 등전위선은 서로 겹치거나 교차하지 않는다.
- 등전위면의 간격이 좁을수록 전기장의 세기가 크고, 간격이 넓을수록 전기장의 세기는 약하다.
- 등전위선 위의 모든 지점은 전위가 같다.

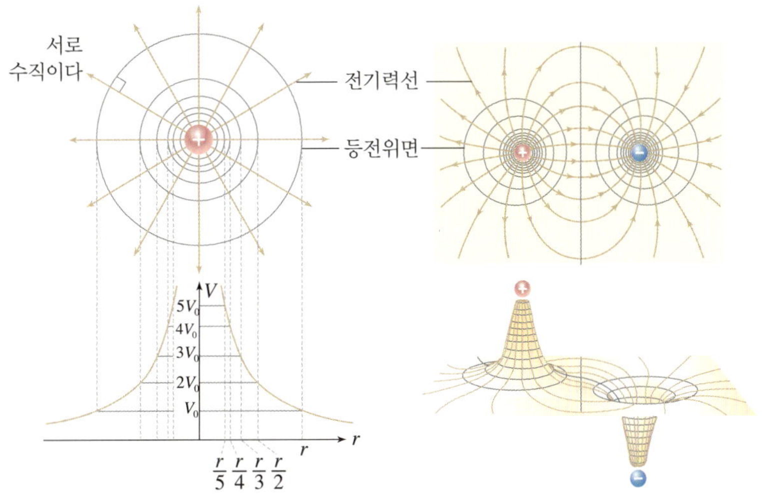

(가) 점전하 주위의 전기력선과 등전위면 (나) 두 점전하 주위의 전기력선과 등전위면

그림 11.23 등전위면과 전기력선 비교

11.4 전류

1) 전하의 흐름

TV나 선풍기를 작동시키거나 형광등을 켜려면 전기 스위치를 켜야 한다. 이것은 스위치로 끊어져 있는 도선을 연결하여 도선에 전류가 흐르기 때문에 전기 기구가 작동하는 것이다.

금속막대의 양끝에 온도차가 있으면 열이 온도가 높은 곳에서 낮은 곳으로 흐르다가 양끝의 온도가 같아지면 열의 흐름은 멈춘다. 이와 비슷하게 전기 도체의 양끝의 전위가 다르면 전하는 전위가 높은 곳에서 낮은 곳으로 흐른다. 이때 전하의 흐름은 도체 양끝의 전위가 같아질 때까지 흐른다. 즉, 전위차가 없으면 도체를 통과하는 전하의 흐름은 없다.

전하는 전기적 성질을 갖게 하는 원인이고 전하를 운반하는 입자는 다름 아닌 전자이다. 도선은 구리와 같은 금속으로 만드는데, 금속에는 핵에 구속되지 않고 자유롭게 돌아다니는 자유전자들이 많이 있다.

그림 11.24의 (가)와 같이 스위치가 열려 있으면 자유전자들은 금속 원자들과 충돌하면서 멋대로 운동하기 때문에 평균적으로 이동하지 않는다. 그러나 그림의 (나)와 같이 스위치를 닫아서 도체에 전압을 걸어주면 무질서하게 운동하던 자유전자들은 도선을 따라 전지의 (+)극을 향해 질서있게 이동하게 된다. 이와 같이 전자가 이동하여 전하가 흐르게 되는데, 이와 같은 전하의 흐름을 **전류**(electric current)라고 한다.

1800년대에 전류의 흐름이 전자의 흐름이라는 사실을 알지 못했던 과학자들은 전류의 방향을 전지의 (+)극에서 도선을 따라 (−)극으로 흐른다고 약속하였다. 그 후 전류가 (−)극에서 (+)극으로 이동하는 전자의 흐름이라는 사실이 밝혀졌지만, 전류의 방향은 그대로 (+)극에서 (−)극으로 흐른다고 규정하게 되었다.

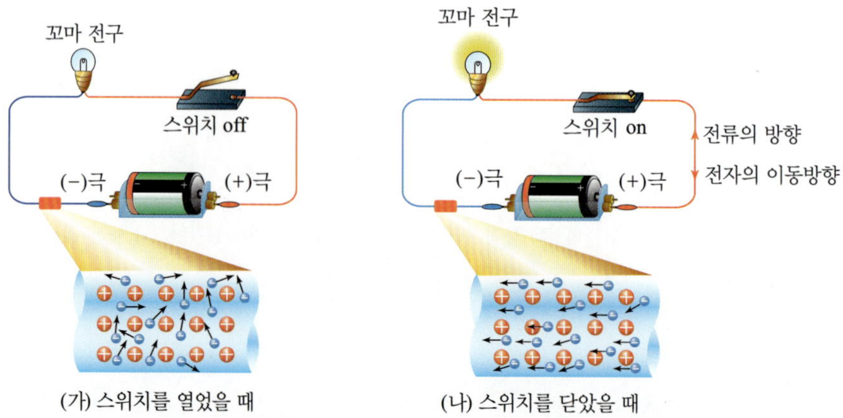

그림 11.24 전류의 방향과 전자의 이동방향은 서로 반대이다.

현재에도 이러한 관습에 따라 전류의 방향을 양전하(+)의 이동방향으로 정하고 있다. 따라서 전류의 방향은 전자(−)의 이동방향과는 반대이다.

전하의 흐름을 물의 흐름과 비유하면 이해하기가 쉽다. 물이 높은 곳에서 낮은 곳으로 흐르는 것처럼 전류는 전위가 높은 곳에서 낮은 곳으로 흐른다.

전류의 세기는 단위 시간에 도체의 단면을 지나가는 전하량으로 나타낼 수 있다. 만일 전하량 Q(C)가 시간 t(s) 동안에 어느 도선의 단면을 통과하였다면 전류의 세기 I(A)는 다음과 같이 나타낼 수 있다.

$$\text{전류의 세기} = \frac{\text{전하량}}{\text{시간}}, \quad I = \frac{Q}{t} \tag{11-9}$$

전류의 단위는 **암페어(A)**를 사용한다. 1 A는 1 s 동안에 1 C의 전하량이 통과할 때의 전류의 세기이다. 즉, 1 A = 1 C/s이다.

실제로 많은 전자 제품들의 경우는 작은 양의 전류가 흐르므로 이런 작은 양의 전류를 나타낼 때에는 밀리 암페어(mA)나 마이크로 암페어(μA) 등을 사용한다. 1 mA = 10^{-3} A, 1 μA = 10^{-6} A이다.

2) 전압과 전류의 관계

금속도선 속에서 전류가 흐르는 것은 무엇 때문일까?

금속도선 속의 자유전자들이 이동하기 위해서는 전위의 차, 즉 **전압(voltage)**이 필요하다. 따라서 금속도선에 전류가 흐를 때에는 양끝에 전압이 있다고 생각할 수 있다. 즉, 전압은 전류를 흐르게 하는 능력이라고 생각할 수 있다.

이때 전기회로에서 전위차를 유지시켜 주는 것을 **전원**이라고 한다. 건전지나 자동차 배터리 또는 발전기 등이 전원에 속한다.

전압과 전류 사이에는 어떤 관계가 있을까?

그림 11.25의 (가)와 같이 니크롬선과 전지 그리고 스위치를 연결하고 전류계와 전

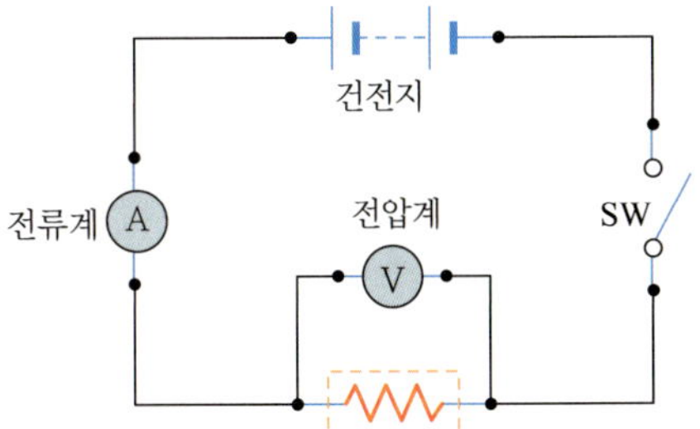

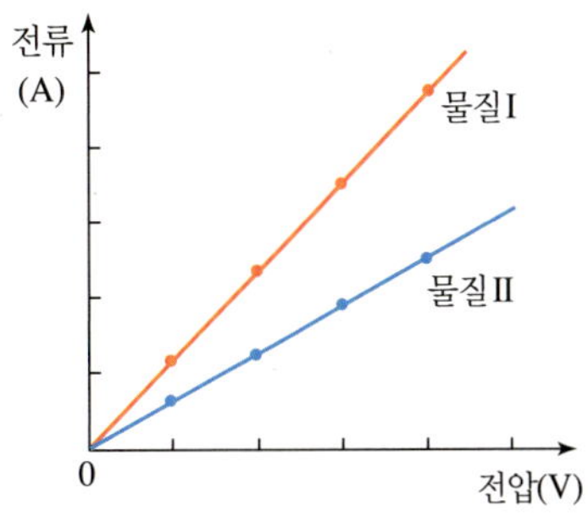

그림 11.25 전압과 전류 사이의 관계

그림 11.26 멀티테스터(전압, 전류, 저항 등을 측정할 수 있다)

압계를 연결한 다음 전지의 개수를 늘려가면서 니크롬선에 흐르는 전류의 세기를 측정하는 실험을 하였다.

굵기와 길이가 다른 니크롬선으로 같은 실험을 반복하고 전압과 전류의 관계를 조사하여 그림 (나)와 같은 그래프를 얻었다. 이 그래프에서 니크롬선에 흐르는 전류 I는 니크롬선의 양끝에 걸린 전압 V에 비례한다는 것을 알 수 있다. 이 관계를 식으로 나타내면 다음과 같다.

$$I = kV$$

여기서 비례상수 k는 그래프의 기울기인데, 이것은 회로에 흐르는 전류의 흐름을 얼마나 방해하였는지 그 정도를 나타내는 것이다. 이 값은 회로에 연결된 도체의 재질과 형태에 따라 다르다.

도체의 재질과 형태가 다르면 전압과 전류 사이의 관계 그래프의 기울기가 달라지지만, 이때에도 역시 전류는 전압에 비례한다. 그리고 같은 재질일 경우에는 굵기와 길이에 따라 달라진다. 이 식에서 비례상수 k를 $\frac{1}{R}$로 놓으면 다음과 같다.

$$I = \frac{V}{R} \quad \text{또는} \quad V = IR \tag{11-10}$$

이 관계를 **옴의 법칙**(ohm's law)이라고 한다. 여기서 R은 그 값이 클수록 전류가 흐르기 어렵다는 것을 의미한다. 즉, R은 전류의 흐름을 방해하는 정도를 나타내며, **전기저항** 또는 **저항**(resistor)이라고 한다.

저항이 일정한 회로에서는 전류와 전압은 비례한다. 즉, 전압을 두 배로 하면 전류도 두 배가 된다는 의미이다. 전압이 클수록 전류도 커진다. 그러나 전압이 일정한 회로에서 저항이 두 배로 되면 전류는 반으로 줄어든다. 저항이 클수록 전류는 감소한다.

전기저항을 나타내는 기호는 R을 사용하고, 저항의 단위는 옴(Ω)을 사용한다. 옴은 독일의 물리학자 옴(G. S. Ohm)의 이름을 기념하기 위해 붙인 단위이다. **1 Ω은 도선 양끝에 1 V의 전압을 걸어줄 때 1 A의 전류가 흐르는 전기저항이다.**

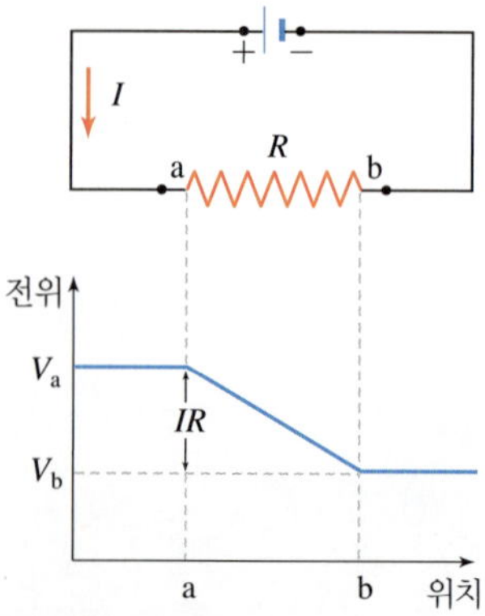

그림 11.27 저항에 의한 전압강하

그림 11.27에서와 같이 저항 R의 양끝 a와 b 사이에 전지를 연결하여 전류 I가 흐르는 경우를 생각해 보자.

저항 R의 양끝 a와 b의 전위를 각각 V_a, V_b라 하면 a와 b 사이의 전위차는 옴의 법칙에 의하여 다음과 같다.

$$V_a - V_b = IR \tag{11-11}$$

따라서 점 b의 전위차는 $V_b = V_a - IR$이 된다. 즉, 점 b의 전위는 점 a보다 IR만큼 낮다. 여기서 IR을 저항 R에 의한 **전압강하**(voltage drop)라고 하며, 이것은 저항 R의 양끝에 걸린 전압과 같다.

■ 회로의 전압이 일정할 때 저항이 반으로 줄면 전류는 어떻게 될까? 또 전압이 일정하고 저항이 2배로 되면 전류는 어떻게 될까?

예제 2 모든 전기기구는 그 기구의 전기적 특성을 나타내는 규격 인증서가 붙어있다. 집에 있는 전기다리미에 220 V, 10 A의 규격 인증서가 붙어있다면, 이 전기다리미의 전기저항은 몇 Ω인가?

풀이

옴의 법칙 $V = IR$에서 R은 다음과 같다.

$$R = \frac{V}{I} = \frac{220\ \text{V}}{10\ \text{A}} = 22\ \Omega$$

생활속의 물리 **전기감전(electric shock)**

우리 생활 주변에서 부주의로 인해 감전사고가 종종 발생한다. 감전은 사람의 몸을 따라 흐르는 전류에 의해 근육이나 심장 등이 손상을 입는 것을 말한다. 감전에 의한 피해는 우리 몸에 흐르는 전류의 양에 따라 다르다. 같은 전압에 감전되더라도 전원이 교류인가 직류인가, 그리고 인체에 전류가 흐르는 경로나 피부의 건조상태, 주파수, 남녀 등에 따라서도 피해 정도는 달라진다. 건조한 피부의 저항은 100 kΩ~600 kΩ, 물이 묻은 피부는 1 kΩ 이하다. 젖은 손으로 220 V에 감전된다면 220 mA(220 V÷1 kΩ)가 흘러 위험하다.

전류가 우리 몸에 흐르면 온 몸에 화상을 입고 신경계와 심장의 기능을 파괴할 수 있다. 또한 근육의 경련을 일으키게 할 수도 있다. 실험실에는 고압이나 큰 전류를 사용하는 기자재가 많이 있어 각별한 주의를 요한다.

▶ 우리 몸에 교류가 흐를 때 전류의 세기에 따라 나타나는 증상

전류(mA)	증상
2	전기감전을 느낄 수 있다.
7~8	고통스럽다.
10~15	통전경로의 신경이 마비된다.
50~70	근육의 신경마비가 심각하다.
100	사망에 도달가능한 최소한의 전류

▲ 감전 조심!

11.5 전기저항

1) 전기저항의 성질

도선에 고무나 합성수지의 피복을 입혀 놓는 것은 고무나 합성수지는 전기를 잘 통

그림 11.28 고압 전선을 지지하고 절연시키는 애자(insulator)

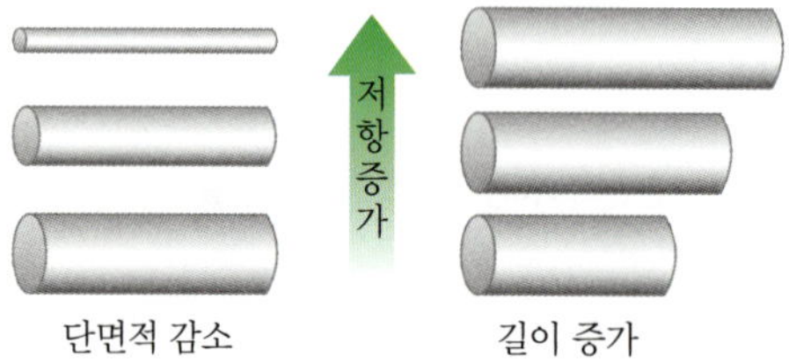

그림 11.29 도체의 길이 및 단면적과 전기저항

하지 않아서 감전을 방지할 수 있기 때문이다. 이처럼 물질에는 전기가 잘 통하는 것도 있고 전기가 잘 통하지 않는 것도 있다. 즉, 물질마다 차이는 있지만 전류가 흐르지 못하도록 방해하는 성질이 있다.

그림 11.29에서와 같이 같은 종류의 물질로 된 도선이라도 굵기(단면적)가 굵을수록 전기저항이 작아지고, 또 도선의 길이가 길수록 전기저항은 증가한다.

이와 같이 전기저항은 물질의 종류에 따라 다르며, 같은 물질이라도 도선의 굵기와 길이에 따라 다르다. **도선의 전기저항은 도선의 굵기(단면적)에 반비례하고, 길이에 비례한다.**

도선의 단면적을 A(m^2)라 하고, 도선의 길이를 l(m)라고 하면 도선의 전기저항 R(Ω)은 다음 관계가 성립한다.

$$R = \rho \frac{l}{A} \tag{11-12}$$

여기서 비례상수 ρ는 물질의 특성을 나타내는 상수이며, 그 물질의 **비저항**(resistivity) 또는 **고유저항**이라고 한다. 비저항은 물질의 종류와 온도에 따라 다르며, 단위는 Ω m를 사용한다. 전기저항과 반대로 전기를 얼마나 잘 흐르게 하는지를 나타내는 물리량을 전기전도도라고 하며 기호 σ로 나타내고, 단위는 S(지멘스)를 사용한다. 전기전도도는 저항의 역수이다.

2) 전기저항의 연결방법

그림 11.30 크리스마스 트리

가정에서 형광등, TV, 오디오, 전기 다리미 등 여러 전기기구를 동시에 사용하는 경우가 있다. 이때 이들 전기기구 중에서 하나가 끊어져도 다른 전기기구들은 그대로 작동한다. 그러나 그림 11.30과 같은 크리스마스 트리 등과 같은 장식용 전구가 직렬로 연결되어 있다면 어느곳 1개만 끊어져도 모든 전구의 불이 꺼지게 된다.

이 같은 이유는 저항의 연결방법에 따라 기구들의 점등상태가 달라지기 때문이다. 저항의 연결방법에 대해 알아보자.

◈ **직렬연결** 그림 11.31과 같이 3개의 저항 R_1, R_2, R_3을 차례로 연결하는 것을 **저항의 직렬연결**(series connection of resistor)이라고 한다. 이처럼 여러 개의 저항을 직렬

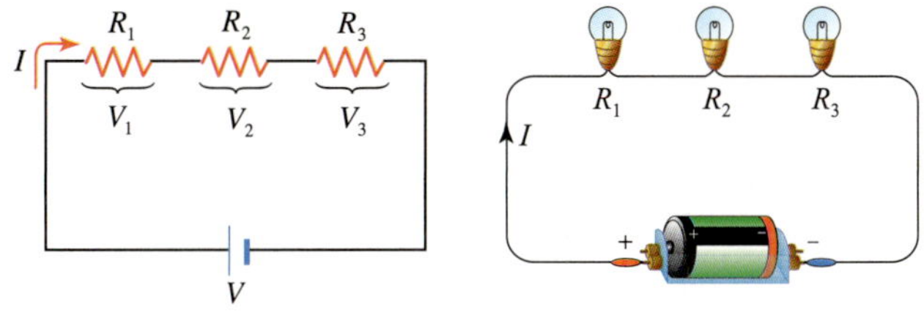

(가) (나)

그림 11.31 저항의 직렬연결 회로도

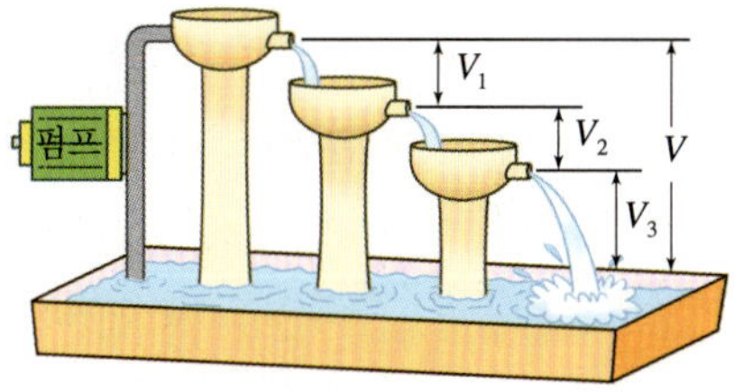

그림 11.32 저항의 직렬연결과 물줄기 비교

로 연결하면 전류와 전압은 그림 11.31과 같이 3개의 꼬마 전구를 직렬로 연결하고 전지와 연결하면 즉시 3개의 전구에 전류가 흘러서 불이 켜진다. 이때 전류는 각 전구를 통해 흐르게 된다. 직렬연결에서는 한 전구의 필라멘트가 끊어지면 회로가 끊기게 되어 전류가 더 이상 흐르지 못하기 때문에 전구의 불이 모두 꺼지게 된다.

저항의 직렬연결을 이해하기 쉽도록 그림 11.32와 같이 물의 흐름으로 비교해 보자. 회로는 물길과 같다고 볼 수 있다.

그림 11.32에서 전압인 펌프와 저항 R_1, R_2, R_3인 3개의 물통이 하나의 물길로 연결되어 있다. 펌프로 물을 가장 높은 곳에 있는 물통에 물을 품어 올리면 어느 물통에나 같은 양의 물이 흐르게 될 것이다. 따라서 각 물통에 흐르는 물의 세기는 같다. 즉, 직렬연결에서 각 저항에 흐르는 전류의 세기는 모두 같다.

$$I = I_1 = I_2 = I_3$$

다음으로 물의 높이를 생각해 보자. 펌프로 끌어올린 물은 각 물통을 하나씩 거치면서 아래로 내려온다. 이때 각 물통 사이의 높이는 각 저항에 걸리는 전압과 같다고 생각할 수 있다. 따라서 각 물통 사이의 높이를 모두 합하면 펌프로 끌어올린 물의 높이와 같게 된다. 즉, 각 저항에 걸리는 전압의 합은 전체전압과 같다.

$$V = V_1 + V_2 + V_3$$

3개의 저항을 직렬로 연결할 때 합성저항은 어떻게 나타낼 수 있을까? 각 저항의 양끝에 걸리는 전압은 옴의 법칙에서 다음과 같이 나타낼 수 있다.

$$V = IR, \quad V_1 = IR_1, \quad V_2 = IR_2, \quad V_3 = IR_3$$

따라서 이들을 전압의 식에 대입하여 정리하면 다음과 같다.

$$V = IR = I(R_1 + R_2 + R_3)$$

$$\therefore\ R = R_1 + R_2 + R_3 \tag{11-13}$$

즉, 여러 개의 저항을 직렬로 연결하면 합성저항은 각 저항의 합과 같다. 따라서 합성

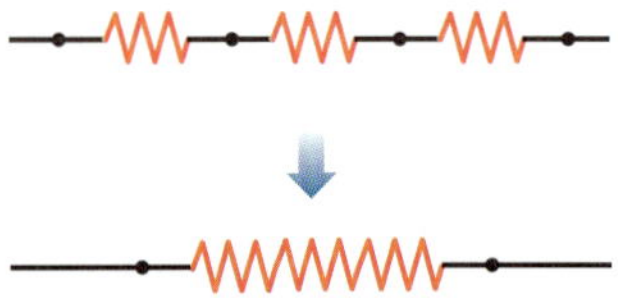

그림 11.33 저항의 직렬연결 효과

저항은 각각의 저항 어느 것보다 크다는 것을 알 수 있을 것이다.

저항 여러 개를 직렬로 연결하는 것은 그림 11.33과 같이 일렬로 길게 연결하는 것을 말한다. 즉, 저항의 길이가 길어지는 것이라고 생각할 수 있다.

■ 꼬마전구를 3개를 직렬로 연결한 회로에 꼬마전구 1개를 추가로 더 연결하면 각 전구의 밝기는 어떻게 될까?

예제 3 3 Ω과 6 Ω의 저항을 직렬로 연결하면 합성저항은 몇 Ω인가? 그리고 직렬 연결한 다음 저항의 양 끝에 18 V의 전원에 연결하면 각 저항에 걸리는 전압은 몇 V인가?

풀이

합성저항은 $R = R_1 + R_2 = 3\,\Omega + 6\,\Omega = 9\,\Omega$이다.

그리고 회로에 흐르는 전류는 $I = \frac{V}{R} = \frac{18\,\text{V}}{9\,\Omega} = 2\,\text{A}$이다. 따라서

3 Ω에 걸리는 전압은 $V = IR = 2\,\text{A} \times 3\,\Omega = 6\,\text{V}$이고,

6 Ω에 걸리는 전압은 $V = IR = 2\,\text{A} \times 6\,\Omega = 12\,\text{V}$이다.

◈ **병렬연결** 그림 11.34(가)와 같이 회로 전체에 흐르는 전류 I가 한 점에서 세 개의 저항 R_1, R_2, R_3로 나뉘어져서 이들 저항에 각각 I_1, I_2, I_3의 전류가 흐르도록 연결하는 것을 **저항의 병렬연결**(parallel connetion of resistor)이라고 한다. 이와 같이 여러 개의 저항을 병렬로 연결하면 전류와 전압은 어떻게 될까?

그림 11.34(나)와 같이 꼬마전구 3개를 병렬로 연결하면 직렬연결 회로와는 달리 한 전구에 흐르는 전류는 다른 전구를 통과하지 않는다. 따라서 한 전구의 필라멘트가 끊어져도 다른 전구의 불은 꺼지지 않는다. 이처럼 병렬연결에서는 전구 한 개나 두 개만 불이 켜지거나 꺼지게 할 수 있고, 세 개 모두 불이 켜지거나 꺼지도록 할 수도 있다. 병렬연결에서는 전구가 서로 독립적으로 작동한다.

저항의 병렬연결도 이해하기 쉽도록 그림 11.35와 같이 물의 흐름으로 비교해 보

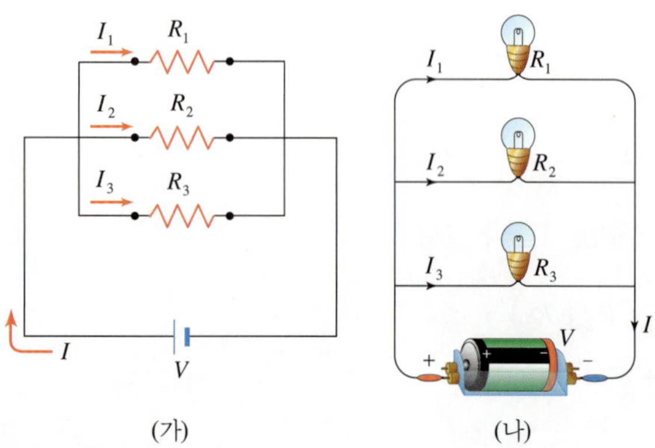

그림 11.34 저항의 병렬연결 회로도

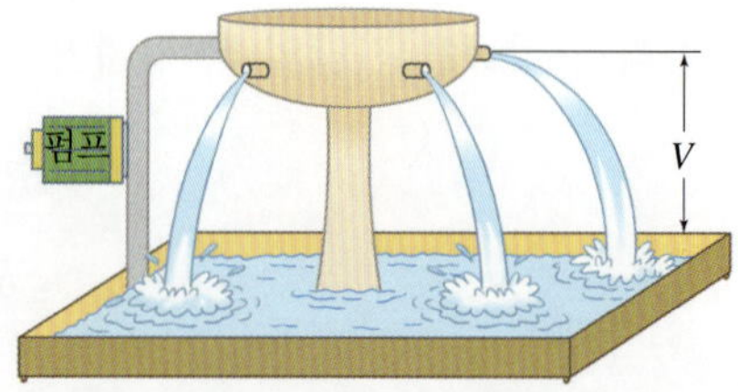

그림 11.35 저항의 병렬연결과 물줄기의 비교

자. 이 경우에는 펌프로 물을 퍼 올리는 높이와 물통의 각 구멍에서 나오는 물의 높이는 모두 같다. 즉, 저항의 양끝에 걸리는 전압이 회로의 전체전압과 같다고 볼 수 있다.

$$V = V_1 = V_2 = V_3$$

이번에는 물의 양에 대해 생각해 보자. 물이 물통에서 넘치지 않는 것은 펌프로 품어 올리는 물의 양과 구멍을 통해 나오는 물의 양이 같기 때문이라는 것을 쉽게 알 수 있다. 따라서 각 구멍을 통해 나오는 물의 양을 합한 것은 펌프로 품어올리는 양과 같다. 물의 양을 전류로 비유했으므로 다음의 식이 성립한다.

$$I = I_1 + I_2 + I_3$$

3개의 저항을 병렬연결할 때 합성저항은 어떻게 나타낼 수 있을까? 각 저항에 흐르는 전류는 옴의 법칙에서 다음과 같이 나타낼 수 있다.

$$I = \frac{V}{R},\quad I_1 = \frac{V}{R_1},\quad I_2 = \frac{V}{R_2},\quad I_3 = \frac{V}{R_3}$$

이들을 전류의 식에 대입하여 정리하면 다음과 같다.

$$I = \frac{V}{R} = V\left(\frac{1}{R_1} + \frac{1}{R_2} + \frac{1}{R_3}\right)$$

$$\therefore \frac{1}{R} = \frac{1}{R_1} + \frac{1}{R_2} + \frac{1}{R_3} \qquad (11\text{-}14)$$

즉, 여러 개의 저항을 병렬로 연결하면 합성저항의 역수는 각 저항의 역수의 합과 같다. 따라서 합성저항은 각각의 저항 어느 것보다 작다.

저항 여러 개를 병렬로 연결하는 것은 그림 11.36과 같이 저항을 한데 묶어서 연결하는 것을 말한다. 즉, 저항의 단면적이 커지는 것이라고 생각할 수 있다.

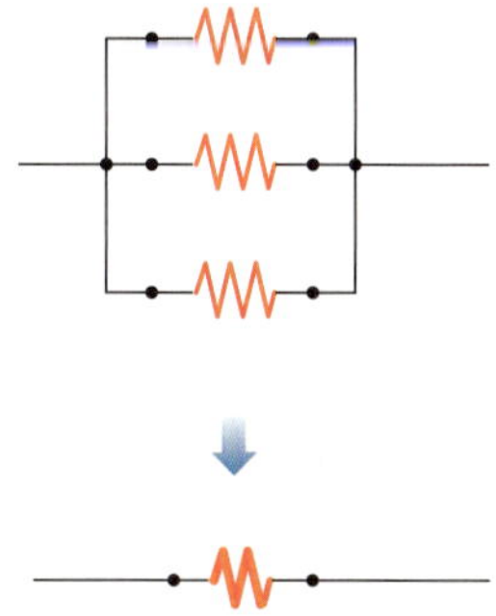

(저항이 작아진다)

그림 11.36 저항의 병렬연결 효과

- 꼬마전구를 3개를 병렬로 연결한 회로에 꼬마전구 1개를 추가로 더 연결하면 각 전구의 밝기는 어떻게 될까?
- 그림과 같이 피복이 벗겨진 고압선에 새가 앉아 있다면 (가)와 (나) 두 새는 안전한가?

(가) (나)

예제 4 3 Ω과 6 Ω의 저항을 병렬연결하면 합성저항은 몇 Ω인가? 그리고 병렬연결한 것을 18 V의 전원에 연결하면 각 저항에 걸리는 전압은 몇 V인가?

풀이

합성저항은 $\frac{1}{R} = \frac{1}{R_1} + \frac{1}{R_2} = \frac{1}{3\,\Omega} + \frac{1}{6\,\Omega} = \frac{1}{2\,\Omega}$이므로

$\therefore R = 2\,\Omega$이다.

그리고 회로에 흐르는 전류는 $I = \frac{V}{R} = \frac{18\text{ V}}{2\,\Omega} = 9\text{ A}$이므로

3 Ω와 6 Ω에 걸리는 전압은 모두 같으며, $V = IR = 9\text{ A} \times 2\,\Omega = 18\text{ V}$이다.

11.6 전기 에너지

일상생활에서 사용하는 전등, TV, 다리미, 세탁기, 냉장고 등 여러 가지 전기기구에 전류를 흘리면 빛과 열을 내게 하거나 기계적인 일을 하게 할 수 있다. 이와 같이 전기는 전기기구들이 제 기능을 할 수 있도록 해 주는 능력을 가지고 있는데, 이런 능력을 전기 에너지라고 한다. 그러면 전기기구들이 하는 일의 양은 전류 및 전압과 어떤 관계가 있을까?

1) 직류와 교류

가정에서 사용하는 전기스탠드, TV, 냉장고 등의 플러그를 콘센트에 끼울 때 플러그 단자의 좌우를 바꾸어 끼워도 이들 기구가 작동하는 데에는 아무런 지장이 없다. 그러나 디지털 도어락(digital doorlock)에 전지를 끼울 때 (+)극과 (−)극을 바꾸어

생활속의 물리 가정의 전기배선을 병렬로 연결하는 이유는?

우리는 가정에 들어온 전선에 전등이나 컴퓨터 등의 전기기구들을 연결하여 사용하고 있다.

오른쪽 그림은 가정의 전기배선을 나타낸 것이다. 가정의 전기배선은 병렬로 연결되어 있어 각 전기기구에 걸리는 전압이 모두 같다. 따라서 가정에서 사용하는 전기기구는 모두 같은 전압에서 사용할 수 있다.

만일, 각 전기기구마다 작동에 필요한 전압이 다르다면, 각 콘센트마다 전압을 달리하여 전기를 공급하여야 하므로 가정의 전기배선은 매우 복잡해지고 전기기구를 사용하는 데 매우 불편할 것이다.

병렬연결 회로에서는 한 방의 형광등 스위치를 끄더라도 다른 방의 형광등은 꺼지지 않으며, 각 콘센트에 공급되는 전기가 차단되지 않으므로 다른 전기기구는 그대로 사용할 수 있다.

만일, 가정의 전기배선이 직렬로 되어 있다면 사용하고 있는 형광등 하나만 고장나도 공급되는 전기가 차단되어 다른 전기기구를 사용하지 못하게 될 것이다.

▲ 가정용 배선도(예)

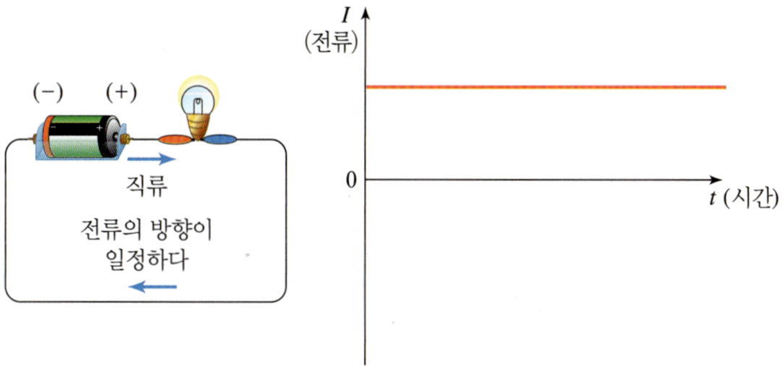

그림 11.37 직류가 흐르는 방향은 한쪽으로 일정하다.

끼우면 작동하지 않는다.

가정용 전기기구나 디지털 도어락은 모두 전기를 이용하는 기구인데, 가정용 전기기구는 단자의 극을 맞추지 않고, 디지털 도어락은 극이 맞아야 하는 이유는 무엇일까? 그것은 두 전기기구에 흘려주는 전류의 종류가 다르기 때문이다.

건전지는 위에 볼록 나온 부분이 (+)극이고 아래에 약간 오목하게 들어간 부분이 (−)극이다. 그림 11.37과 같이 꼬마전구와 건전지를 연결하면 전자는 언제나 (−)극으로부터 (+)극으로 이동한다. 그런데 전류의 방향은 전자의 이동방향과 반대이므로 전류는 (+)극에서 (−)극으로 흐른다.

이 회로에서 전류의 흐름이 시간이 지남에 따라 어떻게 변하는지 조사해 보면 그림 11.37에서와 같이 시간이 지나도 전류의 세기는 변하지 않고 일정하게 나타난다. 즉, 파형이 시간축에 평행한 직선이다. 이와 같이 전류의 세기와 방향이 일정한 전기를 **직류**(DC, direct current)라고 한다.

가정에서 사용하는 형광등, TV, 냉장고, 세탁기와 같은 전기기구나 공장에서 사용하는 여러 가지 전기기구들을 사용할 때 이용하는 전기는 발전소로부터 송전되어 온다.

발전소로부터 송전된 전기가 공급되고 있는 콘센트에 그림 11.38과 같이 전구를 꽂고 회로에 흐르는 전류의 흐름을 조사해 보면, 전류의 세기가 시간에 따라 주기적으로 변하는 모습으로 나타난다. 이와 같이 전류의 세기와 방향이 일정한 주기로 바뀌는 전기를 **교류**(AC, alternating current)라고 한다.

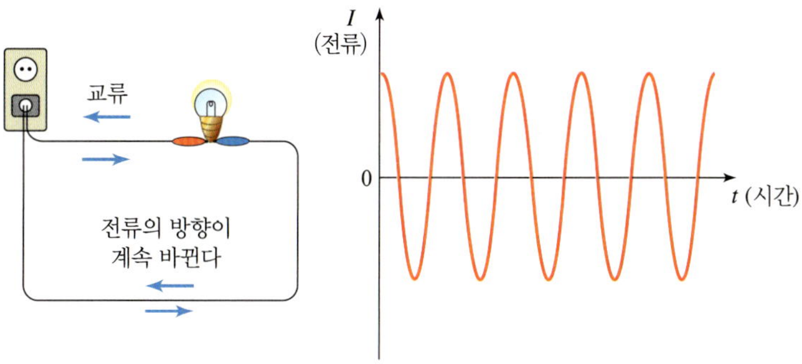

그림 11.38 교류의 흐름은 시간에 따라 계속 바뀐다.

교류의 파형은 일정한 시간간격으로 (+)와 (−)로 방향이 주기적으로 바뀌면서 전류의 세기도 변한다. 교류에서 전류의 방향이 주기적으로 변하는 횟수를 **주파수**(frequency)라고 하며 단위는 Hz(헤르츠)를 사용한다. 우리나라에서는 1초 동안에 전류의 방향이 60번 바뀌는 60 Hz의 교류를 사용하고 있다.

가정용 전기로 교류를 사용하는 이유는 무엇일까? 전기를 생산하는 발전소는 전기 에너지를 소비하는 가정이나 공장과 멀리 떨어져 있다. 멀리 떨어진 곳까지 전기를 보내는 일을 **송전**(transmission)이라고 한다.

전기 에너지를 송전하면 에너지의 일부를 잃어버리게 되는데, 교류는 직류에 비하여 전기 에너지의 손실이 적기 때문에 먼 곳까지 이동시키는 데 훨씬 유리하다. 특히 교류는 전압을 높여서 송전하면 전선에서 전기 에너지가 열로 바뀌어 소비되는 것을 줄일 수 있으므로 발전소에서 송전할 때 수백 kV의 고전압으로 송전한다. 현재 우리나라에서 사용하고 있는 송전 전압은 교류 66 kV, 154 kV, 345 kV, 765 kV가 있다.

■ 주기가 60 Hz인 교류의 전류값이 최대가 되는 것은 1 s 동안에 몇 회일까?

2) 전류의 열작용

그림 11.39 백열전구로 꾸민 인테리어

전기 에너지는 여러 형태의 에너지로 바꾸어서 생활에 이용할 수 있다. 전구에 전류를 흘려주면 그림 11.39와 같이 백열전구의 필라멘트가 빨갛게 변하면서 불이 켜져서 주변을 환하게 비쳐준다. 불이 들어온 전구를 손으로 만지면 뜨겁다. 이것은 전구에서 열이 발생했기 때문이다. 이 경우 전기 에너지는 빛 에너지와 열 에너지로 전환된 것이다.

선풍기의 플러그를 콘센트에 꽂으면 선풍기의 날개가 돌아가면서 바람을 일으킨다. 전기 에너지가 선풍기의 날개를 돌리는 운동 에너지로 바뀐 것이다. 그러면 전기 에너지는 모두 선풍기의 운동 에너지로만 바뀐 것일까? 아니다. 선풍기를 장시간 작동시키면 모터에서 열이 많이 발생하기도 한다. 전기 에너지가 어떻게 열 에너지로 전환되는 것일까?

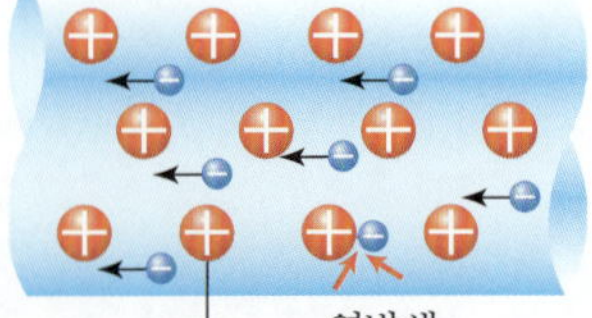

그림 11.40 전류의 열작용

그림 11.40과 같이 도체 내에는 그 도체를 이루고 있는 원자들이 빽빽하게 들어차 있다. 이 도체의 양끝에 전압을 걸어 주면 자유전자가 이동하면서 원자들과 부딪히면서 열이 발생하게 된다. 즉, 전기 에너지가 열 에너지로 전환되는 것이다. 이러한 전류의 작용을 **열작용**이라고 한다.

니크롬선과 같이 저항이 큰 물체에 전류가 흐르면 열이 발생한다. 이와 같은 현상은 전기 다리미, 전기 밥솥, 화재 경보기 등 많은 전기기구에 이용되고 있다.

그림 11.41에서 저항이 R인 도선 AB에 전류가 I가 흐르고 있다면 점 A의 전위는

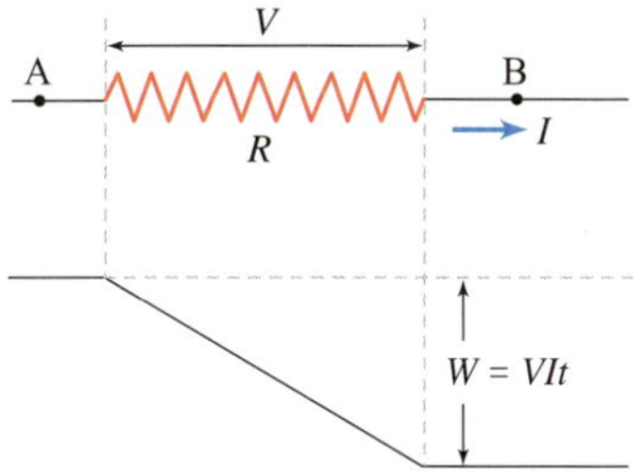

그림 11.41 전기 에너지가 한 일

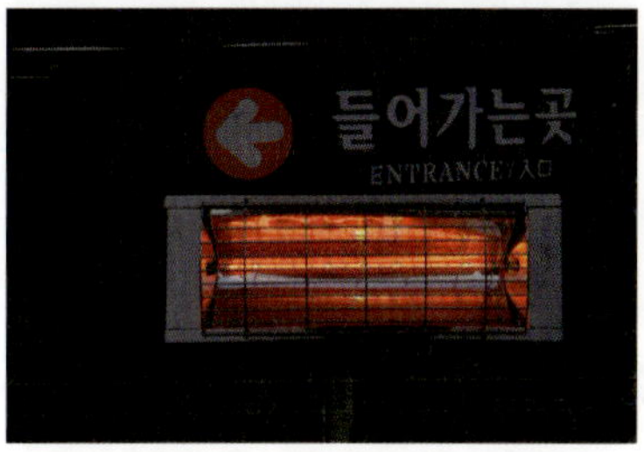

그림 11.42 **전류의 열작용** 니크롬선에 전류가 흐르면 열이 발생한다.

점 B보다 $V = IR$만큼 높다. 그리고 전류 I가 시간 t 동안 흘렀다면 그 동안 A에서 B로 흘러간 전기량이 한 일은 $W = VIt$가 된다. 즉, 시간 t 동안 소비된 전기 에너지는 다음과 같다.

$$W = VIt = I^2 Rt = \frac{V^2}{R} t \tag{11-15}$$

만일 이 전기 에너지가 모두 열 에너지로 바뀐다면, 이때 발생하는 열량은 다음과 같다.

$$Q = \frac{1}{J} VIt = 0.24VIt = 0.24I^2 Rt \,(\text{cal}) \tag{11-16}$$

이와 같이 전기 에너지와 열량 사이의 관계를 나타내는 것을 **줄의 법칙**이라고 하며, 이때 발생한 열을 **줄열**이라고 한다. 이 식에서 사용된 J를 **열의 일당량**이라고 하

생활속의 물리 정류기

여러 전기기기의 배터리를 충전할 때 교류를 직류로 바꿔주는 **직류 변환기**가 필요하다.

직류 변환기는 교류 220 V의 전압을 낮은 전압(12 V 등)으로 낮춰주는 변압기와 전류를 한 방향으로만 흐르도록 하는 다이오드(diode) 등으로 구성되어 있다.

다이오드는 그림 (가)와 같이 (+), (−) 양쪽 방향으로 진동하는 교류를 한 주기의 절반만 통과할 수 있게 하여 그림의 (나)와 같이 반주기가 잘려나간 약간 거친 직류를 만든다. 이때 축전기를 이용하면 거친 직류를 그림 (라)와 같은 연속적인 직류로 만들 수 있다. 이러한 장치는 **정류기**(rectifier) 또는 **직류 변환기**라고 한다.

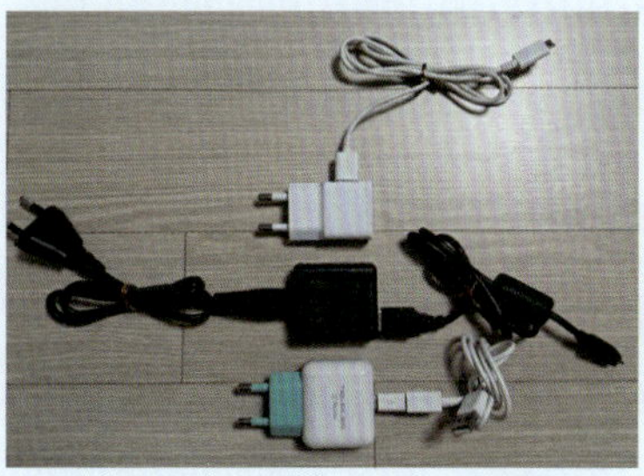

▲ AC→DC 아답터(정류기)

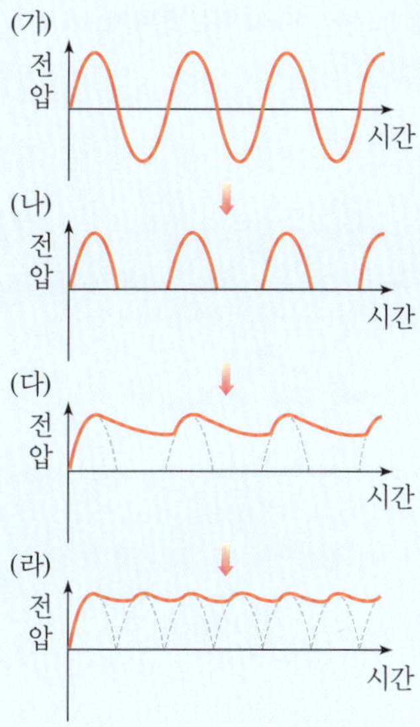

▲ 교류가 직류로 변환되는 모형도

며, 그 값은 다음과 같다.

$$J = 4.2 \times 10^3 \text{ J/kcal}, \quad \frac{1}{J} = 0.24 \text{ cal/J}$$

3) 전력과 전력량

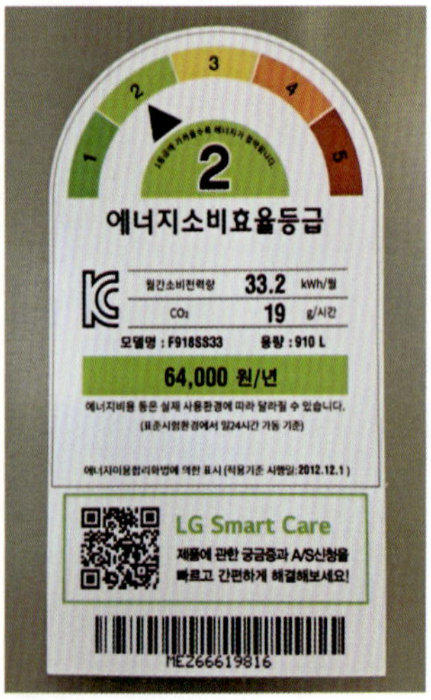

그림 11.43 에너지 소비효율등급

그림 11.44 기계식 적산 전력계

가정에서 사용하는 가전제품들은 그 종류와 크기에 따라 소비하는 전기 에너지의 양이 다르다. 그림 11.43과 같은 냉장고나 세탁기 등에 붙어 있는 에너지 소비효율등급을 본 적이 있을 것이다. 전기기구들이 소비하는 전기 에너지를 어떻게 나타낼 수 있을까?

전기기구들이 같은 시간 동안에 사용한 전기 에너지의 양을 비교하면 어떤 전기기구가 얼마의 전기 에너지를 사용하였는지 쉽게 알아낼 수 있다. 그러므로 전류를 1 s 동안 흘렸을 때 전류가 하는 일, 또는 1 s 동안 공급된 전기 에너지 W(J)를 **전력** P(J/s)이라고 하며, 다음과 같이 나타낼 수 있다.

$$P = \frac{W}{t} = VI = I^2 R = \frac{V^2}{R} \qquad (11\text{-}17)$$

전력의 단위는 일률의 단위인 **와트**(W)를 사용하며, 이것은 J/s와 같다.

그림 11.44와 같은 적산전력계가 가정의 벽에 부착되어 있는 것을 보았을 것이다. 적산 전력계는 한 달 동안 사용한 전기 에너지의 양을 숫자로 나타낸다. 가정에서는 적산 전력계가 나타낸 전기 에너지를 사용한 것이다.

전력은 전기 에너지를 시간으로 나눈 것이므로, 이것을 다르게 나타내면 전기 에너지는 전력×시간으로 나타낼 수 있다.

$$\text{전기 에너지} = \text{전력} \times \text{시간}, \quad W = Pt \qquad (11\text{-}18)$$

이 전기 에너지를 **전력량**이라고 한다. 그러나 전력량을 나타내는 공식에 포함된 시간 단위가 초(s)이기 때문에 한 달 동안 사용한 전기 에너지의 양을 나타내려면 그 값이 너무 커서 무리가 있다. 따라서 실생활에서 사용하기에 편리한 단위가 필요하다. 그래서 전력량을 나타내는 공식에 초(s) 대신 시간(h)을 곱한 단위를 사용하게 된 것이다. 즉, 전력량의 단위는 **와트시**(Wh), **킬로 와트시**(kWh)를 사용한다. 1 kWh는 1 kW의 전력을 1시간 동안 사용한 전기 에너지의 양을 말한다. 즉 1 kwh = 1 kw × 1 h이다.

- 한국전력공사에서 보내온 전기요금 납부고지서를 보고 집에서 한 달 동안 사용하는 전력량이 얼마인지 알아보자. 가정용 전기요금은 1 kWh에 얼마인가?
- 1200 W 헤어 드라이기에 있는 퓨즈의 최대 허용전류가 15 A이라면, 이 헤어드라이기를 120 V

의 전선에 연결하여 사용해도 될까? 이 전선에 똑같은 두 대의 헤어드라이기를 연결하여 동시에 사용해도 될까?

- 집에서 사용하고 있는 전기기구는 어떤 것들이 있는지 알아보고, 전기기구의 정격 소비전력은 각각 얼마인지 조사해 보자. 이들 전기기구들을 동시에 사용한다면 총 사용전력은 얼마인가?

(가) OLED TV(소비전력 138 W)

(나) LED 거실등
(소비전력 18 W×3개)

(다) 전기 밥솥(소비전력 1400 W)

(라) 선풍기(소비전력 45 W)

그림 11.45 가정에서 사용하는 전기기구의 정격 소비전력의 예

읽을거리

정전기 이야기

■ 정전기 현상의 발견: 그리스의 철학자 탈레스(Thales: BC 640~BC 546)는 호박(amber, 琥珀)을 천 조각에 문지르면, 호박이나 천 조각이 작은 나뭇잎이나 먼지 등을 끌어당긴다는 것을 알게 되었다. 호박은 나무의 진(소나무 송진 등)이 땅 속에 묻혀서 탄소, 산소, 수소 등과 화합하여 굳어진 형체를 말하는데, 그 내부에 곤충이나 작은 포유류, 식물 등이 들어 있는 경우가 많다. 당시에는 끌어당기는 이 엄청난 현상에 대해 이론적으로 설명할 방법이 없었다. 이 끌어당기는 현상은 17세기 초 영국의 길버트에 의해 전기 이론으로 정립되었다. 이 같은 현상은 헝겊으로 문지른 플라스틱 자, 고무조각, 유리막대 등에서도 나타나며, 이때 아주 짧은 시간 동안 전자가 이동하여 생긴 전기를 정전기(static electricity)라고 부른다. 정전기는 물체 사이에서 접촉(contact), 마찰(friction), 파괴(breakdown), 회전(rolling), 분출(spurting), 동결(freezing) 등 여러 경우에 발생한다.

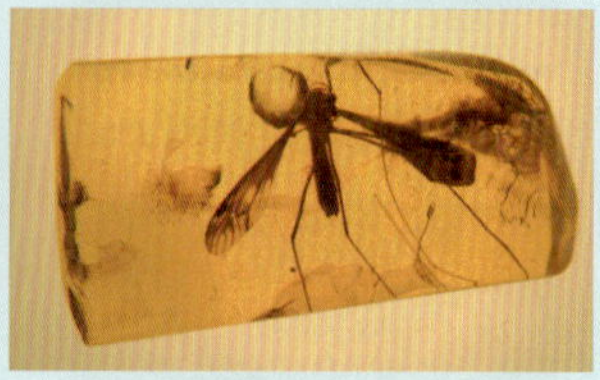

▲ 유럽 리투아니아 연안에서 발견된 호박. (여수엑스포에서 촬영)

■ 대전열: 두 물체를 마찰시키면 한쪽 물체에는 (+)전기를, 다른 쪽 물체에는 (−)전기를 띠게 되는데 같은 물체라도 어떤 물체로 마찰시켰는가에 따라 (+)로 대전될 수도 있고 (−)전기로 대전될 수도 있다. 두 물체를 마찰시켰을 때 상대적으로 (+)전기를 띠기 쉬운 물체에서 (−)전기를 띠기 쉬운 물체 순으로 나열해 놓은 표를 대전열(order of electrification)이라고 한다. 대전열에서 왼쪽에 위치한 물질은 (+)로 대전되기 쉽고 오른쪽에 위치한 물질은 (−)로 대전되기 쉽다.

물질의 대전열	(+) 사람의 손−석면−유리−운모−사람의 머리카락−나일론−모−털(모피)−납−비단−알루미늄−종이−면−강철−나무−호박(amber)−고무−니켈,구리−은, 황동−금, 백금−황−아세테이트 레이온−폴리에스테르−셀룰로이드−폴리에칠렌−비닐−실리콘−테프론 (−)

■ 정전기 전압: 자동차 문을 열거나 털옷을 벗을 때 '탁탁' 소리와 함께 불꽃이 일고 몸이 따끔거린다. 겨울철에 많이 발생하는 정전기의 전압은 어느 정도나 될까? 어느 실험결과에 의하면 나일론과 털을 10회 문질렀을 때 정전기에 의해 발생하는 두 물체 사이의 전압은 약 4,400 V라고 한다. 이때 정전기 전압이 아무리 높다 하더라도 두 물체 사이에 흐르는 전류가 아주 작기 때문에 감전에 의한 위험은 거의 없다. 사람이 활동하는 몇 가지 경우에서 발생하는 정전기의 전압은 다음과 같다.

사람의 활동 (예)	정전기에 의한 두 물체 사이의 전위차(V)	
	상대습도 10 %~25 %	상대습도 65 %~90 %
카펫 위를 걸어갈 때	35,000 V	1,500 V
비닐타일 위를 걸어갈 때	12,000 V	250 V
의자 위에 놓인 폴리염화비닐로 만들어진 가방을 집어 올릴 때	20,000 V	1,200 V
우레탄폼(인조거품고무)로 만들어진 의자에 앉을 때	18,000 V	1,500 V

벼락과 천둥

장마철에는 어김없이 번개가 치고 천둥소리가 나며, 벼락에 의한 피해도 종종 발생한다. 구름의 위쪽에는 가벼운 입자들이 (+)전하를 띠고 있고, 아래쪽에는 무거운 입자들이 (−)전하를 띠고 있다. 이렇게 대전된 구름들이 지면에 가까워지면 정전기 유도에 의하여 지면에는 (+)전하가 유도되어 구름과 지면 사이에는 아주 큰 전압이 형성된다. 이때 구름의 (−)전하와 땅 위의 (+)전하가 가까워지면 아주 짧은시간에 방전이 일어나고 매우 큰 전류가 흐르는 것이 **벼락**(thunderstroke)이다.

벼락이 칠 때 순간적으로 이동하는 전자들이 공기 입자들과 충돌하여 빛과 열이 발생한다. 이때 발생하는 빛이 **번개**(lightning)이다. 전하가 이동할 때는 가장 짧은 길을 이용하는데 이 빠른 길이 번개의 모양이 된다. 보통 번개의 모양은 삐뚤삐뚤한데 그 이유는 번개가 움직이는 경로가 공기의 온도, 습도, 기압 등 여러 가지 요인에 따라 결정되기 때문이다. 번개가 떨어질 때 주변의 공기의 온도는 약 27,000 ℃ 정도가 된다. 이 열에 의해 뜨거워진 공기가 팽창하면서 주변에 있는 공기를 압축하게 되는데, 이 부분에 공기가 채워질 때 나는 소리가 **천둥소리**이다. 번개가 섬광을 내면 이어 천둥소리가 뒤따른다.

번개를 본 후 천둥소리를 듣게 되는데 이 이유는 무엇일까? 이것은 빛의 속도가 소리의 속도보다 아주 빠르기 때문에 번개와 천둥이 동시에 치더라도 천둥소리가 나중에 들리게 되는 것이다.

번개가 치면 공기 속에 있는 산소 분자에 의해 약간의 오존(O_3)이 만들어지기도 한다. 또한 번개는 식물의 성장에 필요한 질산을 만들기도 한다. 공기 중에는 질소가 많이 있다. 번개가 치면 질소와 산소가 만나 이산화질소가 만들어진다. 이 이산화질소는 빗물을 만나 질산으로 바뀌고, 질산은 땅에 흡수되어 식물의 생장을 돕는 비료가 되기도 한다.

미국의 정치가이며 과학자인 **플랭크린**(B. Franklin: 1706~1790)은 번개는 전기현상의 일종이라고 생각하면서 이를 증명하기 위해 그의 아들과 함께 연날리기 실험을 하였다. 이 실험을 통해 플랭크린은 뾰족한 쇠막대를 건물 위에 높게 세운 뒤 도선으로 지면과 연결시키면 벼락을 피할 수 있다는 것을 알아내었다. 이것이 바로 **피뢰침**(lightning rod)이다.

▲ 번개

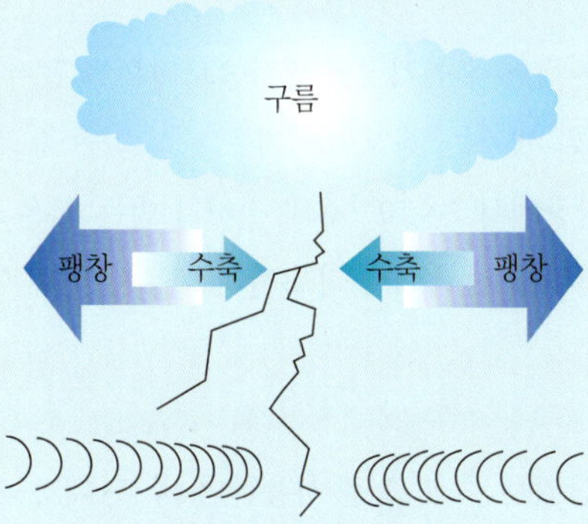

▲ 번개가 치면 엄청난 에너지 때문에 주변의 공기가 여러 차례 팽창하고 수축한다. 이때 공기가 진동하는 소리가 바로 천둥소리이다.

연습문제

풀이 ☞ 380쪽

1. 대전된 두 점전하가 있다. 두 점전하 사이의 거리가 d 만큼 떨어져 있을 때 전기력 F가 작용한다고 한다. 만일 두 점전하 사이의 거리를 3배로 한다면 작용한 전기력은 어떻게 되는가?

① $\frac{1}{3}F$　② $\frac{1}{9}F$　③ $\frac{1}{\sqrt{3}}F$
④ $\sqrt{3}F$　⑤ $3F$

2. 같은 크기로 대전된 점전하가 5 m 떨어져 있다. 이때 두 점전하 사이에 작용하는 힘이 9.0×10^{-3} N이라면 점전하 1개의 전하량은 얼마인가?

① 5.0×10^{-8} C　② 1.0×10^{-8} C　③ 5.0×10^{-9} C
④ 1.0×10^{-9} C　⑤ 2.0×10^{-9} C

3. $+4.8\times10^{-6}$ C과 -3.0×10^{-6} C의 두 전하가 9 cm 떨어져 있을 때 두 전하 사이에 작용하는 전기력의 크기는 몇 N인가? 인력인가 아니면 척력인가?

4. 어느 공간의 한 점에 -2.5×10^{-10} C의 전하를 놓았더니 오른쪽으로 1.0×10^{-8} N의 힘을 받았다. 이 점에서의 전기장의 세기는 몇 N/C인가? 또 방향은 어떠한가?

5. 균일한 전기장에서 전기장의 방향으로 0.2 m 떨어진 두 점 A와 B 사이의 전위차가 40 V이었다. 다음 물음에 답하라.

(1) 전기장의 세기는 몇 V/m인가?
(2) 이 전기장에서 2×10^{-7} C의 전하가 받는 힘은 몇 N인가?
(3) 이 양전하를 점 A에서 점 B까지 이동시킬 때 양전하에 해주어야 할 일은 몇 J인가?

6. 전기장의 단위는 $\frac{\text{N}}{\text{C}}$과 $\frac{\text{V}}{\text{m}}$을 사용한다. 두 단위가 서로 같음을 증명하시오.

7. 5분 동안 어느 도선의 단면을 지나간 전기량이 9.0×10^{2} C이었다. 이때 도선에 흐른 전류의 세기는 얼마인가? 또 도선의 단면을 지나간 전자의 수는 몇 개인가?

8. 다음 ( ) 속에 알맞은 답을 써 넣으시오.

어느 도선에 0.48 A의 전류가 일정하게 흐르고 있다. 1 s 동안에 이 도선의 단면을 통과한 전기량은 ((1))C이다. 이것은 -1.6×10^{-19} C의 전기량을 갖는 ((2))가 ((3))개 통과한 것과 같다.

9. $R_1 = 3\ \Omega$, $R_2 = 5\ \Omega$, $R_3 = 6\ \Omega$의 저항 3개를 그림과 같이 병렬로 접속한 회로에 30 V의 전압을 가하였다면 이때 R_1 저항에 흐르는 전류는 얼마인가? 〈전기기능사 국가자격시험 출제〉

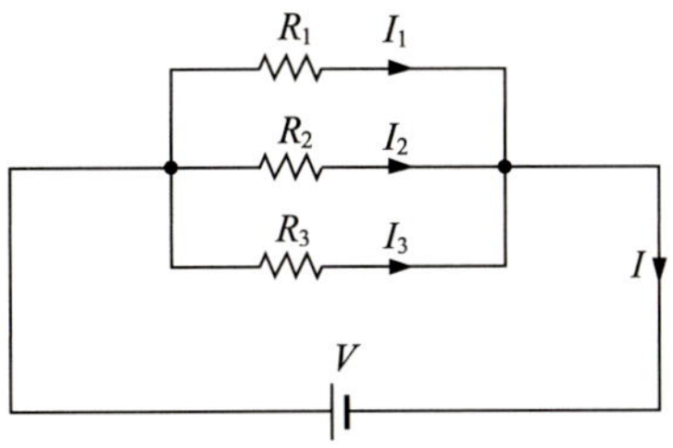

① 6 ② 10
③ 15 ④ 20

10. 전기저항이 일정한 어느 도선이 있다. 이 도선의 길이와 단면적을 각각 2배로 하면 전기저항은 어떻게 변하는가?

① 1/2배가 된다. ② 2배가 된다.
③ 4배가 된다. ④ 8배가 된다.
⑤ 변함이 없다.

11. 길이가 10 m이고 단면적이 $1.4\times10^{-7}\ \mathrm{m}^2$인 금속선이 있다. 다음 물음에 답하라. 단 이 금속선의 비저항은 $9.8\times10^{-8}\ \Omega\,\mathrm{m}$이다.

(1) 이 금속선의 전기저항은 몇 Ω인가?

(2) 이 금속선의 양단에 35 V의 전압을 걸어줄 때 금속선에 흐르는 전류의 세기는 몇 A인가?

12. 500 Ω의 저항선에 0.6 A의 전류가 10 s 동안 흘렀다. 이 저항선에서 발생한 열량은 몇 J인가? 또, 몇 cal인가?

13. 다음은 저항 3개를 병렬로 연결했을 때의 회로의 모습을 나타낸 그림이다. 이 회로의 특성을 잘못 설명한 것은?

① 점 A로 흘러 들어가는 전류는 3개의 저항으로 나누어 흐른 후 점 B로 흘러나온다.

② 회로에 흐르는 전류 I는 $I = I_1 + I_2 + I_3$이다.

③ 전체 합성저항은 R은 $R = R_1 + R_2 + R_3$이다.

④ 점 A와 점 B 사이에 걸려 있는 전압 V는 각 저항에 걸린 전압과 같다.

⑤ 점 A로 흘러 들어가는 전류와 점 B로 흘러나오는 전류는 같다.

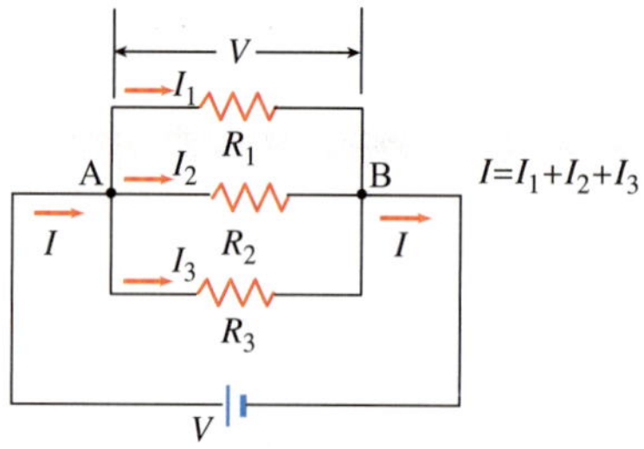

14. 2 Ω, 3 Ω, 6 Ω의 세 저항을 병렬로 연결하였다. 다음 물음에 답하라.

(1) 합성저항은 몇 Ω인가?

(2) 각 저항에 흐르는 전류의 비를 구하라.

15. 오른쪽 그림의 회로에서

$R_1 = 300\ \Omega$, $R_2 = 100\ \Omega$, $R_3 = 25\ \Omega$, $V = 10$ V이다.

(1) 이 회로에서 전체저항은 몇 Ω인가?

(2) I_1은 몇 A인가?

(3) R_1(300 Ω)이 소비하는 전력은 몇 W인가?

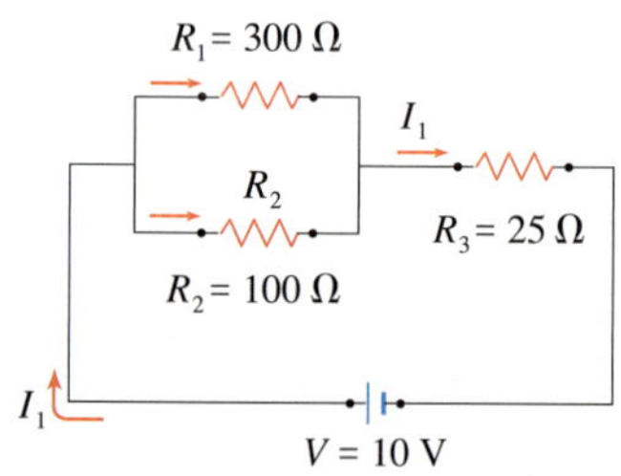

16. 저항이 4 Ω인 송전선에 20 A의 전류가 흐를 때, 송전선에서 열로 손실된 전력은 몇 W인가?

〈9급 지방직 공무원 공채 출제〉

① 800 ② 1,000

③ 1,600 ④ 3,200

17. 200 V−500 W의 전기기구의 저항은 몇 Ω인가? 또, 이 전기기구를 1시간 사용했을 때의 전력량은 몇 Wh인가?

12장

직류 회로

© 김영우

▲ 크리스마스 트리
성탄을 알리는 크리스마스 트리의 전구는 어떻게 연결되어 있을까? 모든 전구가 직렬로 연결되어 있다면 어느 전구 하나가 끊어지면 전체 전구가 꺼지게 된다. 또 병렬로만 연결되어 있다면 전선이 많이 필요하게 된다. 이 때문에 주로 직렬연결과 병렬연결을 혼합하는 방식을 이용하고 있다.

건전지가 들어 있는 랜턴의 스위치를 켜면 불이 들어온다. 이것은 스위치를 켜는 순간 건전지에서 전류가 흐르면서 전구를 가열하였기 때문이다. 이와 같이 전류가 흐르는 길을 전기 회로라고 한다. 전기 회로에는 직류와 교류 회로가 있으며 이 장에서는 직류가 흐르는 회로의 성질에 대하여 알아보자.

12.1 축전기

그림 12.1 프랭클린이 연을 날려 전기를 모으려고 시도했던 모습

1752년 미국의 정치가이며 과학자인 프랭클린(B. Franklin: 1706~1790)은 아들과 함께 그림 12.1과 같이 연을 날려서 번개가 치기 전에 구름이 띠고 있는 전하를 라이덴병에 모으는 데 성공하고, 라이덴병에 모은 전하가 실험실에서 얻은 전기와 같다는 것을 증명하였다.

1) 축전기의 전기용량

카메라 플래시(camera flash)는 축전기에 전하를 충전하여 **전기 퍼텐셜 에너지**를 저장한다. 카메라 셔터를 누르면 축전기에 충전된 전기가 방전되면서 전기 에너지가 빛에너지로 전환하면서 강한 빛을 순간적으로 발생하게 된다. 이 빛으로 어두운 곳에서도 적당한 밝기로 사진을 찍을 수 있게 해준다. 플래시 내에 있는 축전기에는 어떤 방법에 의해 전하가 충전되는가?

그림 12.2의 (가)와 같이 평행한 두 개의 금속판에 전지를 연결하고 스위치를 닫으면 한쪽 금속판에는 (+)전하가 대전되고, 다른 금속판에는 (−)전하가 대전되어 두 금속판 사이에 전기장이 형성되고 전위차가 생긴다. 두 판 사이의 전위차가 전지의 전압과 같아져서 더 이상 전하가 이동하지 않을 때까지 두 금속판에 전하가 분리되어 모아지게 된다. 그 후에는 그림의 (나)와 같이 스위치를 열어도 두 금속판에 대전된 (+)전하와 (−)전하 사이에는 전기적 인력이 작용하므로 이들 전하는 금속판에 오랫동안 모여 있게 된다. 이와 같이 전하를 저장하는 장치를 **축전기**(capacitor) 또는 **콘덴서**(condenser)라고 한다. 그리고 축전기에 전기가 모이는 과정을 **충전**이라고 하며, 두 개의 도체를 평행판으로 만든 축전기를 **평행판 축전기**라고 한다.

축전기에 충전되는 전하가 증가하면 두 극판 사이의 전기장의 세기가 강해지면서 전위차도 커진다. 따라서 축전기에 전하량 Q를 저장시켰을 때 전위차가 V라면 다음과 같은 관계가 성립한다.

$$Q = CV \quad \text{또는} \quad C = \frac{Q}{V} \tag{12-1}$$

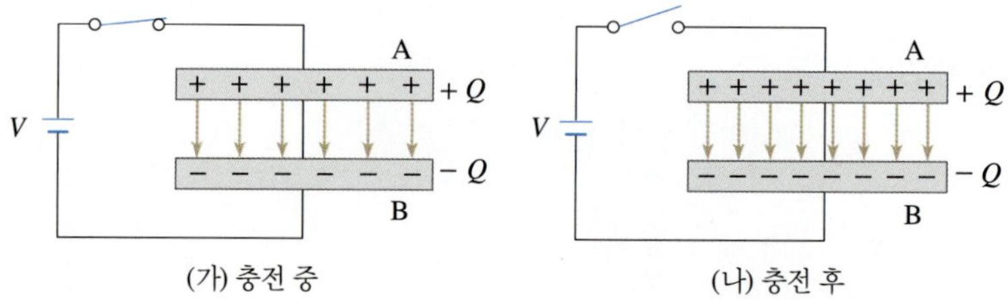

그림 12.2 축전기에 전하가 모아지는 원리

여기서 비례 상수 C를 축전기의 **전기용량**(capacitance)이라고 한다. 축전기가 많은 양의 전하를 저장할 수 있을 때 그 축전기를 전기용량이 큰 축전기라고 한다.

전기용량의 단위는 **패럿(F)**을 사용한다. 1 F은 **두 극판 사이의 전위차를 1 V 높이는 데 1 C의 전하량을 주어야 하는 축전기의 전기용량이다.** 따라서 1 F = 1 C/V이고, 이 단위는 일상생활에서 사용하기에는 큰 값이므로 10^{-6}배인 마이크로 패럿(μF)과 10^{-12}배인 피코 패럿(pF)을 실용적으로 많이 사용한다.

$$1\ \mu\text{F} = 10^{-6}\ \text{F}, \quad 1\ \text{pF} = 10^{-12}\ \text{F}$$

축전기의 전기용량은 전하를 저장할 수 있는 능력을 나타내는 척도로서 축전기 극판의 크기와 모양, 극판 사이의 거리, 그리고 극판 사이에 있는 물질의 종류에 따라 그 값이 달라진다. **평행판 축전기의 전기용량 C(F)는 극판의 넓이 S(m^2)에 비례하고, 두 극판 사이의 거리 d(m)에 반비례한다.** 이를 식으로 나타내면 다음과 같다.

$$C = \varepsilon \frac{S}{d} \tag{12-2}$$

이 식에서 알 수 있는 바와 같이 평행판 축전기의 전기용량은 극판의 넓이 S가 클수록, 두 극판 사이의 간격 d가 좁을수록 커진다. 또 식 (12-2)에서 비례 상수 ε은 극판 사이의 물질의 종류에 따라 정해지는 상수로서 물질의 **유전율**(permittivity)이라고 한다. 두 극판 사이가 진공일 때의 유전율 ε_0는 다음과 같다.

$$\varepsilon_0 = 8.85 \times 10^{-12}\ \text{F/m}$$

축전기의 두 극판 사이에 유전체를 삽입하면 유전분극에 의하여 유전체 양쪽에 생기는 유도 전하 때문에 그림 12.3과 같이 극판 사이의 전기장의 세기가 감소한다. 전기장의 세기가 감소한다는 것은 $V = Ed$로부터 두 극판 사이의 전위차가 줄어든다는 의미이고, 전위차가 줄어들면 $C = Q/V$이므로 축전기의 전기용량이 커진다는 것을 알 수 있다. 따라서 축전기의 두 극판 사이에 유전체를 삽입하기 전과 똑같은 전위차를 유지하기 위해서는 보다 많은 전하를 충전시켜야 한다. 그리고 축전기의 두 극판 사이에 삽입하는 유전체의 유전율이 클수록 축전기의 전기용량이 증가한다.

축전기의 두 극판 사이를 진공으로 하였을 때의 유전율 ε_0에 대한 유전체를 넣었을 때의 유전율 ε의 비, $\varepsilon/\varepsilon_0$를 그 유전체의 **비유전율**이라고 한다. 이 비유전율은 두 극판 사이가 진공일 때의 전기용량을 C_0, 유전체를 넣었을 때의 전기용량을 C라 할 때 C/C_0와 같다. 표 12.1에 여러 물질의 비유전율을 나타내었다.

축전기의 두 극판 사이에 걸어주는 전위차에는 한도가 있어서 어느 한도 이상의 전위차가 주어지면 절연이 파괴되어 극판 사이에 전기가 흐르게 된다. 방전이 일어나는

TIP 축전기의 전기용량

- 축전기에 전하를 저장시킬 수 있는 능력을 말하며, 정전용량이라고도 한다. 전기용량의 기호는 이탤릭체 대문자 C를 사용한다.
- 직립체 대문자 C는 전하량의 단위인 쿨롬을 나타내므로 혼동하지 말자!

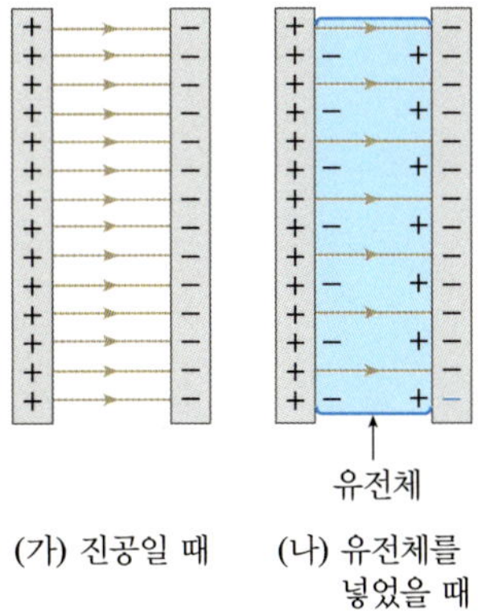

그림 12.3 유전체 삽입 전후 전기장

TIP 비유전율 (relative permittivity)

- 매질의 유전율과 진공의 유전율의 비
- 유전상수(dielectric constant)라고도 부른다.

표 12.1 몇 가지 물질의 비유전율

물질	비유전율	물질	비유전율	물질	비유전율
진공	1.0000	변압기 기름	2.2	유리	4~6
공기	1.0006	고무	2~3.5	운모	6
파라핀	2.1	종이	3.7	물	80

※ 비유전율은 단위가 없다.

(가) 일반 축전기 (나) 가변 축전기

그림 12.4 축전기의 구조

것이다. 이와 같이 축전기의 두 극판 사이에서 방전되지 않고 견딜 수 있는 최대의 전위차를 **축전기의 내전압**이라고 한다. 내전압의 크기는 두 극판 사이의 유전체의 종류에 따라 다르고 또 극판 사이의 거리(유전체의 두께)에 거의 비례한다. 따라서 축전기를 사용할 때에는 축전기에 표시된 내전압을 확인하고 축전기에 걸어주는 전압이 내전압 이상이 되지 않도록 주의해야 한다.

평행판 축전기는 그림 12.4의 (가)와 같이 유전체인 얇은 플라스틱판으로 두 장의 얇고 긴 금속판을 분리시킨 다음 원통형으로 말아서 용기에 넣어 만든다. 한편, 전기용량을 임의로 변화시킬 수 있는 가변 축전기는 그림의 (나)와 같이 고정극판 사이에 반원 모양의 극판이 회전하여 끼워지도록 하여 서로 마주 보는 극판의 면적을 변화시킬 수 있도록 만든다. 이와 같은 가변 축전기는 라디오 등에서 방송국의 주파수를 선택하는 동조용 등에 사용된다.

2) 축전기의 연결방법

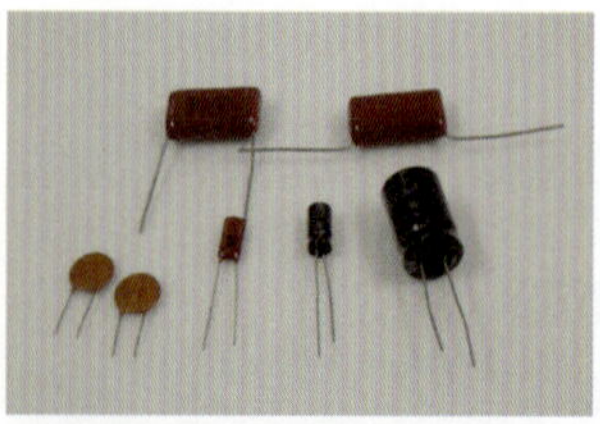

그림 12.5 여러 종류의 축전기

일반적인 축전기의 대부분은 전기용량이 정해져 있다. 실제로 사용할 때에는 여러 개의 축전기를 조합하여 필요한 전기용량을 얻는다. 축전기를 연결했을 때 전체 전기용량은 어떻게 변하는지 알아보자.

◈ **직렬연결** 그림 12.6의 (가)와 같이 축전기의 극판을 순서대로 연결하는 방법을 **축전기의 직렬연결**이라고 한다. 전기용량이 각각 C_1, C_2, C_3인 축전기를 직렬로 연결하고 양끝을 전압이 V인 전지에 연결하면, 각 축전기에는 각각 V_1, V_2, V_3의 전압이 걸린

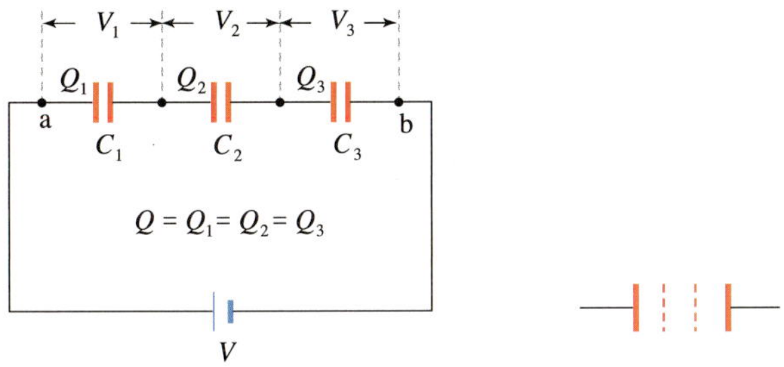

(가) 축전기의 직렬연결 (나) 연결효과(간격이 넓어지는 효과)

그림 12.6 축전기의 직렬연결과 연결효과

다. 그리고 각 축전기에는 같은 양의 전하량이 충전되고 이는 전체의 전하량과도 같다.

즉, $Q = Q_1 = Q_2 = Q_3$이므로, $Q = C_1V_1 = C_2V_2 = C_3V_3$이다. 그리고 전체 전압 V는 각 축전기에 걸린 전압의 합이므로 다음과 같다.

$$V = V_1 + V_2 + V_3 = Q\left(\frac{1}{C_1} + \frac{1}{C_2} + \frac{1}{C_3}\right)$$

이때 합성 전기용량을 C라고 하면 다음 관계가 있다.

$$\frac{1}{C} = \frac{1}{C_1} + \frac{1}{C_2} + \frac{1}{C_3} \tag{12-3}$$

축전기를 직렬연결하면 전지에 의해 실제 충전되는 두 극판 사이의 간격이 그림 12.6의 (나)와 같이 넓어지는 효과가 생긴다. 따라서 $C = \varepsilon\frac{S}{d}$에서 d가 커지는 효과로 전기용량 C가 작아진다.

> 축전기를 직렬연결하였을 때 합성 전기용량은 각 축전기 중에서 가장 작은 전기용량보다 작아진다.

◈ **병렬연결** 축전기 여러 개를 그림 12.7의 (가)와 같이 각 극판을 각각 한 개의 묶음으로 묶어서 연결하는 방법을 **축전기의 병렬연결**이라고 한다. 전기용량이 각각 C_1, C_2, C_3인 축전기를 병렬로 연결하고 그 양끝을 전압이 V인 전지에 연결하면 각 축전기에에 걸리는 전압은 동일하다. 이때 각 축전기에 충전된 전하량을 Q_1, Q_2, Q_3라면

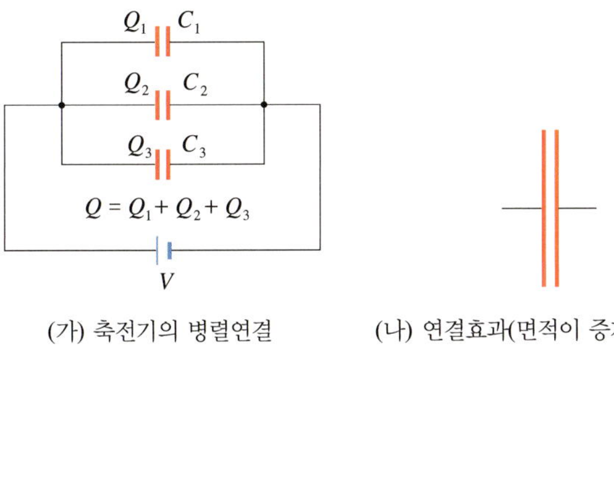

(가) 축전기의 병렬연결 (나) 연결효과(면적이 증가하는 효과)

그림 12.7 축전기의 병렬연결과 연결효과

다음 관계가 성립한다.

$$Q_1 = C_1 V, \quad Q_2 = C_2 V, \quad Q_3 = C_3 V$$

여기서, 합성 전기용량을 C라고 하면, 전체 전하량 Q는 $Q = Q_1 + Q_2 + Q_3$이므로 다음 식이 성립한다.

$$Q = C_1 V + C_2 V + C_3 V = (C_1 + C_2 + C_3)V = CV$$

따라서 합성 전기용량 C는 다음과 같이 구할 수 있다.

$$C = C_1 + C_2 + C_3 \tag{12-4}$$

축전기를 병렬연결하면 그림 12.7의 (나)와 같이 극판의 면적이 커지는 효과가 생겨서 $C = \varepsilon \dfrac{S}{d}$에서 S가 크므로 전기용량 C가 커진다.

축전기를 병렬연결할 때 합성 전기용량은 각 축전기의 전기용량의 합과 같으며, 각 축전기 중에서 가장 큰 전기용량보다 더 크다.

3) 축전기에 저장되는 에너지

그림 12.8과 같이 전기용량이 C인 축전기에 전압이 V인 전지와 꼬마전구를 연결한 다음 그림의 (가)와 같이 스위치 S_2를 열고 S_1을 닫으면 축전기의 두 극판 사이에 전압 V가 걸려서 전기장이 형성된다. 이 전기장을 형성하기 위해서는 외부 전원에서 축전기에 일을 해 주어야 하며, 이때 전원이 해준 일이 축전기에 저장된다. 이와 같은 과정으로 축전기에는 전하가 모아진다. 축전기가 충분히 충전된 다음 그림 (나)와 같이 S_1을 열고 S_2를 닫으면 아주 짧은 순간 꼬마전구에 불이 켜진다. 이것으로 보아 축전기에는 충전 과정을 통해 전기 에너지가 저장되었다는 것을 알 수 있다.

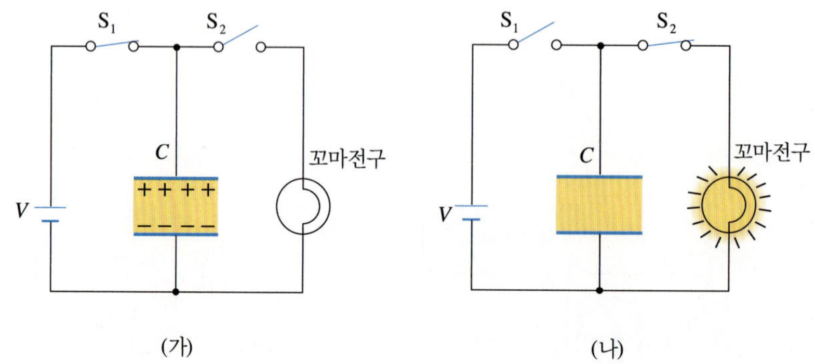

그림 12.8 축전기에 저장되는 에너지

전기용량이 C인 축전기에 전지를 연결할 때 전하 Q가 이동하여 전위차가 V로 되는 동안 축전기에 저장되는 에너지에 대해 알아보자.

전기용량이 C인 축전기에 전하량 Q가 공급되어 전위차가 V로 되었다면 그 동안 전원으로부터 공급된 일은 그림 12.9에서와 같이 평균전압 $\frac{V}{2}$와 전하량 Q의 곱과 같다.

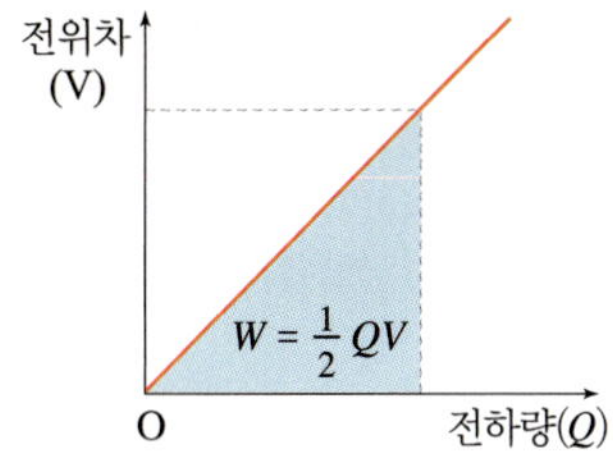

그림 12.9 축전기에 저장되는 에너지

$$W = \frac{1}{2}QV \tag{12-5}$$

이 값은 그림 12.9의 직선 아래의 삼각형의 넓이와 같다. 그런데 식 (12-1)에서 $Q = CV$이므로 식 (12-5)는 다음과 같이 나타낼 수 있다.

$$W = \frac{1}{2}QV = \frac{1}{2}CV^2 = \frac{1}{2}\frac{Q^2}{C} \tag{12-6}$$

식 (12-1)으로 얻어진 에너지를 **축전기의 정전 에너지**라고 하며, 단위는 J을 사용한다. 이와 같이 축전기에 저장된 전기 에너지는 축전기가 방전될 때 외부로 방출된다.

■ 정전 용량이 5000 μF인 축전기를 60 V로 충전시켰을 때 축전기에 저장되는 에너지는 몇 J인가?

12.2 전지의 기전력과 내부저항

전기회로에서 전지는 전기 에너지의 공급원이다. 전지의 이러한 능력을 기전력이라 한다. 전지의 기전력은 전지의 양단에 공급할 수 있는 최대의 전위차를 말한다. 실제 닫힌회로에서 전지 내부에는 전류의 흐름을 방해하는 내부저항이 존재한다. 내부저항이 0이면 전지의 단자 전압과 기전력은 같다. 그러나 전류가 흐르는 회로 내의 실제 전지에 있어서 단자전압과 기전력은 같지 않다. 그 이유에 대해 알아보자.

1) 전지

전지에는 여러 종류가 있으나 여기서는 1차 전지인 건전지를 중심으로 공부해보자.

건전지와 꼬마전구를 도선으로 연결하면 전류가 계속 흐르면서 꼬마전구에 불이 켜진다. 이와 같이 전류가 흐르는 경로를 **전기회로**(electric circuit)라고 한다. 또한 전기회로가 완전히 연결되어 전류가 흐르는 회로를 **닫힌회로**라 하고, 도선의 일부가 끊어졌거나 완전히 연결되지 않아서 전류가 흐르지 않는 회로를 **열린 회로**라고 한다.

전기회로에 건전지를 연결하여 회로 양끝에 전위차를 만들어주면 회로에 전류가 흐

TIP 전지의 종류

전지는 물질의 물리적 또는 화학적 반응을 이용하여 전기 에너지를 얻는 장치이다. 원리별로 분류하면 다음과 같다.

- 1차전지: 건전지, 수은전지 등
- 2차전지: 납축전지, Ni−Cd 전지 등
- 물리전지: pn전지, 원자력전지 등
- 화학전지: 화학연료 사용 전지
- 연료전지: 인산형(PAFC) 전지 등

▲ 여러 종류의 건전지, 건전지는 전지의 한 종류이다.

른다. 이때 전류는 전위가 높은 곳에서 낮은 곳으로 흐른다.

건전지는 내부의 화학 작용을 이용해서 건전지의 양 극판을 대전시켜서 전위차를 만든다. 따라서 건전지의 양 극판을 도선으로 연결하면 양 극판의 전위차 때문에 전류가 흐르게 된다. 이때 전기회로에 전류를 계속 흐르게 하려면 닫힌회로 양단에 전위차를 일정하게 유지시켜 주어야 한다.

이와 같이 회로의 양단에 일정한 전위차를 계속 유지시킬 수 있는 능력을 **기전력**(emf: electromotive force)이라고 하며, 기전력을 발생시키는 장치를 **전원**이라고 한다. 전원장치에는 발전기, 건전지, 축전지, 태양전지 등 여러 종류가 있다.

전지의 기전력은 전류가 흐르지 않을 때 두 극 사이의 전위차와 같고, 단위는 전압과 같이 **볼트(V)**를 사용한다. **1 V는 1 C의 전하에 1 J의 에너지가 공급될 때의 기전력이다.**

전원이 전기회로에 에너지를 공급하는 것은 그림 12.10과 같이 역학적인 일을 해주는 것과 비교할 수 있다. 전원의 종류에 따라서 역학적 에너지, 화학 에너지, 빛 에너지 등이 전기 에너지로 변환된다.

전기회로에 흐르는 전류의 세기와 관계없이 건전지의 두 단자 사이의 전압이 항상 일정한 이상적인 전지는 존재하지 않는다. 이것은 건전지 내부에도 저항이 있기 때문이다. 따라서 회로에 전류가 흐를 때 건전지의 두 극 사이의 전압은 전류의 세기에 따라 다르게 된다. 회로에 전류가 흐를 때 건전지의 두 극 사이의 전압을 **단자전압**이라고 한다. 전지의 단자전압 V는 회로에 흐르는 전류의 증가에 따라 그림 12.11과 같이 감소한다. 이 그림의 그래프를 보면 전류가 커질수록 내부저항에 의한 전압 강하가 커져서 단자전압이 작아지는 것을 알 수 있다. 그리고 전류의 값이 작아지는 쪽으로 그래프를 따라가 보면 전류가 0일 때의 전압을 알 수 있다. 이때의 전압이 건전지의 기전력이다.

이와 같이 건전지의 단자전압이 기전력보다 작은 것은 건전지의 내부저항에 전류가 흘러서 그림 12.12와 같이 전압 강하가 일어나기 때문이다.

기전력이 $E_{기}$이고 내부저항이 r인 건전지에 외부저항 R을 연결하면 회로에 흐르는

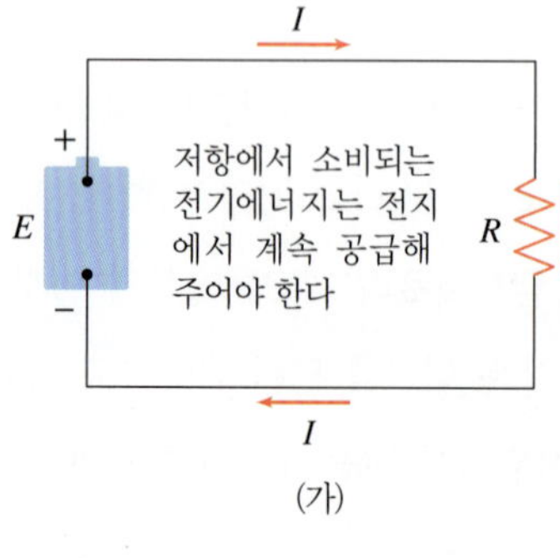

(가)

(나)

그림 12.10 건전지와 역학적 일의 유사성

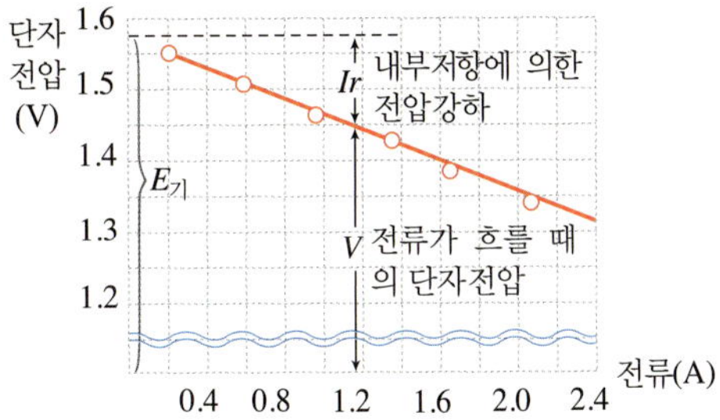

그림 12.11 건전지의 단자전압과 전류

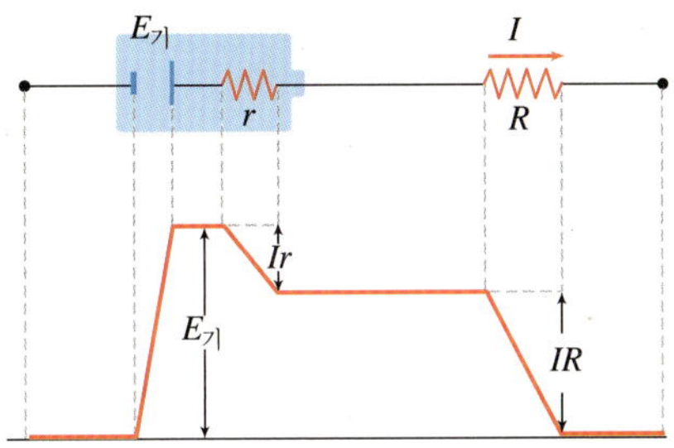

그림 12.12 내부저항에 의한 전압강하

전류 I는 다음과 같다.

$$I = \frac{E_{기}}{R + r} \tag{12-7}$$

이때 단자전압 V는 다음과 같다.

$$V = IR = E_{기} - Ir \tag{12-8}$$

따라서 단자전압과 전류 사이의 관계 그래프에서 기전력 $E_{기}$는 전류가 흐르지 않을 때의 단자전압이 되며, 직선의 기울기의 절대값이 내부저항 r이다. 건전지의 내부저항은 건전지의 종류나 사용시간에 따라 약간씩 다르다.

건전지를 전기회로에 연결하여 회로에 전류를 흐르게 하면 건전지가 약간 뜨거워지는데, 이것은 건전지의 내부저항에 의해 전기 에너지가 열로 바뀌기 때문이다.

2) 전지의 연결

높은 전압을 필요로 하는 경우에는 건전지를 직렬로 연결하여 사용하고, 많은 전류를 필요로 하는 경우에는 병렬로 연결하여 사용하면 된다. 건전지의 직렬연결과 병렬연결에 대해 알아보자.

◈ **직렬연결** 그림 12.13과 같이 건전지의 (−)극에 다음 건전지의 (+)극을 차례로 연결하는 방법을 **건전지의 직렬연결**이라고 한다.

기전력이 $E_{기}$, 내부저항이 r인 건전지 n개를 직렬로 연결하여 외부저항 R과 연결하면 회로 내의 총 기전력은 $nE_{기}$이고, 총 내부저항은 nr이다. 따라서 회로전체의 저항은 $R + nr$이 된다. 이때 회로에 흐르는 전류를 I라고 하면 다음 식이 성립한다.

$$nE_{기} = I(R + nr) \quad \text{또는} \quad I = \frac{nE_{기}}{R + nr} \tag{12-9}$$

건전지를 직렬로 연결하면 높은 기전력은 얻을 수 있으며 회로에 흐르는 전류도 커진다. 그러나 수명은 병렬연결에 비해 짧다.

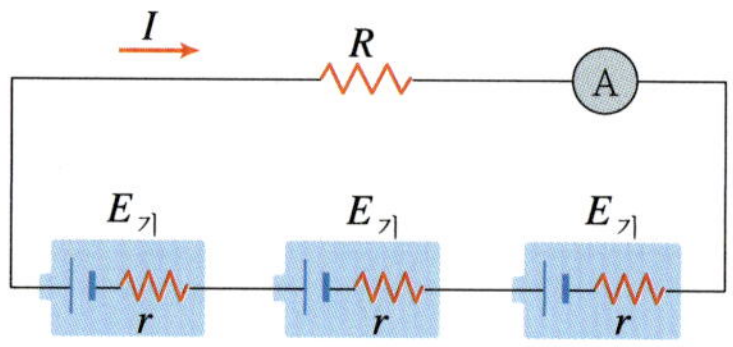

그림 12.13 건전지의 직렬연결

예제 1 기전력이 1.5 V인 건전지 2개를 직렬로 연결하여 7 Ω의 저항에 연결하였을 때 0.3 A의 전류가 흘렀다. 다음 물음에 답하라.

(1) 건전지 1개의 내부저항은 몇 V인가?

(2) 두 건전지의 양단에 걸리는 전압은 몇 V인가?

풀이

(1) $nE_{기} = I(R + nr)$에서 r을 구할 수 있다.

$$2 \times 1.5\,\text{V} = 0.3\,\text{A} \times (7\,\Omega + 2r)$$

$$\therefore\ r = 1.5\,\Omega$$

(2) $V = IR = nE_{기} - Inr = 2 \times 1.5\,\text{V} - 0.3\,\text{A} \times 2 \times 1.5\,\Omega = 2.1\,\text{V}$

또는 단자 전압은 외부저항에 걸리는 전압과 같으므로 직접 다음과 같이 구해도 된다.

$$V = IR = 0.3\,\text{A} \times 7\,\Omega = 2.1\,\text{V}$$

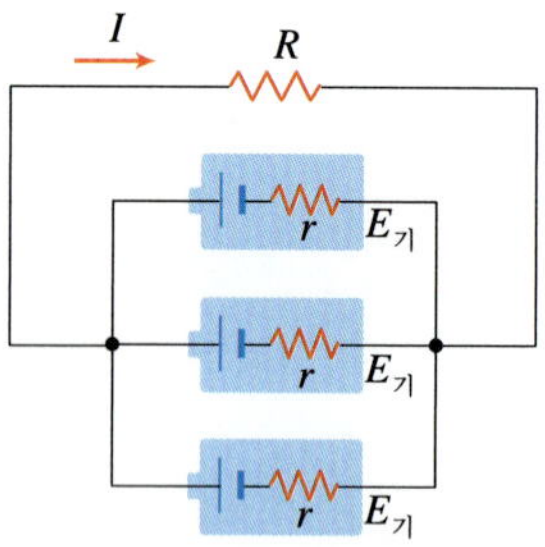

그림 12.14 건전지의 병렬연결

◈ **병렬연결** 한편, 그림 12.14와 같이 건전지의 (+)극은 (+)극끼리, 그리고 (−)극은 (−)극끼리 연결하는 방법을 **건전지의 병렬연결**이라고 한다.

기전력이 $E_{기}$이고 내부저항이 r인 건전지 n개를 병렬로 연결하여 외부저항 R과 연결하면 회로 내의 총기전력은 건전지 한 개의 기전력 $E_{기}$와 같고 총 내부저항은 $\frac{r}{n}$이 된다. 따라서 회로 전체의 저항은 $R + \frac{r}{n}$이다. 이때 회로에 흐르는 전류를 I라고 하면 다음 관계가 있다.

$$E_{기} = I\left(R + \frac{r}{n}\right) \quad \text{또는} \quad I = \frac{nE_{기}}{nR + r} \tag{12-10}$$

건전지를 병렬연결하면 전압은 건전지 1개일 때와 같으며, 수명은 직렬연결에 비해 길다.

■ 건전지의 기전력과 단자전압은 어떻게 다른지 설명해 보자.

12.3 키르히호프의 법칙

전하가 한 곳에서 다른 곳으로 이동할 때 전류를 형성한다. 이때 전류가 흐르는 전기 회로는 전원에서 회로 내의 다른 곳으로 에너지를 운반하는 경로의 역할을 한다.

전기 회로를 이해한다는 말은 회로 내에 있는 모든 저항에 걸린 전압과 이들 저항에 흐르는 전류의 값을 찾아내는 일이다. 그러면 직류가 흐르는 회로를 이해하는 방법에 대해 알아보자.

TIP 전기 회로의 기본법칙

전기 회로를 이해하는 데 사용되는 기본법칙에는 옴의 법칙, 키르히호프의 법칙, 주울의 법칙, 패러데이의 법칙 등이 있다.

실제로 많은 전기회로에는 앞에서 공부한 옴의 법칙으로 해석할 수 있는 간단한 회로와는 달리 매우 복잡한 회로가 많다. 그러나 이러한 복잡한 전기 회로에 흐르는 전류나 전압을 구하기 위해서는 우리가 알고 있는 전하량 보존 법칙과 에너지 보존 법칙을 사용하여 해결할 수 있는 편리한 방법이 있다. 이러한 방법 중 하나가 바로 **키르히호프의 법칙**(Kirchhoff's rules)이다.

키르히호프의 법칙은 1법칙과 2법칙으로 구분된다. 이 두 가지 법칙을 이용하여 방정식을 만들어 연립으로 풀면 미지의 값을 구할 수 있다.

1) 키르히호프의 제1법칙(분기점의 법칙, 전류 법칙)

전기 회로의 분기점에 흘러 들어가는 전류의 총 합은 그 점에서 흘러 나가는 전류의 총 합과 같다. 그림 12.15에서 점 B로 흘러 들어가는 전류 I_1과 I_2의 합은 점 B에서 흘러 나가는 전류 I_3와 같아야 한다.

$$I_1 + I_2 = I_3, \quad \Sigma I = 0$$

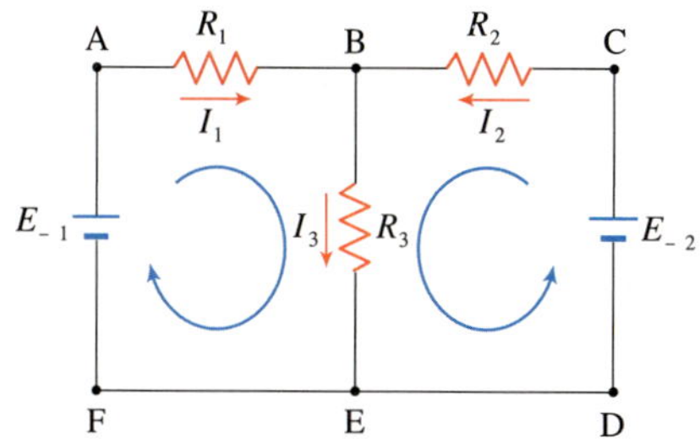

그림 12.15 전기 회로를 이해하기 위해 키르히호프 법칙을 적용할 수 있다.

이때 닫힌회로 내의 전류의 방향은 임의로 정할 수 있다. **키르히호프의 제1법칙은 전하가 새로 생겨나거나 소멸하지 않는다는 전하량 보존 법칙을 의미한다.**

2) 키르히호프의 제2법칙(고리 법칙, 전압 법칙)

임의의 닫힌회로에서 그 회로의 전위차의 총 합은 0이어야 한다. 그림 12.15에서 두 개의 닫힌회로에 대해 다음 관계가 성립한다.

닫힌회로 ABEF : $-I_1 R_1 - I_3 R_3 + E_{기1} = 0$

닫힌회로 CBED : $-I_2 R_2 - I_3 R_3 + E_{기2} = 0$

키르히호프의 제2법칙을 사용할 때에는 먼저 회로를 도는 방향(시계방향이나 반시계방향)을 정하고 그 방향으로 돌아가면서 기전력 $E_{기}$나 전압 강하 IR의 부호를 정한다. 위의 두 식에서 전류가 흐른다고 가정한 방향으로 저항을 지나갈 때는 전압 강하가 일어나서 전위가 감소하므로 (−)부호를 붙이고, 전류를 거슬러 저항을 지나갈 때와 전지의 (−)극에서 (+)극으로 지나갈 때에는 전위가 증가하므로 (+)부호를 붙인다.

즉, **키르히호프의 제2법칙은 회로에서의 에너지 보존을 의미한다.** 이것은 회로에서 전지가 공급한 에너지와 저항에서 소비된 에너지가 서로 같아야 한다는 것을 말한다.

키르히호프의 제1법칙과 제2법칙을 사용하여 전류나 전압 등을 구할 때에는 미지수의 개수 만큼 방정식을 세우고, 이를 연립하여 풀면 된다. 이때 식에서 세운 전류의 방향이 실제와 달라도 상관이 없다. 왜냐하면 구한 답의 부호가 (−)이면 실제 방향은 처음 가정한 방향과 반대이기 때문이다.

12.4 휘트스톤 브리지

전기회로에서 저항에 걸리는 전압과 그 저항에 흐르는 전류를 측정하면 옴의 법칙 $R = \frac{V}{I}$를 이용하여 저항값을 구할 수 있다. 이때 전압계는 회로에 병렬로 연결하고, 전류계는 직렬로 연결한다. 그러나 전압계와 전류계는 내부저항을 가지고 있으므로 측정값에 영향을 주게 된다. 따라서 미지의 저항을 정밀하게 측정하기 위해서는 그림 12.16과 같은 휘트스톤 브리지 회로를 사용하면 유용하다. 직류회로를 이해하는 데 도움이 되는 또 다른 회로가 **휘트스톤 브리지**(Wheatstone bridge)이다.

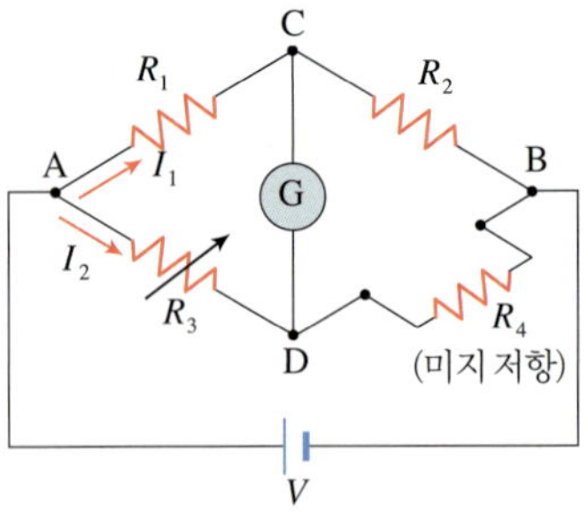

그림 12.16 휘트스톤 브리지 회로

그림 12.16에서 저항 R_3에 화살표가 있는 것을 볼 수 있다. 이것은 가변 저항을 나타내는 기호로 저항값을 임의로 조절할 수 있는 저항이라는 뜻이다. 가변 저항 R_3를 조정하여 점 C와 점 D 사이에 있는 검류계에 전류가 흐르지 않도록 저항값을 조절하였을 때, 저항 R_1과 R_2에는 전류 I_1이 흐르고, 저항 R_3와 R_4에는 전류 I_2가 흐른다고 하자. 이때 점 C와 점 D 사이에 전류가 흐르지 않는다는 말은 두 점의 전위가 같아서 두 점 사이에 전위차가 없다는 것이다.

전지의 연결 상태를 보면 점 A에서 전위가 가장 높고, 이 점에서 전류가 I_1과 I_2로 갈라져 흐른다. 이 전류는 R_1과 R_3를 지나면서 I_1R_1, I_2R_3만큼씩 전압강하가 일어난다. 그런데 점 C와 점 D에서의 전위가 같다는 것은 R_1과 R_3에서의 전압강하의 양이 같다는 말이다. 즉, $I_1R_1 = I_2R_3$가 성립한다.

다음에 점 C와 점 D를 지나서 흐르는 전류가 각각 저항 R_2와 R_4를 지나면서 또 한 번 전압강하가 일어난다. 점 B에서 두 전류 I_1, I_2가 만나는데 똑같이 전위가 0이 되어야 하니까 점 C에서 점 B까지, 그리고 점 D에서 점 B까지의 전압강하의 양이 같아야 한다. 따라서 $I_1R_2 = I_2R_4$의 관계가 성립한다. 이들 두 식을 연립으로 풀면 $R_1R_4 = R_2R_3$의 관계가 성립한다. 즉, 휘트스톤 브리지에서 검류계에 전류가 흐르지 않을 때, 대각선의 저항을 곱한 값은 같다는 것을 알 수 있다. 따라서 미지의 저항 R_4는 다음 식으로 구할 수 있다.

$$R_4 = \frac{R_2}{R_1} R_3 \qquad (12\text{-}11)$$

즉, R_1, R_2, R_3의 값은 알고 있으므로 미지저항 R_4의 값을 구할 수 있다.

예제 2 그림 12.16에서 $R_1 = 1\ \text{k}\Omega$, $R_2 = 2\ \text{k}\Omega$, $R_4 = 4\ \text{k}\Omega$일 때 검류계가 흐르지 않았다. R_3의 값은 얼마인가?

풀이

식 (12-11)을 이용하여 구할 수 있다.

$$R_3 = \frac{R_1}{R_2} R_4 = \frac{1}{2} \times 4 = 2\ \text{k}\Omega$$

읽을 거리

전자 디스플레이 : 문자나 기호, 도형, 영상 등의 출력 정보를 표시하는 장치

전자 디스플레이는 다양한 전기적 영상신호를 인간의 눈으로 볼 수 있게 만든 장치를 말한다. 현재 사용되고 있는 디스플레이 형식은 **브라운관**(CRT, Cathode Ray Tube), **액정**(LCD, Liquid Crystal), **발광다이오드**(LED, Light-Emitting Diode), **유기발광 다이오드**(OLED, Oragnic Light-Emitting Diode), **퀀텀닷발광 다이오드**(QLED, Quantum dot Light-Emitting Diode) 등이 있다.

- **CRT** : 진공관의 일종으로 전자총에서 발생된 전자가 외부입력신호에 의해 그 진행 방향이 바뀌면서 스크린을 때려 빛을 발생하여 상을 맺는 장비이다. 칼라 CRT에는 Red, Green, Blue 3개의 전자총이 있으며, 여러 가지 색은 RGB의 조합으로 얻어진다. TV, 오실로스코우프, 컴퓨터 등에 사용된다. 저가이지만 크고 무거운 것이 단점이다.

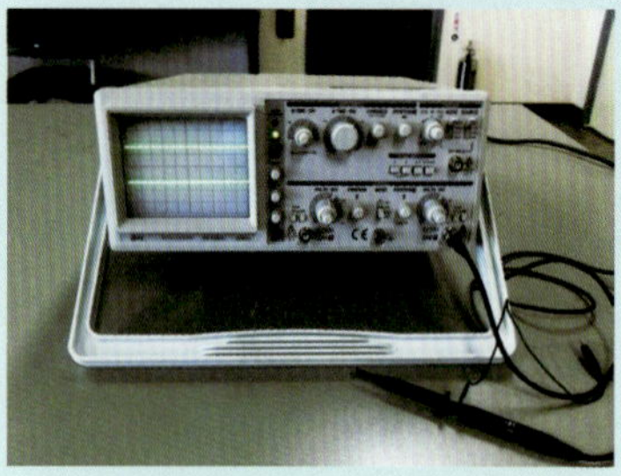

▲ CRT를 이용한 오실로스코우프

- **LCD** : 액정에 전기장이 가해지면 전기장의 세기에 따라 액정의 방향이 달라진다. 이때 액정의 배열 방향에 따라 통과할 수 있는 빛의 양이 조절된다. 전기장의 인가 여부 및 세기에 따라 빛의 통과, 차단, 부분 통과 등이 가능함으로써 입력한 신호를 영상으로 처리할 수 있게 된다. LCD는 스스로 빛을 내지 못하므로 빛을 공급하는 장치(back light)가 반드시 필요하다. 전자 시계, 핸드폰, 노트북, TV 등에 사용되고 있다.

- **LED** : p-n접합 반도체에서 전자와 정공의 재결합으로써 빛을 내는 원리로 작동된다. 반도체의 종류에 따라 다양한 색을 구현할 수 있다. 수명이 길고 다양한 색을 구현할 수 있어 대형 전광판, 신호등, 전구, 자동차 램프, TV에 이르기까지 아주 다양한 분야에 이용된다.

▲ 가정용 LED 전등 내부

- **OLED** : 전류가 흐르면 스스로 빛을 내는 유기 화합물을 이용하여 만든 디스 플레이다. 발광원리는 정공(+)과 전자(−)의 결합으로 발생하는 에너지를 빛의 형태로 방출하는 **전기 발광**(Electroluminescent) 현상을 이용한다. OLED는 소자 하나 하나가 스스로 빛을 내어 후면에서 빛을 비춰주는 '백라이트 유닛' 장치가 필요하지 않아 LCD에 비해 얇고 가벼우며, 자연에 가까운 색 표현력을 자랑한다.

- **QD-OLED** : **퀀텀닷**(QD)이나 반도체 나노 결정을 이용하여 제조한 디스 플레이다. 스스로 빛을 내는 퀀텀닷은 명암 단계별로 광범위하고 세밀하게 정확한 색 구현이 가능하며, 효율적인 빛의 활용과 간단한 구조로 대형 디스 플레이에 사용되고 있다. 발광원으로 빛 에너지가 가장 강한 BLUE를 활용하기 때문에 보다 밝은 휘도 표현이 가능하다.

▲ 퀀텀닷 QLED TV

연습문제

풀이 ☞ 382쪽

1. 다음 설명 중에서 맞는 것을 모두 고르시오.

① 축전기를 직렬연결 하였을 때의 합성 전기용량은 각 축전기 중에서 가장 작은 전기용량보다 작다.

② 평행판 축전기의 두 극판 사이의 거리를 2배로 하고, 극판의 넓이를 4배로 하면 전기용량은 2배가 된다.

③ 축전기의 두 극판 사이에 삽입하는 유전체의 유전율이 클수록 축전기의 전기용량은 증가한다.

④ 건전지를 병렬연결하면 총 내부저항이 작아져 건전지 내부에서 소모되는 에너지가 감소하여 수명이 길어진다.

⑤ 건전지를 직렬로 연결하면 높은 기전력을 얻을 수 있다.

2. 그림과 같이 세 개의 축전기를 연결하고 그 양단에 6 V의 전압을 걸었다. 이 세 축전기의 합성 전기용량은 몇 μF인가?

① 0.16 ② 0.18 ③ 0.20

④ 0.22 ⑤ 0.24

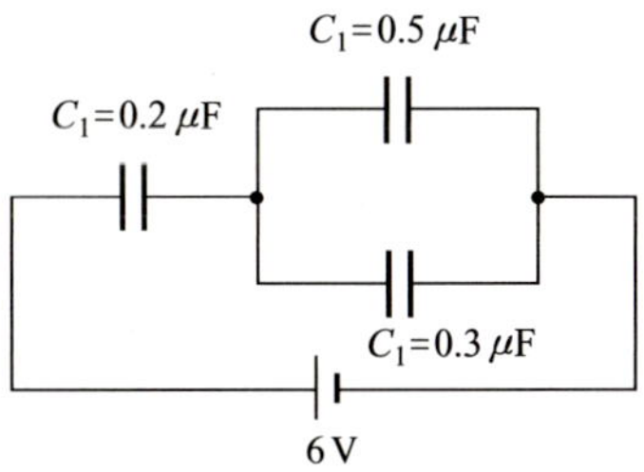

3. 다음과 같은 회로에서 $C_1 = 3$ F, $C_2 = 2$ F, $E = 10$ V라면 A, B 사이의 전위차는 몇 V인가?

① 1 ② 2 ③ 3

④ 4 ⑤ 5

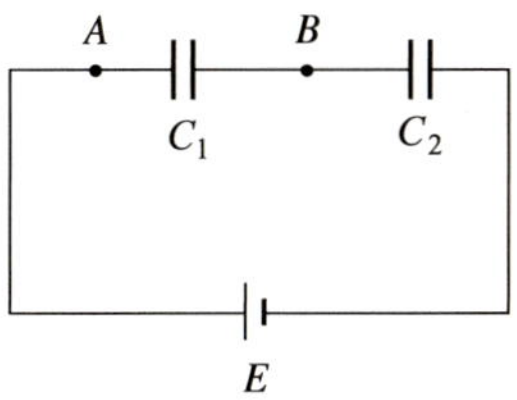

4. 50 V의 전원에 연결하여 2.0×10^{-4} C의 전하가 충전되는 축전기가 있다.

(1) 이 축전기의 전기용량은 몇 μF인가?

(2) 이 축전기에 70 V의 전원을 연결할 때 충전되는 전기량은 몇 C인가?

5. 축전기 극판의 넓이가 S, 극판 사이의 거리가 d인 평행판 축전기가 있다. 만일, 극판의 넓이를 $3S$로, 극판 사이의 거리를 $\frac{1}{3}d$로 하였다면 축전기의 전기용량은 어떻게 변하는가?

6. 평행판 축전기에서 극판의 크기가 20 cm×4.0 cm이고, 1.0 mm 떨어진 두 평행판 사이가 공기로 채워져 있다.

(1) 이 축전기의 전기용량은 몇 F인가?

(2) 이 축전기가 12 V의 전원에 연결되면 각 평행판에 충전되는 전하량은 몇 C인가?

(3) 이 축전기에 저장된 정전 에너지의 양은 몇 J인가?

7. 전기용량이 1.5 μF인 축전기 C_1과 3 μF인 축전기 C_2를 직렬로 연결하고, 그 양단에 150 V의 전압을 걸었다. 다음 물음에 답하여라.

(1) 두 축전기의 합성 전기용량은 몇 μF인가?

(2) 충전되는 전기량은 몇 C인가?

(3) 축전기 C_1의 양단에 걸리는 전압은 몇 V인가?

8. 동일한 용량의 콘덴서 5개를 병렬로 접속하였을 때의 합성용량을 C_p라고 하고, 5개를 직렬로 접속하였을 때의 합성용량을 C_s라고 할 때 C_p와 C_s의 관계는? 〈전기기능사 자격시험 출제〉

① $C_p = 5C_s$　　② $C_p = 10C_s$

③ $C_p = 25C_s$　　④ $C_p = 50C_s$

9. 전기용량이 각각 2 μF인 축전기 C_1과 3 μF인 축전기 C_2를 병렬로 연결하고, 그 양단에 60 V의 전압을 걸었다. 다음 물음에 답하여라.

(1) 두 축전기의 합성 전기용량은 몇 μF인가?

(2) 두 축전기 C_1과 C_2에 충전되는 전기량은 각각 몇 C인가?

10. 다음 (　) 속에 알맞은 답을 써 넣어라.

2 μF의 축전기를 500 V의 전압으로 충전할 때 축전기에 저장된 전기량은 ((1))이고, 축전기에 축적된 전기 에너지는 ((2))이다. 이것을 저항선에 연결시켜 방전시키면 ((3))의 열이 발생한다.

11. 전기용량이 10 μF인 축전기에 500 V의 전압을 걸어 충전하였다. 이 축전기에 충전되지 않은 다른 축전기를 병렬로 연결하였더니 전압이 400 V로 낮아졌다. 충전되지 않은 축전기의 전기용량은 몇 F인가?

12. 기전력이 1.5 V이고 내부저항이 0.5 V인 전지 두 개를 직렬로 연결하고 거기에 5 V의 저항을 연결하였다. 이때 회로에 흐르는 전류와 전지 전체의 단자전압은 각각 얼마인가?

13. 그림에서 R_1은 4 kΩ, R_2는 6 kΩ, R_3는 2 kΩ이 연결되어 있고, C와 D 사이에 검류계가 연결되어 있다고 하자. A와 B 사이에 12 V의 직류전원을 연결하였을 때 검류계의 눈금이 0을 가리키기 위한 R_4의 값은 몇 kΩ인가?

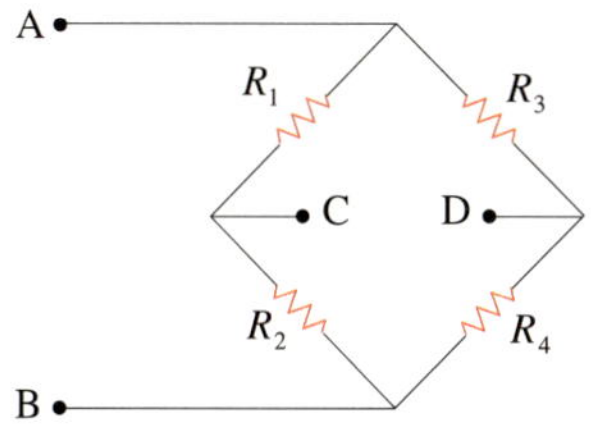

14. Q_1(C)으로 대전된 용량 C_1(F)의 콘덴서에 용량 C_2(F)를 병렬연결할 경우 C_2가 분배 받는 전기량 Q_2(C)는? (단, V_1(V)은 콘덴서 C_1이 Q_1으로 충전되었을 때 C_1의 양단 전압이다.) 〈전기기능사 자격시험 출제〉

① $Q_2 = \dfrac{C_1 + C_2}{C_2} V_1$ ② $Q_2 = \dfrac{C_2}{C_1 + C_2} V_1$

③ $Q_2 = \dfrac{C_1 + C_2}{C_1} V_1$ ④ $Q_2 = \dfrac{C_1 C_2}{C_1 + C_2} V_1$

13장

자기장과 전자기력

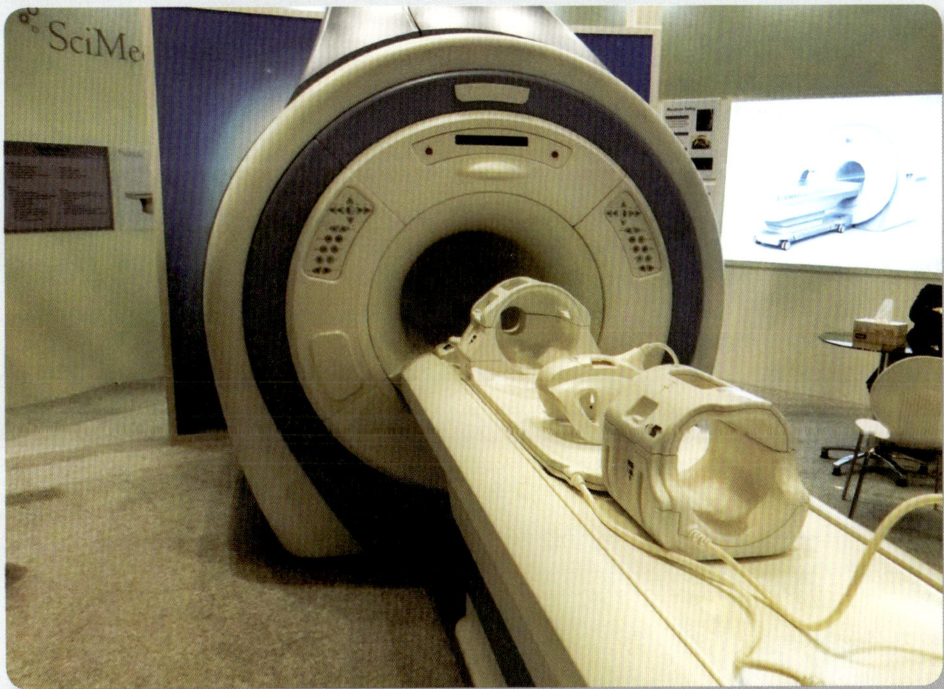

© 김영우

▲ **MRI(자기공명영상장치)**
자기장속에 있는 검사자에게 고주파를 보낸 후, 인체의 각 조직(지방, 근육, 혈관)속에 있는 수소원자핵으로부터 발생되는 영상신호를 컴퓨터로 재구성하여 인체의 단면영상을 입체적으로 얻을 수 있는 의료장비이다. 최근에는 암세포의 위치를 찾아내고 간조직 검사나 자궁근종 수술을 대체하는 역할까지 한다(국제의료기기전시회에서 촬영).

자석 두 개를 서로 다른 극끼리 가까이 가져가면 달라붙는다. 그런데 자석 하나의 극을 바꾸어 가까이 가져가면 서로 밀어낸다. 일상생활에서 자석을 이용하는 방법은 다양하다. 자석은 냉장고와 냉동고 기능에 필수적인 역할을 하거나 스피커, 헤드폰, MRI, 모터, 자기부상열차 등의 필수 구성 요소이기도 하다. 오늘날에는 전기와 자기 사이에 일정한 관계가 있다는 사실이 밝혀졌으나, 19세기까지는 전혀 별개의 개념으로 이해하고 있었다. 자기 현상은 전기 현상과 어떤 관련이 있는지 알아보자.

13.1 자석에 의한 자기장

그림 13.1 스티커 고정용 자석(스티커 뒷면에 자석이 붙어있다)

전하가 주위 공간에 전기장을 만들고 다른 전하에 전기력을 미치는 것과 비슷하게 자석도 그 주위 공간에 있는 다른 자석에 자기력을 미치는 공간을 만든다. 이와 같이 자기력이 미치는 공간을 **자기장**(magnetic field)이라고 한다.

자석 주위에 나타나는 자기장과, 전류가 흐르는 도선 주위에 형성되는 자기장에 대해 알아보자.

자석(magnet)이라는 말은 2000년 전에 그리스의 마그네시아(Magnesia) 지방에서 발견된 '끌어당기는 돌'이라 불리던 바위에서 유래되었다. 자석끼리는 서로 힘을 작용한다. 자석은 전하와 비슷한 성질이 있는데, 서로 접촉하지 않고도 밀고 당긴다.

그림 13.2 자철석

그림 13.1은 인테리어용 스티커 자석을 냉장고 표면에 부착시킨 모습이다. 또한 자철석은 그림 13.2와 같이 쇠붙이를 끌어당긴다. 이러한 성질을 가진 물체를 **자성체** 또는 **자석**(magnet)이라고 한다. 그리고 자성이 생기는 원인을 **자기**(magnetism)라고 한다.

자석이 쇠붙이나 다른 자석에 미치는 힘을 **자기력**(magnetic force)이라고 한다. 자기력은 자석의 양끝 쪽으로 갈수록 강해지는데, 이 부분을 **자극**이라고 하며 자극에는 N극과 S극이 있다.

그림 13.3 지구 자기장의 분포

막대자석의 중앙을 실로 매달아 수평으로 걸어놓으면 남북을 향해 정지한다. 이때 자석이 북쪽을 가리키는 자석의 끝을 N극이라 하고, 남쪽을 가리키는 자석의 끝을 S극이라고 한다. 이것은 지구가 하나의 거대한 자석이기 때문이다. 그림 13.3에서와 같이 자석의 N극이 가리키는 북쪽은 지구자석의 S극이고, 자석의 S극이 가리키는 남쪽은 지구자석의 N극이다. 모든 자석은 N극과 S극을 가지고 있는데, 두 자극 사이의 자기 현상에는 다음과 같은 규칙이 있다.

■ 자석은 같은 극끼리는 서로 밀고(척력), 다른 극끼리는 서로 당긴다(인력).

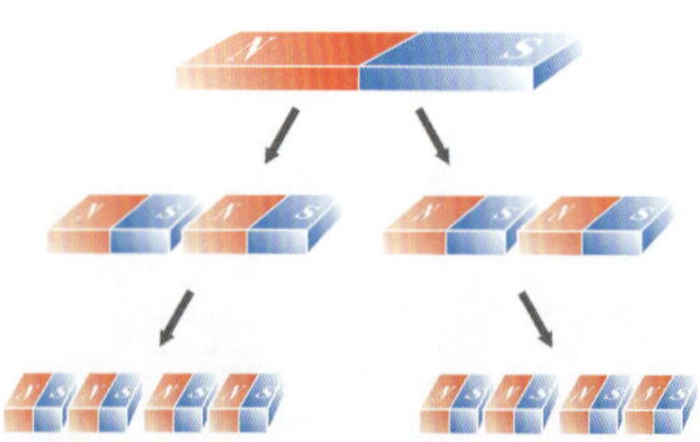

그림 13.4 자석을 분리시키면 항상 N극과 S극의 쌍으로 존재한다.

그림 13.4와 같이 자석을 둘로 나누면 두 개의 자석이 생긴다. 이것을 다시 반으로 나누면 역시 N극과 S극이 있는 네 개의 자석이 된다. 이렇게 자석을 계속 나누어도 자석은 항상 N극과 S극이 쌍으로 존재한다.

자극은 어떤 점에서는 전하와 비슷하지만, 아주 중요한 차이점이 있다. **전하는 양(+)전하와 음(−)전하가 분리되어 단독으로 존재할 수 있지만, 자석의 N극과 S극은 따로 분리되어 단독으로 존재할 수 없고 언제나 쌍으로 존재한다.**

나침반을 자석에 가까이 가져가면 나침반의 자침은 어느 한쪽 방향을 가리키는 것을 볼 수 있다. 또 자석 주위에 철가루를 뿌리면 그림 13.5의 (가)와 같이 철

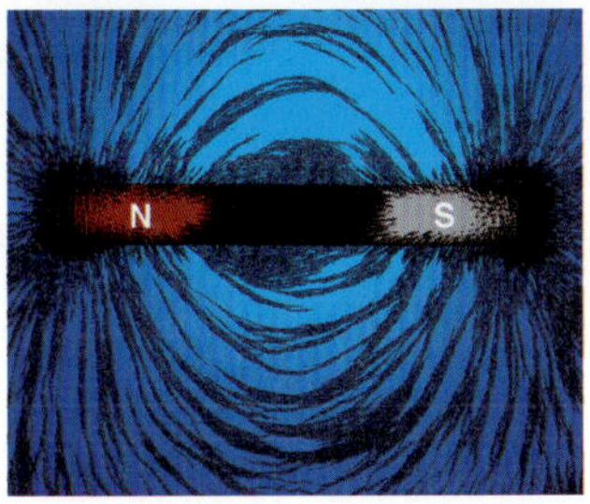

(가) 철가루를 이용하여 나타낸 자기력선

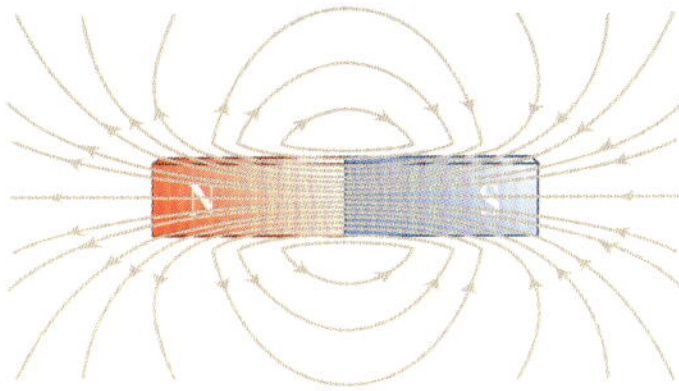

(나) 자기력선으로 나타낸 자기장

그림 13.5 막대자석 주위에 형성되는 자기장을 자기력선으로 보여주는 그림

가루가 일정하게 배열되는 것을 볼 수 있다. 이것은 자석 주위에 자기력이 미치는 공간이 생겼기 때문이다. 이와 같이 자기력이 미치는 공간을 **자기장**(magnetic field)이라고 한다.

자석은 주위의 공간에 자기장을 형성하고 자기장이 형성된 공간에 작은 쇠붙이가 있으면 자석과 쇠붙이 사이에 끌어당기는 힘이 생겨서 쇠붙이가 자석 쪽으로 끌려가게 된다. 그리고 자석이 쇠붙이에 비해 훨씬 작으면 자석이 쇠붙이 쪽으로 끌려가게 된다.

물리학에서 어떤 현상이나 개념은 이해하기 어려운 경우도 종종 있다. 만약 그러한 개념들을 눈으로 볼 수 있으면 쉽게 이해할 수 있을 것이다. 과학자들은 눈에 보이지 않는 자기장의 개념을 가시적으로 이해할 수 있는 방법은 없을까? 라는 관심을 갖고 자기력선이라는 개념을 도입하였다.

자기장의 방향은 자석 주위에 나침반을 놓았을 때 나침반 자침의 N극이 향하는 방향으로 정한다. 이때 자석 근처에 있는 나침반을 자침이 N극을 향하는 방향을 따라 조금씩 이동시키면서 그 경로를 선으로 연결하면 그림 13.5의 (나)와 같은 선이 그려지는데, 이 선을 **자기력선**이라고 한다. 자기력선은 실제로 공간에 존재하고 있는 것이 아니며, 다만 자기장이 어떻게 공간에 퍼져 있는지를 알려줄 수 있는 방법의 하나일 뿐이다.

▲ 말굽자석에 철가루가 끌려간 모습

자기력선의 몇 가지 성질은 다음과 같다.

- 자석의 내부를 지나 N극에서 나와 S극으로 들어가는 연속된 폐곡선을 이룬다.
- 도중이서 서로 만나거나 끊어지지 않는다. 시작과 끝이 없다.
- 자기력선 위의 한 점에서 그은 접선의 방향이 그 점에서의 자기장의 방향을 나타낸다.
- 자기력선이 간격이 촘촘하면 자기장의 세기가 강하다. 간격이 넓으면 자기장이 약하다.

13.2 자기장의 세기

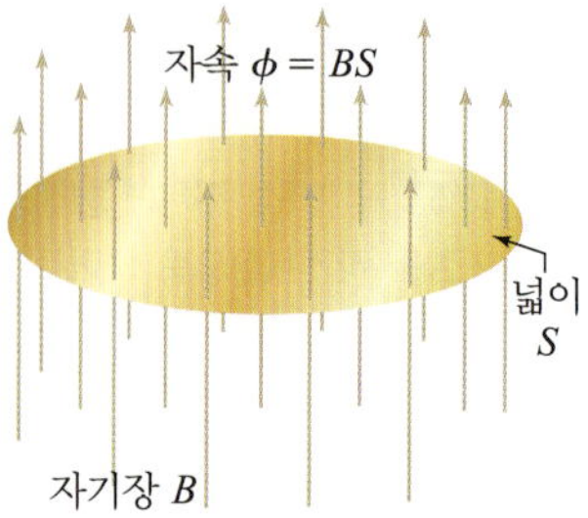

그림 13.6 자기장의 정의

자기력선의 간격이 좁은 곳일수록 자기장의 세기가 강하며, 간격이 넓은 곳일수록 자기장의 세기가 약하다. 따라서 자기장의 세기는 자기장에 수직한 단위면적을 지나가는 자기력선의 개수에 비례한다.

그림 13.6에서와 같이 자기장에 수직인 단면을 지나는 자기력선의 총수를 **자속** 또는 **자기력선속**이라고 한다. 자속을 나타내는 기호는 ϕ를 쓰고 단위는 **웨버**(Wb)를 사용한다.

자기장의 세기 B(Wb/m^2)는 자기력선속 ϕ(Wb)을 단면적 S(m^2)로 나눈 값으로 정의한다.

$$B = \frac{\phi}{S} \tag{13-1}$$

TIP 자기장의 세기(자기선속밀도)의 단위

- 테슬라(T) : 1 T = 1 N/Am = 1 Wb/m^2
- 가우스(G) : 1 G = 10^{-4} T

자기장의 세기는 **자기선속밀도**라고도 부른다. 자기장의 세기의 단위는 Wb/m^2 또는 N/A m를 사용하며, 이 단위를 **테슬라**(T)라고 한다. 식 (13-1)로부터 **자기력선속** ϕ는 다음과 같이 나타낼 수 있다.

$$\phi = BS \tag{13-2}$$

13.3 전류에 의한 자기장

차세대 열차로 알려진 **자기부상열차**는 레일과 열차 사이가 약간 떠 있어서 열차가 달릴 때 진동과 소음이 적고 아주 빠른 속도를 낼 수 있다. 이 열차의 추진력은 1초 동안 4000번 정도 전류의 방향을 바꾸어서 자기력의 방향을 변화시켜 얻는다. 전류로 어떻게 자기력의 방향을 바꿀 수 있을까? 전류에 의해 발생하는 자기장의 성질에 대해 알아보자.

그림 13.7 자기부상열차(인천국제공항 순환열차). 이 열차는 2016년 개통되어 약 7년동안 운행되다가 2023년 운영을 종료하였다.

1) 직선 전류에 의한 자기장

직선 도선에 전류가 흐를 때 도선 주위에 자기장을 만드는데, 그 자기장은 전류의 세기, 그리고 거리와 어떤 관계가 있는지 알아보자.

움직이는 한 개의 전하는 자기장을 만든다. 마찬가지로 운동하는 수많은 전하(이것이 전류이다)도 역시 자기장을 만든다. 철가루를 고르게 뿌린 두꺼운 판지를 직선 도선이 수직으로 뚫고 지나도록 한 다음 도선에 전류를 흘려주면 그림 13.8의 (가)와 같

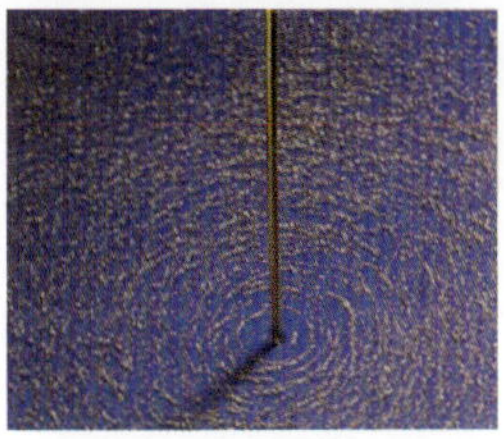

(가) 철가루가 자기력선을 따라 배열된 모습

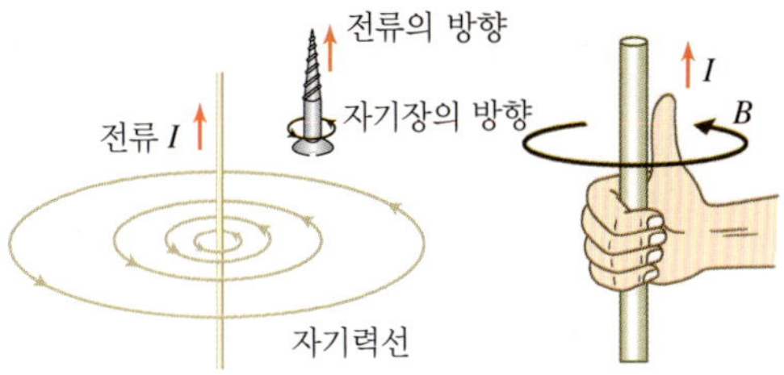

(나) 오른나사의 법칙

그림 13.8 직선 전류에 의한 자기장과 오른나사의 법칙

이 철가루가 도선을 중심으로 동심원을 그리면서 일정하게 배열되는 것을 볼 수 있다. 이같은 현상은 직선 도선에 흐르는 전류에 의해 자기장이 만들어진다는 것을 나타낸다. 이때 철가루가 동심원을 이루는 것은 자기력선을 따라 배열되기 때문이다.

직선 전류에 의한 자기장의 방향은 그림 13.8의 (나)에서 볼 수 있는 것처럼 전류의 방향을 오른나사가 진행하는 방향과 일치시켰을 때, 나사가 돌아가는 방향과 같다. 또는 오른손의 엄지 손가락을 펴고 나머지 네 손가락으로 전류가 흐르는 직선 도선을 감아쥘 때, 네 손가락 방향이 자기장의 방향이다. 이 관계를 **앙페르의 법칙**, 또는 **오른나사의 법칙**이라고 한다. 이 법칙은 원형 전류에 의한 자기장이나 솔레노이드에 의한 자기장에서도 모두 성립한다.

덴마크의 물리학자 **외르스테드**(H. C. Oersted)는 전류가 흐르는 직선 도선 주위에 여러 개의 나침반을 놓고 자침이 일정하게 정렬되는 모습을 보고 직선 전류에 의한 자기장을 확인하였다.

직선 도선에 흐르는 전류의 방향을 바꾸면 도선 주위에 생기는 자기장의 방향이 바뀌지만, 자기력선의 모양은 바뀌지 않는다. 그리고 전류의 세기를 증가시키면 자기장이 강해지고, 전류의 세기를 감소시키거나 도선으로부터 멀어질수록 자기장이 약해진다.

1829년 프랑스의 물리학자 **비오**(J. B. Biot)와 **사바르**(F. Savart)는 전류가 흐르는 직선 도선 주위에 생기는 자기장의 세기 B(N/A m)는 전류의 세기 I(A)에 비례하고, 도선으로부터의 거리 r(m)에 반비례한다는 것을 밝혀냈다. 즉

$$B = k\frac{I}{r} \tag{13-3}$$

여기서 비례상수 k는 $k = 2\times10^{-7}$ N/A^{2}이다. 자기장의 세기의 단위는 N/Am이고, 또 다른 단위는 1 Wb/m^{2}이다. 두 단위 사이에는 1 N/Am = 1 Wb/m^{2}이다.

예제 1 직선 도선에서 1 m 떨어진 점에서의 자기장의 세기가 10^{-8} T라고 한다. 이 직선 도선에 흐르는 전류는 몇 A인가?

풀이

식 (13-3) $B = k\frac{I}{r}$에서 구할 수 있다.

$$I = \frac{Br}{k} = \frac{(10^{-8}\ \mathrm{N/A\ m}) \times 1\,\mathrm{m}}{2 \times 10^{-7}\ \mathrm{N/A^2}} = 0.05\ \mathrm{A}$$

2) 원형 전류에 의한 자기장

직선 도선을 둥글게 구부리면 원형 모양의 도선이 만들어진다. 이러한 원형 도선에 전류를 흐르게 하면 도선 주위에는 어떤 모양은 자기장이 형성될까? 원형 도선이라고 해서 어렵게 생각할 필요는 없다. 원형 도선 주위에 생기는 자기장의 세기는 실험으로 얻은 식 (13-4)를 구해 이용하면 된다. 그리고 그 방향은 앙페르의 법칙을 사용하면 알아낼 수 있다.

그림 13.9 원형 전류에 의한 자기장 측정장치

원형 도선에 전류가 흐를 때, 그 주위에 생기는 자기장은 직선 도선의 경우와 같이 원형 도선 주위의 철가루의 분포 모양으로 짐작할 수 있다. 그림 13.10의 (가)와 같이 두꺼운 판지에 원형 도선을 끼우고 철가루를 고르게 뿌린 다음 도선에 전류를 흘리면, 원의 중심에 있는 철가루는 원에 수직으로 배열되고, 도선에 가까이 있는 철가루는 도선을 중심으로 원에 가까운 모양으로 배열된다. 철가루의 분포 모습은 곧 자기력선의 형태를 나타낸다는 것을 알 수 있다.

원형 도선 중심에서의 자기장의 세기 B(N/Am)는 원형 도선에 흐르는 전류의 세기 I(A)에 비례하고, 원형 도선의 반지름 r(m)에 반비례한다. 이 관계를 식으로 나타내면 다음과 같다.

$$B = k'\frac{I}{r} \tag{13-4}$$

이 식은 직선 전류에 의한 자기장에 관한 식 (13-3)과 비슷하다. 그러나 이 식에서의 r은 도선으로부터의 거리가 아니라 원형 도선의 반지름이다. 식 (13-4)에서 비례상수 k'는

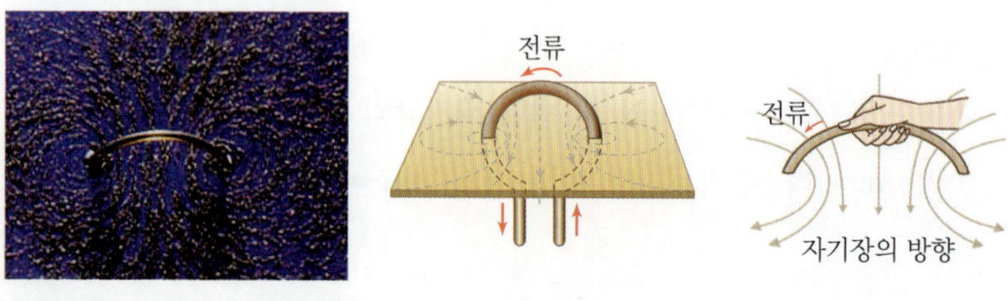

(가) 철가루가 자기력선을 따라 배열된 모습　(나) 오른나사의 법칙　(다)

그림 13.10 원형 전류에 의한 자기장의 방향

식 (13-3)의 비례상수 k에 π를 곱한 값인 $k' = 2\pi \times 10^{-7}\ \mathrm{N/A^2}$이다.

원형 전류에 의한 자기장의 방향은 그림 13.10의 (나)와 같이 오른나사의 법칙을 이용하여 알아낼 수 있다. 즉, 오른나사를 전류의 방향으로 회전시킬 때, 나사가 진행하는 방향이 자기장의 방향이다. 또한 그림 13.10의 (다)와 같이 오른손의 엄지 손가락이 전류의 방향을 가리키게 하면서 도선을 감아쥐면, 나머지 네 손가락이 감기는 방향이 원형 도선 중심에서의 자기장의 방향이다.

예제 2 반지름이 3 cm인 원형 도선에 15 A의 전류가 흐르고 있다. 이 원형 도선 중심에서의 자기장의 세기는 얼마인가?

풀이

$$B = 2\pi \times 10^{-7}\ \mathrm{N/A^2} \times \frac{15\ \mathrm{A}}{3 \times 10^{-2}\ \mathrm{m}} = 3.14 \times 10^{-4}\ \mathrm{N/A\ m}$$

3) 솔레노이드가 만드는 자기장

원통 막대에 도선을 여러 번 감아 놓은 것을 **솔레노이드(solenoid)**라고 한다. 그러면 솔레노이드에 전류가 흐를 때 생기는 자기장은 어떤 모양일까?

솔레노이드는 원형 도선 여러 개를 연속적으로 겹쳐놓은 구조를 갖는다. 그림 13.12의 (가)와 같이 솔레노이드 중간에 두꺼운 판지를 끼우고 철가루를 고르게 뿌린 후에 전류를 흘리면 솔레노이드 내부에 있는 철가루가 솔레노이드의 축에 나란하게 같은 간격으로 배열되는 것을 볼 수 있다. 이처럼 솔레노이드 내부의 자기장은 솔레노이드의 축에 나란하고 균일하다는 것을 알 수 있다.

그림 13.12의 (나)는 솔레노이드가 만드는 자기장을 나타낸 것인데, 자기력선의 모양이 마치 막대자석이 만드는 자기력선의 모양과 비슷하다. 이 경우에도 자기장의 방향을 오른나사의 법칙을 이용하여 찾을 수 있다. 즉, 그림 13.12의 (나)와 같이 오른손의 엄지 손가락을 펴고 나머지 네 손가락으로 전류의 방향을 따라 솔레노이드를 감아 쥐었을 때, 엄지 손가락이 가리키는 방향이 자기장의 방향이다.

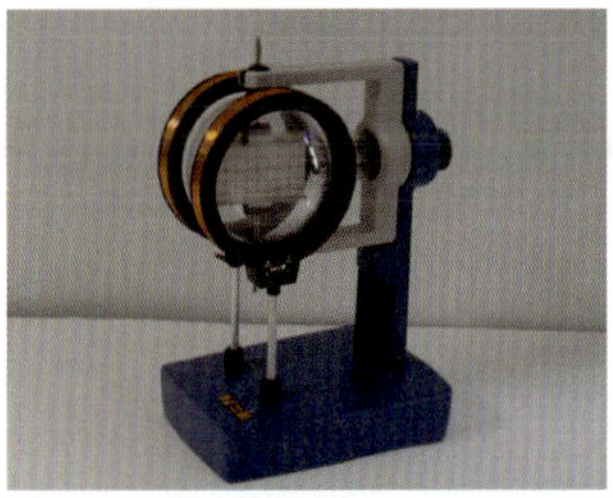

그림 13.11 헬름홀츠 코일(Helmholtz coil)
솔레노이드 2개를 코일의 반지름만큼 떨어진 거리에 놓아 일정한 자기장을 만드는 데 이용된다.

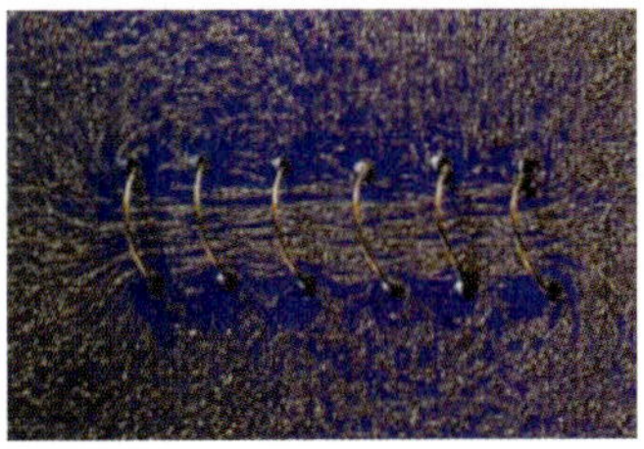

(가) 솔레노이드 중앙 내부에 철가루가 일렬로 정리한다.

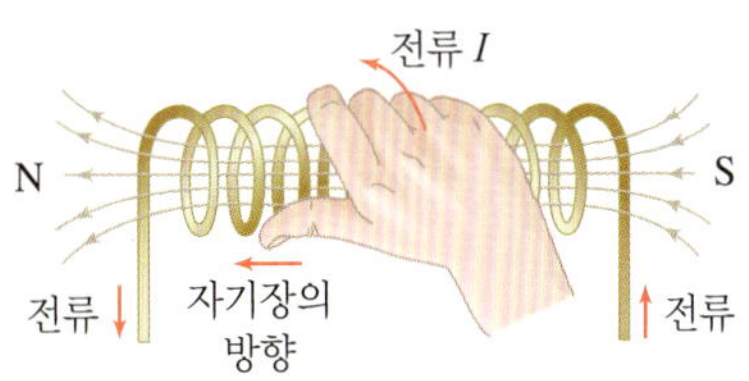

(나)

그림 13.12 솔레노이드에 의한 자기장의 모습과 그 방향

솔레노이드 내부의 자기장의 세기는 단위 길이(1 m)당 도선의 감은수와 전류의 세기에 비례하며, 다음과 같이 나타낼 수 있다.

$$B = k''nI \tag{13-5}$$

여기서 비례상수 k''는 직선 전류에 의한 자기장의 비례상수 k에 정확히 2π를 곱한 값인 $k'' = 4\pi \times 10^{-7}\,\mathrm{N/A^2}$이다. 그리고 n은 단위 길이당 도선의 감은수이다(회/m). 식 (13-5)에서 직선 도선의 경우나 원형 도선의 경우와 다르게 거리에 대한 항목이 없다. 즉, 원통의 굵기가 굵거나 가늘거나 관계가 없으며, 원통에 감은수와 전류의 세기 외에 솔레노이드의 반지름이나 솔레노이드로부터의 거리에는 영향을 받지 않는다. 다시 말하면 솔레노이드 내부 중앙에 형성되는 자기장은 위치에 관계가 없으며, 모양만 결정되면 일정한 값을 갖는다.

솔레노이드를 이용하여 강한 자기장을 얻으려면 많은 전류를 흘리거나 도선의 감은 횟수를 늘려야 한다. 그러나 도선을 원통에 감을 수 있는 횟수에 한계가 있고 너무 많은 전류를 흘리면 도선이 뜨거워지기 때문에 자기장을 한없이 강하게 할 수는 없다.

이러한 문제는 그림 13.13과 같이 솔레노이드 내부에 철과 같은 물질을 넣으면 훨씬 강한 자기장을 얻을 수 있다. 이때 솔레노이드 내부에 넣는 물질을 **철심**이라고 한다. 솔레노이드 내부에 철심을 넣은 구조를 **전자석**(electromagnet)이라고 한다. 전자석은 전류의 세기로 자기장의 세기를 조절할 수 있는 특징이 있다. 뿐만 아니라 전류를

물리학의 선구자 **앙페르(Andre-Marie Ampere : 1775~1836)**

프랑스의 물리학자이면서 수학자, 화학자, 철학자인 앙페르는 프랑스 리옹 부근의 뽈레뮤라는 마을에서 태어났다. 그의 아버지는 앙페르를 어렸을 때부터 열심히 교육시켰다. 처음에 라틴어와 그리스어를 가르쳤으나 앙페르는 수학에 더 소질이 있었으며, 어렸을 때부터 천재적인 두각을 나타내어 이미 12살 때에 대수학과 기하학을 거의 터득하였으며 수학의 계산에 어려움을 느끼지 않을 정도였다.

앙페르는 자기효과의 크기는 사용된 코일의 감긴횟수에 따른다는 것을 알아냈고, 서로 반대되는 두 자극은 솔레노이드의 열려진 양끝에 생긴다는 사실도 발견하였다. 그리고 그는 자기가 자석이나 쇠막대기 없이 단지 전기의 힘만으로도 발생한다는 사실을 발견해, 전기와 자기의 관계를 명확히 밝혀냈다. 그리고 솔레노이드로 쇠바늘을 자화(자기장 안의 물체가 자기를 띠는 현상)시켜 강력한 영구 자석을 만드는 데도 성공하였다.

앙페르는 전류와 자기장 사이의 관계를 밝혀내는 데 지대한 공을 세웠다. 이 분야에 관한 업적은 덴마크의 물리학자 외르스테드(H. C. Oersted)의 여러 가지 발견에서 많은 영향을 받았다. 그는 1827년에 발표한 논문 〈실험에 의한 전기역학의 수학적 이론〉에서 그 유명한 앙페르의 법칙, 즉 전자기학의 수학적 공식을 유도하였으며, 전기역학의 기초를 닦아 놓았다. 영국의 물리학자 맥스웰(J. C. maxwell)은 두 전류 사이의 역학적 작용에 관한 앙페르의 수학적, 물리학적 발견과 연구업적은 과학 발달사에서 가장 빛나는 것 중의 하나라고 극찬하였다.

앙페르의 위대한 업적을 기리기 위해 그가 세상을 떠난 지 60년 후에 후대 과학자들은 전류의 실용적 단위를 그의 이름을 따서 '암페어'(A)라고 하였다.

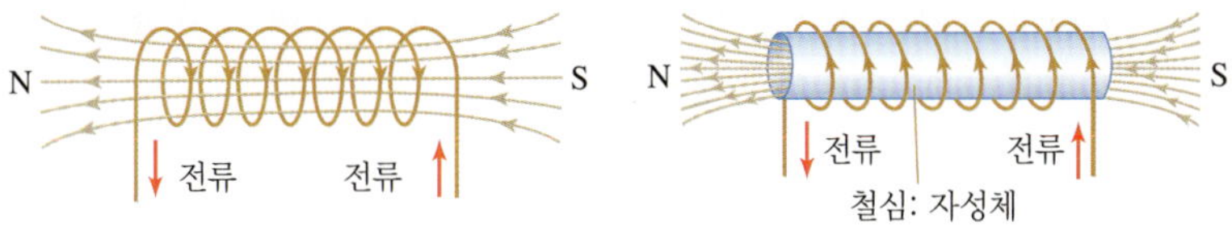

그림 13.13 전자석의 원리. 코일 속에 철심을 넣으면 자기장의 세기가 증가한다

흘려주는 동안만 자석이 되므로 초인종, 전화기, 전동기, 기중기, 첨단 연구장비, 자동화 장치 등에 이르기까지 폭넓게 이용되고 있다.

13.4 전자기력

도선에 전류가 흐르면 도선 주위에 자기장이 생긴다는 것을 알았다. 한 전류가 흐르는 도선이 만드는 자기장 속에 또 다른 전류가 흐르는 도선이 있으면, 이 도선은 자기장으로부터 힘을 받는다. 이것은 한 전하에 의한 전기장 속에 있는 또 다른 전하가 힘을 받는 것과 비슷하다.

전기 자동차는 구동 에너지를 화석 연료가 아닌 전기 에너지로부터 얻는다. 전기 자동차는 전동기(모터)에 전류를 흘려서 동력을 얻는다. 즉, 모터에 전류를 흘려 얻어지는 동력은 바로 자기장 속에서 전류가 흐르는 도선이 받는 힘을 이용한 것이다.

그림 13.14 서울모터쇼에 전시된 전기버스

1) 자기장 속에서 직선 전류가 받는 힘

일상생활에서 사용하는 선풍기, 세탁기, 청소기, CD 플레이어, 컴퓨터 하드디스크 등에는 모두 전동기가 들어있으며, 전동기 구성품 중에는 자석이 있다. 전동기 안에 자석이 들어있는 이유는 무엇일까?

그림 13.15의 (가)와 같이 자석의 두 극 사이에 도선을 수평으로 장치하고 도선에 전류를 흘려주면 도선이 위쪽으로 힘을 받아 움직인다. 이것은 전류가 흐르는 도선 주위에 생긴 자기장이 자석의 자기장과 상호작용하면서 전류가 힘을 받아 움직이는 것이다. 이와 같이 전류가 자기장에서 받는 힘을 **전자기력**이라고 한다. 전자기력의 크기와 작용하는 방향은 어떻게 될까?

실험에 의하면, 자기장의 방향에 수직으로 놓인 도선에 전류가 흐를 때, 전류가 받

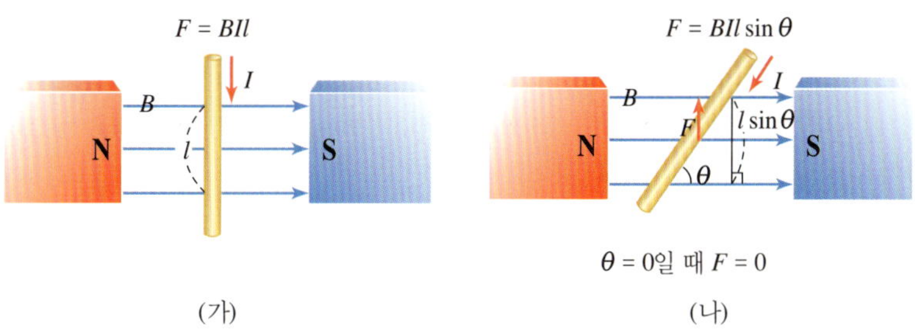

그림 13.15 전류가 자기장에서 받는 힘의 크기

는 전자기력 F(N)의 크기는 자기장의 세기 B(N/A m), 전류의 세기 I(A), 그리고 자기장 내에 있는 도선의 길이 l(m)에 비례한다. 이 관계를 식으로 나타내면 다음과 같다.

$$F = BIl \tag{13-6}$$

이 식으로부터 자기장 내에 수직으로 놓인 1 m의 도선에 1 A의 전류가 흐를 때 도선이 받는 힘의 크기가 1 N이면, 자기장은 1 N/A m임을 알 수 있다.

만약 도선이 자기장의 방향에 비스듬히 놓여 있다면 도선이 받는 힘은 어떻게 달라질까? 식 (13-6)에서 도선의 길이 l은 그림 13.15의 (가)와 같이 자기장과 수직으로 놓인 길이이다. 그리고 그림 (나)에서와 같이 도선이 자기장의 방향과 θ의 각으로 비스듬히 놓였을 때에는 l 대신에 자기장에 수직인 길이 $l\sin\theta$를 적용해야 한다. 즉, 다음 식으로 바꿀 수 있다.

$$F = BIl\sin\theta \tag{13-7}$$

그러면 도선의 방향이 자기장의 방향과 나란히 놓여있다면 받는 힘은 어떻게 될까? 이때에는 도선과 자기장이 이루는 각이 0이므로 $l\sin\theta$가 0이 되어서 도선은 아무런 힘도 받지 않는다.

전류가 흐르는 도선이 자기장에서 받는 힘의 방향은 전류의 방향과 자기장의 방향에 따라 다르다. 이때 전류의 방향과 자기장의 방향은 서로 수직이다.

전자기력의 방향을 알아내는 방법은 **플레밍(Fleming)의 왼손법칙**을 사용하면 된다.

그림 13.16과 같이 왼손의 엄지, 검지, 중지를 서로 직각이 되게 펴서 검지를 자기장의 방향에, 중지를 전류의 방향에 맞추면 엄지가 가리키는 방향이 전자기력의 방향이다. 이 관계를 **플레밍의 왼손법칙**이라고 한다.

■ 스피커 속에 들어있는 자석의 역할을 조사해 보자.

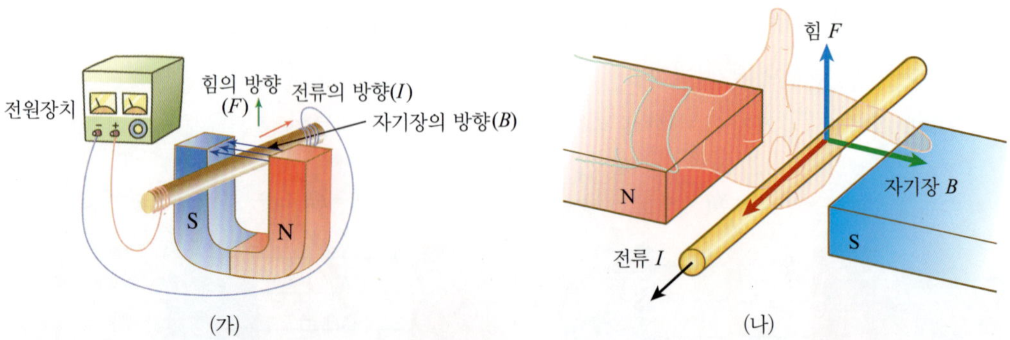

그림 13.16 전자기력의 방향을 결정하는 플레밍의 왼손법칙

예제 3 균일한 자기장에 수직으로 놓인 길이가 10 cm인 도선에 2 A의 전류가 흐르고 있다. 이 도선에 작용하는 힘의 크기가 10^{-3} N이었다면 자기장의 세기는 몇 T일까?

풀이

$F = BIl$에서 $B = \frac{F}{Il} = \frac{10^{-3}\,\mathrm{N}}{0.1\,\mathrm{m} \times 2\,\mathrm{A}} = 5.0 \times 10^{-3}\,\mathrm{T}$이다.

$\therefore B = 5 \times 10^{-3}$ T

2) 평행한 두 직선 전류 사이에 작용하는 힘

전류가 흐르는 도선 주위에는 자기장이 생긴다는 것과 자기장 속에서 전류가 흐르는 도선은 자기력을 받는다는 것을 알았다. 두 개의 직선 도선을 평행하게 놓고 전류를 흘려주면 한 도선 주위에 형성된 자기장 때문에 다른 도선이 힘을 받는다. 그림 13.17과 같이 한 도선에 흐르는 전류에 의해 자기장이 형성되면, 그 자기장 속에 놓여 있는 다른 도선에 흐르는 전류가 힘을 받게 된다.

평행한 두 도선에 전류가 흐를 때 두 도선 사이에는 어떤 힘이 작용할까?

두 개의 직선 도선을 평행하게 놓고 전류를 흘려주면 각 도선에 흐르는 전류에 의하여 각각의 자기장이 만들어지고, 두 도선 사이에 작용하는 힘으로 두 도선이 서로 끌어당기거나 밀어낸다. 그림 13.17과 같이 길이가 l인 두 직선 도선 A와 B가 거리 r만큼 떨어져 평행하게 놓여있고, 두 도선에 각각 I_1, I_2의 전류가 흐를 때 두 도선이 받는 힘을 알아보자.

전류 I_1이 흐르고 있는 도선 A의 한 점 O를 중심으로 반지름이 r인 원을 그렸을 때, 원과 도선 B가 만나는 점 P에 형성되는 자기장을 B_1이라고 하면 그 값은 다음과 같다.

$$B_1 = 2 \times 10^{-7} \frac{I_1}{r} \tag{13-8}$$

그리고 자기장 B_1(T)에 의하여 전류 I_2(A)가 흐르는 도선 B가 받는 전자기력은 도

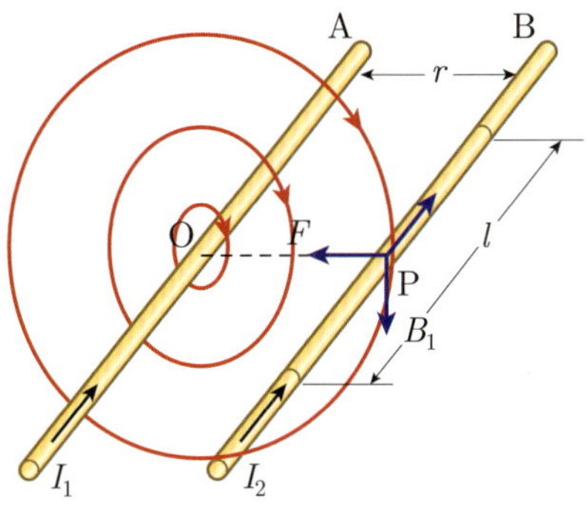

그림 13.17 평행한 두 직선 전류에 작용하는 힘

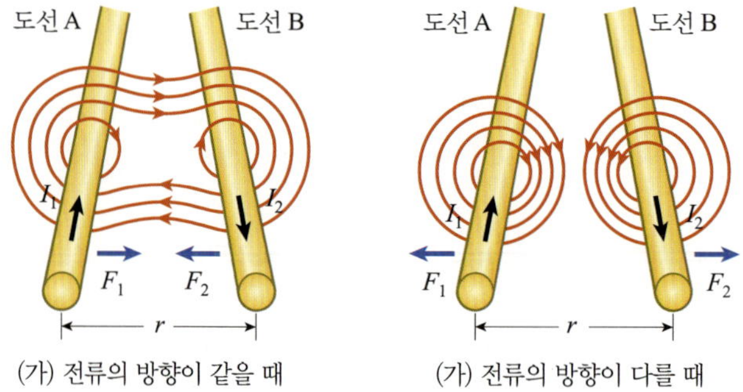

그림 13.18 평행한 두 직선 전류 사이에 작용하는 힘의 방향

선 A쪽으로 끌리는 방향이며 그 크기 F_2는 다음과 같이 나타낼 수 있다.

$$F_2 = B_1 I_2 l = 2\times 10^{-7}\frac{I_1 I_2}{r} l \qquad (13\text{-}9)$$

같은 방법으로 도선 A가 도선 B에 의하여 만들어지는 자기장으로부터 받는 전자기력은 도선 B쪽으로 끌리는 방향이며, 그 크기는 $F_1 = 2\times10^{-7}\frac{I_1 I_2}{r} l$이다. 따라서 전류 I_1, I_2가 흐르는 두 직선 도선 사이에 작용하는 힘 F(N)는 다음과 같다.

같은 방법으로 도선 A가 도선 B에 흐르는 전류에 의해 만들어지는 자기장으로부터 받는 전자기력 F_1은 도선 B쪽을 향하며 그 크기는 F_2와 같다.

$$F = 2\times10^{-7}\frac{I_1 I_2}{r} l \qquad (13\text{-}10)$$

이때, 전자기력은 두 전류의 방향에 따라 인력일 수도 있고 반발력일 수도 있다. 그림 13.18에서 보는 바와 같이 두 직선 전류의 방향이 같을 때는 인력이 작용하고, 반대일 때에는 반발력이 작용한다.

1948년 국제도량형총회에서는 식 (3-10)을 이용하여 전류의 단위인 암페어(A)를 정하고 2017년 까지 사용한 바 있다. 이때 정의한 내용은 진공 속에서 서로 1 m 떨어져 있는 가늘고 긴 평행한 두 직선 도선에 같은 세기의 전류가 흐를 때, 길이 1 m당 작용하는 힘이 2×10^{-7} N일 때의 각 도선에 흐르는 전류의 세기를 1 A라고 하였다. 현재는 2018년부터 기본전하를 이용하는 방법으로 재정의하여 사용하고 있다.

1 A는 진공 중에서 1 m 떨어져 있는 가늘고 긴 평행한 두 직선 도선에 같은 세기의 전류가 흐를 때 단위길이(1 m)당 도선에 작용하는 힘이 2×10^{-7} N일 때 전류의 세기와 같다.

3) 전자기력의 이용

자기장에서 전류가 받는 전자기력을 이용하는 전기기기인 직류 전류계, 직류 전압계 및 간단히 직류 전동기에 대해 알아보자.

◈ **전류계와 전압계** 직류 전류계와 직류 전압계는 강한 영구 자석을 이용하여 자기장을 만들고, 가동코일을 자기장에 수직으로 놓은 것으로 그 구조가 거의 같다.

그림 13.19 직류 전압계와 전류계

직류 전류계는 회로에 흐르는 전류를 측정하는 기구이며, 회로에 직렬로 연결하여 사용한다. 그림 13.20은 흔히 사용되고 있는 가동코일형 전류계의 구조이다. 이 그림에서 보는 바와 같이 가동 코일 속에는 원통형의 연철심이 있어서 부근의 자기장을 일정하게 한다. 코일에 전류가 흐르면 코일은 전자기력을 받아 회전하면서 코일의 중심축에 연결된 바늘을 회전시킨다. 이때 코일의 중심축에 연결되어 있는 나선형 용수철이 감기게 된다. 용수철의 탄성력과 가동코일의 회전력이 평형을 이루는 곳에서 바늘이 멈춘다. 코일의 회전각은 회전력에 비례하고, 또 회전력은 전류에 비례하므로 코일의 회전각이 전류의 세기에 비례하도록 눈금을 정해 놓으면 미지의 전류값을 측정할 수 있다. 전류계의 내부저항이 크면 회로에 흐르는 전류를 정확히 측정할 수 없으므로 내부저항을 가능한 한 줄여야 한다.

만일 전류계의 가동코일에 큰 전류가 흐르면 발열되어 코일이 타버릴 염려가 있으므로 그림 13.21과 같이 대부분의 전류를 흐르게 하는 작은 저항 r를 가동코일의 저항 r_0와 병렬로 연결한다. 이 저항 r를 **분류기**(shunt)라고 한다.

직류 전류계의 측정 범위를 넓히려고 할 때에도 분류기를 전류계의 가동코일에 병렬로 연결하면 된다. 만일 내부저항의 $\frac{1}{9}$값을 갖는 분류기를 가동코일에 병렬로 연결하면 전류계의 최대 측정전류가 1 A일 때 분류기에는 9 A의 전류가 흐른다. 따라서 전류계로 측정할 수 있는 전류는 10 A로 측정범위가 넓어진다. 즉, 전류계의 측정 범위를 n배로 늘리려면 분류기의 저항을 가동코일의 저항의 $\frac{1}{n-1}$배로 하면 된다.

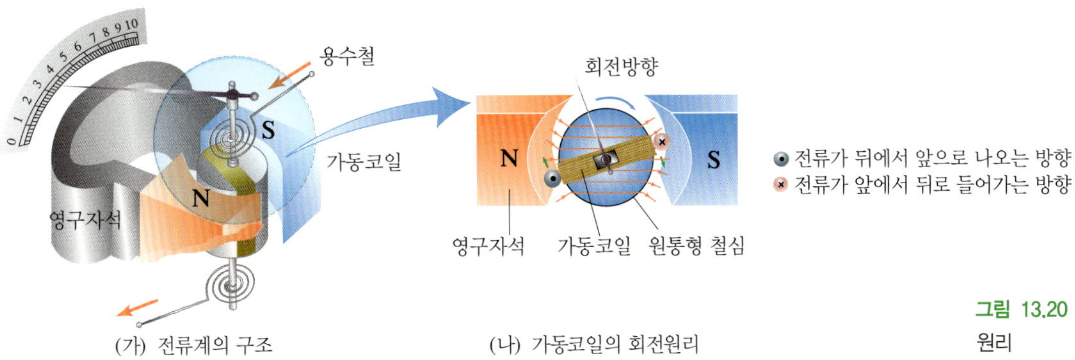

그림 13.20 전류계의 구조와 회전원리

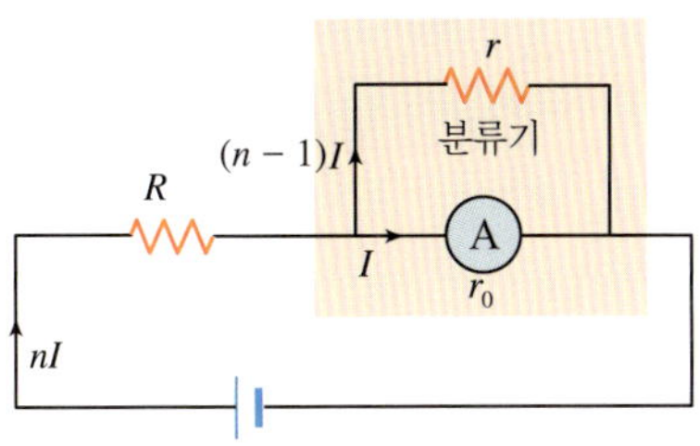

그림 13.21 분류기는 직류 전류계에 병렬로 연결한다.

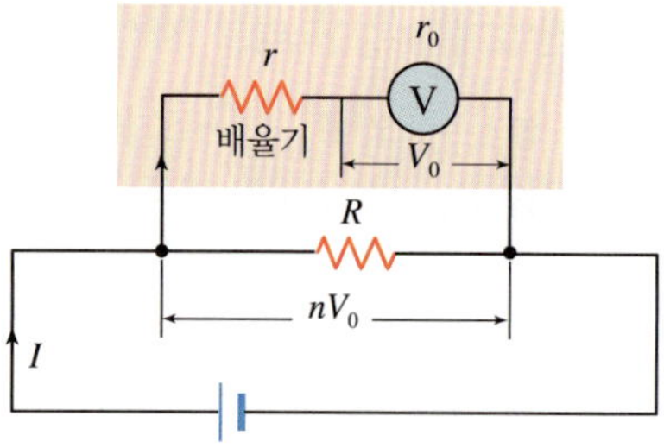

그림 13.22 배율기는 직류 전압계에 직렬로 연결한다.

직류 전압계는 회로에 걸린 전압을 측정하는 기구이며, 회로에 병렬로 연결하여 사용한다. 전압계는 외부저항과 회로에 병렬로 연결하여 전압계 쪽으로 전류가 적게 흐르도록 한다. 따라서 전압계의 내부저항은 커야 하며 그림 13.22와 같이 큰 저항 r를 코일의 내부저항 r_0와 전압계 속에 직렬로 연결한다. 이 저항 r를 **배율기**(multiplier)라고 한다.

전압계의 측정범위를 넓히려면 배율기를 전압계 가동코일에 직렬로 연결하면 된다. 만일 배율기의 저항이 전압계의 내부저항의 9배라면 내부 저항에 걸리는 전압이 1 V일 때 배율기에는 9 V의 전압이 걸리게 되므로 전압계로 측정할 수 있는 전압의 범위는 10 V로 측정범위가 넓어진다. 즉, 전압계의 측정범위를 n배로 늘리려면 배율기의 저항을 코일의 저항의 $(n-1)$배로 하면 된다.

◈ **직류 전동기** 전동기의 작동 원리도 진류계와 마찬가지로 영구자석 시이에 들어 있는 코일이 전자기력에 의해 회전하는 것이다. 그림 13.23과 같이 가동코일에 전류 I가 흐르면 코일의 AB와 CD 부분에 전자기력 F가 반대 방향으로 작용하며, 이 힘들에 의해 코일이 회전한다. 그리고 코일면이 자기장에 직각이 되는 순간에 전자기력에 의한 회전 효과는 0이 되지만 코일은 관성 때문에 멈추지 못하고 더 회전하게 된다.

이때 정류자에 의해서 전류의 방향이 바뀌어서 코일에는 항상 전자기력에 의한 회전 방향이 일정하게 유지되어 코일이 계속 회전하는 것이다. 이것을 **직류 전동기**(모터)라고 한다.

전동기는 전기 에너지를 기계적인 일로 바꾸는 대표적인 전기기기로서 각종 가전제품, 자동차, 전동차, 고속 전철, 항공기 등에 이용되고 있다.

■ 직류 전류계와 교류 전류계의 차이점을 조사해 보자.

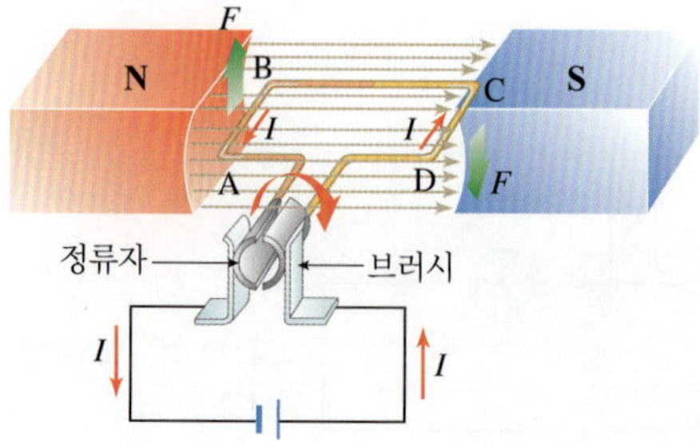

그림 13.23 직류 전동기의 회전원리

13.5 자기장 속에서 운동 전하가 받는 힘

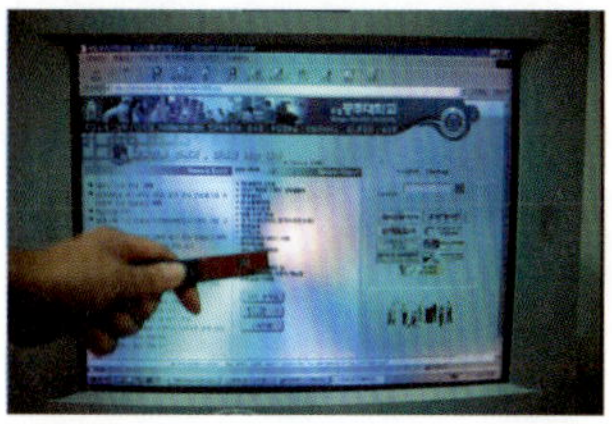

그림 13.24 막대자석의 영향으로 PC 모니터의 화면이 변하는 모습

컴퓨터 모니터나 TV 화면에 자석을 가까이 가져가면 화면이 일그러지면서 색이 변한다. 이러한 현상이 일어나는 이유는 무엇일까?

자기장 내에 있는 도선에 전류가 흐르면 도선은 자기장으로부터 힘을 받는다. 이때 전류는 전자의 흐름이므로 자기장 내에서 운동하는 전하(대전입자)는 힘을 받는다고 말할 수 있다.

그림 13.25와 같이 자기장 B에 수직인 방향으로 놓인 직선 도선에 전류 I가 흐르면 이 도선은 전자기력 $F = BIl$를 받게 되고, 전자기력의 방향은 B와 I의 방향에 대하여 수직인 방향이 된다. 전자기력의 방향은 그림 13.26과 같이 오른손 법칙이나 플레밍의 왼손법칙[그림 13.16(나)]을 이용하면 찾을 수 있다. 즉, 오른손을 펴서 네 손가락이 자기장의 방향을 향하게 하고 엄지 손가락을 전류의 방향을 향하도록 하면 손바닥에서 나오는 방향이 전자기력의 방향이다.

1) 로렌츠의 힘

도선에 전류가 흐를 때 도선 속에서는 전류의 방향과 반대 방향으로 자유전자가 이동하고, 이 전자는 도선이 받는 전자기력 F와 같은 방향으로 힘을 받게 된다. 이와 같이 자기장 내에서 운동하고 있는 대전입자가 받는 힘을 **로렌츠의 힘**(Lorentz's force)이라고 한다. 이 힘은 1892년 네덜란드의 과학자 로렌츠(H.A. Lorentz)가 유도하였다.

전하량 q(C)인 자유전자 N개가 단위시간 t(s) 동안 도선을 통과한다면 식 (11-9) 전류의 정의를 이용해서 다음과 같은 관계를 얻을 수 있다.

$$I = \frac{Q}{t} = \frac{Nq}{t} \tag{13-11}$$

여기서 전류의 이동속도를 v라 하면 단위시간 t 동안에 전하가 이동한 거리 l은 $l = vt$이다. 식 (13-6)과 식 (13-11)을 사용하여 자기장 속에서 전류가 받는 힘의 크기

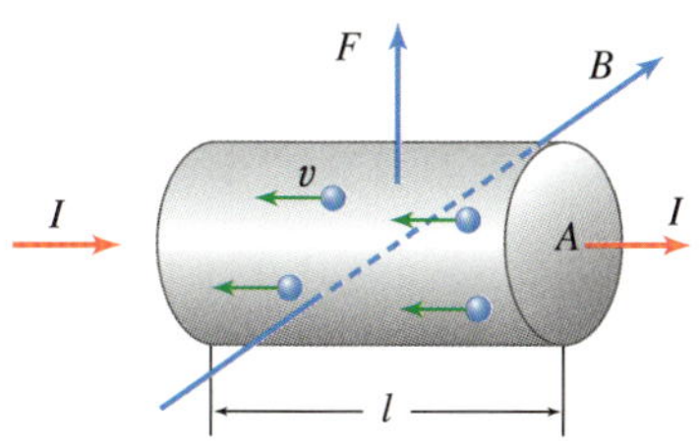

그림 13.25 자기장에 수직인 직선 전류에 작용하는 전자기력

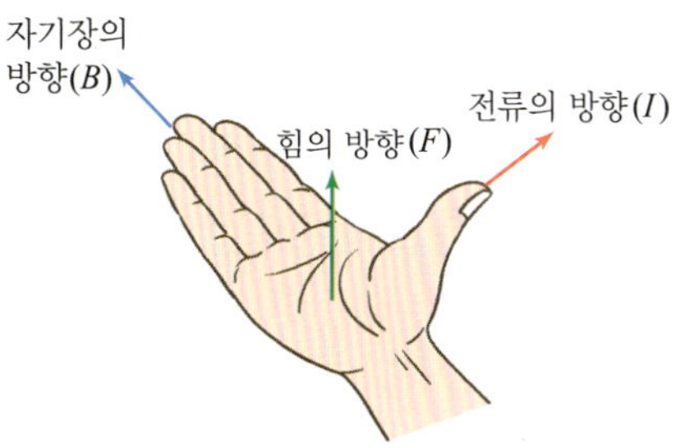

그림 13.26 오른손 법칙을 설명하는 그림

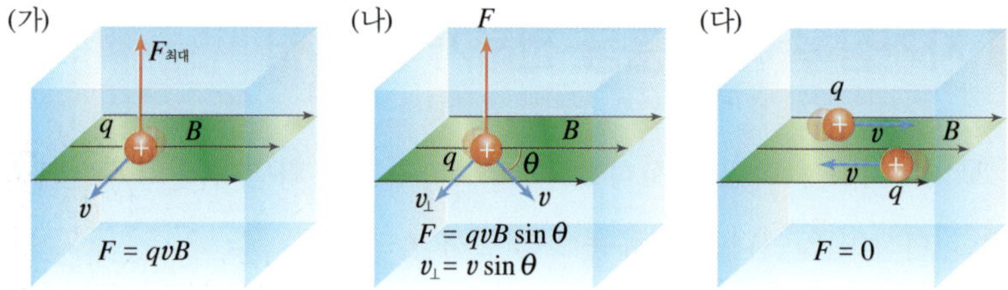

그림 13.27 전하가 자기장에서 받는 로렌츠 힘의 크기

를 구하면 다음과 같다.

$$F = BIl = B\frac{Nq}{t}l = NqvB \tag{13-12}$$

이것은 전자 N개가 받는 힘이므로 전자 한 개가 받는 힘을 구할 수 있다. 즉, $N = 1$인 경우에는 다음과 같다.

$$F = qvB \tag{13-13}$$

이 식은 자기장 내에서 움직이는 자유전자뿐만 아니라 모든 전하에 적용된다.

지금까지는 자기장과 전하의 이동 방향이 서로 수직인 경우에 대하여 알아보았다. 그러나 전하가 자기장에 비스듬하게 입사한다면 전하가 받는 힘의 크기가 달라진다. 그림 13.27의 (가)와 같이 전하의 속도 v와 자기장 B가 서로 수직이면 전자기력의 크기는 $F = qvB$이다. 그러나 그림의 (나)와 같이 전하가 자기장에 비스듬히 입사하여 전하의 속도 v가 자기장 B와 이루는 각이 θ인 경우에는 전자기력은 자기장에 수직한 속도성분인 $v\sin\theta$에 비례한다. 따라서 식 (13-13)은 다음과 같다.

$$F = qvB\sin\theta \tag{13-14}$$

만약 그림 13.27의 (다)와 같이 대전입자의 이동방향과 자기장의 방향이 평행하여 전하의 속도 v와 자기장 B가 나란하면 $\theta = 0$이 되어 전하는 자기장으로부터 아무 힘도 받지 않는다.

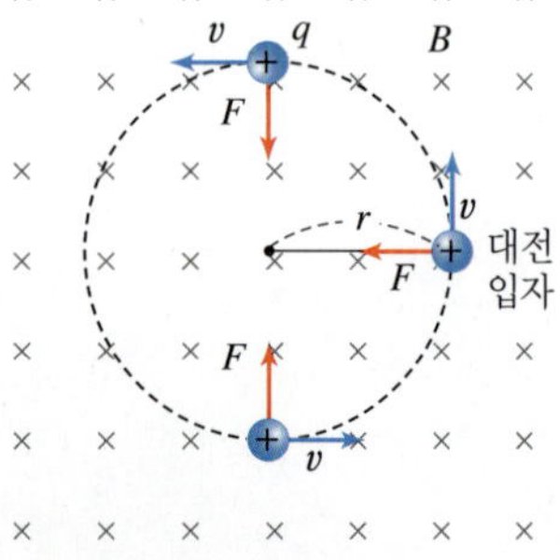

그림 13.28 자기장 속으로 수직으로 입사한 대전입자의 운동

2) 자기장 속으로 수직하게 입사한 대전입자의 운동

그림 13.28과 같이 대전입자가 자기장에 수직으로 입사하면 로렌츠의 힘이 대전입자와 항상 수직으로 작용하기 때문에 로렌츠의 힘이 구심력의 역할을 한다. 따라서 대전입자는 등속 원운동을 한다. 이때 로렌츠의 힘은 운동하는 대전입자와 정확히 수직인 방향으로 작용하므로 대전입자는 변화시킬 수 있지만, 빠르기는 변화시키지 못한다.

질량 m(kg), 전하량 q(C)인 대전입자가 속도 v(m/s)로 자기장 B(N/A·m)에 수직으로 입사할 때 대전입자의 궤도의 반지름을 r(m)이라 하면 구심력 F(N)는 다음과 같다.

$$F = qvB = \frac{mv^2}{r} \tag{13-15}$$

식 (13-15)에서 궤도 반지름 r을 구하면 다음과 같다.

$$r = \frac{mv}{qB} \tag{13-16}$$

식 (13-16)에서 궤도 반지름 r는 대전입자의 질량 m에 비례하는 것을 알 수 있다. 즉, $r \propto m$이다. 따라서 질량이 큰 대전입자의 궤도 반지름은 질량이 작은 대전입자의 궤도 반지름보다 크다.

만일 두 개의 대전입자가 전하량은 같고 질량만 달라서 외견상으로 구분하기가 힘들 때, 동일한 자기장에 같은 빠르기로 동시에 입사시키면, 두 대전입자는 질량에 따라 서로 다른 반지름으로 원운동을 한다. 이때 그 반지름을 측정하여 서로 다른 두 물질을 분리할 수 있다. 이와 같은 원리를 이용하여 동위원소를 분리해 낼 수 있는 **질량 분석기(mass spectrometer)**를 만든다.

한편, 원운동하는 물체의 주기는 식 (6-2)에서 $T = \frac{2\pi r}{v}$이므로 이 식의 r에 식 (13-16)을 대입하여 구할 수 있다.

$$T = \frac{2\pi m}{qB} \tag{13-17}$$

그림 13.29 자기장에 수직하게 입사한 전자가 원운동하는 모습. 양쪽에 위치한 헬름홀츠 코일에 의해 일정한 자기장을 제공한다.

식 (13-16)과 (13-17)을 보면 자기장 속으로 수직하게 입사한 대전입자의 회전 반지름은 대전입자의 속력 v에 비례하고, 회전주기 T는 대전입자의 질량 m과 자기장 B, 그리고 전하량 q에 의해 결정된다. q/m값이 같은 입자들은 동일한 자기장에서는 주기가 모두 같다는 것을 알 수 있다. 이 q/m 값을 **대전입자의 비전하**라고 한다. 이와 같은 방법으로 1897년 영국의 과학자 톰슨은 전자의 비전하를 측정하여 $q(e)/\text{m} = 1.76 \times 10^{11}$ C/kg임을 밝혔다.

3) 운동 전하가 자기장에 비스듬히 운동할 때 받는 힘

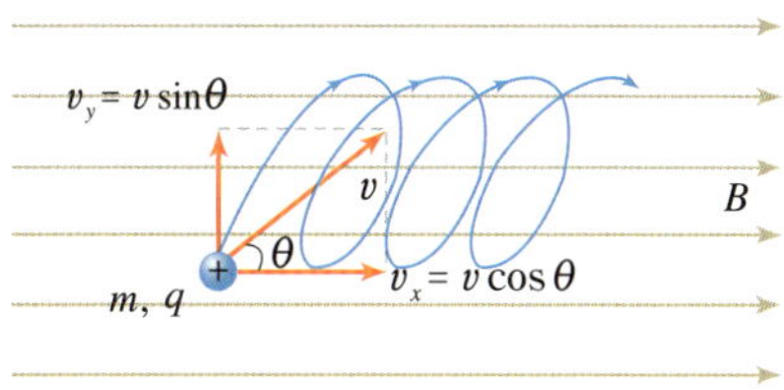

그림 13.30 자기장에 비스듬히 입사한 대전입자는 나선운동을 한다.

그림 13.30과 같이 자기장에 비스듬히 속도 v로 입사한 대전입자는 어떤 운동을 할까? 이때 속도 성분을 자기장에 수직인 성분과 자기장에 나란한 성분으로 나누어 생각할 수 있다.

자기장에 수직한 성분은 $v_y = v\sin\theta$이며, 이 성분은 자기장으로부터 수직인 힘을 받아 대전입자는 등속 원운동을 할 것이다. 또 자기장에 나란한 성분은 $v_x = v\sin\theta$는 자기장으로부터 아무런 힘도 받지 못하기 때문에 대전입자는 등속 직선 운동을 하게 된다. 따라서 이들 두 성분에 의한 운동을 결합하면 대전입자는 마치 솔레노이드 처럼 움직이는 **나선운동**(screw motion)을 하게 된다. 이것은 수평으로 던진 물체는 수평방향으로 등속 직선운동을 하고, 수직방향으로는 등가속도 직선운동을 하므로 이들 두 성분이 결합되어 포물선 운동을 하는 것과 비슷하다.

4) 사이클로트론

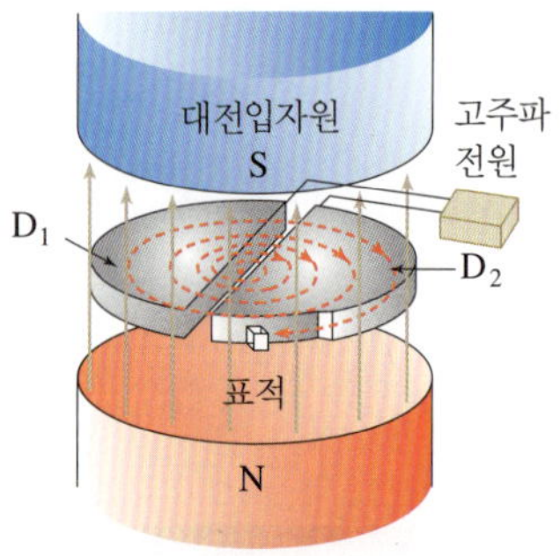

그림 13.31 사이클로트론의 기본구조

1931년 미국의 물리학자 **로렌스**(E.O. Laurence)는 입자 가속기의 일종인 **사이클로트론**(cyclotron)을 발명하였다. 이 장치는 자기장 속에서 대전입자가 받는 힘을 이용하여 대전입자를 계속 가속시켜 큰 에너지를 갖게 하는 가속기이다. 그림 13.31과 같이 큰 전자석으로 자기장을 만들고 자기장에 수직하게 D자 모양의 반원형 금속상자 두 개(D_1, D_2)를 마주보게 하고, 그 중앙 부분에서 기체를 이온화시켜 전하를 띠게 하여 속으로 입사시킨다. 입사된 대전입자는 로렌츠의 힘에 의해 반원을 그리며 D_1을 빠져나간다. 이때 D_2상자의 전압을 바꿔 대전입자가 가속되도록 하여 D_2상자 속으로 입사시킨다. D_2상자 속에서도 로렌츠의 힘을 받아 다시 반원을 그리면서 계속 속력이 증가된다. 이 같은 방법으로 계속 가속된 입자는 맨 나중에는 아주 큰 에너지를 가지고 상자 밖으로 빠져나온다.

이 장치에서 큰 전자석의 자기장의 세기를 B(N/Am), 대전입자의 질량을 m(kg), 대전입자의 전하량을 q(C), 가속되어 금속상자 D_2를 빠져나올 때 입자의 속력과 반지름을 각각 v(m/s), r(m)라고 하자.

자기장 내에서의 대전입자의 운동에서와 같이 대전입자의 반지름은 $r = \frac{mv}{qB}$이고, 원운동의 주기는 $T = \frac{2\pi m}{qB}$이다. 대전입자가 원운동으로 D를 반 바퀴 회전하는 시간은 반지름의 크기에 관계없이 일정하므로 T와 같은 주기의 고주파전압을 걸어주면 D 사이를 왕복운동할 때마다 가속되어 매우 큰 운동 에너지를 갖게 할 수 있다.

사이클로트론에서 대전입자가 얻는 운동 에너지를 구하면 다음과 같다.

$$\frac{1}{2}mv^2 = \frac{1}{2}m\left(\frac{qBr}{m}\right)^2 = \frac{q^2B^2r^2}{2m} \tag{13-18}$$

식 (13-18)에서 운동 에너지는 D의 반지름 r과 자기장의 세기 B에 의해 결정된다는 것을 알 수 있다.

이와 같이 가속운동을 계속하여 큰 에너지를 얻은 입자를 또 다른 장치에 준비한 물질의 원자핵 등과 충돌시켜, 이때 나타나는 반응을 조사하는 장치로 이용되고 있다.

이러한 반응으로 아주 작은 물질 세계를 탐구하여 원자 및 분자 수준에서 물질구조를 규명하는데 이용된다.

원자나 전자 등과 같은 작은 입자 한 개가 갖는 에너지는 대단히 작은 양이므로 이때 에너지는 eV(전자 볼트, 1 eV = 1.6×10^{-19} J)의 단위를 사용한다.

싸이클로트론을 의료용 방사성 동위원소를 생산하는 장치로 이용하고 있다. 이 장치를 이용하여 양성자를 빠른 속도로 가속시켜 표적물질과 반응시킴으로써 PET−CT (양전자방출단층촬영, Positron Emission Tomography-Computerized Tomography) 검사에 쓰이는 의료용 방사성 동위원소를 생산한다. PET−CT는 기존 컴퓨터단층촬영(CT)와 자기공명영상(MRI) 등에 비해 암, 뇌 질환, 심장 질환을 조기에 진단할 수 있는 획기적인 진단 기기이다.

PET−CT는 PET 영상에 추가 촬영한 CT 영상을 합성시켜 보다 선명하게 해부학적 구조를 확인하는 의료 검사장비이다. 여기서 PET 영상이란 양전자방출방사성의약품을 환자에게 투여한 후 양전자방출단층촬영기기를 이용해 영상화하여 얻은 영상을 말한다.

읽을거리

초전도체

어떤 물질에서는 특정 온도 이하일 때 비저항이 갑자기 사라지기도 하는데, 그 온도를 **임계온도**(critical temperature, 臨界溫度) T_c라 하며, 금속의 경우 보통 절대 0도보다 몇 도 정도 높은 온도이다. 임계온도 이하에서 비저항이 0이 되는 상태를 **초전도 상태**(superconducting state)라고 하며, 이러한 성질을 가진 물질을 **초전도체**라 하는데 저항이 전혀 없는 도체이다. 초전도체가 아닌 물질은 기전력이 제거되면 전류가 즉시 0이 된다. 이러한 현상은 1911년 네덜란드의 물리학자 **온네스**(H. Kamerlingh Onnes : 1853~1926)에 의해 처음 실험적으로 발견되었는데, 그는 수은의 온도를 4.2 K로 내렸을 때 이 온도에서 수은의 저항이 갑자기 0으로 떨어지는 것을 발견하였다.

초전도 연구에 중요한 계기는 산화구리를 기반으로 하는 고온초전도체의 발견이다. 1986년 스위스의 과학자 **베드노르츠**(J. Georg Bednorz)와 **뮐러**(K. Alex Muller)가 발표한 논문에서 구리의 산화물이 35 K 근처에서 초전도성을 찾아내었다. 이들이 발견한 결과는 당시 이전에 있었던 다른 초전도체보다 매우 높은 임계온도를 가졌기 때문에 크게 주목받았다. 두 사람은 이러한 업적으로 1987년에 노벨 물리학상을 수상한 바 있다.

고온 초전도체에 대한 연구가 활발히 진행되어 1987년 초에는 미국 앨라배마 대학과 휴스턴 대학 연구진이 구리의 산화물($YBa_2Cu_3O_7$)에서 임계 온도 92 K의 초전도성을 발견한 바 있다.

초전도체에서는 저항이 전혀 없는 상태이므로 저항에 의한 에너지의 소모가 없다. 꿈으로 여겨졌던 초전도의 응용이 기술적인 면에서는 시간이 다소 필요할 수 있지만, 현실에 가까이 다가오고 있다. 초전도체를 사용하면 전기 모터나 발전기가 많은 양의 전기를 열로 소모하지 않을 뿐만 아니라 모터나 발전기의 크기를 현재의 1/10 수준으로 줄이는 것도 가능하다. 또한 초전도체를 이용하여 장거리에 전력을 수송하는 데 작고 저렴한 전송선을 만들 수 있다. 초전도체는 이미 초고속 전철에 응용되고 있는데, 초전도체 자석이 만든 자기장이 전동차를 궤도 위로 부상시킴으로써 바퀴와 궤도 사이의 마찰을 없앤다. 이러한 자기 부상은 전동차에 부착된 자석과 궤도에서 형성되는 맴돌이 전류 사이에 발생하는 반발력을 이용한다.

▲ 초전도체가 영구자석 위에 떠 있는 모습. 액체질소(77.4 K)가 든 용기에 담가 냉각 후 영구 자석 위에 올리면 초전도체의 반자성으로 인해 영구 자석의 자기장에 반발해 떠 있게 된다. 아래의 원통형 영구 자석 4개의 자기장은 약 3,000 gauss이다. 상온의 공기 중에서 온도가 높아져서 초전도성을 잃게 되면 초전도체는 떨어진다. YBCo 화합물로 제작된 초전도체의 임계온도는 92 K이다(한국기초과학지원연구원 제공).

▲ 작은 영구자석이 액체질소 안에 있는 초전도체 조각 위에 떠 있는 모습, 아래쪽 물체가 초전도체이다(한국기초과학지원연구원 제공).

연습문제

풀이 ☞ 383쪽

1. 전류 I가 흐르는 직선 도선으로부터 거리가 r만큼 떨어진 점에서의 자기장의 세기가 B일 때, 전류 $2I$가 흐르는 직선 도선으로부터 거리가 $2r$만큼 떨어진 점에서의 자기장의 세기는 얼마가 되는가?

① $\frac{1}{4}B$ ② $\frac{1}{2}B$ ③ B
④ 2B ⑤ 4B

2. 다음 중 전류가 흐르는 도선이 만드는 자기장에 관한 설명으로 옳지 않은 것은 어느 것인가?

① 자기장의 세기는 전류 I에 비례한다.
② 자기장의 단위는 Wb/m^2으로 나타낼 수 있다.
③ 솔레노이드 내부에서의 자기장은 균일하다.
④ 무한 직선 도선에 의한 자기장의 세기는 도선으로부터의 거리의 제곱에 반비례한다.
⑤ 전자석은 솔레노이드 내부에 철심을 넣은 구조를 갖는다.

3. 직선 도선에 전류 I가 위쪽으로 흐르고 있다. 그림과 같이 양전하 $+q$를 띤 입자가 전류의 방향과 같은 방향으로 입사되었다면 이 입자가 받는 힘의 방향은?

① A ② B ③ C ④ D

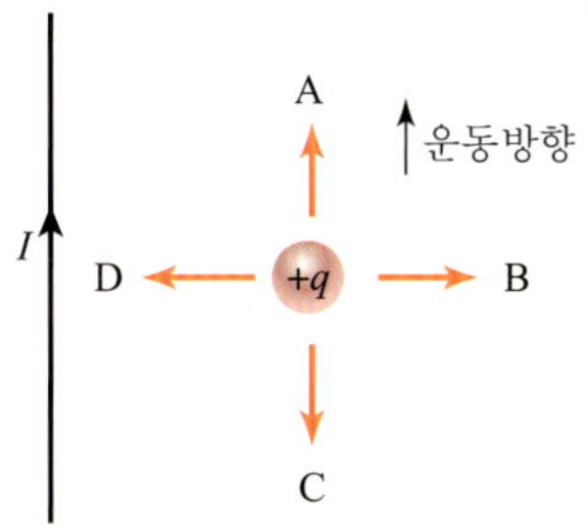

4. 균일한 자기장 내에 놓여 있는 직선 도선에 전류 및 길이를 각각 2배로 하면 이 도선에 작용하는 힘은 몇 배가 되는가?
〈전기기사 국가자격시험 출제〉

① 1 ② 2 ③ 4 ④ 8

5. 균일한 자기장 B 속으로 수직하게 속도 v로 입사한 질량이 m인 전자(전기량 q)는 원운동을 한다. 다음 물음에 답하시오.

(1) 원운동의 궤도 반지름 r을 구하는 식은?

(2) 자기장을 두 배로 하면, 궤도 반지름은 어떻게 되는가?

(3) 전자의 속력을 두 배로 하면 궤도 반지름은 어떻게 되는가?

(4) 전자의 원운동의 주기를 나타내는 식을 구하시오.

6. 반지름이 5 cm인 원형 고리에 반시계 방향으로 전류가 흐르고 있다.

(1) 원형 고리 내부에서 자기장의 방향은 어느 방향을 향하는가?

(2) 원형 고리의 중심에서 유도되는 자기장의 세기가 지표면에서 지구 자기장의 세기와 같을 경우, 원형 고리에 흐르는 전류는 몇 A인가? 단, 지표면에서 지구 자기장의 세기는 5.0×10^{-5} T이다.

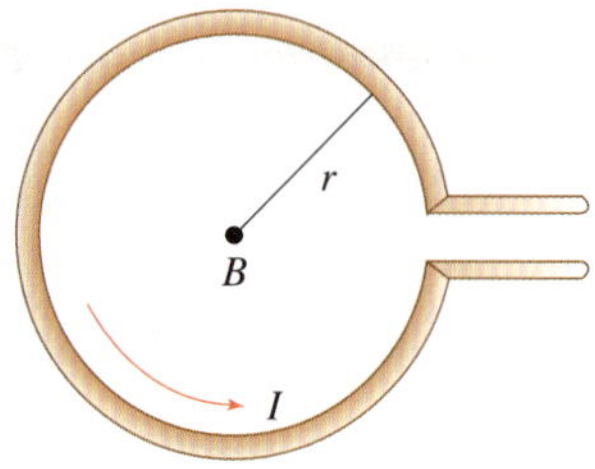

7. 그림과 같이 1.0×10^{-3} T 균일한 자기장에 가로 세로 각 50 cm인 정사각형 모양의 종이가 놓여있다. 종이면이 자기장과 (1) 수직인 경우, (2) 수평인 경우 각각 이 종이면을 통과하는 자기력선속은 몇 Wb인가?

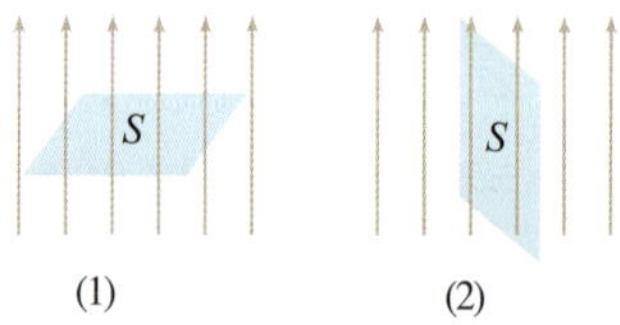

8. 그림과 같이 질량이 1.5×10^{-26} kg인 음전하가 v의 속력으로 균일한 자기장(B)에 수직으로 입사하였다. P_1으로 입사된 입자는 시계 방향으로 원운동을 한 후 점 P_1에서 왼쪽으로 0.1 m 떨어진 점 P_2로 방출되었다. 만일 질량이 3.0×10^{-26} kg인 음전하가 같은 속도로 점 P_1으로 입사한다면 회전운동 후 방출되는 위치는 어디인가? (단, 두 입자의 전하량은 같다.)

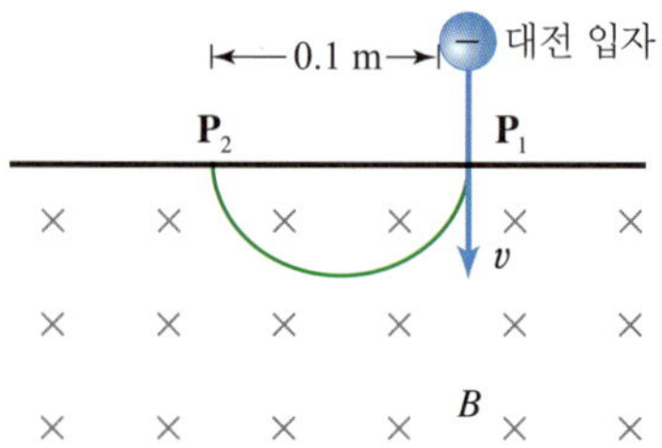

9. 공기 중의 평등 자기장 내에 5 A의 전류가 흐르고 있는 길이 60 cm의 직선 도체를 자기장의 방향에 대하여 60°의 각을 이루도록 놓았을 때 이 도체에 작용하는 힘이 5.2 N이라면 자기장의 세기는 얼마인가?

〈전기기능사 국가자격시험 출제〉

① 약 1 Wb/m^2 ② 약 2 Wb/m^2

③ 약 3 Wb/m^2 ④ 약 4 Wb/m^2

14장

전자기 유도

© 김영유

▲ 홍콩의 야경
홍콩(중국 특별행정부 정부)은 야간에는 각 고층 건물에 불을 켜게 하여 수많은 관광객을 불러 모으고 있다. 영국의 과학자 패러데이가 발견한 전자기 유도 법칙으로 인류는 전기의 혜택 속에 윤택한 삶을 살게 되었다.

변화하는 자기장 속에 놓여 있는 도체가 기전력을 생성하는 현상을 **전자기 유도**라고 하고, 이때 이 기전력을 **유도 기전력**이라고 한다. 전자기 유도 현상은 우리 생활과 아주 밀접하며 금속 탐지기, 자전거 바퀴, 변압기, 도난 방지기, 무선 충전기, 킥보드 바퀴, 발전소 등에 폭넓게 이용된다.

패러데이가 발견한 전자기 유도 현상을 이용하여 전기를 생산하게 되어 인류는 찬란한 현대문명의 꽃을 피우게 되었다. 전자기 유도 현상에 대해 공부해 보자.

14.1 전자기 유도

전기는 어떻게 만들어지는지 알고 있는가?

도선에 흐르고 있는 전류가 도선 주위에 자기장을 만든다는 사실이 발견되면서 기술 발전에 일대 전환을 가져오게 되었다. 그리고 많은 물리학자들은 그 반대 현상으로 자기장이 도선에 전류를 만들 수는 없을까 하는 의문을 가지고 연구하기 시작하였다.

1) 유도 기전력의 크기

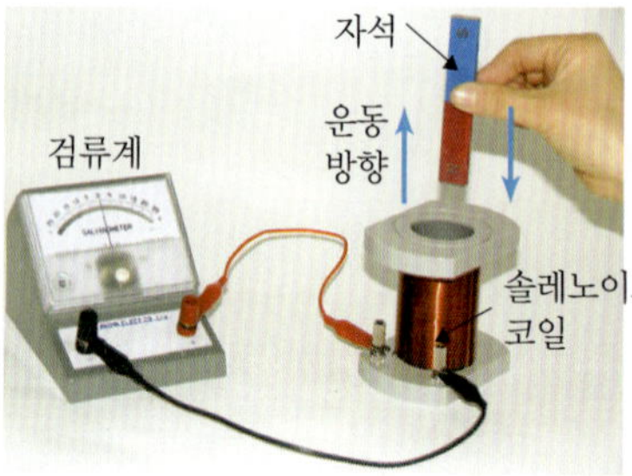

그림 14.1 전자기 유도 현상 실험

영국의 물리학자 **패러데이**(M. Faraday)와 미국의 물리학자 **헨리**(J. Henry)는 독자적으로 자기장이 전류를 만들 수 있다는 것을 발견하였으며, 이 발견으로 전기를 얻을 수 있게 되었다. 패러데이는 그림 14.1과 같이 코일에 자석을 넣고 빼는 것만으로도 코일에 전류가 만들어진다는 것을 발견하였다. 자석과 코일 중 어느 하나가 다른 것에 대해 상대적으로 움직이면 코일에 전류가 발생하게 되는데, 이러한 현상을 **전자기 유도**(electro-magnetic induction)라고 하며, 이때 발생하는 기전력을 **유도 기전력**이라고 한다.

전자기 유도 현상에서 강한 자석을 사용하거나, 자석이나 코일이 상대적으로 접근하거나 멀어지는 속도를 빠르게 하거나, 또 코일의 감은수를 증가시키면 유도 기전력이 커진다. 패러데이는 이러한 실험 사실을 정리하여 다음과 같이 발표하였다.

- 유도 기전력의 크기는 코일의 단면을 지나는 자기력선속(자속)의 시간적 변화율에 비례하고, 코일의 감은 횟수에 비례한다.

이 관계를 식으로 나타내어 보자. 코일의 감은수를 N(회), 시간 Δt(s) 동안에 코일을 관통하는 자속의 변화를 $\Delta\phi$(Wb)라고 하면 유도 기전력 $V_{기}$(V)은 다음과 같다.

$$V_{기} = -N\frac{\Delta\phi}{\Delta t} \qquad (14\text{-}1)$$

이 관계를 **패러데이의 전자기 유도 법칙**이라고 한다.

2) 렌츠의 법칙

전자기 유도 현상에서 자기장의 변화는 유도전류의 방향과 어떤 관계가 있을까? 자석을 코일에 넣을 때와 뺄 때, 전류계의 지침이 방향이 반대로 움직이는 것을 볼 수 있다. 또, 자석의 N극을 코일에 넣을 때와 S극을 넣을 때도 전류계의 지침에 방향이 반

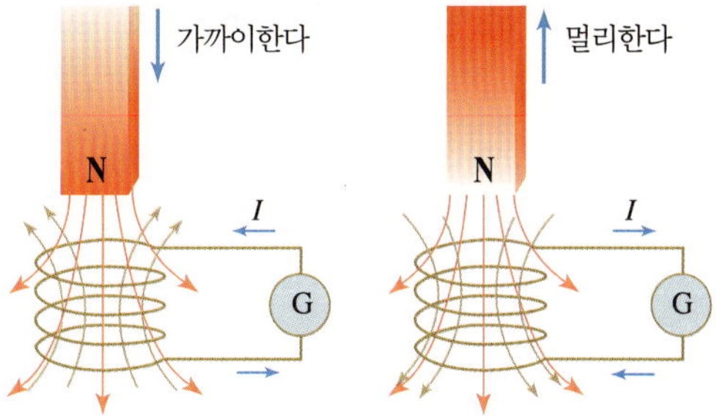

그림 14.2 유도전류의 방향

대로 움직인다. 이것은 유도전류의 방향이 자기장의 변화에 따라 달라진다는 것을 의미한다.

그림 14.2에서와 같이 자석의 N극을 코일에 가까이 가져가면 코일 내부를 지나는 자기력선이 증가하므로 자기장의 세기가 증가한다. 이때 코일의 위쪽에 N극이 생기도록 유도전류가 흘러서 자석의 N극이 가까이 오는 것을 방해하게 된다. 즉, 코일에는 자기력선이 증가하는 것을 방해하는 방향으로 유도전류가 흐른다.

한편, 자석의 N극이 코일에서 멀어질 때에는 코일의 내부를 지나는 자기력선이 감소하므로 자기장의 세기가 감소한다. 이때는 코일의 위쪽에 S극이 생기도록 유도전류가 흘러서 자석의 N극이 멀어지는 것을 방해하게 된다. 즉, 코일에는 자기력선이 감소하는 것을 방해하는 방향으로 유도전류가 흐른다. 이때 자석의 극이 바뀌어도 같은 결과를 나타낸다.

독일의 물리학자 **렌츠**(H. F. Lenz)는 자석의 움직임에 따라 유도되는 전류의 방향이 어떻게 결정되는지 알아내었다. 자석을 코일에 가까이 하거나 멀리할 때, 코일에는 자

생활속의 물리 인라인 스케이트 바퀴에 불이 켜지는 이유는?

인라인 스케이트(inline skate)를 타고 달리면 바퀴에 불이 켜진다.

인라인 스케이트 바퀴에 부착되어 있는 발전기가 돌아가면서 전류가 발생하고, 이 전류로 발광 다이오드를 작동시켜서 빛을 낸다. 그림에서와 같이 영구자석을 인라인 스케이트 바퀴의 축에 연결하여 고정시키고, 바퀴가 회전하면 코일을 감아 놓은 철심이 영구자석 주위를 바퀴와 함께 회전하게 된다.

코일을 감아 놓은 철심이 영구자석 주위를 회전하면, 자기장의 세기가 계속 변한다. 따라서 코일에 유도전류가 발생하여 바퀴 주변에 불이 켜진다.

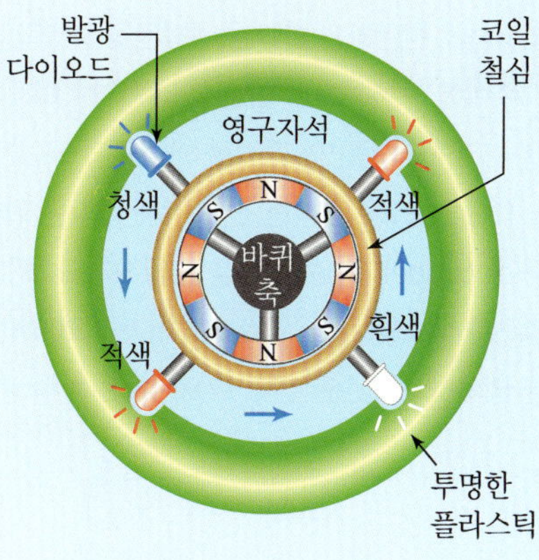

▲ 인라인 스케이트 바퀴의 구조

석의 운동을 방해하는 방향(자기장의 변화를 방해하는 방향)으로 유도전류가 흐른다.

- 전자기 유도에 의해 코일에 생기는 유도전류는 코일 내부를 지나는 자기력선속의 변화를 방해하는 방향으로 흐른다.

이 관계를 **렌츠의 법칙**(Lenz's law)이라고 한다. 렌츠의 법칙에서 가장 중요한 점은 바로 "코일은 전류의 변화를 싫어한다"라는 것이다. 패러데이의 전자기 유도 법칙을 나타내는 식 (14-1)에서 (−)부호는 렌츠의 법칙을 나타낸다. 렌츠의 법칙으로 전자기 유도에 의한 유도전류의 방향을 결정할 수 있게 되었다.

전자기 유도 법칙이 발견됨으로써 전기장과 자기장의 긴밀한 관계가 밝혀졌으며, 이 법칙의 발견으로 역학적 에너지를 전기 에너지로 전환시키는 발전기를 만들어낼 수 있게 되어 인류가 오늘날과 같은 전기 문명의 혜택을 누릴 수 있게 되었다.

- 코일을 많이 감아 놓은 원형고리에 전원을 연결하고 원형고리 가운데로 자석을 밀어넣으려면 힘이 많이 든다. 그 이유는 무엇인가?

물리학의 선구자 **패러데이(Michael Faraday : 1791~1867)**

영국의 물리학자, 화학자인 패러데이는 1791년 영국 뉴잉톤 지방의 가난한 가정에서 태어나 정상적인 교육을 받지 못하였다. 그의 아버지는 대장장이였고, 패러데이는 13살 때 책 제본업자의 견습공으로 들어갔다. 그는 상점에 있던 모든 과학책들을 큰 흥미를 가지고 읽었다. 21살의 패러데이는 험프리 데이비 경의 강연을 들었다. 그는 과학에 헌신하기를 열망하게 되었고, 강연을 열심히 필기하여 그것을 데이비에게 보내면서 일자리를 요청했다.

젊은 패러데이의 열정에 감동한 데이비는 패러데이를 그의 실험실에 조수로 데려갔다. 그 때부터 패러데이는 위대한 실험과학자로 성장해갔다.

패러데이는 화학 및 전기 분야에서 괄목할 만한 기여를 많이 했다. 그는 물리학에서 다루는 자연의 여러 힘들이 밀접하게 서로 연관되어 있다는 신념을 가지고 있었다. 그는 전류가 자기장을 만들고 전류에 의해 자석이 힘을 받는 것으로부터 자기가 전기를 발생할 수 있어야만 한다고 믿었다. 실제로 1822년에 이미 그의 노트에 '자기의 전기에로의 변환'이라는 글이 적혀 있다.

패러데이는 코일을 지나는 자기력선속이 변화할 때 코일에 전류가 흐른다는 것을 알아내었다. 결국 그는 1831년에 전자기 유도라는 물리학사에 찬란하게 빛나는 대발견을 하였다. 그는 전기를 실용화시키는 데 공헌함으로써 현대 과학기술 시대의 막을 열어 놓았다.

수학에 능통하지 못했던 패러데이는 이해를 돕기 위해 자기력선과 전기력선의 개념을 도입하였으며, 유전체의 연구에 대한 그의 업적을 기려 전기 용량의 단위로 패럿(F)이 쓰이게 되었다.

1834년 그가 완성한 전기 분해 법칙은 화학과 전기를 결합시켰으며, 양극(anode), 음극(cathode), 음이온(anion), 양이온(cation) 및 전극(electrode)이라는 용어를 도입하기도 하였다. 패러데이는 말년에 빛의 편광면이 강한 자기장에 의해 달라지는 것을 발견하였다. 이러한 발견은 맥스웰(J. C. maxwell)이 전기와 자기, 그리고 빛을 한데 묶는 전자기 이론이 탄생시키는 데 많은 기여를 하였다. 패러데이는 생각을 명쾌하고 단순한 언어로 표현하는 능력이 탁월한 매우 유능한 연설가이기도 하였다.

14.2 자체유도와 상호유도

전자기 유도가 일어나는 원인은 코일을 지나는 자속이 변하기 때문이며, 유도 기전력이나 유도전류의 세기는 코일이 얼마나 많이 감겨 있는가와 자속이 얼마나 빨리 변화하는가에 비례한다는 것을 알았다.

코일에 흐르는 전류가 변할 때 코일에 유도되는 기전력이 어떻게 되는지 알아보자.

1) 자체유도

그림 14.3과 같이 꼬마전구 A와 B를 연결하고 스위치를 닫으면 저항과 연결된 전구 A는 즉시 불이 들어오지만, 코일과 연결된 전구 B는 조금 있다가 불이 들어오면서 천천히 밝아진다. 그리고 스위치를 열면 전구 A는 즉시 불이 꺼지지만, 전구 B는 서서히 흐려지다가 얼마 후에 꺼진다. 이런 현상이 나타나는 이유는 무엇인지 알아보자.

어떤 코일의 단면을 통과하는 자기장이 변할 때에는 전자기 유도에 의해서 자속의 변화를 방해하는 방향으로 유도전류가 발생한다. 이 유도전류는 코일 양끝 사이에 나타나는 **유도 기전력** 때문에 흐른다.

이때 발생하는 유도 기전력의 크기는 다음과 같다. 즉, 감긴 횟수가 N인 코일에 시간 Δt 동안 자속이 $\Delta\phi$ 만큼 변하였다면, 유도 기전력의 크기 $V_{기}$는 다음과 같다.

$$V_{기} = -N\frac{\Delta\phi}{\Delta t}$$

여기서 (−)부호는 유도 기전력이 자속의 변화를 방해하는 방향으로 생기는 렌츠의 법칙을 의미한다.

그림 14.3에서 스위치를 닫으면 코일을 흐르는 전류가 증가하므로 코일에는 전류의 증가를 방해하는 방향으로 유도 기전력이 생긴다. 이 유도 기전력은 전류의 흐름을 방해하므로 유도전류는 그림 14.4의 (가)와 같이 처음부터 일정한 값이 되지 못하고 서서히 증가하여 잠시 후에 정상전류가 된다. 따라서 전구 B는 스위치를 닫는 순간 불이

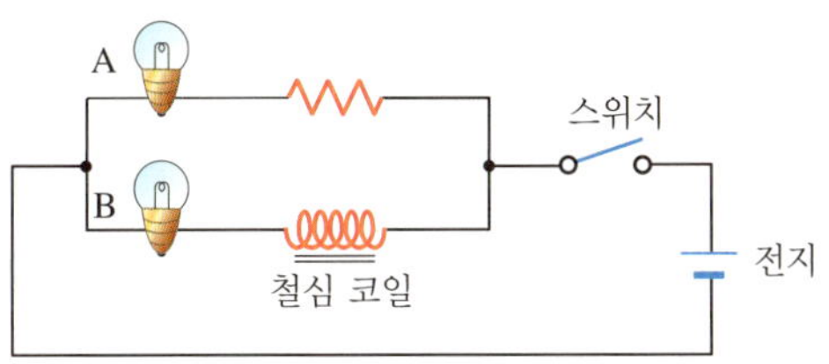

그림 14.3 자체유도 현상을 알아보는 회로도

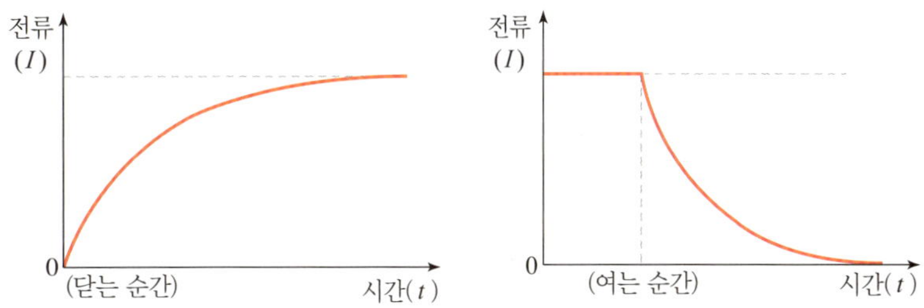

(가) 스위치를 닫을 때 (나) 스위치를 열 때

그림 14.4 스위치를 열고 닫을 때 자체유도에 의한 전류의 변화(그림 14-3의 꼬마전구 B)

들어오지 못하고 얼마 후에 불이 들어오게 된다.

그리고 전구에 불이 들어온 상태에서 스위치를 열면 코일에 흐르고 있는 전류가 갑자기 감소하므로 코일에는 전류의 감소를 방해하는 방향으로 유도 기전력이 생긴다. 이때 유도 기전력은 전류가 감소하는 것을 방해하므로 유도전류는 그림 14.4의 (나)와 같이 일시에 0이 되지 못하고 서서히 감소한다. 따라서 전구 B는 얼마 후에 불이 꺼지게 되는 것이다. 이와 같이 코일 자체에 흐르는 전류가 만든 자기장 때문에 다시 전자기 유도를 일으켜서 유도 기전력이 발생하는 현상을 **자체유도**(self-induction)라고 하며, 이때의 유도 기전력을 **자체유도 기전력**(self-inductance electromotive force)이라고 한다. 자체유도 기전력은 외부에서 공급하는 전류의 변화를 방해하는 방향으로 생기므로 **역기전력**(back emf)이라고도 한다.

코일에 전류 I가 흐르면 그 코일을 통과하는 자속 ϕ는 전류 I에 비례하여 증가한다. 따라서 $\phi = LI$로 나타낼 수 있다. 따라서 코일의 자체유도 기전력을 전류의 변화율로 나타내면 다음과 같다.

$$V_{기} = -\frac{\Delta\phi}{\Delta t} = -L\frac{\Delta I}{\Delta t} \tag{14-2}$$

이 식에서 비례상수 L을 **자체유도계수**(자체 인덕턴스)라 하며, 그 단위는 헨리(H)를 사용한다. 자체유도계수는 코일의 감은수, 길이, 단면적, 코일 내의 물질의 종류 등에 의해서 결정된다.

2) 상호유도

그림 14.5와 같이 전지를 연결한 1차 코일과 검류계를 연결한 2차 코일을 가까이 놓고 1차 코일의 스위치를 닫으면 코일에 흐르는 전류가 증가하므로 자속이 변하게 된다. 그리고 변하는 자속이 2차 코일 속을 통과하면 2차 코일에 자속의 변화를 방해하는 방향으로 유도 기전력이 발생하여 유도전류가 흐른다. 이러한 전자기 유도 현상을 **상호유도**(mutual induction)라고 한다.

상호유도에 의해 2차 코일에 발생하는 유도 기전력은 1차 코일에 흐르는 전류의 시간적 변화율에 비례한다. 즉, 1차 코일에 흐르는 전류가 시간 Δt 동안 ΔI만큼 변할 때 2차 코일에 유도 되는 기전력은 다음과 같다.

$$V_{기} = -M\frac{\Delta I}{\Delta t} \tag{14-3}$$

여기서 비례상수 M을 **상호유도계수**(상호 인덕턴스)라 하고 단위는 헨리(H)를 사용한다. 상호유도계수도 자체유도계수와 같이 코일의 모양, 배치 상태, 코

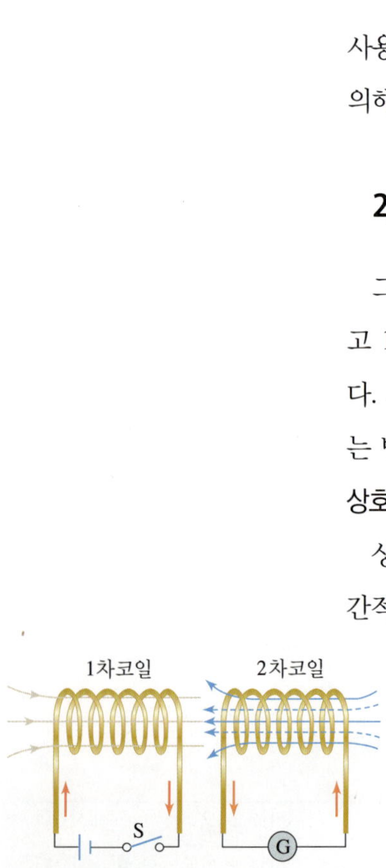

그림 14.5 상호유도 현상을 나타내는 그림

일 내부의 물질 등에 의해서 결정된다.

상호유도의 원리를 이용하여 저전압 직류전원으로 고전압 펄스를 생산하는 데 사용되는 장치를 만들 수 있는데, 이때 사용하는 코일을 **유도코일**(induction coil)이라고 한다.

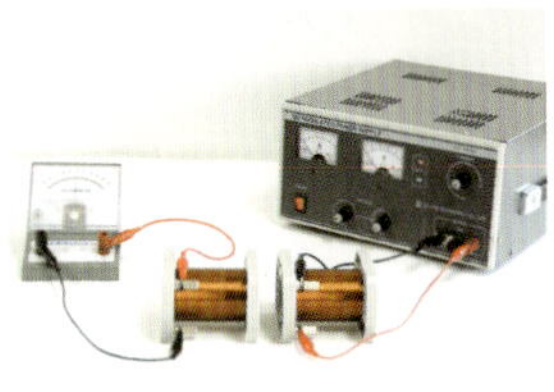

그림 14.6 상호유도 실험장치

3) 변압기

상호유도 현상을 이용하여 교류전압을 높이거나 낮추는 장치를 **변압기**(transformer)라고 한다. 변압기는 그림 14.7과 같이 얇은 철판 여러 장을 겹쳐서 만든 철심에 1차 코일과 2차 코일을 감아놓은 것이다.

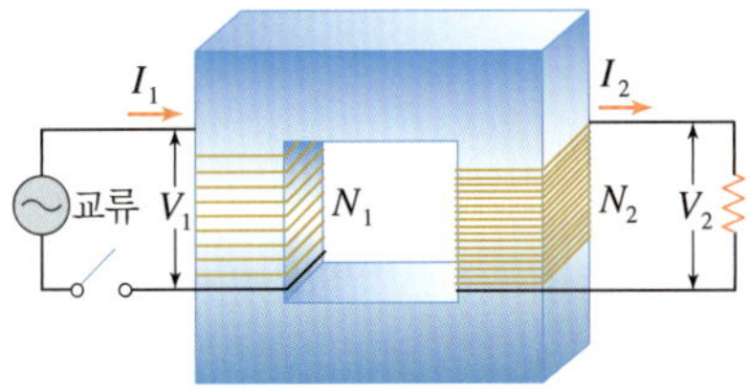

그림 14.7 변압기의 구조

철심은 1차 코일에서 만들어진 자기장이 밖으로 흩어지지 않도록 모아서 거의 모두 2차 코일을 지나가게 하는 역할을 한다. 철심이 있으면 상호유도계수가 훨씬 커지는 효과가 있다.

변압기는 교류를 사용해야 한다는 제한 조건이 있다. 왜냐하면 교류는 전압과 전류가 계속 변하므로 전자기 유도 현상이 계속 일어날 수 있기 때문이다. 그림 14.7에서 작은 원에 물결 표시가 되어 있는 것이 교류를 표시한다. 교류는 시간에 따라 크기와 방향이 계속 변하는 전기를 말한다.

변압기의 1차 코일에 교류를 흘려주면 상호유도 현상에 의해 2차 코일에 유도 기전력이 발생한다. 이때 유도 기전력은 각 코일의 감은수에 비례한다. 1차 코일과 2차 코일의 감은수를 각각 N_1, N_2라고 하면 다음과 같은 관계가 성립한다.

$$\frac{V_2}{V_1} = \frac{N_2}{N_1}, \quad V_2 = \frac{N_2}{N_1} V_1 \tag{14-4}$$

즉, 1차 코일과 2차 코일의 전압은 각 코일의 감은수의 상대적인 비율에 따라 주어진 교류 전압에서 전기 에너지가 1차 코일에 들어갔다가 2차 코일로 나오면서 전압이 높아지거나 낮아진다. 변압기는 1차 코일과 2차 코일의 감은수를 적당히 조절하면 2차 코일에 유도되는 전압을 크게 하거나 작게 할 수 있어서 원하는 전압을 얻을 수 있다. **승압 변압기**(step-up transfomer)는 1차 코일에 인가된 전압을 높이는데 이용되고, **강압 변압기**(step-down transfomer)는 1차 코일에 인가된 전압을 낮추는데 사용된다.

한편, 1차 코일과 2차 코일에 흐르는 전류를 각각 I_1, I_2라 하고 변압기의 열손실을 무시하면 코일에서는 거의 전력을 소비하지 않기 때문에 에너지 보존 법칙에 의해서 1차 코일의 에너지가 2차 코일로 넘어가면서 일정하게 유지되어야 한다. 에너지가 보존된다는 말은 1차 코일과 2차 코일에서의 전력이 같다는 의미이다. 따라서 다음 관계가 성립한다.

그림 14.8 주상 변압기

$$I_1 V_1 = I_2 V_2, \quad I_2 = \frac{V_1}{V_2} I_1 \tag{14-5}$$

그런데 1차 코일과 2차 코일의 전압은 각 코일의 감은수에 비례하므로 다음 관계가 성립한다.

$$I_1 N_1 = I_2 N_2, \quad I_2 = \frac{N_1}{N_2} I_1 \tag{14-6}$$

즉, 변압기의 1차 코일과 2차 코일에 흐르는 전류는 각 코일의 감은수에 반비례한다. 따라서 변압기는 교류전압을 1차 코일과 2차 코일에 비례하도록 변화시킬 수 있으며, 교류전압의 변압 과정에서 전력의 변화는 생기지 않는다.

14.3 교류

그림 14.9 교류를 생산하는 화력 발전소

우리가 사용하는 전기에는 **직류**(direct current)와 **교류**(alternating current)가 있다. 직류는 전압과 전류의 방향과 세기가 항상 일정한 전기로 건전지나 축전기 등에서 나오는 전기이다. 특히 건전지에는 (+)극과 (−)극이 있어서, 전류의 방향을 잘 맞춰주지 않으면 전기기구가 제대로 작동하지 않으므로 주의해서 사용해야 한다.

그러나 전압과 전류의 방향과 세기가 주기적으로 변하는 교류에는 특별한 극의 표시가 없으며, TV나 전기 다리미 등의 전기기구의 플러그 양쪽 단자를 바꿔서 콘센트에 꽂아도 잘 작동된다. 이것은 교류 전기를 사용하기 때문이다. 그러면 교류 전기의 발생과 그 특성에 대해 알아보자.

1) 교류의 발생

코일 속에 자석을 넣었다 뺐다 할 때마다 코일에 전자기 유도에 의해 방향이 바뀌는 유도 기전력이 발생한다는 사실을 알았다. 그림 14.10과 같이 균일한 자기장에 코일을 놓고 회전시키면 코일면을 지나는 자속의 수가 시간에 따라 주기적으로 변화하게 된다. 이렇게 코일 면을 통과하는 자속의 수가 주기적으로 변하여 회로에는 크기와 방향

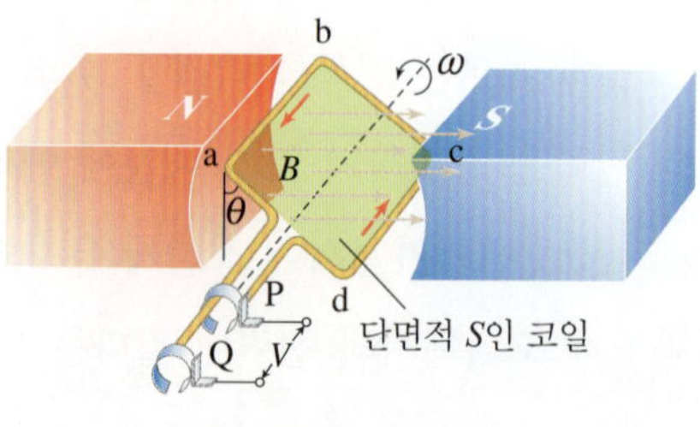

그림 14.10 교류 발전기의 원리

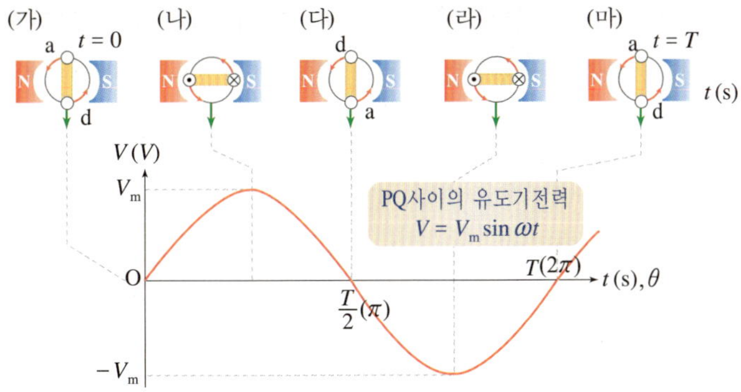

그림 14.11 코일의 회전에 따른 교류의 파형

이 주기적으로 변하는 유도 기전력이 발생하는데, 이때 발생하는 전기가 교류이다. 이와 같이 전자기 유도 현상을 이용하여 역학적 에너지를 전기 에너지로 전환시키는 장치를 발전기(generator)라고 한다.

그림 14.10과 같이 자기장을 B, 코일의 단면적을 S, 코일의 감은수를 n, 코일의 회전 각속도를 ω, 시간을 t라고 하자. 그림 14.11의 (가)와 같이 코일면 abcd가 자기장과 수직이 될 때 코일을 지나는 자속 ϕ는 다음과 같다.

$$\phi = nBS \tag{14-7}$$

이때 코일이 각속도 ω로 회전하면, 코일면이 기울어지므로 코일이 자기장을 지나는 면적은 $S\cos\omega t$로 변한다. 따라서 코일면을 지나는 자속 ϕ는 다음과 같이 변한다.

$$\phi = nBS\cos\omega t \tag{14-8}$$

그리고 자속의 시간적 변화율은 식(14-8)을 시간으로 미분하여 구할 수 있다.

$$\frac{\Delta\phi}{\Delta t} = -nBS\omega\sin\omega t \tag{14-9}$$

따라서 코일의 양끝에 걸리는 유도 기전력 $V_{기}$는 다음과 같다.

$$V_{기} = -\frac{\Delta\phi}{\Delta t} = nBS\omega\sin\omega t = V_m\sin\omega t \tag{14-10}$$

여기서 V_m는 유도 기전력의 최대값이고, $V_{기}$는 순간값을 나타낸다. 그리고 이 식에서 유도 기전력은 자기장이 강할수록, 코일의 단면적이 넓을수록, 그리고 코일의 회전이 빠를수록 증가한다는 것을 알 수 있다.

그림 14.12의 (나), (라)와 같이 코일면이 자기장의 방향과 평행이 될 때 자속의 시간적 변화가 가장 크므로 이때 최대 유도 기전력이 발생한다.

그림 14.11의 (가), (다), (마)와 같이 코일면이 자기장의 방향과 수직일 때는 자속

의 시간적 변화가 0이 되므로 유도 기전력은 0이 된다. 따라서 유도 기전력은 반주기 (180°)마다 크기와 방향이 주기적으로 바뀌게 된다.

교류에서 전류가 1회 진동하는 데 걸리는 시간을 **주기** T라 하고, 1초 동안 진동하는 횟수를 **주파수(frequency)** f라고 한다. 따라서 주파수는 1초 동안 몇 번이나 전류의 방향이 바뀌는지를 나타낸다. 주기와 주파수 사이에는 다음과 같은 관계가 성립한다.

$$f = \frac{1}{T} \tag{14-11}$$

저항 R을 포함하는 전기회로를 만들어서 회로에 교류 전압 V를 걸어주면 저항에는 교류전류 I가 흐르게 된다. 물론 교류전류 I도 시간에 따라 크기와 방향이 변한다. 이 때 회로에 걸리는 전압과 전류를 나타내는 식을 $\omega = 2\pi f$로 바꾸어서 나타내면 다음과 같다.

$$V = V_{\mathrm{m}} \sin \omega t = V_{\mathrm{m}} \sin 2\pi f t$$
$$I = I_{\mathrm{m}} \sin \omega t = I_{\mathrm{m}} \sin 2\pi f t$$

이들 식에서 전압과 전류의 파형이 똑같다는 것을 바로 알 수 있을 것이다.

2) 교류의 전력

교류는 직류와 다르게 크기와 방향이 주기적으로 계속 변하는데 어떻게 사용량을 일정한 값으로 나타낼 수 있을까?

전압과 전류가 계속 변하는 교류에서도 저항에서 소비되는 전력은 일정한 값으로 나타낼 수 있다. 저항 R에 교류전압 V를 걸어줄 때 전류 I가 흐른다면 저항 R에서의 순간전력 P는 $P = VI$이다. 그런데 $V = V_{\mathrm{m}} \sin \omega t$일 때 $I = \frac{V_{\mathrm{m}}}{R} \sin \omega t = I_{\mathrm{m}} \sin \omega t$이므로 순간전력 P는 다음과 같다.

그림 14.12 교류를 생산하는 울산 화력발전소

$$P = VI = V_{\mathrm{m}} \sin \omega t \times I_{\mathrm{m}} \sin \omega t = V_{\mathrm{m}} I_{\mathrm{m}} \sin^2 \omega t \tag{14-12}$$

그림 14.13 교류를 생산하는 한빛 원자력발전소

여기서 V와 I는 각각 전압과 전류의 순간값이고 V_{m} 과 I_{m}은 각각 전압과 전류의 최대값이다.

그런데 $\sin^2 \omega t + \cos^2 \omega t = 1$이고, 사인 함수 그래프는 그림 14.14에서와 같이 코사인 함수 그래프를 90°만큼 평행이동시킨 것이므로 한 주기 동안의 $\sin^2 \omega t$와 $\cos^2 \omega t$의 평균값은 서로 같다. 따라서 두 함수의 평균값은 $\overline{\sin^2 \omega t} = \overline{\cos^2 \omega t} = \frac{1}{2}$이다.

그러므로 평균전력 $\overline{P}$를 전압과 전류의 최대값 V_{m}과 I_{m}으로 나타내면 다음과 같다.

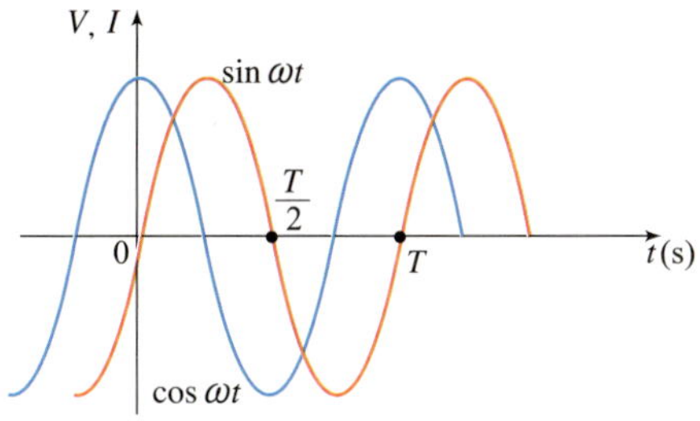

그림 14.14 sin ωt와 cos ωt의 그래프

$$\overline{P} = \frac{1}{2} V_m I_m = \frac{V_m}{\sqrt{2}} \times \frac{I_m}{\sqrt{2}} = V_e I_e \tag{14-13}$$

식 (14-13)에서 다음 관계를 얻을 수 있다. 쓸 수 있다. 그리고

$$V_e = \frac{V_m}{\sqrt{2}}, \quad I_e = \frac{I_m}{\sqrt{2}} \tag{14-14}$$

이 값을 각각 교류전압과 교류전류의 **실효값**이라고 한다. 그러면 식 (14-13)에서 교류의 평균소비전력은 전압의 실효값과 전류의 실효값을 곱한 것과 같고, 순간최대전력의 절반과 같다는 것을 알 수 있다.

실효값은 교류와 같은 양의 전력을 소비하는 직류의 전압과 전류의 값에 해당된다. 교류에서는 특별한 언급이 없으면 전압과 전류, 그리고 전력은 언제나 그 실효값을 말하는 것이며, 전기기구에 표기되어 있는 전류와 전압은 실효값을 나타낸 것이다.

- 일반적으로 1 V의 전압 또는 1 A의 전류라는 것은 실효값이 1 V, 1 A라는 것을 의미한다.
- 전기기구에 전압이 220 V로 표기되어 있으면 이 값은 실효값을 의미하는 것이고, 최대값은 220 V$\times\sqrt{2}\fallingdotseq$311 V이다.

3) 교류송전

발전소에서 생산한 전기 에너지를 소비지로 보낼 때 송전선의 저항 때문에 열이 발생한다. 그림 14.15와 같이 발전전력 P_0를 전압 V로 송전하면 송전선에 전류 $I = \frac{P_0}{V}$가 흐른다. 이때 열로 손실되는 전력 P는 송전선의 저항을 r이라고 할 때 다음과 같다.

$$P = I^2 r = \left(\frac{P_0}{V}\right)^2 r \tag{14-15}$$

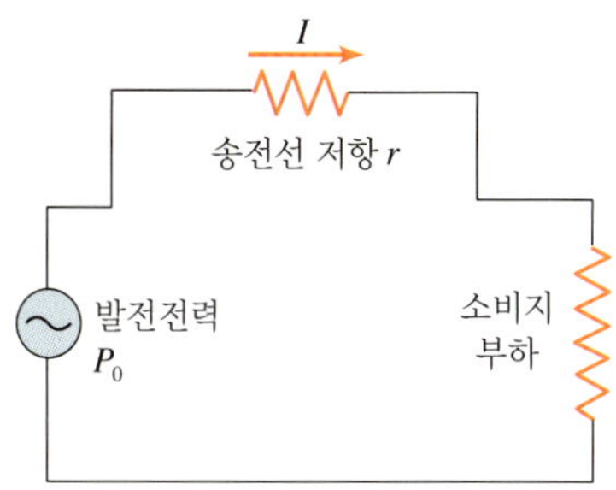

그림 14.15 전력수송

따라서 송전 도중의 전력손실을 줄이려면 송전선의 저항을 작게 하거나 송전전압을 높여야 한다.

그림 14.16 KTX 지붕 위에 설치된 전기를 공급받는 펜터그래프 장치(공급되는 전기는 AC 25,000 V이다).

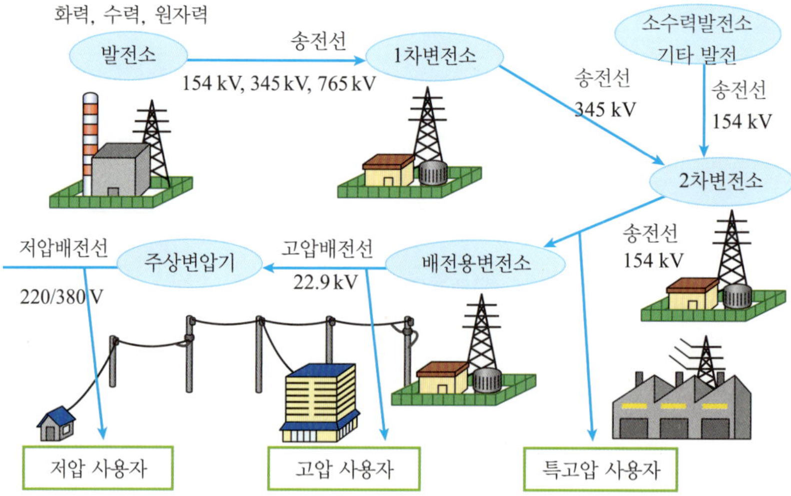

그림 14.17 우리나라 송전 과정

송전선의 저항을 줄이려면 저항이 작은 물질로 만든 전선을 사용하거나 같은 종류의 전선을 사용할 경우에는 굵은 도선을 사용해야 하는데, 비용이 많이 드는 단점이 있고 배선 작업에도 어려움이 따른다. 따라서 송전전압을 높여서 송전하는 것이 보다 경제적이고 수월하다. 송전전압을 N배로 하면 송전과정에서의 전력손실은 $\frac{1}{n^2}$배가 된다.

일반적으로 발전소에서는 전압을 수십만 볼트로 높여서 송전하고 소비지에서는 필요한 만큼 변압기로 전압을 낮추어서 사용한다. 그림 14.17은 송전과정을 간단히 나타낸 것이다.

14.4 교류회로

전기회로에서 교류전원을 사용하는 회로를 **교류회로**라고 한다. 앞에서 공부한 직류회로에서는 회로를 분석하는 방법을 알아보았다. 교류회로에서 저항만 연결되어 있는 경우는 직류회로에서와 같이 전압과 전류 사이의 관계가 간단하지만, 회로에 코일과 축전기가 연결되어 있는 경우는 직류의 경우와는 상당히 다르다.

1) 저항을 연결한 교류회로

그림 14.18(가)과 같이 저항 R이 연결된 회로에 교류전원을 걸어주면 회로에는 전류가 방향을 주기적으로 바뀐다. 그림 14.18(나)는 저항만 있는 회로에서의 전류와 전압의 위상을 나타낸 것이다. 그림에서와 같이 저항만 연결된 교류회로에서 전류의 위상은 전압의 위상과 같다.

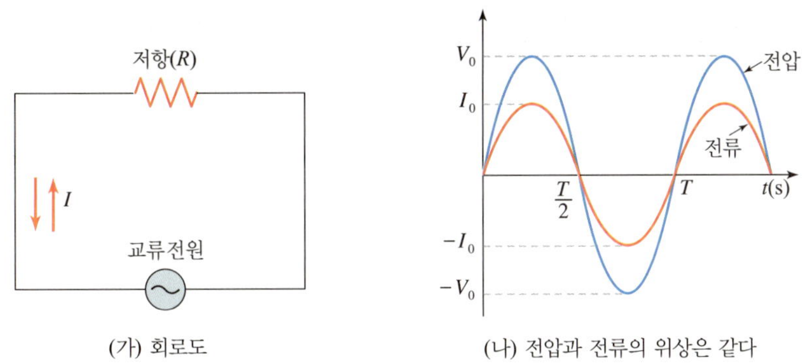

그림 14.18 교류 전원에 저항이 연결된 회로

또한, $I = \frac{V}{R} = \frac{V_m}{R} \sin \omega t = I_m \sin \omega t$의 관계에서 전류는 전압보다 $\frac{1}{R}$만큼 진폭이 줄어든 상태로 나타난다.

> 저항만 있는 교류회로의 특성은 다음과 같다.
> - 전압과 전류의 위상이 같다는 것이다.

2) 코일을 연결한 교류회로

그림 14.19와 같이 자체유도계수가 L인 코일이 연결된 회로에 교류가 흐르면 코일 속을 지나는 자속이 주기적으로 변한다. 따라서 코일에는 자속의 변화를 방해하는 방향으로 역기전력이 생겨서 전류의 흐름을 방해하므로 전압과 전류의 위상이 달라진다.

즉, 코일에 최대전압이 걸린다 하더라도 역기전력이 발생하여 전류는 동시에 최대가 되지 않고 0이 된다. 따라서 그림 14.19(나)와 같이 전압의 위상이 전류의 위상보다 $\frac{\pi}{2}$(90°) 앞서게 된다.

코일에 발생하는 역기전력의 크기는 코일의 자체유도계수 L과 교류전원의 주파수 f에 비례하므로, 코일에 교류가 흐르는 것을 방해하는 성질도 이에 따라 커진다. 따라

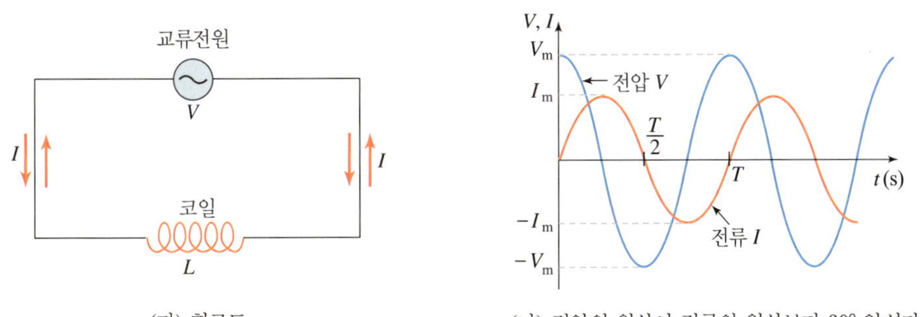

그림 14.19 교류전원에 코일이 연결된 회로

서 ωL로 교류에 대한 저항을 나타낼 수 있다. 이것을 코일의 유도 리액턴스(inductive reactance)라고 하며, X_L로 나타낸다.

$$X_L = \omega L = 2\pi f L \tag{14-16}$$

X_L의 단위는 저항과 같이 옴(Ω)을 사용한다.

유도 리액턴스를 사용하여 옴의 법칙을 나타내면 다음과 같다.

$$I = \frac{V}{X_L} = \frac{V}{\omega L} = \frac{V}{2\pi f L} \tag{14-17}$$

옴의 법칙을 나타내는 식에서 저항의 자리에 리액턴스가 있는 것을 보면 교류에서는 리액턴스가 마치 저항 R처럼 쓰인다는 것을 알 수 있다. 그런데 저항은 전압이나 전류의 주파수에 아무런 영향을 받지 않지만, 리액턴스는 주파수에 따라 전류의 흐름을 방해하는 정도가 다르다.

교류회로에서 저항은 교류의 흐름을 방해하고 전력을 소비시킨다. 그러나 코일은 교류의 흐름은 방해하지만, 전력을 소비시키지는 않는다.

코일에서 전류와 전압이 같은 방향일 때에는 전원이 공급하는 에너지가 코일에 자기에너지로 저상뇌었다가 선류와 선압이 서로 반내 방향일 때 다시 그 에너지를 진원으로 되돌려 주기 때문에 코일에서는 전력이 소비되지 않는다.

코일이 연결된 교류회로의 특성은 다음과 같다.

- 전압의 위상이 전류의 위상보다 $\frac{\pi}{2}$(90°) 앞선다.
- 유도 리액턴스는 $X_L = \omega L = 2\pi f L(\Omega)$이다.
- 전력을 소비하지 않는다.

3) 축전기를 연결한 교류회로

그림 14.20(가)와 같이 전기용량이 C인 축전기가 연결된 회로에 교류전원을 연결하면 축전기에 충전과 방전이 번갈아 되풀이 되면서 회로에 교류가 흐른다.

축전기에 충전이 시작되면 그 순간부터 축전기의 극판에 모인 전하는 역기전력과 같이 전류의 흐름을 억제하는 작용을 하기 때문에 전류가 흐르기 어려워진다. 따라서 전하가 최대로 충전된 순간 전압은 최대가 되고, 이때 전류의 세기는 0이 된다.

반면에 축전기에 전하가 충전되지 않을 때 즉, 축전기의 전압이 0일 때 전류의 흐름은 최대가 된다. 따라서 그림 14.20(나)와 같이 전압의 위상이 전류의 위상보다 $\frac{\pi}{2}$만큼 늦어진다.

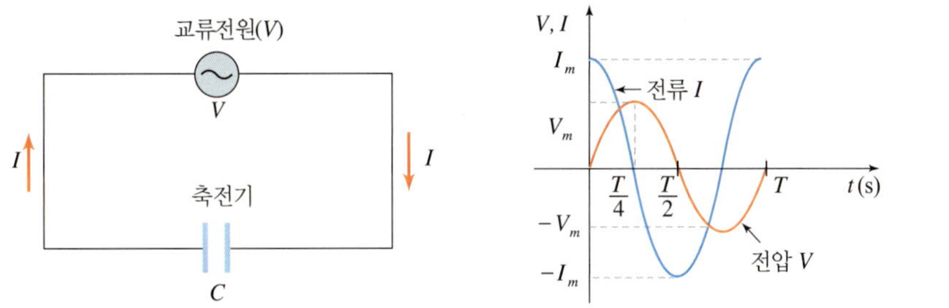

(가) 회로도 (나) 전압의 위상이 전류의 위상보다 90° 늦는다.

그림 14.20 교류 전원에 축전기가 연결된 회로

축전기의 전기용량 C가 클수록 충전량이 증가하므로 큰 전류가 흐르게 되고, 주파수 f가 클수록 충전과 방전의 횟수가 잦아지므로 축전기에 흐르는 전류의 세기가 증가한다. 따라서 $\frac{1}{\omega C}$로 교류에 대한 저항을 나타낼 수 있다. 이것을 **용량 리액턴스**(capacitive reactance)라고 하며 X_C로 나타낸다.

$$X_C = \frac{1}{\omega C} = \frac{1}{2\pi f C} \tag{14-18}$$

X_C의 단위는 저항의 단위인 옴(Ω)을 사용한다. 용량 리액턴스를 사용하여 옴의 법칙을 나타내면 다음과 같다.

$$I = \frac{V}{X_C} = \frac{V}{(1/\omega C)} = \frac{V}{(1/2\pi f C)} \tag{14-19}$$

용량 리액턴스도 역시 주파수의 영향을 받는 것을 알 수 있다. 유도 리액턴스는 주파수에 비례하여 그 크기가 증가하지만 용량 리액턴스는 주파수에 반비례한다.

축전기는 코일과 마찬가지로 교류회로에서 저항의 역할을 하지만 전력은 소비하지 않는다. 이것은 축전기를 충전시키는 과정에서 전원이 공급한 에너지가 전기장에 저장되었다가 방전될 때 다시 그 에너지를 전원으로 되돌려주기 때문이다.

축전기가 연결된 교류회로의 특성은 다음과 같다.

- 전압의 위상이 전류보다 $\frac{\pi}{2}$(90°) 늦는다.
- 용량 리액턴스는 $X_C = \frac{1}{\omega C} = \frac{1}{2\pi f C}$(Ω)이다.
- 전력을 소비하지 않는다.

4) 저항, 코일, 축전기를 연결한 교류회로

코일, 축전기 등에 교류가 흐를 때 전압의 위상이 전류의 위상보다 $\frac{\pi}{2}$만큼 앞서거나 $\frac{\pi}{2}$만큼 늦어진다는 것을 알았다. 이러한 성질이 저항, 코일, 축전기 등이 모두 연결된

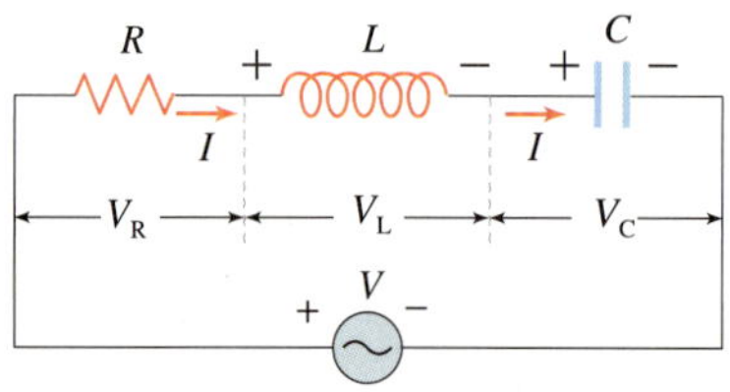

그림 14.21 교류 전원에 저항, 코일, 축전기가 연결된 회로

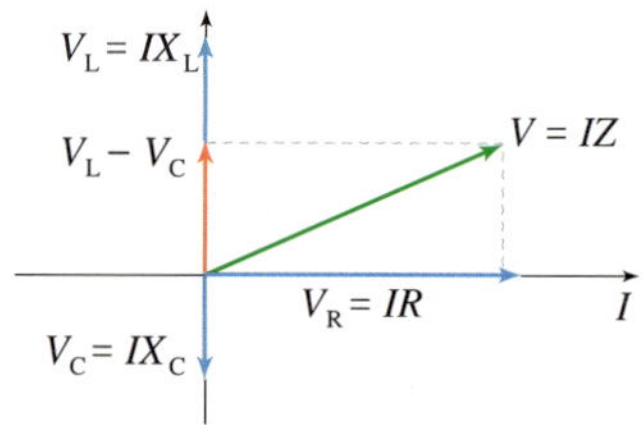

그림 14.22 *RLC* 교류 회로의 위상을 고려한 전압의 벡터적 합성

회로에서는 교류전류의 흐름에 어떤 영향을 주는지 알아보자.

그림 14.21은 저항 R, 코일 L, 축전기 C가 직렬로 연결된 교류회로이다. 이 회로에 교류가 흐르면 시간에 따라 전류의 세기와 방향이 변하지만 각 순간마다 회로의 모든 점에 흐르는 전류 I는 같다.

이 회로에 교류전류 I가 흐를 때 저항 R 양단간의 전압은 $V_R = IR$이고, V_R과 I의 위상은 같다. 또한, 코일 L 양단간의 전압은 $V_L = I(\omega L)$이고, V_L의 위상은 I의 위상보다 $\frac{\pi}{2}$만큼 앞선다. 또 축전기 C 양단간의 전압은 $V_C = I\left(\frac{1}{\omega C}\right)$이고, V_C의 위상은 I의 위상보다 $\frac{\pi}{2}$만큼 늦어진다. 그러므로 각 소자 R, L, C에 걸리는 전압의 합은 위상차를 고려하여 벡터 합성으로 구해야 한다.

그림 14.22의 그래프는 각 소자들에 걸린 전압을 나타낸 그래프이다. 저항 R에 걸린 전압 V_R은 전류 I의 위상과 같으므로 x축에 위치하며, 화살표의 길이는 전압의 크기를 나타낸다. 그리고 코일 L에 걸린 전압 V_L의 위상은 I의 위상보다 $\frac{\pi}{2}$만큼 빠르므로 전류에 대해서 90°만큼 돌려서 $+y$축에 위치한다. 또 축전기 C에 걸린 전압 V_C의 위상은 I의 위상보다 $\frac{\pi}{2}$만큼 느리므로 전류에 대해서 90°만큼 돌려서 $-y$축에 위치한다. 이와 같이 세 소자에 걸린 전압을 모두 그래프에 나타낸 후에 이들을 벡터적으로 합하면 전체전압이 구해진다.

즉, *RLC* 직렬회로의 양단에 걸리는 전체전압 V의 크기는 피타고라스 정리에 의해 다음과 같이 구할 수 있다.

$$V = \sqrt{V_R^2 + (V_L - V_C)^2}$$

이 식을 다시 정리하면 다음과 같다.

$$V = \sqrt{(IR)^2 + (IX_L - IX_C)^2} = I\sqrt{R^2 + (X_L - X_C)^2} = IZ$$

여기서 Z는 교류회로에서 합성저항의 역할을 한다는 것을 알 수 있다. 이것을 임피던스(impedance)라고 하며, 단위는 저항의 단위인 옴(Ω)을 사용한다. 회로에 걸어준 교류 기전력에 의해 흐르는 전류의 세기는 임피던스 Z에 의해 결정된다.

교류의 전압과 전류의 실효값 V_e와 I_e를 임피던스 Z를 사용하여 나타내면 다음과 같다.

$$I_e = \frac{V_e}{Z} = \frac{V_e}{\sqrt{R^2 + (X_L - X_C)^2}} \tag{14-20}$$

이 식에서 $X_L = X_C$일 때는 임피던스가 최소가 되므로 전류의 실효값은 다음과 같다.

$$I_e = \frac{V_e}{R} \tag{14-21}$$

이때 최대전류가 흐른다. 이와 같이 회로에 최대전류가 흐르는 현상을 **공진**(resonance)이라고 하며, 이때의 주파수를 **고유 주파수** 또는 **공진 주파수**라고 한다. 유도 리액턴스 X_L은 $X_L = 2\pi f L$이고, 용량 리액턴스 X_L는 $X_C = \frac{1}{2\pi fC}$이므로 고유 주파수의 크기는 $2\pi fL = \frac{1}{2\pi fC}$에서 f를 구하면 다음과 같다.

$$f = \frac{1}{2\pi\sqrt{LC}} \tag{14-22}$$

이와 같은 RLC 직렬 교류회로에서의 공진현상은 라디오와 TV에서 특정한 방송 주파수를 수신하는 동조회로에 이용된다.

14.5 전자기파

통신의 발달은 1인 1전화 시대를 열었고, 교통수단의 발달은 지구촌 사이의 거리를 아주 가깝게 만들어 놓았다. 특히 TV나 라디오를 통해 지구 반대편의 뉴스를 실시간으로 들을 수 있으며, 인터넷을 통해 각종 정보를 얻는 것은 더 이상 낯설지 않게 되었다. 이러한 것들은 모두 전자기파의 발견과 그 이용 기술의 발달로 이룩한 업적이다.

1) 전기진동

우리 주변에는 무수히 많은 전파들이 있다. 라디오로 원하는 방송을 들으려면 LC 진동회로를 이용하여 원하는 방송국의 주파수를 선택하여야 한다. 진동회로는 어떻게 구성되어 있을까?

그림 14.23은 전기용량이 C인 축전기를 전하량 Q_0로 충전시켜서 저항을 무시할 수 있고 자체유도계수가 L인 코일에 연결하였을 때 $\frac{1}{2}$주기 동안 일어나는 현상을 나타낸 것이다. 그리고 이 현상에 대응되는 용수철 진자의 단진동도 함께 나타내었다.

그림 14.23의 (가)와 같이 전하량 Q_0로 충전된 축전기를 자체유도계수가 L인 코일에 연결하면 전류가 흐르기 시작하면서 방전된다. 이때 코일에 흐르는 전류

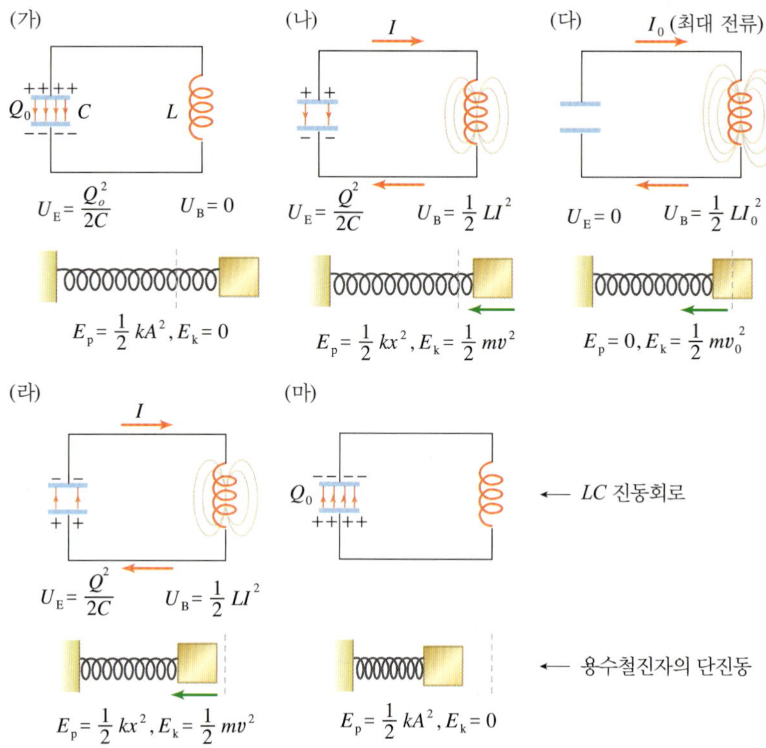

그림 14.23 *LC* 진동회로에서 전기 진동이 일어나는 과정을 설명하는 그림. 아랫쪽에는 이 현상에 대응되는 용수철 진자의 단진동을 나타내었다.

는 자체유도에 의해서 서서히 증가한다. 그리고 자체유도에 의해 생긴 역기전력은 전류의 흐름을 방해하고 코일에서 만들어지는 자기장 속에 에너지를 축적하기 시작한다. 그리고 축전기에 저장된 전기 에너지는 $\frac{Q_0^2}{2C}$로 감소한다. 시간이 지나서 축전기의 전하량이 Q로 줄어들면, 축전기의 전기 에너지는 $\frac{Q^2}{2C}$로 되고 코일의 자기 에너지는 $\frac{1}{2}LI^2$이 된다(그림 (나)). 시간이 지나면 그림의 (다)와 같이 축전기가 완전히 방전되어 전기장이 없어지고 전기 에너지는 0이 된다. 이때 코일에 흐르는 전류는 최대값 I_0가 되며 코일에는 최대의 자기 에너지 $\frac{1}{2}LI_0^2$가 축적된다.

이어서 전류는 코일의 자체유도 현상 때문에 같은 방향으로 계속 흘러 축전기의 두 극은 그림 (가)와 반대로 충전된다(그림 (라)). $\frac{1}{2}$주기가 되면 그림 (마)와 같이 코일에 축적된 자기 에너지가 0이 되고 축전기의 전기 에너지로 다시 저장된다. 반대로 충전된 축전기는 나머지 $\frac{1}{2}$주기 동안 전류가 반대 방향으로 흐르며 똑같은 과정을 거쳐 처음 상태로 되돌아간다.

이와 같이 축전기의 전기장과 코일의 자기장 사이에서 에너지가 주기적으로 서로 전환되면서 회로에 진동하는 전류가 흐르는 현상을 **전기진동**(electric oscillation)이라고 하며, 이때 회로에 흐르는 전류를 **진동전류**(oscillating electric current)라고 한다.

■ 전기진동에서 축전기의 전기 에너지(U_E)와 코일의 자기 에너지(U_B)가 서로 전환되면서 총합은 일정하게 유지된다.

■ 이것은 용수철 진자의 경우 운동 에너지(E_k)와 퍼텐셜 에너지(E_p)가 서로 전환되면서 그 총합은 일정히 유지된다는 역학적 에너지 보존법칙과 유사하다.

이 관계를 식을 나타내면 다음과 같다.

$$U = U_E + U_B = \frac{1}{2}\frac{Q^2}{C} + \frac{1}{2}LI^2 = \text{일정}$$

$$E = E_k + E_p = \frac{1}{2}mv^2 + \frac{1}{2}kx^2 = \text{일정}$$

전기진동과 용수철 진자의 진동 사이에 대응되는 물리량은 표 14.1과 같이 비교할 수 있다.

용수철 진자나 단진자의 운동이 마찰이나 공기의 저항이 없으면 진동이 무한히 계속될 것이라고 생각되는 것처럼, 전기진동도 코일이나 도선의 저항이 없고 외부로의 에너지 손실이 없다면 전기진동이 무한히 계속될 것이다. 그러나 실제로는 코일과 도선의 저항 때문에 전기 에너지가 열 에너지로 변하여 소비되고 또 외부로 복사되는 에너지 때문에 진동전류의 진폭이 서서히 감쇄되어 나중에는 전류가 흐르지 않게 된다. 따라서 전기진동을 계속 유지시키려면 외부에서 전기 에너지를 계속 공급해 주어야 한다.

표 14.1 용수철 진자와 전기 진동 사이에 대응되는 물리량

용수철 진자	전기진동
변위 x	전하량 Q
질량 m	자체유도계수 L
속도 v	전류 I
용수철 상수 k	전기용량의 역수 $\frac{1}{C}$
탄성퍼텐셜 에너지 $\frac{1}{2}kx^2$	C의 전기 에너지 $\frac{Q^2}{2C}$
운동 에너지 $\frac{1}{2}mv^2$	L의 자기 에너지 $\frac{1}{2}LI^2$

2) 전기장과 자기장의 변화

코일을 지나는 자속이 시간적으로 변하면 그 코일에 유도전류가 흐른다는 것을 공부하였다.

그림 14.24는 전자석에 흐르는 전류를 변화시켜 주면 원형 도선을 지나는 자속이 변하여 도선에 전류가 흐르는 것을 보여주는 그림이다. 이때 원형도선에 전류가 흐르는 것은 도선 속에 전기장이 만들어져서 자유전자가 이동하기 때문이다. 따라서 자기장의 시간적 변화는 그 주위에 전기장을 만든다고 할 수 있다. 이와 같은 현상은 코일이 없다면 전자기 유도 현상이 나타나지 않기 때문에 전기장이 생기지 않을 것으로 생각하기 쉽지만 사실은 그렇지 않다. 코일이 있든 없든 자기장이 변하기만 하면 그 주위 공간에는 언제나 전기장이 생긴다. 이 전기장을 **유도 전기장**(induced electric field)이라고 한다.

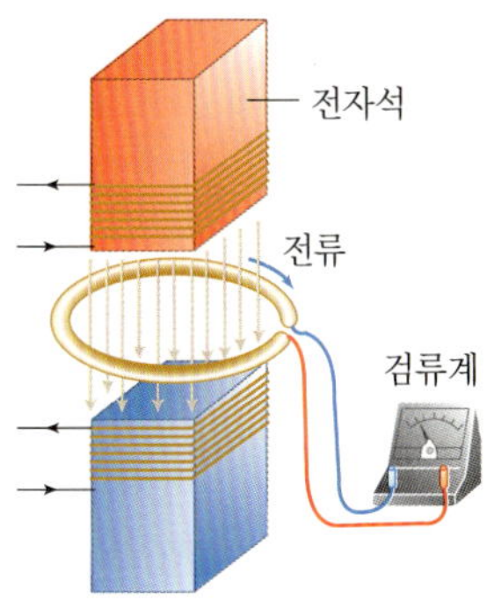

그림 14.24 자기장이 시간에 따라 변하면 전류가 발생한다.

이처럼 자기장의 변화에 의해 유도되는 전기장 $E_{유도}$는 자기장의 시간적 변화율에 비례한다. 이 관계를 식으로 나타내면 다음과 같다.

$$E_{유도} \propto \frac{\Delta B}{\Delta t} \tag{14-23}$$

그러면 이와는 반대로 전기장의 세기가 시간적으로 변하여 자기장이 생길 수는 없을까?

변하는 자기장이 전기장을 발생시킨다면 변하는 전기장이 자기장을 발생시킬 수도 있을 것이라고 생각한 영국의 물리학자 **맥스웰**(J. C. Maxwell)은 전기장과 자기장의 유사성과 상호 관련성을 예리하게 통찰하여 도체가 없는 공간에서도 변하는 전기장이 자기장을 발생시키며, 또한 자기장을 만드는 구실을 하는 어떤 전류가 존재한다는 가설을 세웠다. 그는 이러한 가설과 자신이 세운 전자기 이론으로 전자기파의 존재를 예언하였다.

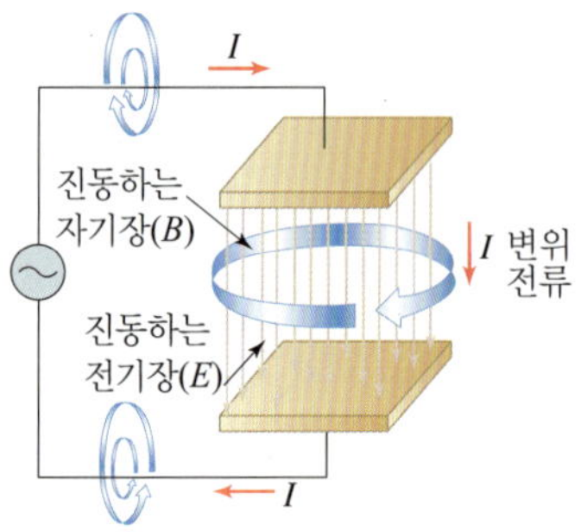

그림 14.25 변위 전류에 의해 자기장이 발생한다.

그림 14.25와 같이 평행판 축전기에 교류전원을 연결하면 전압이 주기적으로 변함에 따라 축전기 내의 전기장도 주기적으로 변화한다. 이렇게 변화하는 전기장에 의해서 자기장이 만들어진다.

그런데 이 과정에서 축전기의 두 극판 사이에 실제로 전류가 흐르지 않았는데도 자기장이 발생하였으므로 축전기의 두 극판 사이에 전류와 비슷한 작용을 하는 무엇인가 있다고 볼 수 있다. 이와 같이 실제로 전류가 흐르는 것은 아니지만 변화하는 전기장이 전류처럼 자기장을 만들므로 전기장의 변화도 일종의 전류라고 볼 수 있다. 이것을 도선에 흐르는 전류와 구별하여 **변위전류**(displacement current)라고 한다. 그리고 변하는 전기장이 발생시키는 자기장을 **유도 자기장**(induced magnetic field)이라고 한다.

이처럼 전기장의 변화에 의해 유도되는 자기장 $B_{유도}$는 전기장의 시간적 변화율에 비례한다. 이 관계를 식으로 나타내면 다음과 같다.

$$B_{유도} \propto \frac{\Delta E}{\Delta t} \tag{14-24}$$

3) 전자기파의 발생과 이용

19세기 물리학의 꽃을 피웠던 전자기학 이론은 전자기파가 공간으로 퍼져나갈 수 있다는 예언과 그에 대한 실험적 확증이었다. 전자기파의 발견은 통신 분야에 완전히 새로운 세계를 열었으며, 빛도 전자기파의 일종이라는 놀라운 사실을 알아내었다. 그리고 전기와 자기의 모든 현상을 하나의 이론으로 단일화하는 데 성공하였다.

시간에 따라 변하는 자기장 주위에는 전기장이 유도되고, 전기장이 시간적으로 변하면 그 주위에 자기장이 유도된다는 사실을 알았다.

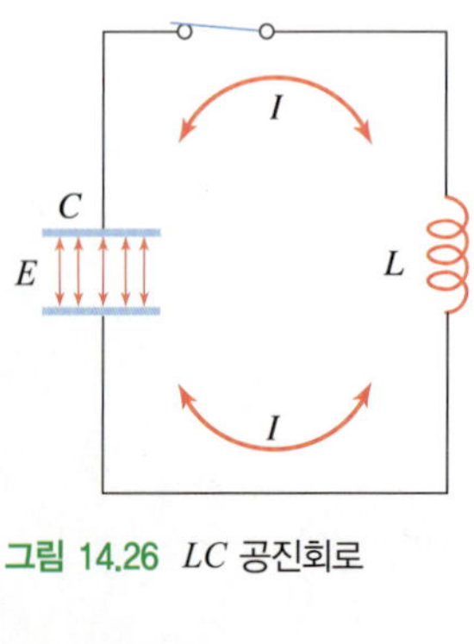

그림 14.26 *LC* 공진회로

그림 14.26과 같은 *LC* 공진회로에서 전하들은 코일과 축전기 사이에서 진동하므로 가속 운동을 한다. 전하의 가속 운동에 의해 전기장이 변화하므로 진동회로의 축전기 극판 사이에 만들어지는 주기적으로 변하는 전기장이 그 주위에 주기적으로 변하는 자기장을 만든다. 이와 같이 변하는 전기장과 자기장은 서로 원인이 되고 또 결과

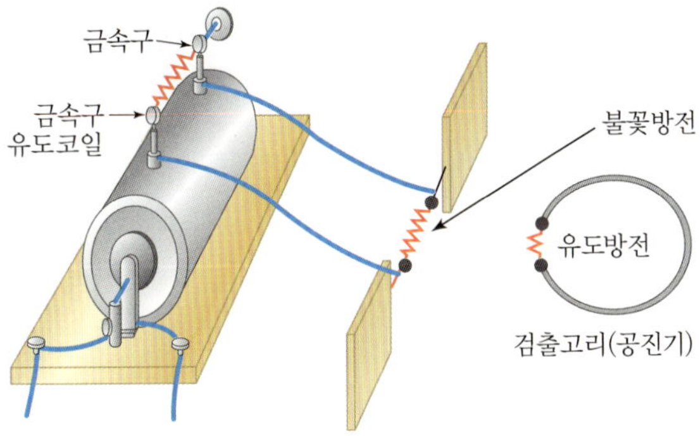

그림 14.27 헤르츠의 전자기파 검출장치의 구조

가 되어서 주기적으로 진동하는 파동의 형태로 공간으로 퍼져 나가는데, 이것을 **전자기파**(electromagnetic wave)라고 한다.

전자기파의 존재는 1864년에 **맥스웰**이 예언하였으며, 1888년 **헤르츠**(H. R. Hertz)에 의해 확인되었다. 헤르츠는 그림 14.27과 같은 유도코일과 축전기로 만든 공진회로를 이용하여 전자기파의 존재를 실험으로 실증하였다. 즉, 유도코일에서 고전압을 발생시켜 두 단자 사이에서 방전시키면 주파수가 높은 전기진동을 일으키면 전자기파가 발생한다. 이때 고리 모양의 도선 끝에 작은 금속구를 붙여놓은 검출기를 유도 코일의 두 단자 사이의 간격 만큼 벌려서 유도코일에 가까이 가져가면, 유도코일에서 불꽃이 튈 때마다 검출기에서도 불꽃이 튀는 것을 볼 수 있다. 이것은 유도코일의 단자 사이에서 방전이 일어날 때 발생한 전자기파가 공간을 전파해 나와서 검출기의 고리에 도달하여 공진을 일으켰기 때문에 검출기에서 불꽃이 튀는 것이다.

이와 같이 맥스웰은 변위전류의 개념을 도입하여 전기장의 시간적 변화에 따라 자기장이 유도된다는 사실을 밝히고, 자기장의 시간적 변화가 전기장을 유도한다는 사실을 하나로 묶어서 전자기파의 존재를 예언할 수 있었다.

그림 14.28은 전자기파가 공간으로 전파되는 원리를 나타낸 것이다. 전기 진동회로

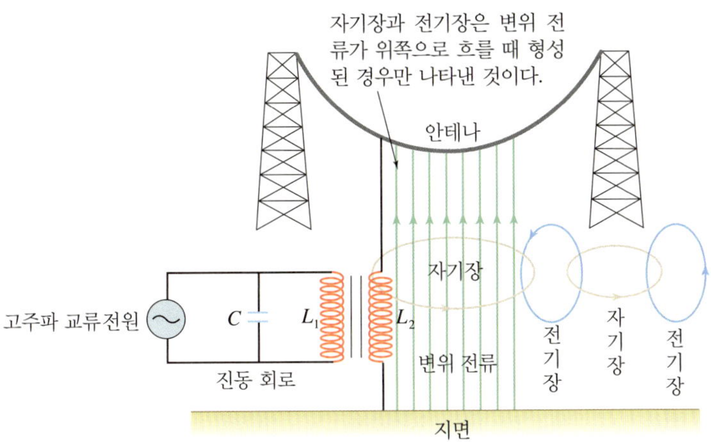

그림 14.28 전자기파는 전기장과 자기장이 번갈아 유도되면서 전파된다.

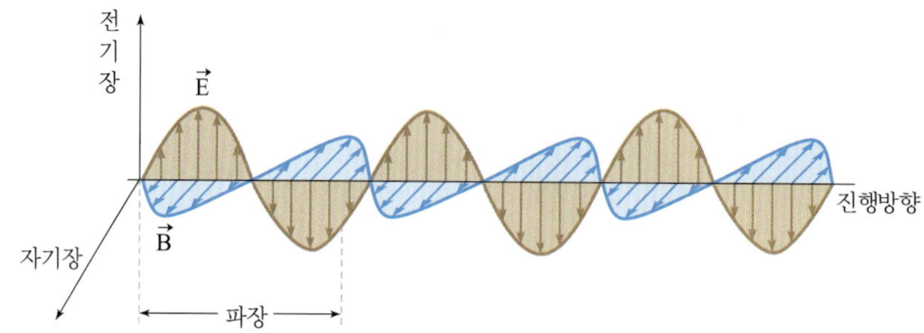

그림 14.29 x축 방향으로 진행하는 한 순간의 전자기파를 나타낸 그림으로 전기장과 자기장은 언제나 수직이다.

에 높은 주파수의 교류를 흘려주면 코일 L_1과 L_2에서 상호유도가 일어나 안테나와 지면 사이에 방향이 바뀌는 변위전류가 흐르게 된다. 이 변위 전류는 자기장을 유도하고, 또 이 자기장의 변화로 다시 다른 전기장을 유도함으로써 전자기파가 공간으로 전파되어 나간다.

그림 14.29는 어느 순간에서의 전기장과 자기장의 진동상태와 시간에 따라 x축으로 진행하는 전자기파를 나타낸 것이다. 이 그림에서 y축 방향은 전기장의 크기와 방향을 나타내고, z축 방향은 자기장의 세기와 방향을 나타낸다. 그리고 x축은 전자기파의 진행방향을 나타낸다.

이 그림에서 보는 바와 같이 전자기파는 서로 직각으로 진동하는 전기장과 자기장에 대해 수직인 방향으로 진행한다. 또 전자기파는 전기장과 자기장의 변화가 동시에 일어나므로 전기장과 자기장은 같은 위상으로 진동한다.

그림 14.30 전파중계소(지리산 노고단)

전자기파는 일반적인 다른 파동과는 달리 매질이 없는 진공에서도 전파되며, 전자기파의 속도는 진공 중에서의 빛의 속도 $c = 3 \times 10^8$ m/s 와 같다.

그림 14.31과 같이 전자기파를 파장이나 진동수에 따라 분류한 것을 **전자기파 스펙**

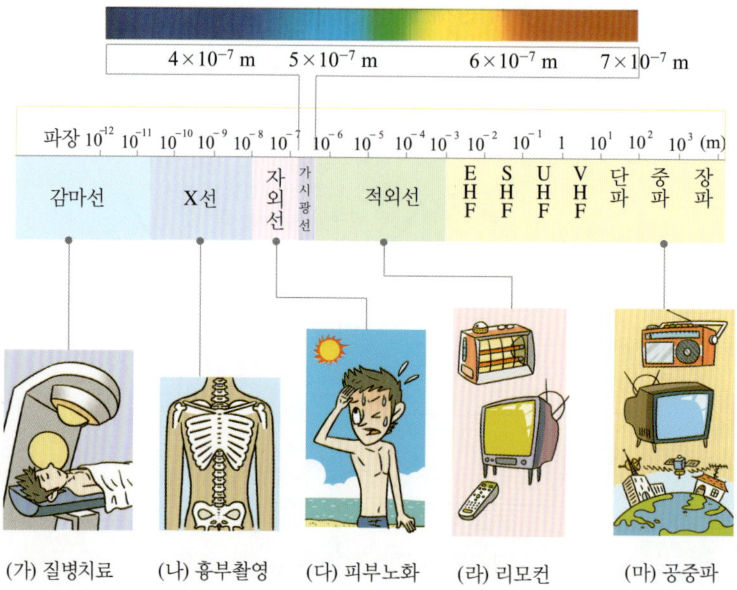

그림 14.31 전자기파의 스펙트럼의 구분과 이용

트럼이라고 한다. 전자기파는 파장이나 진동수에 따라 구분하고 불리는 이름이 각기 다르다. 즉, 파장이 긴 쪽으로부터 전파, 적외선, 가시광선, 자외선, X선, γ선 등으로 나뉜다. 이들 전자기파는 서로 다른 진동수와 파장을 가지고 있지만, 진공 중에서의 속도는 모두 같다.

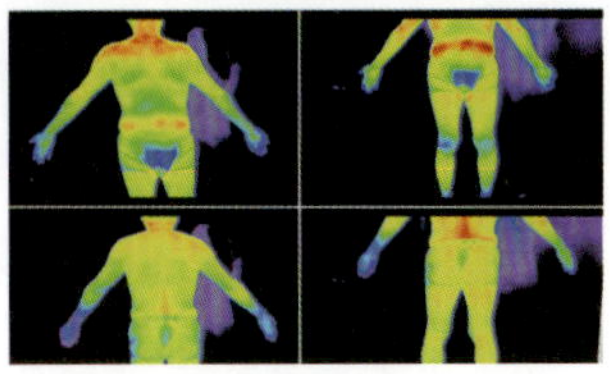

그림 14.32 적외선 카메라로 촬영한 인체의 열분포

LC 진동과 같이 인공적인 전기진동으로 발생시킨 전자기파는 파장이 긴 쪽으로부터 장파, 중파, 단파, 초단파 등의 전파로 주로 텔레비전, 라디오, 무전기 등의 통신에 이용된다. 특히 장파는 선박용 통신, 중파는 AM라디오 발송, 단파는 해외방송, 초단파는 국내 FM방송, TV방송, 극초단파는 전자레인지, 휴대폰 등에 이용된다.

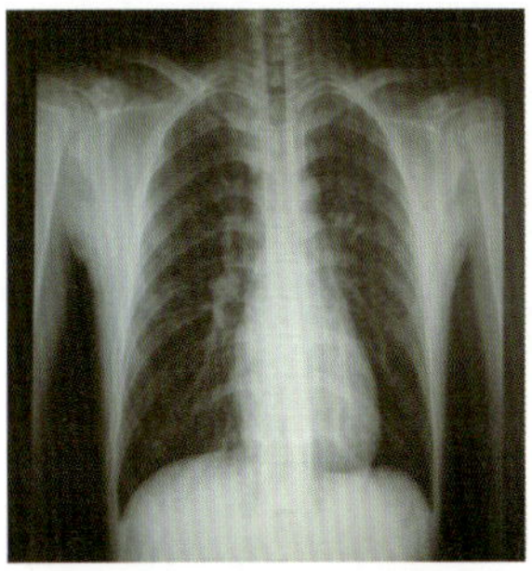

그림 14.33 X선으로 촬영한 가슴 모습

우리가 빛이라고 하는 전자기파는 적외선, 가시광선, 자외선을 말한다. 적외선은 적외선 사진이나 병원에서 열선 치료에 사용되고 야간에 물체를 볼 수 있는 야간 투시경에 이용된다. 가시광선은 우리가 사물을 볼 수 있게 해 주는 빛으로 파장이 400 nm에서 700 nm의 범위에 있는 전자기파이다. 그리고 자외선은 물질의 화학 반응을 일으키는 데 필요한 정도의 에너지를 가지고 있어서 화학 작용이 강하다. 특히 250 nm 부근의 파장을 가진 자외선은 강한 살균력을 가지고 있으나 많이 쬐면 피부를 손상시킨다. 그리고 X선은 투과력이 높아서 뼈의 사진을 찍는 데 이용되며, γ선은 파장이 가장 짧으며 암치료 등에 이용된다.

전자기파는 파장이 짧을수록(진동수가 클수록) 파동의 성질이 줄어들기 때문에 전파의 영역에서는 파동의 성질이 강하게 나타나지만, γ선의 경우는 파동의 성질이 거의 나타나지 않는다.

예제 1 50 MHz로 방송되는 FM방송 전파의 파장은 얼마인가? 또 파장이 6 cm인 마이크로파의 주파수는 몇 MHz인가?

풀이

파장 $\lambda = \frac{c}{f}$이므로

$$\lambda = \frac{3 \times 10^8}{50 \times 10^6} = 6 \text{ m이다.}$$

또 파장이 6 cm인 마이크로파의 주파수는

$$f = \frac{c}{\lambda} = \frac{3 \times 10^8}{6 \times 10^{-2}} = 5 \times 10^3 \text{ MHz이다.}$$

읽을거리

의학 분야에서 레이저의 이용

레이저는 인간이 만든 빛으로 '자극방출에 의한 빛의 증폭'(Light Amplification by the Stimulated Emission of Radiation)에서 첫 자들을 따서 Laser가 만들어졌다. 레이저 광은 직진성이 좋고 많은 에너지를 원하는 좁은 영역에 집중시킬 수 있어 의학 및 정보통신 분야에 많이 이용되고 있다. 의학 분야에서의 이용은 2000년대에 들어와서 활발하게 시작되었으며 몇 가지 예는 다음과 같다.

1) 출혈을 멈추게 하기 이용된다. 레이저 광을 피가 흐르는 조직에 조사시키면 출혈을 막을 수 있다. 특히 광섬유를 통해 레이저 광을 인체의 내부 곳곳에 쉽게 도달시킬 수 있으며, 위장 또는 복강 내 출혈과 뇌 내부에까지 출혈을 멈추게 할 수 있다.
2) 피를 흘리지 않고 절개할 수 있다. 코골이 수술, 미세한 신경외과 수술, 장기절제 등에 널리 이용된다.
3) 광마멸이다. 피부에 생긴 육아종, 치핵, 곤지름, 티눈, 내장 안에 생긴 폴립 등을 태워서 기화시킨다.
4) 생체자극이다. 레이저 광을 우리의 신체에 조사하여 생체에 자극을 준다. 통증클리닉에서 급성과 만성의 통증과 급성 부종을 완화하는 데 사용된다. 그리고 안면 성형수술 후나 화상 치유과정에서 환부의 회복과 반흔을 줄이기 위해서도 사용된다.
5) 선택적 광열용해술(photothermolysis)이다. 피부의 색조 병변증인 붉은 반점이나 검은 반점 그리고 문신 등을 제거하는 데 이용된다.
6) 접합이다. 마치 땜질 하듯이 세포를 이어주는 역할을 한다. 신경외과 미세 수술, 비뇨기과 정관복원 수술 그리고 고막 성형수술에 이용된다.
7) 피부를 고르게 벗겨 내는 피부 박피술에 이용된다. 특히 안면부에 있는 잔주름이나 반흔, 피부 거칠음, 피부색조증 등을 없애고 안면의 트러블을 감소시키는 성형술 등에 폭넓게 이용되고 있다.

▲ 실험용 레이저

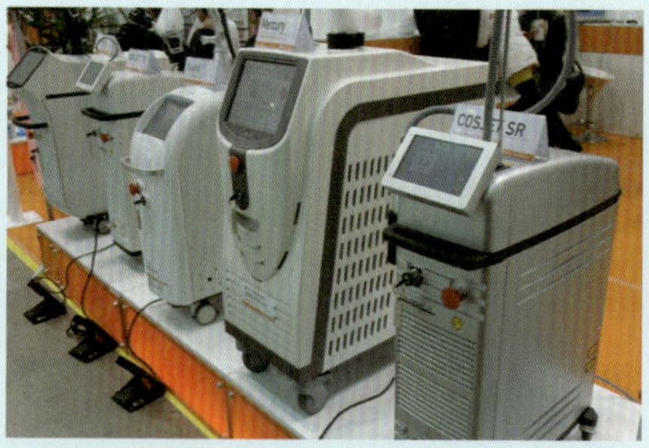

▲ 의료용 레이저치료기(서울국제의료기기전시회에서 촬영)

연습문제

풀이 ☞ 384쪽

1. 다음 중 유도 기전력이 생기지 않는 경우는 어느 경우인가?

① 도선이 자기력선과 수직으로 운동할 때

② 자기력선이 도선과 30° 각도로 운동할 때

③ 도선은 정지하고 도선 고리를 통과하는 자기력선의 수가 감소할 때

④ 도선이 자기력선과 나란하게 운동할 때

2. 단면적이 40 cm^2, 감은수가 100회인 솔레노이드가 있다. 이 코일 속을 지나는 자기장이 0.5 s 동안에 2 N/A m만큼 변했다고 한다.

(1) 코일에 유도되는 유도 기전력은 몇 V인가?

(2) 코일의 저항이 0.8 Ω이라면, 이 코일에 흐르는 전류는 몇 A인가?

3. 코일에 흐르는 전류가 $\frac{1}{20}$ s 사이에 10 A의 전류 변화가 있었을 때, 1000 V의 자체유도 기전력이 생겼다. 이 코일의 자체유도계수는 몇 Hz인가?

4. 그림과 같이 1차 코일의 감긴수는 1500회, 2차 코일의 감긴수는 100회인 변압기에서 1차 코일에 3000 V의 전압이 흐를 때 2차 코일에 유도되는 전압은 몇 V인가?

5. 그림은 고정되어 있는 솔레노이드에 검류계를 연결한 후, 자석의 운동방향을 나타낸 것이다. 자석의 운동방향에 따른 솔레노이드 윗부분에 유도되는 자극과 유도전류가 흐르는 방향을 표시하시오.

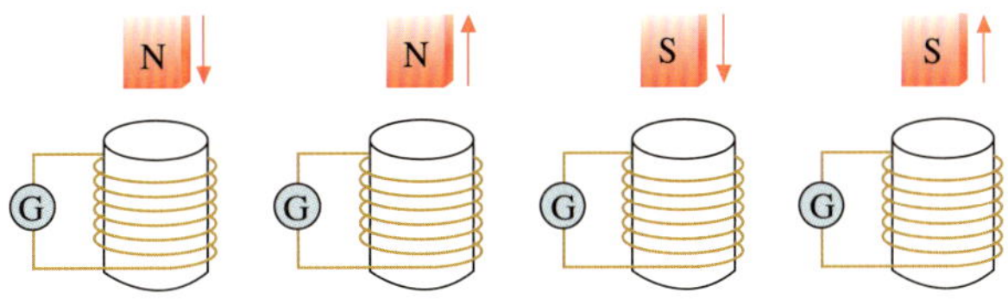

6. 송전선의 전류가 0.01초 사이에 0에서 10 kA로 변화될 때 이 송전선에 나란한 통신선에 유도되는 유도 기전력은 몇 V인가? (단, 송전선과 통신선 간의 상호유도계수는 0.3 mH이다.) 〈전기기사 국가자격시험 출제〉

① 30 ② 300

③ 3,000 ④ 30,000

7. 임피던스란 무엇인가?

① 직류회로에서의 저항 ② 교류회로에서의 전체저항

③ 축전기가 연결된 회로에서의 저항 ④ 코일이 연결된 회로에서의 저항

⑤ 축전기와 코일의 합 저항

8. 교류 100 V의 전원으로 100 V용 100 W의 전구를 켰을 때 전류 및 전압의 최대값은 얼마인가?

9. 코일에 직렬로 실효전압이 200 V인 교류전류를 흘려주었다. 코일의 자체유도계수 L이 0.5 H, 교류전원의 각진동수 ω가 100 rad/s일 때, 코일의 유도 리액턴스는 몇 Ω이고, 전류의 실효값은 몇 A인가?

10. 다음 보기를 보고 물음에 답하라.

(1) 전자기파가 아닌 것은 어느 것인가?

(2) 전자기파를 파장이 긴 것부터 차례로 번호를 써라.

보기

① 음극선 ② α 선 ③ 자외선 ④ γ선 ⑤ 적외선 ⑥ β선 ⑦ X선 ⑧ 가시 광선

11. 옆의 그림과 같은 RLC 교류 회로에서 $R = 25\ \Omega$, $L = 20$ mH, $C = 10\ \mu$F이다. 이 회로에 실효값이 110 V인 500 Hz의 교류전원에 연결되어있을 때 (1) 이 회로에서 전류의 실효값을 계산하고, (2) 각 요소에서의 전압의 실효값을 구하여 총 전압의 실효값과 비교하라.

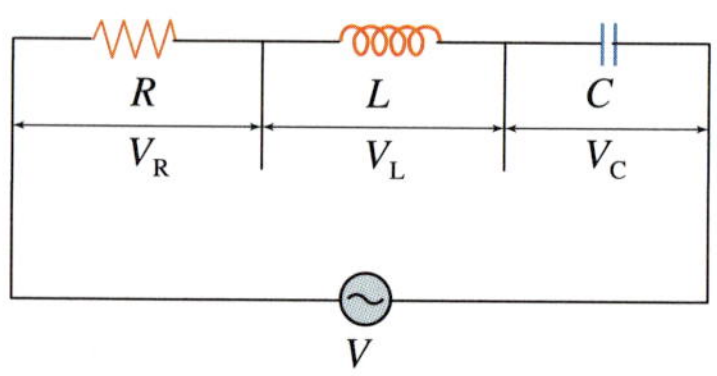

15장

빛

© 김영우

▲ 2015 청주국제공비엔날레 'CD 프로젝트'
버려진 CD를 모아 사람들의 추억을 담아 공공 예술로 승화시킨 프로젝트로 비엔날레 역사상 가장 큰 규모의 단일 예술 작품으로 기네스북에 등재되었다. CD면에는 약 1 μm의 간격으로 나선 모양의 트랙이 나 있다. 이러한 구조 때문에 반사 회절격자와 비슷한 작용을 한다. 태양광선 아래에서 관찰한 CD의 표면에서는 여러 색의 무늬가 나타나는데, 이는 표면의 작은 홈에서 반사된 광선들의 간섭 현상 때문이다. 간섭무늬는 바람의 세기와 광원의 종류와 세기, 보는 사람의 위치에 따라, 매 순간 변신을 거듭한다(2015년 촬영).

빛이 없는 세상을 상상해 본 적이 있는가? 우리는 세상의 온갖 정보를 대부분 눈을 통해 얻고 있다. 자연에서 빛은 우리와 가장 친숙한 대상이며, 빛을 통해 생활에 필요한 에너지를 얻을 뿐만 아니라, 사물을 보고 우주의 광활한 세계와 극미한 원자세계까지 탐구할 수 있다.

빛은 무엇이며, 어떻게 전파되고 얼마나 빠르게 진행할까? 빛의 여러 가지 성질과 현상에 대해 이해하고, 빛과 우리 생활의 관계에 대해서도 알아보자.

15.1 빛의 반사

낮과 같이 빛이 있는 곳에서는 사물을 볼 수 있지만, 캄캄한 밤과 같이 빛이 없는 곳에서는 아무것도 볼 수가 없다.

우리는 매일 아침 거울 앞에 서서 자신의 용모를 보면서 머리와 옷매무새를 단정하게 정리한다. 그러나 벽면 앞에서는 자신의 모습을 볼 수가 없다. 왜 그럴까?

1) 반사의 법칙

그림 15.1 평면거울에 의한 상

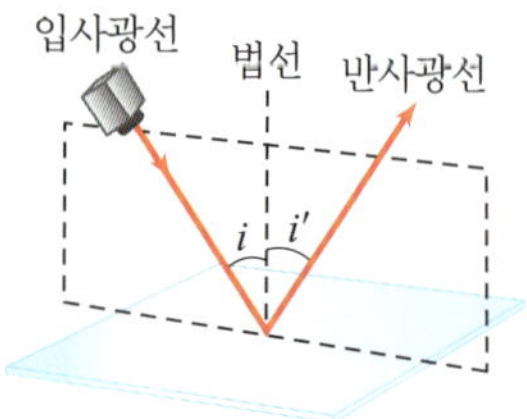

그림 15.2 빛의 반사

그림 15.1는 아파트 출입문 입구에 놓인 소화기와 평면거울에 비친 상이다. 유리와 같은 투명한 물체에 빛을 비추면, 빛의 일부는 투과되고, 나머지 일부는 표면에서 되돌아간다. 이와 같이 빛이 매질의 경계면에서 처음 매질로 되돌아가는 현상을 **빛의 반사**(reflection of light)라고 한다. 우리가 물체를 볼 수 있는 것은 빛이 물체에서 반사되어 눈으로 들어오기 때문이다.

빛도 역시 파동이므로 제8장에서 공부한 파동의 반사에 관한 성질을 모두 적용할 수 있다. 그림 15.2와 같이 빛이 매끈한 평면에서 반사할 때 입사광선이 반사면에 수직으로 세운 법선과 이루는 각 i는 반사광선과 법선이 이루는 각 i'와 같다.

$$\text{입사각} = \text{반사각}, \quad \angle i = \angle i' \tag{15-1}$$

이 관계를 **반사의 법칙**(law of reflection)이라고 하며, 반사의 법칙은 반사면이 평면이 아니더라도 성립한다.

2) 평면거울에 의한 반사

반사의 법칙을 주변에서 쉽게 찾아볼 수 있는 경우가 바로 평면거울에서의 반사이다. 그림 15.3은 평면거울에 비친 물체의 모습을 나타낸 것이다.

물체를 거울 앞에 놓으면 거울 속에 물체가 있는 것처럼 보일 것이다. 이것은 빛이 거울면에서 반사하기 때문에 나타나는 현상이다. 우리 눈은 빛이 직진하는 것으로만

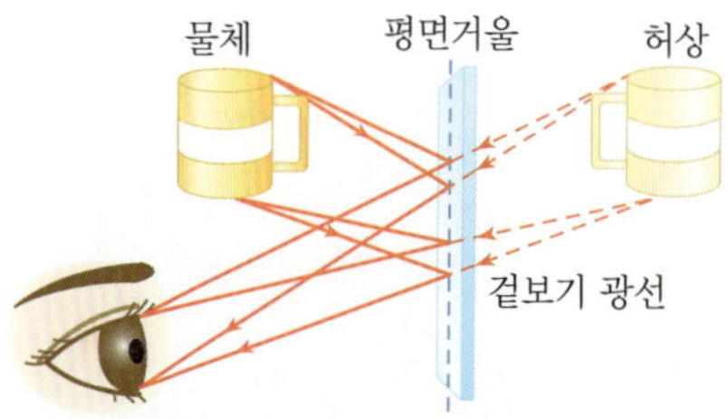

그림 15.3 평면거울에 의해 만들어진 상은 허상이다.

(가) (나)

그림 15.4 (가) 구급차를 정면에서 본 보면 글자가 우측에서 좌로 거꾸로 쓰여져 있다. (나) 그러나 자동차 백미러를 통해서 보면 좌우가 바뀐 글자가 바로 보인다.

알고 있어서 반사되어 들어오는 빛도 물체의 상에서 직접 직진해서 오는 것이라고 생각하기 때문에 거울 뒤쪽에 물체가 있다고 인식하게 되는 것이다.

이때 거울 속의 물체를 **상**(image)이라고 한다. 그런데 거울 속에 있는 상은 빛이 실제로 모여서 만들어진 상이 아니다. 이러한 상을 **허상**(virtual image)이라고 한다. 반면에 빛이 실제로 모여서 생기는 상을 **실상**(real image)이라고 한다.

평면거울에 의한 상의 크기는 실물과 같으며, 거울면과 대칭인 곳에 상이 생긴다. 그리고 거울에 의한 상은 실물과 좌우가 바뀌어서 보인다.

그림 15.4와 같이 병원 구급차 앞에 글자를 거꾸로 써 놓은 것을 볼 수 있는데, 이것은 앞에 가는 자동차의 운전자가 백미러를 통해 보았을 때 바르게 보이도록 하기 위한 것이다.

일반적으로 물체도 빛을 반사하지만 거울에서처럼 상을 볼 수는 없다. 이것은 물체의 표면이 매끄럽지 못하기 때문이다. 보통 물체는 대부분 그 표면이 매끄럽지 않다. 표면이 매끄럽지 못한 물체에 빛이 입사하면 그림 15.5의 (가)와 같이 각각 다른 방향으로 반사된다. 이렇게 방향이 각각인 반사를 **난반사**(irregular reflection)라고 한다. 우리가 물체를 어느 방향에서나 볼 수 있는 것은 바로 난반사 때문이다.

난반사에서는 반사의 법칙이 성립하지 않는 것 같지만, 반사가 일어나는 부분을 확대해서 보면 반사의 법칙이 정확히 성립하는 것을 알 수 있다. 즉, 반사가 일어나는 부분의 접선에 수직으로 법선을 그리고 입사각과 반사각을 비교해 보면 서로 같다. 단지, 물체 표면의 반사면이 울퉁불퉁하기 때문에 반사파의 방향이 나란하지 못하고 여

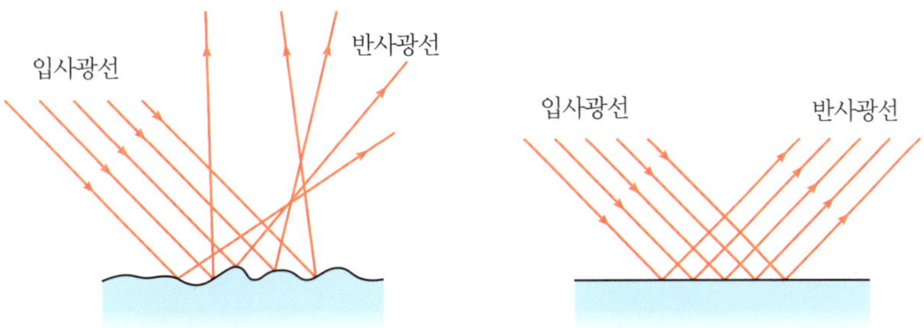

(가) 난반사 (나) 정반사

그림 15.5 난반사와 정반사를 설명하는 모형

러 방향을 향하게 되는 것뿐이다. 한편, 유리나 금속과 같이 매끄러운 표면에서는 그림의 (나)와 같이 표면에 빛이 일정한 방향성을 가지고 반사된다. 이러한 반사를 **정반사**(regular reflection)라고 한다.

3) 구면거울에 의한 반사

▲ 커브길에 세워진 안전 확인용 반사경(볼록거울 형태로 제작)

커브길이나 편의점 구석의 천장에는 안전 확인용 거울이나 감시용 거울이 설치되어 있다. 감시용 거울은 가운데가 앞으로 볼록하게 튀어 나온 볼록거울이라는 것을 알 수 있다. 구면거울은 그림 15.6에서 보는 바와 같이 구면의 안쪽을 반사면으로 하는 **오목거울**(concave mirror)과 구면의 바깥쪽을 반사면으로 하는 **볼록거울**(convex mirror)이 있다.

그림 15.6에서 보는 바와 같이 구면거울에는 구심과 초점이 있다. 구심은 구면거울을 원으로 생각할 때, 그 원의 중심이 되는 곳이고, 초점은 구심에서 거울까지 거리의 절반이 되는 곳이다. 구심과 초점 그리고 구면거울의 중심을 지나는 축을 **거울축**(axis of mirror)이라고 한다. 구면거울에 입사하는 빛은 일정한 규칙에 따라 반사한다. 오목거울의 축에 나란히 입사하는 광선은 반사 후 항상 한 점에 모이는데, 이 점을 **초점**(focal point)이라고 한다. 그리고 볼록거울의 경우에는 반사 후에 마치 초점에서부터 뻗어 나오는 듯한 방향으로 반사된다. 볼록거울에서는 실제로 빛이 모이지 않는 초점으로 **허초점**(virtual focal point)이라고 한다.

오목거울에서는 그림 15.7과 같이 물체가 거울 쪽으로 다가갈수록 상이 점점 커지며, 물체를 초점을 지나 오목거울 쪽으로 더 가까이 가져가면(그림 15.7의 ⑤) 거울 뒤쪽에 실물보다 큰 정립 허상(그림의 ⑤′)이 생긴다.

한편, 볼록거울에서는 그림 15.8과 같이 항상 물체보다 작은 정립허상(그림의 ①′②′)이 거울 뒤쪽에 생긴다. 볼록거울은 항상 실물보다 작은 정립허상을 맺기 때문에 실제보다 넓은 범위를 볼 수 있다. 따라서 자동차의 사이드미러, 커브길이나 편의점의 감시용 거울 등에 이용된다.

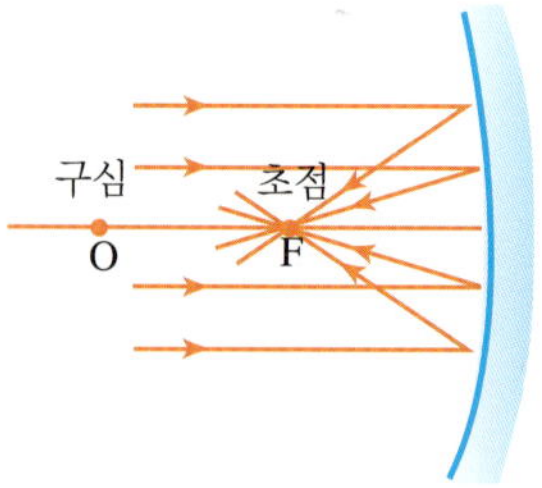

(가) 오목거울

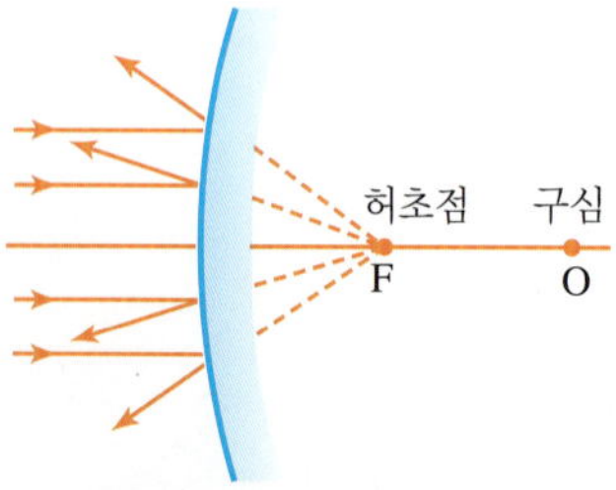

(나) 볼록거울

그림 15.6 오목거울과 볼록거울의 초점 비교

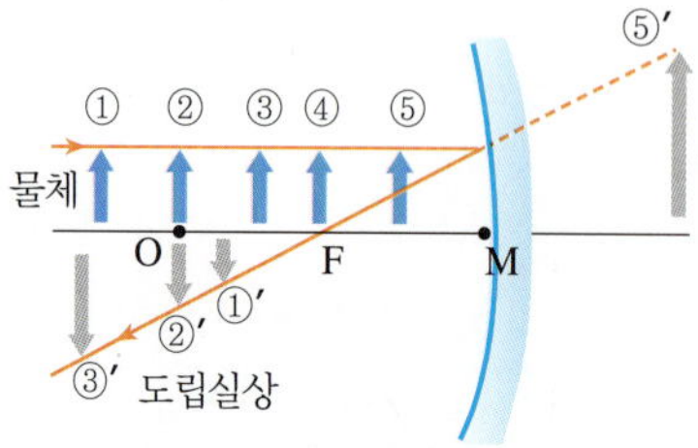

그림 15.7 오목거울에 의한 상

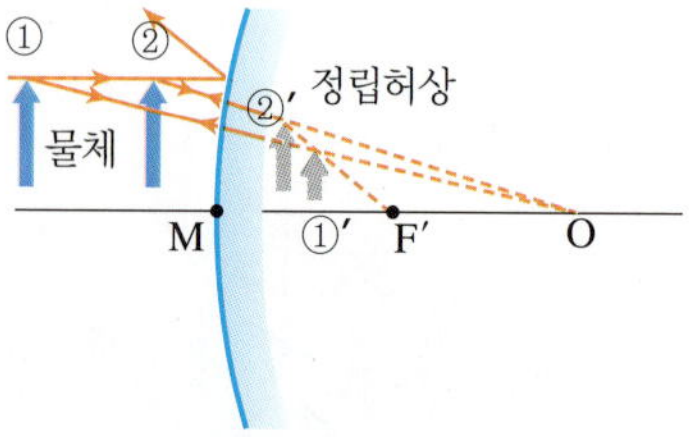

그림 15.8 볼록거울에 의한 상

15.2 빛의 굴절

1) 굴절의 법칙

「얕은 물도 깊게 건너라」는 속담이 있다. 매사에 신중을 기하라는 이 속담에는 흥미로운 과학적 원리가 숨어있다. 물이 얕아 보이지만 실제로는 보기보다 깊기 때문에 조심해야 한다는 뜻이다.

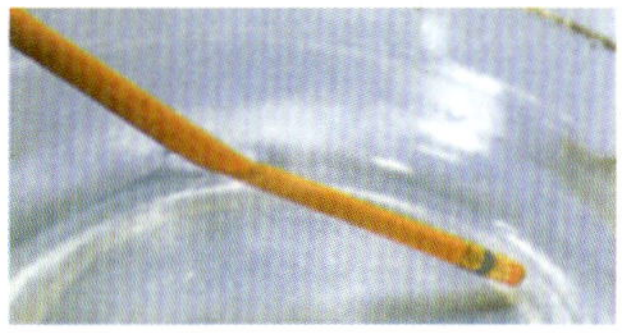

그림 15.9 빛의 굴절 때문에 연필이 꺾여 보인다.

그림 15.9와 같이 물이 들어 있는 수조에 연필을 넣어 보면 연필이 꺾인 것처럼 보인다. 왜 그렇게 보이는 것일까?

빛은 진행 도중에 다른 매질을 만나면 그림 15.10에서와 같이 두 매질의 경계면에서 일부는 반사하고 일부는 그 진행 방향이 바뀌어 다른 매질로 진행한다. 이와 같이 빛의 진행 방향이 꺾이는 현상을 **빛의 굴절**(refraction of light)이라고 한다. 이때 굴절 광선과 법선이 이루는 각을 **굴절각**(refraction angle)이라고 한다. 그러면 빛이 서로 다른 두 매질의 경계면에서 굴절할 때 입사각과 굴절각 사이에는 어떤 관계가 있는지 알아보자.

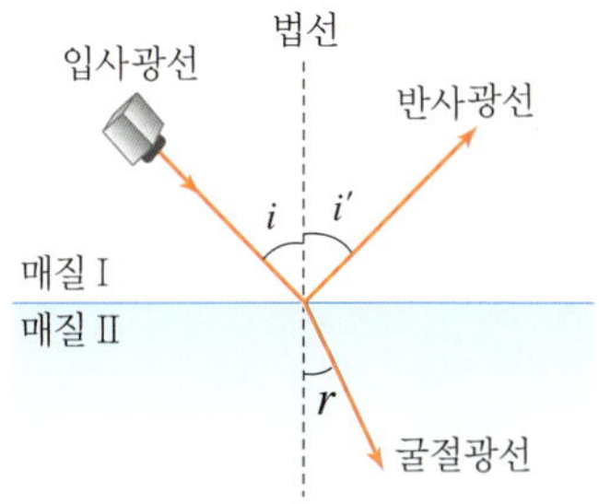

그림 15.10 빛이 굴절할 때 입사각(i)과 굴절각(r)

제8장 「파동 단원」에서 굴절의 법칙과 굴절률에 대해 공부하였다. 파동의 굴절이 매질에 따라 파동의 진행속도가 다르기 때문에 나타나는 것처럼 빛의 굴절도 매질에 따라 빛의 속도가 다르기 때문에 일어나는 것이다. 빛이 반사의 법칙을 따르는 것과 같이 굴절의 법칙을 따른다. 빛이 매질 I에서 매질 II로 진행할 때, 빛은 두 매질의 경계면에서 굴절한다. 이때에도 파동에서와 같이 입사각 i와 굴절각 r의 사인값의 비는 입사각의 크기에 관계없이 항상 일정하다. 이 관계를 식으로 나타내면 다음과 같다.

$$\frac{\sin i}{\sin r} = n_{12}\ (\text{일정}) \qquad (15\text{-}2)$$

이 관계를 **빛의 굴절법칙** 또는 **스넬의 법칙**(Snell's law)이라고 한다. 그리고 n_{12}는 매질 I에 대한 매질 II의 **상대 굴절률**이라고 하며, 특히 진공에 대한 물질의 굴절률을 **절대 굴절률**(또는 **굴절률**)이라고 한다.

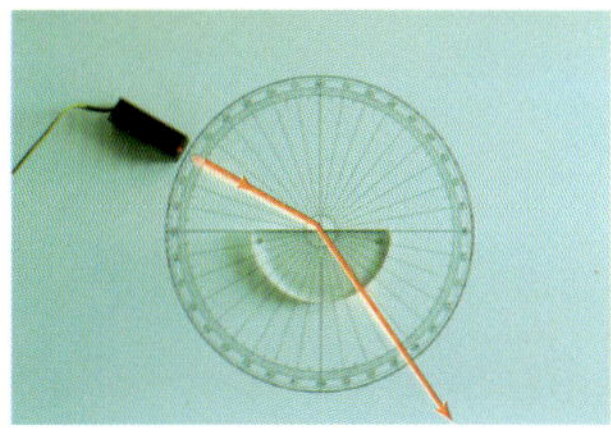

그림 15.11 빛이 물속에서 굴절되는 모습

빛의 굴절 현상은 매질에 따라 빛의 속도가 다르기 때문에 일어나므로, 굴절률은 각 매질에서의 빛의 속도의 비와 같다. 매질 I(n_1)에서의 빛의 속도를 v_1이라 하고, 매질 II(n_2)에서의 빛의 속도를 v_2라고 하면 굴절률 n_{12}는 다음과 같이 나타낼 수 있다.

$$\frac{\sin i}{\sin r} = \frac{v_1}{v_2} = \frac{n_2}{n_1} = n_{12} \qquad (15\text{-}3)$$

빛이 굴절할 때에 그 진동수는 변함이 없다. 따라서 속도가 바뀌면 파장도 바뀌게 된다.

TIP 물질의 굴절율과 빛의 속도

물질	굴절률	빛의 속도(m/s)
진공	1.0	3.00×10^{8}
물	1.3	$2.25\times10^{8}8$
유리	1.5	2.00×10^{8}

그림 15.12 물속에 서있는 사람의 다리가 짧아보이는 현상은 빛이 굴절되기 때문이다.

그림 15.13 빛의 굴절에 의해 나타나는 신기루 현상

빛의 굴절 현상은 물체의 위치에 대한 착각의 원인이 된다. 예를 들면 그림 15.12와 같이 물속에서 있는 사람의 다리가 실제보다 짧아 보인다. 이것은 사람의 발에서 반사된 광선이 수면에서 꺾이기 때문에 나타나는 현상이다. 물밖에 있는 사람의 눈은 물속에 있는 사람의 발에서 반사된 광선이 직선 경로를 따라 진행한다고 생각하게 되므로 발은 실제의 위치보다 더 위에 있는 것처럼 보인다.

또한 무더운 여름날 자동차를 타고 가다보면 그림 15.13과 같이 아스팔트 위에 물웅덩이가 있는 것처럼 보이는 **신기루(mirage)** 현상이 나타난다. 이것은 빛의 굴절 때문에 나타난다.

- 사막에서 멀리 있는 자동차와 나무가 물속에 있는 것처럼 보인다. 이 현상이 일어나는 이유가 무엇인지 조사해 보자.
- 신기루는 빛의 반사에 의한 현상인가? 굴절에 의한 현상인가?

2) 전반사

빛이 굴절률이 작은 매질에서 큰 매질로 입사할 때에는 굴절각이 입사각보다 작지만, 그림 15.14와 같이 굴절률이 큰 물질에서 작은 물질로 입사할 때에는 굴절각이 입사각보다 커진다. 이때 입사각의 크기를 점차 크게 하면 굴절각이 90°가 되는데, 이때

(가)

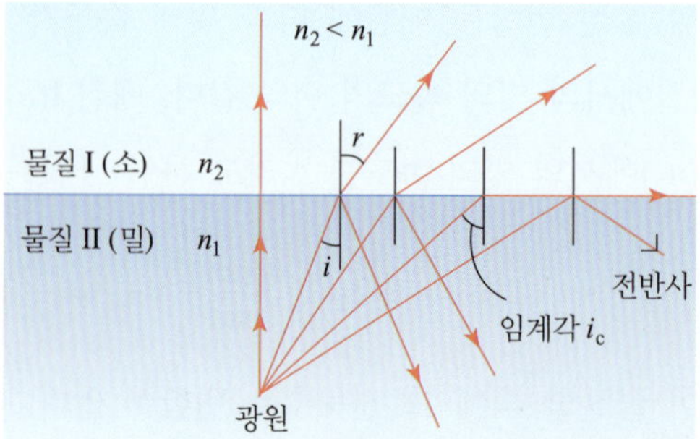

(나)

그림 15.14 빛이 물속에서 공기 중으로 진행할 때 (가) 전반사와 (나) 임계각

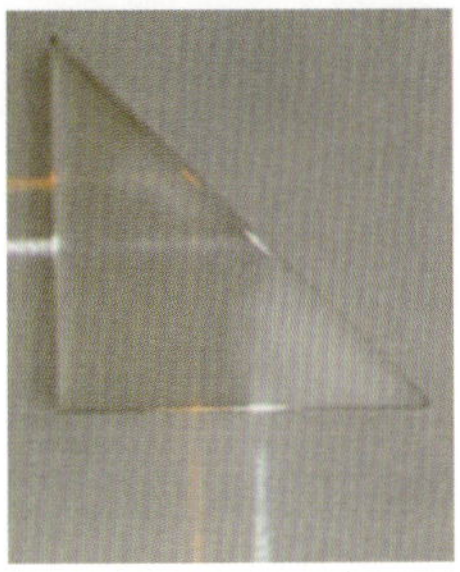

(가) 빛이 전반사 프리즘을 통과하여 진행하는 모습

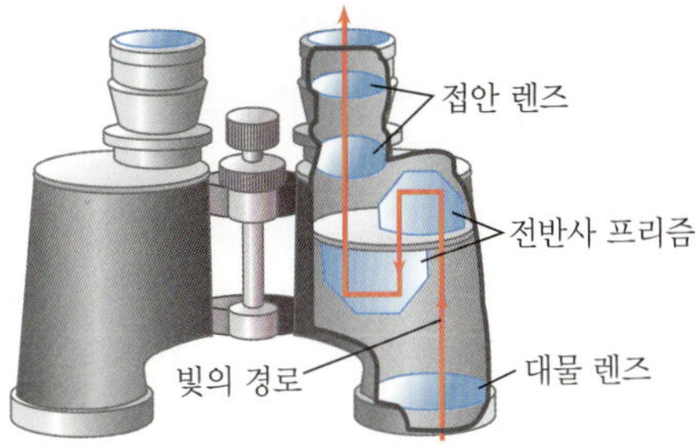

(나) 쌍안경 내에서의 빛의 진행

그림 15.15 전반사의 이용

의 입사각을 **임계각**(i_c, critical angle)이라고 한다. 입사각이 임계각보다 커지면 빛은 매질의 경계면을 넘어가지 못하고 모두 반사하게 된다. 이와 같은 반사를 **전반사**(total internal reflection)라고 한다. 일반적으로 굴절률이 n인 매질에서 공기중으로 빛이 나올 때의 임계각 i_c는 굴절의 법칙에 의해 다음과 같은 관계가 성립한다.

$$n = \frac{\sin 90°}{\sin i_c}, \quad \therefore \sin i_c = \frac{1}{n} \tag{15-4}$$

전반사를 이용하면 빛의 세기를 약화시키지 않고 빛의 진로를 바꿀 수 있으므로 광섬유에 이용되고, **광섬유**(optical fiber)는 내시경이나 광통신 등에 널리 활용되고 있다.

그림 15.15의 (가)는 빛의 진로를 90° 또는 180° 바꾸는 **전반사 프리즘**(total reflection prism)이다. 전반사 프리즘은 쌍안경, 사진기, 잠수함의 잠망경 등을 만드는 데 사용된다.

3) 렌즈에 의한 상

빛의 굴절을 이용하는 것으로 **렌즈**(lenz)가 있다. 렌즈는 유리조각을 원하는 모양으로 깎아 만든 것으로, 평행 광선들을 모아 하나의 상을 만들 수 있다.

그림 15.17(가)는 볼록렌즈를 통과한 빛이 진행하는 모습이다. 이 렌즈는 중앙 부분이 양끝 부분보다 두꺼우며, 렌즈축에 나란하게 입사한 광선들을 굴절시켜 한 점 F에 수렴시킨다. 이 점을 **초점**(focus)이라 하고, 이런 렌즈를 **볼록렌즈**(또는 수렴렌즈)라고 한다.

볼록렌즈에 의한 상은 물체가 초점 밖 먼 곳에 있으면 물체와 반대쪽에 물체보다 작은 도립실상이 생기고, 물체가 초점에 가까워지면 상의 크기가 점점 커진다. 특히 물체가 초점의 2배인 곳에 오면 물체와 같은 크기의 상이 생긴다. 그리고 물체가 초점 위에 있을 때에는 상이 생기지 않으며, 초점 안에 있을 때에는 물체보다 큰 정립허상(그림 15.17(나)⑤′)이 물체와 같은 쪽에 생기게 된다.

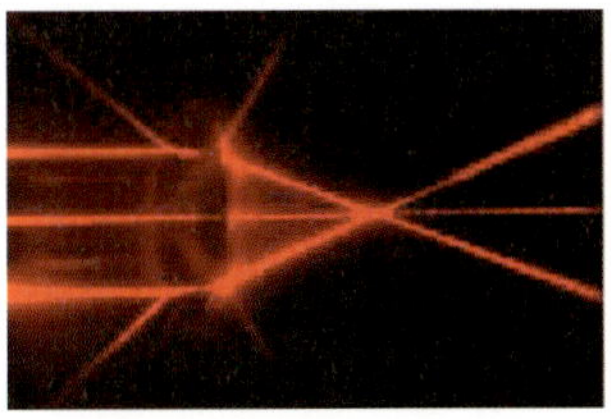

(가) 볼록렌즈를 통과한 빛이 한 점에 모이는 모습

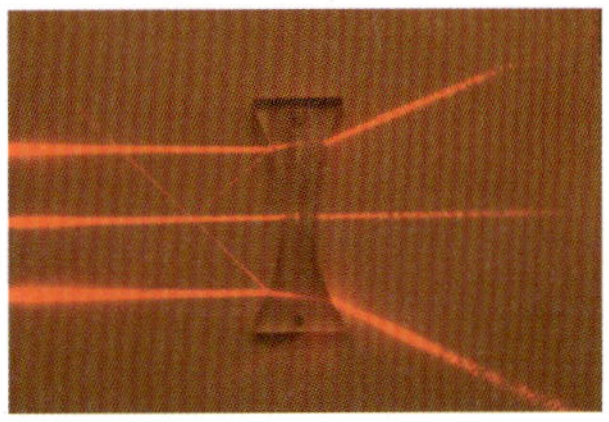

(나) 오목렌즈를 통과한 빛이 퍼지는 모습

그림 15.16 렌즈를 통과한 빛이 진행하는 모습

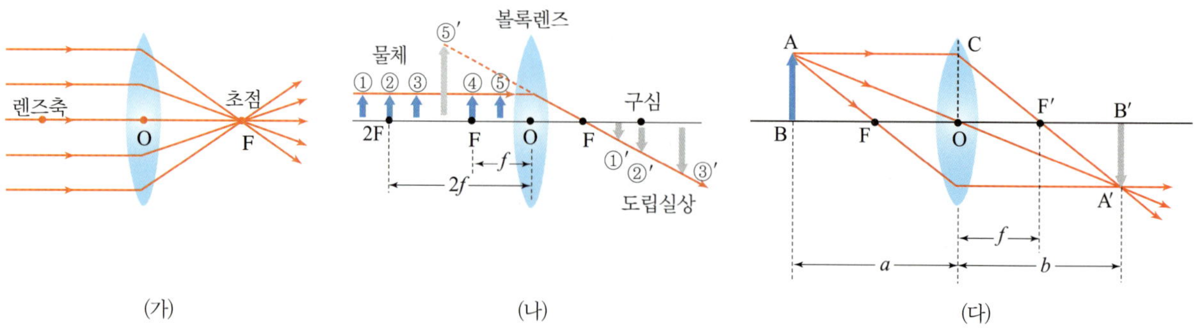

그림 15.17 볼록렌즈의 초점과 물체의 위치에 따른 상의 위치

그림 15.7(다)에서와 같이 볼록렌즈의 중심에서 초점까지의 거리를 **초점거리**라고 부르며, 기호는 f로 나타낸다. 그리고 렌즈의 중심에서부터 물체까지의 거리(물체거리)를 a라고, 렌즈 중심에서부터 상까지의 거리(상거리)를 b라고 하면 이들 사이에는 다음과 같은 관계가 성립한다.

$$\frac{1}{a}+\frac{1}{b}=\frac{1}{f} \tag{15-5}$$

만약 볼록렌즈에서 물체의 위치가 초점거리 내에 위치하면 허상이 만들어지는데 이 경우에는 상거리 b가 (−)가 된다. 물체의 크기를 AB라고 하면 상의 크기는 A′B′가 된다. 이때 볼록렌즈에 의한 상의 **배율**(magnification) m 은 다음과 같다.

$$m=\frac{b}{a} \tag{15-6}$$

오목 렌즈에서는 초점이 허초점이고, 상이 허상이므로 식 (15-5)에서 초점거리 f와 물체까지의 거리 b를 (−)값을 취하면 오목렌즈의 공식은 다음과 같다.

$$\frac{1}{a}-\frac{1}{b}=-\frac{1}{f} \tag{15-7}$$

한편, 그림 15.18(가)는 오목렌즈를 통과한 빛이 진행하는 모습이다. 오목렌즈는 중앙 부분이 얇고 렌즈축에 나란하게 입사한 광선들을 굴절시켜 발산시킨다. 이때 굴절된 광선을 반대방향으로 연장하면 한 점 F에 모이게 되는데, 이 점을 **허초점**(virtual

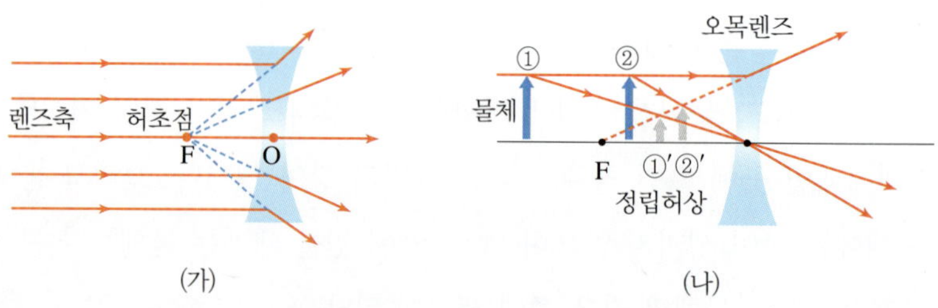

그림 15.18 오목렌즈의 허초점과 물체의 위치에 따른 상의 위치

focal point)이라고 하며, 이런 렌즈를 **오목렌즈**(또는 발산렌즈)라고 한다. 오목 렌즈의 만들어지는 상은 항상 물체보다 작은 정립 허상이 생긴다.

볼록렌즈를 가지고 물체에 가까이 하거나 멀리 해보면 상이 거꾸로 되어 작게 보일 때도 있지만, 오목렌즈는 아무리 움직여 보아도 상이 거꾸로 뒤집히지 않는다.

렌즈에 의한 상을 구하기 위해 사용하는 광선들의 경로를 요약하면 다음과 같다.

1. 렌즈축에 나란하게 입사하는 광선은 렌즈를 통과한 후에 반대편 초점을 지난다.
2. 렌즈의 중심을 지나는 광선은 직진한다.
3. 렌즈 앞에 있는 초점을 통과하는 광선은 렌즈를 통과한 후에 렌즈축에 나란하게 나간다.

15.3 빛의 분산

영국의 과학자 **뉴턴**은 색깔에 대해 체계적으로 연구한 최초의 인물로 알려졌다. 그는 삼각형 모양의 유리 프리즘에 태양 광선을 통과시켜서 태양광선이 무지개 색깔을 모두 포함한 빛이라는 것을 보여 주었다(그림 15.19). 햇빛과 같은 백색광을 프리즘에 입사시키면 그림 15.20과 같이 여러 가지 색깔이 나타나는 것을 볼 수 있는데, 이러한 현상을 **빛의 분산**(dispersion of light)이라고 한다.

그림 15.19 뉴턴의 빛의 분산실험

프리즘에 의하여 분산된 각 색깔은 빨강으로부터 보라에 이르기까지 순서대로 나열된다. 이와 같은 색광의 띠를 **스펙트럼**(spectrum)이라고 하며, 특히 태양 광선의 스펙트럼과 같이 모든 색광이 연이어 있는 스펙트럼을 **연속스펙트럼**이라고 한다.

뉴턴은 햇빛과 같은 백색광을 프리즘에 통과시키면 빨강, 주황, 노랑, 초록, 파랑, 남색, 보라빛으로 분산되고, 이들 색깔의 빛들을 모두 합치면 다시 백색광이 된다는 것을 확인하였다.

그림 15.20 프리즘에 의한 빛의 분산

이처럼 백색광이 프리즘을 통과하면 여러 가지 색깔의 빛으로 분산되는 것은 색깔에 따라 빛의 파장이 다르고, 또 파장에 따라 굴절률이 다르기 때문이다. 색깔에 따른 빛의 굴절률은 파장이 긴 빨간빛에서 파장이 짧은 보랏빛으로 갈수록 커진다. 따라서 그림 15.18에서 보는 바와 같이 빨간빛은 조금 꺾이고, 보랏빛으로 가면서 많이 꺾이므로 백색광이 색깔별로 나뉘어서 나타나게 되는 것이다.

무지개 역시 빛의 분산 때문에 일어나는 현상이다. 태양광선이 공기 중의 작은 물방울에 입사하면 물방울의 앞면에서 1차 굴절되는데, 이때 보랏빛은 많이 꺾이고, 빨간빛은 적게 꺾인다. 굴절된 빛은 물방울의 뒷면에서 반사되어 앞면을 향해 나오면서 2차 굴절을 하게 된다. 이와 같이 태양광선이 공기 중에 떠 있는 작은 물방울에 의

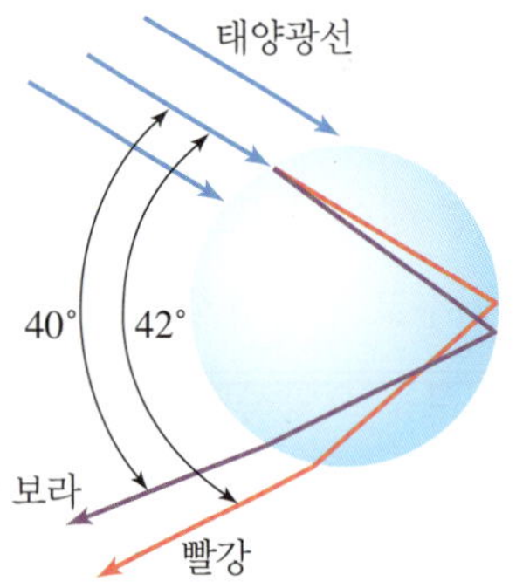

그림 15.21 물방울에 의한 태양 광선의 굴절

그림 15.22 1차 및 2차 무지개(제주시 근교에서 촬영)

해 굴절-반사-굴절의 과정을 거치면서 분산되어 나타나는 현상이 바로 **무지개**이다.

그림 15.21에서 보는 바와 같이 입사광선과 물방울에서 반사되어 나오는 보라 광선 사이의 각은 40°이며, 입사광선과 빨강광선 사이의 각은 42°가 된다. 이와 같은 작은 각의 차이 때문에 무지개를 볼 수 있다. 그림 15.22는 1차 및 2차 무지개 모습이다. 2차 무지개는 입사된 빛이 물방울 내부에서 반사 과정을 한 번 거쳐서 만들어진다.

1차 무지개는 빨간색이 바깥쪽, 보라색이 안쪽에 나타나며, 2차 무지개는 빨간색이 안쪽, 보라색이 바깥쪽에 나타난다.

15.4 빛의 간섭

빛이 파동이라면 틀림없이 간섭 현상이 나타날 것이다. 그러나 빛은 물결파와 달라서 진동하는 모습을 관찰할 수가 없으므로 빛의 파동성을 관찰하기가 어렵다. 만일 빛이 파동이라면 간섭을 일으킬 것이므로 그 결과를 통해서 빛이 파동이라는 것을 증명할 수는 있을 것이다. 빛의 간섭현상에 대해 알아보자.

그림 15.23 비눗방울의 앞면과 뒷면에서 반사한 두 광선이 간섭을 일으켜 여러 색이 나타난다.

그림 15.23은 형광등 아래에서, 비눗방울의 표면에 나타나는 아름다운 색깔의 무늬이다. 이 무늬는 비눗방울의 앞면과 뒷면에서 반사한 두 광선이 간섭되기 때문에 나타난다. 여름철 젖은 도로 위에 떨어진 얇은 기름막의 표면에 무지개 색의 무늬가 나타나는데 이 역시 기름막 표면에서 빛이 간섭하기 때문에 나타난다. 파동에서 나타나는 간섭현상이 빛에서도 나타날까?

물결파의 간섭현상을 보기 위해서는 진동수가 똑같은 두 개의 점파원이 있어야 했던 것처럼 빛의 간섭현상을 보기 위해서는 역시 똑같은 두 개의 광원이 있어야 한다.

따라서 빛의 간섭현상을 관찰하기 위해서는 그림 15.24에서와 같이 광원 앞의 판에 있는 두 개의 가는 틈을 이용한다. 이것을 슬릿(slit)이라고 한다. 슬릿을 사용하면 한 개의 광원에서 나온 빛이 두 개의 파원처럼 작용한다. 1802년 영국의 물리학자 영

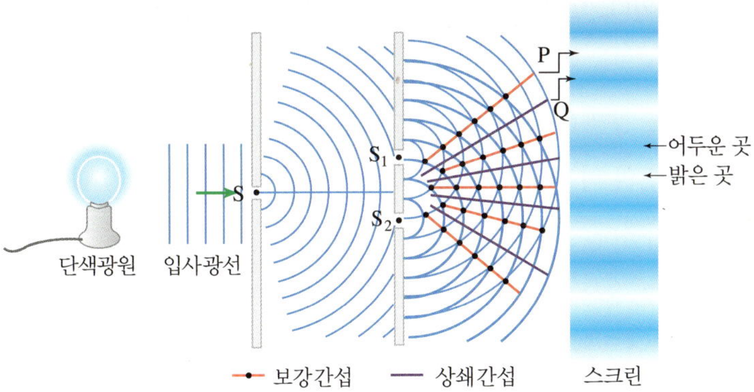

그림 15.24 영의 간섭실험 개요도

(T. Young)은 빛이 간섭 현상을 일으킨다는 실험 사실을 발표하여 빛이 파동이란 사실을 입증하였으며, 더 나아가서 간섭무늬의 간격을 조사하여 입사한 빛의 파장까지 알아내었다.

그림 15.24는 간섭실험의 개요를 그림으로 나타낸 것이다. 이 그림에서 두 개의 슬릿이 점파원이 되어 만들어낸 두 개의 파동이 서로 겹치면서 진행하여 간섭무늬를 만든다.

■ 영의 간섭실험에서 간섭무늬의 간격은 파장이 긴 빛일수록, 슬릿의 간격이 좁을수록, 또한 슬릿과 스크린 사이의 거리가 멀수록 넓어진다.

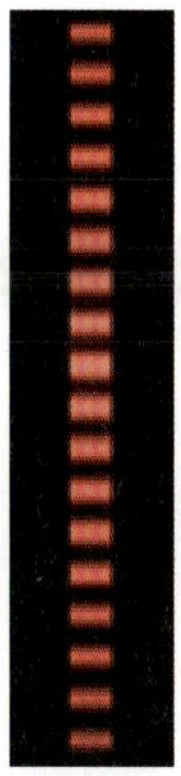

그림 15.25 레이저 빛이 이중 슬릿을 통과한 후 만들어진 간섭 무늬

스크린 위에 나타난 간섭무늬를 자세히 살펴보면, 밝은 무늬는 마루와 마루, 또는 골과 골이 만나 보강간섭이 일어난 곳이고 어두운 무늬는 마루와 골이 만나 상쇄간섭이 일어난 곳임을 알 수 있다. 이와 같이 빛의 간섭현상이 파동(물결파)의 간섭현상과 정확히 일치하는 것으로 보아 빛은 파동의 성질을 가지고 있다는 것을 알 수 있다.

15.5 빛의 회절

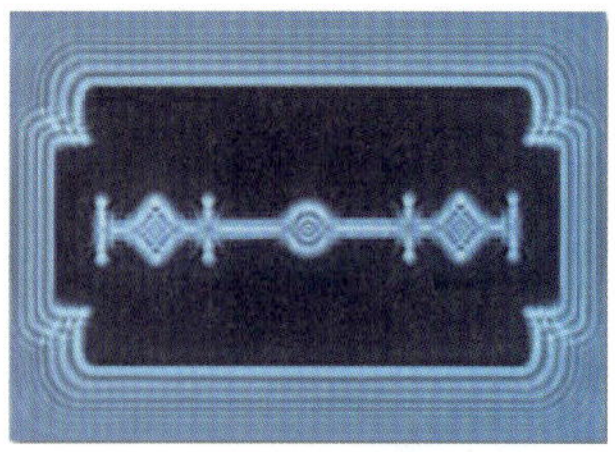

그림 15.26 면도날에 의한 회절

물체에 빛을 비추면 물체 뒤에는 그림자가 생긴다. 그런데 면도날을 전기 스탠드 불빛 아래로 가져가 보면 그림 15.26과 같이 면도날 그림자의 가장자리가 선명하지 않다. 그 이유는 무엇일까?

빛이 파동이라면 물결파에서 보았던 회절현상이 빛에서도 나타나야 할 것이다. 빛에서도 회절현상이 일어나는지 알아보자.

호이겐스의 원리에 의하면, 파동이 좁은 틈(슬릿)을 지날 때 퍼져나가는 것처럼 빛도 좁은 틈(슬릿)이나 날카로운 모서리를 지날 때 퍼져나가야 한다. 이러한 현상을 빛의 회절(diffraction of light)이라고 한다. 파동에서 회절의 정도는 파동의 파장과 슬릿의 폭에 의해 좌우된다. 일반적으로 슬릿의 폭에 비해 파장이 클수록 회절이 잘 일어난다.

빛이 좁은 슬릿을 통과할 때는 물결파가 좁은 슬릿을 통과할 때와 같이 회절현상을 일으킨다. 그러나 빛의 파장이 주위 물체의 크기에 비해 아주 작기 때문에 회절현상을 관찰하기가 매우 어렵다.

그림 15.27 단일슬릿에 의한 회절무늬

너비가 약 10^{-4} m 정도인 단일슬릿을 만들어 파장이 일정한 단색광을 비추면 그림 15.27과 같은 밝고 어두운 무늬를 볼 수 있다. 이때 무늬의 중앙에는 밝은무늬가 생기는데, 슬릿의 폭보다 훨씬 넓으며 양옆으로 밝고 어두운 무늬가 교대로 나타난다. 이와 같은 무늬가 생기는 것은 슬릿을 지나면서 회절되고 회절된 광선이 스크린 위의 한 점에 도달할 때까지의 거리에 따라 서로 보강간섭을 일으키거나 상쇄간섭을 일으켜 빛의 세기가 달라지기 때문에 나타나는 현상이다. 이러한 무늬를 **회절무늬**(pattern of diffraction)라고 한다.

물결파가 좁은 틈을 지날 때 파면상의 각 점이 새로운 파면처럼 작용하여 회절하는 것처럼, 단일슬릿을 지난 빛이 회절하여 무늬를 만드는 것도 같은 원리로 설명할 수 있다.

그림 15.28 바늘 구멍에 의한 회절무늬

판지에 작은 바늘구멍을 뚫고, 그 구멍에 눈 가까이 대고 광원을 보면 그림 15.28과 같이 원형의 밝고 어두운 회절무늬가 교대로 나타나는 것을 관찰할 수 있다.

이와 같이 빛에서 파동의 특성인 회절현상이 일어나는 것으로 보아 빛이 파동이라는 사실을 더욱 확실히 인식할 수 있다.

■ 빛의 회절은 슬릿의 간격이 좁을수록, 그리고 파장이 긴 빛일수록 잘 일어난다.

■ 파동은 구멍을 통과한 후 사방으로 퍼져나간다. 구멍을 통과한 빛의 퍼짐이 뚜렷하게 나타나는 것은 구멍이 좁은 때인가, 아니면 넓은 때인가?

15.6 빛의 편광

그림 15.29 일반 안경 위에 편광 커버를 덧붙이면 눈부심을 감소시킬 수 있다.

낚시하는 사람들 중에는 편광 안경을 착용하는 사람이 있다. 또한 싸이클 선수 중에는 그림 15.29와 같이 썬글라스 위에 편광 안경 커버를 덧붙이기도 한다. 이와 같은 편광제품을 사용하면 눈부심을 줄일 수 있어 사물을 선명하게 볼 수 있을 뿐만 아니라, 가시 거리가 길어져 눈의 피로를 줄일 수 있다. 특히 여름철에 장거리 운전자는 넓은 시야를 확보할 수 있어 안전 운전에 도움이 된다. 빛의 편광이란 무엇인가?

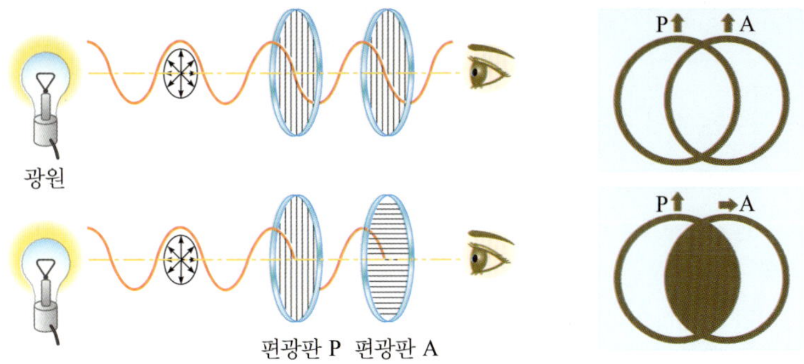

그림 15.30 편광판에 의한 편광

TIP 편광판, Polarizer

- 빛의 어느 한 방향만 통과시키는 얇은 필름이다.
- 편광판에 새겨진 무늬와 방향이 동일한 빛만 통과 시킨다.

그림 15.30과 같이 편광판 두 장을 겹쳐서 한 장은 고정시키고 다른 한 장을 서서히 돌리면서 불빛이나 경치를 볼 때, 가장 밝게 보이는 상태에서 90° 회전시키면 가장 어둡게 된다. 이런 현상은 편광판을 90° 회전시킬 때마다 반복해서 일어난다. 즉, 편광판의 축이 서로 평행할 때는 빛이 통과하므로 밝게 보이고, 편광판의 축이 서로 수직일 때는 빛이 통과하지 못하므로 어둡게 보이는 것이다.

백열등이나 형광등, 촛불, 태양 등의 일반적인 광원에서 나오는 빛은 모든 방향으로 진동하는 파동이다. 햇빛과 같이 모든 방향으로 진동하는 빛을 **자연광**이라고 한다. 이런 빛이 앞에 있는 편광판을 지날 때, 편광판의 축과 나란하게 진동하는 성분만 통과하게 된다. 이 빛이 뒤에 있는 편광판에 도달할 때, 빛의 진동 방향이 편광판의 축과 나란하면 통과하지만 편광판의 축과 수직이면 통과하지 못하기 때문이라고 생각하면 쉽게 설명된다. 다시 말하면, 빛이 편광판을 통과하면 편광판의 축과 나란하게 진동하는 빛만 남게 된다.

이와 같이 빛이 특정 방향으로만 진동하는 성질을 **빛의 편광**(polarization of light)이라고 한다. 빛이 편광판에 의해 편광되었다는 것은 빛이 횡파라는 증거이기도 하다.

- 편광렌즈로 만들어진 선글라스는 눈부심을 막아주는데 매우 효과적이다. 선글라스를 착용하는 예를 찾아보자.

생활속의 물리 눈과 안경

눈은 여러 면에서 카메라와 비슷하다. 눈에 들어온 빛의 양은 홍채에서 조절하는데, 홍채는 눈동자를 둘러싼 색깔이 있는 부분이다.

빛은 각막이라고 하는 투명한 물질을 지나 눈동자와 수정체를 지나 눈 뒤쪽에 있는 망막에 상을 맺는다. 망막은 섬유층으로 되어 있으며 빛에 매우 민감하다. 망막의 각 부분들은 서로 다른 각도에서 오는 빛을 받는다. 눈과 카메라에서 만들어지는 상은 도립실상이다. 이 상을 바르게 보려면 카메라의 경우는 필름을 돌려서 보면 되지만, 우리의 눈은 망막에 맺힌 도립실상을 뒤집어 보도록 우리의 뇌가 학습되어 있다.

눈과 카메라의 주된 차이점은 초점을 맞추는 것이다. 카메라에서는 렌즈와 필름 사이의 거리를 조절함으로써 초점을 맞춘다. 사람의 눈은 투명한 각막에서 초점을 거의 다 맞추며, 일부는 수정체의 두께와 모양을 변화시켜서 수정체의 초점거리를 조절하여 초점을 맞춘다.

정상적인 눈을 가진 사람은 무한거리(원점)에서부터 25 cm(근점) 사이에 있는 물체를 분명하게 보기 위해 눈을 조절할 수 있다. 그러나 안구나 수정체에 결함이 생기면 굴절 이상을 일으켜서 망막에 상을 맺지 못하게 되므로 물체를 명확하게 볼 수 없다.

근시안(myopic eye)은 가까이 있는 물체는 뚜렷하게 잘 보지만 멀리 있는 물체는 잘 보지 못하는데, 그 이유는 안구의 길이가 길어서 망막 앞에 상을 맺기 때문이다. 이것을 교정하려면 오목 렌즈의 안경을 써서 물체로부터 오는 광선들을 발산시켜 상을 망막 위에 맺히게 해야 한다.

원시안(long-sighted eye)은 멀리 있는 물체는 뚜렷하게 잘 보지만 가까이 있는 물체는 잘 보지 못하는데, 그 이유는 안구의 길이가 짧아서 망막 뒤에 상을 맺기 때문이다. 이것을 교정하려면 볼록렌즈의 안경을 써서 물체로부터 오는 광선들을 수렴시켜 상을 망막 위에 맺히게 해야 한다.

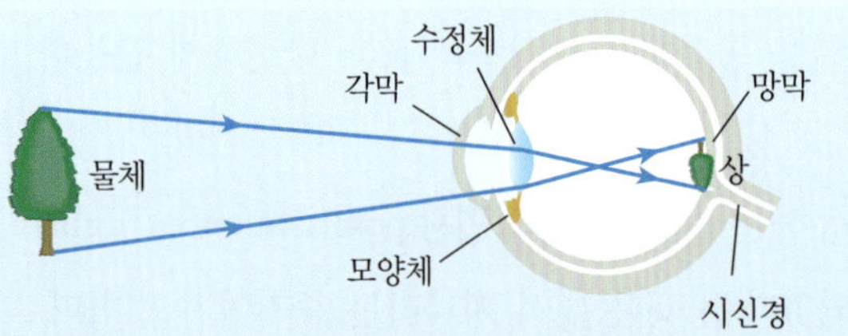

▲ 눈의 망막에 상이 맺히는 모습

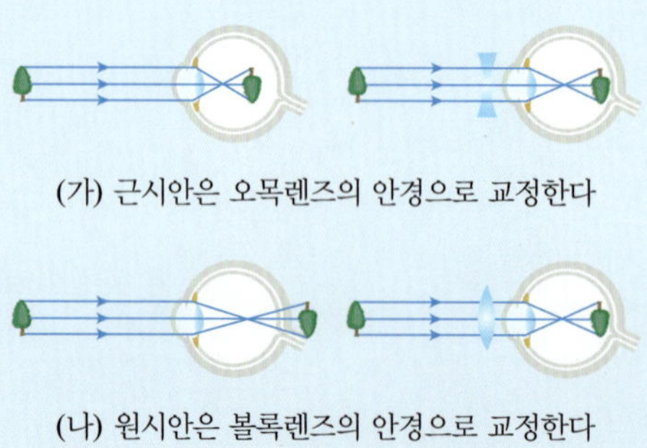

(가) 근시안은 오목렌즈의 안경으로 교정한다

(나) 원시안은 볼록렌즈의 안경으로 교정한다

▲ 근시안과 원시안의 교정 방법

읽을거리 신기루 이야기

햇볕이 내리쪼이는 여름날 차를 타고 가다 보면 아스팔트 위에 군데군데 물이 고여 있는 것처럼 보이지만 가까이 가보면 그렇지 않은 것을 본 경험이 있을 것이다. 사막에서 목이 타는 여행객에게 물이 있다는 확신을 갖게 하는 가짜 오아시스 이야기도 한 번쯤 들어보았을 것이다. 미국 중서부의 고속도로에는 신기루에 속아서 죽은 새를 종종 볼 수 있다고 한다. 어이없게도 이 새들은 끝도 없는 밀밭이라 옥수수밭을 몇 시간이나 날다 넓은 들 한 가운데에 있는 가짜 물줄기를 발견하고 몸을 식히려 급히 내려가다 변을 당하는 것이다. 1798년 이집트로 원정한 나폴레옹 군사들은 사막에 분명히 보였던 호수가 없어지고, 풀잎이 야자수로 변하는 등의 기묘한 신기루 현상을 보고 크게 놀랐다고 한다. 신기루 현상이 일어나는 이유는 무엇일까?

신기루의 아른거리는 '물'은 도로 바로 위에 있는 가열된 얇은 공기층 때문에 광선들이 위로 굴절되어 나타나는 파란 하늘에 지나지 않는다. 공기의 굴절률은 밀도에 비례하고 온도에 반비례한다. 고속도로 표면 근처에서 우리 바로 앞에 있는 하늘로부터 살짝 스쳐 지나가는 광선들은 높은 곳에 있는 차가운(밀도가 높은) 공기로부터 온도가 높고 희박한 공기 쪽으로 내려왔다가 다시 올라와 우리 눈으로 들어온다. 광선의 구부러지는 정도는 온도 기울기와 관련이 있다.

신기루(mirage, 蜃氣樓)는 빛이 밀도가 서로 다른 공기층에서 굴절함으로써 멀리 있는 물체가 가까이 보이거나 없는 사물이 있는 것처럼 보이는 현상을 말한다.

공기의 온도차 때문에 생기는 이러한 특성 때문에 솟아오르는 광선을 대하는 운전자는 굽은 경로를 파악하지 못하고, 광선이 단순히 도로면에서 나온다고 생각할 수 있다. 특히, 굴절된 광선이 파란색 계통이라면, 앞쪽에 물이 고여 있는 물구덩이로 보게 된다. 일반적으로 도로 위의 더운 공기는 불안정하게 움직이기 때문에 신기루는 마치 물이 출렁이는 것처럼 착각하기 쉽다. 운전자가 신기루를 향해 달려가면, 굴절된 빛은 더 이상 볼 수 없게 되고 신기루는 사라진다. 해가 질 때나 해가 뜬 직후에 그 모양이 찌그러져 보이는 것도 지표 부근에서의 공기 밀도 차이 때문이다.

아래 그림은 생활 주변에서 볼 수 있는 신기루 현상을 찍은 것이다. 그림 (가)와 같이 맑은 날임에도 불구하고 도로 바닥에 물이 고여 있는 것처럼 보이고, 그림 (나)와 같이 사막의 먼 앞쪽에 물이 가득한 호수가 있는 것처럼 보이기도 한다.

(가) 멀리 아스팔트 위에 물이 고여있는 것처럼 보인다. 그러나 가까이 가면 그렇지 않다.

(나) 멀리 강같은 물이 있는 것처럼 보이나, 실제 가보면 사막뿐이다.

▲ 신기루 현상의 예

연습문제

풀이 ☞ 385쪽

1. 어떤 물질의 굴절률을 알아보려고 빛이 공기 중에서 물질로 입사할 때 입사각 i와 굴절각 r을 측정하였더니 $i = 50°$, $r = 30°$이었다.

(1) 이 물질의 굴절률은 얼마인가?

(2) 또, 이 물질 속에서 빛의 속도는 얼마인가?

2. 굴절률이 $\sqrt{3}$인 물질에 60°의 각도로 입사한 빛의 굴절각은 얼마인가?

① 30° ② 45° ③ 60°
④ 75° ⑤ 90°

3. 빛의 속도가 2.25×10^8 m/s인 매질의 굴절률은 얼마인가?

① 1 ② $\frac{3}{2}$ ③ $\frac{4}{3}$
④ $\frac{5}{4}$ ⑤ $\frac{6}{5}$

4. 초점거리가 10 cm인 볼록렌즈의 좌측전방 5 cm인 곳에 물체가 놓여 있다. 상의 위치와 종류 중 옳은 것은? 〈광학기사 자격시험 출제〉

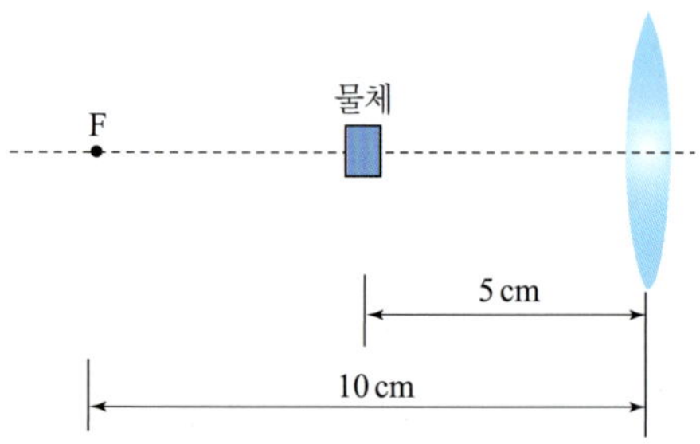

① 렌즈의 좌측 10 cm인 곳에 정립허상이 생긴다.
② 렌즈의 우측 10 cm인 곳에 도립허상이 생긴다.
③ 렌즈의 좌측 3.3 cm인 곳에 정립허상이 생긴다.
④ 렌즈의 우측 3.3 cm인 곳에 도립허상이 생긴다.

5. 굴절률이 n_1인 매질에서 n_2인 매질로 빛이 진행할 때, 그 경계면에서 전반사되게 할 수 있었다. 두 매질의 굴절률 사이의 관계를 바르게 나타낸 것은?

① $n_1 = n_2$ ② $n_1 > n_2$ ③ $n_1 < n_2$ ④ 알 수 없다

6. 굴절률이 $\sqrt{2}$인 물질의 임계각은 얼마인가?

① 30° ② 45° ③ 60°
④ 75° ⑤ 90°

7. 높이가 0.15 m인 물체가 초점거리 0.20 m인 오목거울 앞 0.60 m인 곳에 놓여 있다.

(1) 상의 위치를 구하라.

(2) 상의 크기를 구하라.

* 힌트 : 물체거리를 a, 상거리를 b, 초점 거리를 f, 물체의 높이를 h_0, 상의 높이를 h_i, 배율을 m이라 할 때 오목거울에서 이들 사이에는 다음과 같은 관계가 있다.

$$\frac{1}{f} = \frac{1}{a} + \frac{1}{b}, \quad m = \frac{h_i}{h_0} = -\frac{b}{a}$$

8. 단색광이 공기와 식용유의 경계면에 입사각 60°로 입사하였다. 식용유에서의 광선의 굴절각을 구하라. 단, 공기의 굴절률은 1.00이고 식용유의 굴절률은 1.47이다.

9. 단색광이 공기 중에 놓여있는 굴절률 1.50인 유리로 만들어진 직각 프리즘의 밑면에서 입사한다. 프리즘의 단면은 직각 2등변삼각형 형태이고 입사광은 그림과 같이 프리즘 면에 수직으로 입사한다.

(1) 프리즘에 입사한 후의 빛의 경로를 완성해 보자.

(2) 프리즘–공기 경계면에서 전반사가 일어나기 위한 임계각을 구하라.

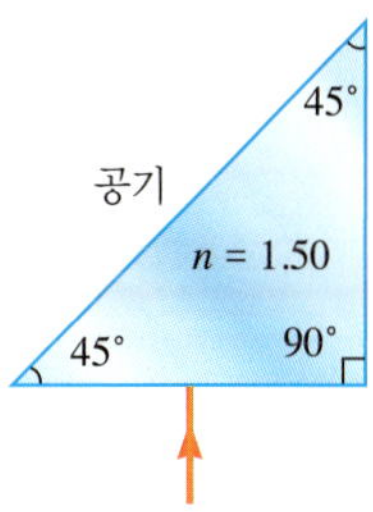

10. 진동수가 $6 \times 10^{14}\ s^{-1}$인 빛의 속도는 진공 중에서 3×10^{10} cm/s라고 한다. 이 빛이 어느 액체 속을 통과할 때의 파장이 3×10^{-5} cm이었다.

(1) 진공 속에서의 파장은 몇 cm인가?

(2) 액체 속에서의 속도는 몇 cm/s인가?

(3) 빛이 진공에서 액체 속으로 들어갈 때의 굴절률은 얼마인가?

11. 빛의 색이 여러 가지로 다른 이유는 무엇인가?

① 색깔에 따른 빛의 파형이 다르기 때문이다.

② 빛을 내는 물질이 다르기 때문이다.

③ 색깔에 따라 빛의 진동수가 다르기 때문이다.

④ 색깔에 따라 진폭이 다르기 때문이다.

⑤ 색깔에 따라 임계각이 다르기 때문이다.

16장

빛과 물질의 이중성

▲ **현대 물리학을 대표하는 과학자들의 컨퍼런스(맨 앞줄 가운데가 아인슈타인)**
1927년 벨기에서 개최된 솔베이회의 모습이다. 노벨 물리학상 수상자가 5명, 노벨 화학상 수상자가 3명이 포함되어 있는 이 사진 속에는, 맨 아랫줄 왼쪽에서 두 번째가 막스 플랑크, 세 번째가 퀴리 부인, 둘째 줄 오른쪽에서 첫 번째가 닐스 보어, 세 번째가 드브로이다.

빛은 회절과 간섭현상을 나타내므로 오랫동안 파동이라고 믿어왔다. 그러나 자연 현상 중에는 빛이 입자적 성질을 지니고 있다고 생각하지 않으면 설명할 수 없는 현상이 발견되었다. 또한 전자와 같은 물질입자들이 파동의 성질을 나타내는 현상도 발견되었다.
빛은 로마 신화에 나오는 야누스(Janus)나, 마징가 Z에 나오는 아수라(asura) 백작처럼 두 개의 얼굴을 가지고 있다. 우리는 지금까지 빛의 한쪽 얼굴만 공부한 셈이다. 그러면 빛의 나머지 다른 얼굴은 무엇인지 알아보자.

16.1 빛의 이중성

▲ 광자란 무엇인가?

빛이 간섭과 회절 현상을 나타내는 것은 빛이 파동이라는 것을 확인시켜주는 훌륭한 증거라는 것을 알았다. 그런데 빛이 입자와 같이 에너지를 주고받는다고 해야 설명이 되는 현상들이 원자 세계에서 발견되었다. 그러면 이러한 현상들을 어떻게 설명할 수 있을까?

빛이 전자와 같이 매우 작은 물질 입자와 상호 작용할 때에도 파동성만 나타내는지 알아보자.

1) 광전효과

그림 16.1과 같이 사포로 잘 닦은 아연판을 음(−)으로 대전시켜서 검전기 위에 올려놓고 자외선을 비춰주면 금속박이 오므라드는 것을 볼 수 있다. 이것은 아연판 표면에서 전자가 방출되어 금속박에 있는 (−) 전하가 아연판 쪽으로 이동하기 때문이다.

이처럼 금속표면에 자외선과 같이 파장이 짧은(진동수가 큰) 빛을 비추면 금속표면에서 전자가 방출된다. 이와 같은 현상을 **광전효과**(photoelectric effect)라고 하며, 이때 방출되는 전자를 **광전자**라고 한다.

전자는 금속 내에서 비교적 자유로운 운동을 하지만 평소에는 금속표면 밖으로 나올 수 없다. 그 이유는 원자핵들이 전자를 붙잡고 있는 것과 같은 여러 가지 요인들로 인해서 전자는 금속에 속박되어 있기 때문이다. 따라서 전자를 금속표면 밖으로 나오게 하려면 전자를 속박하고 있는 것을 이겨낼 수 있는 에너지를 주어야 비로소 속박에서 벗어나 금속표면으로부터 튀쳐나오게 되는 것이다. 이 에너지를 **일함수**(work function)라고 한다. 일함수는 금속에 따라 다른 값을 가진다. 그렇다면 전자에게 속박에서 벗어날 수 있는 에너지를 준 것은 무엇일까?

다름 아닌 빛이 분명하다. 빛을 금속표면에 쪼이면 빛에너지가 금속에 속박되어 있는 전자에게 전달된다.

그림 16.1 광전효과

백열등으로 금속표면을 아무리 오랫동안 빛을 쪼여도 광전자가 튀어나오지 않는다. 그러나 자외선을 쪼여주면 금방 광전자가 튀어나온다. 과학자들은 여기서 '빛과 전자는 일대일로 반응하는가 보구나'라는 생각을 하게 되었다. 빛에너지가 전자 한 개에 자꾸 쌓이는 것이 아니라 빛 한 개에 전자 한 개가 반응하는 것이라고 생각한 것이다.

이렇게 빛을 한 개, 두 개라고 생각하는 것은 빛을 입자라고 본 것이다. 빛을 에너지를 갖고 있는 입자라고 생각하면 당연히 하나, 둘 셀 수 있을 것이다. 이와 같이 빛을 입자로 생각할 때 **광자**(photon)라고 한다.

아인슈타인(A. Einstein)은 빛을 광자라고 생각하여 광전효과를 설명하였다. 금속표면에서 광자 한 개는 원자 한 개에 전부 흡수되든가 아니면 전혀 흡수되지 않는 경우만 있다. 금속으로부터 방출되는 각각의 전자는 오직 하나의 광자만을 완전히 흡수한다. 이것은 금속을 때리는 광자의 수는 특정 전자 하나가 튀어 나오느냐 그렇지 않느냐와 아무런 관계가 없다는 것을 의미한다.

광자 하나의 에너지가 너무 작으면, 빛의 세기가 아무리 강해도 소용없다는 것이다. 결정적인 요인은 빛의 진동수와 색깔이다. 파란빛이나 보랏빛 광자들은 조금만 있어도 전자 몇 개를 방출시킬 수 있지만 빨간빛이나 주황빛 광자들은 아무리 몰려와도 전자 한 개를 튀어나오게 할 수 없다. 오직 진동수가 큰 광자만이 전자를 금속표면에서 떼어낼 만큼의 충분한 에너지를 가지고 있다.

파동은 넓은 파면을 가지고 있으며 파동의 에너지는 파면을 따라 퍼져 있다. 파도가 바닷가의 조약돌 한 개를 뭍으로 올려 보내기 위해 파도 전체의 에너지를 조약돌에 집중시키는 일은 없는 것처럼 금속표면으로부터 전자 한 개를 튀어나오게 하기 위해 전체 광자의 에너지가 하나의 전자에 집중되는 일은 없을 것이다.

전등빛을 금속표면에 아무리 쪼여도 광전자가 방출되지 않지만, 자외선을 쪼이면 금방 광전자가 방출되는 것은 자외선이 많은 에너지를 갖고 있다는 것을 의미한다. 따라서 자외선은 진동수가 크기 때문에 많은 에너지를 갖는다고 생각할 수 있다.

광자가 금속에 속박되어 있는 전자를 떼어 내는 데 필요한 최소한의 에너지를 가질 때의 빛의 진동수를 **문턱진동수**(threshold frequency, f_0)라고 한다. 문턱진동수보다 큰 진동수를 가진 빛을 금속표면에 비춰주면 아무리 약한 빛이라도 금방 광전자가 튀어나온다.

그림 16.2는 광전효과의 실험장치를 간단히 나타낸 것이다. 그림의 (가)는 광전효과가 잘 나타나도록 표면을 처리한 음극 K와 양극 P를 봉입한 진공관으로 **광전관**(photoelectric tube)이라고 한다. 광전관의 음극 K에 빛을 비춰주면 광전자가 방출되어 양극 P를 향해 이동하면서 회로에 전류가 흐르게 되는데, 이 전류를 **광전류**라고 한다. 광전류 I는 광전관의 음극 K에 비추는 빛의 세기와 양극 P와 음극 K 사이에 걸린 전압에 따라 그림의 (나)와 같이 변하는 것을 볼 수 있다. 즉, 광전관에 빛을 계속 비춰주면서

TIP 고전역학과 양자역학

- **고전역학**, classical mechanics
  물체에 작용하는 힘과 운동의 관계를 설명하는 물리학이다. 역학분야에서 뉴턴의 공헌이 상당히 크기 때문에 고전역학을 뉴턴역학이라고도 한다.
- **양자역학**, quantum mechanics
  원자 크기(10^{-8} cm) 혹은 그보다 작은 물체를 다루는 미시 세계에서 적용되는 물리학이다. 전자 · 양성자 · 중성자 · 원자와 분자를 이루는 다른 원자 구성 입자들의 운동을 다룬다. '광자는 띄엄띄엄한 에너지를 갖는다'라는 아인슈타인의 주장은 양자역학의 출발점이 되었다.

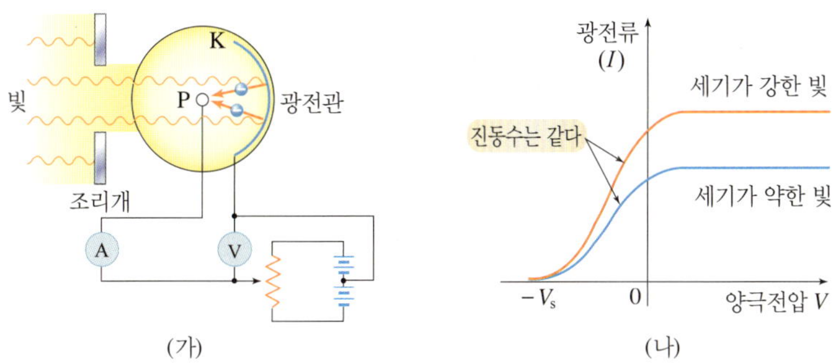

그림 16.2 (가) 광전관의 구조와 (나) 광전효과 실험결과

양극전압 V를 서서히 높이면, 광전류 I가 처음에는 증가하다가 어느 전압에 이르면 더 이상 증가하지 않고 일정하게 유지된다.

이번에는 양극전압 V를 서서히 감소시키면 광전류도 점차 감소한다. 그러다가 양극전압이 어떤 전압에 이르면 광전류는 더 이상 흐르지 않는다. 이와 같이 광전류가 0이 되는 전압을 **저지전압**(V_s)이라고 한다.

이상과 같은 광전효과의 실험 결과를 간추려 정리하면 다음과 같다.

- 광전자를 방출시키려면 금속표면에 비춰주는 빛의 진동수가 특정한 진동수 f_0보다 커야 한다. 이때의 진동수를 문턱진동수라고 하며, 이 값은 금속의 종류에 따라 다르다.
- 문턱진동수 이하의 진동수를 가진 빛은 아무리 강하게 오랫동안 비춰도 광전자가 방출되지 않는다. 그러나 문턱 진동수보다 큰 진동수를 가진 빛은 그 세기에 관계없이 빛을 비추는 즉시 광전자가 방출된다.
- 광전류의 세기, 즉 금속표면에서 방출되는 광전자의 수는 비춰주는 빛의 세기에 비례한다. 진동수와는 관계가 없다.

빛이 파동이라면 진동수가 작아도 그 빛의 세기를 강하게 하거나 오랫동안 비추면 금속 내의 전자는 충분한 에너지를 얻게 되므로 금속표면 밖으로 튀어나올 수 있어야 한다. 그러나 실험 결과 문턱 진동수 이하의 빛으로는 결코 광전자를 방출시킬 수 없다. 그리고 문턱 진동수가 물질의 종류에 따라 다르다는 사실은 파동 이론만으로 설명하기가 어렵다. 따라서 광전효과를 설명하려면 빛이 파동이라는 생각을 근본적으로 바꿔야 할 필요가 있다.

생활속의 물리 광전관을 이용한 도난 경보기

도난 경보기는 광전관을 비추는 빛이 눈에 띄지 않게 하기 위해서 자외선을 사용한다. 자외선을 광전관의 음극에 비추면 광전류가 발생하여 그림 (가)에서와 같이 전자석의 코일에 흐르게 되므로 스위치에 붙어있는 금속막대를 끌어당겨서 스위치를 열어놓는다. 만일 침입자가 건물에 들어와 지나가다가 빛을 차단하게 되면 그림의 (나)와 같이 광전류가 흐르지 않게 되어 전자석의 코일에 전류가 끊기게 되므로 스위치에 달려있는 금속막대가 분리되어 스위치가 닫히게 된다. 이때 경보 시스템이 작동하여 경보음이 울리게 된다.

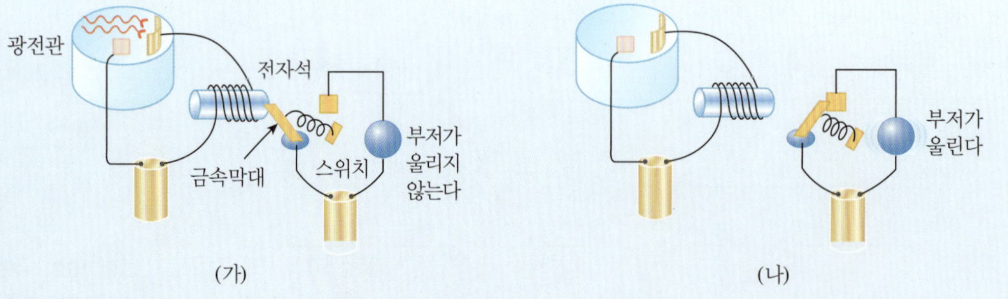

2) 빛의 이중성

광전효과를 공부하면서 빛을 파동이라고만 생각하기에는 여러 가지로 어려운 점이 많다는 것을 알았을 것이다. 그렇다면 빛을 무엇으로 생각해야 할까?

과학자들은 빛이 파동이라는 기존의 고정 관념을 버리고 새로운 개념을 도입하기에 이르렀다. 그것이 바로 빛은 입자라는 개념이며, 빛은 파동과 입자의 이중성을 갖는다는 것이다.

그림 16.3은 프랑스의 화가 **쇠라**(G. P. Seurat)가 그린 '그랑드 자트섬의 일요일 오후'라는 점묘화이다. 이 그림을 멀리서 바라보면 마치 실물처럼 보이지만, 가까이에서 자세히 보면 모든 사물들이 작은 점으로 되어 있는 것을 알 수 있다. 이 그림을 보면서 연속적으로 보이는 빛도 불연속적인 입자로 되어 있다고 생각할 수도 있을 것이다.

그림 16.3 쇠라가 그린 점묘화

1900년 독일의 물리학자 **플랑크**(M. Planck)는 고온의 물체에서 방출되는 열복사에 관한 연구에서 복사 에너지는 연속적인 값을 갖지 않고 작은 에너지 뭉치인 에너지 양자라는 불연속적인 값을 가진다는 **양자 가설**(quantum hypothesis)을 제안하였다. 이것은 당시의 열복사 연구의 실험 결과를 만족시키는 이론이었다.

1905년 아인슈타인은 플랑크의 에너지 양자개념을 광전효과에 도입하여, 빛은 연속적인 파동의 흐름이 아니라 불연속적인 에너지 양자의 흐름이라고 생각하였다. 이 에너지 양자를 **광양자**(light quantum) 또는 **광자**(光子)라고 한다. 이렇게 빛을 입자라고 생각하면 광전효과를 잘 설명할 수 있다.

TIP 광자와 광전자

- 광자(광양자, photon): 빛을 특정 에너지와 운동을 하는 입자로 취급할 때의 빛의 입자
- 광전자(photoelectron): 광전효과에 의하여 금속표면으로부터 방출되는 전자

이제 광양자는 빛이라는 것을 확실히 알았을 것이다. 그러면 광자는 당연히 진동수를 가지고 있어야 한다. 아인슈타인은 진동수가 f인 광자의 에너지 E를 다음과 같이 나타내었다. 즉

$$E = hf \tag{16-1}$$

이것은 광양자 한 개의 에너지이다. 결국 빛에너지는 빛의 세기(양)와는 관련이 없고 진동수에만 관련이 있다는 것이다.

이 식에서 h는 **플랑크 상수**(planck constant)이며, 그 값은 다음과 같다.

$$h = 6.625 \times 10^{-34}\ \mathrm{J\ s}$$

■ 진동수가 f인 빛이 가질 수 있는 에너지는 hf, $2hf$, $3hf$, …와 같이 광자 한 개의 에너지인 hf의 정수배에 해당하는 값만 갖는다.

아인슈타인은 광자가 물질과 상호 작용을 할 때 입자처럼 행동하며, 전자와 충돌할 때 가지고 있던 에너지 hf를 전자에게 주기 때문에 전자가 금속표면으로부터 튀어나오게 되는 것이라고 설명하였다.

진동수가 f인 빛을 금속표면에 비추면 hf의 에너지를 가진 광자가 금속 내의 전자 한 개와 충돌하여 전자에게 에너지를 넘겨주게 되는데, 광자의 에너지가 금속의 일함수보다 크거나 같은 경우($hf \geq W$)에는 금속표면에서 광전자가 방출된다. 금속표면에서 방출되는 광전자의 운동 에너지를 $\frac{1}{2}mv^2$(J)이라 하고, 일함수를 W(J)라고 하면 다음과 같은 관계식이 성립한다.

$$\frac{1}{2}mv^2 = hf - W \tag{16-2}$$

이 식을 이용하여 광전효과를 설명해 보면, $hf > W$일 때는 금속표면에 빛을 비추는 즉시 광전자가 튀어나온다. 이때 남은 에너지는 광전자의 운동 에너지가 되며 그 값은 $\frac{1}{2}mv^2(> 0)$일 것이다. 그리고 $hf = W$일 때가 광전자가 방출될 수 있는 한계이며, 이때의 진동수 f_0가 한계진동수이다. 따라서 광전효과에서 금속의 문턱진동수 f_0를 구하면 $0 = hf_0 - W$이므로 다음 식이 성립한다.

$$f_0 = \frac{W}{h} \tag{16-3}$$

한편, 광자의 에너지가 일함수보다 작은 경우($hf < W$)에는 $\frac{1}{2}mv^2 < 0$이므로 광전자가 방출되지 않는다.

광전효과를 그림 16.4와 같이 언덕 아래에 있는 공을 언덕 위로 올리는 경우에 비유해 보면 이해가 쉽다. 언덕 아래에 있는 공에 주는 에너지 hf가 공을 언덕 위로 올리는 데 필요한 일 W보다 크면, 공은 언덕 위로 올라가서 $hf - W$에 해당하는 운동 에너지를 가지고 운동을 계속할 것이다. 이때 공을 금속 내에 있는 전자로 비유할 수 있다.

빛의 간섭과 회절 현상에서는 파동적 성질이 뚜렷하고, 광전효과에서는 입자적 성질이 뚜렷하게 나타나는 것으로 보아 이제 빛은 파동만이라고 할 수 없으며, 입자라고

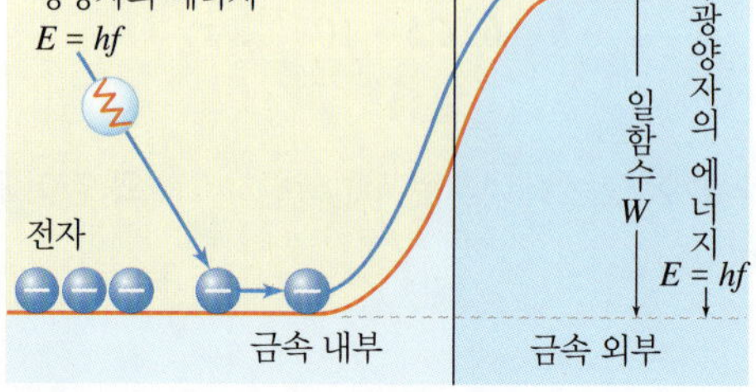

그림 16.4 광전효과 실험에서 광전자의 에너지 상태를 설명하는 그림

만 할 수도 없다.

과학자들은 협의를 통해 빛의 두 가지 성질을 모두 인정하였다. 즉, 빛은 파동성도 가지고 있고, 입자성도 가지고 있다는 것이다.

■ 빛이 파동성과 입자성을 모두 가지고 있다는 것을 빛의 이중성(duality of light)이라고 한다.

아인슈타인의 광양자설에서 광자의 에너지 $E = hf$는 빛의 파동성과 입자성을 동시에 표현한다. 왜냐하면 이 식에서 E는 입자의 에너지인 반면, 진동수 f는 파동과 관련된 물리량이기 때문이다.

빛의 파동성과 입자성은 서로 배타적인 것이 아니고, 서로 상호 보완적인 관계를 갖는다. 자연에는 빛의 이중성을 동시에 적용해야 설명이 되는 현상은 없다는 것이 참으로 신기하다.

16.2 물질의 이중성

빛은 파동성만 가지고 있다고 믿어왔었는데 입자성도 가지고 있다는 것이 밝혀지면서, 입자성만 가지고 있는 것으로 믿어왔던 물질은 파동성을 가지고 있지 않을까 하는 의문이 제기되기 시작하였다.

빛이 이중성을 가지고 있다면 물질도 이중성을 가지고 있을 것이라는 물리 현상의 대칭성을 전제로 밝혀진 물질의 이중성에 대해 알아보자.

1) 물질파

힘껏 던진 야구공이 간섭 현상을 일으키지는 않을까? 만일 간섭 현상을 일으킨다면 입자가 파동성을 갖는다는 말이 될 것이다. 그러면 그림 16.5와 같이 투수가 던진 야구공이 파동처럼 진폭과 주기를 가지고 날아간다는 의미가 되는 것이다. 만일 그렇게 될 수만 있다면 이 세상 어떤 타자도 칠 수 없는 무서운 공이 될 것이 분명하다.

그림 16.5 야구공이 아주 빠르게 운동한다면 물질파의 특성이 나타날 것이다

1923년 프랑스의 이론물리학자 드브로이(L. V. de Broglie)는 파동이라고 생각했던 빛이 입자성을 나타낸다면 반대로 전자와 같은 물질 입자도 파동성을 나타낼 수 있을 것이라는 가설을 제안하였다. 당시로서는 그 때까지의 고정 관념을 완전히 던져버린 획기적인 발상이었다. 그리고 드브로이는 질량이 m인 입자가 속력 v로 운동할 때 나타나는 파장 λ는 다음과 같이 주어진다고 제안하였다.

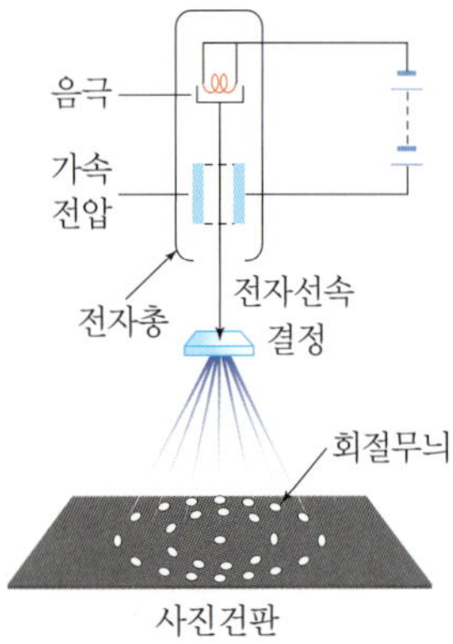

그림 16.6 가속된 전자가 결정을 통과하면 회절현상이 발생하여 회절 무늬를 관찰할 수 있다.

$$\lambda = \frac{h}{mv} = \frac{h}{p} \qquad (16\text{-}4)$$

이와 같이 물질 입자가 파동성을 나타낼 때, 이 파동을 물질파(matter wave) 또는 드브로이 파(de Broglie wave)라 하고, 이때의 파장을 드브로이 파장(de Broglie wavelength)이라고 한다. 드브로이 파장 λ는 입자의 운동량 $p = mv$가 클수록 짧아진다.

식 (16-4)에서 파장 λ는 파동의 성질을 나타내는 개념이고, 운동량 mv는 입자의 성질을 나타내는 개념이다. 그런데 이들 두 개념은 플랑크상수 h를 사이에 두고 서로 밀접한 관련을 가지고 있으며, 바로 이 식이 물질 입자가 파동성을 띤다는 것을 말해주고 있는 것이다.

이러한 드브로이의 주장을 확인하려면 입자에서도 파동의 성질이 가장 두드러진 회절 무늬가 관측되어야 한다. 드브로이의 주장이 발표된 후 1927년에 데이비슨(C. J. Davisson)과 거머(L. H. Germer)는 그림 16.6과 같이 5000 V로 가속된 전자선속을 얇은 니켈판에 입사시켜 회절현상을 관찰하고 회절무늬를 조사하여, 전자가 갖는 물질파의 파장이 드브로이가 제안한 $\lambda = \frac{h}{mv}$와 잘 일치하는 것을 알아내었다. 그리하여 이들은 전자가 파동성을 가진다는 사실을 확인하였다.

그리고 1928년에 톰슨은 얇은 금속박에 전자선속을 입사시켜서 그림 16.7의 (나)와 같은 전자선의 회절무늬를 얻었다. 이것은 그림 16.7의 (가) X선 회절무늬와 너무도 닮은 것을 알 수 있다. 톰슨은 이 실험을 통해서 입자인 전자가 회절한다는 것을 알아냈으며, 입자의 회절무늬까지 파동의 회절무늬와 흡사하다는 것을 밝혀냄으로써 물질파의 실체를 확인하였다. 즉, 물질입자도 파동성을 갖는다는 것이 증명되었다.

이상의 연구 결과로 입자도 파동성을 가지고 있다는 사실을 알게 되었으며, 많은 실험을 통해 양성자, 중성자 등도 파동성를 가지고 있다는 사실이 밝혀졌다.

■ 물질들은 미시세계에서 빛과 마찬가지로 파동성과 입자성을 모두 갖는다는 것이 밝혀졌는데, 이것을 물질의 이중성(duality of matter)이라고 한다.

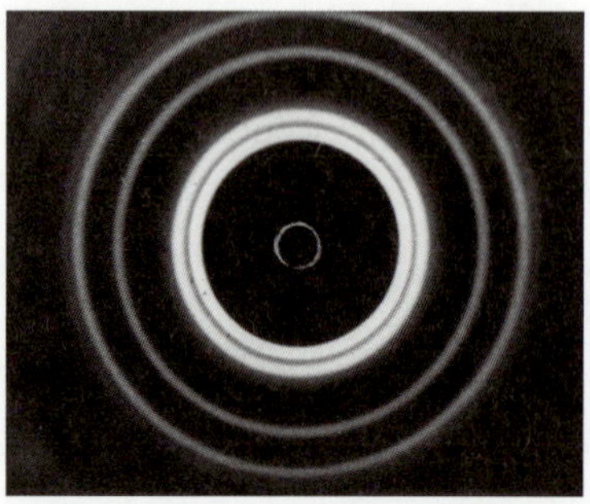

(가) X선에 의한 회절무늬

(나) 전자에 의한 회절무늬

그림 16.7 가속된 X선 및 전자가 알루미늄박에 입사될 때 나타는 회절무늬

빛이 입자라고 생각할 때, 광자의 에너지를 나타내는 식 $E = hf$와 물질 입자의 파동성을 나타내는 식 $\lambda = \frac{h}{mv}$에는 모두 플랑크상수 h가 포함되어 있다는 것이 매우 흥미롭다.

플랑크상수는 물질의 입자성과 파동성을 구분하는 인자이며 미시 세계의 물리법칙의 특징을 나타내는 중요한 상수이기도 하다. 거시적인 물리현상에서는 플랑크상수가 무시된다. 이때 입자는 입자의 성질만 나타내고 파동은 파동의 성질만 나타낸다. 그러나 미시 세계에서 아주 작은 에너지를 교환할 때에는 플랑크 상수는 무시될 수 없으며, 전자와 같은 미시적인 입자는 파동성과 입자성의 이중성을 갖는다는 것을 알아야 한다.

■ 일반적으로 빛이 파동성을 나타내는 현상에는 입자성이 나타나지 않고, 입자성을 나타내는 현상에는 파동성이 나타나지 않는 것처럼, 물질입자에서도 입자성과 파동성이 동시에 나타나는 현상은 관찰되지 않는다.

식 (16-4)에서 물질의 운동량이 커서 물질파의 파장이 짧아질수록 입자성이 더 현저하게 나타나고, 반대로 물질의 운동량이 작아서 물질파의 파장이 길어질수록 파동성이 더 현저하게 나타난다는 것을 알 수 있다.

입자의 파동성을 이용하여 제작된 기구가 **전자현미경**이다. 전자의 드브로이 파장이 가시광선의 파장보다 훨씬 짧기 때문에 전자의 파동성을 이용하면 배율이 매우 높은 현미경을 만들 수 있다.

전자현미경은 광학현미경보다 수천 배 이상 확대된 상을 얻을 수 있다. 그림 16.8은 투과전자현미경으로 찍은 물질의 분자 구조와 파리의 머리 사진이고, 그림 16.9는 투과전자현미경의 구조와 모습이다.

■ 입자의 속력이 증가할수록 그에 상응하는 물질파의 파장은 증가할까? 아니면 감소할까?

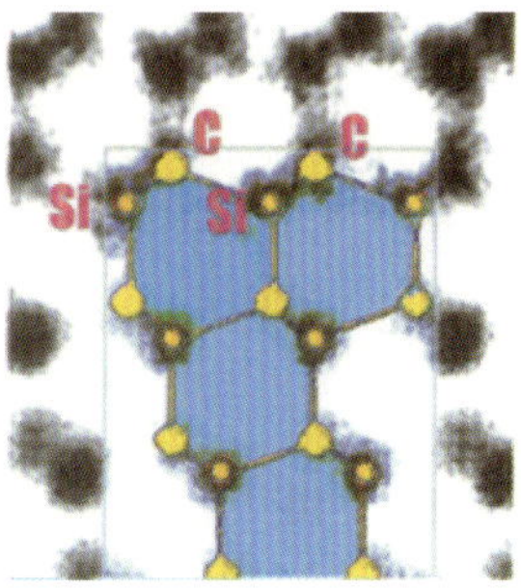

(가) 실리콘 카바이드(SiC) 분자 구조

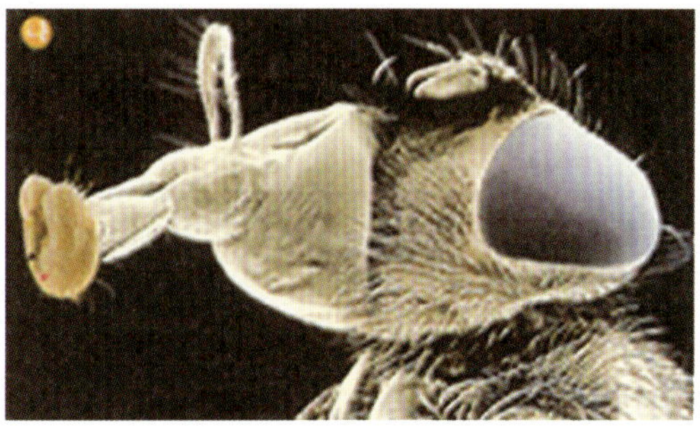

(나) 파리의 머리 모습

그림 16.8 투과전자현미경으로 촬영한 사진

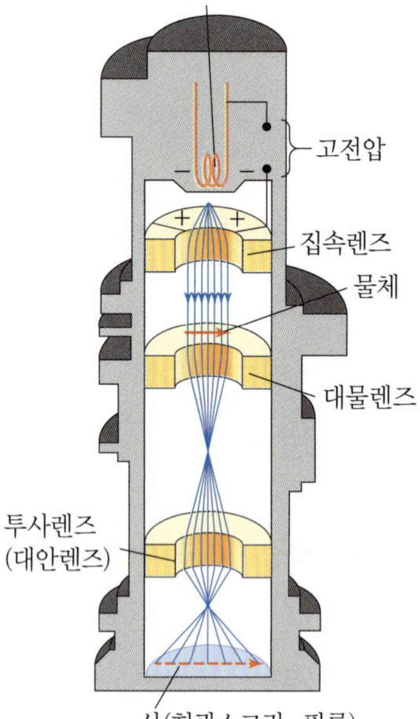

(가) 구조

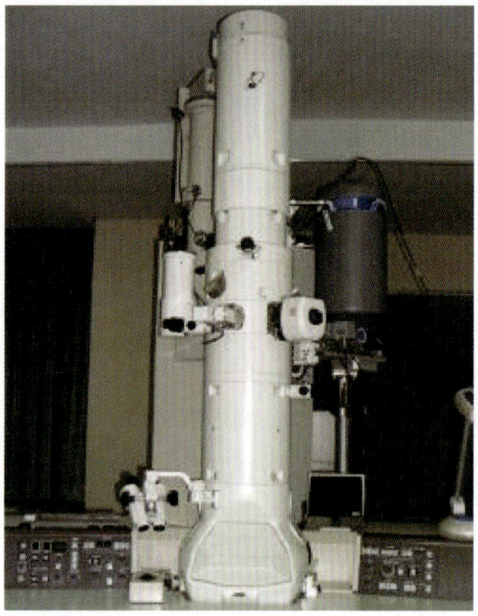

(나) 외형

그림 16.9 투과전자현미경(TEM: transmisson electron microscope). 전자를 가속시켜 측정 시료에 입사시킨 후 투과된 전자선을 전자 렌즈로 모아 수십만 배 이상으로 확대하여 관찰할 수 있는 현미경.

예제 1 (1) 20 m/s의 속력으로 던진 질량 150 g인 공이 가지는 드브로이 파장은 얼마인가?

(2) 이 공과 속력이 같은 전자의 드브로이 파장은 얼마인가? 전자의 질량은 9.1×10^{-31} kg이다.

풀이

(1) 공의 드브로이 파장은 $\lambda = \dfrac{h}{mv} = \dfrac{6.6 \times 10^{-34}\,\text{J s}}{0.15\,\text{kg} \times 20\,\text{m/s}} = 2.2 \times 10^{-34}$ m이다.

(2) 전자의 드브로이 파장은 $\lambda = \dfrac{h}{mv} = \dfrac{6.6 \times 10^{-34}\,\text{J s}}{9.1 \times 10^{-31}\,\text{kg} \times 20\,\text{m/s}} = 3.6 \times 10^{-5}$ m이다.

공의 드브로이 파장은 너무 짧아서 관측할 수 없지만, 전자의 드브로이 파장은 잘 관측된다.

물리학의 선구자 **아인슈타인(A. Einstein : 1879~1955)**

독일-미국의 이론물리학자인 아인슈타인만큼 일반에 널리 알려진 물리학자는 없을 것이다. 혹자는 그를 두고 신의 은총을 가장 많이 받은 물리학자라고도 한다. 그러나 아인슈타인 하면 떠올리게 되는 상대성 이론만큼이나 잘못 알려져 있는 경우도 드물다.

아인슈타인은 1879년 3월 14일 독일의 울름이라는 곳에서 출생했다. 그는 어렸을 때 뉴턴처럼 별로 재주가 돋보이지 않았으며 지진아였고 9살이 될 때까지 말을 더듬거렸다고 한다. 그러나 언제 익혔는지 모르지만 훌륭한 바이올린 연주자였다고 한다. 그는 15세 때 스위스로 건너가서 취리히 공과대학을 다녔으며, 1902년 스위스 특허국의 기사로 근무하기도 하였다. 그는 여기서 생활비도 얻고 물리학을 연구할 수 있는 충분한 시간도 갖게 되었다.

아인슈타인은 밤늦게까지 부인의 뜨개질을 도와가면서 단란한 가정 생활을 즐기는 평범한 가장이었다. 그는 1905년에 특수 상대성 이론을 발표하여 뉴턴의 시·공간에 대한 개념을 근본적으로 바꾸어 놓았으며, 질량과 에너지의 등가관계를 발견하였다. 그의 상대성 이론은 당시의 철학 사상에도 큰 영향을 끼쳤다. 그리고 아인슈타인은 브라운 운동의 이론, 광전효과의 양자론적 설명, 고체의 비열 이론 등 많은 연구 업적을 쌓았다. 그는 광전효과에 대한 광양자설로 1921년 노벨 물리학상을 수상하였다.

아인슈타인은 비교적 자유로운 생각을 많이 할 수 있었던 간톤 학교 시절인 16세 때부터 물체가 빛과 같은 속도로 달리면 어떤 현상이 나타날 것인가에 대한 생각에 골몰했다고 한다. 이것이 상대성 이론과 관련된 그의 최초의 사고 실험이었으며, 그 뒤 10여 년 동안 이 문제에 대해서 고민을 계속했다. 그 후 그는 취리히 공과대학, 베를린 대학의 교수가 되었으며, 1916년에는 일반 상대성 이론을 완성하고, 1929년에는 서로 독립된 개념으로 알고 있었던 만유인력과 전자기력을 통합하는 통일장 이론을 발표하였다. 그는 유대인이었기 때문에 히틀러가 집권한 후, 1933년 독일을 떠나 미국에 정착하였으며 프린스턴 고등연구소의 교수로 재직하면서 여생을 연구에만 전념하였다.

연구에 너무 몰두한 그는 거의 신경쇠약에 걸릴 지경이었다. 그는 후에 다음과 같이 말했다. "내 속에서 특수 상대성 이론이 태동할 무렵 나는 온갖 정신적 압박에 시달려야 했다. 어렸을 때 풀기 어려운 의문에 처음 부딪쳤을 때의 어안이 벙벙한 상태처럼 나는 혼란스러운 상태에서 몇 주일씩 돌아다니곤 했던 기억이 생생하다."

그리고 아인슈타인은 "우리들은… 새로운 물리 개념들이 기존의 개념들과 더불어 얼마나 큰 역경을 이겨내고 탄생하였는가를 알아야 한다. 우리는… 계속 새로워지고 있는 우주상의 창조를 위하여 모험에 찬 과학적 사고에 큰 기대를 걸고 있다."라는 말로 후배 과학자들을 격려하였다.

그는 1955년 프린스턴 병원에서 잠을 자다가 숨을 거두었다. 그의 책상에는 이스라엘 독립일에 대해 씌어진 미완성의 언명들이 적혀 있었다고 한다. 그 내용 중 일부는 다음과 같다. "내가 성취하고자 추구했던 것은 단지 나의 부족한 능력으로 진리와 아무도 즐겁게 하지 못하는 위험에 대한 정의에 봉사하고자 하는 것이다."

위대한 과학자의 애국심과 겸손함은 모든 과학자의 마음속에 영원할 것이다.

아인슈타인의 유머

"만약 상대론이 옳다고 판명된다면 독일인들은 나를 독일 사람이라고 부를 것이고, 스위스 사람들은 스위스 시민이라고, 그리고 프랑스 사람들은 나를 위대한 프랑스 과학자라고 부를 것이다. 그러나 상대론이 틀릴 경우에는 프랑스인들은 나를 스위스 사람이라고 할 터이고, 스위스 사람들은 나를 독일 사람이라고, 그리고 독일 사람들은 나를 유태인이라고 할 것이다."

읽을거리

전자현미경과 원자현미경

전자현미경(electron microscope)의 개발은 사물을 인식할 수 있는 단계를 한 단계 확장시킨 현대과학의 원동력 중의 하나이다. 전자를 가속시켜 매우 빠른 속력을 갖게 되면 빛의 파장보다 훨씬 짧은 드브로이(de Broglie)파장을 갖는 전자선속이 얻어진다. 이 전자선속을 이용하여 물질 표면을 원자 단위까지 관찰할 수 있는 기구가 전자 현미경이다. 전자 현미경에는 2차원상을 얻을 수 있는 투과 전자 현미경(TEM)과 3차원 상을 얻을 수 있는 주사 전자 현미경(SEM)이 있다. TEM의 분해능은 약 0.2~0.5 nm이고, SEM의 분해능은 5~10 nm 정도이다. 이 값은 광학 현미경보다 1000배 이상 좋은 해상도를 갖는다.

원자현미경(AFM: Atomic Force microscope)은 광학 현미경과 전자 현미경의 뒤를 잇는 제3세대현미경으로 1986년 등장했다. 원자 현미경은 미세한 탐침을 시료 표면 가까이 가져갈 때 생기는 원자간의 상호 작용력을 측정해 시료 표면의 형상을 알아내는 장치이다. 원자 현미경은 대기 중에서도 사용이 가능하고 물체의 형상뿐만 아니라 시료의 전기적, 자기적, 기계적 특성들도 측정할 수 있어서 반도체, 하드디스크 드라이브, 액정표시장치는 물론 재료공학, 정밀화학, 분자생물학 등 나노기술 연구에 널리 사용되고 있다. 원자 현미경이 개발되면서 처음으로 반도체의 재료인 실리콘 웨이퍼의 표면을 볼 수 있게 됐다. AFM의 분해능은 수평 방향으로 0.1 nm, 수직 방향으로 0.01~0.001 nm 정도이다. 원자현미경은 주사탐침현미경, 원자력간 현미경으로 부르기도 한다. 우리나라의 파크시스템스(Park systems)는 나노 단위 현미경 제조 및 계측 솔루션을 제공하는 대표 회사이다.

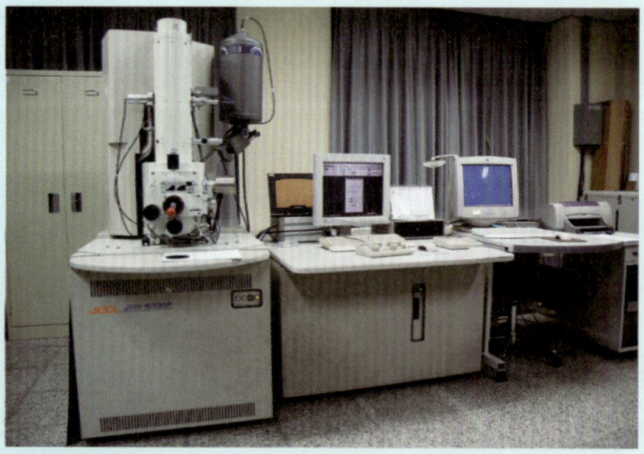

▲ 투과전자현미경

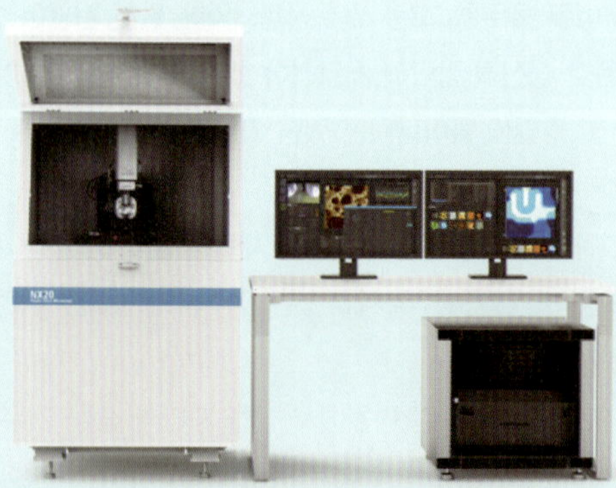

▲ Park systems에서 판매하고 있는 대형시료용 AFM. ParkNX20(사진 출처: 파크시스템스, www.parkafm.co.kr/)

연습문제

풀이 ☞ 386쪽

1. 빛을 파동으로 볼 경우 설명되지 않는 실험적 사실은 어떤 것이 있는가?

2. 물질의 이중성에 따르면 움직이는 모든 물체는 파동으로 볼 수도 있는데 일상생활에서 움직이는 물체로부터 파동성이 느껴지지 않는 이유는 무엇인가?

3. 진동수가 1.5×10^{15} Hz인 자외선이 구리의 표면을 입사하였다. 이때 방출되는 광전자의 최대 운동 에너지는 몇 J인가? 또 이 값은 몇 eV인가?.

4. 보라색 빛을 어떤 금속표면에 쪼여주었더니 전자가 3×10^{-19} J의 운동 에너지를 가지고 튀어나왔다면

(1) 보라색 빛의 파장이 400 nm라면 진동수는 얼마가 되겠는가?

(2) 이 금속의 일함수는 몇 J인가?

(3) 이 금속의 문턱진동수는 몇 Hz가 되겠는가?

5. 미시 세계에서 어떤 물질이 파동성을 나타낼 것인가 입자성을 나타낼 것인가를 결정하는 물리량은 무엇인가?

6. 전자의 드브로이 파장이 20 nm라면 전자의 속도는 몇 m/s인가?

7. 그림과 같이 검전기를 (−)로 대전시킨 후, 금속판의 문턱 진동수보다 낮은 진동수의 빛을 금속판에 비추어 주었다. 이때 일어나는 현상으로 옳은 것은?

〈9급 지방직 공무원 공채 출제〉

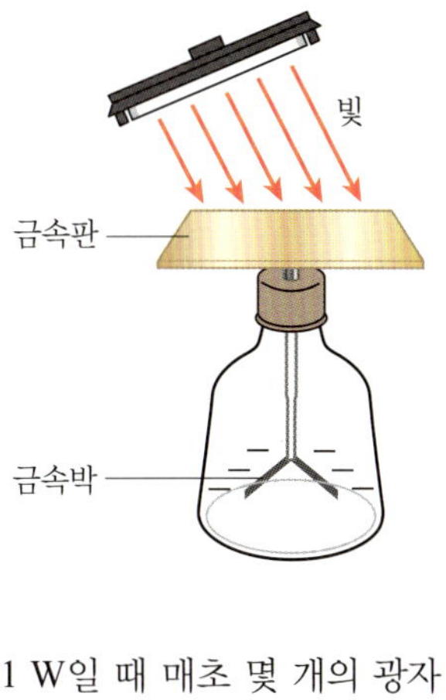

① 금속박이 오므라든다.
② 금속박이 더 벌어진다.
③ 금속박이 오므라들다 벌어진다.
④ 금속박이 변하지 않는다.

8. 진동수가 2.00×10^{14} Hz인 광자 한 개가 가지는 에너지는 몇 J인가? 또 이 빛의 세기가 1 W일 때 매초 몇 개의 광자가 나오는가?

9. 질량이 60 kg인 사람이 10 m/s의 속도로 달릴 때 이 사람의 드브로이 파장은 몇 mm인가? 단, 플랑크 상수는 $h = 6.6 \times 10^{-34}$ Js이다.

10. $\frac{h}{mv}$를 기본단위로 나타내고, 그것이 길이의 단위와 같다는 것을 증명하시오.

11. 물질입자의 파동성이 일찍 발견되지 않은 까닭은 무엇이라고 생각하는가?

12. 100 V로 가속된 전자의 물질파의 파장은 얼마인가? 단, 전자의 질량은 9.1×10^{-31} kg이며, 전하는 1.6×10^{-19} C이고, 플랑크 상수는 6.6×10^{-34} Js이다.

17장

원자의 구조

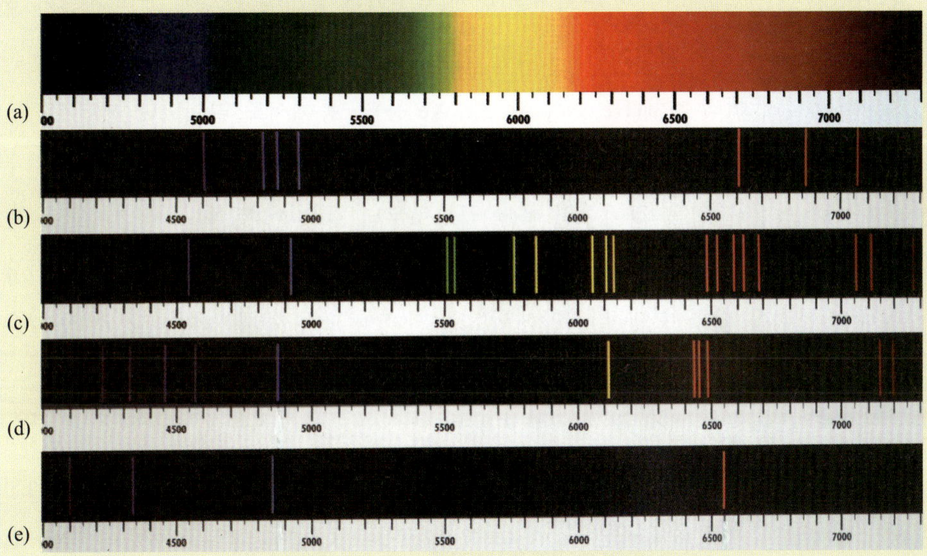

▲ **연속스펙트럼과 선스펙트럼**
(a) 태양광선에 의한 연속스펙트럼, (b)~(e) 원자에서 방출되는 선스펙트럼으로 스케일은 다르다. (b) 스트론튬 (c) 바륨 (d) 칼슘 (e) 수소.

고대 그리스시대로부터 많은 사람들은 '물질이 무엇으로 이루어진 것일까'라는 의문을 풀기 위해 많은 노력을 기울여 왔지만, 19세기에 이르러서야 물질이 '원자'로 구성되어 있다는 사실을 알게 되었다. 원자가 발견된 이후 여러 가지 실험에 의해 원자의 실제가 밝혀지기 시작하였다. 눈으로 볼 수 없는 원자는 어떤 구조를 갖고 있을까? 또 원자가 전자와 원자핵으로 구성되어 있다는 것을 어떻게 알게 되었을까?
원자의 발견과정과 원자의 구조에 대해 알아보자.

17.1 전자의 발견

인간의 눈으로는 원자나 원자의 내부를 볼 수 있는 방법이 없기 때문에 원자의 모양이나 그 내부 구조가 어떻게 생겼는지 알아내기가 어렵다. 이러한 원자를 어떻게 발견하였는지 살펴보고, 또 원자의 구조에 대해 알아보자.

1) 방전 현상

요란한 천둥 소리를 내면서 번쩍이는 번개는 공기를 통하여 일시에 많은 전류가 흐르기 때문에 나타나는 현상이다. 이러한 현상을 **방전**(discharge)이라고 한다. 방전은 공기뿐만 아니라 여러 기체(He, Ne, Ar, Kr, Xe 등)를 통해서도 일어난다.

그림 17.1의 (가)와 같이 두 개의 전극이 들어있는 유리관에 소량의 기체를 넣고 두 전극 사이에 높은 전압을 걸어주면 음(−)극으로부터 '무엇'이 튀어나와 양(+)극을 향해 빠르게 진행하는 것을 볼 수 있다. 그리고 진공펌프로 유리관 내의 공기를 뽑아 유리관 내의 압력을 낮추면 낮은 전압에서도 방전이 비교적 쉽게 일어난다. 이와 같은 방전을 **진공방전**(vacuum discharge)이라고 한다. 이때 유리관 내의 압력을 점차 낮추면 그림 17.1의 (나)와 같이 여러 가지 색깔과 모양이 나타난다.

TIP torr는 압력의 단위이다.

1 기압 = 760 torr
1 torr = 133.3 Pa(N/m^2)

유리관 속의 압력이 50 torr(토르) 정도가 되면 띠 모양의 붉은 보라색 빛을 내면서 방전이 일어난다. 이것을 **아크방전**(arc discharge)이라고 한다. 그리고 유리관 속의 압력이 1~10 torr로 낮아지면 관 전체가 밝은 보라색 빛을 내면서 방전하는데, 이것을 **글로방전**(glow discharge)이라고 한다.

유리관 속의 공기를 계속 빼내어 압력이 10^{-3} torr 정도의 기압이 되었을 때의 방전관을 **크룩스관**(Crookes tube)이라고 한다. 이 정도의 압력이 되면 유리관 속에는 기체가 거의 남아있지 않기 때문에 방전이 일어날 때 나타나는 기체 특유의 색깔은 없어지고 (+)극 근처의 유리관의 벽에 엷은 연두색의 형광이 나타난다. 당시의 과학자들은 이 현상을 (−)극에서 '무엇'인가 튀어나와 (+)극 근처의 유리관 벽에 충돌하기 때문이라고 생각하였다. 과학자들은 이것이 음(−)극에서 나왔다고 해서 **음극선**(cathode ray)

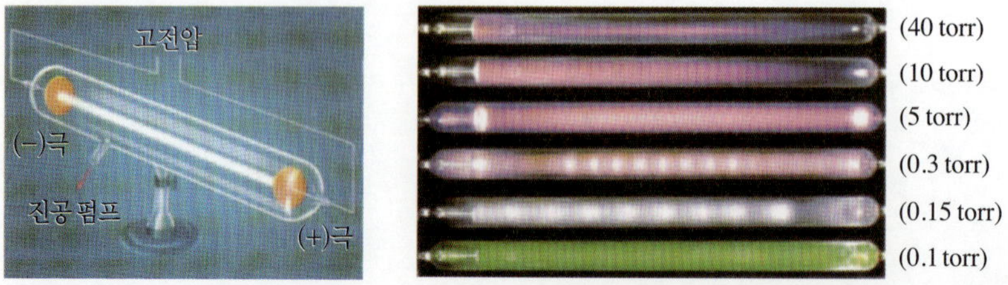

(가) 진공 방전관 (나) 유리관 속의 압력에 따른 진공 방전

그림 17.1 진공 방전관과 방전 모습

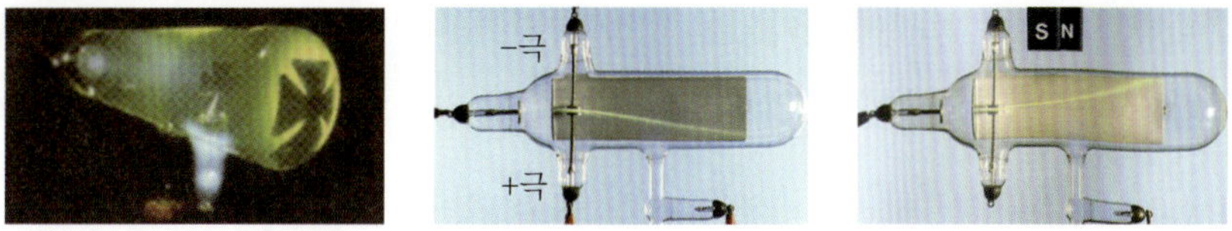

(가) 음극선의 입자성 (나) 음극선은 전기장에서 (+)극을 향한다. (다) 음극선은 자기장에서 휘어진다.

그림 17.2 음극선의 성질

이라고 불렀다.

2) 음극선의 성질

그림 17.2의 (나)와 같이 유리관에 전기장을 걸어주면 음극선이 힘을 받은 것처럼 (+)극 쪽으로 휘는 것을 볼 수 있다. 이런 사실에서 음극선은 (−)전하를 갖고 있다는 것을 짐작할 수 있다.

또한, 그림의 (다)와 같이 음극선이 흐르고 있는 유리관에 자기장을 걸어주면 음극선의 진로가 휘는 것을 볼 수 있다. 이것은 전하를 띤 입자가 자기장에서 운동하면 로렌츠의 힘을 받기 때문이다. 이때 음극선이 휘는 방향을 보면 음극선이 (−)전하를 갖고 있다는 것을 알 수 있다.

음극선은 다음과 같은 성질이 있다.

- 그림 17.2의 (가)와 같이 음극 앞쪽에 십자 모양의 금속판을 세워보면 음극선은 더 이상 진행하지 못하고 금속판 뒤에 선명한 그림자가 생긴다(입자성).
- 그림 17.2의 (나)와 (다)에서와 같이 음극선은 전기장이나 자기장에 의해 그 진로가 휘어진다(대전성).
- 음극선이 전기장이나 자기장에서 휘어지는 방향은 음전하를 띤 입자가 휘어지는 방향과 같다(음전하성).

3) 전자의 발견

영국의 과학자 **톰슨**(J. J. Thomson)은 이와 같은 사실을 종합하여 1879년 음극선은 빛과 같은 전자기파가 아니라, 음(−)전하를 가진 입자의 흐름이라고 확신하고, 이 입자를 **전자**(electron)라고 하였다.

▲ 톰슨(1856~1940, 1906년 노벨 물리학상 수상)

음극선 실험을 통해서 전자의 존재를 확인한 톰슨은 전자가 (−)전하를 띠고 있는 동시에 질량도 갖고 있을 것이라고 생각하였다. 전자의 질량과 전기량을 한번에 각각 알아내기란 무척 어려웠기 때문에 전자가 갖고 있는 **질량과 전기량의 비**(비전하: e/m)를 측정하는 데 노력을 기울였다. 결국 톰슨은 전자가 전기장과 자기장에서 휘어지는 성질을 이용하여 비전하의 값을 실험적으로 알아내었으며, 비전하의 값이 유리관 속

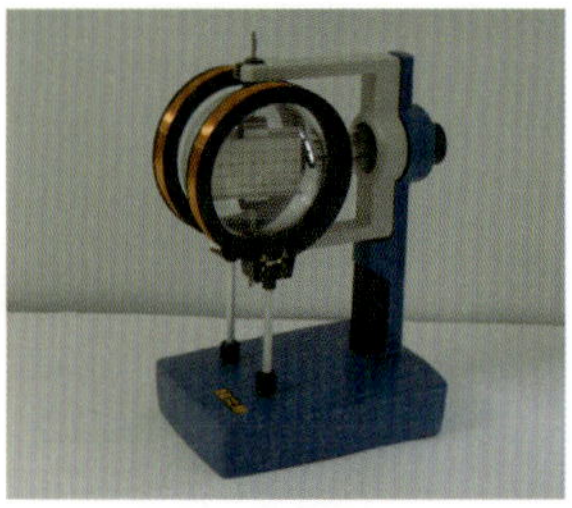

그림 17.3 *e/m* 측정장치

의 전극이나 기체의 종류에 관계없이 일정하다는 것을 발견하였다. 그 후, 정밀한 실험에 의해 **전자의 비전하**의 값이 결정되었다. 공인된 전자의 비전하의 값은 다음과 같다.

$$e/m = 1.76 \times 10^{11}\,\mathrm{C/kg} \qquad (17\text{-}1)$$

톰슨에 의해 전자의 비전하의 값이 측정된 후에 물리학자들은 전자의 전기량을 알아내기 위해 많은 노력을 하였으며, 1909년 미국의 물리학자 **밀리컨**(R. A. Millikan)에 의해 최초로 측정되었다. 전자 한 개가 갖는 전기량을 **기본전하**(elementary charge)라고 한다.

밀리컨은 정밀한 실험을 통하여 전자 한 개가 갖는 전기량 e의 값을 측정하였다. 그 값은 다음과 같다.

$$e = 1.60 \times 10^{-19}\,\mathrm{C} \qquad (17\text{-}2)$$

이 값을 식 (17-1)에 대입하여 전자의 질량 m을 구하면 다음과 같다.

$$m = 9.11 \times 10^{-31}\,\mathrm{kg} \qquad (17\text{-}3)$$

전자의 질량은 수소 원자의 질량 1.67×10^{-27} kg의 $\frac{1}{1840}$ 정도로 대단히 작다. **톰슨의 전자의 비전하 측정으로 전자의 존재가 확인되었으며, 전자를 원자로부터 분리할 수 있다는 것과 원자가 물질의 가장 기본적인 소립자가 아니라는 것이 확인되었다.**

17.2 톰슨과 러더퍼드의 원자모형

과학자들은 원자의 구조와 원자 속에서 일어나는 현상을 이해하기 위해서 모형을 만든다. 이때 원자모형의 실험 결과를 확인할 수 있으면 그 모형은 실제의 원자와 가까운 것으로 인정받는다. 모형의 가치는 진실성보다 유용성에 있다. 이와 같은 모형은 우리가 눈으로 확인하기 어려운 과정을 이해하는 데 도움을 준다.

1) 톰슨의 원자모형

톰슨은 전자를 발견한 후 원자의 구조를 이해하기 위해 원자모형을 제안하였다. 톰슨은 원자의 내부에 분명히 (−)전기를 띠고 있는 전자가 분포해 있을 것이라고 예상하였다.

원자는 전체적으로 전기를 띠고 있지 않은 중성이다. 중성인 원자가 (−)전하를 가진 전자를 포함하고 있다면, 원자 안에는 전자가 가진 (−) 전하와 비길 수 있는 같은 분량의 (+)전하를 가진 부분이 반드시 있어야 한다. 또한, 전자의 질량은 원자 질량에 비해 대단히 작기 때문에 전자 이외의 부분은 (+)전하를 갖고 있으며 원자 질량의 대부분을 차지하고 있을 것이라고 생각할 수 있다.

이와 같은 생각을 바탕으로 1905년 톰슨은 그림 17.4와 같이 양전하가 균일하게 분포되어 있는 구 속에 전자들이 띄엄띄엄 박혀있는 원자모형을 제안하였다. 톰슨은 전자들이 가진 (−)전하량은 원자 내의 (+)전하량과 같으며, 전자는 (+)전하들 사이에서 전기적 균형을 유지하면서 안정된 위치를 차지하고 있다고 생각하였다.

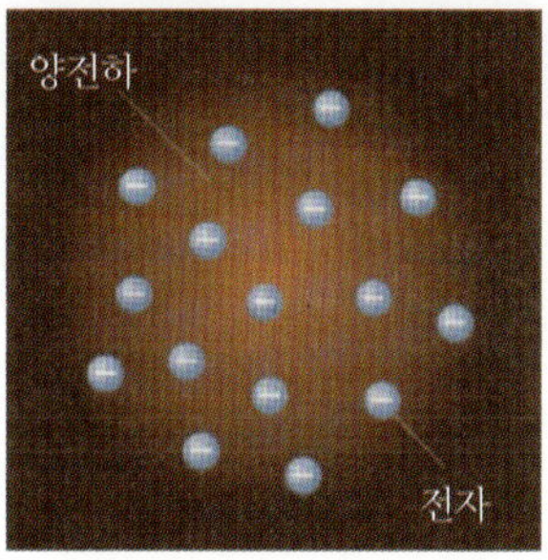

그림 17.4 톰슨의 원자모형

이 원자모형을 그림 17.5와 같은 수박 모양에 비유하면 쉽게 이해할 수 있다. 가령 수박의 검은 씨를 전자라고 하면 나머지 빨간 부분에 (+)전하가 균일하게 분포되어 있다고 생각할 수 있다.

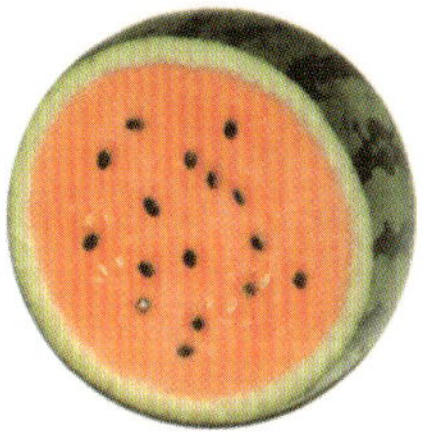
그림 17.5 수박의 단면은 톰슨의 원자모형을 설명하는 좋은 예가 된다. 씨는 전자에 해당되고 빨간 부분은 (+)전하가 균일하게 분포된 것으로 생각한다.

톰슨의 원자모형은 실험적 사실의 뒷받침 없이 단지 과학적인 추론에 의한 것이었지만, 원자 속에 전자가 들어 있으면서도 원자가 중성이라는 사실을 설명할 수 있었기 때문에 과학자들의 주목을 받았다.

■ 톰슨의 원자모형은 최초의 원자모형으로 원자 내에 (+)전하가 존재할 것이라고 예상하였다는 것에 그 의의가 있다.

톰슨의 원자모형은 원자가 전기적으로 중성이라는 것을 설명할 수 있어서 주목을 받았지만, α입자의 산란실험으로 원자핵의 존재가 밝혀지면서 그 가치를 잃게 되었다.

과학자들은 '전자의 발견자'라는 영예가 톰슨에게 주어져야 한다는 데 주저하지 않는다. 그 이유는 톰슨이 처음으로 방전관 내에서 음극선의 흐름을 보아서가 아니라 그가 이러한 현상이 아주 작은 음(−)으로 대전된 입자에 의한 것이라고 믿고, 세밀한 실험을 하였기 때문이다. 더 나아가 그는 이러한 입자들이 많은 사람들이 생각했던 것처럼 이온이나 원자 자신이 아니라 원자의 구성 요소라고 하였다. 그러나 톰슨을 포함해서 아무도 전자 자체를 본 사람은 없다.

톰슨의 원자모형은 영국의 물리학자 러더퍼드(E. Rutherford)가 실시한 α입자 산란실험을 통해 얻은 결과 완전한 모형이 아니라는 것이 밝혀졌다.

2) 러더퍼드의 원자모형

▲ 러더퍼드(1871~1937, 영국)

수박을 고를 때 흔히 두드려 보고 잘 익었는지, 아닌지 판단한다. 그러면 원자를 쪼개지 않고 그 내부가 어떤 모습인지 알 수 있는 방법은 없을까? 아무리 우수하고 정밀한 현미경을 사용해도 원자 내부를 관찰하는 것은 불가능하다. 그러기에 원자 내부의 정보는 간접적인 방법으로 조사할 수밖에 없다.

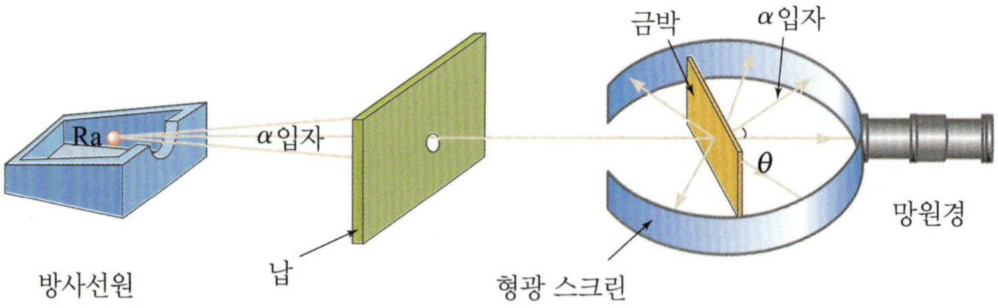

그림 17.6 러더퍼드의 α입자 산란 실험장치의 개요

원자의 구조를 밝히기 위해 과학자들은 어떤 방법을 이용하였는지 알아보자.

톰슨의 원자모형이 갖고 있는 문제점을 발견한 실험은 바로 **러더퍼드**(E. Rutherford)의 **α입자 산란실험**이다. 러더퍼드는 그림 17.6과 같이 방사성 원소인 라듐(Ra)에서 나오는 α입자를 아주 얇은 금박(gold thin film)에 입사시켜서 α입자가 금박의 원자와 충돌한 후 산란되는 경로를 조사하였다. α입자는 헬륨(He)의 원자핵으로 질량이 수소의 4배나 되는 무거운 입자이다. 그리고 속도도 굉장히 빨라 얇은 금박 정도는 쉽게 통과할 수 있다.

이 장치는 α입자를 방출하는 방사성 물질을 작은 구멍이 뚫린 납 상자에 넣어 α입자가 상자 앞에 놓인 납으로 만든 작은 슬릿을 통해 나가서 금박에 부딪쳐서 산란된 α입자가 형광판에 부딪쳐 나타나는 빛을 망원경으로 관찰하여 α입자의 산란각을 조사할 수 있도록 되었다.

헬륨의 원자핵인 α입자는 그 질량이 전자에 비하여 대단히 크고 운동량도 전자보다 훨씬 크므로 α입자와 전자가 충돌하더라도 운동량이 별로 변하지 않고 그대로 직진할 것이라고 생각하였다. 그리고 톰슨의 원자모형과 같이 원자 내에 양전하가 고르게 분포되어 있다면 α입자의 산란되는 정도가 매우 작아 금박을 통과한 α입자들이 거의 평행하게 진행할 것이라고 생각하였다. 그러나 실험 결과는 그렇지 않았다.

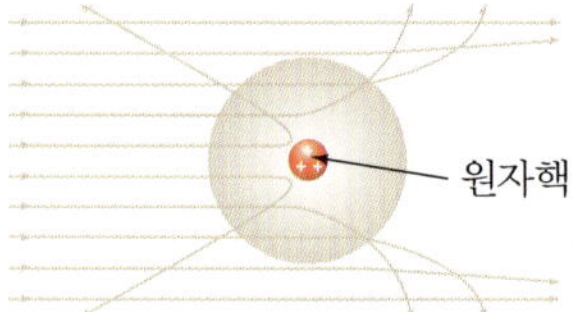

그림 17.7 α입자 산란모형에서는 질량이 큰 양전하가 원자내부 중심에 있다고 생각한다.

α입자의 산란각을 조사한 결과 그림 17.7과 같이 여러 각도를 이루면서 산란되며, 예측한 것보다 훨씬 많은 α입자가 10° 이상의 각으로 산란되는 것을 알았다. 그리고 90°보다 큰 각으로 산란되는 α입자가 8천 개 중에서 한 개 꼴로 나타나고, 2만 개 중의 한 두 개는 180°로 산란되어 진행 방향과 반대 방향으로 튀어나가는 것을 발견하였다. 러더퍼드는 α입자 중 일부가 큰 각으로 산란되는 것은 α입자가 양전하로부터 강한 반발력을 받기 때문이라고 생각하였다. 그는 이것을 근거로 질량이 매우 큰 양전하가 원자 내부의 중심에 있으며 α입자가 그 부분과 정면 충돌하면 180°로 산란된다고 하였다.

톰슨의 원자모형에서는 원자 전체에 양전하가 고르게 분포되어 있기 때문에 원자에 들어간 α입자는 거의 진로를 굽히지 않고 지나가게 되면 수 10° 이상 진로가 굽어지는 α입자는 있을 수 없다. 그러므로 큰 산란각으로 진로가 굽어지는 α입자가 있다는 사실로부터 러더퍼드는 톰슨의 원자모형과는 달리 원자의 질량과 양전하가 원자 내의 어떤 작은 부피 내에 집중되어 있다고 생각하였다.

그리고 한 점에 집중되어 있는 양전하에 의해 α입자가 여러 각도로 산란되는 산란율을 계산하여 계산된 값이 실험결과와 일치하는 것을 보여주었다. 이와 같이 원자 질량의 대부분을 차지하며 양전하를 가진 입자가 지름이 약 10^{-15} m 정도의 작은 부피 내에 집중되어 있다는 것을 밝혀내고 이것을 원자핵(nucleus)이라고 하였다.

α입자가 원자핵에 가까이 접근할 수 있는 거리를 계산한 결과 원자핵은 (+)전하를 갖고 있으며 지름이 약 10^{-14} m보다 작고, 원자 전체 질량의 대부분인 99.95 %를 차지하고 있는 것으로 밝혀졌다.

1911년 러더퍼드는 α입자의 산란실험 결과를 바탕으로 그림 17.8과 같은 원자모형을 제안하였다.

■ **러더퍼드 원자모형**: 원자는 그 중심부에 전자의 전하량과 같은 (+)전하를 가지면서 원자 질량의 대부분을 차지하는 원자핵이 있고, 전자가 행성이 태양 주위를 도는 것처럼 원자핵 주위를 돈다는 원자모형을 제안하였다

러더퍼드의 원자모형은 α입자의 산란 실험 결과를 잘 설명할 수 있어서 주목을 받았으나, 다음과 같은 두 가지 큰 문제점을 가지고 있다.

◈ **첫째는 원자의 안정성에 관한 것이다.** 전자기파를 공부하면서 전자가 가속운동을 하면 전자기파를 방출한다는 것을 기억할 것이다. 원운동은 가속도 운동이므로 원자핵 주위를 원운동하는 전자는 전자기파를 계속 방출해야 한다. 그러면 그림 17.9에서 보는 바와 같이 전자는 전자기파를 방출하면서 에너지를 잃게 되고, 전자기파를 방출한 전자는 궤도 반지름이 줄어들면서 결국에는 원자핵에 붙어버리게 되어 원자는 존재할 수 없게 된다.

◈ **둘째는 원자가 방출하는 빛의 선스펙트럼을 설명할 수 없다는 것이다.** 위와 같이

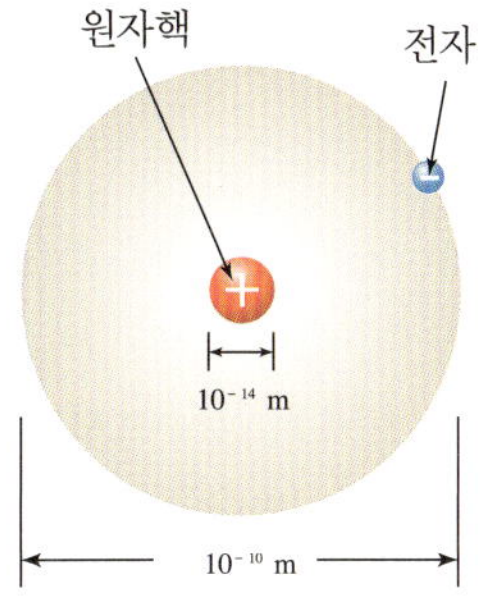

그림 17.8 러더퍼드의 원자모형

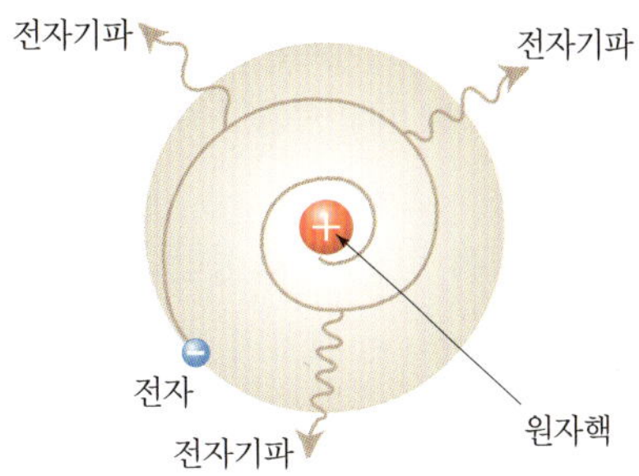

그림 17.9 러더퍼드의 원자모형의 문제점

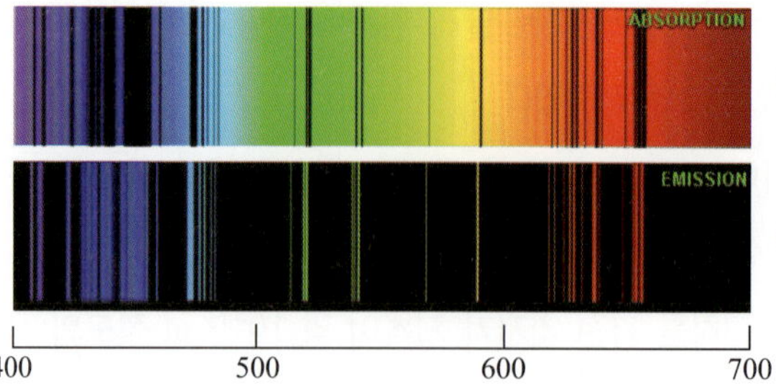

그림 17.10 (가) 나트륨(Na) 기체의 흡수 스펙트럼과 (나) 방출 스펙트럼

전자는 원자핵과의 거리가 차츰 줄어들면서 회전하여 전자기파를 방출하기 때문에 연속 스펙트럼이 나타나야 한다. 그러나 실제로는 원자의 종류에 따라 특유한 형태의 선 스펙트럼이 나타난다. 예를 들면 나트륨(Na)은 노란색(그림 17.10), 리튬(Li)은 빨간색, 칼륨(Ca)은 보라색의 선스펙트럼을 나타낸다.

이와 같이 러더퍼드의 원자모형은 α입자의 산란실험의 결과를 잘 설명할 수 있었으나, 원자의 안정성과 원자가 방출하는 불연속적인 선스펙트럼을 설명할 수 없기 때문에 이를 설명할 수 있는 새로운 원자모형이 필요하게 되었다.

17.3 보어의 원자모형과 스펙트럼

러더퍼드의 원자모형으로는 원자의 안정성과 원자가 방출하는 선스펙트럼을 설명할 수 없다는 문제에 대하여 흥미를 가지고 연구하던 보어(N. Bohr)는 1913년 러더퍼드 원자모형의 문제점을 해결할 수 있는 새로운 원자모형을 제안하였다.

보어는 전자가 원자핵 주위를 돌면서도 전자기파를 방출하지 않을 수 있는 획기적인 조건과 스펙트럼이 연속적이지 않고 불연속적으로 끊어져서 나타나려면 원자가 어떤 모양을 하고 있어야 하는지를 알아내기 위해 고심하였다. 보어는 자신이 제안한 원자모형을 무리 없이 설명하기 위해 플랑크의 양자개념과 광양자 이론으로부터 유도된 다음 두 가지 조건을 도입하여 러더퍼드의 원자모형의 난점을 해결하고 안정된 원자모형을 만들어내는 데 성공하였다.

〈보어의 양자 조건〉 원자 내의 전자는 특정한 조건을 만족하는 원궤도에서만 회전할 수 있으며, 전자가 이 궤도를 따라 운동할 때에는 전자기파를 방출하지 않는다.

보어의 가설에서 말하는 특정한 조건을 만족하는 원운동하는 상태를 **정상상태**(stationary state)라고 한다. 전자가 정상상태에서 원운동을 할 때에는 전자기파를 방출하지 않을 것이라고 가설을 세운 것이다.

전자의 운동량과 원둘레의 곱이 플랑크 상수 h의 정수배가 된다고 가정하였다. 즉,

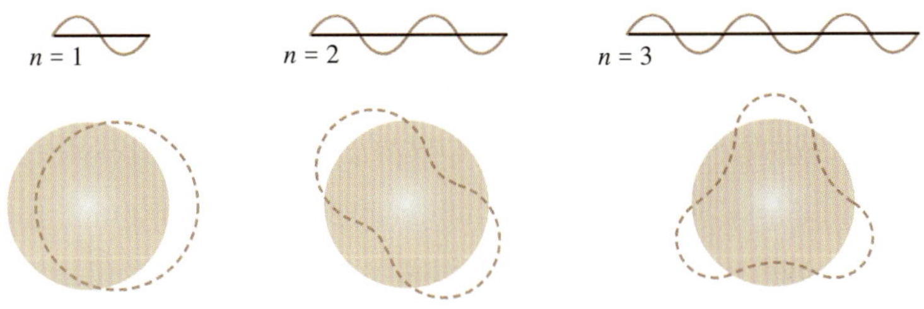

그림 17.11 정상상태에서의 전자의 물질파

전자의 질량을 m, 궤도 반지름을 r, 속력을 v라 할 때 다음의 관계를 만족하는 전자의 궤도가 존재한다는 것이다.

$$2\pi rmv = nh \quad (n = 1,\ 2,\ 3,\ \cdots) \tag{17-4}$$

이 조건을 **보어의 양자조건**이라 하고, 자연수 n을 **양자수**(quantum number)라고 한다.

이 가설을 앞에서 공부한 물질파의 파장 $\lambda = \frac{h}{mv}$를 이용하여 설명하면, 이 궤도들의 원둘레에는 전자의 물질파 파장의 정수배가 된다는 뜻이다.

운동량 mv로 운동하고 있는 전자의 물질파의 파장은 $\lambda = \frac{h}{mv}$이므로 식 (17-4)는 다음과 같이 나타낼 수 있다.

$$2\pi r = n\frac{h}{mv} = n\lambda \quad (n = 1,\ 2,\ 3,\ \cdots) \tag{17-5}$$

식 (17-5)는 **전자가 회전하는 원궤도의 길이 $2\pi r$이 전자의 물질파의 파장 λ의 정수배가 되어야 정상상태가 된다는 것을 의미한다.** 따라서 전자는 식 (17-5)를 만족하는 궤도에서만 회전할 수 있고, 이때 전자의 물질파는 그림 17.11과 같이 정상파를 이룬다.

정상상태에 있는 전자의 에너지 값을 그 원자의 **에너지 준위**(energy level)라고 하며, 양자수가 n = 1,2,3,⋯ 등으로 변함에 따라 전자가 안정하게 회전할 수 있는 궤도가 하나씩 불연속적으로 결정된다. **따라서 원자는 연속적인 에너지를 갖지 않고 불연속적인 에너지를 갖는다. 이때 에너지를 양자화(quantization)되었다고 한다.**

원자 내에 있는 전자들이 불연속적인 양자화된 에너지 준위를 가진다는 보어의 양자 조건은 원자의 안정성을 설명하기 위하여 도입한 이론이며, 이 이론이 내포하고 있는 중요한 사실은 전자의 입자성과 파동성을 종합하여 하나로 표현한 것이다. 다시 말해 보어의 첫번째 가설은 핵 주위를 돌고 있는 전자를 파동처럼 파장이 있는 것으로 생각하는 것으로부터 시작된 것이다.

〈보어의 진동수 조건〉 전자가 한 정상상태에서 다른 정상상태로 옮겨갈 때(전이할 때) 두 상태의 에너지 차이에 해당하는 에너지를 광자로 방출하거나 흡수한다.

앞에서 공부한 양자 조건에 맞는 정상상태의 궤도를 그리면 원자핵 주위에 몇 개의 궤도가 그려진다. 그리고 전자는 그 궤도로만 움직일 수 있다.

정상상태에 있는 전자의 역학적 에너지 크기를 나타내는 에너지 준위는 양자수가 클수록 큰 값을 갖는다. 양자수가 클수록 바깥 궤도를 돈다는 의미이고 원자핵에서 멀리 있을수록 퍼텐셜 에너지가 클 것이므로 더 큰 에너지를 갖는다고 볼 수 있다. 그래서 양자수가 클수록 에너지 준위가 높다는 것이다.

이 에너지 준위는 각 궤도마다 다른 값을 갖는다. 따라서 에너지 준위는 $E_1, E_2, E_3, \cdots$ 등과 같이 불연속적인 에너지 값만 갖게 된다. 그리고 $n = 1$일 때, 즉 에너지 준위 E_1은 원자의 에너지가 가장 낮은 상태이고, 이를 **바닥상태**(ground state)라고 한다. 이 원자가 외부로부터 에너지를 흡수하면 $n = 2, 3, \cdots$ 즉 에너지 준위 $E_2, E_3, \cdots$으로 되는데, 이를 **들뜬상태**(excited state)라고 한다. 들뜬상태는 에너지가 커서 불안정하기 때문에 다시 바닥상태로 이동하며, 이때 각 에너지 준위에 해당하는 에너지 차이 만큼 전자기파(광자)를 방출한다.

그림 17.12의 (가)와 같이 전자가 높은 에너지 준위 E_i의 정상상태에서 낮은 에너지 준위 E_f의 정상상태로 전이할 때에는 그 에너지 차이에 해당하는 광자를 방출한다. 이때 방출되는 광자의 에너지는 다음과 같다.

$$hf = E_i - E_f \tag{17-6}$$

이다. 반대로 그림의 (나)와 같이 전자가 낮은 에너지 정상상태에서 높은 에너지 정상상태로 전이할 때에는 식 (17-6)을 만족하는 에너지를 갖는 광자를 외부에서 흡수한다. 따라서 전자가 에너지 준위를 전이할 때 방출 또는 흡수하는 빛의 진동수 f는 다음과 같다.

$$f = \frac{E_i - E_f}{h} \tag{17-7}$$

식 (17-6) 또는 식 (17-7)의 관계를 **보어의 진동수 조건**이라고 한다.

이상의 보어가 제안한 두 가지 가설은 러더퍼드 원자모형의 문제점인 원자의 안정성과 선스펙트럼을 잘 설명할 수 있었으며, 원자에 대한 이해를 깊게 하는 중요한 역

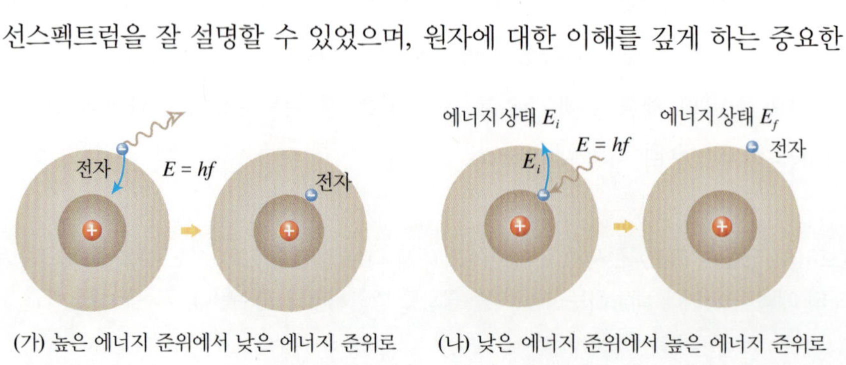

그림 17.12 전자의 궤도전이

할을 하였다.

지금까지 역사적으로 계속 제안되고 수정되어 온 원자모형에 대하여 살펴 보았다. 톰슨에서 러더퍼드 그리고 보어까지 이어진 원자모형의 특징과 의의를 이해하고, 원자모형은 왜 계속 바뀌게 되었는지 그 원인에 대해서도 알아두면 앞으로 더 깊은 분야를 공부하게 될 때 많은 도움이 될 것이다.

물론 원자모형은 보어의 원자모형으로 끝난 것이 아니다. 보어의 원자모형도 정상 상태에서 가속 운동하는 전자가 전자기파를 방출하지 않은 이유를 구체적으로 설명하지는 못하였으며, 단순히 양자 개념을 도입해서 가설을 세웠을 뿐이다. 이 이상의 원자모형에 대해서는 양자 역학과 확률 개념 등을 공부하면서 이해하게 될 것이다.

17.4 수소 원자의 스펙트럼

수소 원자는 많은 원자들 중에서 가장 단순한 구조를 가지고 있기 때문에 이에 대한 이해는 복잡한 원자를 이해하는 데 기초가 된다.

1) 수소 원자의 스펙트럼

그림 17.14(가)는 수소 기체를 넣은 방전관에서 방출되는 스펙트럼을 분광기를 이용하여 관찰하는 모습이다. 이때 분광기로 분석하면 서로 다른 파장 또는 색을 가지는 불연속적인 밝은 빛의 선스펙트럼이 관찰된다. 이러한 일련의 스펙트럼을 **방출 스펙트럼**(emission spectrum)이라고 한다.

수소 원자에서 방출되는 스펙트럼은 가시 광선 영역의 파장인 4개의 선스펙트럼을 볼 수 있다. 이 영역의 스펙트럼은 1885년 **발머**(Johann Balmer, 1825~1898)에 의해 확인되어 **발머 계열**(Balmer series)이라 부른다. 이보다 짧은 파장의 영역에서 **라이먼 계열**(Lyman series)이, 긴 파장의 영역에서 **파센 계열**(Paschen series)의 스펙트럼선이

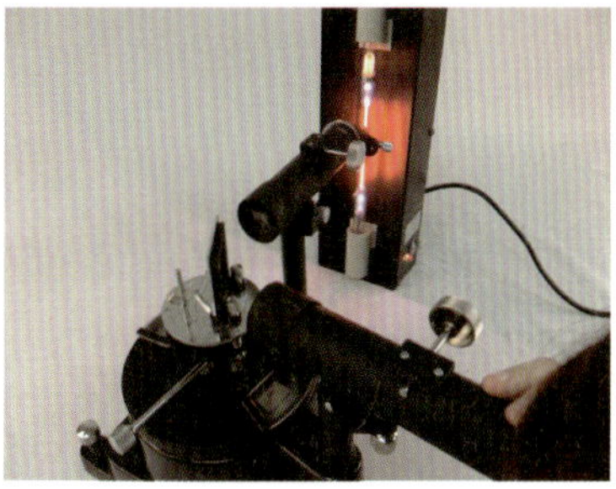

(가) 분광기로 방전관을 관찰하는 모습

(나) 발머 계열의 가시광선 영역의 4개의 선스펙트럼

그림 17.14 (가) 수소 기체를 넣은 방전관에서 나오는 스펙트럼 관찰 장치, (나) 관찰된 선스펙트럼

나타난다. 각 계열에서 파장의 역수값은 실험을 통해 다음과 같음이 밝혀졌다.

$$\frac{1}{\lambda}=R_H\left(\frac{1}{1^2}-\frac{1}{n^2}\right),\quad n=2,\ 3,\ 4,\ \cdots\ (\text{라이먼 계열}) \tag{17-8}$$

$$\frac{1}{\lambda}=R_H\left(\frac{1}{2^2}-\frac{1}{n^2}\right),\quad n=3,\ 4,\ 5,\ \cdots\ (\text{발머 계열}) \tag{17-9}$$

$$\frac{1}{\lambda}=R_H\left(\frac{1}{3^2}-\frac{1}{n^2}\right),\quad n=4,\ 5,\ 6,\ \cdots\ (\text{파셴 계열}) \tag{17-10}$$

발머 계열의 첫 번째 선은 식 (17-9)에서 $n = 3$에 해당하고, 그 파장은 6.563×10^{-7} m (656.3 nm)이다. 이어 파장이 4.861×10^{-7} m인 선스펙트럼은 $n = 4$에 해당하며, 파장이 4.341×10^{-7} m인 선스펙트럼은 $n = 5$이며, 파장이 4.102×10^{-7} m인 선스펙트럼은 $n = 6$이다. 가시 광선 영역의 선스펙트럼은 기호로 나타내기도 하는데 파장이 큰 쪽부터 H_α, H_β, H_γ, H_δ로 표현한다. 이러한 표현법은 표 17.1에 나타내었다.

표 17.1 수소 스펙트럼 중 발머 계열의 선스펙트럼 표현법

스펙트럼의 기호	파장 λ ($\times10^{-7}$ m)	진동수 f ($\times10^{14}$ s^{-1})	파장의 역수 $1/\lambda$ ($\times10^{6}$ m^{-1})
H_α	6.563	4.571	1.523
H_β	4.861	6.171	2.057
H_γ	4.340	6.912	2.304
H_δ	4.102	7.314	2.438

식 (17.8), (17.9), (17.10)에서 R_H는 리드베리 상수(Rydberg constant)라고 부른다. 이들 식에서 파장의 단위를 m로 나타내고 R_H 값을 구하면 다음과 같다.

$$R_H = 1.0973732\times10^{7}\ \text{m}^{-1} \tag{17-11}$$

여러 번의 실험 결과로부터, 이 모형들은 다음과 같이 한 식으로 묶을 수 있다.

$$\frac{1}{\lambda}=R_H\left(\frac{1}{m^2}-\frac{1}{n^2}\right) \tag{17-12}$$

여기서 m과 n은 양의 정수이며 $n > m$인 조건을 만족한다. 숫자 m과 n은 불연속적인 값만을 가질 수 있어서 **양자수**(quantum number, 量子數)라고 부른다.

수소 원자의 선스펙트럼은 전자가 높은 에너지 준위에서 낮은 에너지 준위로 옮기면서 광자를 방출할 때 만들어진다. 수소 원자에서 방출되는 스펙트럼 계열은 앞에 설명한 라이먼 계열, 발머 계열, 파셴 계열 외에도 브래킷 계열과 푼트 계열이 더 있다. 이를 종합하면 표 17.2와 같다.

전자들은 광자 에너지를 흡수하는 과정을 통하여, 낮은 준위에서 높은 준위로 옮겨

표 17.2 수소 원자 스펙트럼의 계열 분포

계열 이름	발견년도	스펙트럼의 구분	식 17-12와 관계
라이먼 계열	1906~1914	자외선	$m=1,\ n=2, 3, 4, \cdots$
발머 계열	1885	자외선-가시광선	$m=2,\ n=3, 4, 5, \cdots$
파셴 계열	1908	적외선	$m=3,\ n=4, 5, 6, \cdots$
브래킷 계열	1922	적외선	$m=4,\ n=5, 6, 7, \cdots$
푼트 계열	1924	적외선	$m=5,\ n=6, 7, 8, \cdots$

(가) 흡수 스펙트럼

(나) 방출 스펙트럼

그림 17.15 수소 원자의 흡수 및 방출 스펙트럼

가고, 방출하는 과정을 통해 높은 준위에서 낮은 준위로 옮겨간다. 이런 경우 원자는 **전이**(transition)를 일으키기 위해 정확히 필요한 에너지를 가진 광자를 흡수하거나 방출한다.

수소 원자의 선스펙트럼은 특정 파장의 빛을 방출하는 현상과 함께 원자는 특정한 파장의 빛을 흡수할 수 있다. 이에 대응하는 스펙트럼선을 **흡수 스펙트럼**(absorption spectrum)이라고 한다. 어떤 원소에서 나타난 흡수 스펙트럼은 각각의 선이 그 원소의 방출 스펙트럼에서 나타난 선과 일치한다. 그림 17.15는 수소 원자의 방출 스펙트럼과 흡수 스펙트럼을 나타낸 것이다. 방출하거난 흡수하는 광자의 에너지가 정확히 일치함을 알 수 있다.

2) 수소 원자에 대한 보어의 이론

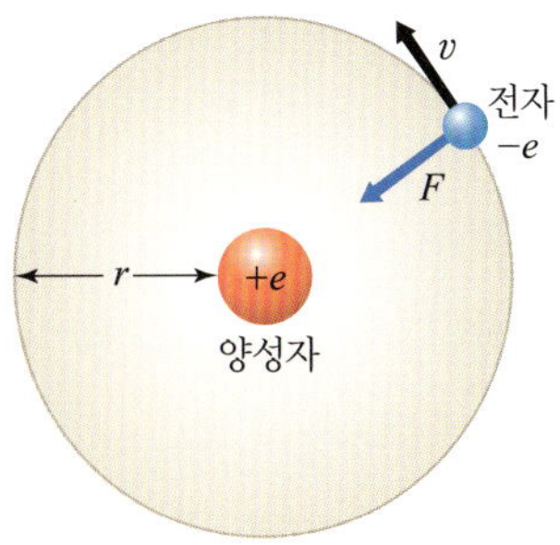

그림 17.16 수소 원자의 보어모형

보어의 원자모형을 수소 원자에 적용해 보면 그림 17.16에서 보는 바와 같이 수소 원자의 핵인 $+e$의 전하를 가진 양성자 한 개가 중심에 있고, 한 개의 전자가 양성자의 주위를 회전하고 있다 . 전자가 원자핵 주위를 등속 원운동하려면 원자핵과 전자 사이에 작용하는 전기력이 구심력이 된다.

이때 전자의 질량을 m, 전자의 속력을 v, 전자의 전하의 상대값을 e, 전자의 궤도 반지름을 r이라고 하자. 그러면 다음과 같이 전자의 속력을 구할 수 있다.

$$v = \frac{nh}{2\pi rm} \tag{17-13}$$

이 식에 양자수 n에 대응하는 궤도 반지름 r_n을 구하면 다음과 같다.

$$r_n = n^2 r_1, \; r_1 = \frac{h^2}{4\pi^2 kme^2} \tag{17-14}$$

이 식으로 양자수가 n인 전자의 궤도 반지름(r_n)은 양자수가 $1(n=1)$인 궤도 반지름의 $n^2 \times 1^1 = n^2$배 임을 알 수 있다. 식 (17-14)로부터 전자가 바닥상태에 있을 때 즉, 가장 작은 궤도인 $n=1$에서의 궤도 반지름 r_1은 다음과 같다는 것을 알 수 있다.

$$r_1 = \frac{h^2}{4\pi^2 kme^2} = 5.3 \times 10^{-11} m = 0.53 \text{Å} \tag{17-15}$$

이 값을 **보어의 반지름(Bohr radius)**이라고 한다.

다음으로 보어모형에서 **수소 원자의 에너지 준위(E_n)**를 나타내는 일반식에 대해 알아보자. 관련 자료를 대입하여 구한 수소 원자의 에너지 준위는 다음과 같이 나타낼 수 있다.

$$E_n = -\frac{13.6}{n^2} \text{eV} \tag{17-16}$$

가장 낮은 에너지 상태인 **바닥상태(ground state)**는 $n=1$에 해당하며, 그 때의 에너지 값은 $E_1 = -13.6$ eV이다. 그 다음 상태는 $n=2$로 $E_2 = E_1/4 = -3.40$ eV의 값을 가지며, 이와 마찬가지로 계속 계산할 수 있다. 바닥상태와 비교하여 벗어나 높은 에너지 준위를 **들뜬상태(excited state)**라고 부른다. 따라서 가장 높은 에너지 준위는 $E=0$이고 $n \rightarrow \infty$에 해당하며, 이 상태는 전자가 원자로부터 완전히 제거되는 경우이다. 이 상태에 있는 전자의 운동에너지와 퍼텐셜 에너지는 모두 다 0이 되는데 그것은 전자가 핵으로 무한히 먼 곳에서 정지상태로 있다는 뜻이다. 원자를 이온화하는 데, 필요한 최소한의 에너지, 즉 전자를 완전히 제거하는 경우를 **이온화 에너지(ionization energy)**라고 한다. 수소의 이온화 에너지는 13.6 eV이다.

> 보어의 양자가설과 에너지 준위의 개념으로 수소 원자의 모형이 완성되었으며, 선스펙트럼도 정량적으로 이해하게 되었다.

보어의 이론은 수소 원자의 스펙트럼선에서 관찰된 모든 파장을 성공적으로 예측하고 확인하게 되었다. 그러나 핵 주위를 도는 전자가 하나보다 많을 때는 보어모형을 적용할 수 없다. 왜냐하면 이 모형은 전자들끼리 서로 작용하는 정전기력을 고려할 수 없기 때문이다. 이와 같이 보어의 모형은 단지 전자가 1개인 수소 원자에 한해 스펙트럼에서 관찰된 모든 파장을 성공적으로 설명할 뿐이다. 따라서 다른 모든 원자에 적용할 수 있는 또 다른 모형이 필요할 뿐이다.

17.5 기본입자

과학자들의 지속적인 연구 대상이 되고 있는 것 중의 하나는 자연을 이루는 기본 요소 또는 입자의 존재를 찾아내는 것이다. 20세기까지만 해도 자연의 기본요소가 원자라고 생각하였다.

더 이상 쪼갤 수 없는 물질의 기본적인 구성요소로 여겨졌던 원자는 20세기 초 원자는 원자핵과 전자로 구성되어 있으며, 원자핵은 다시 양성자와 중성자로 이루어져 있음이 밝혀졌다. 그러면 물질을 이루고 있는 기본적인 구성요소는 양성자와 중성자 그리고 전자밖에 없으며, 이들 입자들은 더 이상은 나눌 수 없는 입자들일까?

물질을 작게 쪼개어 가면 결국에는 그 기본이 되는 입자에 도달할 수 있으리라는 것이 고대로부터 오늘날까지 이어지는 과학자들의 생각이다.

전자와 양성자의 존재가 알려진 후 1930년대 초까지는 원자보다 작은 새로운 입자는 더 이상 나타나지 않았다. 그러나 1932년 **채드윅**이 중성자를 발견하고, **앤더슨**이 우주선 속에서 양전자를 발견함으로써 새로운 입자들의 출현을 예고하게 되었다.

1934년에는 **유카와 히데끼**(H. Yugawa)가 중간자의 존재를 예언하였으며 1950년 쯤부터는 고성능의 가속기가 발달되면서 급속히 많은 입자들이 발견되기 시작하여 현재는 300여 종의 입자들이 발견되었다. 그러면 이렇게 많은 입자들 모두가 물질의 기본 구성요소일까?

1962년 미국의 물리학자 **겔만**은 양성자와 중성자는 더 작은 기본입자(elementary particle)로 이루어져 있다고 주장하고, 그 입자들을 **쿼크**(quark)라고 불렀다. 그는 쿼크는 매우 작아서 크기가 없는 하나의 점이며, 전하량도 전자의 $\frac{1}{3}$나 $\frac{2}{3}$의 크기를 가진 입자라고 주장하였다.

▲ 겔만(M. Gell-Mann, 1929~1969년 노벨 물리학상 수상)

TIP 기본입자와 소립자

기본입자(fundamental particle)는 다른 입자를 구성하는 가장 기본적인 입자를 말한다. 현재 기본입자로 여기는 입자는 6개 쿼크와 경입자(lepton), 힉스 보존(Higgs boson), 게이지 보존(gauge boson)이다.

소립자(elementary particle)는 물질을 구성하는 작은 입자로 정의하나, 일반적으로 기본입자를 포함한 여러 입자들을 총칭하는 의미로 사용되고 있다.

원자의 내부 구조가 어떨지를 예상하면서 과학자들이 제안했던 것이 원자 모형이었다면, 양성자와 중성자보다 더 작은 구성 입자들의 구조를 파악하기 위한 제안한 것이 **표준모형**(standard model)이다. 물론 아직까지 확실한 모형이 나온 것은 아니지만 오늘날 널리 인정되고 있는 표준 모형에 의하면 물질은 몇 종류의 **경입자**와 **쿼크**라고 불리는 기본입자로 구성되어 있으며, 기본입자들은 힘을 매개하는 다른 기본입자를 서로 교환함으로써 뭉치기도 하고 흩어지기도 한다는 것이다.

원자보다 작은 입자는 크게 중입자족, 중간자족, 경입자족, 힘 매개 입자의 네 가지로 분류된다. 중입자에는 양성자와 중성자 등이 속하는데, 각각 세 개의 쿼크로 이루어져 있다.

중간자는 쿼크 하나와 반 쿼크 하나로 이루어져 있다.

표준 모형에서는 6종의 쿼크, 6종의 경입자, 4종의 힘 매개입자를 기본입자로 보고 있다. 그러나 진정 무엇이 더 이상 쪼갤 수 없는 궁극적인 입자인지는 아직 확신할 수 없고 계속 연구하여 규명해야 할 과제이다.

한국인 입자물리학자 **한국인 입자물리학자 이휘소(대한민국, 1935~1977)**

과학자에게 최고의 영예인 노벨상을 어떤 연구 결과로 받을 수 있을까?

이러한 말이 나올 때마다 한국인으로서 노벨 물리학상에 가장 근접한 물리학자로 꼽혔던 사람이 입자 물리학의 선구자로 인정받았던 고 이휘소(李輝昭) 박사라는 데 이의를 다는 사람은 거의 없다. 국제학계에서는 Benjamin W. Lee로 더 잘 알려져 있으며, 그가 연구한 것은 물질세계를 이루고 있는 궁극적인 입자와 이들 사이에 작용하는 힘이 무엇인가를 탐구하는 입자 물리학이었다.

이휘소 박사는 입자 물리학 분야에서 세계의 석학들과 어깨를 나란히 할 정도로 뛰어난 연구 결과를 발표하였다. 1979년 노벨 물리학상을 받은 와인버그(S. Weinberg)는 그 영예의 대부분을 이휘소 박사에게 돌릴 정도였다. 특히 핵물리학자 오펜하이머는 그를 아인슈타인, 페르미보다 더 뛰어난 물리학자라고 극찬하였다. 흔히 이휘소 박사가 그의 뛰어난 재능 때문에 입자 물리학 분야에서 뛰어난 업적을 남길 수 있었다고 생각하기 쉬우나, 그 역시 '천재는 1 %의 영감과 99 %의 노력의 결과'라는 에디슨의 말과 같이 남다른 노력의 소유자였다.

서울에서 대학에 다닐 때에는 책에서 미심쩍은 부분을 발견하면 일주일 내내 조사한 끝에 책의 틀린 부분을 바로잡아 놓을 정도로 높은 집중력과 강한 끈기의 소유자이었다. 미국 유학시절 초기에는 인종적인 편견으로 실험실마저 제대로 사용할 수 없었으나, 밤새워 기며 성실하게 노력한 끝에 인정을 받고 훌륭한 연구 성과를 낼 수 있었다. 특히 1970년대 네 번째 쿼크인 참(charm) 쿼크의 존재가 예견되었을 때, 많은 석학들로부터 참 쿼크의 탐색과 관련된 이론적 연구 업적은 능히 노벨 물리학상을 수상할 만하다는 평을 받은 바 있다.

연습문제

풀이 ☞ 387쪽

1. 음극선의 성질이 아닌 것은 무엇인가?

① 사진건판을 감광시키는 화학 작용이 있다.

② 직진하며 어떤 입자의 흐름이다.

③ (−)전하를 가진 입자의 흐름이다.

④ 전자기파의 일종이다.

2. 원자에서 방출하는 빛은 선스펙트럼을 나타낸다. 선스펙트럼으로 알 수 없는 것은 어느 것인가?

① 원소에 따라 특유한 색깔을 나타내므로 기체의 구성 요소를 알 수 있다.

② 선스펙트럼의 파장과 분포로 원자 내의 전자들의 정상상태에서의 파장을 구할 수 있다.

③ 원자 내의 전자배치와 전자의 개수를 파악할 수 있다.

④ 수소 원자에서 방출되는 선스펙트럼 중에서 발머계열은 가시광선 영역의 파장을 갖는다.

3. 보어의 양자 조건을 이용하여 수소 원자 내 전자의 궤도가 드브로이파장의 정수배라는 것을 보여라.

4. 수소 원자에서 전자의 첫 번째 궤도($n = 1$)의 반지름은 0.53Å($= 0.53 \times 10^{-10}$ m)이다. 이 궤도에서 전자의 속력 v를 구하라.

5. 그림은 어떤 원자의 에너지 준위를 나타낸 것이다. 전자가 $n = 4$인 상태에서 $n = 2$인 상태로 전이할 때 일어나는 현상으로 옳은 것은? 〈9급 지방직 공무원 공채 출제〉

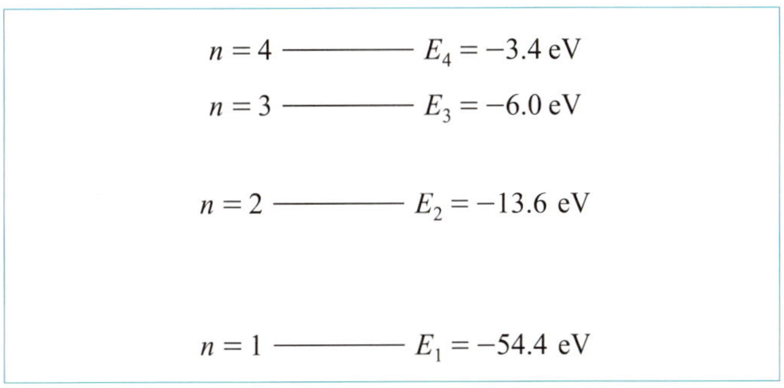

① 7.6 eV의 에너지 흡수

② 7.6 eV의 에너지 방출

③ 10.2 eV의 에너지 흡수

④ 10.2 eV의 에너지 방출

6. 그림은 보어의 원자모형에서 에너지준위 E_1, E_2, E_3와 전자가 전이하는 과정 a, b를 나타낸 것이다. 이에 대한 설명으로 옳은 것만을 모두 고르면? 〈9급 지방직 공무원 공채 출제〉

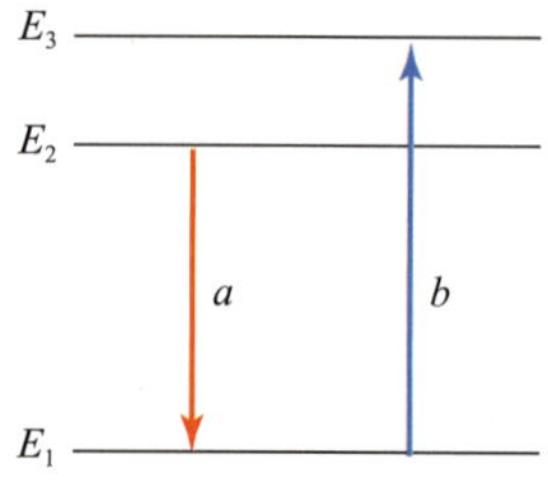

가. 에너지 준위는 불연속적이다.
나. 과정 a에서 빛이 방출된다.
다. 출입하는 빛에너지는 과정 a에서가 과정 b에서보다 크다.

① 가　　② 나
③ 가, 나　　④ 나, 다

7. 어떤 원자에서 에너지 준위 $E_i = -1.5$ eV로부터 $E_f = -3.4$ eV로 전이하였다. 다음 물음에 답하라.

(1) 이때 방출되는 광자의 에너지는 몇 J인가?

(2) 이때 복사되는 빛의 진동수와 파장은 각각 얼마인가?

18장

원자핵

© 김영우

▲ 기초과학연구원 중이온가속기연구소(Institute for Rare Isotope Science)
중이온가속기연구소에서는 중이온가속기 기반 거대 기초과학연구시설 '라온(RAON, Rare isotope Accelerator complex for ON–line experiments)'장치를 구축하고 있다. 2025년 시설이 완공되면 이를 이용하여 새로운 원소의 발견, 희귀 동위원소 생성 및 활용, 원자핵 구조 및 핵력의 본질 이해 등에 활용될 예정이다. 이 연구소를 통해 국제적인 연구결과가 얻어지기를 기대한다. (출처: 중이온가속기연구소 홍보자료)

과학자들은 물질을 구성하는 기본 입자의 본질을 규명하려는 노력으로 원자와 원자핵의 구조를 파악할 수 있었다. 원자핵의 영어 명칭인 nucleus는 라틴어로 견과류 즉, 씨앗을 뜻한다. 한자어로 옮긴 原子核 역시 核(씨 핵)이 들어가 있다. 그러면 원자핵을 구성하는 입자는 무엇이며, 이들 입자는 어떤 성질을 지니고 있는지 알아보자. 그리고 원자핵을 표시하는 방법은 무엇일까?

또 원자핵은 핵변환을 통해 다른 원자핵으로도 바뀌게 되는데, 이러한 과정은 어떻게 이루어지며, 그 응용분야는 어떠한지 알아보자.

18.1 원자핵의 구성

인류는 물질을 구성하는 가장 기본이 되는 입자의 본질을 규명하려는 노력을 계속 한 끝에 원자의 구조를 파악할 수 있었다. 러더퍼드의 α입자 산란실험으로 원자의 중심부에 크기가 10^{-15} m 정도인 원자핵이 존재하며, 원자 질량의 대부분은 원자핵에 집중되어 있다는 사실이 밝혀졌다.

19세기 말부터 자연방사선에 대한 연구가 활발히 이루어지고, 입자 가속기가 발달함에 따라 원자핵의 구성물질과 성질이 자세히 밝혀지고 있다.

원자핵은 무엇으로 구성되어 있으며, 물질을 구성하는 가장 작은 기본단위는 무엇인지 알아보자.

1) 원자핵의 구성

19세기 말경 과학자들은 원자가 전자와 수소 원자핵인 양성자로 이루어져 있다고 생각하였다. 이렇게 원자핵이 양성자만으로 구성되어 있다고 가정하면 원자핵의 질량을 양성자의 질량만으로 설명할 수 있어야 하는데 그렇지 않다.

이 가정에 의하면, 원자가 전기적으로 중성을 유지하려면 전자의 수와 양성자의 수가 같아야 한다. 그런데 만일 전자의 수가 2배가 되면 원자 전체의 질량도 2배가 되어야 할 것이다. 전자가 2개인 헬륨(He) 원자는 양성자를 2개 갖고 있을 것이 분명하다. 그렇다면 전자가 1개이고 양성자도 1개 갖고 있는 수소 원자의 질량에 비해서 헬륨 원자의 질량은 2배가 되어야 한다. 그러나 실제로 헬륨 원자의 질량은 수소 원자 질량의 4배나 된다. 또 리튬(Li) 원자는 3개의 양성자를 가지고 있으므로 수소보다 3배 무거워야 하는데 실제로는 7배나 무거워 위의 가정이 어긋난다. 이때 전자의 질량은 원자핵의 질량에 비해 너무 작아서 무시해도 된다. 그리고 원자핵의 질량이 그 속에 있는 양성자의 질량의 합과 같다면 핵을 구성하고 있는 양성자의 수가 궤도 전자의 수보다 많아야 하므로 원자는 전기적으로 중성을 유지할 수 없다.

따라서 원자핵에는 양성자 이외에 전기적으로 중성이면서 질량을 가진 다른 입자가 있을 것이라고 예상할 수 있으며, 1932년 영국의 물리학자 채드윅에 의하여 새로운 입자가 발견되었다.

▲ 채드윅(J. Chadwick: 1891~1974, 영국) 중성자를 발견하여 1935년 노벨 물리학상을 수상하였다.

채드윅은 그림 18.1과 같이 방사성 물질인 폴로늄(Po)에서 방출되는 고속의 α선을 베릴륨(Be)에 충돌시킬 때 전하는 띠지않는 미지의 방사선이 방출되며, 이 방사선을 다시 파라핀 판에 쬐었더니 양성자가 방출되는 현상을 발견하였다. 그는 이 미지의 방사선이 양성자와 질량이 거의 같고 전기를 띠지않은 중성입자의 흐름이라는 사실을

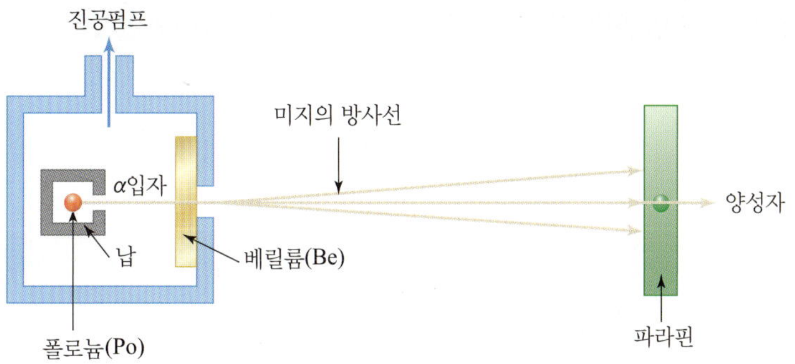

그림 18.1 채드윅의 중성자발견 실험 장치의 개요

확인하고, 이 입자를 **중성자**(neutron)라고 하였다.

그러므로 원자의 질량은 양성자와 중성자가 거의 대부분을 차지한다고 볼 수 있다. 이렇게 중성자의 존재가 확인되면서 양성자만으로는 해결하지 못했던 문제가 풀리게 되었다.

사실 중성자의 역할은 (+)전하를 가진 양성자들끼리 서로 밀어내 멀어지는 것을 막아내는 것이다. 중성자가 양성자를 강하게 잡고 있으면 양성자들 사이에 작용하는 전기적 척력이 있어도 멀리 떨어질 수 없게 될 것이다. 이 힘을 **강한상호작용**(강한 힘)이라고 기억하자. 이 힘에 대해서는 보다 상급 과정에서 공부하게 된다.

중성자는 양성자와 함께 원자핵을 구성하는 기본적인 입자이며, 중성자와 양성자를 일반적으로 **핵자**(nucleon)이라고 한다. 그림 18.2는 몇 가지 원소의 원자핵 구성 모형을 나타낸 것이다.

주기율표(periodic table)를 자세히 보면 원소기호와 함께 몇 개의 첨자가 있는 것을 확인할 수 있다. 그것이 바로 그 원소의 질량수와 원자번호를 알려주는 숫자이다.

어떤 원소에서 양성자의 수를 그 원소의 원자번호(atomic number)라고 하며, Z로 표시한다. 일반적으로 양성자의 수와 전자의 수는 같으므로 (원자번호 = 전자의 수)라고 생각할 수도 있다. 그러나 원자가 이온화가 되면 전자가 떨어져 나갈 수도 있기 때문에 그럴 염려가 없는 양성자의 수를 원자의 고유한 원자번호로 사용한다.

그리고 양성자의 수와 중성자의 수를 합한 수, 즉 핵자의 수를 **질량수**(mass number)라고 하며 A로 표시한다. 다시 말하면 질량수 A는 원자의 질량을 나타내는 값이다. 이 값이 크면 클수록 실제로 원자의 질량이 큰 것이다.

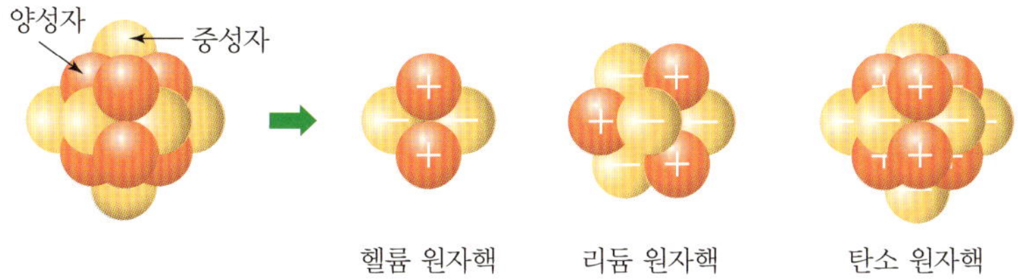

그림 18.2 여러 가지 원자핵의 구성 모형

TIP 원자를 구성하는 입자들의 질량

- 양성자의 질량
  1.6276×10^{-27} kg
- 중성자의 질량
  1.6750×10^{-27} kg
- 전자의 질량
  9.1×10^{-31} kg

$^{A}_{Z}X$

그림 18.3 원소의 질량수와 원자번호 표시 방법

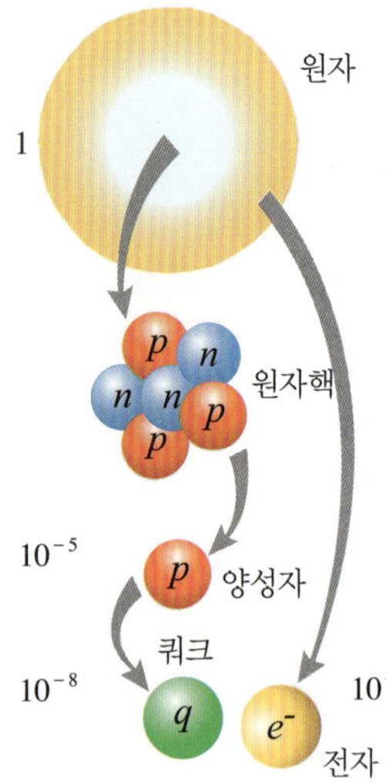

그림 18.4 원자와 원자핵의 상대적인 크기

따라서 어떤 원소의 원자번호가 Z이고 중성자의 수가 N이라면 그 원자핵의 질량수 A는 다음과 같다.

$$A = Z + N \tag{18-1}$$

원자번호가 Z, 질량수가 A인 원자핵 X는 ${}^{A}_{Z}X$로 나타낸다. 따라서 원자번호 Z, 질량수 A인 원자핵 속에는 Z개의 양성자와 A-Z개의 중성자가 들어있다.

2) 원자핵의 크기

러더퍼드는 α입자 산란실험에서 산란각에 따른 α입자의 수를 측정하여 원자핵의 크기가 대략 10^{-15}~10^{-14} m 정도로 추정하였다. 그 후 많은 실험을 통하여 원자핵은 거의 공 모양이며, 부피는 질량수 A에 비례하는 것으로 알려졌다. 그림 18.4에 원자와 원자핵의 상대적인 크기를 모식적으로 나타냈다.

반지름 R인 공의 부피는 $\frac{4}{3}\pi R^3$이므로, 원자핵의 반지름 R은 $A^{\frac{1}{3}}$에 비례한다. 따라서 원자핵의 반지름 R은 다음과 같이 나타낼 수 있다.

$$R = R_0 A^{\frac{1}{3}} \tag{18-2}$$

실험결과 R_0의 값은 대략 1.2×10^{-15} m라는 것이 밝혀졌다.

이처럼 작은 공간에 질량이 큰 입자들이 모여 있으므로 원자핵의 밀도는 대략 2.3×10^{17} kg/m^{3}이며, 보통 고체 물질의 10^{14}배 정도로 매우 크다. 과연 핵이라고 불러도 아무런 손색이 없다는 것을 알 수 있다.

예제 1 ${}^{238}_{92}$U의 양성자와 중성자의 수는 각각 몇 개인가?

풀이

원자번호 Z는 양성자수를 나타내므로 Z = 92개이다. 또 $A = Z + N$에서 중성자수는 N = 238 − 92 = 146개이다.

답 92개, 146개

18.2 원자핵의 질량과 동위원소

1) 원자핵의 질량

원자의 질량은 너무 작아서 우리가 흔히 사용하는 kg이나 g을 사용하여 나타내기에는 무리가 있다. 그래서 원자의 질량을 말할 때는 새로운 기준을 정하여 사용한다.

원자의 질량은 매우 작기 때문에 어떤 원자를 기준으로 정하여 그 기준 원자의 질량에 대한 비로 다른 원자의 질량을 상대적으로 나타내면 편리할 것이다.

과학자들은 자연계에 존재하는 탄소 원자의 99 %를 차지하는 $^{12}_{6}C$를 기준 원자로 하여, 그 원자 질량의 $\frac{1}{12}$을 **1원자질량단위**(u, atomic mass unit)로 정하였다. 즉 1 u는 질량수가 12인 탄소 원자의 질량을 12로 나누어 정의한 것이다.

그런데 질량수가 12인 탄소 원자 1몰의 질량은 12 g이고, 그 속에는 아보가드로수 (6.022×10^{23}) 만큼의 탄소 원자가 들어 있으므로 1 u는 다음과 같다.

$$1\,\text{u} = \frac{12 \times 10^{-3}\,\text{kg}}{12 \times 6.022 \times 10^{23}} = 1.6605 \times 10^{-27}\,\text{kg} \qquad (18\text{-}3)$$

이 된다. 수소 원자 $^{1}_{1}H$의 질량을 원자질량단위로 나타내면 1.0078 u로서 1 u에 매우 가까운 값이라는 것을 알 수 있다. 이때 원자 질량 단위로 나타낸 원자의 질량을 **원자량**(atomic weight)이라고 한다.

원자핵의 존재가 확인된 후 원자핵에 대한 여러 연구가 진행되었다. 원자핵의 질량을 좀 더 정확하게 측정하려고 노력했던 영국의 물리학자 **애스턴**(F. W. Aston)은 1919년 **톰슨**의 비전하 측정기를 개량한 **질량분석기**(mass spectrometer)를 만들어 원자핵의 질량을 정확히 측정하였다. 그림 18.5는 애스턴이 만든 질량분석기의 개략도이다.

질량분석기를 이용하여 원자핵의 질량을 측정하는 원리는 기체를 높은 전압으로 방전시켜서 고속의 이온선을 만들어서 전기장 E와 자기장 B가 서로 수직으로 놓여있는 속도선택기를 통과시킨다. 속도선택기에서는 E와 B를 적절히 조절하여 속도가 일정한 이온선만 선택한다. 이렇게 선택된 이온선을 다시 균일한 자기장 B를 통과시킨다.

질량 m, 전하 q인 이온이 속도 v로 자기장 B'에 입사하면 로렌츠의 힘을 받아 원운동을 하게 된다. 이때 로렌츠힘이 원심력이 되므로 다음 관계식을 얻는다.

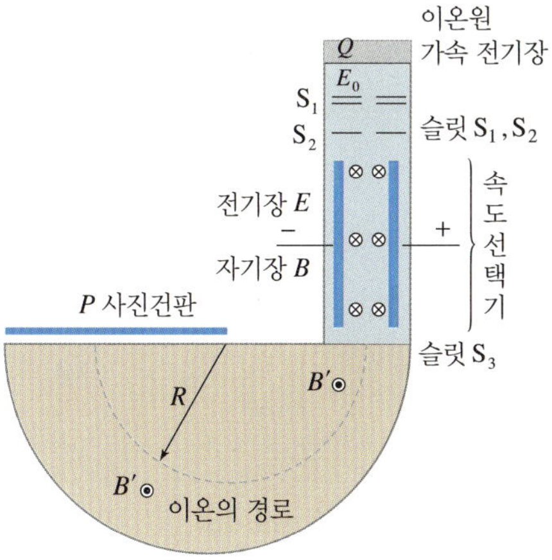

그림 18.5 질량분석기의 개략도

그림 18.6 질량분석기

$$\frac{mv^2}{R} = qvB' \tag{18-4}$$

이때 이온의 질량은 $m = \frac{qB'R}{v}$이 된다. 즉, 이온의 질량은 궤도 반지름에 비례하므로 이온이 검출되는 사진 건판의 위치에 의해 그 이온의 질량이 결정된다. 따라서 이온의 전하량 q를 알고 있다면 자기장과 이온의 속도, 그리고 반지름은 측정으로 구할 수 있으므로 원자핵의 질량을 구할 수 있다.

2) 동위원소

질량분석기를 이용하여 여러 종류의 원소의 질량을 측정해 보면 그림 18.7과 같이 한 가지 원소에도 질량이 다른 몇 가지 원자가 있다는 것을 알 수 있다.

예를 들면, 원자량이 20.18 u인 네온(Ne)에는 질량수가 각각 20과 22인 원자가 있으며, 원자량이 35.45 u인 염소(Cl)에는 질량수가 각각 35와 37인 원자가 있다는 것이 밝혀졌다.

원자의 화학적 성질은 원자핵 주위를 돌고 있는 전자의 수, 즉 원자번호에 의하여 결정된다. 따라서 원자번호가 같은 원자는 화학적 성질이 같다. 이것은 전자들이 원자핵 속의 양성자가 가지고 있는 (+)전하의 영향을 받을 뿐이고, 중성자의 영향을 받지 않기 때문이다. 이와 같이 화학적 성질은 같고 질량수만 다른 원소를 **동위원소**(isotope)라고 한다. 즉, 동위원소는 전하량은 같은데 질량이 다른 원소를 말한다. 그러므로 이는 중성자의 수가 다르기 때문이라고 결론지을 수 있다.

그리고 식 (18-4)를 반지름 R에 대해 정리하면 $R = \frac{v}{qB'}m$을 얻는다. 이 식에서 입자의 전하량과 속도가 일정하면 반지름은 질량에 비례해서 달라지는 것을 알 수 있다. 따라서 질량이 다르면 이온 입자는 반지름이 다른 곡선을 그리면서 서로 다른 위치에 도달하게 된다. 애스턴은 바로 이런 방법을 이용해서 동위원소를 분석하였다.

그림 18.8은 게르마늄(Ge)의 질량 스펙트럼 사진을 나타낸 것이다. 이 사진에서 게르마늄은 질량수가 70, 72, 73, 74, 76인 다섯 종류의 동위원소가 있다는 것을 알 수 있다. 따라서 게르마늄의 원자량은 정수값이 아니라 소수값인 72.59 u가 된다.

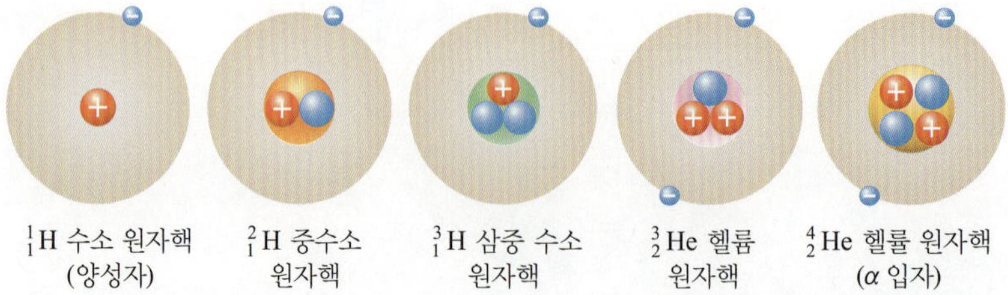

그림 18.7 동위원소와 원자핵

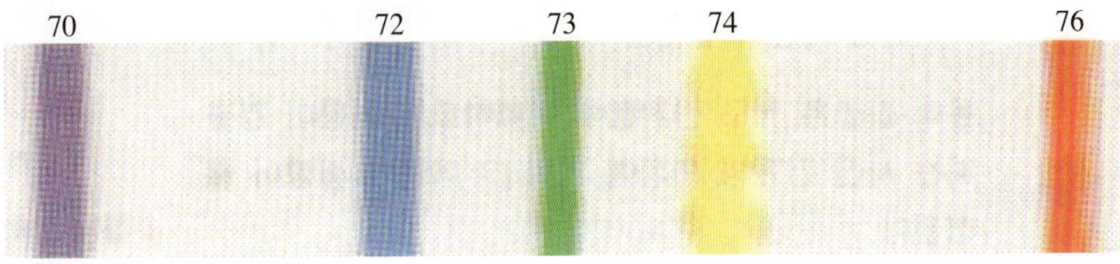

그림 18.8 게르마늄(Ge)의 질량 스펙트럼

수소 원자의 질량은 1.67×10^{-27} kg이고 전자의 질량은 9.1×10^{-31} kg이므로 수소 원자의 질량이 전자 질량의 약 1837배나 된다. 따라서 원자의 질량은 원자핵의 질량과 거의 같다고 할 수 있다. 그러므로 동위원소의 질량차는 곧 원자핵의 질량차가 된다는 것을 알 수 있다.

예제 2 염소는 질량 35와 37의 동위원소가 혼합되어 존재한다. 염소의 원자량을 35.5라 하면 그 존재비는 어떻게 될까?

풀이

질량수 35의 원자가 N_1개, 질량수 37의 원자가 N_2개 존재한다고 하면 $\dfrac{35N_1+37N_2}{N_1+N_2} = 35.5 \quad \therefore \dfrac{N_1}{N_2} = 3$

그러므로 N_1과 N_2의 존재비는 3 : 1이다.

18.3 원자핵의 변환과 방사능

핵변환(nuclear transformation)은 원자핵이 가지고 있는 핵자의 수를 변환시키는 것을 말하는데, 원자핵이 자연적으로 붕괴되면서 핵변환이 이루어지기도 하고 인공적인 방법으로 핵변환을 시키기도 한다.

핵변환 발견의 초기에는 과학자들은 핵변환 과정에서 나오는 에너지를 이용할 수 있을 것인지에 대해 회의적이었으나, 오늘날 원자력 발전에 이용하고 있는 핵분열이나 미래의 에너지원으로 각광을 받고 있는 핵융합도 모두 핵변환을 이용하는 것이다.

방사선과 그 이용, 방사성 물질의 붕괴와 원자핵 변환, 그리고 원자핵 에너지의 원천과 안전한 이용 방법에 대해 알아보자.

▲ 베크렐(1852~1908, 1903년 노벨 물리학상 수상)

1) 방사능과 방사선

프랑스의 물리학자 **베크렐**(A. H. Becquerel)은 우라늄 화합물이 사진 건판을 감광시키는 투과성이 강한 방사선을 방출한다는 사실을 발견하였다. 그리고 프랑스의 물리학자 **퀴리**(Curie) 부부는 우라늄(U)보다 훨씬 더 강한 방사성 물질인 라듐(Ra)을 발견하였다.

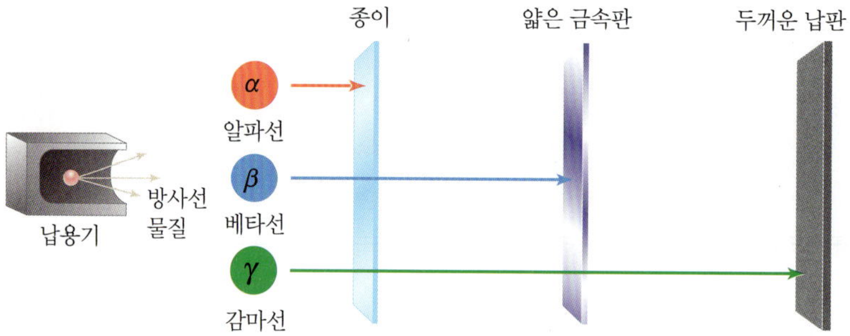

그림 18.9 방사선의 종류와 투과력 비교

그 후 많은 사람들이 여러 가지 방사성 원소를 발견하였으며, 자연계에 존재하는 원자번호 84 이상인 원소는 모두 방사선을 방출한다는 것을 알게 되었다. 이와 같이 방사선을 내는 원소를 **방사성 원소**(radioactive element)라고 하며, 이들 원소가 자연적으로 방사선을 방출하는 성질을 **방사능**(activity)이라고 한다.

방사능의 세기는 온도, 압력 등의 상태나 어떤 화합물인가에 관계없이 방사성 원소의 양에 의해서만 결정된다는 것이 밝혀졌다.

방사선은 자연계에 존재하는 **자연방사선**과 인공적으로 만든 **인공방사선**으로 구분한다. 인공방사선은 인공적으로 만들어서 진찰 및 치료, 식품보존, 비파괴검사 등에 이용한다.

> **TIP 비파괴검사, nondestructive testing**
>
> 공작물 등의 원래 상태를 파괴시키지 않고 검사하는 방법으로 표면결함이나 내부결함을 관찰하는 데 사용된다. 재료를 파괴하지 않기 때문에 항공기 부품과 같은 고가의 부품 검사에 주로 사용된다. 종류로는 초음파검사법, 음향방사법, 방사선투과법, 액체침투법, 자기탐상법, 열탐상법, 홀로그래피기술 등이 있다.

자연의 방사성 원소에서 나오는 방사선은 물질을 투과하는 정도에 따라 α선, β선, γ선의 세 종류가 있다. 이들 각각의 투과력은 그림 18.9에서 보는 바와 같다. 또 이들 방사선을 전기장과 자기장에 통과시키면 그 진로가 그림 18.10과 같이 각각 다르게 나타난다. 이 그림에서 알 수 있는 바와 같이 투과력은 α선이 가장 약하고 β선은 중간이며 γ선이 가장 강하다. 그리고 그림 18.10과 그림 18.11에서 보는 바와 같이 α선과 β선은 전기장과 자기장 내에서 진로가 구부러지지만, γ선은 진로가 휘지 않고 그대로 직진하는 것을 알 수 있다.

그리고 이들 방사선의 비전하를 측정한 결과 α선은 헬륨 원자핵의 흐름이고 β선은 전자의 흐름이며, γ선은 전하를 띠고 있지 않은 전자기파라는 것이 밝혀졌다. 즉, α선은 원자핵의 흐름이므로 (+)전하를 띠고 있고 β선은 전자의 흐름으로 (−)전하를 띠

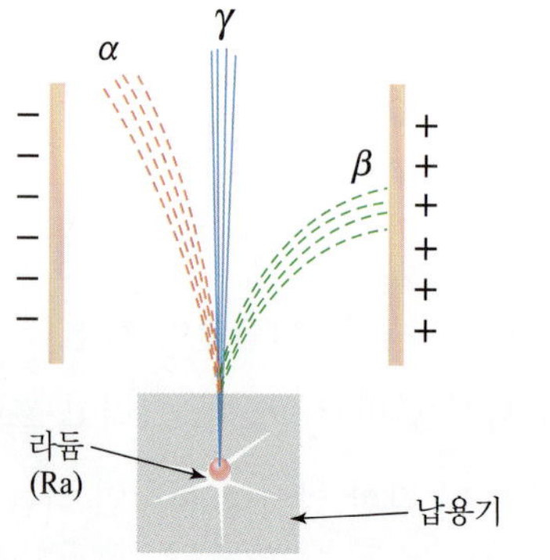

그림 18.10 전기장에서 방사선의 진로

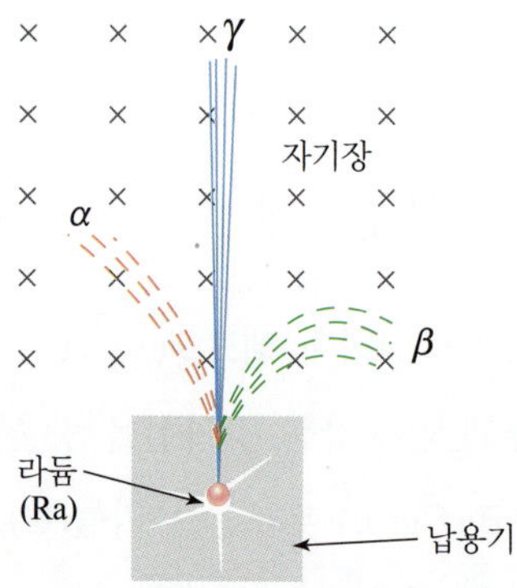

그림 18.11 자기장에서 방사선의 진로

표 18.1 방사선의 종류와 성질

종류	본질	질량	전하량	투과력	형광 · 전리작용
α선	헬륨의 원자핵	크다	$+2e$	작다	크다
β선	전자	아주 작다	$-e$	중간	중간
γ선	전자기파	0	0	크다	작다

고 있으며 γ선은 X선보다 파장이 짧은 전자기파이다. 이 내용들을 정리하여 표로 나타내면 표 18.1과 같다.

2) 방사선 원소의 붕괴

고고학자들은 유적지에서 오래된 유물이 발굴되면 그 유물이 어느 시대의 것인지 밝히기 위해 노력한다. 과연 유물이 만들어진 연대를 어느 정도 정확하게 알 수 있을까?

우라늄이나 라듐 등과 같이 원자번호가 큰 원자핵은 불안정하여 방사선을 내고 계속 다른 원자핵으로 변해간다. 이 과정에서 처음원소의 원자핵 수는 줄어들고 새로운 원소의 원자핵이 생겨난다. 그러면 방사성 원소의 원자핵이 방사선을 방출하면서 붕괴하는 데 어떤 규칙성이 있는지 알아보자.

불안정한 원자핵이 α선나 β선을 방출하면 구성이 달라지면서 안정한 원소의 원자핵으로 변한다. 그러나 γ선은 전자기파이므로 γ선을 방출한 원자핵은 더 안정한 상태로 되지만 핵의 구성에는 변화가 없다. 이때 α선을 방출하고 붕괴하면 α붕괴, β선을 방출하고 붕괴하면 β붕괴, 그리고 γ선을 방출하고 붕괴하면 γ붕괴라고 한다.

이와 같이 원자핵이 방사선을 방출하고 안정한 원자핵으로 변환되는 것을 방사성 붕괴라고 한다.

α붕괴에서는 헬륨 원자핵을 방출하므로 원자번호가 2만큼 감소하고 질량수가 4만큼 감소한다. 이것을 일반식으로 나타내면 다음과 같다.

$$ {}^{A}_{Z}X \rightarrow {}^{A-4}_{Z-2}Y + {}^{4}_{2}He \tag{18-5} $$

이와 같이 원자핵의 붕괴 과정을 나타낸 식을 **핵반응식**(nuclear reaction formula)이라고 한다.

예를들면, 라듐(${}^{226}_{88}Ra$)은 그림 18.12와 같이 α붕괴 후에 라돈(${}^{222}_{86}Rn$)으로 변하는데, 이것을 핵반응식으로 나타내면 다음과 같다.

$$ {}^{226}_{88}Ra \rightarrow {}^{222}_{86}Rn + {}^{4}_{2}He $$

TIP 방사성 탄소 연대 측정법

1949년 미국의 물리화학자 리비(W.F. Libby)가 고안하였으며, 방사선을 이용해 유물 · 유적의 절대연대를 측정하는 방법이다. 그는 대기 중에 존재하는 방사성 탄소(C^{14})의 생성 체계를 밝혀내고 고고학에 응용하였다. 즉 죽은 생물체는 호흡을 멈추기 때문에 방사성 탄소의 교환이 중단되고, 내부에 축적된 방사성 탄소는 β선을 방출하고 그 수가 줄어든다. 방사성 탄소의 반감기는 5730 ± 40년이므로 5730년 전에 죽은 생물체는 살아 있는 생물체에 비해 방사성 탄소의 양이 2분의 1밖에 되지 않는다. 따라서 측정 물체의 탄소 비율을 측정하면 당시의 연대를 추정할 수 있다.

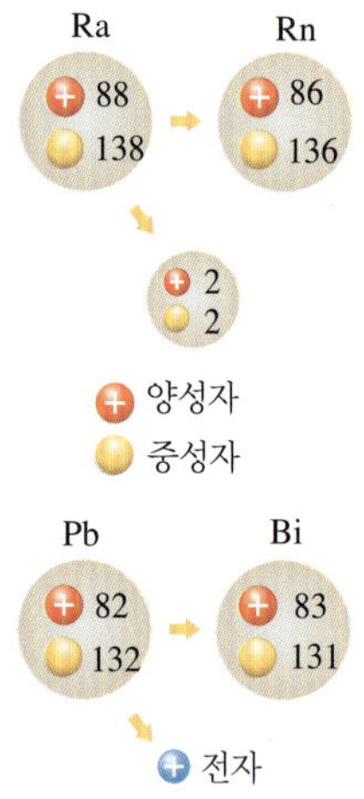

그림 18.12 α붕괴와 β붕괴의 예

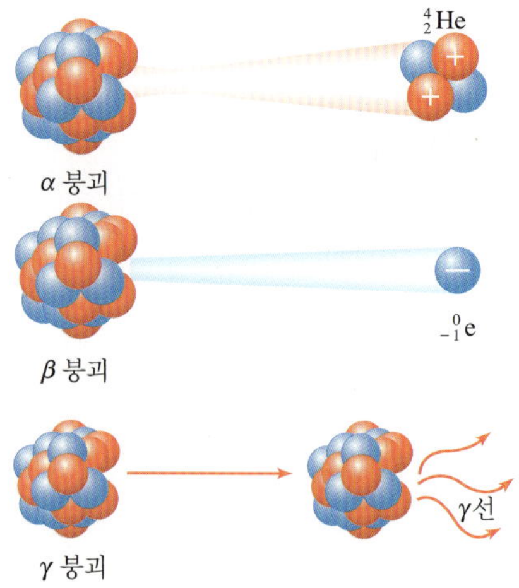

그림 18.13 방사성 원소의 붕괴모형

β붕괴는 원자핵 속의 중성자가 양성자로 바뀌면서 전자($^{0}_{-1}$e)인 β선을 방출하므로, 질량수는 변함이 없고 원자번호 하나가 증가한 원자핵으로 변한다. 이를 핵반응식으로 나타내면 다음과 같다.

$$^{A}_{Z}\mathrm{X} \rightarrow {}^{A}_{Z+1}\mathrm{Y} + {}^{0}_{-1}\mathrm{e} \qquad (18\text{-}6)$$

예를 들면, 납의 방사성 동위원소 $^{214}_{82}$Pb는 β붕괴 후 비스무트(Bi)의 동위원소인 $^{214}_{83}$Bi로 되는데, 이것을 핵반응식으로 나타내면 다음과 같다.

$$^{214}_{82}\mathrm{Ra} \rightarrow {}^{214}_{83}\mathrm{Rn} + {}^{0}_{-1}\mathrm{e}$$

일반적으로 α붕괴나 β붕괴를 하고 나서 새로 형성된 원자핵은 비교적 에너지 준위가 높은 불안정한 상태에 있게 된다. 이렇게 들뜬 상태의 원자핵이 낮은 에너지의 안정한 상태로 옮겨갈 때, 두 상태 사이의 에너지 차이를 전자기파 형태로 방출하게 되는데, 이것을 **γ붕괴**라고 한다. 따라서 γ붕괴 후에 원자번호나 질량수는 변하지 않는다.

이와 같은 방사성 원소의 붕괴에 따른 원자번호와 질량수의 변화를 요약하여 정리하면 다음과 같다.

방사성 원소가 붕괴하면 원자번호와 질량수는 다음과 같다.
- α붕괴하면 원자번호가 2 줄고 질량수가 4 준다.
- β붕괴하면 원자번호가 1 증가하고 질량수는 변하지 않는다.
- γ붕괴하면 원자번호와 질량수가 모두 변하지 않는다.

일반적으로 방사성 원소의 붕괴는 한 번으로 끝나지 않고 원자핵이 보다 안정한 핵으로 될 때까지 붕괴가 계속된다. 예를 들어, 그림 18.14와 같이 우라늄 원소는 α붕괴와 β붕괴를 반복하여 마지막에는 안정한 원소인 납(Pb)으로 변한다. 즉, 자연 방사성 원소는 안정된 원소인 납에서 붕괴를 멈춘다.

방사선은 납처럼 안정한 원소를 잘 투과하지 못하므로 보통 방사성 원소는 두꺼운 납 용기에 넣어 보관한다.

방사성 원소의 원자핵은 α붕괴 또는 β붕괴를 하고 다른 원자핵으로 변하므로 처음 원소의 양은 시간에 따라 감소하게 된다. 어떤 방사성 원소의 원자핵이 처음 양의 절반 만큼 붕괴까지 걸리는 시간을 **반감기(half life)**라고 한다.

반감기를 달리 표현하면 방사성 원소는 주위의 환경 조건에 관계없이 항상 일정한 시간의 비율에 따라 붕괴를 일으킨다는 말이다. 여기서 '일정한 시간의 비율'이란 말은 어떤 원자핵이 처음 양의 절반 만큼 붕괴하는 데 10년이 걸렸다면, 그 후에 남은 절반의 절반(전체로는 4분의 1)만큼 붕괴하는 데 또 10년이 걸린다는 말이다. 이렇게 남아있는 방사성 원소의 양은 지수 함수의 형태를 띠게 된다. 방사선 원소의 반감기는 물질에 따라 다르다.

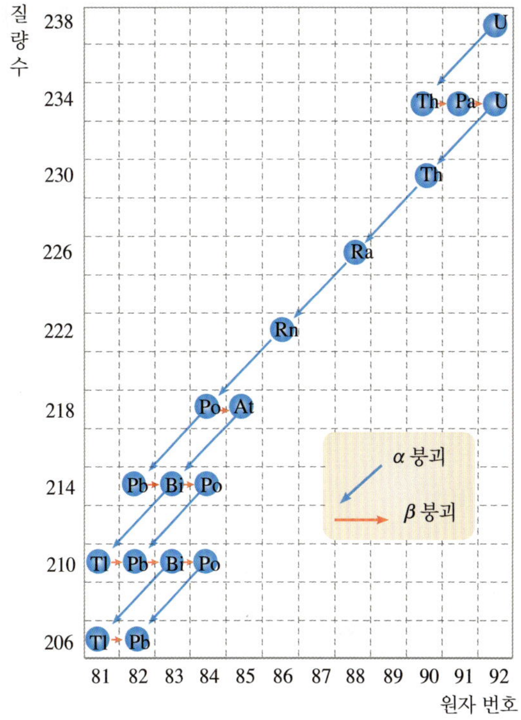

그림 18.14 $^{238}_{92}U$이 붕괴 과정을 거쳐 $^{206}_{82}Pb$가 되는 과정

그림 18.15는 라돈(Rn)이 붕괴되어 시간이 지남에 따라 그 양이 감소하는 모양을 나타낸 것이다. 일반적으로 반감기가 T인 방사성 원소의 처음 양을 N_0라고 하면 t시간 후에 붕괴되지 않고 남아있는 원소의 양 N은 다음과 같다.

$$N = N_0\left(\frac{1}{2}\right)^{\frac{t}{T}} \tag{18-7}$$

따라서 반감기를 세 번 지난 원소의 경우는 8분의 1만 남게 된다. 표 18.2는 몇 가지 방사성 원소의 반감기를 나타낸 것이다.

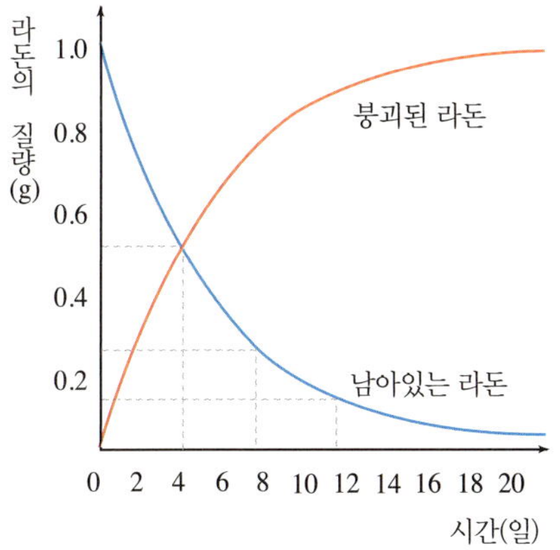

그림 18.15 라돈의 반감기 곡선

표 18.2 방사성 원소의 반감기

원자핵	붕괴의 종류	반감기
우라늄($^{238}_{92}U$)	α	4.5×10^{9} 년
라듐($^{226}_{88}Ra$)	α	1.6×10^{3} 년
라돈($^{222}_{86}Rn$)	α	3.8 일
폴로늄($^{214}_{84}Po$)	α	1.6×10^{-4} 초
코발트($^{60}_{27}Co$)	β	5.27 년
인($^{32}_{15}P$)	β	14 일
탄소($^{14}_{6}C$)	β	5730 년

3) 원자핵의 인공 변환

옛날 연금술사들은 값싸고 흔한 물질을 변화시켜서 금을 만들어보려고 노력하였다. 그러나 화학적 변화를 이용하는 실험으로는 뜻을 이룰 수가 없었다. 그렇다면 한 원소를 다른 원소로 만드는 것은 전혀 불가능한 일일까?

자연계에 존재하는 방사성 원소는 대부분 원자번호가 큰 원소(원자번호 88 이상)로서 원자핵이 불안정하기 때문에 자연적으로 붕괴한다. 이와 같은 사실에 착안한 과학자들은 안정한 원소의 원자핵도 인공적으로 불안정하게 해준다면 붕괴하면서 다른 원자핵으로 변할 것이라고 생각하였다.

원자핵에 전자나 광자 또는 다른 입자나 핵을 충돌시켜서 충돌된 원자핵이 핵변환을 일으키게 하는 과정을 **핵반응**(nuclear reaction)이라고 한다. 자연 방사성 원소가 붕괴할 때 α붕괴, β붕괴, γ붕괴의 세 가지 종류의 붕괴가 있는 것과 마찬가지로 인공 핵반응도 세 가지 종류로 구분된다.

◈ **첫째는 α선에 의한 핵변환이다.** 1919년 질소 기체에 강한 α선을 쬐였더니 산소의 동위원소와 양성자가 생기는 것을 발견하였다. 이것은 그림 18.16과 같이 질소의 원자핵이 α입자와 충돌하여 핵자들의 재배치가 일어났기 때문이다. 이 과정을 핵반응식으로 나타내면 다음과 같다.

$$^{14}_{7}\mathrm{H} + ^{4}_{2}\mathrm{He} \rightarrow ^{17}_{8}\mathrm{O} + ^{1}_{1}\mathrm{H} \qquad (18\text{-}8)$$

이 경우에도 핵반응 전후의 원자번호와 질량수의 합은 같다. 이것은 핵반응에서 전하와 질량수가 보존된다는 것을 의미한다.

그런데 질량수는 실제 질량과 약간 차이가 있게 마련이다. 왜냐하면, 핵변환 과정에서 전자의 질량이 포함되지 않았으며, 양성자와 중성자의 질량 차이를 고려하지 않은 근사값이기 때문이다.

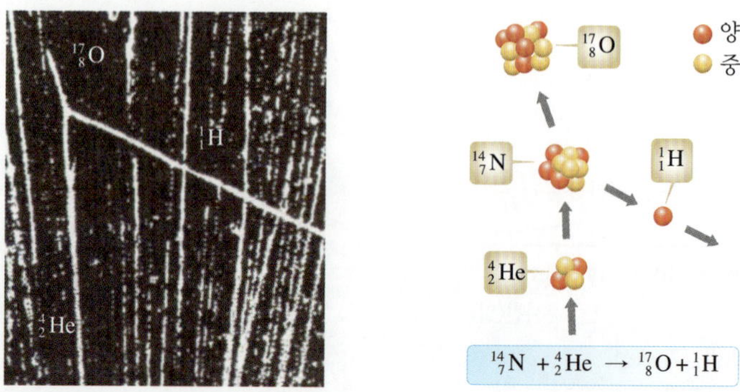

(가) 핵반응의 비적 (나) 핵반응의 모형도

그림 18.16 α선에 의한 질소 원자핵의 인공 변환

◈ **두 번째는 중성자에 의한 핵변환이다.** α입자는 양전하를 갖고 있기 때문에 핵 내부의 양전하들에 의해 강한 전기적 반발력을 받게 된다. 따라서 핵반응을 일으키는 데는 α입자보다 중성자나 광자처럼 전기적으로 중성인 입자들을 자주 사용한다.

1932년 채드윅은 베릴륨(Be)에 α입자를 충돌시킬 때 중성자가 나오는 것을 발견하였다. 이때의 핵반응식은 다음과 같다.

$$^{9}_{4}\mathrm{Be} + ^{4}_{2}\mathrm{He} \rightarrow ^{12}_{6}\mathrm{C} + ^{1}_{0}\mathrm{n} \tag{18-9}$$

이와 같은 방법으로 얻은 중성자를 다른 원자핵에 충돌시켜서 핵변환을 일으키는 예는 다음과 같다.

$$^{16}_{8}\mathrm{O} + ^{1}_{0}\mathrm{n} \rightarrow ^{13}_{6}\mathrm{C} + ^{4}_{2}\mathrm{He} \tag{18-10}$$

중성자를 원자핵에 충돌시키면 핵변환이 쉽게 일어난다. 이것은 중성자는 전기적으로 중성이기 때문에 원자핵에 접근할 때 양성자에 의하여 반발되지 않고 주위의 전자에게 운동 에너지를 빼앗기지 않기 때문이다.

◈ **세 번째는 γ선에 의한 핵변환이다.** γ선은 전자기파의 일종으로 핵에 흡수되면 핵반응을 일으킨다. 그 대표적인 예는 다음과 같다.

$$^{2}_{1}\mathrm{H} + \gamma \rightarrow ^{1}_{1}\mathrm{H} + ^{1}_{0}\mathrm{n} \tag{18-11}$$

원자핵의 인공 핵변환에 의해 만들어진 방사성 동위원소들은 그 성질에 따라 물리학뿐만 아니라 의학, 생물학, 농학, 첨단기술개발 등 다양한 분야에 이용되고 있다.

18.4 핵력과 결합 에너지

원자핵 인공 변환에서 한 원자핵이 붕괴하여 다른 원자핵으로 변환될 때 막대한 에너지가 방출된다는 사실이 밝혀졌다. 가령, 1 g의 우라늄이 전부 붕괴할 때 방출되는 에너지는 석탄 3톤이 연소할 때 내는 에너지와 같다고 한다. 바꾸어 말하면 우라늄은 석탄보다 약 300만 배의 열을 발생시킨다. 이와 같은 에너지는 어떻게 발생되는 것인지 알아보자.

1) 핵력

화학 반응에 의하여 방출되는 에너지는 수 eV 정도이며, 이 에너지는 핵 주위를 돌고 있는 전자의 결합 에너지와 관련이 있다. 그러나 원자핵 반응에 의하여 방출되는

TIP 전자볼트 eV

전자가 1 V의 전위차에 의해 가속될 때의 에너지로 원자물리학에서 많이 사용된다.

$$1\ \mathrm{eV} = 1.6 \times 10^{-19}\ \mathrm{J}$$

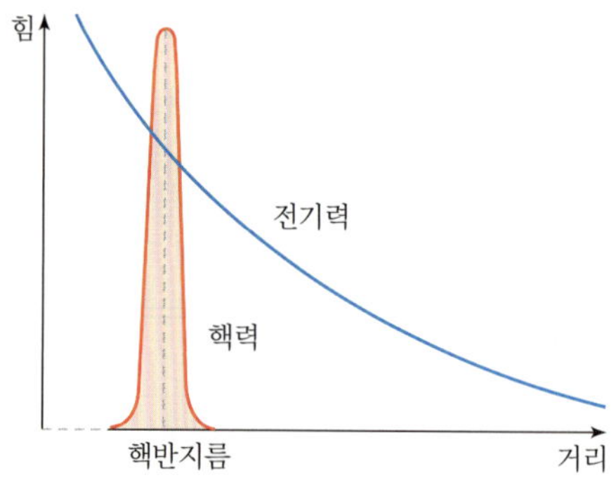

그림 18.17 핵력과 전기력

에너지는 수백 만 eV 정도이다. 그렇다면 이렇게 큰 에너지는 어디서 나오는 것일까?

(−)전하를 띠고 있는 전자는 (+)전하를 가지고 있는 원자핵에 전기적 인력으로 결합되어 있다. 그러나 원자핵은 양성자와 중성자로 구성되어 있으며, 극히 좁은 공간에 모여 있으므로 양성자들 사이에는 강력한 전기적 반발력이 작용할 것이다. 이런 반발력을 극복하고 핵자들이 10^{-14} m 정도의 좁은 공간 내에 결합되어 있기 위해서는 양성자들 사이의 전기적 반발력보다 훨씬 큰 인력이 핵자들 사이에 작용하고 있는 것이 분명하다. 이러한 힘을 **핵력**(nuclear force)이라고 한다.

핵력은 만유인력이나 전기력과 같이 거리의 제곱에 반비례하여 약해지는 것이 아니라 매우 짧은 거리(10^{-15} m 정도)에서만 작용한다. 그림 18.17에서 알 수 있는 바와 같이 대전 입자 사이의 전기력은 입자 사이의 거리가 증가하여도 비교적 천천히 감소하지만 핵력은 핵자 사이의 거리가 원자핵의 반지름보다 약간만 커져도 급격히 0에 가까워진다.

즉, 핵력은 핵자 사이의 거리가 아주 가까울 때만 작용하며, 양성자와 양성자, 중성자와 중성자, 양성자와 중성자 사이에 똑같이 작용하며, 정전기력의 약 100배 정도가 된다. 핵력은 자연계에 존재하는 네 가지 기본적인 중에서 가장 강한 힘이다.

2) 결합 에너지

핵자들은 강한 핵력으로 결합되어 있으므로 원자핵을 구성하고 있는 핵자들을 따로따로 떼어 놓으려면 핵력에 대항하여 일을 해주어야 한다. 이와 반대로 떨어져 있는 핵자들이 결합하여 핵을 구성할 때에는 분리될 때 받은 일과 같은 양의 에너지를 방출하게 된다. 이 에너지를 그 원자핵의 **결합 에너지**라고 한다.

원자핵의 질량을 정밀하게 측정해 보면, 그림 18.18에서 보는 바와 같이 원자핵의 질량이 원자핵을 구성하는 핵자들의 질량의 합보다 작은 것을 알 수 있다. 이처럼 핵자들이 결합하여 원자핵을 구성할 때 그 질량이 감소하는데, 이 질량의 차이를 **질량결손**(mass defect)이라고 한다.

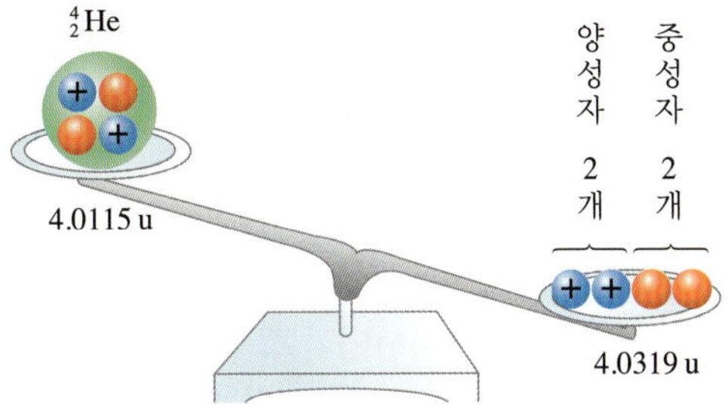

그림 18.18 질량결손. 핵자들이 결합하여 원자핵을 구성할 때 질량이 감소한다.

1905년 아인슈타인은 특수 상대성 이론을 주장하고 질량과 에너지는 서로 다른 것이 아니라 동등하며, 질량과 에너지는 서로 전환된다고 주장하였다. 이것을 질량–에너지 등가 원리라고 한다. 아인슈타인의 주장에 의하면 질량은 에너지로 에너지는 다시 질량으로 전환될 수 있으므로, 질량 결손을 Δm이라고 하면 질량–에너지 등가 원리는 다음과 같이 나타낼 수 있다.

$$E = \Delta mc^2 \tag{18-12}$$

여기서 c는 진공 중에서의 빛의 속도이다. 빛의 속도는 3×10^8 m/s이며, 에너지는 그 제곱에 비례하므로 아주 작은 질량이 에너지로 바뀌어도 엄청난 양의 에너지가 되는 것이다. 예를 들면 원자 질량 단위 1 u = 1.66×10^{-27} kg이므로 질량 1 u에 해당하는 에너지 E는 다음과 같다.

$$\begin{aligned} E &= \Delta mc^2 \\ &= 1.66 \times 10^{-27}\,\text{kg} \times (3 \times 10^8\,\text{m/s})^2 = 1.49 \times 10^{-10}\,\text{J} = 931\,\text{MeV} \end{aligned}$$

- 질량–에너지 등가 원리에 따르면, 핵자들은 질량 결손에 해당하는 에너지를 외부에 방출하고 보다 안정한 원자핵을 이룬다.
- 이 핵자들을 다시 떼어내려면 이만큼의 에너지를 외부에서 공급해 주어야 한다.

18.5 핵분열과 핵융합

1) 핵분열

1934년 페르미는 중성자를 원자핵에 충돌시키면 원자핵이 중성자를 흡수하여 다른 원자핵으로 변한다는 것을 알아내었다. 이때 중성자를 흡수한 원자핵은 질량수가 하나 더 많은 동위원소로 변한다.

▲ 페르미(Enrico Fermi, 1901~1954, 1938년 노벨 물리학상 수상)

한편, 1938년 한(Otto Hahn)과 슈트라스만(Fritz Strassmann)은 우라늄의 동위원소인 우라늄 $^{235}_{92}U$에 운동 에너지가 0.01 eV 정도인 느린 중성자를 충돌시키면 중성자가 우라늄 원자핵에 포획된 후 두 개의 원자핵으로 쪼개지면서 2~3개의 중성자를 방출한다는 것을 발견하였다. 이와 같이 큰 원자핵이 크기가 비슷한 두 개의 원자핵으로 나누어지는 현상을 **핵분열**(nuclear fission)이라고 한다.

우라늄 원자핵 $^{235}_{92}U$가 핵분열을 하여 생성되는 새로운 원자핵은 여러 가지가 있는데, 그 중에서 대표적인 핵반응을 예로 들면 다음과 같다.

$$^{235}_{92}\mathrm{U} + ^{1}_{0}\mathrm{n} \rightarrow ^{141}_{56}\mathrm{Ba} + ^{92}_{36}\mathrm{Kr} + 3^{1}_{0}\mathrm{n} + 200\,\mathrm{MeV} \qquad (18\text{-}13)$$

위의 핵반응식에서 보는 바와 같이 우라늄 원자 한 개가 핵분열할 때 방출되는 에너지는 200 meV 정도이다. 이 에너지를 탄소를 연소시킬 때 원자 한 개당 나오는 에너지 4 eV와 비교하면 엄청난 차이가 있다는 것을 알 수 있다. 이와 같이 핵반응을 할 때 방출되는 에너지를 **핵에너지**(nuclear energy)라고 한다.

$^{235}_{92}U$ 원자핵 한 개가 분열할 때 나오는 중성자가 다른 $^{235}_{92}U$ 원자핵과 반응하여 다시 2~3개의 중성자를 방출시킨다. 이 같은 과정이 반복되면 그림 18.19와 같이 핵분열이 연쇄적으로 일어나는데, 이러한 반응을 **연쇄반응**(chain reaction)이라고 한다.

핵분열의 연쇄반응이 순간적으로 일어나도록 한 것이 원자폭탄이며, 반면에 연쇄반응에서 방출되는 중성자의 수 및 속도를 조절하여 연쇄 반응이 서서히 일어나도록 하는 장치가 **원자로**(nuclear reactor)이다.

원자력 발전소에서는 원자로에서 우라늄($^{235}_{92}U$) 원자핵 반응으로 방출되는 열에너지로 물을 가열하여 수증기 발생기로 보내어 고온의 수증기로 발전기를 돌려서 전기 에너지를 생산한다. 이것이 원자력 발전의 원리이며 그림 18.20에 개요를 나타내었다.

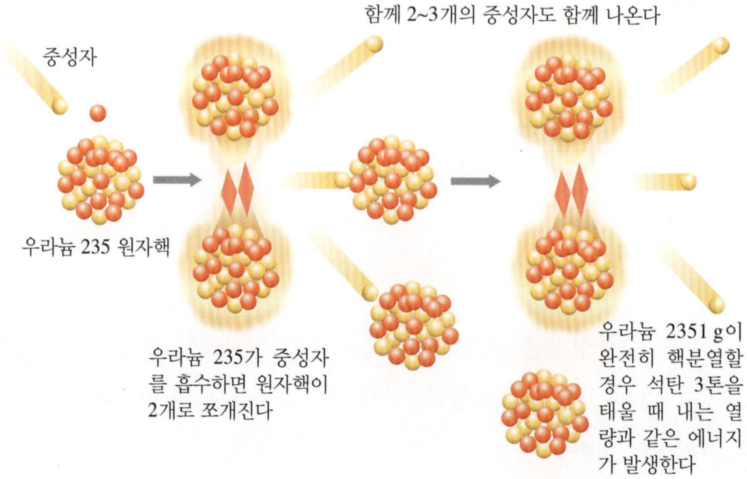

그림 18.19 핵분열과 연쇄반응

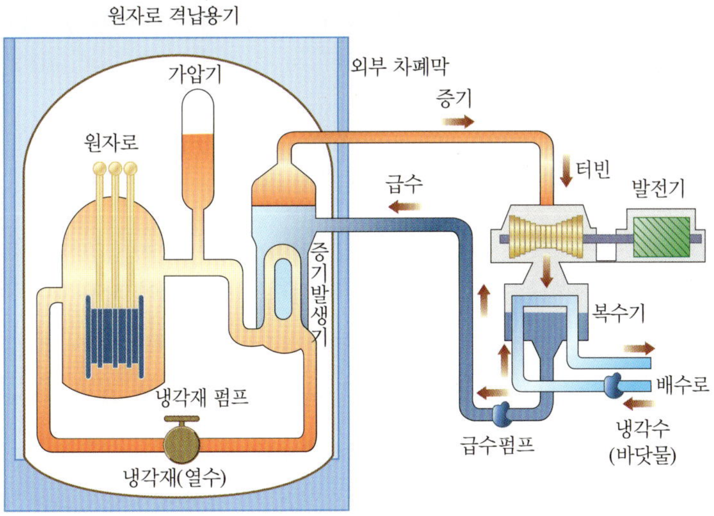

그림 18.20 원자력 발전의 핵심 부분인 원자로의 구조

자연에 존재하는 우라늄의 동위원소는 대부분 ${}^{238}_{92}$U이며, ${}^{235}_{92}$U는 불과 0.7 %에 지나지 않는다. ${}^{238}_{92}$U은 빠른 중성자를 잘 흡수하지만, 핵분열은 잘 일으키지 않는다. 따라서 원자로의 연료로 ${}^{235}_{92}$U의 비율을 2~5 % 정도로 높인 농축 우라늄을 사용한다.

${}^{235}_{92}$U 원자핵이 느린 중성자와 반응하여 핵분열 연쇄 반응을 일으키게 하기 위해서는 핵분열을 할 때 나오는 빠른 중성자의 속도를 줄여야 한다. 이와 같이 중성자의 속도를 줄이는 데 사용하는 재료를 **감속재**(moderator)라고 하며 물, 중수, 흑연 등을 사용한다.

2) 핵융합

핵분열과는 반대로 그림 18.21과 같이 가벼운 원자핵들이 융합하여 무거운 원자핵이 될 때에도 질량결손이 일어나는데, 질량결손에 해당하는 막대한 에너지가 방출된다. 이와 같이 질량이 작은 원자핵들이 합쳐져서 질량이 큰 원자핵이 되는 핵반응을 **핵융합**(nuclear fusion)이라고 한다. 일반적으로 핵융합이 핵분열보다 훨씬 많은 에너지를 방출한다.

핵융합의 예를 들면, 중수소(${}^{2}_{1}$H)의 원자핵과 삼중 수소(${}^{3}_{1}$H)의 원자핵이 융합하여

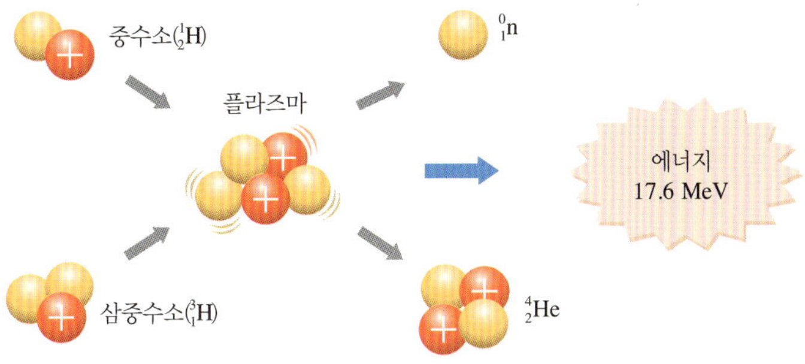

그림 18.21 중수소와 삼중 수소의 핵융합 반응 모형

이들보다 무거운 헬륨 원자핵을 만들 때 약 17.6 meV의 에너지가 방출된다. 이 반응을 핵반응식으로 나타내면 다음과 같다.

$$^{2}_{1}\mathrm{H} + ^{3}_{1}\mathrm{H} \rightarrow ^{4}_{2}\mathrm{He} + ^{1}_{0}\mathrm{n} + 17.6\,\mathrm{MeV}$$

이러한 핵융합이 일어나기 위해서는 두 원자핵이 매우 가깝게 접근해야 한다. 이때 두 원자핵은 모두 (+)전하를 가지고 있으므로 전기적 반발력이 작용한다. 이 반발력을 누르고 핵력이 작용하는 거리까지 접근하려면 약 1.1×10^{14} J의 운동 에너지가 필요한데, 이 에너지를 온도로 환산하면 약 10^{8} K 이상의 높은 온도를 유지시켜 주어야 하므로 핵융합을 **열핵반응**(thermonuclaer reaction)이라고도 한다.

태양과 같은 별들의 내부는 이 정도의 높은 온도를 유지하고 있으므로 계속해서 핵융합 반응이 일어나고 있다. 지구상의 에너지 자원은 한계가 있으므로, 핵융합 반응을 이용하여 막대한 에너지를 얻을 수 있는 방법을 찾아내고자 많은 물리학자들이 연구를 계속하고 있다. 핵융합은 인류의 미래 에너지원으로 기대되고 있다.

읽을거리

한국형 인공태양 'KSTAR'를 이용한 에너지

우리나라에서는 미래 에너지원으로 각광을 받고 있는 초전도핵융합연구장치인 'KSTAR'(한국의 태양; Korea Superconducting Tokamak Advanced Research)를 건설하여 연구에 박차를 가하고 있다. 태양에너지의 원리인 핵융합 반응을 인공적으로 만들어 미래의 에너지원으로 개발하기 위해 12년간의 개발 및 제작기간을 거쳐 2007년 9월 14일 완공한 바 있다. 현재는 시운전을 거쳐 2008년 7월에는 최초로 플라즈마를 발생시키며 세계적인 주목을 받고 있다.

핵융합 반응은 가벼운 원자핵이 합쳐져 무거운 원자핵이 될 때 나타나는데, 이때 질량 결손에 의해 막대한 에너지가 방출된다. 핵융합이 일어나기 위해서는 두 원자핵이 매우 가깝게 접근해야 한다. 이때 두 원자핵은 모두 (+)전하를 띠고 있으므로 전기적 반발력이 작용한다. 이 반발력을 누르고 핵력이 작용하는 거리까지 접근하려면 약 1.1×10^{14} J의 운동에너지를 가져야 되는데 이를 온도로 환산하면 약 1억 ℃ 정도가 된다. 태양의 내부는 이 정도의 높은 온도를 유지하고 있으므로 계속해서 핵융합 반응이 일어나고 있다. 태양에너지는 핵융합 반응에 의하여 생긴다. 태양의 중심부의 온도는 약 1.6×10^{7} K 정도로 고온이다. 이러한 고온에서는 수소 원자가 격렬히 운동하고, 서로 충돌하여 4개의 양성자가 1개의 헬륨 원자핵으로 되면서 많은 에너지가 방출된다. 이것을 핵반응식으로 나타내면 다음과 같다.

$$4\,{}^{1}_{1}\mathrm{H} \rightarrow {}^{4}_{2}\mathrm{He} + 2\,{}^{0}_{1}\mathrm{e} + 26\,\mathrm{MeV}$$

이와 같은 핵반응에서 4개의 양성자가 동시에 충돌하여 결합할 확률은 대단히 작다. 위의 핵반응식은 양성자가 여러 단계의 융합에 의해 최종적으로 나오게 되는 결과를 나타낸 것이다. 태양은 매초 36억 kg의 질량을 에너지로 소모하지만 질량이 매우 크기 때문에 앞으로도 100억 년 이상 계속해서 현재와 같은 에너지를 방출할 수 있을 것으로 예상되고 있다.

지구상의 에너지 자원은 한계가 있으므로 핵융합 반응을 지구에서 실현시킨다면 부족한 에너지 문제를 해결할 수 있을 것으로 기대하고 여러 나라에서 많은 연구를 진행하고 있다. 인공적으로 핵융합을 실현시킬 수 있다면 바닷물 속에 엄청나게 들어있는 중수소를 이용하여 공해 없는 에너지를 무한히 얻을 수 있다.

사진은 한국핵융합에너지연구원(KFE)에 설치되어 있는 핵융합로 'KSTAR'이다.

(자료 출처: 한국핵융합에너지연구원, https://www.kfe.re.kr)

▲ 우리나라의 핵융합로 'KSTAR'

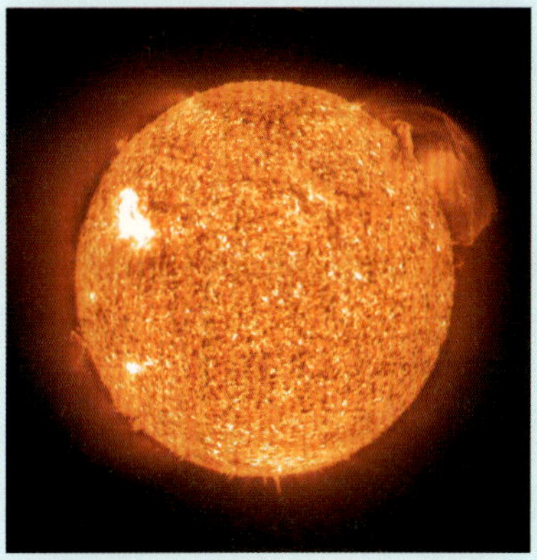

▲ 1997년 8월 27일에 NASA에서 촬영한 태양표면

연습문제

풀이 ☞ 387쪽

1. 핵반응에 대한 설명으로 옳은 것은? 〈9급 지방직 공무원 공채 출제〉

① 우라늄 235($^{235}_{92}$U)가 중성자를 흡수한 후 가벼운 원자핵으로 분열한다.

② 수소 핵융합이 일어나면 질량이 증가한다.

③ 핵반응 전후에 질량이 보존된다.

④ 제어봉으로 연쇄 반응이 빠르게 일어나도록 조절한다.

2. 원자핵을 구성하는 입자들로만 묶인 것은? 〈9급 지방직 공무원 공채 출제〉

① 양성자, 중성자　　② 양성자, 전자

③ 중성자, 전자　　④ 양성자, 중성자, 전자

3. 원자로에서 우라늄이 핵분열한다. 이때 1 g의 질량이 모두 열로 변했다고 하자. 물음에 답하라.

(1) 몇 J의 열이 발생하는가?

(2) 이 에너지는 몇 eV인가?

(3) 이 에너지를 kWh로 환산하면 얼마인가?

4. $^{214}_{83}$X의 α붕괴식을 써라.

5. 다음은 방사선의 성질을 설명한 것이다. 잘못 설명한 것은?

① 방사선은 기체를 전리시키고 물질을 투과하며 형광작용을 한다.

② α선은 헬륨 원자핵의 흐름이며, 전리작용이 강하고 투과력이 약하다.

③ β선은 (−)전하를 가진 전자의 흐름이며, 투과력과 전리작용이 α선과 γ선의 중간 정도이다.

④ γ선은 (+)전하를 가진 파장이 매우 짧은 전자기파이다.

⑤ 자연 방사성 원소에서 나오는 방사선은 α, β, γ선이 있다.

6. $^{233}_{90}$Th이 β^- 붕괴를 두 번 한 후 만들어지는 원소의 질량수와 원자번호를 써라.

7. 방사성 물질인 $^{235}_{92}$U은 방사성 붕괴를 통해 최종적으로 $^{206}_{82}$U으로 붕괴한다. 어떤 운석에서 $^{238}_{92}$U이 2몰, $^{206}_{82}$Pb이 6몰 발견되었다면 이 운석의 나이는 얼마로 추정되는가? 단 $^{235}_{92}$U의 반감기는 약 45억 년이다.

8. 1 MeV에 상당하는 질량은 몇 kg인가?

연습문제

풀이 및 해답

01 운동의 기술

1. 스칼라량은 크기만 있는 물리량으로 ① 길이 ④ 속력 ⑤ 시간 ⑥ 질량이고, 벡터량은 크기뿐만 아니라 방향도 함께 나타내는 물리량으로 ② 변위 ③ 속도 ⑦ 힘이다.

2. 속력: 물체가 운동할 때 그 단위 시간에 통과한 경로의 길이만을 생각하고 방향을 생각하지 않을 때 속력이라고 한다.
속도: 속력의 크기와 방향을 함께 생각하는 양을 말한다.

3. $x-t$ 그래프의 기울기는 평균속도를 나타낸다. 그래프에서 A와 B의 기울기가 같으므로 속도는 같지만 A가 B보다 4 m 앞선 곳에서 출발하였다. 기울기의 값은 다음과 같다.

$$v = \frac{8}{10} = 0.8\,\text{m/s}$$

답 ④

4. 서울에서 부산까지 2시간 17분 걸렸으므로 이 시간을 초 단위로 나타내면 다음과 같다. $t = (2\times60\times60) + 17\times60 = 8,220$ s이다. 따라서 평균속력 v는 다음과 같다.

$$v = \frac{s}{t} = \frac{423\times1,000\,\text{m}}{8220\,\text{s}} \fallingdotseq 51.5\,\text{m/s}$$

이 값을 km/h로 환산하면 다음과 같다.

$$51.5\times\frac{10^{-3}\,\text{km}}{\left(\frac{1}{3600}\right)\text{h}} \fallingdotseq 185.4\,\text{km/h}$$

답 약 51.5 m/s, 185.4 km/h

5. 황영조 선수의 평균속력은 다음과 같다.

$$\bar{v} = \frac{s}{t} = \frac{42,195\,\text{m}}{(2\times3600+12\times60+23)\,\text{s}} \fallingdotseq 5.31\,\text{m/s}$$

이 속력으로 100 m를 달리는 데 걸리는 시간은

$$t = \frac{s}{v} = \frac{100\,\text{m}}{5.31\,\text{m/s}} \fallingdotseq 18.8\,\text{s}$$

이다.

답 18.8 s

6. 1초부터 2초까지 평균속력 $\bar{v}$는 다음과 같다.

$$\bar{v} = \frac{6\,\text{m}}{(2-1)\,\text{s}} = 3\,\text{m/s}$$

답 ③

7. (1) 실제 배의 속도 v는 4 m/s와 3 m/s의 벡터합이 되므로 다음과 같다.

$$v = \sqrt{4^2+3^2} = 5\,\text{m/s}$$

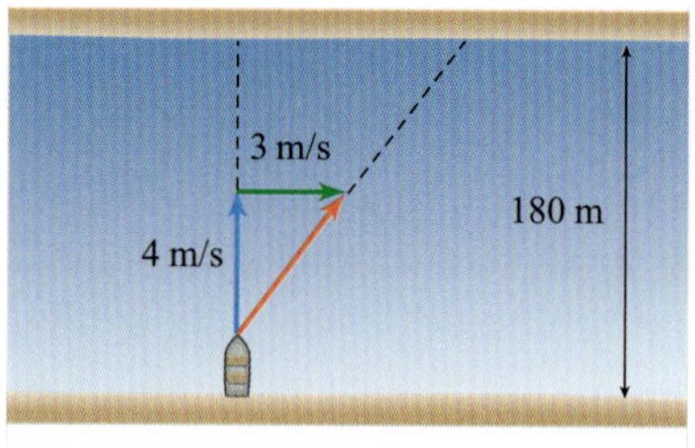

(2) 건너가는 데 유속은 영향이 없으므로 건너는 데 걸리는 시간 t는 다음과 같다.

$$t = \frac{s}{v} = \frac{180}{4} = 45\,\text{s}$$

따라서 배가 흘러내려간 거리 x는 다음과 같다.

$$x = 3\times45 = 135\,\text{m}$$

답 (1) 5 m/s (2) 135 m

8. 관찰자 A가 본 B의 상대속도는 다음과 같다.

$$v_{AB} = v_B - v_A = -100-80 = -180$$

즉, 서쪽으로 80 km/h이다.

답 ④

9. (1) 60 km/h
(2) 가속도는 나중 속도에서 처음 속도를 뺀 값을 그 동안의 시간으로 나눈 값이다.

$$(60\,\text{km/h} - 0\,\text{km/h}) \div 10\,\text{s} = (60\times10^3\,\text{m}/3600\,\text{s}) \div 10\,\text{s} \fallingdotseq 1.67\,\text{m/s}^2$$

답 (1) 60 km/h (2) 16.7 m/s²

10. 답 (1) 타점과 타점 사이의 시간 간격은 1/60 s이다. 그러므로 각 구간 사이의 시간 간격은 6/60 s, 즉 1/10 s이다.

구간	AB	BC	CD	DE	EF
거리(m)	0.01	0.02	0.03	0.04	0.05
평균속력 (m/s)	0.1	0.2	0.3	0.4	0.5

(2) 각 구간 모두 평균 속력은 0.1 m/s이다.
(3) 각 구간의 속력의 차이는 모두 0.1 m/s이다. 그러므로 평균 가속도는 1 m/s²이다.
(4) 등가속도 운동을 하고 있다.

11. (1) km/h로 나타낸 자동차의 속도를 m/s로 환산하면

$$v_1 = 30\ \frac{\text{km}}{\text{h}} \times \frac{1000\ \text{m}}{3600\ \text{s}} = \frac{25}{3}\ \text{m/s}$$

$$v_2 = 90\ \frac{\text{km}}{\text{h}} \times \frac{1000\ \text{m}}{3600\ \text{s}} = 25\ \text{m/s}$$

이다. 따라서 평균 가속도는 다음과 같다.

$$\bar{a} = \frac{v_2 - v_1}{\Delta t} = \frac{25\ \text{m/s} - \frac{25}{3}\ \text{m/s}}{6.0\ \text{s}} = \frac{25}{9}\ \text{m/s}^2 = 2.8\ \text{m/s}^2$$

(2) 처음속도 $v_1 = 90$ km, 나중속도 $v_2 = 0$, 시간간격 $\Delta t = 10.0$ s이므로 평균 가속도는 다음과 같다.

$$\bar{a} = \frac{v_2 - v_1}{\Delta t} = \frac{0 - 25\ \text{m/s}}{10.0\ \text{s}} = -\ 2.5\ \text{m/s}^2$$

* 가속도가 (−)인 것은 속도가 매초당 2.5 m/s씩 감소한다는 것을 의미한다.

답 (1) 2.8 m/s² (2) −2/5 m/s²

12. (1) $v_0 = 0$이고 0.8 s 후의 속력은 $v_2 = 42.0$ m/s이므로 $v = v_0 + at$에서

$$a = \frac{v - v_0}{t} = \frac{(42.0 - 0)\ \text{m/s}}{8.0\ \text{s}} = 5.25\ \text{m/s}^2$$

이다. 실제로, 자동차가 일정하게 가속되므로 이것은 평균 가속도이다.

(2) $s = v_0 t + \frac{1}{2}at^2$에서 구할 수 있다.

$$s = 0 \times 8.0\ \text{s} + \frac{1}{2} \times 5.25\ \text{m/s}^2 \times (8.0\ \text{s})^2 = 168\ \text{m}$$

(3) $v = v_0 + at$에서 $v = 0 + 5.25\ \text{m/s}^2 \times 10.0\ \text{s} = 52.5\ \text{m/s}$

답 (1) 5.25 m/s² (2) 168 m (3) 52.5 m/s

13. (1) 가속도는 기울기와 같으므로,

$$a_{AB} = \tan\theta = \frac{6}{5} = 1.2\ \text{m/s}^2$$

이다.

(2) 변위(이동거리)는 △ABB′의 넓이이므로,

$$s = \frac{1}{2} \times 5 \times 6 = 15\ \text{m}$$

이다.

(3) 기울기가 0이므로, $a = 0$ (등속도 운동)이다.

(4) 변위는 BCB′C′의 넓이이므로 다음과 같다.

$$s = vt = 6 \times 2 = 12\ \text{m}$$

답 (1) 1.2 m/s² (2) 15 m (3) 0 (4) 12 m

14. (1) $t = 0$일 때 $v_0 = 5$ cm/s이다.

(2) $t = 20$일 때 $v = 35$ cm/s이다.

(3) 평균속도 $\bar{v} = \frac{v_0 + v}{2} = \frac{10 + 35}{2} = 22.5$ cm/s이다.

(4) 10 s에서 20 s 사이에 이동한 거리 s_1은

$$s_1 = \text{평균 속도} \times \text{시간} = 22.5\ \text{cm/s} \times 10\ \text{s} = 2225\ \text{cm}$$

이고, 20 s에서 35 s 사이에 이동한 거리 s_2는

$$s_2 = \text{등속도} \times \text{시간} = 35\ \text{cm/s} \times 15\ \text{s} = 525\ \text{cm}$$

이다. 그러므로 10 s에서 35 s 사이에 이동한 거리 s는 다음과 같다.

$$s = s_1 + s_2 = 225 + 525 = 750\ \text{cm}$$

(5) 그래프가 시간 t에 대하여 평행이므로 등속운동이다. 그러므로 가속도는 0 cm/s²이다.

답 (1) 5 cm/s (2) 35 cm/s (3) 22.5 cm/s (4) 750 cm (5) 0 cm/s²

02 중력장 내의 운동

1. 자유낙하 운동의 공식 $y = \frac{1}{2}gt^2$에서 구할 수 있다. 즉 4.9 m를 낙하한다.

답 ①

2. 자유낙하 운동의 공식 $y = \frac{1}{2}gt^2$을 이용하자.

$y_1 = \frac{1}{2}g \times 10^2$, $y_2 = \left(\frac{1}{2}g \times 20^2\right) - \left(\frac{1}{2}g \times 10^2\right)$이 된다.

그러므로 $\frac{y_2}{y_1} = \frac{20^2 - 10^2}{10^2} = 3$이다.

답 ③

3. (1) $y = \frac{1}{2}gt^2$에서 $y = 40$ m인 경우이므로

$$t = \sqrt{\frac{2y}{g}} = \sqrt{\frac{2 \times 40\ \text{m}}{9.8\ \text{m/s}^2}} = \sqrt{\frac{800}{98}}\ \text{s}^2 = \frac{20}{7}\ \text{s} = 2.9\ \text{s}$$

이다.

(2) $v^2 = 2gy$에서 $v = \sqrt{2gy} = \sqrt{2 \times 9.8 \times 40} = 28$ m/s

답 (1) 2.9 s (2) 28 m/s

4. (1) 1 s 후의 속력은 $v = gt = 10\ \text{m/s}^2 \times 1\ \text{s} = 10$ m/s이다.

(2) 1 s 동안의 평균속력은 다음과 같다.

$$\bar{v} = \frac{\text{처음속력} + \text{나중속력}}{2} = \frac{0 + 10\text{ m/s}}{2} = 5\text{ m/s}$$

(3) 사과가 1 s 동안 낙하한 거리는 y = 평균속력×걸린시간 = 5 m/s×1 s = 5 m이다.

또는 $y = \frac{1}{2}gt^2 = \frac{1}{2} \times 10\text{ m/s}^2 \times 1\text{ s}^2 = 5\text{ m}$이다.

답 (1) 10 m/s (2) 5 m/s (3) 5 m

5. (1) 이 구는 $v_0 = 0$이고 $g = 9.8\text{ m/s}^2$인 등가속도 운동을 하므로 $v = v_0 + gt$에서 다음과 같다.

$$v = gt = 9.8\text{ m/s}^2 \times 1\text{ s} = 9.8\text{ m/s}$$

(2) $h = \frac{1}{2}gt^2$에서 평균속력은 다음과 같다.

$$19.6\text{ m} = \frac{1}{2} \times 9.8\text{ m/s}^2 \times t^2$$
$$\therefore t = 2\text{ s}$$

(3) $v^2 = 2gh$에서

$$v = \sqrt{2gh} = \sqrt{2 \times 9.8\text{ m/s}^2 \times 19.6\text{ m}} = 19.6\text{ m/s}\text{이다.}$$

답 (1) 9.8 m/s (2) 2 s (3) 19.6 m/s

6. (1) 공 A는 충돌할 때까지 3 s + 5 s = 8 s 동안 자유낙하 하므로 낙하거리 h_A는

$$h_A = \frac{1}{2}gt_A^2 = \frac{1}{2} \times 9.8\text{ m/s}^2 \times (8\text{ s})^2$$

이고, 공 B는 초속도 v_0 로 5초 동안 낙하하므로 낙하거리 h_B는

$$h_B = v_0 t_B + \frac{1}{2}gt_B^2 = v_0 \times (5\text{ s}) + \frac{1}{2} \times 9.8\text{ m/s}^2 \times (5\text{ s})^2$$

이다. 그런데 두 공이 충돌하기 위해서는 $h_A = h_B$이어야 하므로

$$\frac{1}{2} \times 9.8\text{ m/s}^2 \times (8\text{ s})^2$$
$$= v_0 \times (5\text{ s}) + \frac{1}{2} \times 9.8\text{ m/s}^2 \times (5\text{ s})^2\text{이다.}$$
$$\therefore v_0 = 38.22\text{ m/s}$$

(2) 두 공이 충돌할 때까지 낙하한 거리는 다음과 같다.

$$h_A = \frac{1}{2}gt_A^2 = \frac{1}{2} \times 9.8\text{ m/s}^2 \times (8\text{ s})^2 = 313.6\text{ m}$$

답 (1) 38.22 m/s (2) 313.6 m

7. (1) 최고점에서는 속도 v가 0이므로 $v = v_0 - gt$에서 다음 식을 얻는다.

$$0 = 30 - (9.8 \times t) \quad \therefore t = \frac{30}{9.8} \fallingdotseq 3\text{ s}$$

(2) 최고높이 H는 다음과 같다.

$$H = \frac{v_0^2}{2g} = \frac{30^2}{2 \times 9.8} = 45.9\text{ m}$$

답 (1) 3 s (2) 45.9 m

8. 연직 위로 던진 물체의 운동의 식 $y = v_0 t - \frac{1}{2}gt^2$을 이용하여 구하면 1초 후에 14.7 m, 2초 후에 19.6 m, 3초 후에 14.7 m가 된다. 따라서 3:4:3의 관계가 있다.

답 ②

9. (1) 야구공이 다시 원점에 도달할 때에는 $y = 0$이므로 원점에 도달할 때 걸린시간 t_2는 식 $y = v_0 t - \frac{1}{2}gt^2$에서 $0 = v_0 t_2 - \frac{1}{2}gt_2^2$이다.

그러므로 $t_2 = \frac{2v_0}{g} = 2t_1$이다.

즉, 야구공이 최고높이에 도달하는 데 걸리는 시간과 최고높이에서 원점으로 되돌아오는 데 걸리는 시간은 같다.

(2) 야구공이 원점에 도달할 때의 속도는 식 $v = v_0 - gt$ 에 t_2를 대입하여 구한다.

즉, $v = v_0 - g\left(\frac{2v_0}{g}\right) = -v_0$이다.

답 (1) $t = \frac{2v_0}{g}$, (2) $v = -v_0$

10. 답 ④

11. 초속도의 수평성분을 v_{0x}라고 하면, $v_{0x} \times 4 = 39.2$이다. 그러므로 v_{0x}는 9.8 m/s이다. 초속도의 연직성분을 v_{0y}라고 하면, 최고점에 도달하는 데 걸리는 시간이 2 s이므로 $v_{0y} = 9.8 \times 2 = 19.6$ m/s이다. 따라서 초속도 v_0는 다음과 같다.

$$v_0 = \sqrt{9.8^2 + 19.6^2} = 21.9\text{ m/s}$$

답 21.9 m/s

12. 중력가속도는 지구 중력에 의한 가속도이며, 지구 중력은 언제나 지구 중심을 향하므로 포물선 궤도상의 어느 점에서나 중력가속도의 방향은 지면을 향하는 방향이다.

답 ③

13. (1) 연직방향으로는 자유낙하 운동을 하므로 다음과 같다.

$h = \frac{1}{2}gt^2$에서 $122.5 = \frac{1}{2} \times 9.8 \times t^2$ $\therefore t = 5\text{ s}$

(2) 수평방향으로는 등속운동을 하므로 수평도달거리 x는 다음과 같다.

$$x = v_0 t = 400\text{ m/s} \times 5\text{ s} = 2000\text{ m}$$

답 (1) 5 s (2) 2000 m

14. (1) 수평방향으로는 등속도 운동, 연직 방향으로는 자유낙하 운동을 한다. 절벽의 높이는 5 s 동안 자유낙하한 거리와 같으므로 다음과 같다.

$$y = \frac{1}{2}gt^2 = \frac{1}{2} \times 9.8 \times 5^2 = 122.5\text{ m}$$

(2) 수평방향으로 이동한 거리는 다음과 같다.

$$x = v_0 t = 10\text{ m/s} \times 5\text{ s} = 50\text{ m}$$

답 (1) 122.5 m (2) 50 m

15. (1) $v_y = v_0 \sin\theta - gt$에서 $v_y = 0$, $v_0 = 19.6\text{ m/s}$이므로

$0 = 19.6\text{ m/s} \times \sin 30° - 9.8\text{ m/s}^2 \times t$

$\therefore t = 1\text{ s}$이다.

(2) 공을 던진 점에서 최고점까지의 높이 H는

$$H = \frac{v_0^2 \sin^2\theta}{2g} = \frac{(19.6\text{ m/s})^2 \times \frac{1}{4}}{2 \times 9.8\text{ m/s}^2} = 4.9\text{ m}$$

이다. 따라서 지면으로부터 최고점까지의 높이 H'는 $H' = \frac{1}{2}gt^2$에서

$t = \sqrt{\frac{2H'}{g}} = \sqrt{\frac{2 \times 19.6\text{ m}}{9.8\text{ m/s}^2}} = 2.0\text{ s}$이므로

공이 출발한 후 지면에 도달하는 데 걸리는 시간은

$1.0\text{ s} + 2.0\text{ s} = 3.0\text{ s}$이다.

(3) 초속도의 수평방향 성분, 즉 $v_0 \cos 30°$의 속도로 3.0초 동안 이동한 거리를 구하면 되므로

$x = v_0 \cos\theta \cdot t = 19.6\text{ m/s} \times \cos 30° \times 3.0\text{ s}$

$= 19.6\text{ m/s} \times \frac{\sqrt{3}}{2} \times 3.0\text{ s} ≒ 51\text{ m}$이다.

답 (1) 1 s (2) 3 s (3) 51 m

03 운동의 법칙

1. 답 (1) 운동의 제1법칙(관성의 법칙)

(2) 운동의 제3법칙(작용 반작용의 법칙)

(3) 운동의 제2법칙(가속도의 법칙)

2. 다중섬광사진을 보면 물체는 등속직선운동을 하고 있으며, 운동 제1법칙을 만족한다. 따라서 물체의 위치는 시간에 비례한다.

답 ①

3. 운동의 제2법칙은 가속도의 법칙이라고 부른다. 즉 물체의 가속도는 물체에 작용하는 힘의 크기에 비례하며 물체의 질량에 반비례한다.

답 ④

4. 배가 항해를 하고 있는 것은 계속 힘을 공급받고 있는 상태(힘이 작용되고 있는 상태)이므로 관성 현상과는 상관이 없다.

답 ①

5. 운동의 제2법칙 $F = ma$에서 $a = \frac{F}{m} = \frac{10 \times 9.8}{2} = 49\text{ m/s}^2$이다.

답 ④

6. 힘의 단위는 뉴턴의 이름을 따서 N을 사용한다. 1 N은 질량 1 kg의 물체에 1 m/s^2의 가속도를 생기게 하는 데 필요한 힘의 크기이다. 즉, $1\text{ N} = 1\text{ kg m/s}^2$이다.

답 ③

7. $a_1 = \frac{6F}{3m}$, $a_2 = \frac{5F}{2m}$이므로 $a_1 : a_2 = 2 : 2.5 = 4 : 5$의 관계가 있다.

답 ③

8. (1) 운동의 제2법칙 $F = ma$에서 a는 다음과 같다.

$$a = \frac{F}{m} = \frac{10\text{ N}}{2.0\text{ kg}} = 5.0\text{ m/s}^2$$

(2) 4.0 s가 될 때까지는 일정한 힘 10 N이 작용하여 등가속도 운동을 하므로 $v = v_0 + at$에서

$v_0 = 0$, $a = 5.0\text{ m/s}^2$, $t = 4.0\text{ s}$이므로

$v = 0 + 5.0\text{ m/s}^2 \times 4.0\text{ s} = 20\text{ m/s}$이다.

(3) 4.0~6.0 s 동안은 힘이 작용하지 않으므로 $a = 0$, 즉 등속운동을 한다. 따라서

(0.6 s 후의 속력) = (4.0 s 후의 속력) = 20 m/s이다.

(4) 0~4.0 s 동안 이동한 거리는(등가속도 운동)

$x_1 = v_0 t + \frac{1}{2}at^2$

$= 0 + \frac{1}{2} \times 5.0\ \text{m/s}^2 \times (4.0\ \text{s})^2$

$= 40\ \text{m}$이고

4.0~6.0 s 동안 이동한 거리는(등속도 운동)

$x_2 = vt = 20\ \text{m/s} \times (6.0 - 4.0)\ \text{s} = 40\ \text{m}$이고,

따라서 0~6.0 s 동안 이동한 거리는

$x = x_1 + x_2 = 40\ \text{m} + 40\ \text{m} = 80\ \text{m}$이다.

답 (1) 5.0 m/s² (2) 20 m/s (3) 20 m/s (4) 80 m

9. (1) $F_g = mg = 60\ \text{kg} \times 9.80\ \text{m/s}^2 = 5.9 \times 10^2\ \text{N}$

(2) $F_g = 60\ \text{kg} \times 1.7\ \text{m/s}^2 = 1.0 \times 10^2\ \text{N}$

(3) $F_g = 60\ \text{kg} \times 3.7\ \text{m/s}^2 = 2.2 \times 10^2\ \text{N}$

(4) $F_g = 0,\ \because a = 0$

답 (1) 5.9×10^2 N (2) 1.0×10^2 N (3) 2.2×10^2 N (4) 0

10. $F = ma$이므로 다음 관계가 있다.

$$5\ \text{N} = m_1 \times 8\ \text{m/s}^2\ \ \therefore\ m_1 = \frac{5}{8}\ \text{kg}$$

$$5\ \text{N} = m_2 \times 24\ \text{m/s}^2\ \therefore\ m_2 = \frac{5}{24}\ \text{kg}$$

여기서 5 N = $(m_1 + m_2)$이므로

$$\therefore\ a = \frac{5}{m_1 + m_2} = \frac{5}{\frac{5}{8} + \frac{5}{24}} = 6\ \text{m/s}^2$$

이다.

답 6 m/s²

11. $F = ma$에서

$8\ \text{N} = 2\ \text{kg} \times a\ \ \therefore a = 4\ \text{m/s}^2$이고

$v = v_0 + at$에서

$v = 10\ \text{m/s} + 4\ \text{m/s}^2 \times 5\ \text{s} = 30\ \text{m/s}$이다.

답 30 m/s

12. (1) $s = \frac{1}{2}at^2$에서 $a = \frac{2s}{t^2} = \frac{2 \times 3\ \text{m}}{(6\ \text{s})^2} = \frac{1}{6}\ \text{m/s}^2$

(2) $F = ma$에서 $a = \frac{2\ \text{N}}{8\ \text{kg}} = \frac{1}{4}\ \text{m/s}^2$

(3) 마찰력이 물체의 운동방향과 반대 방향으로 작용하기 때문에 (2)의 답은 (1)의 답과 같지 않다. 2 N의 힘에서 마찰력 F_f를 뺀 나머지 힘이 물체를 가속시켰다.

$F - F_f = ma$에서

$$F_f = F - ma = 2\ \text{N} - \left(8\ \text{kg} \times \frac{1}{6}\ \text{m/s}^2\right) = \frac{2}{3}\ \text{N}$$

답 (1) $\frac{1}{6}$ m/s² (2) $\frac{1}{4}$ m/s² (3) $\frac{2}{3}$ N의 마찰력

13. 그림과 같이 실의 장력을 T, 가속도를 a라 하고, A, B에 대해 운동 방정식을 세우면 다음과 같다.

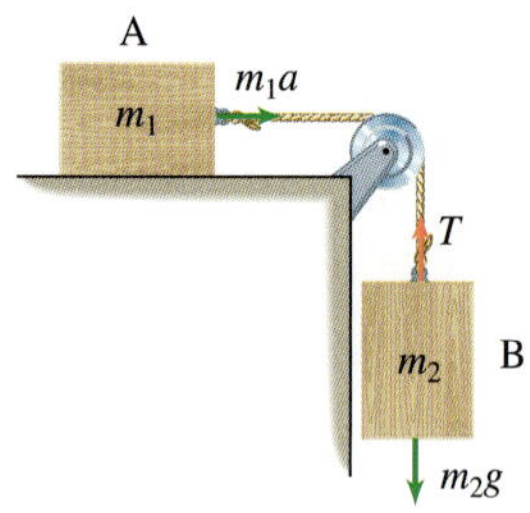

$$\text{A} \rightarrow m_1 a = T \quad \cdots ①$$

$$\text{B} \rightarrow m_2 a = m_2 g - T \quad \cdots ②$$

①, ②에서 다음 관계가 있다.

$$a = \frac{m_2 g}{m_1 + m_2}$$

(1) $a = \frac{30\ \text{kg} \times 9.8\ \text{m/s}^2}{10\ \text{kg} + 30\ \text{kg}} = 7.35\ \text{m/s}^2$

(2) $T = m_1 a = 10\ \text{kg} \times 7.35\ \text{m/s}^2 = 73.5\ \text{N}$

답 (1) 7.35 m/s² (2) 73.5 N

14. 최대정지마찰력은

$$F_s = \mu_s N = \mu_s W = 0.5 \times 10\ \text{kgf} = 5\ \text{kgf}$$

이다. 그런데 물체에 가해진 힘은 $F = 3$ kgf이므로 이 힘은 최대 정지 마찰력 5 kgf보다 작다. 그러므로 물체는 정지해 있게 된다. 따라서 물체에 작용하는 합력은

$$\vec{F}_{\text{마찰력}} + \vec{F}_{\text{외력}} = 0$$

이므로 마찰력 $\vec{F}_{\text{마찰력}}$은 다음과 같다.

$$\vec{F}_{\text{마찰력}} = -\vec{F}_{\text{외력}} = -3\ \text{kgf}$$

답 3 kgf

15. 등가속도 운동에서 $0 - v_0^2 = 2as$,

$$a = \frac{-v_0^2}{2s} = -\frac{(10\ \text{m/s})^2}{2 \times 100\ \text{m}} = -0.5\ \text{m/s}^2$$

이다. 마찰력이 음의 가속도를 작용하므로 $F = ma = -\mu mg$이다. 따라서 μ는 다음과 같다.

$$-0.5\,\text{m/s}^2 = -\mu \times 9.8\,\text{m/s}^2,\ \therefore\ \mu = 0.05$$

답 0.05

16. 용수철상수를 k, 용수철의 원래의 길이를 l_0라고 하면 $F = kx$에서

$$12 = k(14 - l_0)\ ,\ \text{또}\ 18 = k(16 - l_0)$$

이므로 두 식을 연립을 풀면 다음과 같다.

$$l_0 = 10\,\text{cm},\qquad k = 3\,\text{N/cm} = 300\,\text{N/m}$$

답 (1) 길이 : 10 cm, 용수철 상수, (2) 300 N/m

04 운동량과 충격량

1. 물체에 주어진 충격량은 그 물체에서 일어난 운동량의 변화와 언제나 같다.

답 ③

2. 공이 19.6 m 낙하했을 때의 속도 v는 $v = \sqrt{2gh}$이므로 운동량 p는 다음과 같다.

$$p = mv = m\sqrt{2gh}$$
$$= 0.5\,\text{kg} \times \sqrt{2 \times 9.8\,\text{m/s}^2 \times 19.6\,\text{m}} = 9.8\,\text{kg m/s}$$

답 ①

3. 자동차의 질량은 $W = mg$에서

$$m = \frac{W}{g} = \frac{7840\,\text{N}}{9.8\,\text{m/s}^2} = 800\,\text{kg}$$

이다. 또 자동차의 속도를 m/s 단위로 나타내면

$$72\,\text{km/h} = \frac{72000\,\text{m}}{3600\,\text{s}} = 20\,\text{m/s}$$

이다. 따라서 자동차의 운동량 $\vec{p}$는 다음과 같다.

$$\vec{p} = m\vec{v} = 800\,\text{kg} \times 20\,\text{m/s} = 16 \times 10^3\,\text{kg m/s}$$

답 16×10^3 kg m/s

4. 공이 배트에 맞아 날아가는 방향을 (+)로 하면 식 (4-3)에서

$$F\Delta t = mv - mv_0$$
$$= 0.2\,\text{kg} \times 40\,\text{m/s} - 0.2\,\text{kg} \times (-20\,\text{m/s})$$
$$= 12\,\text{N s}$$

이다. 답 12 N s

5. (1) $F = ma = \dfrac{mv - mv_0}{t} = \dfrac{1 \times (0 - 10)}{\frac{1}{100}} = -1000\,\text{N}$

(−)부호는 힘의 방향이 속도와 반대방향임을 의미한다.

(2) $F = ma = \dfrac{mv - mv_0}{t} = \dfrac{1 \times (0 - 10)}{\frac{1}{1000}}$

$= -10000\,\text{N}$

(−) 부호 역시 속도와 반대방향을 나타낸다.

답 (1) 1000 N (2) 10000 N

6. (1) $m\overrightarrow{\Delta v} = m\vec{v}_2 - m\vec{v}_1 = m\left(\vec{v}_2 - \vec{v}_1\right)$

$= 2\,\text{kg} \times (15\,\text{m/s} - 10\,\text{m/s})$

$= 10\,\text{kg m/s}$

(2) 충격량은 운동량의 변화량과 같으므로

$\vec{F}\Delta t = m\overrightarrow{\Delta v}$이므로 10 kg m/s이다.

(3) $\vec{F}\Delta t = m\overrightarrow{\Delta v}$ 에서

$$\Delta t = \frac{m\overrightarrow{\Delta v}}{\vec{F}} = \frac{10\,\text{kg m/s}}{5\,\text{N}} = 2\,\text{s}$$

이다.

답 (1) 10 kg m/s (2) 10 kg m/s (3) 2 s

7. (가)항: 충격량의 크기는 $Ft = 10\,\text{N} \times 10\,\text{s} = 100\,\text{N s}$이다. (맞다)

(나)항: 처음 운동량은 0이므로 운동량의 크기는 다르다. (틀리다)

(다)항: $v = \dfrac{Ft}{m} = \dfrac{200}{5} = 20\,\text{m/s}$ (맞다)

따라서 정답은 ④이다.

답 ④

8. 충돌 전의 높이를 h, 충돌 후 튀어오른 높이를 h'라 하면, 돌직전의 속력은 $v = -\sqrt{2gh}$이고, 충돌 직후의 속력은 $v' = \sqrt{2gh'}$이다.

충격량과 운동량의 변화량은 같으므로 충격량은

$$F\Delta t = m(v' - v) = m(\sqrt{2gh'} + \sqrt{2gh})$$
$$= 0.2\,\text{kg} \times (\sqrt{2 \times 9.8 \times 0.64\,\text{m}} + \sqrt{2 \times 9.8 \times 1\,\text{m}})$$
$$= 1.6\,\text{N s}$$

이다.

답 1.6 N s

9. 처음 운동량은

$p = m_1 v + m_2 v = (60\,\text{kg} + 100\,\text{kg}) \times 0 = 0$이고,

나중 운동량은

$p' = m_1 v_1 + m_2 v_2 = 60\,\text{kg} \times 5\,\text{m/s} + 100\,\text{kg} \times v_2$이고,

$p = p'$이므로

$$v_2 = \frac{-60\ \text{kg} \times 5\ \text{m/s}}{100\ \text{kg}} = -3\ \text{m/s}$$

이다.

답 사람이 뛰어내리는 방향과 반대방향으로 3 m/s

10. 운동량 보존법칙에 의하면 충돌 전후의 계의 전체 운동량은 일정하다. 충돌 전에는 자동차 A만 움직이므로 충돌 전의 계의 운동량은 다음과 같다.

$$m_A v_A = 1000\ \text{kg} \times v_A$$

충돌 후에는 두 자동차가 한 물체처럼 움직이므로 충돌 후의 계의 운동량은 다음과 같다.

$$(m_A + m_B)\,v = (1000\ \text{kg} + 1500\ \text{kg}) \times 4\ \text{m/s}$$

충돌 후의 운동량은 보존되므로

$$1000\ \text{kg} \times v_A = (1000\ \text{kg} + 1500\ \text{kg}) \times 4\ \text{m/s}$$
$$= 10000\ \text{kg m/s}$$
$$\therefore v_A = 10\ \text{m/s}$$

이다. 답 10 m/s

11. 분열(폭발)의 경우에 해당하며 외력의 작용이 없으므로 운동량이 보존된다. 처음 운동량의 방향을 (+)로 하면 A에 대한 B의 상대속도가 −12 m/s이므로

$$-12\ \text{m/s} = v'_B - v'_A \quad \text{또는} \quad v'_B = v'_A - 12\ \text{m/s}$$

이다. $(m_A + m_B)\,v = m_A v'_A + m_B v'_B$에서

$$4\ \text{kg} \times 20\ \text{m/s} = 1\ \text{kg} \times v'_A + 3.0\ \text{kg}\,(v'_A - 12\ \text{m/s})$$
$$\therefore v'_A = 29\ \text{m/s}$$

이다. 답 29 m/s

12. 충돌 전 질량이 5 kg인 물체는 정지해 있으므로 $v_1 = 0$ 이고, 충돌 후 두 물체는 한데 붙어서 운동하므로 충돌 후의 속도를 $v'_1 = v'_2 = V$라고 하자.

충돌 전 질량 10 kg인 물체의 속도는 $v_2 = 15$ m/s이므로 운동량 보존의 법칙에서

$$m_1 v_1 + m_2 v_2 = m_1 V + m_2 V = (m_1 + m_2)\,V$$
$$5 \times 0 + 10 \times 15 = (5 + 10)\,V$$
$$\therefore V = \frac{150}{15} = 10\ \text{m/s}$$

이다. 답 10 m/s

13. 충돌 후에도 운동량의 합은 충돌 전의 운동량의 합과 같다. 즉, 4 kg×2 m/s + 4 kg×0 = 8 kg m/s이다. 그리고 완전탄성충돌이므로 운동 에너지가 보존된다. 즉, $\frac{1}{2} \times 4 \times 2^2 + \frac{1}{2} \times 4 \times 0^2 = 8$ J이다. 충돌 시에도 작용반작용의 법칙이 성립하므로 두 구가 서로 미치는 힘의 크기는 같고 방향은 반대이다.

답 ⑤

05 일과 에너지

1. 일률은 단위 시간에 한 일의 양으로 정의되므로 각 경우 일률을 구하면 된다.

① $\frac{(100\ \text{kg} \times 9.8) \times 5\ \text{m}}{5\ \text{s}} = 980\ \text{W}$

② $\frac{(50\ \text{kg} \times 9.8) \times 10\ \text{m}}{3\ \text{s}} = 1633\ \text{W}$

③ $\frac{(25\ \text{kg} \times 9.8) \times 15\ \text{m}}{5\ \text{s}} = 735\ \text{W}$

④ $\frac{(20\ \text{kg} \times 9.8) \times 6\ \text{m}}{1\ \text{s}} = 1176\ \text{W}$

⑤ $\frac{(50\ \text{kg} \times 9.8) \times 20\ \text{m}}{10\ \text{s}} = 980\ \text{W}$

일률이 가장 큰 경우는 ②번이다. 답 ②

2. 물체가 중력장 내에서 운동할 때 어느 구간에서도 운동 에너지와 퍼텐셜 에너지의 합은 보존된다. 그러므로 이 물체가 갖는 총에너지는 mgh = 5 kg×9.8 m/s²×10 m = 490 J이다.

답 ④

3. 운동 에너지의 증가는 곧 퍼텐셜 에너지의 감소이므로

$$E_{k1} = mg \times 15,\ E_{k2} = mg \times 10$$

이다. 따라서 다음과 같다.

$$\therefore \frac{E_{k1}}{E_{k2}} = \frac{15}{10} = \frac{3}{2} = 1.5$$

답 ①

4. $P = \frac{W}{t} = \frac{Fs}{t} = \frac{200\ \text{kg} \times 9.8\ \text{m/s}^2 \times 6\ \text{m}}{60\ \text{s}} = 196\ \text{W}$

답 ③

5. 용수철상수를 구하면 다음과 같다.

$$k = \frac{F}{x} = \frac{12}{6} = 2\ \text{N/cm} = 200\ \text{N/m}$$

3 cm에서 6 cm까지 늘릴 때 해 준 일의 크기는,
0에서 6 cm 까지 늘릴 때 한 일에서
0에서 3 cm 까지 늘릴 때 해 준 일을 빼면 된다.

$$W = \frac{1}{2}(200)(0.06)^2 - \frac{1}{2}(200)(0.03)^2 = 0.27\ \text{J}$$

답 ③

6. (1) 케이블카가 이동한 거리는 $s = vt = 5\ \text{m/s} \times 300\ \text{s} = 1500\ \text{m}$ 이므로

$W = Fs = 4 \times 10^3\ \text{N} \times 1500\ \text{m} = 6 \times 10^6\ \text{J}$이다.

(2) 식 (5-3)에서

$P = Fv = 4 \times 10^3\ \text{N} \times 5\ \text{m/s} = 2 \times 10^4\ \text{W}$이다.

답 (1) 6×10^6 J (2) 2×10^4 W

7. $F - s$ 그래프에서 그래프의 직선 아래의 넓이는 힘이 물체에 한 일의 양을 나타낸다.

$$W = \frac{1}{2} \times 4 \times 2 + 4 \times 2 + \frac{1}{2} \times 4 \times 4 = 20\ \text{J}$$

답 20 J

8. 운동의 제2법칙 $F = ma$에서 가속도 a는 다음과 같다.

$$a = \frac{F}{m} = \frac{1.2\ \text{N}}{4.0\ \text{kg}} = 0.30\ \text{m/s}^2$$

10 s 후의 속도 v는 다음과 같다.

$$v = at = 0.30\ \text{m/s}^2 \times 10\ \text{s} = 3.0\ \text{m/s}$$

따라서 운동 에너지 E_k는 다음과 같다.

$$E_k = \frac{1}{2}mv^2 = \frac{1}{2} \times 4.0\ \text{kg} \times (3.0\ \text{m/s})^2 = 18\ \text{J}$$

답 18 J

9. (1) $W = Fs = 20\ \text{N} \times 10\ \text{m} = 200\ \text{J}$

(2) 물체에 작용하는 수직항력은 수평면에 수직으로 작용하고 운동방향과 직각을 이룬다. 따라서 $W = Fs\cos\theta$에서 $\cos 90° = 0$이므로 수직항력이 한 일은 0 J이다.

(3) $F = ma$에서 가속도 a는

$$a = \frac{F}{m} = \frac{20\ \text{N}}{4\ \text{kg}} = 5\ \text{m/s}^2$$

이고 $v^2 - v_0^2 = 2as$에서 초속도 v_0는 $v_0 = 0$이므로
$v = \sqrt{2as} = \sqrt{2 \times 5\ \text{m/s}^2 \times 10\ \text{m}} = 10\ \text{m/s}$이다.

답 (1) 200 J (2) 0 J (3) 10 m/s

10. 용수철이 물체에 한 일은 탄성퍼텐셜 에너지가 감소된 양과 같으므로

$$\begin{aligned} W = \Delta E_p &= \frac{1}{2}kx_2^2 - \frac{1}{2}kx_1^2 \\ &= \frac{1}{2}k(x_2^2 - x_1^2) \\ &= \frac{1}{2} \times 100\ \text{N/m} \times \{(0.2\ \text{m})^2 - (0.1\ \text{m})^2\} \\ &= 1.5\ \text{J} \end{aligned}$$

이다.

답 1.5 J

11. (1) $F = kx,\ k = \frac{F}{x} = \frac{10\ \text{N}}{0.2\ \text{m}} = 50\ \text{N/m}$

(2) $E_p = \frac{1}{2}kx^2 = \frac{1}{2} \times 50\ \text{N/m} \times (0.4\ \text{m})^2 = 4\ \text{J}$

답 (1) 50 N/m (2) 4 J

12. (1) $h = \frac{v_0^2}{2g} = \frac{10^2}{2 \times 10} = 5\ \text{m}$

(2) 최고점에서의 퍼텐셜 에너지는

$$E_p = mgh = 0.1\ \text{kg} \times 10\ \text{m/s}^2 \times 5\ \text{m} = 5\ \text{J}$$

이고, 이 에너지는 던져올리는 순간의 운동 에너지와 같다.

(3) $v = v_0 - gt = 10\ \text{m/s} - 10\ \text{m/s}^2 \times 0.5\ \text{s} = 5\ \text{m/s}$

$$\begin{aligned} h &= v_0 t - \frac{1}{2}gt^2 \\ &= 10\ \text{m/s} \times 0.5\ \text{s} - \frac{1}{2} \times 10\ \text{m/s}^2 \times (0.5\ \text{s})^2 \\ &= 3.75\ \text{m} \end{aligned}$$

따라서 0.5 s 후의 운동 에너지는

$$E_k = \frac{1}{2}mv^2 = \frac{1}{2} \times 0.1\ \text{kg} \times (5\ \text{m/s})^2 = 1.25\ \text{J}$$

이고, 0.5 s 후의 퍼텐셜 에너지는 다음과 같다.

$$\begin{aligned} E_p &= mgh = 0.1\ \text{kg} \times 10\ \text{m/s}^2 \times 3.75\ \text{m} \\ &= 3.75\ \text{J} \end{aligned}$$
$$\therefore E = E_k + E_p = 1.25\ \text{J} + 3.75\ \text{J} = 5\ \text{J}$$

(4) (2)와 (3)의 결과에서 보는 바와 같이 역학적 에너지는 보존된다.

답 (1) 5 m (2) 5 J, 5 J (3) 5 J (4) 보존된다.

13. (1) 물 1 m^3의 질량은 1000 kg이므로

$$\begin{aligned} P = \frac{W}{t} &= \frac{1000\ \text{kg} \times 9.8\ \text{m/s}^2 \times 3\ \text{m}}{60\ \text{s}} \\ &= 490\ \text{J/s} = 490\ \text{W} \end{aligned}$$

이다.

(2) $P = \frac{W}{t}$에서 $W = Pt$이므로

$$W = 10\,\text{kW} \times 2\text{h} = 1 \times 10^4\,\text{J/s} \times 3600\,\text{s} \times 2 = 7.2 \times 10^7\,\text{J}$$

이다.

(3) $P = Fv$에서

$$P = 5 \times 10^3\,\text{kg} \times 9.8\,\text{m/s}^2 \times 0.2\,\text{m/s} = 9800\,\text{W} = 9.8\,\text{kW}$$

이다.

답 (1) 490 W (2) 7.2×10^7 J (3) 9.8 kW

14. (1) $\Delta E_p = E_{p2} - E_{p1} = mgy_2 - mgy_1$
$= 5\,\text{kg} \times 9.8\,\text{m/s}^2 \times (15\,\text{m} - 10\,\text{m}) = 245\,\text{J}$

(2) $E_p = mgy = 5\,\text{kg} \times 9.8\,\text{m/s}^2 \times 5\,\text{m} = 245\,\text{J}$

답 (1) 245 J (2) 245 J

15. 외력이 한 일은 퍼텐셜 에너지의 증가와 같으므로

$$E_p = mgh = mg\Delta x \sin 30° = 10\,\text{kg} \times 9.8\,\text{m/s}^2 \times 5\,\text{m} \times \frac{1}{2} = 245\,\text{J}$$

이다. 답 245 J

16. (1) 물체에 가해준 힘을 F, 운동마찰력을 f라 하면, 마찰력 f는

$f = \mu mg = 0.2 \times 5\,\text{kg} \times 9.8\,\text{m/s}^2 = 9.8\,\text{N}$이고,

(충격량) = (운동량의 변화)에서 $(F - f)t = mv$이므로

물체에 가해준 힘 F는

$$F = \frac{mv}{t} + f = \frac{5\,\text{kg} \times 8\,\text{m/s}}{4\,\text{s}} + 9.8\,\text{N} = 19.8\,\text{N}$$

이다.

(2) 4초 동안의 이동거리는 $x = \frac{1}{2}at^2 = \frac{1}{2}vt$이므로

$$W = Fx = \left(\frac{mv}{t} + f\right)\left(\frac{1}{2}vt\right) = \frac{1}{2}mv^2 + \frac{1}{2}fvt$$
$$= \frac{1}{2} \times 5\,\text{kg} \times (8\,\text{m/s})^2 + \frac{1}{2} \times 9.8\,\text{N} \times 8\,\text{m/s} \times 4\,\text{s}$$
$$= 316.8\,\text{J}$$

이다.

답 (1) 19.8 N (2) 316.8 J

17. 미끄러질 때의 A, B의 속력을 각각 v_A, v_B라 하면 운동량이 보존되므로 다음 식이 성립한다.

$$0 = m_A v_A - m_B v_B$$
$$\therefore v_B = \frac{m_A}{m_B} v_A$$

따라서 B의 운동 에너지 E_B는 다음과 같다.

$$E_B = \frac{1}{2} m_B v_B^2 = \frac{1}{2} m_B \left(\frac{m_A}{m_B} v_A\right)^2$$
$$= \frac{1}{2} m_A v_A^2 \times \left(\frac{m_A}{m_B}\right)$$
$$= \frac{1}{2} m_A v_A^2 \times \left(\frac{20}{80}\right) = \frac{1}{2} m_A v_A^2 \times \frac{1}{4}$$

여기서 $\frac{1}{2}m_A v_A^2$은 A의 운동 에너지 E_A이므로

$$\therefore E_B = \frac{1}{4} E_A$$

이다.

답 $\frac{1}{4}$배

06 원운동과 단진동

1. 등속 원운동에서 가속도는 언제나 원의 중심 방향으로 작용한다. 구심력은 원운동하는 물체의 질량과 반지름이 일정한 경우, 물체의 속력이나 각속도가 커질수록 더 큰 값을 갖는다.

답 ③

2. (1) 주기는 1회전하는 데 걸리는 시간이므로
$T = \frac{5}{10} = 0.5$ s이다.

(2) 진동수는 주기의 역수이므로 $f = \frac{1}{T} = \frac{1}{0.5} = 2$ Hz 이다.

(3) 각속도는 $\omega = \frac{2\pi}{T} = 2\pi f = 4\pi = 12.6$ rad/s 이다.

(4) 속도는 $v = r\omega = 1 \times 12.6 = 12.6$ m/s이다.

답 (1) 0.5 s (2) 2 Hz (3) 12.6 rad/s (4) 12.6 m/s

3. (1) 매분 300회전하므로 주기는 $T = \frac{60}{300}\,\text{s} = 0.2\,\text{s}$이다.

그러므로 각속도 $\omega = \frac{2\pi}{T}$에서

$$\omega = \frac{2\pi}{0.2}\,\text{rad/s} = 10\pi\,\text{rad/s}$$

이다.

(2) 속력은 $v = r\omega$에서

$$v = 0.5\,\text{m} \times 10\pi\,\text{rad/s} = 5\pi\,\text{m/s}$$

이다.

(3) 가속도는 $a = r\omega^2 = \frac{v^2}{r}$에서

$$a = \frac{(5\pi \text{ m/s})^2}{0.5 \text{ m}} = 50\pi^2 \text{m/s}^2$$

이고, 방향은 원의 중심방향이다.

(4) 실의 장력은 물체에 가해지는 구심력과 같으므로

$F = mr\omega^2 = m\frac{v^2}{r}$에서

$F = 0.2 \text{ kg} \times 0.5 \text{ m} \times (10\pi \text{ s}^{-1})^2 = 10\pi^2 \text{N}$이다.

답 (1) 10π rad/s (2) 5π rad/s (3) $50\pi^2$ m/s^2 , 원의 중심방향 (4) $10\pi^2$ N

4. (1) $\omega = 2500 \frac{\text{rev}}{\text{min}} \times \frac{2\pi}{1 \text{ rev}} \times \frac{1 \text{ min}}{60 \text{ s}} = 262 \text{ rad/s}$

(2) 선속도는 $v = r\omega = 0.125 \text{ m} \times 262 \text{ rad/s} = 33 \text{ m/s}$

이고, 가속도는 $a_T = 0$이다.

답 (1) 262 rad/s (2) 33 m/s, 0

5. (1) 지구는 태양 주위의 공전궤도를 1년에 한 번 회전하므로

$\omega = \frac{2\pi}{T} = \frac{2\pi}{3.16 \times 10^7 \text{s}} = 1.99 \times 10^{-7} \text{rad/s}$ 이다.

(2) 지구는 자전축 주위를 하루에 한 번 회전하므로

$\omega = \frac{2\pi}{T} = \frac{2\pi}{86400 \text{ s}} = 7.27 \times 10^{-5} \text{rad/s}$이다.

답 (1) 1.99×10^{-7} rad/s (2) 7.27×10^{-5} rad/s

6. 마찰력이 구심력을 제공한다. $F_f = F_c$이므로

$$\mu_s mg = m\frac{v^2}{r} \quad \Rightarrow \quad \mu_s g = \frac{v^2}{r}$$

$$0.70 \times 9.80 \text{ m/s}^2 = \frac{v^2}{80 \text{ m}}$$

$$\therefore v = 23 \text{ m/s}$$

이다. 그렇다. (이 값은 자동차의 질량과 무관하다)

답 23 m/s, 그렇다

7. (1) 중심 O를 지날 때 속도가 빠르고, 양 끝점 A, A′에서 속도가 느린 단진동운동을 한다.

(2) 점 P′의 주기는 점 P의 주기와 같다. 주기를 T라고 하면,

$T = \frac{2\pi r}{v} = \frac{2 \times \pi \times 1}{10} = 0.2\pi(\text{s})$ 이다.

(3) 점 P의 가속도를 a라 하면 $\angle POP' = \omega t$가 된다. 따라서

$OP' = OP \cos \omega t$, $\omega = \frac{2\pi}{T}$ 이므로

$\omega = \frac{2\pi}{0.2\pi} = 10 \text{ rad/s}$ 이다.

$$\therefore x = OP \cos \omega t = 1 \times \cos 10t = \cos 10t \text{ m}$$

(4) 속도는 중심에서 최대가 되고, 양끝에서 최소가 된다. 그리고 가속도는 양끝에서 최대가 되고 중심에서 최소가 된다.

답 (1) 단진동 (2) 0.2π (3) $\cos 10t$ m (4) ① O ② A, A′ ③ A, A′

8. (1) $F = kx$에서

$$k = \frac{F}{x} = \frac{0.5 \text{ kg} \times 9.8 \text{ m/s}^2}{0.2 \text{ m}} = 24.5 \text{ N/m}$$

이다.

(2) 용수철진자의 주기는 식 (6–23)에서

$$T = 2\pi\sqrt{\frac{m}{k}} = 2 \times 3.14 \times \sqrt{\frac{0.5 \text{ kg}}{24.5 \text{ N/m}}} \fallingdotseq 0.9 \text{ s}$$

이다.

답 (1) 24.5 N/m (2) 약 0.9 s

9. 단진자의 주기는 식 (6–25) $T = 2\pi\sqrt{\frac{l}{g}}$에서 $l = \frac{gT^2}{4\pi^2}$이므로

$$l = \frac{9.8 \times 1^2}{4\pi^2} \fallingdotseq 0.248 \text{ m}$$

이다. 답 0.248 m

10. 계가 평형상태에 있을 때, 용수철의 복원력 $F = kx$는 물체의 무게와 같다. 따라서 $kx = \text{mg}$에서 질량을 구할 수 있다.

$$m = \frac{kx}{g} = \frac{(30.5 \text{ k/m}) \times (4.0 \times 10^{-2} \text{ m})}{9.80 \text{ m/s}^2} = 0.124 \text{ kg}$$

답 0.124 kg

11. (1) 물체에는 위쪽으로 탄성력 F와 아래쪽으로 중력 mg가 작용하고, 위쪽으로 가속도 a로 운동하고 있으므로 $F - mg = ma$ 즉, $F = ma + mg$이다.

(2) 물체에는 탄성력 F와 중력 mg 이외에 아래쪽으로 탄성력 ma가 작용하여 평형을 이루고 있으므로 $F = mg + ma$가 성립한다. 그러므로, (1)과 (2)의 경우 모두

$$F = mg + ma = 5 \text{ kg} \times 9.8 \text{ m/s}^2 + 5 \text{ kg} \times 1 \text{ m/s}^2 = 54 \text{ N}$$

이다.

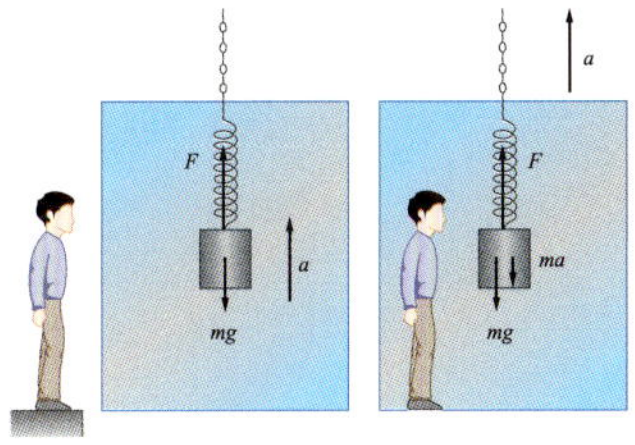

답 (1) 54 N (2) 54 N

07 만유인력과 인공위성의 운동

1. • 프톨레마이오스(K. Ptolemaeos)의 주장 : 그리스의 천문학자인 프톨레마이오스는 사람이 살고 있는 지구를 중심에 놓고, 태양을 비롯한 모든 행성들은 지구를 중심으로 회전하고 있으며, 별들은 하루에 한 바퀴씩 회전하는 천구상에 붙어 있다고 주장하였다. (천동설)

• 코페르니쿠스(N. Copernicus)의 주장 : 지구를 비롯한 모든 행성들이 태양을 중심으로 회전하고 있다는 태양중심적 우주관을 주장하였다. (지동설)

2. 만유인력의 영향만을 받는 모든 운동에서는 역학적 에너지가 언제나 보존되므로 근일점에서 가장 빨리 회전한다.

답 공전궤도의 근일점

3. 케플러의 제3법칙에서 $T^2 = kr^3$이므로

$$\left(\frac{T_{토}}{T_{지}}\right)^2 = \left(\frac{r_{토}}{r_{지}}\right)^3$$

이다. 여기서 토성의 공전궤도의 긴 반지름이 $r_{토} = 9r_{지}$이고, 지구의 공전주기는 $T_{지} = 1$년이므로

$$T_{토} = \sqrt{\left(\frac{r_{토}}{r_{지}}\right)^3 \times T_{지}{}^2} = \sqrt{\left(\frac{9r_{지}}{r_{지}}\right)^3 \times (1\text{년})^2} = 27\text{년}$$

이다.

답 27년

4. 움직이고 있는 인공위성에서 낙하시켰기 때문에 인공위성과 같은 속도로 운동하게 된다.

답 ④

5. 만유인력은 $F = G\frac{m_1 m_2}{r^2}$이다. 따라서

$$F = (6.67 \times 10^{-11}\,\text{N m}^2/\text{kg}^2) \times \frac{50\,\text{kg} \times 60\,\text{kg}}{(1.0\,\text{m})^2}$$

$= 2.0 \times 10^{-7}$ N이다.

이 힘은 너무 작아서 사람이 느낄 수 없다.

답 2×10^{-7} N, 느낄 수 없다.

6. 식 (7-8) $g = \frac{GM}{R^2}$을 지구의 질량 m에 대해 정리하면

$$M = \frac{gR^2}{G} = \frac{9.8\,\text{m/s}^2 \times (6.38 \times 10^6\,\text{m})^2}{6.67 \times 10^{-11}\,\text{N m}^2/\text{kg}^2} = 5.98 \times 10^{24}\,\text{kg}$$

이다.

답 5.98×10^{24} kg

7. (1) 질량은 변하지 않는다. 따라서 놋쇠의 질량은 지구와 행성에서 각각 3.0 kg이다.

(2) 지구에서 놋쇠 공의 무게는 다음과 같다.

$$W = mg = 3.0\,\text{kg} \times 9.80\,\text{m/s}^2 = 29\,\text{N}$$

행성에서 놋쇠 공의 무게는 다음과 같다.

$$W = mg = 3.0\,\text{kg} \times 12.0\,\text{m/s}^2 = 36\,\text{N}$$

답 (1) 3.0 kg (2) 29 N, 36 N

8. 지구의 반지름이 $R = 6.4 \times 10^6$ m이므로 우리별 2호의 궤도 반지름 r은 다음과 같다.

$$r = R + h = 6.4 \times 10^6\,\text{m} + 0.8 \times 10^6\,\text{m} = 7.2 \times 10^6\,\text{m}$$

(1) $g' = \left(\frac{R}{R+h}\right)^2 g = \left(\frac{6.4 \times 10^6\,\text{m}}{7.2 \times 10^6\,\text{m}}\right)^2 \times 9.8\,\text{m/s}^2$

$\fallingdotseq 7.7\,\text{m/s}^2$

(2) 우리별 2호의 속도 v는 다음과 같다.

$$v = R\sqrt{\frac{g}{R+h}} = 6.4 \times 10^6 \times \sqrt{\frac{9.8\,\text{m/s}^2}{7.2 \times 10^6\,\text{m}}} \fallingdotseq 7.5 \times 10^3\,\text{m/s}$$

(3) 우리별 2호의 공전 주기는 다음과 같다.

$$T = \frac{2\pi(R+h)}{v} = \frac{2\pi \times 7.2 \times 10^6\,\text{m}}{7.5 \times 10^3\,\text{m/s}} \fallingdotseq 6032\,\text{s}$$

답 (1) 7.7 m/s^2, (2) 7.5×10^3 m/s, (3) 6032 s

9. (1) $\Sigma F = mg - W = 0$

$$W = mg = G\frac{mM_{\text{m}}}{r^2} = (6.67 \times 10^{-11}\,\text{Nm}^2/\text{kg}^2) \times \frac{(70\,\text{kg}) \times (7.4 \times 10^{22}\,\text{kg})}{(3.80 \times 10^6\,\text{m})^2}$$

$= 24$ N, 달의 중심을 향한다.

(2) 겉보기 무게는

$= mg - ma = 23.9\,\text{N} - (70\,\text{kg})(2.9\,\text{m/s}^2)$,

$= -1.8 \times 10^2\,\text{N}$

이다. 여기서 (−)부호는 겉보기 무게가 달의 중심으로부터 멀어지는 것을 의미한다.

답 (1) 24 N, 달의 중심방향
(2) -1.8×10^2 N, 달에서 멀어지는 방향

10. (1) 지구는 태양 주위를 1년에 1회전하므로 공전속력은 다음

과 같다.

$$v = \frac{2\pi r}{T} = \frac{2\pi \times (1.50 \times 10^{11}\,\text{m})}{3.16 \times 10^{7}\,\text{s}} = 2.99 \times 10^{4}\,\text{m/s}$$

이고, 구심가속도는

$$a_c = \frac{v^2}{r} = \frac{(2.99 \times 10^{4}\,\text{m/s})^2}{1.50 \times 10^{11}\,\text{m}} = 5.97 \times 10^{-3}\,\text{m/s}^2$$

이다.

(2) 구심력은

$$F_c = ma_c = (5.98 \times 10^{24}\,\text{kg})(5.97 \times 10^{-3}\,\text{m/s}^2)$$
$$= 3.57 \times 10^{22}\,\text{N}$$

이다.

(3) 태양이 구심력을 작용한다.

답 (1) 5.97×10^{-3} m/s^2 (2) 3.57×10^{22} N

11. 인공위성의 속력은 $v = \sqrt{\dfrac{GM}{R+h}}$ 이다.

즉, 속력 $\propto \sqrt{\dfrac{1}{\text{궤도 반지름}}}$ 의 관계가 있다.

따라서 $\dfrac{B\text{의 속력}}{A\text{의 속력}} = \dfrac{2v}{v} = \dfrac{\sqrt{1/r_B}}{\sqrt{1/r_A}}$ 이므로 $\dfrac{\sqrt{1/r_B}}{\sqrt{1/r_A}} = 2$이다

$\therefore r_A : r_B = 4 : 1$

답 ④

12. (1) 구심력 $F_구$는 다음과 같다. $F_구 = mr\omega^2 = mr\left(\dfrac{2\pi}{T}\right)^2$

(2) 만유인력 $F_만$는 다음과 같다. $F_만 = G\dfrac{mM}{r^2}$

(3) $F_구 = F$이므로 $T^2 = \dfrac{4\pi^2}{GM}r^3$이다.

(4) (3)에서 구한 식은 $\dfrac{T^2}{r^3} = \dfrac{4\pi^2}{GM}$과 같이 쓸 수 있으며, 이 식의 우변은 상수이다. 따라서 이 식은 '행성의 궤도반지름의 세제곱과 공전주기의 제곱의 비가 일정하다'는 케플러의 제3법칙을 의미한다.

답 (1) $mr\left(\dfrac{2\pi}{T}\right)^2$ (2) $G\dfrac{mM}{r^2}$

(3) $T^2 = \dfrac{4\pi^2}{GM}r^3$ (4) 풀이 참고

08 파동

1. 답 ⑤

2. 이러한 파동은 종파, 소밀파로 파동이 진행할 때 밀한 매질과 소한 매질이 생긴다.

답 ③

3. 거리가 l 사이에 3개의 파장이 들어있다. 따라서 파장은 $\frac{1}{3}\lambda$이다. 그리고 진동수가 f이므로 수면파의 전파속력은 $v = f \times \frac{1}{3}\lambda = \frac{f\lambda}{3}$이다.

답 ③

4. 파동의 전파속력을 나타내는 식 (8−2)에서

$$v = \frac{\lambda}{T} = \frac{75\,\text{m}}{6\,\text{s}} = 12.5\,\text{m/s}$$

이다.

답 12.5 m/s

5. 매초 50회 진동하므로 진동수 f는 $f = 50$ Hz이고, 주기 T는

$$T = \frac{1}{f} = \frac{1}{50\,\text{s}^{-1}} = 0.02\,\text{s}$$

이다. 그리고 파장 λ는 $v = f\lambda$에서

$$\lambda = \frac{v}{f} = \frac{15\,\text{m/s}}{50\,\text{s}^{-1}} = 0.3\,\text{m}$$

이다. 답 50 Hz, 0.02 s, 0.3 m

6. 답 ④

7. 답 ④

8. 답 ②

9. (1) 시간이 $\frac{1}{4}$주기만큼 지나면 파동이 $\frac{1}{4}$파장만큼 진행한다. 따라서 $\frac{1}{4}$주기 후의 파동의 위치는 점선으로 나타낸 아래 그림의 파동과 같다.

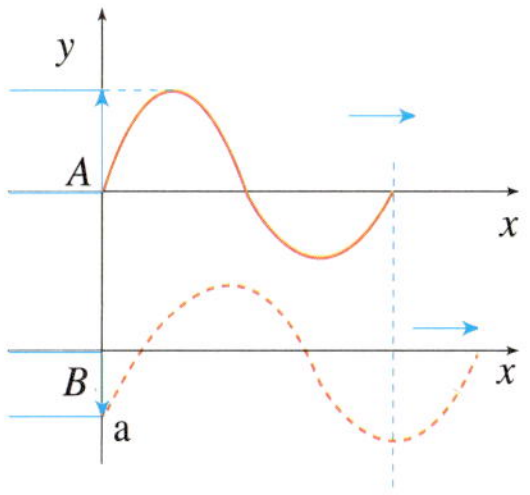

(2) 한 주기 동안에 점 a는 진폭 A만큼 아래 방향으로 움직인다.

10. 답 (1) 변한다 (2) 변한다

(3) 변한다 (4) 변하지 않는다

11. 답 • 파동이 반사할 때 : 진동수, 파장, 전파속도 모두 변하지 않는다.
• 파동이 굴절할 때 : 파장, 전파속도가 변한다.

12. (1) 그림에서 진폭은 진동 중심에서 마루까지의 높이 또는 골까지의 깊이로 2 m이다.

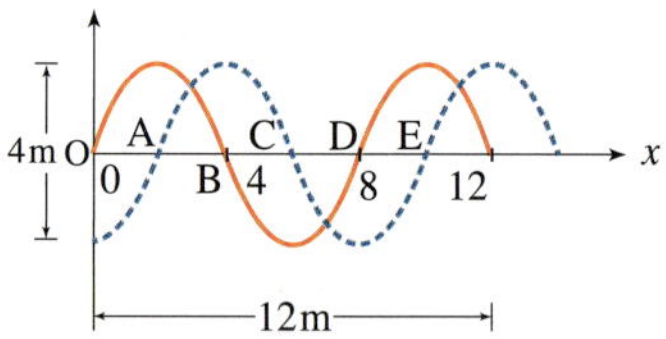

(2) 그림에서 파장은 $\lambda = \overline{OD} = \overline{AE} = 8$ m이다.

(3) 파장이 $\lambda = 8$ m이고, 파동이 2 m 진행하는 데 걸리는 시간이 0.5 s이므로 한 파장이 진행하는 데 걸리는 시간, 즉 주기 T는 다음과 같다.

$$T = 0.5 \times 4 = 2 \text{ s}$$

(4) 진동수 f와 주기 T 사이에는 $f = \frac{1}{T}$의 관계가 있으므로

$f = \frac{1}{T} = \frac{1}{2} = 0.5$ Hz 이다.

(5) 피동의 전피속도는 식 (8−2)에서

$v = \frac{\lambda}{T} = \frac{8}{2} = 4$ m/s이다.

답 (1) 2 m (2) 8 m (3) 2 s (4) 0.5 Hz (5) 4 m/s

13. 그림에서 (가)와 (나)는 닫힌관에서 만들어지는 정상파 공식을 사용해야 한다. 따라서 정상파의 파장은 $\lambda = 4l$이다. (가)에서의 파장은 (나)보다 길다.
진동수는 그 반대이다. 그러므로 진동수가 작은 (가)에서 더 낮은 소리가 난다.

답 ③

14. $n = \frac{v_1}{v_2} = \frac{\sin i}{\sin r}$에서 입사각 $i = 60$ 매질 A에서의 속도 $v_1 =$ 1732 m/s 매질 B에서의 속도 $v_2 = 1000$ m/s이고

$\sin 60° = \frac{\sqrt{3}}{2}$이므로

$$\frac{\sin 60°}{\sin r} = \frac{1732}{1000} = 1.732 \rightarrow \frac{\sqrt{3}/2}{\sin r} = 1.732$$

이다. 여기서 $\sqrt{3} = 1.732$이므로 굴절각 r은 다음과 같다.

$$\sin r = \frac{1.732}{2} \times \frac{1}{1.732} = \frac{1}{2}$$
$$\therefore r = 30°$$

답 30°

15. 호이겐스의 원리에 의하면, 파동이 전파될 때에는 어떤 파면 위의 모든 점들은 다음 순간의 파동을 만드는 점파원이 되어 새로운 구면파를 발생시키며 이 같은 과정이 반복되어 파동이 공간을 퍼져나간다.

답 ①

16. 닫힌관에서의 기본진동은 $\lambda_1 = 4l$의 관계가 있다. 그러므로 $\lambda_1 = 50$ cm가 된다.

답 ④

17. 평면파와 구면파 모두 파동의 진행방향과 파면은 서로 수직이다.

답 ⑤

18. (1) $\lambda_1 = \frac{2}{3}l = \frac{2}{3} \times 90 = 60 \text{ cm} = 0.6 \text{ m}$

(2) 소리의 파장은 $\lambda_2 = \frac{v}{f} = \frac{340 \text{ m/s}}{340 \text{ Hz}} = 1 \text{ m}$

답 (1) $\lambda_1 = 0.6$ m (2) $\lambda_2 = 1$ m

09 열현상과 기체 분자의 운동

1. J은 에너지, 일, 열량의 단위이다.

답 ④

2. 물체의 온도를 1 K 올리는데 필요한 열량을 열용량이라고 한다.

답 ②

3. 일반적으로 액체의 비열이 금속에 비해 크고, 물의 비열은 다른 물질에 비해 훨씬 크다. 비열의 단위는 kcal/kg K이고, 알루미늄 0.211, 철 0.104, 얼음 0.490, 바닷물 0.949, 물 1.000 값을 갖는다. 이 중에서 물의 비열이 가장 크다.

답 ⑤

4. 물이 얻은 열량 Q는 $Q = mc\Delta t$이다.

$$1000 \text{ cal} = 100 \text{ g} \times 1 \text{ cal/g°C} \times \Delta t,$$
$$\therefore \Delta t = 10°\text{C}$$

답 ③

5. 물질이 얻은 열량의 식 $Q = mct$(kcal)를 온도변화를 구하는 식으로 바꾸면 $t = \frac{Q}{mc}$ (°C)이다. 이 식에서 Q가 일정하므로 mc 값이 가장 큰 것이 온도변화가 가장 작다.

답 ①

6. 중력이 한 일은 다음과 같다.

$$W = 1.7\,\text{kg} \times 2 \times 9.8\,\text{m/s}^2 \times 0.50\,\text{m} \times 20 = 333.2\,\text{J}$$

열량계가 얻은 열량은 다음과 같다.

$$Q = 200\,\text{cal/K} \times 0.4\,\text{K} = 80\,\text{cal}$$

따라서 $W = JQ$에서

$$J = \frac{W}{Q} = \frac{333.2\,\text{J}}{80\,\text{cal}} = 4.165\,\text{J/cal}$$

이다. 답 4.165 J/cal

7. −10 °C의 얼음 $m$kg이 0 °C의 얼음으로 되는 데 필요한 열량 Q_1은

$$Q_1 = mct = m \times 0.5\,\text{kcal/kg K} \times 10\,\text{K}$$

이고, 또 0 °C의 얼음이 0 °C의 물로 되는 데 필요한 열량 Q_2는

$$Q_2 = m \times (\text{얼음의 융해열}) = m \times 80\,\text{kcal / kg}$$

이다. 따라서, 얼음이 얻은 열량은

$$Q_1 + Q_2 = m(5 + 80)\,\text{kcal / kg}$$

이다.

그리고 20 °C의 물이 0 °C의 물로 냉각될 때 잃은 열량 Q'는 다음과 같다.

$$Q' = m'c't' = 0.5\,\text{kg} \times 1\,\text{kcal/kg K} \times 20\,\text{K} = 10\,\text{kcal}$$

20 °C의 물이 잃은 열량은 −10 °C의 얼음이 얻은 열량과 같으므로

$$85 \times m = 10 \qquad \therefore\ m = \frac{10}{85} = 0.118\,\text{kg}$$

이다. 답 0.118 kg

8. 정확한 자의 0 °C일 때의 눈금이 l_0 = 100.0 cm이므로 30 °C일 때의 자의 길이가 물체의 처음길이가 된다. 따라서, 물체의 처음길이 l은 다음과 같다.

$$\begin{aligned} l &= l_0(1 + \alpha\Delta t) = 100.0(1 + 0.001 \times 30) \\ &= 103.0\,\text{cm} \end{aligned}$$

답 103.0 cm

9. 답 ① 숨은열 ② 융해열 ③ 기화열

10. 이상기체 상태방정식에서 $\frac{PV}{nT} = \frac{P'V'}{n'T'}$ 이므로

$\frac{(1\text{기압}) \times (22.4\,\text{L})}{(1\,\text{mol}) \times (273\,\text{K})} = \frac{(2\text{기압}) \times (4\,\text{L})}{x \times (546\,\text{K})}$이다. 여기서 x를 구하면 0.18 mol이다.

답 ①

11. (1) $\overline{E_k} = \frac{3}{2}kT$에서

$$\begin{aligned} \overline{E_k} &= \frac{3}{2} \times 1.38 \times 10^{-23}\,\text{J/K} \times (273 + 20)\,\text{K} \\ &= 6.07 \times 10^{-21}\,\text{J} \end{aligned}$$

(2) $PV = nRT = \frac{N}{N_0}RT = NkT$에서

$$\begin{aligned} N = \frac{PV}{kT} &= \frac{10 \times 10^5\,\text{N/m}^2 \times 2 \times 10^{-3}\,\text{m}^3}{1.38 \times 10^{-23}\,\text{J/K} \times (273 + 20)\,\text{K}} \\ &= 4.95 \times 10^{23}\ \text{개이다.} \end{aligned}$$

답 (1) 6.07×10^{-21} J (2) 4.95×10^{23}개

12. 21 °C와 77 °C에서의 플라스크 속의 공기의 분자를 각각 n몰, n'몰이라고 하자. 그리고 압력 P와 부피 V는 변화가 없으므로 이상기체의 상태방정식 $PV = nRT$에서

$$PV = nR \times (273 + 21),\ \ PV = n'R \times (273 + 77)$$

$$\frac{n'}{n} = \frac{294}{350} = \frac{21}{25}$$

$$\therefore\ \frac{n - n'}{n} = \frac{25 - 21}{25} = 0.16$$

이며, $n - n'$는 플라스크에서 밖으로 빠져나간 몰수이다. 따라서 16 %가 밖으로 빠져나간다.

답 16 %

10 열역학의 법칙

1. 답 ②

2. 내부에너지의 증가는 외부에서 받은 열량과 외부로부터 주어진 일의 양을 합한 것과 같으며, 이 관계를 통일하여 식으로 나타내면 $\Delta U = JQ + W$에서

$$\Delta U = 4.2 \times 10^3\,\text{J/kcal} \times 0.5\,\text{kcal} + 100\,\text{J} = 2200\,\text{J}$$

이다.

답 2200 J

3. (1) 식 (10-2) $U = \frac{3}{2}nRT$을 이용하여 구한다.

$$U=\frac{3}{2}nRT=\frac{3}{2}\times 1\times 8.31\times 293$$
$$=3.65\times 10^3\,\mathrm{J}$$

(2) $U=\frac{3}{2}nRT=\frac{3}{2}\times 1\times 8.31\times 1=12.5\,\mathrm{J}$

답 (1) 3.65×10^3 J (2) 12.5 J

4. (1) $\Delta W=P\Delta V=1$ 기압 $\times 50\,\mathrm{L}$

$\fallingdotseq 1.013\times 10^5\,\mathrm{N/m^2}\times 50\times 10^{-3}\,\mathrm{m^3}$

$=5.065\times 10^3\,\mathrm{J}$

(2) 열역학 제1법칙의 식 (10−4) $Q=\Delta U+W$에서 단위를 통일해야 하므로 $JQ=\Delta U+W$로 고쳐서 내부 에너지의 증가량 ΔU를 구하면 다음과 같다.

$$\Delta U=JQ-W$$
$$=4.2\times 10^3\,\mathrm{J/kcal}\times 1.5\,\mathrm{kcal}$$
$$-5.065\times 10^3\,\mathrm{J}=1.235\times 10^3\,\mathrm{J}$$

답 (1) 5.065×10^3 J (2) 1.235×10^3 J

5. (1) 기체에 공급한 열량을 Q, 기체의 질량을 m, 정압 비열을 c_p 상승된 온도를 Δt라면,

$$Q=mc_p\Delta t$$
$$=4\times 10^{-3}\times 0.22\,(60-0)$$
$$=5.28\times 10^{-2}\,\mathrm{kcal}$$

이다.

(2) 기체의 0 °C(T_1 K) 때의 부피를 V_1, 60 °C(T_2 K) 때의 부피를 V_2라 하면 샤를의 법칙에 의해

$$\frac{V_1}{T_1}=\frac{V_2}{T_2},$$

$$\therefore\ V_2=V_1\frac{T_2}{T_1}=2.8\times 10^{-3}\times\frac{273+60}{273}$$
$$=3.4\times 10^{-3}\,\mathrm{m^3}$$

이다. 기체가 피스톤에 한 일 W는 다음과 같다.

$$W=P(V-V_0)$$
$$=1\times 10^5\times(3.4-2.8)\times 10^{-3}=60\,\mathrm{J}$$

(3) 내부에너지의 증가를 ΔU라고 하면 열역학 제1법칙 $JQ=\Delta U+W$에서

$\Delta U=JQ-W=4.2\times 52.8-60=161.76\,\mathrm{J}$이다.

답 (1) 5.28×10^{-2} kcal (2) 60 J (3) 161.76 J

6. $\Delta W=P\Delta V=4.0\times 10^5\,\mathrm{N/m^2}(-0.4\,\mathrm{m^3})$

$=-1.6\times 10^5\,\mathrm{J}$

답 -1.6×10^5 J, 여기서 '−' 부호는 외부에서 이 계에 일을 했다는 것(이 계의 입장에서는 외부에서 일을 받았다는 것)을 의미한다.

7. 답 ④

8. 그림은 압력이 일정한 정압과정을 나타낸 것이다.
따라서 열역학 제1법칙을 적용하면 $Q=\Delta U+W(P\Delta V)$이다.
외부에 일을 하고 나머지는 내부에너지를 증가시킨다.

답 ③

9. (1) $e=\frac{T_1-T_2}{T_1}=\frac{(273+187)\,\mathrm{K}-(273+77)\,\mathrm{K}}{(273+187)\,\mathrm{K}}$

$=\frac{110\,\mathrm{K}}{460\,\mathrm{K}}=0.24=24\,\%$

(2) $e=\frac{W}{JQ}$에서 W를 구한다.

$$W=eJQ=0.24\times 4.2\times 10^3\,\mathrm{J/kcal}\times 5\,\mathrm{kcal}$$
$$=5040\,\mathrm{J}$$

답 (1) 24 % (2) 5040 J

10. (1) 피스톤에 작용한 압력 P_2가 일정하므로 $F=P_2A$ 이다.

(2) A → B와 C → D 구간 : 기체의 부피 일정, 기체가 한 일은 0이다.

B → C 구간 : 기체가 한 일 $W_1=P_2(V_2-V)>0$

C → D 구간 : 기체가 한 일 $W_2=P_1(V_1-V_2)<0$

그러므로 한 과정 동안 기체가 한 일의 합 W는 다음과 같다.

$W=W_1+W_2=(P_2-P_1)(V_2-V_1)$이다.

답 (1) P_2A (2) $(P_2-P_1)(V_2-V_1)$

11. 인체의 효율이 20 %라는 것은 우리가 섭취하는 총 에너지 중에서 20 %를 사용한다는 것을 의미한다. 이것은 인체도 하나의 열기관으로 볼 수 있기 때문이다.

11 전하와 전기장

1. 답 ②

2. 답 ①

3. 쿨롱의 법칙 $F = 9.0 \times 10^9 \frac{q_1 q_2}{r^2}$ 에서

$$F = 9.0 \times 10^9\ \mathrm{Nm^2/C^2} \times \frac{(+4.8 \times 10^{-6}\ \mathrm{C})(-3.0 \times 10^{-6}\ \mathrm{C})}{(0.09\ \mathrm{m})^2} = -16\ \mathrm{N}$$

이다. 따라서 그 크기는 16 N이고 인력이 작용한다.

답 16 N, 인력

4. 전기장의 세기는 $E = \frac{F}{q}$ 이므로

$$E = \frac{F}{q} = \frac{1.0 \times 10^{-8}\ \mathrm{N}}{-2.5 \times 10^{-10}\ \mathrm{C}} = -40\ \mathrm{N/C}$$

이다. 여기서 (−)는 전기장의 방향이 힘의 방향과 반대방향을 의미한다. 따라서 전기장의 방향은 왼쪽이다.

답 40 N/C, 왼쪽

5. (1) $E = \frac{V}{d} = \frac{40\ \mathrm{V}}{0.2\ \mathrm{m}} = 200\ \mathrm{V/m} = 2 \times 10^2\ \mathrm{V/m}$

(2) $F = qE = (2 \times 10^{-7}\ \mathrm{C}) \times (200\ \mathrm{N/C}) = 4.0 \times 10^{-5}\ \mathrm{N}$

(3) $W = qEd = (2 \times 10^{7}\ \mathrm{C}) \times 200\ \mathrm{N/C} \times 0.2\ \mathrm{m} = 8.0 \times 10^{-6}\ \mathrm{J}$

답 (1) 2×10^2 V/m (2) 4.0×10^{-5} N (3) 8.0×10^{-6} J

6. $1\frac{\mathrm{N}}{\mathrm{C}} = 1\frac{\mathrm{N\ m}}{\mathrm{C\ m}} = 1\frac{\mathrm{J/C}}{\mathrm{m}} = 1\frac{\mathrm{V}}{\mathrm{m}}$

7. 전류의 세기는 $I = \frac{Q}{t}$에서

$I = \frac{9.0 \times 10^2\ \mathrm{C}}{5 \times 60\ \mathrm{s}} = 3\ \mathrm{A}$ 이다.

전자 한 개의 전기량이 1.6×10^{-19} C이므로 1 A의 전류가 흐르려면 1 s 동안에 6.25×10^{18}개의 전자가 지나가야 한다. 그러므로 3A의 전류가 흘렀다면

$$3\times6.25\times10^{18}\text{개} = 1.875\times10^{19}\text{개}$$

의 전자가 지나갔다.

답 3 A, 1.875×10^{19}개

8. $I = \frac{Q}{t}$이므로 $Q = 0.48\ \mathrm{A}\times1\ \mathrm{s} = 0.48$ C이다.

전자 한 개의 전기량이 1.6×10^{-19} C이므로 도선의 단면을 지나는 전자의 수는 다음과 같다.

$$\frac{0.48\ \mathrm{C}}{1.6 \times 10^{-19}\ \mathrm{C}} = 3.0 \times 10^{18}\ \text{개}$$

답 (1) 0.48 (2) 전자 (3) 3.0×10^{18}

9. 병렬연결에서 전압은 각 저항에 동일하게 30 V씩 인가된다. 따라서 R_1에 흐르는 전류 I_1은 다음과 같다.

$$I_1 = \frac{V}{R} = \frac{30}{3} = 10\ \mathrm{A}$$

답 ②

10. 물질의 저항은 $R = \rho\frac{l}{A}$로 나타낸다. 이 식에서 l과 A를 각각 2배로 하면 저항값은 변함이 없다.

답 ⑤

11. (1) $R = \rho\frac{l}{S}$에서

$R = 9.8 \times 10^{-8}\ \Omega\ \mathrm{m} \times \frac{10\ \mathrm{m}}{1.4 \times 10^{-7}\ \mathrm{m^2}} = 7.0\ \Omega$이다.

(2) $V = IR$에서

$I = \frac{V}{R} = \frac{35\ \mathrm{V}}{7.0\ \Omega} = 5.0\ \mathrm{A}$ 이다.

답 (1) 7.0 Ω (2) 5.0 Ω

12. $W = I^2Rt = (0.6\ \mathrm{A})^2 \times 500\ \Omega \times 10\ \mathrm{s} = 1.8 \times 10^3\ \mathrm{J}$

$$Q = \frac{W}{J} = \frac{1.8 \times 10^3\ \mathrm{J}}{4.2 \times 10^3\ \mathrm{J/kcal}} \fallingdotseq 0.429\ \mathrm{kcal} = 429\ \mathrm{cal}$$

답 1.8×10^3 J, 429 cal

13. 답 ③

14. (1) 병렬연결이므로 $\frac{1}{R} = \frac{1}{R_1} + \frac{1}{R_2} + \frac{1}{R_3}$에서

$\frac{1}{R} = \frac{1}{2} + \frac{1}{3} + \frac{1}{6}\quad \therefore R = 1\,\Omega$ 이다.

(2) 전류는 저항에 반비례하므로

$I_1 : I_2 : I_3 = \frac{1}{R_1} : \frac{1}{R_2} : \frac{1}{R_3} = \frac{1}{2} : \frac{1}{3} : \frac{1}{6} = 3 : 2 : 1$ 이다.

답 (1) 1 Ω (2) 3 : 2 : 1

15. (1) $\frac{1}{R_{1+2}} = \frac{1}{R_1} + \frac{1}{R_2}$,

$\frac{1}{R_{1+2}} = \frac{1}{300} + \frac{1}{100}\quad \therefore R_{1+2} = 75\,\Omega$

$R_{총} = R_{1+2} + R_3 = 75 + 25 = 100\,\Omega$

(2) $I = \frac{V}{R} = \frac{10\ \mathrm{V}}{100\ \Omega} = 0.1\ \mathrm{A}$

(3) $P = IV = 0.1\mathrm{A} \times 10\mathrm{V} = 1\mathrm{W}$

답 (1) 100 Ω (2) 0.1 A (3) 1 W

16. $P = IV = I^2R$에서 구할 수 있다.

$P = (20\ \mathrm{A})^2 \times 4\ \Omega = 1600\ \mathrm{W}$

답 ③

17. $P = IV = I^2R$에서 $I = \frac{P}{V} = \frac{500\ \text{W}}{200\ \text{V}} = 2.5\ \text{A}$

이다. 따라서 $R = \frac{P}{I^2} = \frac{500\ \text{W}}{(2.5\ \text{A})^2} = 80\ \Omega$이다.

그리고 이 기구를 1시간 사용할 때의 전력량은

$E = Pt = 500\ \text{W} \times 1\ \text{h} = 500\ \text{Wh}$이다.

답 80 Ω, 500 Wh

12 직류 회로

1. 답 모두 맞다.

2. 먼저 C_2와 C_3의 합성 전기 용량을 구하자. 병렬 연결이므로 합성 전기 용량은 0.8 μF이다. 이 값과 C_1이 직렬로 연결되어 있다고 생각하고 전체 합성전기용량을 구하면 된다.

$\frac{1}{C_{합성}} = \frac{1}{0.2} + \frac{1}{0.8}$ 여기서 $C_{합성}$ 값을 구하면 0.16 μF이다.

답 ①

3. 답 ④

4. (1) 축전기의 전기용량은 $C = \frac{Q}{V}$에서

$$C = \frac{2.0 \times 10^{-4}\ \text{C}}{50\ \text{V}} = 0.04 \times 10^{-4}\ \text{F}$$
$$= 4.0 \times 10^{-6}\ \text{F} = 4.0\ \mu\text{F}$$ 이다.

(2) 이 축전기에 70 V의 전압을 걸 때 충전되는 전하량은

$$Q = CV = (4.0 \times 10^{-6}\ \text{F}) \times 70\ \text{V}$$
$$= 2.8 \times 10^{-4}\ \text{C}$$ 이다.

답 (1) 4.0 μF (2) 2.8×10^{-4} C

5. $C = \varepsilon \frac{S}{d}$이므로

$C' = \varepsilon \frac{3S}{\left(\frac{1}{3}d\right)} = 9\,C$이다.

답 전기 용량은 9배 증가한다.

6. (1) 넓이 $S = (20 \times 10^{-2}\ \text{m})(4.0 \times 10^{-2}\ \text{m}) = 8.0 \times 10^{-3}\ \text{m}^2$이다. 그러므로 전기 용량 C는 다음과 같다.

$$C = \varepsilon_0 \frac{S}{d}$$
$$= (8.85 \times 10^{-12}\ \text{C}^2/\text{N m}^2)\frac{8.0 \times 10^{-3}\ \text{m}^2}{1.0 \times 10^{-3}\ \text{m}}$$
$$= 71\ \text{pF}$$

(2) $Q = CV = (71 \times 10^{-12}\ \text{F})(12\ \text{V}) = 8.5 \times 10^{-10}\ \text{C}$

(3) $W = \frac{1}{2}CV^2 = \frac{1}{2}(71 \times 10^{-12}\ \text{F})(12\text{V})^2$

$= 5.1 \times 10^{-9}\ \text{J}$

답 (1) 71 pF (2) 8.5×10^{-10} C (3) 5.1×10^{-9} J

7. (1) 직렬연결이므로

$$\frac{1}{C} = \frac{1}{C_1} + \frac{1}{C_2} = \frac{1}{1.5\ \mu\text{F}} + \frac{1}{3\ \mu\text{F}} = \frac{3}{3\ \mu\text{F}}$$

$\therefore C = 1\ \mu\text{F}$이다.

(2) $Q = CV = 1\ \mu\text{F} \times 150\ \text{V}$

$= 10^{-6}\ \text{F} \times 150\ \text{V} = 1.5 \times 10^{-4}\ \text{C}$

(3) $V_1 = \frac{Q}{C_1} = \frac{1.5 \times 10^{-4}\ \text{C}}{1.5 \times 10^{-6}\ \text{F}} = 100\ \text{V}$

답 (1) 1 μF (2) 1.5×10^{-4} C (3) 100 V

8. 콘덴서 병렬연결시 합성 정전용량 $C_p = 5C$이고

콘덴서 직렬연결시 합성 정전용량 $C_s = \frac{1}{5}C$이다.

$$\therefore C_p = 25C_s$$

답 ③

9. (1) 축전기가 병렬로 연결되었으므로 합성 전기용량은

$C = C_1 + C_2$에서

$C = 2\ \mu\text{F} + 3\ \mu\text{F} = 5\ \mu\text{F}$ 이다.

(2) C_1에 충전되는 전기량은

$$Q_1 = C_1V = (2 \times 10^{-6}\ \text{F}) \times 60\ \text{V} = 1.2 \times 10^{-4}\ \text{C}$$

이다.

C_2에 충전되는 전기량은

$$Q_2 = C_2V = (3 \times 10^{-6}\ \text{F}) \times 60\ \text{V} = 1.8 \times 10^{-4}\ \text{C}$$

이다.

답 (1) 5 μF (2) 1.2×10^{-4} C, 1.8×10^{-4} C

10. (1) 축전기에 충전된 전기량 Q는

$Q = CV = (2 \times 10^{-6}\ \text{F}) \times 500\ \text{V} = 10^{-3}\ \text{C}$이다.

(2) 축전기에 축적된 전기에너지 W는 식 (12−6)

$W = \frac{1}{2}CV^2$에서

$W = \frac{1}{2} \times (2 \times 10^{-6}\ \mu\text{F}) \times (500\ \text{V})^2 = 0.25\ \text{J}$이다.

(3) 4.2 J = 1 cal이므로

$W = \frac{0.25\ \text{J}}{4.2\ \text{J/cal}} = 0.06\ \text{cal}$이다.

답 (1) 10^{-3} C (2) 0.25 J (3) 0.06 cal

11. 전기용량 10 μF인 축전기 C_1에 축전된 전기량 Q는

$$Q = C_1 V = (10 \times 10^{-6}\text{ F}) \times 500\text{ V}$$

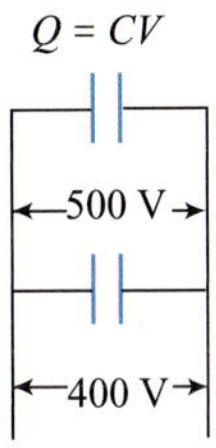

충전되지 않은 축전기의 전기 용량을 C_2라 하면, 처음의 전기량 Q가 병렬연결한 전체의 전기량이 된다. 그러면 $Q = (C_1 + C_2)V$에서

$$(10 \times 10^{-6}\text{ F}) \times 500\text{ V} = (10 \times 10^{-6} + C_2) \times 400\text{ V}$$

이다.

$$\therefore C_2 = \frac{(10 \times 10^{-6}\text{ F}) \times 500\text{ V}}{400\text{ V}} - (10 \times 10^{-6}\text{ F})$$

$$= 12.5 \times 10^{-6}\text{ F} - 10 \times 10^{-6}\text{ F}$$
$$= 2.5 \times 10^{-6}\text{ F} = 2.5\ \mu\text{F} = 2.5 \times 10^{-6}\text{ F}$$

답 2.5×10^{-6} F

12. 식 (12-9) $I = \dfrac{nE_{기}}{R + nr}$에서 구할 수 있다.

$$I = \frac{2 \times 1.5\text{ V}}{5 + (2 \times 0.5)\ \Omega} = 0.5\text{ A}$$

단자전압은 다음과 같다.

$$V = E_{기} - Ir = 3\text{ V} - (0.5\text{ A} \times 2 \times 0.5\ \Omega)$$
$$= 3\text{ V} - 0.5\text{ V} = 2.5\text{ V}$$

답 0.5 A, 2.5 V

13. $R_4 = \dfrac{R_2}{R_1} R_3 = \dfrac{6\text{ k}\Omega}{4\text{ k}\Omega}\, 2\text{ k}\Omega = 3\text{ k}\Omega$

답 3 kΩ

14. 합성 정전용량은 $C = C_1 + C_2$이고, 전체 전하량은 $Q = CV = (C_1 + C_2)V$이다. 따라서 $V = \dfrac{Q}{C_1 + C_2}$이다.

$\therefore$ C_2에 저장되는 Q_2는 다음과 같다.

$$Q_2 = C_2 V = C_2 \times \frac{Q}{C_1 + C_2} = \frac{C_1 C_2}{C_1 + C_2} V_1$$

답 ④

13 자기장과 전자기력

1. $B = 2 \times 10^{-7} \dfrac{I}{r} \propto \dfrac{I}{r}$이므로 $B' = 2 \times 10^{-7} \dfrac{2I}{2r} = B$이다.

답 ③

2. $B = 2 \times 10^{-7} \dfrac{I}{r} \propto \dfrac{I}{r}$이므로 자기장의 세기는 전류에 비례한다. 자기장의 단위는 Wb/m^2 = N/A m = T이다. 그리고 솔레노이드 내부는 자기력선이 나란하므로 자기장이 균일하다.

답 ④

3. 전류 I에 의한 자기장의 방향이 입자가 있는 쪽에서는 책 속으로 수직으로 들어가므로, 플레밍의 왼손법칙에 의해 입자는 D방향으로 힘을 받는다.

답 ④

4. $F = BI\ell \sin\theta$에서 전류 $2I$, 길이 2ℓ이므로

$$F' = 2I \cdot B \cdot 2\ell \sin\theta = 4BI\ell \sin\theta = 4F\text{이다.}$$

즉, 4배로 증가한다.

답 ⑤

5. (1) 로렌츠 힘이 구심력이 된다. 식 (13-14)

$qvB = \dfrac{mv^2}{r}$에서 r을 구하면 $r = \dfrac{mv}{qB}$이다.

(2) $r = \dfrac{mv}{qB}$에서 B가 두 배이면 r은 반으로 감소한다.

(3) $r = \dfrac{mv}{qB}$에서 v가 두 배가 되면 r은 2배가 된다.

(4) 원운동의 회전주기는 $T = \dfrac{2\pi r}{qB}$이므로 이 식의 r에 $r = \dfrac{mv}{qB}$를 대입하면 $T = \dfrac{2\pi m}{qB}$을 얻는다.

답 (1) $r = \dfrac{mv}{qB}$ (2) 반으로 감소한다
(3) 2배가 된다 (4) $T = \dfrac{2\pi m}{qB}$

6. (1) 오른손의 법칙에 의하여 지면 위를 향한다.

(2) $B = 2\pi \times 10^{-7} \times \dfrac{I}{r}$

$$= 2\pi \times 10^{-7} \times \frac{I}{0.05} = 5 \times 10^{-5}\text{ T}$$

$I = 4.0$ A

답 (1) 지면 위, (2) 4 A

7. 자속이란 주어진 단면을 지나는 자기력선의 총 수를 나타내는 값으로 주어진 면과 자기력선이 서로 수직인 경우 $\Phi = BS$이다.

(1)의 경우 $S = 0.25$ m^{2}이므로 자속은

$$\phi = BS = 1.0 \times 10^{-3} \times 0.25$$
$$= 2.5 \times 10^{-4}\text{ Wb이다.}$$

(2)의 경우 주어진 단면을 지나는 자기력선은 없으므로, 자속은 0이다.

답 (1) 2.5×10^{-4} Wb, (2) 0

8. 궤도반지름 r은 $r=\dfrac{mv}{qB}$이고, v, q, B가 같은 경우, 궤도반지름은 질량에 비례한다. 문제에서 질량이 2배가 되었으므로, 궤도 반지름 역시 2배가 된다. 그러므로 입자는 P_1에서 P_2 방향으로 20 cm 떨어진 곳으로 방출된다.

답 P_2 방향으로 20 cm 떨어진 곳

9. $F=BI\ell\sin\theta$에서

$$B=\frac{F}{I\ell\sin\theta}=\frac{5.2}{5\times0.6\times\sin 60^{\circ}}=2\ \text{N/Am}$$이다.

답 2 N/Am

14 전자기 유도

1. 자기력선의 변화가 생기려면 도선은 반드시 자기력선과 각을 이루어 운동해야 한다.

답 ④

2. (1) 자속의 변화 $\Delta\phi$는

$$\Delta\phi = BS = 2\ \text{Wb/m}^2\times 40\,(10^{-2}\ \text{m})^2 = 8\times10^{-3}\ \text{Wb}$$

이므로 유도기전력 $V_{기}$는 식 (14−1)

$V_{기}=-N\dfrac{\Delta\phi}{\Delta t}$에서

$$V_{기} = 100\times\frac{8\times10^{-3}\ \text{Wb}}{0.5\ \text{s}} = 1.6\ \text{V}$$

이다. 여기서 (−)는 방향을 나타내므로 생략하였다.

(2) 코일에 흐르는 유도 전류의 세기 I는 옴의 법칙에서

$I=\dfrac{V_{기}}{R}=\dfrac{1.6\ \text{V}}{0.8\ \Omega}=2\ \text{A}$이다.

답 (1) 1.6 V (2) 2 A

3. 자체유도에 의하여 유도되는 유도 기전력 $V_{기}$는 식 (14-2) $V_{기}=-L\dfrac{\Delta I}{\Delta t}$이다.

여기서 (−)부호는 유도 전류의 방향이 자기력선의 변화의 방향과 반대방향임을 나타내는데, 자체유도계수의 값에는 영향을 주지 않는다.

$V_{기}=1000\ \text{V}$, $\Delta I=10\ \text{A}$, $\Delta t=\dfrac{1}{20}\ \text{s}$이므로 L은 다음과 같다.

$$1000 = L\frac{10}{\frac{1}{20}} \qquad \therefore L = 5\ \text{H}$$

답 5 H

4. 변압기의 1차코일과 2차코일에 흐르는 전류는 각 코일의 감은수에 반비례한다는 것을 알면 쉽게 구할 수 있다. 1차 코일에 걸리는 전압이 3000 V이고 감긴 수는 1500회, 2차 코일의 감긴 수는 100회인 변압기에서 2차 코일에 생기는 유도 기전력은 다음과 같다.

$$V_2=\frac{N_2}{N_1}V_1,\quad V_2=\frac{100\ \text{회}}{1500\ \text{회}}\times3000\ \text{V}=200\ \text{V}$$

답 200 V

5.

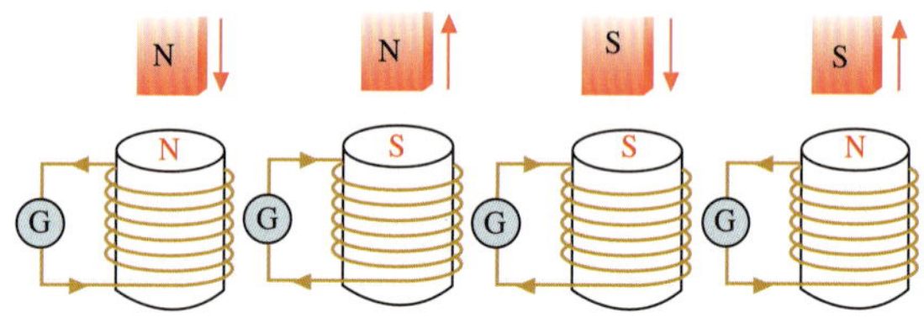

자속을 방해하는 방향으로 유도 자기장이 생긴다. 다가오면 같은 극이 유도되어 방해하게 하고 멀어져 가면 붙잡게 된다.

답 그림에 표시

6. $V_{기}=\left|M\dfrac{\Delta I}{\Delta t}\right|$

$$=0.3\times10^{-3}\times\frac{10\times10^3}{0.01}=300\ \text{V}$$

답 ②

7. 임피던스는 교류회로에서의 전체저항이다.

답 ②

8. 전압의 실효값 V가 100 V이므로 전류의 실효값 I(A)는

$$I=\frac{P}{V}=\frac{100}{100}=1\ \text{A}$$

이다. 따라서 전압의 최대값 V_m은

$$V_m=\sqrt{2}\ V=\sqrt{2}\times100=141\ \text{V}$$

이고, 전류의 최대값 I_m은

$$I_m=\sqrt{2}\ I=\sqrt{2}\times1=1.41\ \text{A}$$

이다.

답 141 V, 1.41 A

9. 각진동수가 100 rad/s, 코일의 자체 유도 계수 0.5 H를 식에 대입하면 유도리액턴스는 다음과 같다.

$$X_L=\omega L$$
$$X_L=(100\ \text{rad/s})\times(0.5\ \text{H}) = 50\ \Omega$$

이때, 전류는 다음과 같다.

$$I = \frac{V}{X_L} = \frac{200\ \text{V}}{50\ \Omega} = 4\ \text{A}$$

답 50 Ω, 4A

10. 답 (1) ① ② ⑥ (2) ⑤ ⑧ ③ ⑦ ④

11. (1) $f = 100$ Hz에서 각 요소의 임피던스는

$$X_L = 2\pi fL = (2\pi) \times (500\ \text{Hz}) \times 20\ \text{mH} = 62.84\ \Omega$$

$$X_C = \frac{1}{2\pi fC} = \frac{1}{(2\pi) \times (500\ \text{Hz}) \times (10\ \mu\text{F})} = 31.83\ \Omega$$

이다. 이때 전체 임피던스 Z는 다음과 같다.

$$Z = \sqrt{R^2 + (X_L - X_C)^2} = \sqrt{(25.0\ \Omega)^2 + (62.84\ \Omega - 31.83\ \Omega)^2} = 39.83\ \Omega$$

그리고 이 회로의 전류는 다음과 같다.

$$I_{\text{rms}} = \frac{V_{\text{rms}}}{Z} = \frac{110\ \text{V}}{39.83\ \Omega} = 2.76\ \text{A}$$

(2) 각 요소에 걸리는 전압의 실효값은 다음과 같다.

$$(V_R) = I_{\text{rms}} R = (2.76\ \text{A}) \times (25\ \Omega) = 69\ \text{V}$$
$$(V_L) = I_{\text{rms}} X_L = (2.76\ \text{A}) \times (62.84\ \Omega) = 173.44\ \text{V}$$
$$(V_C) = I_{\text{rms}} X_C = (2.76\ \text{A}) \times (31.83\ \Omega) = 87.85\ \text{V}$$

답 (1) 2.76 A (2) 69 V, 173.44 V, 87.85 V

※ 각 요소에 걸리는 전압의 합은 약 330 V로 전원 전압의 110 V와 같지 않다. 이러한 현상을 각 요소의 전압의 위상이 같지 않기 때문에 발생할 수 있으며, 언제든지 한 전압은 다른 전압값을 보상하기 위해 음이 된다. 그러나 실효 전압은 정의에 의하여 항상 0보다 큰 값을 가지며, 실효 전압의 합은 전원 전압과 같지 않아도 매순간의 전압의 합은 항상 전원 전압과 같다.

15 빛

1. (1) 스넬의 법칙 $n = \frac{\sin i}{\sin r}$에서 구할 수 있다.

$$n = \frac{\sin 50^\circ}{\sin 30^\circ} = 1.5$$

(2) $n = \frac{c}{v}$에서 속도를 구할 수 있다.

$$v = \frac{c}{n} = \frac{3 \times 10^8\ \text{m/s}}{1.5} = 2 \times 10^8\ \text{m/s}$$

답 (1) 1.5 (2) 2.2×10^8 m/s

2. 스넬의 법칙 $n = \frac{\sin i}{\sin r}$에서 구할 수 있다.

$$\sqrt{3} = \frac{\sin 60^\circ}{\sin r}$$
$$\therefore r = 30^\circ$$

답 ①

3. 굴절각이 더 크므로 매질 A의 굴절률이 더 크다.

$\frac{\sin i}{\sin \gamma} = \frac{v_A}{v_B} = \frac{n_B}{n_A} = n_{12}$이므로 $n_A > n_B$, $v_B > v_A$이다.

답 ③

4. 물체가 초점거리 안쪽에 위치하므로 렌즈의 좌측에 정립허상이 만들어진다.

답 ①

5. 답 ② 전반사는 굴절률이 큰 물질에서 굴절률이 작은 물질로 입사할 때 일어난다.

6. $n = \frac{\sin 90^\circ}{\sin i_c}$에서 $\sin 90^\circ = 1$이므로

$$\sin i_c = \frac{1}{n} = \frac{1}{\sqrt{2}} \quad \therefore i_c = 45^\circ$$

이다. 답 ②

7. (1) $\frac{1}{f} = \frac{1}{a} + \frac{1}{b}$

$$\frac{1}{b} = \frac{1}{f} - \frac{1}{a} = \frac{1}{0.20\ \text{m}} - \frac{1}{0.60\ \text{m}}$$
$$b = 0.30\ \text{m}$$

(2) $m = \frac{h_i}{h_0} = -\frac{b}{a}$

$$h_i = -\frac{bh_0}{a} = -\frac{(0.30\ \text{m})(0.15\ \text{m})}{(0.60\ \text{m})} = -0.075\ \text{m}$$

답 (1) 0.30 m (2) −0.075 m

8. $\frac{\sin i}{\sin r} = n_{12} = \frac{n_2}{n_1}$

$$\sin r = \frac{n_1 \sin i}{n_2} = \frac{(1)(\sin 60^\circ)}{1.47} = 0.59$$
$$r = \sin^{-1}(0.59) = 36^\circ$$

답 36°

9. (1) 스넬의 법칙에 의해 입사각이 0°이므로 굴절각도 0°가 된다. 즉, 다음 그림과 같이 빛이 진행한다.

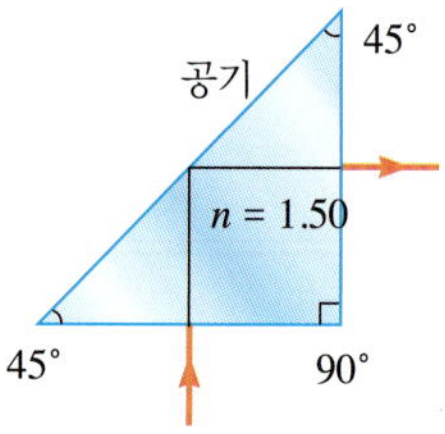

(2) $n = \dfrac{n_{공기}}{n_{프리즘}} = \dfrac{\sin i_c}{\sin 90°}$

$\sin i_c = \dfrac{n_{공기}}{n_{프리즘}}$

$= \dfrac{1.00}{1.50} = 0.667$

$i_c = 41.8°$

답 (1) 그림 참조 (2) 41.8°

10. (1) $\lambda_0 = \dfrac{c}{f} = \dfrac{3 \times 10^{10}\ \text{cm/s}}{6 \times 10^{14}\ \text{s}^{-1}} = 5 \times 10^{-5}(\text{cm})$

(2) $v = f\lambda = (6 \times 10^{14}\,\text{s}^{-1})(3 \times 10^{-5}\,\text{cm})$

$= 1.8 \times 10^{10}\,(\text{cm/s})$

(3) $n = \dfrac{v_1}{v_2} = \dfrac{3 \times 10^{10}\ \text{cm/s}}{1.8 \times 10^{10}\ \text{cm/s}} = 1.67$

답 (1) 5×10^{-5} cm (2) 1.8×10^{10} (3) 1.67

11. 빛의 색깔은 파장, 즉 진동수에 따라 정해진다.

답 ③

16 빛과 물질의 이중성

1. 광전효과

빛이 금속 표면을 쪼일 때 금속 내부의 전자가 속박을 끊고 튀어 나오는 현상으로, 쪼여주는 빛의 진동수가 일정값, 즉 문턱 진동수 이상일 때만 전자가 튀어나온다는 사실은 빛의 파동이론으로는 설명할 수 없다.

왜냐하면 파동 에너지는 중첩되면 커지므로 작은 에너지를 지닌 파동이라도 계속 쪼여주면 에너지가 증가해서 전자가 속박 상태를 끊고 튀어 나올 수 있는 정도의 에너지 전달이 가능해야 하기 때문이다. 광전 효과는 빛의 입자설, 즉 광양자설을 뒷받침하는 대표적인 실험적 사실이다.

2. 일상생활에서 움직이는 물체들은 물질파 파장이 물체의 크기에 비해 아주 작아서 인식되기 어렵다.

3. $E = hf$에서 $E = 6.6 \times 10^{-34}\ \text{J s} \times 1.5 \times 10^{15}\ \text{s}^{-1}$

$= 9.9 \times 10^{-19}\ \text{J}$

그런데 $1\ \text{eV} = 1.6 \times 10^{-19}\ \text{J}$이므로

$E = \dfrac{9.9 \times 10^{-19}\ \text{J}}{1.6 \times 10^{-19}\ \text{J/eV}} = 6.2\ \text{eV}$이다.

$\therefore \dfrac{1}{2}mv^2 = hf - W = 6.2\ \text{eV} - 4.5\ \text{eV} = 1.7\ \text{eV}$

답 9.9×10^{-19} J, 1.7 eV

4. (1) $f = \dfrac{c}{\lambda} = \dfrac{3 \times 10^8\,\text{m/s}}{400 \times 10^{-9}\,\text{m}} = 7.5 \times 10^{14}\,\text{Hz}$

(2) $W = hf - \dfrac{1}{2}mv^2$

$= 6.6 \times 10^{-34}\,\text{J s} \times 7.5 \times 10^{14}\,\text{s}^{-1} - 3 \times 10^{-19}\,\text{J}$

$= 1.95 \times 10^{-19}\,\text{J}$

(3) $f_0 = \dfrac{W}{h} = \dfrac{1.95 \times 10^{-19}\,\text{J}}{6.63 \times 10^{-34}\,\text{J s}} = 2.95 \times 10^{14}\,\text{Hz}$

답 (1) 7.5×10^{14} Hz, (2) 1.95×10^{-19} J
(3) 2.95×10^{14} Hz

5. 운동량 또는 파장이다.

즉, 운동량이 커서 파장이(물질의 크기에 비해) 짧아질수록 입자성이 현저히 나타나고 운동량이 자아 파장이 길어질수록 파동성이 더 현저히 나타난다.

답 운동량, 파장

6. 전자의 드브로이 파장은

$\lambda = \dfrac{h}{mv}$

$v = \dfrac{h}{m\lambda} = \dfrac{6.6 \times 10^{-34}\ \text{J s}}{9.1 \times 10^{-31}\,\text{kg} \times 2 \times 10^{-8}\,\text{m}}$

$= 3.6 \times 10^4\ \text{m/s}$이다.

답 3.6×10^4 m/s

7. 광전효과를 이해하고 있는지 알아보는 문제이다. 문턱 진동수보다 낮은 빛은 아무리 쬐여도 광전자가 튀어나오지 못한다. 따라서 금속박에는 아무 변화가 없다.

답 ④

8. $E = hf = (6.6 \times 10^{-34}\,\text{J s})(2.00 \times 10^{14}\,\text{s}^{-1})$

$= 1.32 \times 10^{-19}\,\text{J}$

또 $1\ \text{W} = 1\ \text{J/s}$이므로 광자의 수는 다음과 같다.

$$n = \frac{1\text{J/s}}{1.32 \times 10^{-19}\,\text{J}} = 7.6 \times 10^{18}\ 개\text{/s}$$

답 1.32×10^{-19} J, 7.6×10^{18}개

9. $\lambda = \dfrac{h}{mv} = \dfrac{6.6\times10^{-34}\ \text{Js}}{60\ \text{kg}\times10\ \text{m/s}} = 1.1\times10^{-36}\ \text{m}$

답 1.1×10^{-36} m

10. $\dfrac{h}{mv} \Rightarrow \dfrac{\text{Js}}{\text{kg}\times(\text{m/s})} = \dfrac{\text{N}\times\text{m}\times\text{s}}{\text{kg}\times(\text{m/s})}$

$= \dfrac{\text{kg}\times(\text{m/s}^2)\times\text{m}\times\text{s}}{\text{kg}\times(\text{m/s})} = \text{m}$

답 m

11. 물질입자를 빠르게 가속시킬 수 있는 가속장치가 발달하지 못하였기 때문이다.

12. 가속된 전자의 속도를 v라고 하면 $\frac{1}{2}mv^2 = \text{eV}$에서 전자의 운동량은 $p = mv = \sqrt{2\ \text{meV}}$이다. 따라서 파장 λ는

$x = \dfrac{h}{p} = \dfrac{h}{\sqrt{2\ \text{meV}}}$

$= \dfrac{6.6\times10^{-34}\ \text{Js}}{\sqrt{2\times9.1\times10^{-31}\ \text{kg}\times1.6\times10^{-19}\ \text{C}\times100\ \text{V}}}$

$= 1.2\times10^{-10}$ m이다.

답 1.2×10^{-10} m

17 원자의 구조

1. 전자기파는 전하를 갖지 않으며 파동의 성질을 나타낸다.

답 ④

2. 원자 내의 전자배치와 전자의 개수는 알 수 없다.

답 ③

3. 보어의 양자 조건은 $2\pi rmv = nh$이며, 전자의 드브로이 파장은 $\lambda = \frac{h}{p} = \frac{h}{mv}$이고, 수소원자 내 전자의 궤도는 원이 되므로 $2\pi r = \frac{nh}{mv}$로서 드브로이 파장의 정수배로 정상파를 이루며 안정한 상태가 된다.

4. 양자 조건 $2\pi r\,mv = nh$에서 전자의 속력 v는 $v = \frac{nh}{2\pi r\,m}$이므로, 이 식에 플랑크 상수 $h = 6.63\times10^{-34}$ J s, 전자의 질량 $m = 9.11\times10^{-31}$ kg, $n = 1$일 때의 궤도 반지름 $r = 0.53\times10^{-10}$ m를 대입하면 전자의 속력이 얻어진다.

$v = \dfrac{1\times6.63\times10^{-34}\ \text{J s}}{2\times3.14\times(0.53\times10^{-10}\ \text{m})\times(9.11\times10^{-31}\ \text{kg})}$

$= 2.18\times10^{6}$ m/s

답 2.18×10^{6} m/s

5. $n = 4$에서 $n = 2$로 전이하게 되면 에너지를 방출해야 한다. 그 값은 두 에너지 준위의 차이 만큼이다.

$hf = -3.4\ \text{eV} - (-13.6\ \text{eV}) = 10.2\ \text{eV}$

답 ④

6. 두 개의 선스펙트럼이 나타나므로 에너지 준위는 불연속적이다. 과정 a는 빛을 방출하고, 과정 b는 빛을 흡수한다.

답 ③

7. (1) $hf = E_i - E_f = -1.5\ \text{eV} - (-3.4\ \text{eV}) = 1.9\ \text{eV}$

$\therefore 1.9\ \text{eV}\times1.6\times10^{-19}\ \text{J/eV} = 3.04\times10^{-19}\ \text{J}$

(2) 진동수는 $f = \dfrac{E_i - E_f}{h} = \dfrac{3.04\times10^{-19}\ \text{J}}{6.63\times10^{-34}\ \text{J s}}$

$= 4.59\times10^{14}$ Hz이다.

복사되는 빛의 파장 λ는 $c = f\lambda$에서

$\lambda = \dfrac{c}{f} = \dfrac{3\times10^{8}\ \text{m/s}}{4.59\times10^{14}\ \text{s}^{-1}}$

$= 6.54\times10^{-7}$ m

이다.

답 (1) 3.04×10^{-19} J

(2) 진동수: 4.59×10^{14} Hz, 파장: 6.54×10^{-7} m

18 원자핵

1. 핵반응은 화학 반응식과 비슷한 형태로 나타낼 수 있다.

답 ①

2. 원자핵을 구성하는 입자는 양성자와 중성자이다. 전자는 아니다.

답 ①

3. (1) $E = mc^2 = 10^{-3}\times9\times10^{16} = 9\times10^{13}$ (J)

(2) 1 eV=1.6×10^{-19} J이므로

$\dfrac{9\times10^{13}}{1.6\times10^{-19}} = 5.63\times10^{32}\ \text{eV}$

(3) $1\text{kWh} = 10^3\times1(\text{J/s})\times60\times60(\text{s}) = 3.6\times10^6\ \text{J}$

$\dfrac{9\times10^{13}\ \text{J}}{3.6\times10^{6}\ \text{J/kWh}} = 2.5\times0^{7}\ \text{kWh}$

답 (1) 9×10^{13} J, (2) 5.63×10^{32} eV

(3) 2.5×10^{7} kWh

4. ${}^{214}_{83}X \rightarrow {}^{214}_{81}Y + \alpha({}^{2}_{4}He)$ 로 질량수가 4 줄고 원자번호는 2만큼 줄게 된다.

5. 답 ④

6. ${}^{233}_{90}Th \rightarrow {}^{233}_{91}Pa + \beta^- \rightarrow {}^{233}_{92}U + \beta^-$이 되므로 질량수는 233, 원자번호는 92가 된다.

답 233, 92

7. ${}^{238}_{92}U$이 방사성 붕괴를 해서 최종적으로 얻어지는 물질이 ${}^{206}_{82}Pb$이 되므로 최초에 ${}^{238}_{92}U$이 8몰이 있었다고 추정할 수 있다. 현재 2몰이 남아 있으므로 1/4로 줄어든 것이 된다. 그러므로 반감기가 2번 경과했다는 것을 알 수 있다. 따라서 45억 년×2 = 90억이다.

답 90억 년

8. $E = mc^2$에서 $E = 1$ MeV $= 10^6$ eV이므로

$$m = \frac{E}{c^2} = \frac{10^6\,\text{eV} \times 1.6 \times 10^{-19}\,\text{J/eV}}{(3.0 \times 10^8\,\text{m/s})^2}$$
$$= 1.8 \times 10^{-30}\,\text{kg}$$

이다.

답 1.8×10^{-30} kg

부록

1. 국제단위계
2. 물리상수
3. 그리스 알파벳 및 수에 대한 호칭
4. 물리용어(영국문 비교)
5. 노벨 물리학상 수상자 일람표

1. 국제단위계

(1) 기본단위

물리량	명칭	기호
길이	미터 (meter)	m
질량	킬로그램 (kilogram)	kg
시간	초 (second)	s
전류	암페어 (ampere)	A
절대온도	켈빈 (kelvin)	K
광도	칸델라 (candela)	cd
물질의 양	몰 (mole)	mol

(2) 보조단위

물리량	명칭	기호
평면각	라디안 (radian)	rad
입체각	스테라디안 (steradian)	sr

(3) 특별한 명칭과 기호를 가진 일관성 있는 SI 유도단위

유도량	일관성 있는 SI 유도단위			
	명칭	기 호	다른 SI 단위로 표시	SI 기본 단위로 표시
평면각	라디안	rad		m/m
입체각	스테라디	sr		m^2/m^2
주파수, 진동수	헤르츠	Hz		s^{-1}
힘	뉴턴	N		$m\ kg\ s^{-2}$
압력, 응력	파스칼	Pa	N/m^2	$m^{-1}\ kg\ s^{-2}$
에너지, 일, 열량	줄	J	N m	$m^2\ kg\ s^{-2}$
일률, 전력, 복사선속	와트	W	J/s	$m^2\ kg\ s^{-3}$
전하량, 전기량	쿨롬	C		s A
전위차, 기전력	볼트	V	W/A	$m^2\ kg\ s^{-3}\ A^{-1}$
전기 용량	패럿	F	C/V	$m^{-2}\ kg^{-1}\ s^4\ A^2$
전기 저항	옴	Ω	V/A	$m^2\ kg\ s^{-3}\ A^{-2}$
전기 전도도	지멘스	S	A/V	$m^{-2}\ kg^{-1}\ s^3\ A^2$
자기 선속	웨버	Wb	V s	$m^2\ kg\ s^{-2}\ A^{-1}$
자기 선속 밀도(자기장의 세기)	테슬라	T	Wb/m^2	$kg\ s^{-2}\ A^{-1}$
인덕턴스	헨리	H	Wb/A	$m^2\ kg\ s^{-2}\ A^{-2}$

섭씨 온도	섭씨도	℃		K
광선속	루멘	lm	cd sr	cd
조명도	럭스	lx	lm/m^2	m^{-2} cd
(방사성 핵종의) 활성도	베크렐	Bq		s^{-1}
흡수 선량, 비(부여)에너지, 커마	그레이	Gy	J/kg	$m^2 s^{-2}$
선량 당량, 주변 선량 당량, 방향 선량 당량, 개인 선량 당량	시버트	Sv	J/kg	$m^2 s^{-2}$
촉매 활성도	카탈	kat		s^{-1} mol

(4) 특별한 명칭과 기호를 가진 일관성 있는 SI 유도단위들을 포함하는 일관성 있는 SI 유도단위의 예

유도량	일관성 있는 SI 유도단위		
	명칭	기호	SI 기본단위로 표시
점성도	파스칼 초	Pa s	m^{-1} kg s^{-1}
힘의 모멘트	뉴턴 미터	N m	m^2 kg s^{-2}
표면장력	뉴턴 매 미터	N/m	kg s^{-2}
각속도	라디안 매 초	rad/s	m m^{-1} s^{-1} = s^{-1}
각가속도	라디안 매 제곱초	rad/s^2	m m^{-1} s^{-2} = s^{-2}
열속 밀도, 복사 조도	와트 매 제곱미터	W/m^2	kg s^{-3}
열용량, 엔트로피	줄 매 켈빈	J/K	m^2 kg s^{-2} K^{-1}
비열 용량, 비엔트로피	줄 매 킬로그램 켈빈	J/(kg K)	m^2 s^{-2} K^{-1}
비에너지	줄 매 킬로그램	J/kg	m^2 s^{-2}
열전도도	와트 매 미터 캘빈	W/(m K)	m kg s^{-3} K^{-1}
에너지 밀도	줄 매 세제곱미터	J/m^3	m^{-1} kg s^{-2}
전기장의 세기	볼트 매 미터	V/m	m kg s^{-3} A^{-1}
전하 밀도	쿨롬 매 세제곱미터	C/m^3	m^{-3} s A
표면 전하밀도	쿨롬 매 제곱미터	C/m^2	m^{-2} s A
전기선속 밀도, 전기 변위	쿨롬 매 제곱미터	C/m^2	m^{-2} s A
유전율	패럿 매 미터	F/m	m^{-3} kg^{-1} s^4 A^2
투자율	헨리 매 미터	H/m	m kg s^{-2} A^{-2}
몰에너지	줄 매 몰	J/mol	m^2 kg s^{-2} mol^{-1}
몰엔트로피, 몰열용량	줄 매 몰 캘빈	J/(mol K)	m^2 kg s^{-2} K^{-1} mol^{-1}
(X선 및 γ선의) 조사 선량	쿨롬 매 킬로그램	C/kg	kg^{-1} s A
흡수 선량률	그레이 매 초	Gy/s	m^2 s^{-3}
복사도	와트 매 스테라디안	W/sr	m^4 m^{-2} kg s^{-3} = m^2 kg s^{-3}
복사 휘도	와트 매 제곱미터 스테라디안	W/(m^2sr)	m^2 m^{-2} kg s^{-3} = kg s^{-3}
촉매활성도 농도	카탈 매 세제곱미터	kat/m^3	m^{-3} s^{-1} mol

(5) 국제단위계와 함께 사용되는 것이 허용된 비SI 단위

양	명칭	기호	SI 단위로 나타낸 값
시간	분	min	1 min = 60 s
	시간	h	1h = 60 min = 3600 s
	일	d	1d = 24 h = 86400 s
평면각	도	°	$1° = (\pi/180)$ rad
	분	′	$1' = (1/60)° = (\pi/10\,800)$ rad
	초	″	$1'' = (1/60)' = (\pi/648\,000)$ rad
면적	헥타르	ha	$1\text{ha} = 1\text{hm}^2 = 10^4\text{ m}^2$
부피	리터	l, L	$1\text{L} = 1\text{l} = 1\text{dm}^3 = 10^3\text{ cm}^3 = 10^{-3}\text{ m}^3$
질량	톤	t	$1\text{ t} = 10^3\text{ kg}$

(6) 단위로 나타내려면 실험적으로 얻은 값이 필요한 비SI 단위

양	명칭	기호	SI 단위로 나타낸 값
	SI와 함께 사용할 수 있는 단위들		
에너지	전자 볼트	eV	$1\text{ eV} = 1.602\,176\,53\,(14) \times 10^{-19}\text{ J}$
질량	달톤	Da	$1\text{ Da} = 1.660\,538\,86\,(28) \times 10^{-27}\text{ kg}$
	통일 원자 질량 단위	u	1 u=1 Da
길이	천문 단위	ua	$1\text{ ua} = 1.495\,978\,706\,91\,(6) \times 10^{11}\text{ m}$
	자연 단위(n.u.)		
속력	속력의 n.u.(진공에서의 빛의 속력)	c_0	299 792 458 m/s
작용	작용의 n.u. (환산 플랑크 상수)	$\hbar$	$1.054\,571\,68\,(18) \times 10^{-34}\text{ J s}$
질량	질량의 n.u.(전자 질량)	m_e	$9.109\,3826\,(16) \times 10^{-31}\text{ kg}$
시간	시간의 n.u.	$\hbar/(m_e c_0^2)$	$1.288\,088\,6677\,(86) \times 10^{-21}\text{ s}$
	원자 단위(a.u.)		
전하	전하의 a.u.(기본 전하)	e	$1.602\,176\,53\,(14) \times 10^{-19}\text{ C}$
질량	질량의 a.u.(전자 질량)	m_e	$9.109\,3826\,(16) \times 10^{-31}\text{ kg}$
작용	작용의 a.u.(환산 플랑크 상수)	$\hbar$	$1.054\,571\,68\,(18) \times 10^{-34}\text{ J s}$
길이	길이의 a.u., bohr(보어 반경)	a_0	$0.529\,177\,2108\,(18) \times 10^{-10}\text{ m}$
에너지	에너지의 a.u., hartree(하트리 에너지)	E_h	$4.359\,744\,17\,(75) \times 10^{-18}\text{ J}$
시간	시간의 a.u.	$\hbar/E_h$	$2.418\,884\,326\,505\,(16) \times 10^{-17}\text{ s}$

(7) 그 밖의 비SI 단위

양	명칭	기호	SI 단위로 나타낸 값
압력	바아	bar	$1\text{ bar} = 0.1\text{ MPa} = 100\text{ kPa} = 10^5\text{ Pa}$
	수은주 밀리미터	mmHg	$1\text{ mmHg} \approx 133.322\text{ Pa}$
길이	옹스트롬	Å	$1\text{ Å} = 0.1\text{ nm} = 100\text{ pm} = 10^{-10}\text{ m}$
거리	해리	M	1 M = 1852 m
면적	바안	b	$1\text{b} = 100\text{ fm}^2 = (10^{-12}\text{ cm})^2 = 10^{-28}\text{ m}^2$

속력	노트	kn	1kn = (1852/3600) m/s
로그비 양	네퍼	Np	
	벨	B	
	데시벨	dB	

(8) CGS계, CGS가우스계와 연관된 비SI 단위

양	명칭	기호	SI 단위로 나타낸 값
에너지	에르그	erg	1 erg = 10^{-7} J
힘	다인	dyn	1 dyn = 10^{-5} N
점성도	포아즈	P	1 P = 1 dyn s cm^{-2} = 0.1 Pa s
동점성도	스토크스	St	1 St = 1 cm^2 s^{-1} = 10^{-4} m^2 s^{-1}
광휘도	스틸브	sb	1 sb = 1 cd cm^{-2} = 10^4 cd m^{-2}
조명도	포트	ph	1 ph = 1 cd sr cm^{-2} = 10^4 lx
가속도	갈	Gal	1 Gal= 1 cm s^{-2} = 10^{-2} m s^{-2}
자속	맥스웰	Mx	1 Mx = 1 G cm^2 = 10^{-8} Wb
자속 밀도	가우스	G	1 G = 1 Mx cm^{-2} = 10^{-4} T
자기장	에르스텟	Oe	1 Oe ≙ $(10^3/4\pi)$ Am^{-1}

(9) SI 접두어

양	이름	기호	양	이름	기호
10^{18}	exa	E	10^{-1}	deci	d
10^{15}	peta	P	10^{-2}	centi	c
10^{12}	tera	T	10^{-3}	milli	m
10^{9}	giga	G	10^{-6}	micro	μ
10^{6}	mega	M	10^{-9}	nano	n
10^{3}	kilo	k	10^{-12}	pico	p
10^{2}	hecto	h	10^{-15}	femto	f
10^{1}	decka	da	10^{-18}	atto	a

※ 본 국제 단위계 자료는 한국표준과학연구원에서 발행한 '국제 단위계'에서 내용 일부를 발췌하여 요약하였음을 밝힙니다.

2. 물리상수

물리량	기호	값	물리량	기호	값
만유 인력 상수	G	6.67259×10^{-11} N m²/kg²	슈테판-볼츠만 상수	σ	5.67051×10^{-8} W/m²K⁴
진공 중의 광속도	c	$2.997\,924\,58 \times 10^{8}$ m/s	보어 반지름	a_0	5.29177×10^{-11} m
기본 전하	e	1.60218×10^{-19} C	원자 질량 단위	u	$1.6605402 \times 10^{-27}$ kg
플랑크 상수	h	6.62608×10^{-34} Js	전자의 질량	m_e	$9.1093897 \times 10^{-31}$ kg
아보가드로수	N_A	6.02214×10^{23} mol^{-1}	전자의 비전하	e/m_e	1.75882×10^{11} C/kg
볼츠만 상수	k	1.38066×10^{-23} J/K	양성자의 질량	m_p	$1.6726231 \times 10^{-27}$ kg
몰기체 상수	R	8.31451 J/mol K	중성자의 질량	m_n	$1.6749286 \times 10^{-27}$ kg
패러데이 상수	F	9.6485309×10^{4} C/mol	진공에서의 유전율	ε_0	$8.854187817 \times 10^{-12}$ F/m
리드베리 상수	R_∞	$1.0973731534 \times 10^{7}$ m^{-1}	진공에서의 투자율	μ_0	$4\pi \times 10^{-7} = 1.25663706 \times 10^{-7}$ H/m

3. 그리스 알파벳 및 수에 대한 호칭

(1) 그리스 알파벳

이름	대문자	소문자	읽기	이름	대문자	소문자	읽기
Alpha	A	a	알파	Nu	N	ν	뉴
Beta	B	β	베타	Xi	Ξ	ξ	크시
Gamma	Γ	γ	감마	Omicron	O	o	오미크론
Delta	Δ	δ	델타	Pi	Π	π	파이
Epsilon	E	ε	엡실론	Rho	P	ρ	로
Zeta	Z	ζ	지타	Sigma	Σ	σ	시그마
Eta	H	η	이타	Tau	T	τ	타우
Theta	Θ	θ	시타	Upsilon	Y	υ	입실론
Iota	I	ι	요타	Phi	Φ	ϕ	파이
Kappa	K	κ	카파	Chi	X	χ	카이
Lambda	Λ	λ	람다	Psi	Ψ	ψ	프사이
Mu	M	μ	뮤	Omega	Ω	ω	오메가

(2) 동양에서의 수에 대한 호칭

양	호칭	양	호칭	양	호칭	양	호칭	양	호칭
10^{-22}	淨 (정)	10^{-13}	逡巡 (준순)	10^{-4}	糸 (사)	10^{8}	億 (억)	10^{44}	載 (재)
10^{-21}	淸 (청)	10^{-12}	模糊 (모호)	10^{-3}	毛, 毫 (모, 호)	10^{12}	兆 (조)	10^{48}	極 (극)
10^{-20}	空 (공)	10^{-11}	膜 (막)	10^{-2}	厘 (리)	10^{16}	京 (경)	10^{52}	恒阿沙 (항아사)
10^{-19}	虛 (허)	10^{-10}	渺 (묘)	10^{-1}	分 (분)	10^{20}	垓 (해)	10^{56}	阿僧祇 (아승기)
10^{-18}	六德 (육덕)	10^{-9}	埃 (애)	1	一 (일)	10^{24}	秭 (자)	10^{60}	那由他 (나유타)
10^{-17}	刹那 (찰나)	10^{-8}	塵 (진)	10	十 (십)	10^{28}	穰 (양)	10^{52}	不可思議 (불가사의)
10^{-16}	彈指 (탄지)	10^{-7}	沙 (사)	10^{2}	百 (백)	10^{32}	溝 (구)		
10^{-15}	瞬息 (순식)	10^{-6}	纖 (섬)	10^{3}	千 (천)	10^{36}	澗 (간)	10^{68}	無量 (무량)
10^{-14}	須臾 (수유)	10^{-5}	忽 (홀)	10^{4}	万 (만)	10^{40}	正 (정)	10^{72}	大數 (대수)

4. 물리용어(영국문 비교)

영문	국문	영문	국문
[A]		angular momentum	각운동량
absolute error	절대 오차	anode	양극
absolute humidity	절대 습도	apparent depth	겉보기 깊이
absolute pressure	절대 압력	Archimedes' principle	아르키메데스(의) 원리
absolute temperature	절대 온도	artificial satellite	인공 위성
absolute zero	절대 영도	astronomical telescope	천체망원경
AC circuit	교류 회로	atmospheric pressure	기압
AC meter	교류 전류계	atomic energy	원자 에너지
AC voltmeter	교류 전압계	atomic mass	원자 질량
acceleration	가속도	atomic model	원자 모형
accelerator	가속기, 가속 장치	atomic pile	원자로
acceptor	받개	atomic symbol	원자 기호
accuracy	정확도, 정확성	atomic weight	원자량
additive formula	덧셈공식, 가법공식	audio frequency [=AF]	가청 주파수, 가청 진동수
adiabatic compression	단열 압축	average velocity	평균 속도
adiabatic expansion	단열 팽창	Avogadro's law	아보가드로(의) 법칙
air resistance	공기 저항	azimuthal quantum number	방위 양자수
air table	공기 부상대	[B]	
alcohol thermometer	알콜 온도계	Balmer series	발머 계열
allowable error	허용 오차	band	띠
alpha ray	알파선	band spectrum	띠 스펙트럼, 띠 빛띠
alternating current [=AC]	교류	barometer	기압계
alternating current generator	교류 발전기	battery	전지, 건전지
alternating current voltage	교류 전압	beam of light	빛살
ammeter	전류계	beat	맥놀이
ampere [=A]	전류의 단위[=암페어]	Bernoulli's equation	베르누이 방정식
Ampere's law	앙페르(의)법칙	beta decay	베타 붕괴
amplitude	진폭, 떨기너비	bias voltage	바이어스 전압
amplitude modulation [=AM]	진폭 변조	bimetal thermometer	바이메탈 온도계, 쌍금속 온도계
analog signal	아날로그 신호	binding energy	결합 에너지, 묶음 에너지
angle of diffraction	에돌이각, 회절각	biophysics	생물 물리학
angle of incidence	입사각	Biot-Savart's law	비오-사바르 법칙
angle of reflection	반사각	Boyle-Charle's law	보일-샤를의 법칙
angle of refraction	굴절각, 꺾임각	Bracket series	브라켓 계열
angstrom	옹스트롬[길이의 단위]	Bragg condition	브래그 조건

영문	국문	영문	국문
British thermal unit [=BTU]	영국 열단위	Coulomb's law	쿨롱의 법칙
Brownian motion [=Brownian movement]	브라운 운동	couple	(1) 짝힘 (2) 쌍
[C]		covalent binding	공유 결합
calorimeter	열량계, 열재개	Crookes tube	크룩스 관
capacitance	전기 용량, 전기들이	cubic expansion coefficient	체적 팽창 계수
capacitor	축전기	Curie temperature	퀴리온도
capillary	모세관, 실관	[D]	
Carnot engine	카르노 기관	de Broglie wavelength	드브로이 파장
carrier	운반자, 나르개	decay constant	붕괴 상수, 감쇠 상수
catalysis	촉매 작용	decay time	붕괴 시간, 감쇠 시간
cathode	음극, 캐소드	density of electric current	전류 밀도
cathode ray luminescence	음극선 냉광, 음극선 발광	depletion layer	결핍층, 비움켜
cavity	공동, 빈구멍, 공진기	destructive interference	소멸 간섭, 상쇄 간섭
Celsius temperature	섭씨 온도	diaphragm	(1) 조리개 (2) 진동판, 떨림판 (3) 칸막이판
centripetal acceleration	구심 가속도	dielectric coefficient	유전 계수
Charle's law	샤를의 법칙	diffraction	에돌이, 회절
chemical binding	화학 결합	diffractometer	에돌이 재개, 회절(분석)계
choke coil	초크 코일	diffusion	퍼짐, 확산
circuit element	회로 요소	digital	디지탈, 수치형
coefficient of elasticity	탄성 계수	diode	다이오드, 이극소자
coefficient of linear expansion	선팽창 계수	direct current generator	직류 발전기
coefficient of thermal expansion	열팽창 계수	discharge tube	방전관
collector	모으개, 콜렉터	divergence lens	발산 렌즈
complex impedance	복소 임피던스, 복소 온저항	donor	주개
composite resistance	합성 저항	doping	첨가, 도핑
Compton effect	컴프턴 효과	Doppler effect	도플러 효과
concave lens	오목 렌즈	double slit	이중 슬릿, 겹실틈
conductance	전도도, 콘덕턴스	dry ice	드라이아이스, 마른 얼음
conductivity	전도율, 전도도	dynamo generator	발전기
conservation of mechanical energy	역학적 에너지 보존	[E]	
constructive interference	보강 간섭	effective mass	유효 질량
continuous spectrum	연속스펙트럼, 연속빛띠	elastic collision	탄성 충돌
convection	대류	electric permittivity	유전율
convergent lens	수렴 렌즈	electric susceptibility	전기 감수율
convex lens	볼록 렌즈	electrical conductivity	전기 전도율, 전기 전도도
Coulomb energy	쿨롱 에너지	electrical susceptibility	전기 감수율

영문	국문	영문	국문
electroluminescence	전기 발광	focal length	초점 거리, 모임점 거리
electromagnet	전자석	force of inertia	관성력
electromagnetic induction	전자기 유도	freezing point	어는점, 응결점
electromagnetic radiation	전자기 복사	frequency modulation	진동수 변조
electromagnetism	전자기학	fundamental particle	기본 입자, 기본 알갱이
electron cloud	전자 구름	fundamental unit	기본 벡터
electron diffraction	전자 에돌이	fusion	(1) 융합 (2) 핵융합 (3) 녹음
electron spectrometry	전자 분광법	[G]	
electron-hole recombination	전자-양공 재결합	Galilean telescope	갈릴레이 망원경
electronic state	전자 상태	galvanometer	검류계
electrostatic induction	정전기 유도	gas constant	기체 상수
electrostatics	정전기학	gaseous discharge	기체 방전
elementary charge	기본 입자	Geiger-Muller counter	가이거-뮬러 계수기
emission	방출	Geissler discharge	가이슬러 방전
energy gap	에너지 틈, 에너지 간격	generation of hydroelectric power	수력 발전
epitaxial growth	켜쌓기성장	geocentric theory	지구 중심설, 천동설
equipotential line	등전위선	geophysics	지구 물리학
excited level	들뜸 준위	glow discharge	미광 방전, 글로 방전
expansion coefficient	(1) 팽창 계수 (2) 전개 계수	gravitational constant	중력 상수
extrinsic semiconductor	비고유 반도체, 비본질성 반도체	gravitational force	중력
[F]		greenhouse effect	온실 효과
Fabry-Perot interferometer	패브리-페로 간섭계	grid	그리드, 그물선
Fahrenheit temperature	화씨 온도	[H]	
far infrared	원적외선	half life	반감기
Faraday's law of electromagnetic induction	패러데이 전자기 유도 법칙	hardness	(1)경도, 굳기 (2)세기[물의]
feedback	되먹임, 피드백	heat capacity	열용량
Fermi energy	페르미 에너지	heat conductivity	열전도율, 열전도도
Fermi level	페르미 준위	heat of evaporation	증발열, 기화열
field effect transistor	장효과 트랜지스터	heat of freezing	응고열
filter	거르개, 필터[광학에서]	heat of melting	녹음열, 융해열
first law of thermodynamics	열역학 제일법칙, 열역학 첫째법칙	heat of sublimation	승화열
Fleming's left-hand rule	플레밍의 왼손 법칙	Heisenberg's uncertainty principle	하이젠베르크 불확정성 원리
fluorescence	형광, 반딧빛	heliocentric theory	지동설, 태양 중심설
flux	(1) (선)다발, 선속 (2) 유량	Helmholtz coil	헬름홀쯔 코일
flux of electric force	전기력선 다발	high-speed centrifuge	고속원심 분리기
flux of magnetic force	자기력선 다발	hole	(1) 구멍 (2) 양공

영문	국문	영문	국문
Hooke's law	훅의 법칙	liquid helium	액체 헬륨
horsepower	마력	luminescence	(1) 냉광, 비흡열발광 (2) 발광
humidity	습도	[M]	
Huygens' principle	호이겐스(의) 원리	magnetic energy density	자기 에너지 밀도
hydrogen bond	수소 결합	magnetic flux	자기 다발, 자기 선속
hygrometer	습도계	magnetic susceptibility	자기 감수율
[I]		magnetoresistance	자기저항
ideal gas equation	이상 기체 방정식	mechanical equivalent of heat	열의 일해당량, 열의 일맞먹이
illumination meter	조명계, 조도계	melting point	녹는점, 융해점
impedance	임피던스, 온저항	Michelson interferometer	마이켈슨 간섭계
incident angle	입사각	modulus of elasticity	탄성율
incoherent light	결어긋난 빛, 엇결성 빛	molar heat capacity	몰열용량
index of refraction	굴절율, 꺾임율	mutual inductance	상호 인덕턴스
indirect transition	간접 전이	[N]	
induced emission	유도 방출	node	(1) 마디 (2) 절 (3) 교점
inductance	인덕턴스	nuclear explosion	핵폭발
inductor	인덕터, 유도기	nuclear fusion	핵융합
inelastic collision	비탄성 충돌	nuclear magnetic resonance	핵자기 공명
inertia	관성	nuclear reactor	원자로
infrared spectrometer	적외선 분광계	[O]	
integrated circuit [=IC]	집적 회로	objective lens	물체쪽 렌즈, 대물 렌즈
interference fringe	간섭 무늬	open circuit	열린 회로
interferometer	간섭계	optical constant	광학 상수
ionic bond(ing)	이온 결합	optoelectronics	광전자 공학
isothermal compression	등온 압축	ozone layer	오존층
isothermal expansion	등온 팽창	[P]	
[K]		pair production	쌍생성
Kelvin temperature	켈빈 온도	Pascal's principle	파스칼의 원리
Kepler's law	케플러의 법칙	Pauli exclusion principle	파울리 배타 원리
Kirchhoff's law	키르히호프의 법칙	periodic table	주기율표
[L]		permanent magnet	영구 자석
latent heat of fusion	녹음의 숨은열, 용융 잠열	permittivity	유전율
law of conservation of momentum	운동량 보존 법칙	phonon	포논, 소리알
light quantum	광양자	photoconductivity	광전도도, 빛전도도
line of electric force	전기력선, 전기힘선	photocurrent	광전류
line of magnetic force	자기력선, 자기힘선	photoelectric effect	광전 효과
line spectrum	선스펙트럼	Planck constant	플랑크 상수

영문	국문	영문	국문
plasma	플라즈마	self-inductance	자체 인덕턴스
porosity	(1) 다공성 (2) 기공도, 기공률	semiconductor laser	반도체 레이저
positron	양전자	sensor	센서, 감지기
power dissipation	전력 손실	short-circuit	잘려진 회로, 합선 회로
principle of equivalence	등가 원리, 맞먹이 원리	short-sightedness	근시
principle of relativity	상대성 원리	shunt resistance	갈래 저항
proportional counter	비례 계수기, 비례 수세개	significant figure	유효 숫자
proton	양성자	solid state laser	고체 레이저
proton synchrotron	양성자 싱크로트론	special theory of relativity	특수 상대성 이론
[Q]		specific gravity	비중
quantum number	양자수	specific heat	비열, 견줌열
quantum optics	양자 광학	specific heat at constant pressure	정압 비열, 일정 압력 견줌열
[R]		specific heat at constant volume	정적 비열, 일정 부피 견줌열
radioactive disintegration	방사성 붕괴	specific resistance	비저항, 견줌 저항
radioactive material	방사성 물질	spectrophotometer	분광 광도계
radioactivity	방사능	spherical mirror	구면 거울
Raman effect	라만 효과	spin	(1) 스핀 (2) 회전, 자전
random motion	마구잡이 운동, 무작위 운동	spin resonance	스핀 공명
ray of light	빛살, 광선	spring constant	용수철 상수
recombination	재결합	sputtering	때려내기, 스퍼터링
recording meter	기록계	standard resistance	표준 저항
reflection angle	반사각, 되비침각	standard temperature	표준 온도
refraction angle	굴절각, 꺾임각	static friction	정지마찰
relative humidity	상대 습도	stationary current	정상 전류
reluctance	자기 저항	stationary satellite	정지 위성
resistance thermometer	저항 온도계, 저항 온도재개	step-down transformer	낮춤 변압기, 강압 변압기
resonance frequency	공명 진동수, 공명 주파수	step-up transformer	높임 변압기, 승압 변압기
reversible process	가역 과정	stimulated emission	유도 방출
roughness	거칠기	superconductivity	초전도성
Rutherford's atomic model	러더퍼드의 원자 모형	superconductor	초전도체
[S]		superposition principle	포갬 원리, 중첩 원리
scale error	눈금 오차	superstructure	초(격자)얼개, 초구조
scanning tunneling microscope	훑기꿰뚫기 현미경, 주사 터널링 현미경	surface tension	표면 장력
Schottky barrier	쇼트키 장벽, 쇼트키 가로막이	susceptibility	감수율, 감수성
second law of thermodynamics	열역학 제이법칙, 열역학 둘째법칙	synchrotron	싱크로트론

영문	국문	영문	국문
systematic error	계통 오차	uncertainty principle	불확정성 원리
[T]		unit lattice	단위 격자, 단위 살창
tension	장력	universal gas constant	보편 기체 상수
thermal conductivity	열전도도	[V]	
thermal electron	열전자	van de Graaff accelerator	밴더 그래프 가속기
thermal expansion	열팽창	velocity vector	속도 벡터
thermodynamic temperature scale	열역학적 온도 눈금	very high vacuum	초고진공
Thomson's atomic model	톰슨의 원자 모형	viscosity	(1) 점성 (2) 점(성)도
threshold frequency	문턱 진동수, 문턱 떨기수	visible spectrum	가시 스펙트럼
tolerance	허용 오차	volume expansion	부피 팽창, 부피 불음
total reflection	전반사, 온되비침	[W]	
transformer	변압기	wave function	파동 함수
transistor	트랜지스터	Wheatstone bridge	휘트스톤 다리, 휘트스톤 브리지
trap	덫, 트랩	[X]	
tribo-electricity	마찰 전기	X-ray diffraction	엑스(X)선 에돌이, 엑스(X)선 회절
tuning fork	소리 굽쇠	X-ray spectrography	엑스(X)선 분광분석
tunnel effect	꿰뚫기 효과, 터널 효과	[Y]	
turbulent flow	막흐름, 난류	Young's modulus	영률
[U]		[Z]	
ultrahigh vacuum	초고진공	Zeeman effect	제만 효과
ultrashort waves	초단파	zero gravity	무중력
ultraviolet	자외선	zeroth law of thermodynamics	열역학 제영법칙, 열역학 영째법칙

※ 본 자료는 한국물리학회 심의를 마친 용어집에서 일부 발췌하여 정리하였음을 밝힙니다.

5. 노벨 물리학상 수상자 일람표

수상연도	이름	국적	수상업적
1901	뢴트겐 (W.C. Röntgen)	독일	X선의 발견
1902	로렌츠 (H.A. Lorentz)	네덜란드	복사에 대한 자기장의 영향에 관한 연구
	제만 (P. Zeeman)		
1903	베크렐 (H.A. Becquerel)	프랑스	방사능의 발견과 우라늄의 연구
	퀴리 (P. Curie)		
	퀴리 (M. Curie)		
1904	레일리 (Lord Rayleigh)	영국	아르곤 발견
1905	레나르트 (P.E.A. Lenard)	독일	음극선에 대한 연구
1906	톰슨 (J.J. Thomson)	영국	기체 내 전도 전자의 전리에 관한 연구
1907	마이컬슨 (A.A. Michelson)	미국	간섭계의 고안과 그것에 의한 분광학 및 미터원기에 관한 연구
1908	리프만 (G. Lippmann)	프랑스	빛의 간섭을 이용한 천연색 사진 연구
1909	마르코니 (G. Marconi)	이탈리아	무선 전신의 개발
	브라운 (K.F. Braun)	독일	
1910	반 데르 발스 (Van der Waals)	네덜란드	기체와 액체의 상태 방정식에 관한 업적
1911	빈 (W. Wien)	독일	열복사에 관한 법칙 발견
1912	달렌 (N.G.Dalén)	스웨덴	등대용 가스 자동 조절기의 발명
1913	카멀링 오네스 (H. Kamerling-Onnes)	네덜란드	액체 헬륨 제조에 관련되는 저온 현상 연구
1914	라우에 (M. von Laue)	독일	결정에 의한 X선 회절 발견
1915	브래그 (W.H. Bragg)	영국	X선에 의한 결정구조의 해석
	브래그 (W.L. Bragg)		
1916	수상자 없음		
1917	바클라 (C.G. Barkla)	영국	원소의 특성 X선 발견
1918	플랑크 (M. Planck)	독일	양자 이론에 의한 물리학 발전에 대한 공헌
1919	슈타르크 (J. Stark)	독일	전기장에서 스펙트럼의 슈타르크 효과의 발견
1920	기욤 (C.E. Guillaume)	프랑스	팽창이 적은 니켈강 합금과 인바 합금의 발견
1921	아인슈타인 (A. Einstein)	독일	이론 물리학의 공헌과 광전 효과의 법칙 발견
1922	보어 (N. Bohr)	덴마크	원자의 구조와 복사에 대한 연구
1923	밀리컨 (R.A. Millikan)	미국	기본 전하와 광전 효과 연구
1924	시그반 (M. Siegbahn)	스웨덴	X선 분광학에 대한 연구
1925	프랑크 (J. Franck)	독일	원자에 대한 전자 충돌에 관한 법칙 발견
	헤르츠 (G. Hertz)		
1926	페렝 (J.B. Perrin)	프랑스	물질의 불연속적 구조에 대한 연구
1927	콤프턴 (A.H. Compton)	미국	콤프턴 효과 발견
	윌슨 (C.T.R. Wilson)	영국	전기적으로 하전된 입자의 경로를 가시화시키는 방법
1928	리처드슨 (O.W. Richardson)	영국	열전자 현상의 연구
1929	드 브로이 (L.V. de Broglie)	프랑스	전자의 파동성 발견
1930	라만 (C.V. Raman)	인도	빛 산란에 대한 연구 및 라만 효과 발견

수상연도	이름	국적	수상업적
1931	수상자 없음		
1932	하이젠베르크 (W. Heisenberg)	독일	양자 역학의 불확정성 원리 발견
1933	디렉 (P.A.M. Dirac)	영국	양자 역학에 파동 방정식 도입
	슈뢰딩거 (E. Schrödinger)	오스트리아	
1934	수상자 없음		
1935	채드윅 (J. Chadwick)	영국	중성자 발견
1936	헤스 (V.F. Hess)	오스트리아	우주선 발견
	앤더슨 (C.D. Anderson)	미국	양전자 발견
1937	데이비슨 (C.J. Davisson)	미국	결정에 의한 전자 회절의 실험적 연구
	톰슨 (G.P. Thomson)	영국	
1938	페르미 (E. Fermi)	이탈리아	중성자에 의한 인공 방사성 원소의 연구
1939	로렌스 (E.O. Lawrence)	미국	사이클로트론의 발명
1940	수상자 없음		
1941	수상자 없음		
1942	수상자 없음		
1943	슈테른 (O. Stern)	미국	양성자의 자기 모멘트 발견
1944	래비 (I.I Rabi)	미국	공명법에 의한 원자핵의 자기 모멘트 측정
1945	파울리 (W. Pauli)	오스트리아	파울리의 원리 발견
1946	브리지먼 (P.W. Bridgman)	미국	고압 물리학의 재발견
1947	애플턴 (E.V. Appleton)	영국	전리층에서의 애플턴층 발견
1948	블래킷 (P.M.S. Blackett)	영국	핵 물리학 및 우주선의 재발견
1949	유카와 히데키 (H. Yugawa)	일본	핵력이론에 의한 중간자의 존재 예언
1950	파웰 (C.F. Powell)	영국	핵 과정에 대한 연구에 있어 사진적 방법: 중간자 발견
1951	코크로프트 (J.D. Cockcroft)	영국	가속 입자에 의한 원자핵 변환 연구
	월턴 (E.T.S. Walton)	아일랜드	
1952	블로흐 (F. Bloch)	미국	핵자기 공명 흡수의 방법에 의한 원자핵의 자기모멘트 측정
	페셀 (E.M. Purcell)		
1953	제르니케 (F. Zernike)	네덜란드	위상차 현미경 연구
1954	보른 (M. Born)	영국	양자 역학에 관한 연구
	보테 (W. Bothe)	독일	원자핵 반응과 감마선에 관한 연구
1955	쿠슈 (P. Kusch)	미국	전자의 자기 모멘트 측정
	램 (W.E. Lamb)		수소 스펙트럼의 구조에 관한 여러 발견
1956	쇼클리 (W. Shockley)	미국	반도체 연구 및 트랜지스터 효과의 발견
	바딘 (J. Bardeen)		
	브래튼 (W.H. Brattain)		
1957	리정다오 (L. Tsung Dao)	중국	반전성의 비보존에 관한 연구
	양전닝 (Y. Chen Ning)		
1958	체렌코프 (P.A. Cherenkov)	소련	체렌코프 효과의 발견과 해석
	프랑크 (I.M. Frank)		
	탐 (I.E. Tamm)		

수상연도	이름	국적	수상업적
1959	세그레 (E. Segrè)	미국	반양성자의 존재 확인
	체임벌린 (O. Chamberlain)		
1960	글레이저 (D.A. Glaser)	미국	거품 상자의 개발
1961	호프스태터 (R. Hofstadter)	미국	원자핵의 형태, 크기 규정
	뫼스바우어 (R. Mössbauer)	독일	되튐없는 핵공명 흡수에 관한 연구와 실험적 증명
1962	란다우 (L.D. Landau)	소련	액체 헬륨의 이론적 연구
1963	위그너 (E.P. Wigner)	미국	원자핵과 기본 입자 해명에 관한 공헌
	옌젠 (J.H.D. Jensen)	독일	원자핵의 껍질 구조에 관한 연구
	마이어 (M.G. Mayer)	미국	
1964	타운스 (C.H. Townes)	미국	메이저, 레이저의 개발
	바소프 (N.G. Basov)	소련	
	프로호로프 (A.M. Prokhorov)		
1965	슈윙거 (J. Schwinger)	미국	양자 전기 역학의 기초 원리 연구
	파인먼 (R.P. Feynman)		
	도모나가 신이치로 (S. Tomonaga)	일본	
1966	카스틀레 (A. Kastler)	프랑스	원자 내의 헤르츠파 공명 연구의 광학적 방법 발견
1967	베테 (H.A. Bethe)	미국	별의 에너지 발생에 대한 연구
1968	앨버래즈 (L.W. Alvarez)	미국	소립자에 대한 업적, 공명 상태의 발견
1969	겔만 (M. Gell-Mann)	미국	소립자의 분류와 상호 작용에 관한 발견
1970	알벤 (H. Alfvèn)	스웨덴	전자유체 역학에 관한 연구
	넬 (L. Nèel)	프랑스	컴퓨터 메모리에 응용되는 자기 특성에 관한 여러 발견
1971	가보르 (D. Gabor)	영국	홀로그래피 발명과 그 발전에 대한 공헌
1972	바딘 (J. Bardeen)	미국	초전도 현상의 이론적 해명(BCS이론)
	쿠퍼 (L.N. Cooper)		
	슈리퍼 (J.R. Schrieffer)		
1973	에사키 레오나 (L. Esaki)	일본	고체에 있어서의 터널 효과 연구
	예이버 (I. Giaever)	미국	
	조지프슨 (B.D. Josephson)	영국	
1974	라일 (M. Ryle)	영국	전파 천문학 분야의 연구
	휴이시 (A. Hewish)		맥동 전파원의 발견
1975	보어 (A. Bohr)	덴마크	원자핵 구조의 연구
	모텔손 (B.R. Mottelson)		
	레인워터 (J. Rainwater)	미국	
1976	리히터 (B. Richter)	미국	무거운 소립자의 발견
	팅 (S.C.C Ting)		
1977	앤더슨 (P.W. Anderson)	미국	자성체와 무질서계의 전자 구조의 이론적 연구
	반 블렉 (J.H. van Vleck)		
	모트 (N.F. Mott)	영국	
1978	카피차 (P.L. Kapitsa)	소련	헬륨 액화 장치의 발명
	팬지어스 (A.A. Penzias)	미국	우주 흑체 복사의 발견

수상연도	이름	국적	수상업적
1978	윌슨 (R.W. Wilson)	미국	우주 흑체 복사의 발견
1979	글래쇼 (S.L. Glashow)	미국	전자기력과 원자 구성 입자의 약한 상호 작용간에 추론 확립
	와인버그 (S. Weinberg)		
	살람 (A. Salam)	파키스탄	
1980	크로닌 (J.W. Cronin)	미국	중성 K중간자 붕괴에 있어서의 기본 대칭성의 깨어짐의 발견
	피치 (V.L. Fitch)		
1981	시그반 (K. Siegbahn)	스웨덴	전자 분광학 발전에 공헌
	블룸베르헨 (N. Bloembergen)	미국	레이저 분광학 발전에 공헌
	숄로 (A. Schawlow)		
1982	윌슨 (K.G. Wilson)	미국	상전이에 관련된 임계 현상에 관한 이론
1983	찬드라세카르 (S. Chandrasekhar)	미국	별의 진화 구조를 아는 데 있어서 중요한 물리학 과정의 연구
	파울러 (W.A. Flower)		
1984	루비아 (C. Rubbia)	이탈리아	약한 힘을 전달하는 소립자 W, Z의 발견
	반 데르 미어 (Van der Meer)	네덜란드	
1985	클리칭 (K. von Klitzing)	서독	양자 홀효과의 발견과 물리 상수의 측정 기술의 개발
1986	루스카 (E. Ruska)	서독	전자 현미경 관한 기초 연구와 개발
	빈니히 (G. Binning)		
	로러 (H. Rohrer)	스위스	주사형 터널 전자 현미경의 개발
1987	베드노르츠 (J.G. Bednorz)	서독	새로운 초전도 물질 발견
	뮐러 (K.A. Müller)	스위스	
1988	레더만 (L. Lederman)	미국	약력에 관계되는 중성대자의 실제를 밝히고 이의 이론을 확립
	슈바르츠 (M. Schwartz)		
	스타인버거 (J. Steinberger)		
1989	램지 (N.F. Ramsey)	미국	시간과 공간을 매우 정밀하게 측정할 수 있는 물리학의 실험적 기법을 발견
	데멜트 (H.G. Delmelt)		
	파울 (W. Paul)	독일	
1990	프리드먼 (J.J. Fridman)	미국	원자핵을 구성하고 있는 양성자와 중성자에 내부구조(쿼크)가 존재한다는 증거를 밝혀냄
	켄들 (H.W. Kendall)		
	타일러 (R. Taylor)		
1991	드 젠 (P.G De Gennes)	프랑스	초미세학 자기 공명 분광학 개발
1992	샤르파크 (G. Charpak)	폴란드	입자 검출기 개발에 선구자적인 공로
1993	헐스 (Russell A. Hulse)	미국	이중 맥동성 확인
	테일러 (Joseph H. Taylor)		
1994	셜 (C.G. Shull)	미국	중성자 산란 기술 개발
	브록하우스 (B.N. Brockhouse)	캐나다	
1995	라인스 (F. Reines)	미국	원자 구성 입자인 중성 미자와 타우 경입자 발견
	펄 (M.L. Perl)		
1996	리 (D.M. Lee)	미국	초유동체 헬륨-3의 발견
	오셔로프 (D.D. Osheroff)		
	리처드슨 (R.C. Richardson)		

수상연도	이름	국적	수상업적
1997	필립스 (W.D. Phillips)	미국	레이저 광으로 원자를 냉각 포획
	추 (S. Chu)		
	타누지 (C.C. Tannoudji)	프랑스	
1998	래플린 (R.B. Laughlin)	미국	극저온의 자기장하에서의 반도체 내 전자에 대한 연구
	추이 (D.C. Tsui)		
	슈퇴르머 (H.L. Störmer)	독일	
1999	토프트 (G. Hooft)	네덜란드	전자기 및 약력의 양자 역학적 구조 규명
	펠트만 (M.J.G. Veltman)		
2000	알페로프 (Z.I. Alferov)	러시아	복합 반도체 및 집적 회로 개발
	크뢰머 (H. Kroemer)	미국	
	킬비 (J.S. Kilby)		
2001	케테를레 (W. Ketterle)	독일	보스-아인슈타인 응축 이론 실증
	위먼 (C.E. Wieman)	미국	
	코넬 (E.A. Cornell)		
2002	데이비스 2세 (R. Davis Jr.)	미국	중성 미자의 존재 입증 우주의 X선원 발견
	마사토시 (K. Masatoshi)	일본	
	지아코니 (R. Giacconi)	이탈리아	
2003	아브리코소프 (A. Abrikosov)	러시아	현대 초전도체와 초유체 현상에 대한 이론적 토대 확립
	긴즈부르크 (V.L. Ginzburg)		
	레깃 (A.J. Leggett)	영국	
2004	그로스 (D.J. Gross.)	미국	원자핵 내의 강력과 쿼크의 작용을 밝혀냄
	폴리처 (H.D. Politzer)		
	윌첵 (F. Wilczek)		
2005	글라우버 (R.J Glauber)	미국	양자 광학적 결맞음 이론으로 양자 광학의 토대 마련
	홀 (J.L. Hall)		
	헨슈 (T.W. Hönsch)	독일	레이저 분광학 개발에 기여
2006	매서 (J.C. Mather)	미국	우주 극초단파 배경 복사의 흑체 형태와 이방성에 대한 연구
	스무트 (F. Smoot)		
2007	페르 (A. Fert)	프랑스	거대 자기장(GMR) 발견
	그륀베르크 (P. Grünberg)	독일	
2008	남부 요이치로 (Yoichiro Nambu)	일본	대칭성 붕괴 메커니즘 발견
	고바야시 마코토 (Makoto Kobayashi)		
	마스카와 도시히데 (Toshihide Maskawa)		
2009	찰스 가오 (Chares Kao)	영국	광통신, 디지털 카메라 발전에 기여
	윌러드 보일 (Willard Boyle)	미국	
	조지 스미스 (George Smith)		
2010	안드레 가임 (Andre Geim)	영국	꿈의 나노 소재인 그라핀 발견
	콘스탄틴 노보셀로프(Konstantin Novoselov)		
2011	사울 펄무터 (Saul Perlmutter)	미국	초신성으로 알아낸 우주 가속팽창
	브라이언 슈미트 (Brain P. Schmidt)		
	아담 리스 (Adam G. Riess)		

수상연도	이름	국적	수상업적
2012	세르주 아로슈(Serge Haroche)	프랑스	개별 양자계의 측정과 조작을 가능하게 하는 원천 실험방법의 개발
	데이비드 와인랜드(David Wineland)	미국	
2013	프랑수아 엘글레르(Francois Englert)	벨기에	힉스 입자의 존재 예언
	피터 힉스(Peter W. Higgs)	영국	
2014	아카사키 이사무(Isamu Akasaki)	일본	청색 발광 다이오드 개발
	아마노 히로시(Hiroshi Amano)		
	나카무라 슈지(Shuji Nakamura)		
2015	가지타 다카아키(Kajita Takaaki)	일본	중성 미자 진동 발견
	아서 맥도널드(Arthur B. Mcdonald)	캐나다	
2016	데이비드 사울리스(David Thouless)	영국	'위상적 상전이'와 '위상학적 상태'의 이론적 발견
	던컨 홀데인(Duncan Haldane)		
	마이클 코스텔리츠(Michael Kosterlitz)		
2017	라이너 바이스(Rainer Weiss)	독일	LIGO 실험 장치를 이용하여 중력파의 존재를 실험적으로 입증
	배리 배리시(Barry C. Barish)	미국	
	킵 손(Kip S. Thorne)		
2018	아서 애슈킨(Ather Ashkin)	미국	레이저 물리학 분야의 혁신적인 발명
	제라드 무루(Gerad Mourou)	프랑스	
	도나 스트릭랜느(Dona T. Strickland)	캐나다	
2019	제임스 피블스(James Peebles) 미셸 마요르(Michel Mayor) 디디에 쿠엘로(Didier Queloz)	미국 스위스 스위스	우주 진화의 비밀 (물리 우주론의 이론적 발견) (외계 행성 발견)
2020	라인하르트 겐첼(Reinhard Genzel) 앤드리아 게즈(Andrea Ghez) 로저 펜로즈(Roger Penrose)	독일 미국 영국	우주와 블랙홀 연구
2021	마나베 슈쿠로(Syukuro Manabe) 클라우스 하셀만(Klaus Hasselmann) 조르조 파리시(Giorgio Parisi)	일본 독일 이탈리아	지구 기후의 물리적 모델 개발 날씨와 기후를 연계하는 모델 개발 무질서한 물질과 무작위와 프로세스에 대한 이론
2022	알랭 아스페(Alain Aspect) 존 클라우저(John F. Clauser) 안톤 차일링거(Anton Zeilinger)	프랑스 미국 오스트리아	양자 기술의 핵심 원리를 증명
2023	피에르 아고스티니(Pierre Agostini) 페렌츠 크라우스(Ferenc Krausz) 앤 륄리에(Anne L'Huillier)	프랑스 헝가리 프랑스	아토 초(100경분의 1초) 펄스광 고안
2024	제프리 힌턴(Geoffrey E. Hinton) 존 홉필드(John J. Hopfield)	영국 미국	인공지능 핵심 '머신러닝' 토대 구축

찾아보기

집필진

김영유(공주대학교 명예교수)
류지욱(공주대학교 명예교수)
홍사용(공주대학교 명예교수)
이기원(공주대학교 교수)
이춘우(공주대학교 명예교수)

프리물리학 4판

2009년 3월 10일 1판 1쇄 발행
2017년 3월 5일 2판 6쇄 발행
2019년 3월 5일 3판 1쇄 발행
2023년 3월 5일 3판 개정증보 1쇄 발행
2025년 3월 5일 4판 1쇄 발행

집 필 진 ◎ **김영유 · 류지욱 · 홍사용 · 이기원 · 이춘우**
발 행 자 ◎ **조 승 식**
발 행 처 ◎ (주) 도서출판 **북스힐**
서울시 강북구 한천로 153길 17
등 록 ◎ 제22-457호(1998년 7월 28일)
전 화 ◎ (02) 994-0071
팩 스 ◎ (02) 994-0073
이 메 일 ◎ bookshill@bookshill.com
홈페이지 ◎ www.bookshill.com

값 32,000원

잘못된 책은 구입하신 서점에서 교환해 드립니다.

ISBN 979-11-5971-661-4